普通高等教育农业农村部“十三五”规划教材

普通高等教育“十四五”规划教材

生物科学类专业系列教材

植物细胞组织培养技术

第2版

胡颂平　才　华　主编

中国农业大学出版社

·北京·

内容简介

本教材介绍了植物组织培养的基本理论和基础知识，并重点阐述了植物细胞组织培养各方面的实用技术，内容包括绪论、植物细胞组织培养实验室的设置和基本操作技术、愈伤组织培养、器官培养、胚胎培养、花粉和花药培养、细胞培养、植物原生质体培养和体细胞杂交、植物次生代谢物质生产、植物脱毒技术、种质资源保存、植物遗传转化等。同时安排了19个可选择的实验项目，方便各校根据实际情况对学生进行基本的实验技能训练。书中还吸收了近年来植物细胞组培技术所取得的最新成果和先进经验，具有新颖性、科学性、针对性和实用性。教材的每章末尾附有小结和思考题，供学生复习与思考。

本书可供农林和综合性大学生物科学类、生物技术类、园林类、园艺类、农学类、草业类、中药类等专业作为教材使用，也可供生物类专业研究生、教师和科研人员以及从事植物细胞组织培养工作的技术人员、经营管理人员作参考用书。

图书在版编目(CIP)数据

植物细胞组织培养技术/胡颂平，才华主编. --2 版 . --北京：中国农业大学出版社，2022.7

ISBN 978-7-5655-2817-0

Ⅰ.①植… Ⅱ.①胡…②才… Ⅲ.①植物-细胞培养-组织培养-高等学校-教材 Ⅳ.①Q943.1

中国版本图书馆 CIP 数据核字(2022)第 108635 号

书　名 植物细胞组织培养技术　第2版
Zhiwu Xibao Zuzhi Peiyang Jishu

作　者 胡颂平　才　华　主编

策划编辑 赵　艳　　**责任编辑** 韩元凤
封面设计 郑　川
出版发行 中国农业大学出版社
社　址 北京市海淀区圆明园西路2号　　**邮政编码** 100193
电　话 发行部 010-62733489,1190　　读者服务部 010-62732336
编辑部 010-62732617,2618　　出　版　部 010-62733440
网　址 http://www.caupress.cn　　**E-mail** cbsszs@cau.edu.cn
经　销 新华书店
印　刷 北京鑫丰华彩印有限公司
版　次 2022年6月第2版　　2022年6月第1次印刷
规　格 210 mm×285 mm　16开本　23.75印张　709千字
定　价 74.00元

第2版编审人员

主　编　胡颂平（江西农业大学）
才　华（东北农业大学）

副主编　赵　娟（山西农业大学）
于翠梅（沈阳农业大学）
郑思乡（湖南省农业环境生态研究所）
张　琳（江西农业大学）

参　编　刘群龙（山西农业大学）
张建成（山西农业大学）
王有武（塔里木大学）
杨淑萍（石河子大学）
杜　娟（中国科学院庐山植物园）
徐翠莲（塔里木大学）
聂元元（江西省农业科学院）
王计平（山西农业大学）
仇有文（东北农业大学）
冯明芳（东北农业大学）
胡超越（塔里木大学）
韩惠宾（江西农业大学）
朱咏华（湖南大学）
朱旭东（湖南农业大学）
刘好桔（江西农业大学）

主　审　周朴华（湖南农业大学）
颜龙安（江西省农业科学院）

第1版编审人员

主　编　胡颂平（江西农业大学）
　　　　　刘选明（湖南大学）

副主编　才　华（东北农业大学）
　　　　　赵　娟（山西农业大学）
　　　　　于翠梅（沈阳农业大学）
　　　　　饶力群（湖南农业大学）

参　编　刘群龙（山西农业大学）
　　　　　张建成（山西农业大学）
　　　　　王有武（塔里木大学）
　　　　　杨淑萍（石河子大学）
　　　　　徐翠莲（塔里木大学）
　　　　　聂元元（江西省农业科学院）
　　　　　刘好桔（江西农业大学）
　　　　　王计平（山西农业大学）
　　　　　仇有文（东北农业大学）
　　　　　冯明芳（东北农业大学）
　　　　　胡超越（塔里木大学）
　　　　　曾虹燕（湘潭大学）
　　　　　郑思乡（株洲市农业科学研究所）

审　稿　周朴华（湖南农业大学）
　　　　　颜龙安（江西省农业科学院）

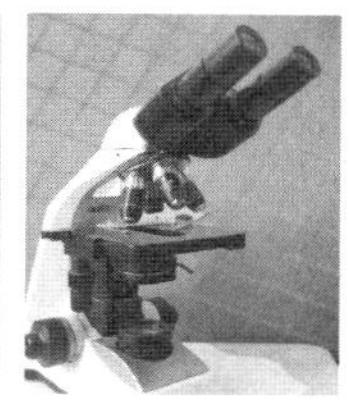

第2版前言

时逝如飞，一晃7年时间就过去了！在这7年的教材使用过程中，既收到了许多溢美之词，更发现了一些不当之处。溢美之词当时主要源自当当网的图书销售，本教材曾位居当当网月销售头三甲；不当之处主要是有些内容陈旧，有些字词错误，还有些实验不够详细，凡此种种，在此不一一列举，总归一处就是有必要对该教材进行修订再版了，恰逢本教材被评为普通高等教育农业农村部“十三五”规划教材，全体编写教师备受鼓舞，从2020年3月开始布置，直到年底陆续交稿及主编们最后统稿、校稿，到现在刚好一年整，总体感觉各位编著老师都极为认真、高度负责！

回顾过去三十年植物细胞组织培养技术的发展历程，感觉有两大方面的进展：一是理论技术的进展，这方面有周光宇先生提出的DNA片段杂交假说，然后有范文举先生提出的生物诱变概念，再有吴小月、洪亚辉等将大量外源DNA导入水稻、棉花、大豆并产生新品种的工作；还有郑思乡对百合细胞核可以产生核管伸长和核物质转移现象的发现并由此产生组织切片叠加培育技术；以及2003年以来朱培坤先生回到深圳建立染色体杂交技术研究所并开展一系列外源DNA导入主要农作物而产生大量新品种，这些成果的产生都是得益于组培工作，使植物细胞组织培养技术进入现代分子育种新阶段。二是组培设施设备技术的进展，这方面主要有陈集双教授研发的植物生物反应器，可以开放式进行植物组织培养，效率大大提高。但这两方面都还处于研究推广阶段，需要大家广为接受才能成熟。所以我们这次修订工作只在绪论里增加了一节介绍了这方面的工作而没有设置专门的章节来介绍其具体的做法与技术。

本次修订工作对第1版的12章均作了教学反馈后的增删修改工作，包括各章节的理论内容和实验部分。参加修订工作的老师也有一定变化，具体如下：第1章绪论由胡颂平、郑思乡修改；第2章植物细胞组织培养实验室的设置和基本操作技术由王有武、胡超越、张琳修改；第3章愈伤组织培养由徐翠莲、杨淑萍修改；第4章器官培养由朱咏华、杜娟、刘好桔修改；第5章胚胎培养由王计平修改；第6章花粉和花药培养由于翠梅修改；第7章细胞培养由冯明芳、韩惠宾、聂元元修改；第8章植物原生质体培养和体细胞杂交由才华修改；第9章植物次生代谢物质生产由仇有文、朱旭东修改；第10章植物脱毒技术由赵娟修改；第11章种质资源保存由刘群龙修改；第12章植物遗传转化由张建成修改。

各实验的修订分工如下：实验1实验器皿的洗涤、实验6甜叶菊叶片的培养由王有武、胡颂平修改；实验2 MS培养基的配制与灭菌由胡超越、杜娟修改；实验4人参根的培养由胡超越、刘好桔修改；实验5草莓微茎尖的培养由胡超越、胡颂平修改；实验3胡萝卜肉质根的愈伤组织诱导与培育、实验19西洋芹愈伤组织的诱导及新植株形成由杨淑萍、朱旭东修改；实验7水稻幼胚的培养、实验8玉米成熟胚的培养由王计平、韩惠宾修改；实验9水稻花药的培养由于翠梅修改；实验10植物愈伤组织的细胞悬浮培养由聂元元、朱咏华修改；实验11叶肉组织原生质体分离及细胞融合技术由才华修改；实验12烟草细胞原生质体分离及细胞融合由才华、张琳修改；实验13紫草细胞悬浮培养与次生代谢产物检测由仇有

文、冯明芳修改；实验 14 马铃薯茎尖培养和脱毒、实验 15 兰花的脱毒与快繁由赵娟修改；实验 16 植物茎尖超低温保存由刘群龙修改；实验 17 番茄叶盘与根癌农杆菌共培养转化由张建成修改；实验 18 红豆杉细胞培养及紫杉醇含量检测由徐翠莲修改。附录二、三由张琳、胡颂平修改；附录四由郑思乡修改。全书由胡颂平、才华最后统稿和定稿。

本教材修订再版工作仍然得到了湖南农业大学博导、国务院学位委员会学科评议组成员、老一代植物组培专家周朴华教授，江西省农业科学院超级稻发展中心颜龙安院士的大力支持和悉心指导，并担任修订后教材的主审；同时一些兄弟院校的组培老师也对本教材的修订工作提出了许多宝贵和有益的意见，在此一并向他们表示崇高的敬意和衷心的感谢！

由于修订者学识和水平有限，本书错误和疏漏在所难免，敬请广大读者多多批评指正，以利教材今后的改进与提高。

编　者

2021 年 3 月

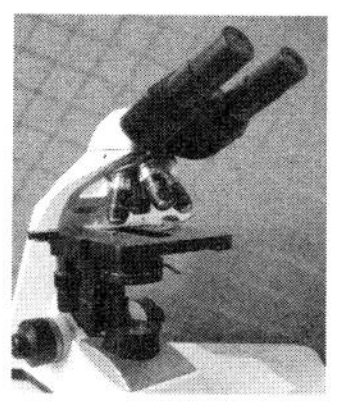

第1版前言

植物细胞组织培养是植物基因工程的基础，也是现代生物技术的重要组成部分，其领域发展起来的各种技术极大地促进了植物基因工程和现代生物技术的发展；因其简单实用、成效显著而广泛应用于农业、林业、花卉业、果木业、草业、中药业及现代生物技术。自人类开始认识植物的细胞结构以来，所取得的对植物生命本质的认识，如细胞的全能性、细胞的分裂繁殖与分化、器官的形成、激素的调控、基因的调控与表达等，无不都是建立在植物细胞组织培养研究的基础上的，因而它现在已发展成为生物学、草学、生物技术、农学、林学、园艺学、中药学、制药工程、生物工程等大学本科专业的重要课程，为现代生物技术人才所必须掌握的重要基础技术之一。

自20世纪80年代以来，尤其是近10年以来，国内外出版了很多植物细胞组织培养方面的书籍，但这些书籍很少有专门针对农林类大学生物科学类、植物生产类、草业科学类、林业资源类、生物技术类本科专业教学的，有鉴于此，我们组织了全国高等农林院校及部分综合性大学的专业教师，根据多年的教学实践经验编写了内容全面系统、实验技术详细具体、紧跟时代步伐、适于农林类、综合性大学相关专业的《植物细胞组织培养技术》教材。

本教材包含12章，第1章由胡颂平、曾虹燕编写；第2章由王有武、胡超越、胡颂平编写；第3章由徐翠莲、杨淑萍编写；第4章由刘选明、刘好桔、胡颂平编写；第5章由王计平编写；第6章由于翠梅编写；第7章由饶力群、郑思乡、聂元元编写；第8章由才华编写；第9章由仇有文、冯明芳编写；第10章由赵娟编写；第11章由刘群龙编写；第12章由张建成编写。

本教材在每章后安排了相应的实验，各实验的编写分工如下：实验1、实验6由王有武、胡颂平编写；实验2、实验4、实验5由胡超越、胡颂平编写；实验3、实验18由杨淑萍、饶力群编写；实验7、实验8由王计平编写；实验9由于翠梅编写；实验10由聂元元、刘选明编写；实验11由才华编写；实验12由仇有文、冯明芳编写；实验13、实验14由赵娟编写；实验15由刘群龙编写；实验16由张建成编写；实验17由徐翠莲编写；附录二、附录三由聂元元、胡颂平编写；附录四由郑思乡编写。全书由胡颂平、刘选明最后统稿和定稿。

本教材在编写时得到了湖南农业大学博导、国务院学位委员会学科评议组成员、老一代植物组培专家周朴华教授，江西省农科院超级稻发展中心颜龙安院士等的大力支持和悉心指导，并担任本书的总顾问和主审；同时著名花卉育种专家、株洲农科所郑思乡研究员提供了许多图片，还有一些兄弟院校的专业老师也对本书提出了许多修改意见，在此一并向他们表示衷心的感谢！

由于编者学识和水平有限，书中错误和疏漏之处在所难免，敬请广大读者批评指正，以便修改完善。

编　者

2014年2月

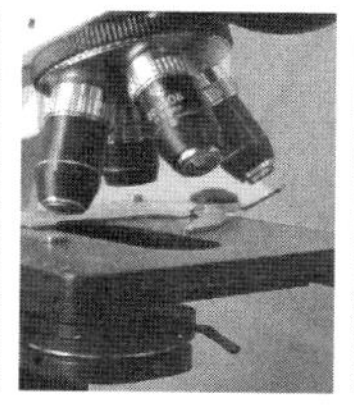

目 录

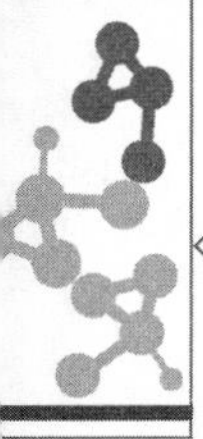

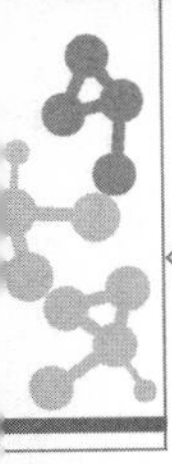

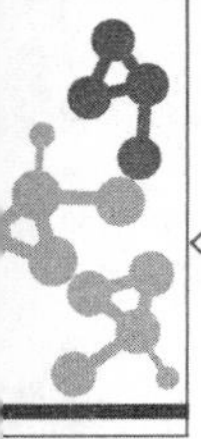

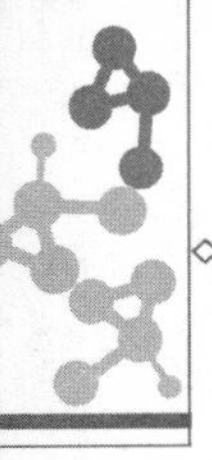

第1章

绪　论

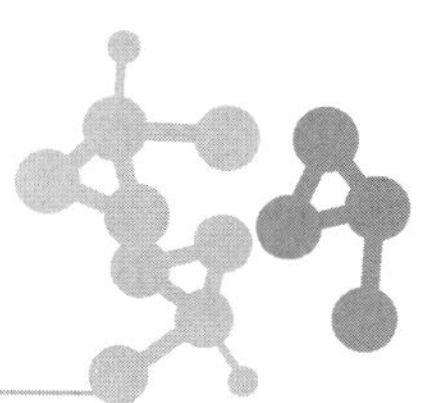

1.1　植物细胞组织培养概述

1.1.1　植物细胞组织培养的概念

植物细胞组织培养(plant cell and tissue culture)是指分离一个或数个体细胞或植物体的一部分在无菌条件下培养,使其经历脱分化、愈伤组织形成、再分化等过程直至形成完整新植株的技术。广义的植物细胞组织培养,则是指经无菌操作分离植物体的一部分[也即通常所说的外植体(explant),它可以是一个或数个细胞,也可以是一个器官或一块植物体组织],接种到人工培养基上,在人工控制的条件下进行一段时间的培养,使其分裂分化并最终形成完整的新植株。

这里有几个概念必须明了,首先是脱分化(dedifferentiation):在植物细胞组织培养中,一个成熟细胞或分化细胞在特定条件下(如人工培养基和植物激素等)转化为分生状态的过程,即称为脱分化。脱分化的后果即形成愈伤组织(callus),这是植物细胞组织培养中见到的最多的一种组织,原意是指植物体在受到机械创伤后其伤口表面形成的一团薄壁细胞。在植物细胞组织培养中,愈伤组织是指在人工控制条件下(含培养基)由外植体伤口处所形成的一团无序生长的薄壁细胞。这团薄壁细胞经过一段时间生长,在激素作用下可以进行再分化(redifferentiation),进而形成芽和根等器官(有时是体细胞胚,somatic embryo)最后再形成新的植株。所以再分化就是细胞由无结构和功能特化过渡到有细胞结构和功能特化的过程,是组织和器官形成的基础。整个植物细胞组织培养的过程,大致可以概括为:外植体→脱分化→愈伤组织→再分化→新的器官或体细胞胚→新的植株。

1.1.2　植物细胞组织培养的理论依据

植物细胞组织培养技术建立的理论依据概括地讲有两个:一个是细胞的全能性(cell totipotency),另一个是激素(hormone)调控理论。前者认为植物体的每一个细胞都携带该植物种的整套基因组,并具有发育成为完整植株的潜在能力。后者认为在植物细胞组织培养中决定植物细胞分化方向的不是某种植物激素的数量多少,而是取决于培养基中两大类激素即生长素和细胞分裂素的比例情况:当生长素比例大时,会分化出根;当细胞分裂素比例大时则会分化出芽来;而当二者比较平衡时则会一直处于愈伤组织状态。有了这些理论,我们的植物组织培养工作者才可以随心所欲地培养出各种植物来。

植物激素或植物生长调节物质对于植物细胞组织的分化和决定具有关键性作用。它包括生长素类、细胞分裂素类、赤霉素、脱落酸、乙烯五类。

生长素类植物激素可促进外植体愈伤组织的形成,体细胞胚的发生及愈伤组织向根发育上的转化。此类激素包括2,4-D(2,4-二氯苯氧乙酸)、NAA(萘乙酸)、IBA(吲哚丁酸)、IAA(吲哚乙酸)等。

细胞分裂素类则可以促进细胞的分裂与分化,延迟组织的衰老,促进芽的产生等。植物细胞组织培

养中常用的细胞分裂素有 2-iP(二甲基丙烯嘌呤)、KT(激动素)、6-BA(6-苄基腺嘌呤)、ZT(玉米素)等。

赤霉素能促进已分化的芽伸长生长,还可打破种子休眠。但植物细胞组织培养中不太常用,少数情况下必须添加,效果较好的有 GA_3。

脱落酸能引起芽休眠、促进叶子脱落和抑制细胞生长,可促进乙烯的产生从而发挥乙烯的作用。乙烯则可促进果实成熟、促进叶片衰老、诱导不定根和根毛发生。但这两类激素在植物细胞组织培养中使用也少,必要时可以酌情添加。

1.1.3 植物细胞组织培养的内容

植物细胞组织培养的内容丰富,按培养对象可分为细胞培养、原生质体培养、组织或愈伤组织培养、器官培养、植株培养等;按培养方法可分为平板培养、微室培养、悬浮培养、单细胞培养等;按培养过程则可分为初代培养、继代培养和生根培养;按培养基类型又可分为固体培养和液体培养。总之,可根据培养的目的、材料、方法等的不同而进行不同的培养类型的划分,下面以培养对象为例说明其培养内容。

细胞培养(cell culture)是对由愈伤组织离散形成的单细胞或很小的细胞团或花粉单细胞等进行的培养。

原生质体培养(protoplast culture)是指对用酶法或物理方法将植物细胞壁去除之后所获得的原生质体进行的培养。

组织或愈伤组织培养(tissue,callus culture)是通俗意义上也即狭义的组织培养,一般指对植物体的各部分组织进行培养,如茎尖分生组织、形成层、木质部、韧皮部、胚乳组织等,或对由植物器官培养产生的愈伤组织进行的培养。二者都可以通过再分化而形成完整的新植株。

器官培养(organ culture)即离体器官的培养,根据目的不同,可以有茎尖、茎段、根尖、叶片、叶原基、子叶、花瓣、雄蕊、雌蕊、胚珠、胚、子房、果实等器官的培养。

植株培养(plant culture)是对整株植物的培养,如对幼苗或较大植株的培养。

1.1.4 植物细胞组织培养的特点

植物细胞组织培养自 20 世纪 50 年代以来,发展迅猛,应用的范围涵盖农业、林业、花卉业、果蔬业、中药产业等几乎所有植物生物行业领域,是由于具备以下几个特点。

1. 植物细胞组织培养是植物基础学科研究的优良系统,是现代生物技术的基础

植物细胞组织培养是多学科相互渗透的产物,它与多门基础学科关系密切,如植物学、植物生理学、植物遗传育种、细胞生物学、植物显微技术、植物病毒学、生物化学与分子生物学、微生物学、生物制药等为植物细胞组织培养提供基础理论、知识与技术;反过来,它又为各门基础学科的研究提供条件与平台,为植物细胞在离体状态下它们之间的关系及细胞的分裂分化和组织器官的形成等提供了理想的研究条件。可以说如果没有植物细胞组织培养,许多植物科学基础问题如细胞的全能性、细胞的形态建成、器官发生的激素调控机理等均难以回答。与此同时,植物细胞组织培养技术还是现代生物技术的基础,因为它是植物基因工程技术的基础,而植物基因工程技术又是植物生物技术的核心,植物生物技术则是现代生物技术的重要组成部分。

2. 培养条件可人工控制,实验精确可靠

植物细胞组织培养完全是在人为提供的培养基质和人工温湿条件下进行的,条件均一,光温可调,光周期可自动化控制,外植体在最适条件下生长,可在全年任何时候开展实验和培养生产工作。同时实验处理易于调配和精准控制,处理间误差小,因而实验精确可靠。

3. 生长速度快,生长周期短,繁殖率高

植物细胞组织培养是根据培养对象的需要而精心设计的最佳培养方案下进行的,外植体(细胞或组织)进行分裂分化所需要的激素、温、光、湿、pH 及营养条件均是最佳的,因此生长快、生长周期短,经常几十天就可完成一个培养周期,每个培养周期繁殖系数可达几十上百,植物材料能按几何级数快速繁殖,而且所得组培苗遗传变异小,整齐一致,能在短期内提供规格一致的优质种苗或无毒苗,是珍稀良种植物快速繁殖的理想方法。

4.管理上便于自动化控制和工厂化生产

植物细胞组织培养是在一定空间场所下,根据植物的需要给予最佳的光、温、湿、营养、激素乃至 pH 等条件,并且利用现代自动控制技术提供周期性光照,给被培养植物材料提供最佳光照,其实验和生产是高度集约化、精密化的,便于流水线作业、自动化控制和工厂化生产,可以避免有害生物如微生物的干扰,生产效率高,单苗成本低,经济效益显著。

1.2 植物细胞组织培养发展简史

植物细胞组织培养的研究可以追溯到 1902 年德国植物生理学家 Haberlandt 所进行的植物组织培养研究,至今已有 100 多年的历程,期间经历了许多里程碑式的研究,涌现出一批批杰出的研究者和科学家,根据其发展过程大致可分为以下几个时期。

1.2.1 萌芽时期

在 Schleiden 和 Schwann 创立的细胞学说基础上,1902 年德国植物生理学家 Haberlandt 提出了高等植物的器官和组织可以不断地被分割,直至单个细胞,也即任何高大的植物其实都是由单个细胞组成的;同时断言组成植物的细胞在合适的条件下具有发育成完整植株的潜力,这就提出了植物细胞全能性的理论。为了证实他的观点,他用植物的保卫细胞、叶肉细胞、髓细胞等进行了离体培养,但由于当时的认识水平和技术有限,他仅看到了细胞的生长、细胞壁的加厚,却未看到细胞的分裂。尽管如此,他提出的植物细胞全能性学说却引导着众多研究者不断探索,直至 1958 年 Steward 等终于将胡萝卜愈伤组织诱导出体细胞胚并长成完整小植株来,这时才可以说他的理论被后人的实验和工作所完全证实。

1904 年,Hanning 用无机盐和蔗糖溶液培养萝卜和辣根菜的幼胚,可以使其在离体条件下发育成熟。1908 年,Simon 培育白杨嫩茎,观察到愈伤组织的发生和根、芽的形成。1909 年,Kuster 成功融合了植物原生质体。1922 年,Robbins 和 Kotte 成功培养了离体根尖。Laibach(1925,1929)把亚麻种间杂交形成的不能自然成活的幼胚在人工培养基上培养至成熟,为以后植物远缘杂交的胚拯救技术奠定了基础。1926 年,Harlan 进行了大麦幼胚的培养。在此时期,植物细胞组织培养进展很小,在胚培养和根培养方面进行了可贵的探索。

1.2.2 发展时期

1933 年,李继桐进行银杏幼胚培养时,在培养基中添加银杏胚乳提取物,使幼胚能顺利发育成熟。1934 年美国的 White 由番茄根建立了第一个活跃生长的无性繁殖系,并反复转移到新鲜培养基中继代培养,使根的离体培养实验获得了真正的成功,并在以后 28 年间培养了 1 600 代。这之后,White 又以小麦根尖为材料,研究了光、温度、通气、pH、培养基组成等各种培养条件对生长的影响,并于 1937 年建立了第一个组织培养的综合培养基,其成分均为已知化合物,包括 3 种 B 族维生素,即吡哆醇、硫胺素和烟酸,该培养基后来被定名为 White 培养基。与此同时,Gautheret(1934)在研究山毛柳和黑杨等形成层的组织培养实验中,提出了 B 族维生素和生长素对组织培养的重要意义,并于 1939 年连续培养胡萝卜根形成层获得首次成功。同年,White 由烟草种间杂种的瘤组织,Nobecourt 由胡萝卜根组织均建

立了与上述类似的连续生长的组织培养物。因此，Gautheret、White 和 Nobecourt 一起被誉为组织培养学科的奠基人。我们现在所用的培养方法和培养基，基本上都是由这 3 位科学家建立的。后来，White 于 1943 年发表了《植物组织培养手册》专著，使植物组织培养开始成为一门新兴的学科。

1941 年，Overbeek 在曼陀罗幼胚培养中开始首次使用植物天然产物椰子汁作为培养添加物，使曼陀罗心形期胚培养获得成功，自此椰子汁被经常用于植物细胞组织培养中。1944 年，Skoog 在烟草培养中发现生长素对根有促进作用并可抑制芽的发生。1946 年，罗士韦培养菟丝子茎尖时观察到了花的形成，为利用植物细胞组织培养技术研究花的形成和发育开了先河。1948 年，Skoog 和崔徵在烟草髓部和茎段培养时，发现腺苷或腺嘌呤能解除 IAA 对芽的抑制作用，诱导形成丛生芽。1951 年，Nitsch 成功将花器各部分如果实、子房、未受精胚珠、花瓣等进行培养。1952 年，Steward 用自己设计的细胞增殖器培养胡萝卜组织液体，发现了细胞增殖。同年 Morel 和 Martin 首次通过大丽花的茎尖分生组织培养获得了无毒苗。1953 年，Muir 率先把烟草和万寿菊的愈伤组织在液体培养基上进行悬浮振荡培养，获得了由单细胞和细胞团组成的培养物并可继代繁殖；而且他还使用"看护培养"技术将冠瘿瘤组织分离培养获得单细胞，并建立了单细胞培养系。1955 年 De Ropp 设计了"微室培养法"进行细胞培养。1956 年 Miller 等发现了活性是腺嘌呤 3 万倍的激动素(kinetin)。1957 年 Skoog 和 Miller 提出了植物细胞组织培养的激素调控模式：用激动素和生长素的比例控制芽和根的分化，比例高时生芽，比例低时生根。1958 年，Steward 等用胡萝卜根愈伤组织进行液体培养，再将含游离细胞的悬浮液继代培养，获得了胡萝卜体细胞胚并发育成完整植株，从而证实了植物细胞的全能性。1960 年 Bergmann 设计了细胞琼脂平板培养技术。

在这一时期里，植物细胞组织培养的基本技术方法开始成熟，并建立了植物离体培养的技术体系；本时期植物细胞组织培养技术大多停留在实验研究阶段，生产应用尚少。

1.2.3 快速发展和应用时期

1960 年开始，植物细胞组织培养进入了快速发展和应用时期，研究工作更为广泛和深入，研究技术不断完善，研究目标更为明确。

1960 年，Cocking 等用真菌纤维素酶分离番茄幼根原生质体获得成功，为今后原生质体培养和植物体细胞杂交研究奠定了基础。同年，Kanta 成功开始了植物试管授精研究。Morel 则利用兰花的茎尖培养获得了脱毒苗并快速繁殖兰花，这直接导致了随后的国际"兰化工业(orchid industry)"的兴起。1962 年 Murashinge 和 Skoog 筛选出广泛使用的 MS 培养基。1964 年 Guha 和 Maheshwari 采用毛叶曼陀罗花药培养得到单倍体植株，随后 Bourgin 在 1967 年用烟草花药培养也获得了单倍体植株，从此开始了单倍体育种加速常规杂交育种的新途径。我国研究者在国际上率先完成了 20 多种植物的花粉培养，单倍体育种技术处于国际领先地位。

1970 年 Carlson 在离体培养中筛选得到生化突变体，Power 在同一年则成功进行了原生质体的融合。1971 年，Takebe 等在烟草上首次由原生质体获得了再生植株，在理论上证明了无壁的原生质体同样具有全能性，而且促进了体细胞杂交技术的发展，并为外源基因的导入提供了理想的受体材料，为基因工程奠定了良好基础。1972 年 Carlson 利用原生质体融合得到了两个烟草品种的体细胞杂种。1974 年 Kao 等发明了原生质体高钙、高 pH PEG 融合法。1975 年 Kao 和 Michayluk 研发出原生质体培养专用的 8P 培养基，一直沿用至今。1978 年 Melchers 等则首次获得了远缘杂交种——番茄与马铃薯的体细胞杂交种，为体细胞杂交技术展示了美好前景。同年，Murashige 首提"人工种子"(artificial seed)研究，并为世界各国广为接受和推广。1981 年，Larkin 和 Scowcroft 提出体细胞无性系变异(somaclonal variation)的观点，为体细胞无性系的筛选和新的变异来源做了铺垫。

1982 年 Zimmermann 发明了原生质体电融合法(electrofusion)，大大加速了植物原生质体的研究，尤其是在作物的原生质体研究上，如水稻、大豆、小麦等均获得其原生质体植株的再生。

这一时期植物细胞组织培养技术获得了迅速发展，研究范围涵盖花药培养、花粉培养、原生质体培养和细胞融合等，并将此技术应用在果树、花卉、蔬菜、林木、中药材等的快速繁殖和脱毒苗生产，许多国家开始了产业化或工厂化的生产。同时也开始了大规模细胞培养生产植物次生代谢产物，工厂化生产植物天然产物已成现实。

更重要的是，从20世纪80年代初发现土壤农杆菌的植物遗传转化(genetic transformation)功能以来，全球迅速掀起了植物基因工程研究热潮。1983年Zambryski用根癌农杆菌转化获得了首例转基因植物。1985年Horsch设计了农杆菌介导的叶盘法(leaf discs)，但都是转化双子叶植物；对单子叶植物的遗传转化则是于1987年由Sanford发明了基因枪法(particle bombardment)后才解决的。但随后不久利用农杆菌转化单子叶植物也取得了突破，1991年Gould等用农杆菌转化玉米茎尖分生组织得到了转基因植株，1993年Chan等用农杆菌转化水稻未成熟胚获得成功，此后在小麦(Cheng等，1997)、大麦(Tingay，1997)均获成功。至今为止，已有200多种植物获得转基因植株，大部分由农杆菌介导转化的。在世界主要生物技术发达国家，转基因作物如抗虫棉花、抗虫玉米、抗除草剂大豆等一大批转基因新品种已在生产上大面积种植。据估计，目前全球转基因作物种植面积已接近2亿 hm^2。而且涉及重要粮食作物如水稻、小麦、大麦等的转基因研究也方兴未艾，许多转基因粮作品种正在评估和审定之中，相信不久的将来，主粮作物也会迎来转基因的春天。

1.3 植物细胞组织培养在农业生产中的应用

植物细胞组织培养为遗传工程提供理想的受体材料的同时，又为常规的植物育种提供了新手段，因此在农业生产中应用广泛。

1.3.1 植物离体快速繁殖

用植物组织培养的方法进行离体快速繁殖(in vitro rapid propagation)是生产上最有潜力、最有效的应用，包括花卉观赏植物、蔬菜、果树、作物、经济林木、中药材等。快繁技术不受时间季节、寒暑冷热等条件的限制，生长周期短，繁殖系数大，植株生长整齐，遗传性状稳定一致，便于工厂化生产，因而大受各国青睐。据统计，全球在20世纪90年代初进行快繁研究的植物已达3 000余种。而且应用离体快繁技术进行苗木工厂化生产的国家不仅在发达国家普遍，发展中国家也越来越多，如美国有植物离体繁殖公司250家，中小公司的年产苗能力为200万～400万株；荷兰年产试管苗8 000万株。

快速繁殖通过对植物的种子、茎尖、茎段、腋芽、鳞片等进行离体培育，在短期内生产大量遗传性一致的无毒苗，一般可应用在下列生产或研究中：①常规的无性系繁殖；②用于常规方法繁殖有困难的物种、杂合型、有性不亲和基因型和不育的基因型的繁殖；③新杂交种、杂交亲本；④急需繁殖的少量无毒苗或珍稀种苗。

1.3.2 植物脱毒

大多数作物特别是无性繁殖的作物，若长期在一地区种植，均可能感染一种或几种病毒，同时可能复合感染其他一些真菌、细菌和线虫，因此会使其生长减缓，产量大幅度下降，品质变劣，最后几乎会导致一个品种在生产上不能使用。为了克服这个问题，可以用1952年Morel发现的微茎尖培养获得无毒苗(virus free)的方法来解决。采用无毒苗进行大田生产，一般可增产30%以上，多的可达300%。国际上建立了很多无毒苗生产工厂，欧美国家无毒苗年产值多达千万美元以上，而发展中国家无毒苗的生产和需求有逐年增加的趋势。据估计，全球无毒苗的需求量大概每年以7%～8%的速度增加。在生产上应用无毒苗的作物很多，如百合、月季、康乃馨、香石竹、菊花、马铃薯、甘薯、草莓、苹果等，创造了显著的

经济效益。

1.3.3 植物育种上的应用

1.体细胞无性系变异和新品种培育

植物细胞组织培养过程中的再生细胞存在大量的变异，这种变异称为体细胞无性系变异。其特点为：

(1)变异的无方向性　既有有利的变异，也有有害的变异；既有形态变异，也有生理变异。

(2)变异的普遍性　变异在组织培养中经常发生，出现在组织培养的各个时期。有数量、质量性状变异，也有农艺、经济性状变异；有表型变异，还有生理变异。与自然界变异与辐射诱变相比，体细胞无性系变异广泛而普遍，易于得到纯系。

(3)植物体细胞无性系变异　分可遗传变异和不可遗传变异，前者是因为遗传基因突变引起的；后者是不可遗传的变异，为生理型变异，主要是因为培养过程中外加的激素或其他化学物质的刺激引起的，如高浓度的 GA 和 IAA 会发生畸形胚，TDZ 使植株产生白化苗，2,4-D 使培养细胞发生染色体数量变化而产生非整倍体或多倍体。

(4)植物体细胞无性系变异　它是一种重要的遗传变异来源和遗传资源，可用于植物新品种培育(breeding)或做育种中间材料。如在长期的植物细胞组织培养中，人们获得了花大叶厚的花叶芋，金色布绿色斑点的玉簪，有香味的天竺葵，抗斐济病、眼点病和霜霉病的甘蔗，抗小斑病的玉米，抗疫病、青枯病的马铃薯，抗白叶枯病的水稻，抗根腐病、赤霉病的小麦等。

2.单倍体育种

花药、花粉的培养在水稻、玉米、小麦、苹果、柑橘、葡萄、草莓、石刁柏、甜椒、甘蓝、天竺葵等几十种作物得到了单倍体植株。常规育种中为得到纯系材料需经多代自交，而用单倍体育种，再经染色体加倍可以马上得到纯合的二倍体，大大缩短了育种的时间。

3.人工种子研究

植物细胞组织培养过程中能够产生与正常合子胚结构相似的体细胞胚，利用这个特点，将体细胞胚加上人工种皮和胚乳便可生产植物人工种子(plant artificial seeds)。人工种子是 Murashige 1977 年在国际园艺植物学会议上首次提出的，受到各国重视，其研究与应用发展迅速。我国于 1984 年由罗士韦教授率先倡导，1987 年将人工种子研究纳入国家“863”计划，30 多年来，取得了很大发展。据不完全统计，已对胡萝卜、苜蓿、莴苣、大麦、小麦、水稻、苎麻、芹菜、蕹菜、柑橘、葡萄、百合、花叶芋、红鹤芋、黄连、西洋参、云杉、杨树、松树等几十种植物进行了人工种子研发，很多还申请了专利，在农业生产和种子市场中展示了光明前景。

1.3.4 种质保存

对种类繁多的植物品种资源，用常规方法保存有困难，用植物细胞组织培养技术来保存则相对容易得多。事实上从 1975 年 Nag 和 Street 成功应用超低温保存胡萝卜悬浮培养细胞以来，已对百余种植物组培材料进行了超低温保存研究，并研发了多种保存方法，如快速冷冻法、分步降温法、干燥冷冻法、玻璃化冷冻法等。保存的组培材料有茎尖、芽、体细胞胚、幼胚、块根、块茎、花粉、悬浮培养细胞、原生质体等，一般可保存 2～3 年或更长时间。用植物细胞组织培养技术保存种质有以下优点：

(1)在较小的空间内能保存大量的种质，节约贮存种质的空间。

(2)繁殖系数大，可以提高种质保存效率。

(3)不受气候、时间、病原微生物、害虫和其他栽培因素的影响，随时可以保存。

(4)便于国际上的种质交流和保存。

故可利用植物细胞组织培养技术来大量保存各类植物种质资源，提高种质保存效率。

1.3.5 遗传转化

大多数植物遗传转化方法需要通过植物细胞组织培养来进行。遗传转化也即基因工程的方法目前是改良植物抗病虫性、抗逆性、品质等的重要新手段，可以解决植物育种中用常规杂交方法所不能解决的问题，可以培养聚合多种优良性状的、以前自然界不存在的超级优良植物品种，这些品种就是转基因植物，在1996年开始规模化应用以来，全球发展迅速。目前，抗虫棉花、抗虫玉米、抗虫油菜、抗除草剂大豆等已大规模商业化应用，抗虫水稻也已在研发和推广应用中。全世界转基因植物种植面积已从1996年的100多万 hm^2 发展到现在的上亿公顷，由此可见植物细胞组织培养在植物基因工程中的价值与作用越来越大，有些优良的转化细胞系在植物基因工程中起着决定性的作用，越来越受到人们的重视。

1.3.6 次生代谢物质的生产

利用植物细胞组织培养方法，可以从培养的细胞或愈伤组织中提取大量的次生代谢物质，其中许多都是人们需要的酶制品、医药制品和添加剂。这是细胞组织培养与现代生物制药紧密相连和共同发展的一大方面，目前取得的进展很大，几乎凡是有用的植物次生代谢物都可以用植物细胞组织培养的方法进行生产，有的已经走向工厂化生产，极大地提高了生产效率，降低了单价，惠及社会与人民。

这方面的例子很多，如从红豆杉培养细胞中提取紫杉醇，从人参根愈伤组织中提取人参皂苷、人参醇、油烷酸等，从鸭脚树种子愈伤组织提取利血平，从紫花毛地黄愈伤组织中提取强心苷，从胡萝卜、薄荷、蔷薇、万寿菊愈伤组织中提取类胡萝卜素、叶黄素。近年利用细胞悬浮培养生产毛柳苷（Lingling Shi等，2013）、对羟苯基乙醇（Lingling Shi等，2013）、花青素（Zhenzhen Cai等，2012）、毛地黄黄酮（Enrique等，2012）等均已取得成功，相信未来利用植物细胞组织培养的方法进行植物次生代谢物质的生产在人类的生产与生活中将会发挥越来越重要的作用。

1.4 植物细胞组织培养技术研究进展

1.4.1 理论进展

1.百合多倍体二倍化遗传现象的发现

江西农业大学郑思乡、胡颂平百合研究团队在长期的东方百合细胞遗传研究中，首次发现了多倍体二倍化遗传现象，即四倍体与二倍体杂交，后代变成二倍体的现象。在多倍体二倍化过程中观察到染色体桥、双核、微核及不均等分裂等染色体的结构变异（郑思乡等，2017；图1-1），核型分析表明结构变异丰富多样，为百合种质创新和育种提供了丰富的变异类型。经查新，在百合研究中未发现任何相关报道，该发现对百合细胞遗传学是一个重要的补充，同时也为百合育种开辟了一条新途径。

通过该途径，培育出东方百合抗镰刀菌新品种'贵阳红'，并在生产中推广应用。

2.百合体细胞核遗传物质转移现象的发现

郑思乡等研究发现，远缘杂交百合细胞核具有核萌发、核管伸长、进入相邻细胞并缢裂，从而发生体细胞核遗传物质从一个细胞转移到相邻细胞的特有遗传现象（Zheng等，2017；郑思乡等，2017；图1-2）。这一发现经科技部西南信息中心查新，国内外未见任何相关报道。依此特有的遗传现象，将两个不同种的分生组织进行切片并叠加，培养40 d后，可实现两个种之间遗传物质的转移，经SSR分析和形态比较，变异十分明显。

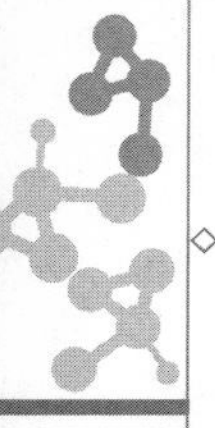

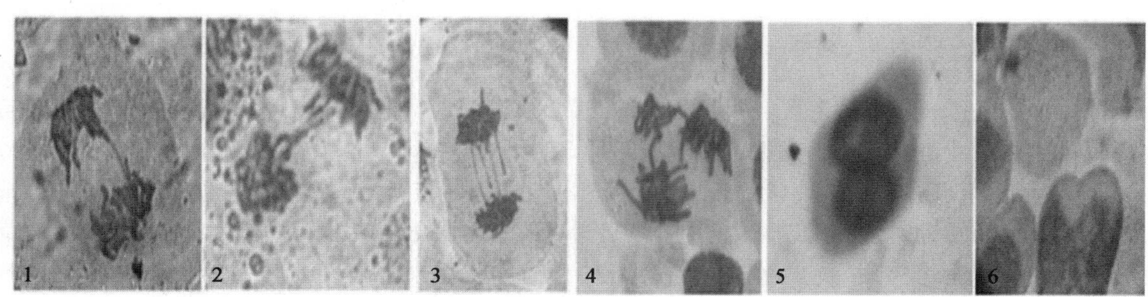

1、2、3 为染色体桥，4 为三极分裂，5 为双核，6 为微核

A. 二倍化过程中的染色体结构变异

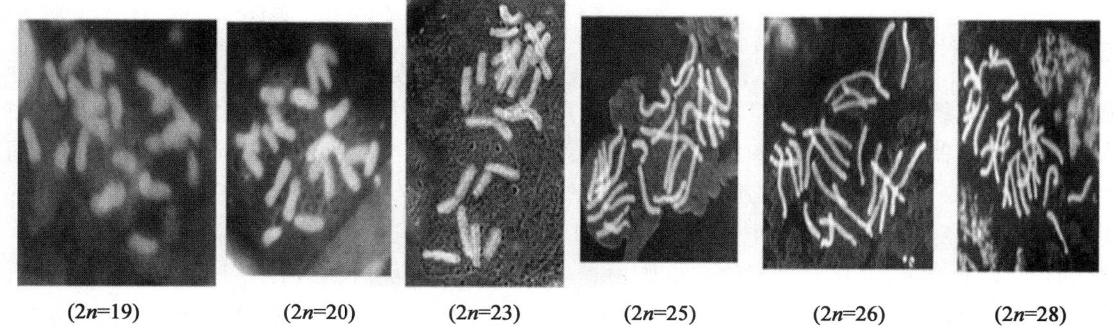

B. 二倍化过程中的染色体数目变异

图 1-1　百合多倍体二倍化过程中发现的不正常分裂

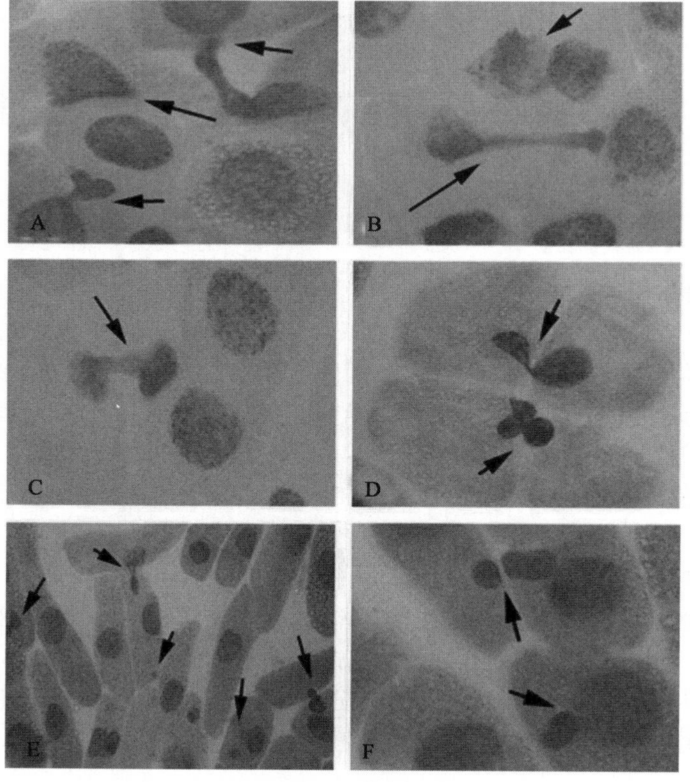

图 1-2　百合体细胞核转移

3.第三类杂交理论

第三类杂交理论是深圳市百绿生物科技有限公司首席科学家朱培坤2006年提出的概念，他认为自然界存在三类杂交：①自然杂交；②人工杂交；③染色体片段杂交。前两类比较通俗，大家都知道；第三类是朱培坤教授提出的新概念（朱培坤，2009），意思是将不同种属的染色体或染色体片段导入受体植物细胞，然后分化培育成杂交植株；该种杂交技术实际上早在20世纪80年代初周光宇就提出了DNA片段杂交假说（周光宇，1987），然后吴小月、范文举、洪亚辉等进行了大量的对棉花、水稻、大豆等作物的外源DNA导入工作（洪亚辉，2000），产生了玉米稻、高粱稻、玉米豆等新型作物品种，其中尤以范文举的玉米稻（又称遗传工程稻）影响较大（范文举，1992），他还提出了生物诱变的概念（洪亚辉，2000），所以在20多年之后朱培坤提出的染色体片段杂交概念，并非大的理论或技术创新，但是该方面的研究值得广为探索，在生产实践中可以大有作为。

4.开放式类植物生物反应器植物组织培养

2019年南京工业大学陈集双教授在第11届生物工程杂志社举办的全国植物组培技术大会上提出：借助一定的器皿（类似生物反应器）外植体可以在开放的环境中进行培养（张保钱等，2019），获得较好的培养效果而无须刻意消毒灭菌。

1.4.2 技术进展

随着以上新理论的提出，在实验或生产实践中相应地产生了组培领域的技术，具体如下：

1.组织切片叠加培养技术

该技术是郑思乡、胡颂平等在发现百合体细胞核遗传物质转移现象后自行发明的一种植物细胞组织培养技术（Zheng等，2017；郑思乡等，2017）。主要做法是将两种不同植物的组织切片叠合在一起进行组织培养，经40～60 d，两个被培养的植物种可以发生部分遗传物质的交换与融合，继续培养可以获得具有杂合性状的新的植物品种，这与前面所述朱培坤所宣称的染色体杂交技术有异曲同工之妙。

2.染色体杂交技术

染色体杂交技术（CHT）是深圳市百绿生物科技有限公司首席科学家朱培坤发明的一种无性杂交技术（朱培坤，2009）。运用该技术，在特定条件下，供体植株的染色体片段和受体植物的染色体发生整合。经CHT形成的具有杂交染色体的杂合子（zygote），经过反复的有丝分裂和分化产生新类型植物。新型植物简称Z_1，供体和受体植物则分别被命名为Zd和Zr。获得Z_1植株是该技术的关键，通常，与Zr相比Z_1的表型将发生明显的改变。高等植物染色体杂交的本质是基因杂交，杂合子包含来自供体植物的基因以及供体植物和受体植物无性杂交形成的融合基因。F_1植物是从Z_1的有性自交（或杂交）而来的，简称ZF_1。许多性状在ZF_1，ZF_2发生剧烈分离。无性的染色体杂交技术与有性杂交相结合的方法将成为改善多基因调控性状和创制植物新品种最有效的育种方法。

3.开放式类植物生物反应器组培技术

开放式类植物生物反应器组培技术又称间歇浸没式植物生物反应器组培技术，是参照自然界植物生长条件设计，利用液体培养基间歇地与植物组织接触提供营养的培养技术。该技术为植物组织在液体培养的过程中提供了一个良好的环境，并很好地进行培养器中的气体交换，保证植物组织健康生长（陈集双，2020）。培养基的循环利用也可有效防止营养沉积和有害物质的积累，从而使培养基的营养成分得到更有效的利用。

该植物生物反应器的工作循环分成四个阶段：第一阶段，间歇阶段培养体不与培养液接触；第二阶段，在外力作用下，培养液开始进入植物组织培养室；第三阶段，培养基完全与植物组织接触进入浸没培养阶段，并保持浸没状态；第四阶段，浸没培养结束，在重力及外力作用下，培养液与植物组织分离，又进入到间歇阶段，完成一次循环（陈集双，2020）。

该技术在种苗扩繁、突变体筛选等方面具备明显优势。主要体现在以下方面：①在同一反应器罐体

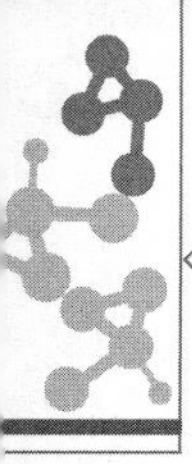

中可培养数十株甚至数百株种苗，相对于组培瓶培养数量显著提高；②通过控制原始培养基的质量和数量，能在同一反应器罐体中无须多次转接实现整个生活史的培养或较长时间培养，而并不影响组织发育或植株生长；③通过培养基的及时交换和气体交换，保证养分和 CO_2 供应，提高生长效率；④通过液体培养基的调配或生物胁迫，实现突变体的高通量筛选（张保钱，2019）。

因此，作为传统植物组织培养的一种升级手段，间歇浸没式植物生物反应器在基础研究和产业应用中均具备明显优势。

小　结

（1）植物细胞组织培养是指分离单个或多个细胞或植物体的一部分，在人工配制的培养基和人工控制的条件下进行培养，经历脱分化、愈伤组织、再分化等步骤，最后形成完整新植株的过程。

（2）按照培养对象的不同，植物细胞组织培养可分为植株培养、组织或愈伤组织培养、器官培养、细胞培养和原生质体培养 5 种类型。

（3）植物细胞组织培养具有培养条件可以人为或自动化控制；生长周期短，繁殖系数高；管理方便，利于工厂化生产等特点，故而发展迅猛。

（4）植物细胞组织培养技术在农业生产上的应用最少包括以下几个方面：快速繁殖优良苗木；获得脱毒苗；育种上应用；种质保存；遗传转化及次生代谢物质生产。

（5）现阶段植物细胞组织培养技术进展较大，既有理论上的创新，更有技术上的突破。

思　考　题

1. 名词解释

植物细胞组织培养、外植体、脱分化、再分化、细胞全能性、细胞培养、原生质体培养。

2. 植物细胞组织培养有哪些类型和特点？

3. 简述植物细胞组织培养的发展历史。

4. 什么是脱分化与再分化？ 它们有差别吗？

5. 植物细胞组织培养在农业生产中有哪些应用？

6. 现阶段植物细胞组织培养技术在理论和技术上分别有哪些进展？

第2章

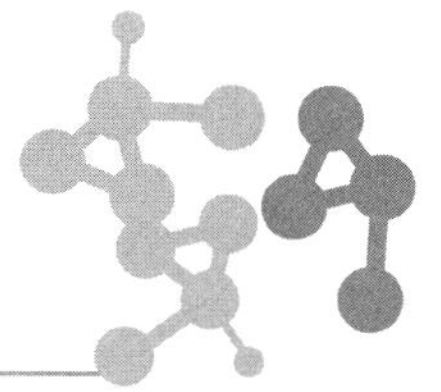

植物细胞组织培养实验室的设置和基本操作技术

2.1 实验室设置及基本技术

2.1.1 实验室构成

一个标准的组织培养实验室应当包括:洗涤室、准备室、接种室、培养室、观察室(或细胞学实验室)、贮存室、温室等。在实际中可结合实验条件,合并部分实验室。

1. 洗涤室

洗涤室专门负责植物材料的初步清洗处理(如把带泥土和杂菌多、易污染的部位削掉,以便进一步冲洗消毒)、试管苗出瓶、玻璃器皿等清洗与整理工作,室内应配备1至几个水槽或清洗玻璃器皿的机器,1～2个洗液缸,为防止碰坏玻璃器皿,可铺垫橡胶,地面要耐湿并能排水,上、下水道要畅通,备有塑料筐用于运输培养器皿,备有干燥架用于放置干燥刷净的培养器及存放干净玻璃器皿的柜子等,把灭菌锅、蒸馏水发生器放于此室内。

2. 准备室

主要用于植物细胞组织培养和试管苗生产所需要的各种器具的干燥和保存,培养基药品的称量、溶解、配制、分装和高压灭菌、化学试剂的存放及配制,重蒸水的生产、植物材料的预处理及培养物的常规生理生化分析等操作都在准备室(图2-1)中进行。为了配制各种培养基,室内必须有一个较大的平面工作台及存放各种培养基所需化学试剂的药品柜,以及放置常用玻璃器皿、试剂和常用的设备等。准备室要求面积大、明亮,墙上安装换气扇,墙的内壁和工作台都要采用耐腐蚀的材料。为了避免工作人员进出时将杂菌带入,准备室中也可安装紫外线灯,随时可以灭菌。

3. 接种室

接种室是进行植物材料的分离接种、培养物的转移、试管苗的继代等的一个重要操作实验室,无菌条件的好坏、持续时间的长短对降低培养物的污染率、提高效率关系很大。接种室除了出入口外,其余应全部密闭,一般不安装风扇,保证没有空气对流,通风换气需借助空气调节装置进行。接种室的面积要看工作量的大小、接种人员的多少及接种设备的情况而定,在工作方便的前提下,接种室(图2-2)宜小不宜大,一般10～12 m^2,为便于放置超净工作台,门需稍大,应装成双扇滑门,以减少开关门时的空气扰动,要求地面、天花板及四壁尽可能密闭光滑,易于清洁和消毒。室内干爽安静,清洁明亮,在适当位置安装1～2盏紫外线灯,用以照射灭菌,最好安装一台小型空调,使室温可控,这样可使门窗紧闭,减少与外界空气对流。

如果有条件的话,可将接种室外再设置一个缓冲间(图2-2),面积3 m^2为宜,进入无菌操作室前在此更衣、换鞋帽等,以减少进出时带入杂菌,缓冲间最好也安装一个紫外线灭菌灯,用以照射灭菌。

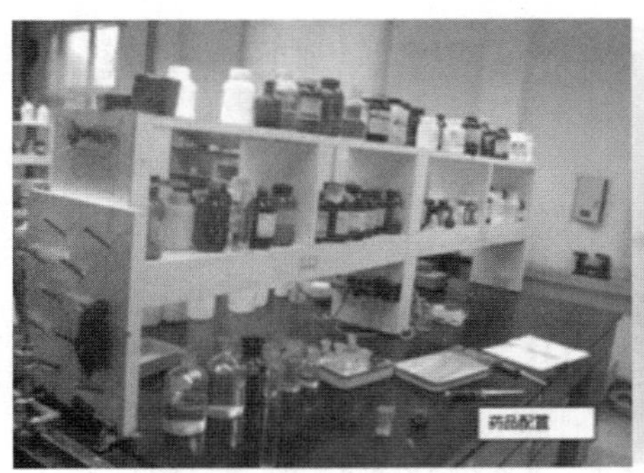

图 2-1　准备室及室内的部分药品

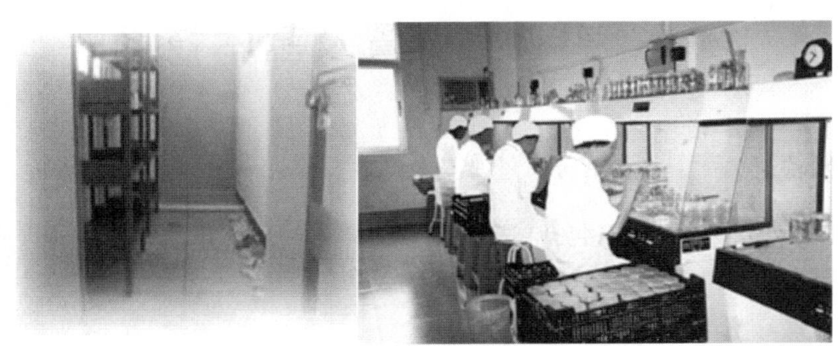

图 2-2　接种室外设置的缓冲间及接种室内超净工作台上的接种

4. 培养室

为满足培养材料生长、繁殖所需的温度、光照、湿度和通风等条件，一般培养室要求非常卫生、恒温并有理想的光照控温系统。培养室的温度应当是可控的，为使温度恒定和均匀，应配有带自动控温的电暖气或空调等设备，使温度保持在(25±2) ℃，晚上一般不应低于 20 ℃。由于热带植物和寒带植物等物种要求不同温度，最好不同物种有不同的培养室。若要求更高或更低的温度，可使用装有荧光灯的培养箱。

培养室应建在房屋的南面，除南面有大窗户外，东边或西边也应有大窗户，以便尽量利用自然光。培养室的大小，可根据培养架的大小、数目以及其他附属设备而定，其设计以充分利用空间及节省能源为原则，高度比培养架略高为宜，周围墙壁要求有绝热防火的性能，最好装成滑门，便于保温，节省能源。

现代组培实验室大多设计为采用天然太阳散射光作为主要能源，这样可以节约能源，而且组培苗接受太阳光生长良好，驯化易成活。培养室的光源通常采用普通的白色日光灯，可在阴天用于补光，但有些情况下也需要较强的光照或完全黑暗。光源设备上可安装定时开关钟，无须每天人工开关灯，一般需要每天光照 10～16 h。暗培养一般是在生化培养箱里进行的。在培养室内应设有若干培养架以放置培养物，将培养材料放在培养架上培养。培养架(图 2-3)大多用金属制成，一般设 5 层，最低一层离地高约 20 cm，其他每层间隔 30 cm 左右，培养架高 1.7 m 左右。培养架长度需依日光灯的长度而设定。

培养室的湿度也是一个值得考虑的问题，相对湿度以保持在 70%～80%为好。可安装自动加湿器或恒温恒湿机，当培养室的相对湿度降到 50%以下时，应采取措施增加湿度，以免造成试管或培养容器内培养基干涸。如果湿度太高，棉塞发潮，培养物被污染的机会就会增加。

如果要进行悬浮培养，培养室内还应设有摇床，可以是平动式的，也可以是旋转式的。必要时也可购置温光可控式摇床。若有条件，最好设置一台备用发电机，以便在停电时使用。

5.观察室或细胞学实验室

如果条件允许，可设置一间观察室或细胞学实验室（图2-4），放置显微镜、解剖镜或照相设备，便于对实验材料进行认真观察、分析和照相。

图2-3　培养室内培养架的设置情况

图2-4　细胞学实验室

6.贮存室

如果条件允许，最好设置一间贮存室，把暂时不用的器皿、用具等存放在贮存室内，也可以用作种质保存。这种房间应当阴凉，室温较低，能见一点散射光更好。

7.温室

若条件许可，可建立人工气候室及试管苗炼苗用的温室（图2-5）。试管苗移栽必须要有温室，建造温室如用钢架、玻璃则成本太高，可用单坡塑料大棚代替，这种大棚在向阳面搭棚，其余三面打墙，以防风保温，成本低廉。温室的面积依据科研和生产实际情况而定。为了节省投资，降低成本，组织培养实验室建得不要太大。据报道，国外建立私人或家庭组织培养实验室，面积36～40 m^2，每年生产组织培养苗数10万株，可供数个苗圃育苗需要。

2.1.2　基本设备

利用植物细胞组织培养技术获得的材料，需要放在一定的温度、湿度、光照、营养条件下培养生长、发育和繁殖，这就必须要有一定的条件。常用的基本设备如下：

1.超净工作台

超净工作台（图2-6）主要用以进行无菌操作，一般由鼓风机、滤板、操作台、紫外线灯和照明灯等部

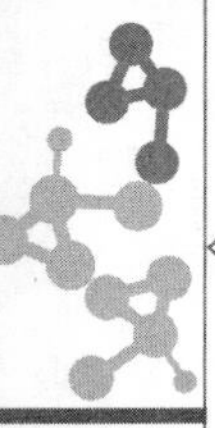

图 2-5　组培用温室

图 2-6　超净工作台

分组成。

在小型鼓风机带动下，先让空气穿过一个粗过滤器，在这里把大部分空气尘埃先滤掉。然后再使空气穿过一个细致的高效过滤器，把大于 0.3 μm 的颗粒包括细菌和真菌孢子等都滤掉，这种不带真菌和细菌的超净空气吹过台面上的整个工作区域，超净空气的流速为每分钟 24～30 m，这个气流速度足够防止因附近空气袭扰而引起的污染，这样的流速也不会妨碍酒精灯对器械的灼烧消毒，只要超净工作台不停地运转，在台面上即可保持一个完全无菌的环境，可保证无菌材料在接种过程中不受污染。在每次操作之前，要把实验材料和在操作中使用的各种器械、药品等放入台内，不要中途拿入；同时，台面上放置的东西也不宜太多，特别注意不要把东西迎面堆得太高，以致挡住气流。最后，在使用超净工作台时应注意安全，当台面上的酒精灯点燃以后，千万不要再喷洒酒精消毒台面，否则很容易引起火灾。根据风幕形成的方式，超净台可分为水平式和垂直式两种，它有单人式、双人式及三人式的，也有开放式和密封式的，目前这两种超净工作台我国都有生产。

2. 解剖镜

解剖镜种类很多，分离解剖微茎尖，可采用双筒解剖镜（图 2-7）。

3. 大型工作台

大型工作台高度应适合于站立工作。

4. 药品柜

药品柜（图 2-8）用于放置常用药品。

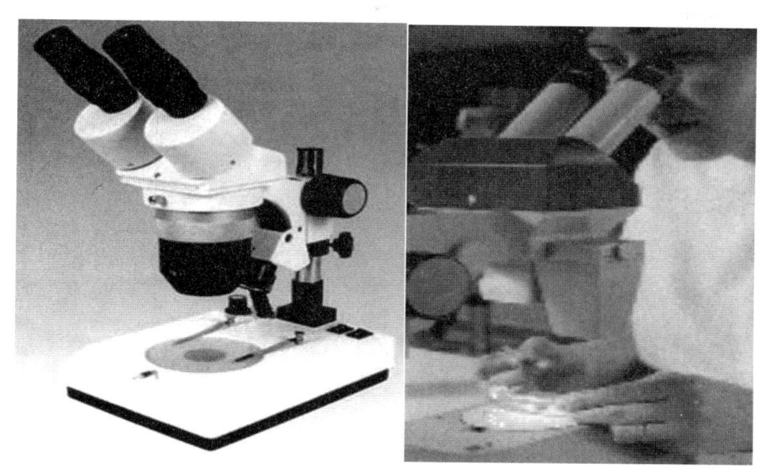
图 2-7 解剖镜

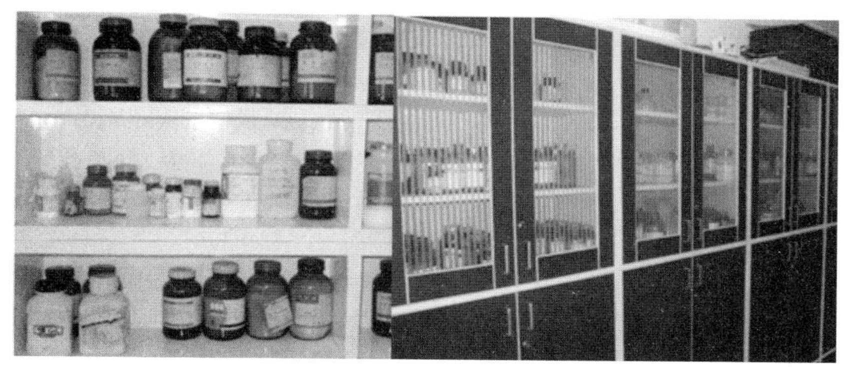
图 2-8 常用药品存放柜

5.低温冰箱或普通冰箱

冰箱(图 2-9)主要用于贮存培养基贮备液,某些酶和椰子汁,各种易变质、易分解的化学药品和植物材料等。

图 2-9 普通冰箱和超低温冰箱

6.药物天平和电子分析天平

药物天平主要用于称取蔗糖、大量元素和琼脂等,称量精度为 0.1 g;电子分析天平用于称取微量元

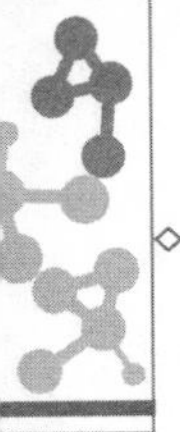

素、维生素、激素等微量药品，精确度为 0.000 1 g。见图 2-10。

图 2-10　从左到右依次为百分之一、千分之一和万分之一天平

图 2-11　去离子水装置

7. 制蒸馏水或去离子水装置

水中有无机和有机杂质，如不除去势必会影响培养效果。植物细胞组织培养中常使用蒸馏水和去离子水，蒸馏水多采用硬质玻璃或金属蒸馏水器制成，去离子水则用离子交换器制备（图 2-11），成本虽低，但不能去掉水中的有机成分。

8. 电热磁力搅拌器

电热磁力搅拌器用以加速搅拌溶解化学药品，如各种化学物质、琼脂粉溶解等。

9. 恒温水浴锅或微波炉

恒温水浴锅或微波炉以溶解琼脂或融化培养基、难溶解药品等。

10. 可调式电炉或电饭锅

可调式电炉或电饭锅一般加热用，常与压力锅配合用于蒸汽消毒，电炉的功率为 1 500 W 或 2 000 W，并配制铝锅。

11. 酸度计

组织培养中培养基 pH 是否准确很关键，因此配制时，需要用酸度计（图 2-12）测定来调整。若无酸度计，也可使用精密 pH 1.0～12.0 的试纸代替。测量 pH 时，待测液必须充分搅拌均匀。使用酸度计前，应调节温度到当时的室温，用标准液（pH 7.0 或 pH 4.0）校正后方能测定。如果培养基温度过高，

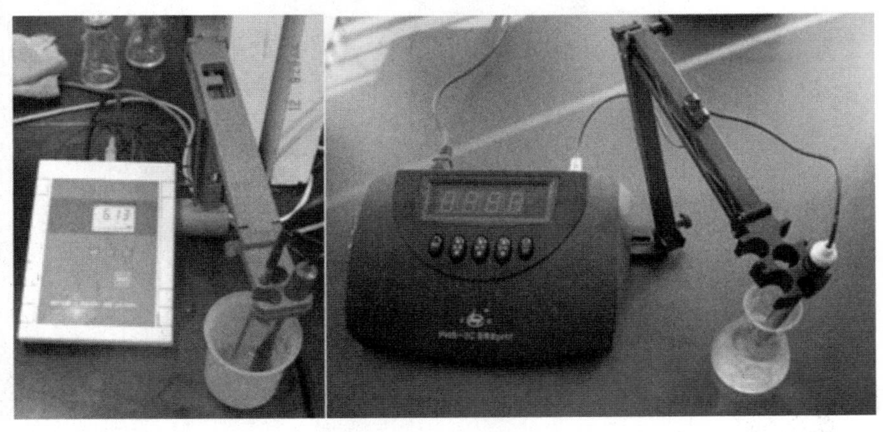

图 2-12　普通酸度计

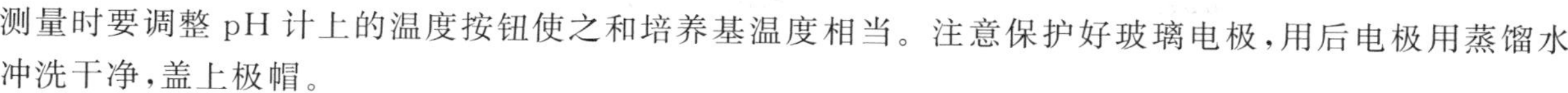

测量时要调整 pH 计上的温度按钮使之和培养基温度相当。注意保护好玻璃电极，用后电极用蒸馏水冲洗干净，盖上极帽。

12. 培养基分装设备

小型实验室可采用烧杯直接分装培养基，大型实验室可采用医用“下口杯”作为分装工具，在其下口管上套一段软胶管，加一弹簧止水夹，使用时非常方便。更大规模或要求较高效率时，可采用液体自动灌注设备。

13. 高压灭菌锅

高压灭菌锅是组织培养中基本的设备之一，用于培养基、蒸馏水和接种器械的消毒灭菌等。目前有大型卧式、中型立式、小型手提(图 2-13)。小规模实验室可选用小型手提高压灭菌锅。如果是连续大规模生产，则采用大型立式或卧式高压灭菌锅，通常以电作能源。一般在 121 ℃，1.0～1.1 kg/cm^2 下，保持 15～40 min 即可。

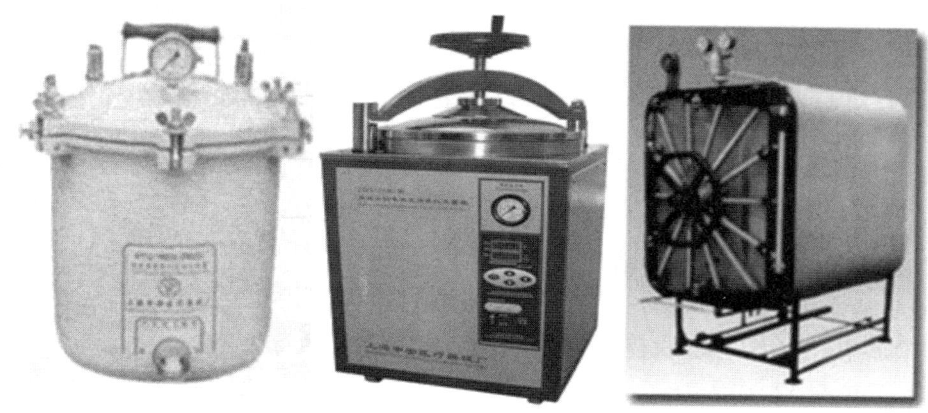

图 2-13 手提式、中型和大型高压灭菌锅

14. 恒温培养箱

恒温培养箱(图 2-14)用于少量植物材料的培养，其内有温度感受器，生化培养箱还配有光照装置。

图 2-14 恒温培养箱

15. 烘箱

烘箱(图 2-15)主要用以烘干洗过的器皿和对玻璃器皿进行干热消毒。洗净后的玻璃器皿，如需要

迅速干燥，可放在烘箱内烘干，温度 80～100 ℃为宜。若需要干热灭菌，温度升高至 160～180 ℃，持续 1～3 h 即可。

图 2-15 烘箱

16.吸气机或真空泵

吸气机或真空泵用以辅助过滤灭菌。

17.低速台式离心机

低速台式离心机(图 2-16)用于沉淀细胞以便确定沉积细胞的总体积或清洗原生质体，一般转速为 2 000～4 000 r/min。

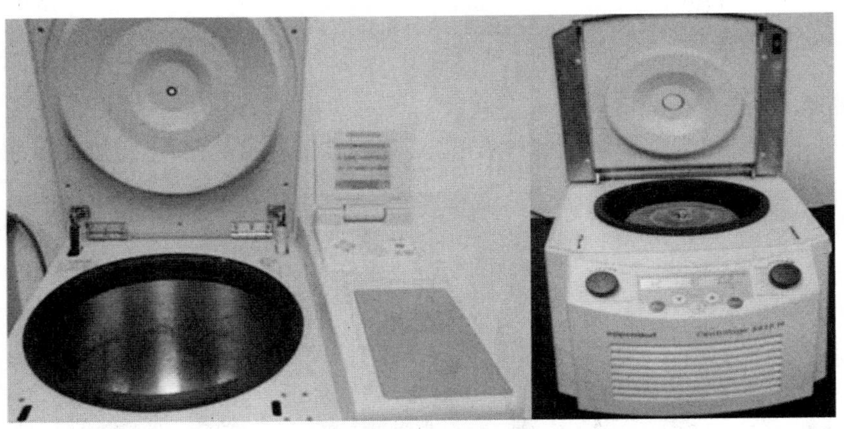

图 2-16 台式离心机

18.空调

空调用以保持培养室温度。

19.摇床或振荡器

植物细胞组织培养中有时要进行液体培养，为改善培养液中的氧气状况，需要用到摇床或旋转培养机(图 2-17)，用于悬浮培养和振荡培养，如细胞悬浮培养。摇床分水平往复式和回旋式两种，一般振速为 100 r/min 左右。

20.血球计数器

血球计数器(图 2-18)用于细胞计数。

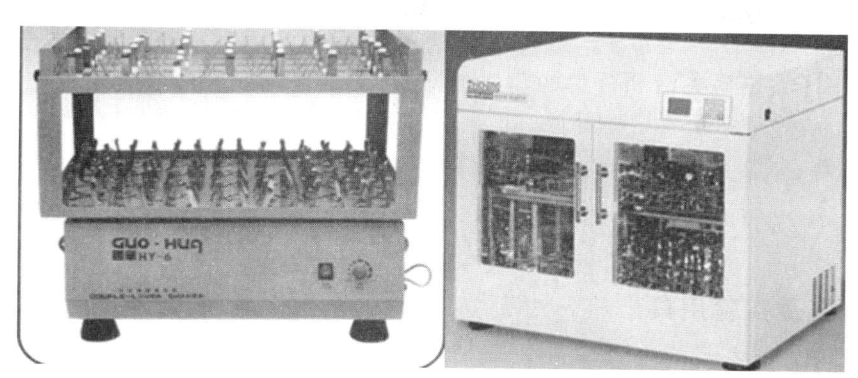

图 2-17　多用振荡器和恒温振荡器

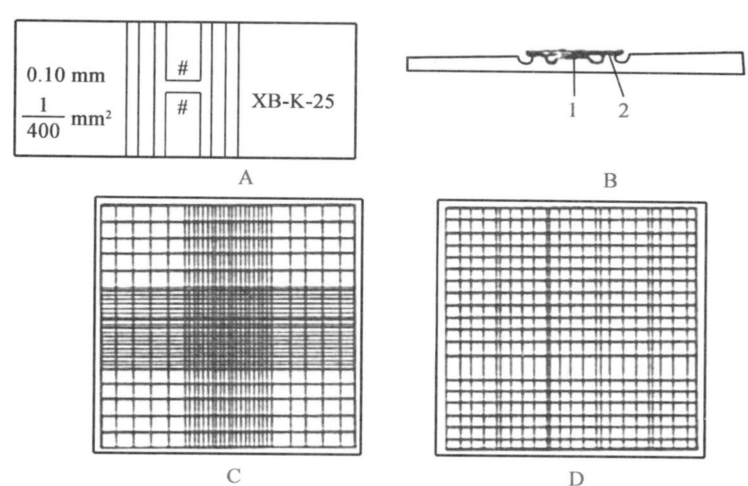

A. 俯视　B. 侧视　C. 九大格　D. 一大格(25 中格)　1. 中央平台　2. 盖玻片

图 2-18　血球计数器(板)的结构

21. 显微镜

显微镜(图 2-19)用于观察细胞和组织。一般用双筒实体显微镜较多，用于剥取茎尖以及隔瓶观察内部植物组织生长情况。同时还需要有生物显微镜、倒置显微镜等。

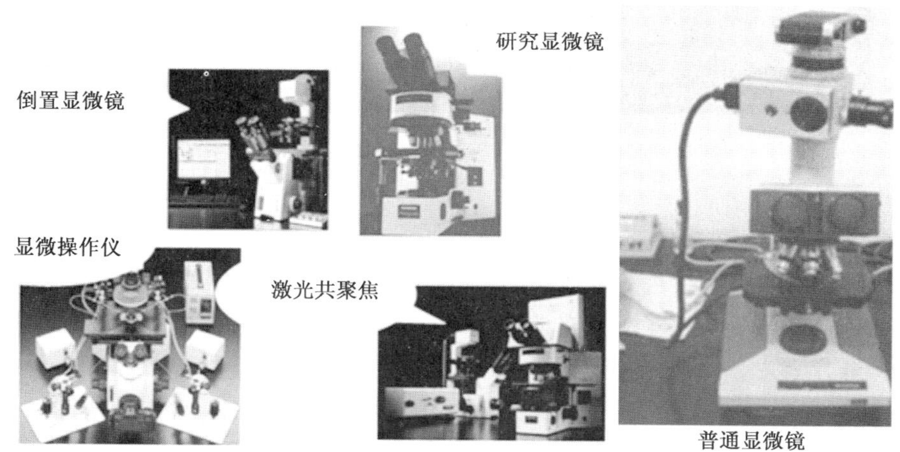

图 2-19　组培用各种显微镜和装置

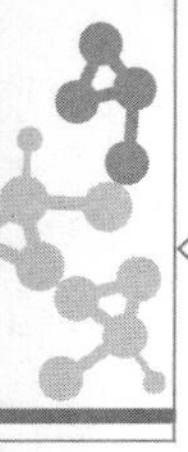

22. 过滤除菌器

过滤除菌器用于加热易失活和分解的物质的除菌，一般使用直径小于或等于 0.45 μm 的滤膜。

23. 电消毒设备

电灭菌仪(图 2-20)用于镊子、剪刀、接种针等金属类灭菌。

图 2-20　电灭菌仪

2.1.3　培养器皿及实验用具

1. 玻璃器皿

在组织培养中应使用硼硅酸盐玻璃器皿或碱性溶解度小的硬质玻璃器皿，因钠玻璃对组织培养的材料来说通常是有毒害的，特别是在进行长时间重复使用时毒害会更明显，长时间贮藏母液，也需要用优质玻璃瓶。培养器皿(图 2-21)还要求透光度好，能耐高压高温，能方便放入培养基和培养材料。三角瓶(锥形瓶)或烧杯无论是静置培养还是振荡培养均可用到，最常用的规格有 100 mL、250 mL、500 mL、1 L；容量瓶一般采用 100 mL、500 mL、1 L；量筒一般采用 25 mL、50 mL、100 mL、500 mL、1 L；刻度移液管一般采用 1 mL、2 mL、5 mL、10 mL；试管一般采用 2 cm×15 cm、2.5 cm×15 cm、3 cm×15 cm 等规格；试剂瓶(棕色)多采用 100 mL、500 mL；培养皿常用 6 cm、9 cm、12 cm 等规格；培养瓶形状有长方形和圆形，大小规格不一，其优点是可以从瓶外用显微镜观察植物细胞分裂和生长情况，常用规格有 200～500 mL；另有玻璃棒、漏斗、玻璃管、注射器等。瓶口封塞应具有一定的通气性和密闭性，以防止培养基干燥和杂菌污染。以前封口常用棉塞，但这种封口方法极易污染，且不易保持培养瓶的湿度，现多采用聚丙烯塑料薄膜封口。

目前，培养器皿和培养基所需的玻璃器皿逐渐被塑料器皿代替，塑料制品具有质轻、透明、不易破碎、成本低等优点。如培养容器多为平底方盒形，可提高培养空间利用率，并可一层层地重叠起来，从而节约空间，这种类型的制品多采用聚丙烯材料制成，能耐高温，可进行高压灭菌。

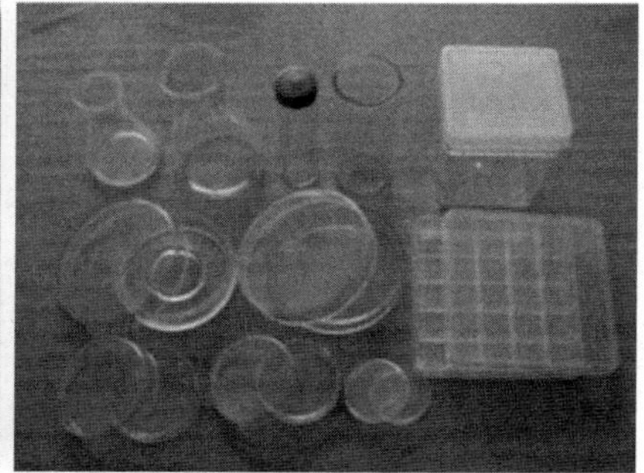

图 2-21　各种培养器具

2. 镊子类

镊子主要用以进行接种和继代。根据操作需要镊子(图 2-22)有各种类型，组织块、愈伤组织移植时常用长 20～25 cm 长形钝头镊子。分离植物叶片表皮时，则可用尖头的钟表镊子和鸭嘴镊子。尖头镊子则用于撕掉叶片表皮，一般以不锈钢做的镊子较好。

3. 剪刀类

常用的剪刀(图 2-22)有眼科剪、手术剪。长 18～25 cm 的弯头剪，特别适于深入到试管内剪取茎段、叶片等；坚硬植物枝条的取材和剪取则要用修枝剪。

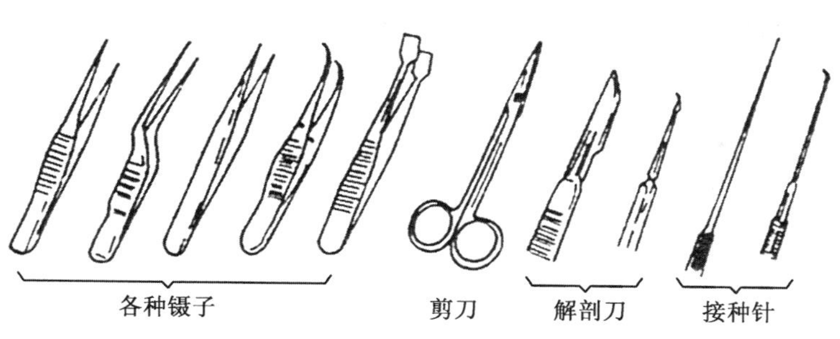

图 2-22　植物细胞和组织培养所用主要金属器械

4. 解剖刀

解剖刀(图 2-22)用以切割植物较小材料和分离茎尖分生组织。解剖刀有活动和固定两种,前者刀柄长,可以更换刀片,较适用于分离培养物;而后者则适用于较大外植体的解剖用。刀片要保持锋利状态,否则切割时会造成挤压,引起周围细胞组织大量死亡,影响培养效果。另外,单面刀片和眼科刀也可以用。

5. 带盖广口玻璃瓶

带盖广口玻璃瓶用以对植物材料进行表面消毒或用于浸泡镊子、剪刀等。

6. 解剖针

解剖针可深入培养瓶中,转移细胞或愈伤组织,也可用于分离解剖微茎尖的幼叶,可以自制。

7. 钻孔器

钻孔器用以切取标准大小的圆柱形植物组织。

8. 塑料桶

塑料桶用以浸泡待洗的实验室器皿。

9. 手持喷雾器

手持喷雾器用以在超净工作台内喷洒酒精进行消毒。

10. 塑料大桶

塑料大桶用以贮存蒸馏水,多采用 10 L 或 20 L。

11. 各种大小的塑料瓶

塑料瓶用以贮存和低温冷藏各种溶液。

12. 酒精灯

酒精灯用以金属接种用具的灼烧灭菌和在其火焰无菌圈内进行无菌操作。

13. 器械架

器械架用以在无菌操作期间架放消过毒的各种用具,如刀、镊子等。

14. 扁头小铲

扁头小铲用以继代易散碎的愈伤组织。

15. 皮下注射器

皮下注射器用以对溶液进行过滤灭菌。

16. 室内小推车

室内小推车(图 2-23)用以转运培养物、培养基和各种器皿用具。

17. 铁丝筐

铁丝筐用以盛放小玻璃瓶以便连瓶灭菌培养基,或用来盛放刚洗过的器皿以使之沥干。

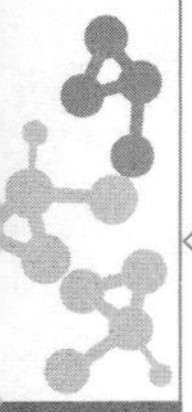

18.接种针

接种针(图 2-22)用以接种。

19.细菌滤膜及其支座

细菌滤膜用以对溶液进行过滤灭菌。

20.吸管和上面的橡皮头

吸管用以吸取溶液。

21.各种孔径的不锈钢筛网

不锈钢筛网用以分离大小不同的细胞团。

22.凹穴载片

凹穴载片用以进行悬滴培养。

23.载玻片和盖玻片

载玻片和盖玻片用以制作细胞和组织的显微制片。

24.移液器

移液器用以吸取用量较小的溶液(图 2-24)。

图 2-23　四轮小推车

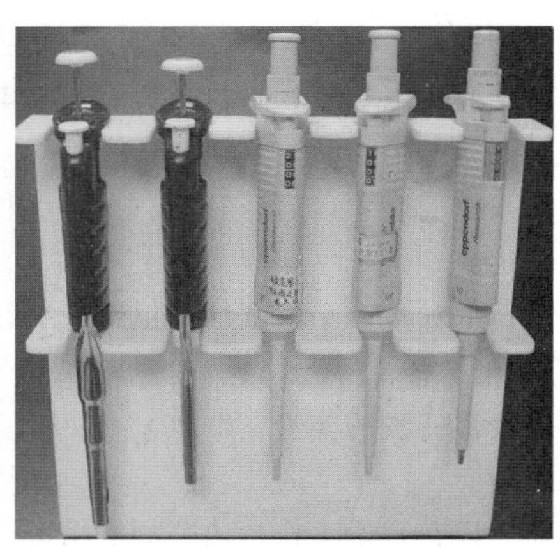

图 2-24　各种型号的移液器

2.1.4　洗涤技术

1.玻璃器皿的洗涤

在植物细胞组织培养实验中经常使用各种玻璃仪器和器皿。如果在实验中使用不清洁的器皿,则会由于污染物和杂质的存在而影响到培养效果。因此,玻璃器皿的洗涤是实验的一个重要内容。一般情况下,附着在仪器上的污染物有尘土和其他不溶性物质,针对不同性质的污染物,可分别选用下列方法进行洗涤。

(1)新购玻璃器皿　新购买的玻璃器皿表面常附有游离的碱性物质,先除去外层包装纸,在刷洗前先在水中浸泡 2～4 h,以便除去一些残渣、灰尘和某些可溶性物质。具体操作步骤如下:

对一些广口类的器皿如培养瓶等根据清洁程度,可用自来水冲洗。冲洗完后还比较脏,可直接用毛刷蘸取适量的肥皂水或 0.5%的去污剂等普通洗涤剂反复刷洗器皿的内外壁,然后用自来水冲洗干净,再浸泡在 1%～2%盐酸溶液中过夜(不可少于 4 h),最后用蒸馏水洗 2～3 次即可备用。而对一些像容量瓶等长口大肚类的容器,属于难以用刷子清洗的特殊器皿,则需用刷子先将外表刷洗干净,然后将洗涤剂灌入其中约 2/3(或浸泡到一个较大的容器中),再盖上瓶盖,用双手拿稳容量瓶上下前后反复猛烈

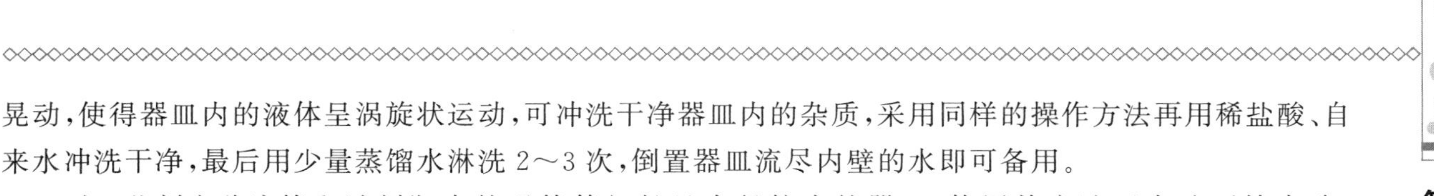

晃动，使得器皿内的液体呈涡旋状运动，可冲洗干净器皿内的杂质，采用同样的操作方法再用稀盐酸、自来水冲洗干净，最后用少量蒸馏水淋洗 2～3 次，倒置器皿流尽内壁的水即可备用。

对一些刻度移液管和试剂瓶中的吸管等细长且内径较小的器皿，使用前应洗至内壁不挂水珠，1 mL 以上的移液管用移液管专用刷子刷洗，0.1 mL、0.2 mL 和 0.5 mL 的移液管可用洗涤剂浸泡，必要时可以用超声清洗器清洗。一般操作方法如下：先将移液管、吸管等玻璃管在洗涤液中浸泡适当时间后，将尖端浸没在洗涤液中，用洗耳球对准移液管的粗端，配合合适的力度，用手来回反复地挤压洗耳球，使得洗涤液在管内快速往返运动，可清洗干净其中的杂质；之后采用同样的操作方法，将洗涤液分别换成自来水和蒸馏水清洗干净后尖端向下，倾斜放置在管架上，流尽管内的水即可备用。也可将玻璃器皿直接放入盛有洗涤剂的超声波清洗机中，浸泡合适的时间后，启动旋钮即可清洗干净洗涤物，再用自来水和蒸馏水冲洗干净备用。

上述器皿洗后，如内壁还有油污，则应倒尽残水，用重铬酸钾洗液浸洗。向容量瓶内倒入适量的重铬酸钾洗液，倾斜转动，使洗液充分润洗内壁，再倒回原洗液瓶中，用自来水冲洗干净后再用蒸馏水润洗 2～3 次备用。

(2)用过的玻璃器皿　用过的玻璃器皿必须立即洗涤，应养成习惯。由于污垢的性质在当时是清楚的，用适当的方法进行洗涤是容易做到的。若时间久了，可能会增加洗涤的困难。洗涤的一般方法是用水、洗衣粉、去污粉刷洗。刷子是特制的，如瓶刷、烧杯刷等，但用腐蚀性洗液时则不用刷子。

①广口型器皿　对一些广口型器皿，例如三角瓶(锥形瓶)、烧杯、量筒、试管、广口瓶、培养皿，甚至包括玻璃棒等，由于开口较大，适合于各种类型的刷子操作，因而在洗刷期间可配合使用刷子，具体洗刷方法如下。

用自来水刷洗：先将脏的玻璃器皿放在水槽中浸泡，用刷子除去瓶内残余的污物，用自来水冲洗 1 次再浸泡入自来水中(对一些比较干净且无明显污物的器皿，可直接浸泡入自来水中) 2 h 左右，然后根据所洗器皿的形状选用合适的毛刷，如试管刷、烧杯刷、锥形瓶刷、滴定管刷等认真刷洗器皿，可基本除去器皿表面上的灰尘、可溶性物质以及一些不溶性物质。洗刷时，不能用秃顶的毛刷，也不能用力过猛，防止戳破仪器。

用去污粉、皂液和合成洗涤剂清洗：用毛刷蘸取适量去污粉、洗衣粉或合成洗涤剂刷洗内外表面，必要时可将洗液加大浓度或预先加热以提高效果，然后用自来水冲洗干净。这些洗涤剂可以洗去油脂或某些有机物。若仍洗涤不净时，可用热的碱液洗，再用自来水冲洗干净，一般的污渍采用该方法都能去除掉。

用重铬酸钾等特殊洗涤剂清洗：在上一步骤中，采用肥皂水或去污粉洗净的器皿内壁应不挂水珠，否则说明有污迹，则需进一步采用重铬酸钾洗液浸洗。洗液是浓硫酸和饱和重铬酸钾溶液的混合物，配制时将 150 g 化学纯的重铬酸钾溶于适量的热水中，冷却后用粗滴管缓缓滴加工业用浓硫酸，边加边搅拌直到烧杯壁很烫，稍停顿一会儿，待散热后，再继续加入浓硫酸总量约 450 mL 即成。新配制的洗液为深褐色，有很强的氧化性和酸性。使用洗液时应避免引入大量的水和还原性物质(如福尔马林、酒精及某些有机物)，否则会因洗液冲稀或变绿而失效。洗液中浓硫酸易吸水，不用时应贮存于带磨口的玻璃细口瓶中。对一些广口型的器皿可直接倒入重铬酸钾洗液，配合相应的刷子小心地刷洗干净，可除去一切有机物质。

对一些用过的试剂瓶等，在用自来水和肥皂水洗涤后，瓶壁内仍然残留有不溶性物质，也可采用特殊的试剂清洗。例如，用盐酸-乙醇洗涤液或用适当的酸可洗去难溶的氢氧化物、硫化物等；当有胶状或焦油状有机污垢如用上述方法不能洗去时，可用丙酮、乙醚、苯浸泡，再用蒸馏水冲洗。用酸性硫酸亚铁溶液洗涤沾有 MnO_2 污物的器皿，会收到更好的效果。

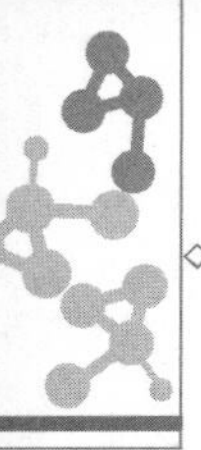

用自来水和蒸馏水清洗:在用去污粉和洗涤剂洗涤后的各类器皿,先用自来水冲洗干净,最后用蒸馏水淋洗 2～3 次即可备用。洗干净的器皿应该是铮亮透明,内外壁水膜均一,不挂水珠,说明没有污迹存在。

②容量瓶、移液管、吸管类器皿　这类器皿因其特殊的结构难以用刷子清洗内壁,洗涤操作步骤如下。

用去污粉、皂液和合成洗涤剂清洗:用过的移液管和吸管首先用去污粉、皂液或合成洗涤剂清洗,其具体操作步骤如同"新购玻璃器皿"的洗涤操作,在此不再赘述。

用重铬酸钾洗液清洗:在上一步中采用一般的去污粉或合成洗涤剂无法去除污渍的移液管,可进一步采用重铬酸钾洗液清洗,必要时可预先加热洗液,其氧化效果会更强,但是一定要先将器皿上的肥皂水等用自来水冲洗干净并晾干。具体步骤是先取一定量洗液倒入 100 mL 烧杯中,然后用右手的拇指和中指拿住移液管的上管颈标线以上部位,使管下端伸入烧杯中的洗液,左手握住洗耳球使其出气口与移液管的上管口贴紧不漏气,用洗耳球从上端吸气,使烧杯中的洗液吸入管内,当洗液上升到一定的高度后,移开洗耳球,用右手食指迅速按住管口上端,静置几分钟;或者待洗液吸入管内后,用两手平端移液管并不断缓慢转动,直到洗涤液布满全管为止,最后管口尖端朝下松开食指,使重铬酸钾洗液流回烧杯中,待洗液流尽后,取出,将管倒置,使管上端未浸过的部分再浸入洗液中,浸泡片刻后取出液面,用过的洗液全部放回原瓶中。

重铬酸钾洗液具有很强的腐蚀性,而且铬有毒性,用时必须特别小心,注意安全。洗涤移液管时,绝对不能用口吸,只能使用洗耳球吸取。洗液可反复使用,用过的洗液应倒回原装瓶下次再用,绝不允许倒入水槽内。洗液经多次使用后效力降低时,可加入适量的 $KMnO_4$ 粉末再生。

用自来水和蒸馏水清洗:用重铬酸钾洗液洗完后,再用自来水充分地冲洗内外壁至流出的水无色,且移液管的内壁应完全被水均匀润湿且不挂水珠,然后用蒸馏水洗 2～3 次即可,洗后的移液管应将其尖端倾斜向下,使水流尽。

玻璃器皿粘有凡士林,先用废纸擦去凡士林后,再用去油剂擦洗,最后用热肥皂水煮沸 30 min,刷洗后并用自来水冲洗。若带有石蜡,则在玻璃器皿下垫几层废报纸,放入 60～70 ℃的烘箱中,加热 1～2 h 至熔化,用废纸反复擦几次除去部分石蜡,再将器皿浸泡入肥皂水中加热煮沸 30 min,刷洗后可彻底除去石蜡。器皿上若粘着有胶布或标签纸之类的附着物,可先用 70%的酒精棉球擦数遍使酒精溶解粘胶状物,再用洗衣粉溶液煮沸 30 min,刷洗后用自来水冲洗干净即可。

石英和玻璃比色皿绝不可用强碱清洗,因为强碱会侵蚀抛光的比色皿。只能用洗液或 1%～2%的去污剂浸泡,然后用自来水冲洗,若用一支绸布包裹的小棒或棉花球棒刷洗,效果会更好。清洗干净的比色皿内外壁应不挂水珠。

若用去污粉难以洗涤时,则可根据污垢的性质选用适当的洗液进行洗涤。如酸性(或碱性)的污垢可用碱性(或酸性)洗液洗涤;有机污垢用碱液或有机溶剂洗涤,但用腐蚀性洗液时则不能用刷子。

吸管类器皿的洗涤可采用超声波洗涤法,具体方法是在超声波清洗器中放入需要洗涤的器皿,再加入合适洗涤剂和水,接通电源,利用超声波能量和振动,就可把器皿清洗干净,既省时又方便。

若要重新利用曾装有污染组织或培养基的玻璃器皿,在清洗之前,应先不开盖,把它们放入高压锅中灭菌,这样做可以把所有污染微生物杀死。即使带有污染物的培养容器是一次性消耗品,在把它们丢弃之前也应先进行高压灭菌,以尽量减少细菌和真菌在实验室中的扩散。如用过的玻璃器皿在管壁上或瓶壁上粘有干掉了的琼脂,也是在清洗之前,最好将其放入高压锅中融化,倒掉再彻底清洗。

对于某些特殊污垢采用常规的方法不能除去时,则可通过化学反应将黏附在器壁上的物质转化为水溶性物质,然后再清洗。几种常见污垢的处理方法见表 2-1。

表 2-1 常见污垢的处理方法

污垢	处理方法
沉积的金属银、铜	用硝酸处理
沉积的难溶性银盐	用 $Na_2S_2O_3$ 洗涤，Ag_2S 用浓热的硝酸处理
高锰酸钾污垢	用草酸溶液处理
胶状或焦油状物	采用有机溶剂如丙酮、乙醚等浸泡，要加盖子防止溶剂挥发。也可用高浓度的氢氧化钠溶液在热水浴中浸泡
一般油垢及有机物	用含有高锰酸钾的氢氧化钠溶液处理或者合成洗涤剂处理

2. 塑料器皿的洗涤

（1）新购塑料器皿　聚乙烯、聚丙烯等制成的塑料器皿，在组织培养实验中用得越来越多。新购买的塑料器皿第一次使用时，可先用 6 mol/L 尿素（用浓盐酸调 pH＝1）清洗，接着依次用去离子水、0.5 mol/L KOH 和去离子水清洗，然后用 1～3 mol/L EDTA 除去金属离子的污染，最后用去离子水彻底清洗，以后每次使用时，用 0.5％的去污剂清洗，然后用自来水和去离子水洗净即可。

（2）用过的塑料器皿　使用洁净的器皿是植物细胞组织培养实验成功的重要条件，也是组织培养工作者应有的良好习惯，因此有效的洗涤是至关重要的。做完实验，应立即把用过的塑料器皿洗刷干净，这是由于此时污染物比较容易清洗，同时由于了解污染物的性质，有利于选用适当的洗涤方法。塑料器皿洗涤的一般程序是：

①用水刷洗，对于塑料量筒、培养皿等可直接用合适的刷子紧贴杯壁转动刷洗，配合镊子可洗去大块污染物、可溶性物质，又可使附着在器皿上的尘土等洗脱下来。

②用合适的毛刷蘸取少量的合成洗涤剂或者去污粉洗刷，或浸泡在 0.5％的清洗剂中超声波清洗。有时去污粉的微小粒子黏附在器壁上不易洗去，可用少量稀盐酸摇洗 1 次。若用去污粉难以洗涤时，则可根据污垢的性质选用适当的洗液进行洗涤，通过化学反应将黏附在器壁上的物质转化为水溶性物质。如酸性（或碱性）的污垢可用碱性（或酸性）洗液洗涤；有机污垢用碱液或有机溶剂洗涤，但用腐蚀性洗液时则不能用刷子。如果器皿上附着有焦油状物质和碳化残渣，由于用去污粉、洗衣粉、强酸或强碱常常洗刷不掉，这时也可用重铬酸钾洗液，操作方法同玻璃器皿的洗涤。

③除垢后再用自来水冲洗，以便彻底洗净去污剂，用少量的纯水清洗 3 次即可备用。如果对仪器的洁净程度要求较高时，可用去离子水或蒸馏水进行淋洗 2～3 次，可彻底除去钙离子、镁离子等，用蒸馏水淋洗器皿时，一般用洗瓶进行喷洗，这样可节约蒸馏水和提高洗涤效果。

3. 金属工具的洗涤

在植物细胞组织培养中使用的金属工具一般为镊子、剪刀、解剖针等，对于镊子和剪刀等较大的金属工具上附着的有机物质可直接在酒精灯上灼烧除去表面的污染物等，使有机物变为粉末状颗粒等，然后在水槽中浸泡约 1 h，用刷子蘸取适量去污粉、洗衣粉或合成洗涤剂刷洗表面，必要时可将洗液加大浓度或预先加热效果更好，然后用自来水冲洗干净。对于解剖针等尖端锐利工具也可在酒精灯上直接灼烧，之后在水中涮洗，再用蒸馏水冲洗干净备用。

除了常规洗涤外，还有一些特殊的清洗方法，如采用超声波清洗器来洗涤，清洗过的器具再用蒸馏水清洗。

4. 除菌滤器的洗涤

用过的除菌滤器先将滤膜去掉，再用双蒸水洗涤滤器 3～5 次，置干燥箱中烘干备用。

2.1.5 器皿烘干处理

组培实验中，经常要使用干燥的玻璃器皿，故要养成在每次实验后立刻把玻璃器皿洗净和倒置使之

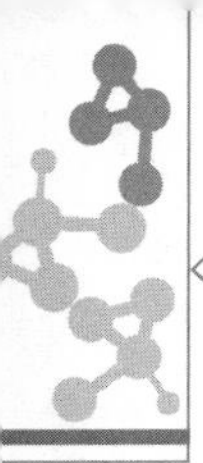

干燥的习惯，以便下次实验时使用。对于刚洗刷完的玻璃器皿，是否需要干燥依实验要求而定，若实验要求在无水条件下进行，则所有玻璃器皿必须选用适当方法进行干燥。洗净的玻璃器皿常用下列几种方法干燥。

(1)自然风干　将洗净的玻璃器皿倒置在滴水架上或通气玻璃柜中自然晾干。但必须注意，若玻璃器皿洗得不够干净时，水珠便不易流下，干燥就会较为缓慢。

(2)烤干　烧杯和培养皿可以放在石棉网上用小火烤干，此法只适用于硬质玻璃器皿。

(3)烘干　将洗净的玻璃器皿倒去残留水，口朝下放入烘箱中，在烘箱中放置玻璃器皿时应从上层依次往下层摆放，一般将烘热干燥的器皿放在上边，湿器皿放在下边，带磨口玻璃塞的器皿，必须取出塞子才能烘干，慢慢加热升温，烘箱内的温度最好保持在100～105 ℃，恒温30 min左右；对一些小件玻璃器皿，可在红外灯干燥箱中烘干；有刻度玻璃器皿和容量瓶等不能放入烘箱中加热干燥，一般采取晾干或依次用少量酒精、乙醚刷洗后用温热的气流吹干；硝酸纤维素的塑料离心管等加热时会发生爆炸，所以绝不能放在烘箱中干燥，只能用冷风吹干；其他塑料器皿由于高温容易变形，因而不能放在烘箱中干燥；金属类的器具可以直接放入烘箱中干燥，且温度可适当调高至130 ℃。烘干的器皿最好等烘箱冷却到室温后再取出。如果热时就要取出器皿，应注意用干抹布垫手以防烫伤。

(4)热空气浴烘干　把器皿放在两层相隔10 cm的石棉铁丝网的上层，用煤气灯加热下层石棉铁丝网，控制火焰，勿让上层石棉铁丝网温度超过120 ℃。器皿绝不能直接用火焰烤干或放在直接和火焰接触的石棉铁丝网上加热烘干，否则玻璃器皿易破裂。但试管可直接用小火烤，操作时，试管略为倾斜，试管口向下，先加热试管底部，逐渐向管中移动。

(5)吹干　对于急需干燥使用的器皿，清洗倒干残留水后，可使用吹干方法，即使用气流干燥器或电吹风把器皿吹干。首先将水控干后，加入少量的丙酮或乙醇摇洗并倒出，先通入冷风吹1～2 min后，待大部分溶剂挥发后，再吹入热风至完全干燥为止，最后吹入冷风使器皿逐渐冷却。

(6)有机溶剂法　在洗净的器皿内加入少量有机溶剂如丙酮、乙醇或无水乙醇，转动器皿，使器皿内的水分与有机物混合，倒出混合液，器皿即迅速干燥。这种干燥方式一般只适用于紧急需要干燥器皿时使用，且器皿容积不能太大。

带有刻度的计量容器不能用加热法干燥，否则会影响器皿的精度。一般采用自然风干或有机溶剂干燥的方法，吹风时使用冷风。

2.1.6　灭菌技术

灭菌是组织培养工作的重要内容之一。初学者首先要清楚有菌和无菌的范畴。有菌的范畴是指凡是暴露在空气中的物体，接触自然水源的物体，至少它的表面都是有菌的。所以，无菌室等未经处理的地方，我们使用的剪刀、镊子、超净工作台表面、解剖针，简单煮沸的培养基，洗得很干净的器皿表面等，我们身体的整个外表及其与外界相连的内表，如整个消化道、呼吸道等都是有菌的；无菌的范畴是指经一定时间蒸煮或高温灼烧过后的物体，经其他物理或化学灭菌方法处理后的物体，健康动、植物不与外部接触的组织内部，高层大气、化学灭菌剂、岩石内部、强酸强碱等表面和内部等都是无菌的。

植物细胞组织培养对无菌条件的要求是非常严格的，甚至超过了微生物的培养要求，是因为培养基中含有高浓度蔗糖，能供养很多微生物如细菌和真菌的生长，一旦接触培养基，这些微生物的生长速度一般都比培养的外植体快得多，最终将外植体全部杀死，这些污染微生物还可能排泄对植物组织有毒的代谢废物。因此，在组培实验中稍不小心就会引起杂菌的污染。

灭菌是指用物理或化学的方法，杀死物体表面或者孔隙内的一切微生物或生物体，即把所有有生命的物质全部杀死。物理方法如湿热(常压或者高压蒸煮)、清洗和大量无菌水冲洗、干热(烘烤或者灼烧)、离心沉淀、射线(紫外线、超声波、微波)、过滤等措施；化学方法是使用抗生素和各种消毒剂如升汞、甲醛、过氧化氢、高锰酸钾、来苏儿、次氯酸钠、酒精等，在进行灭菌时，必须针对不同的对象采用切实有效的方法。

1.培养基、工作服、口罩、帽子等用湿热灭菌

培养基在制备过程中带有各种杂菌，分装后应立即灭菌，至少应在 24 h 之内完成灭菌工作。常规方法是放入高压蒸汽灭菌锅内加热、加压灭菌。高压灭菌的原理是在密闭的蒸锅内，因蒸汽压力不断上升，致使水的沸点升高，在 1.1 kg/cm^2 的压力下，锅内温度能达到 121 ℃，而在 121 ℃的蒸汽温度下可以很快杀死各种细菌及其高度耐热的芽孢，这些芽孢在 100 ℃的沸水只能生存数小时。一般少量的培养基只要 20 min 就能达到彻底灭菌，如果灭菌的培养基量大，就应适当延长灭菌时间。

灭菌的功效主要是靠温度，而不是压力。在使用高压蒸汽压力锅时，注意安全排除锅内空气，使锅内全部是水蒸气，灭菌才能彻底、高压灭菌放气有几种不同的做法，但目的都是要排净空气，使锅内均匀升温，保证灭菌彻底。常用方法是关闭放气阀，待压力上升到 0.05 MPa 时，打开放气阀，放出冷空气，待压力表指针归零后再关闭放气阀，压力表又重新上升到 0.1 MPa 时，开始计时，压力 0.1～0.15 MPa 维持 20 min，不能随意延长时间和增加压力。培养基要求比较严格，严格遵守保压时间，既要保证灭菌彻底，又要防止培养基中的成分变质或效力降低，琼脂在长时间灭菌后凝固力也会下降，以致不凝固。达到保压时间后，当冷却被消毒的培养基溶液时必须十分小心，在压力降低到 0.05 MPa 时，可缓慢放出蒸汽。如果压力急速下降超过了温度下降的速度，就会使液体沸腾，而从培养容器中溢出。当高压灭菌锅的压力表指针降到零后，才能打开灭菌锅，取出培养基，置于超净工作台上的无菌条件下使之冷却，不论是固体培养基还是液体培养基，均应分装在较小的器皿中加塞封口。

对高压后不变质的物品，如栽培介质、接种用具、无菌水、工作服、口罩、帽子等可以延长灭菌时间或提高压力，洗净晾干后用耐高压塑料袋装好，高压灭菌 30 min。

高压灭菌通常会使培养基中的蔗糖水解为单糖。从而改变培养基的渗透压，在 8%～20%蔗糖范围内，高压灭菌后的培养基渗透压约升高 0.43 倍。培养基中的铁在高压灭菌时会催化蔗糖水解，可使 15%～25%的蔗糖水解为葡萄糖或果糖。培养基中添加 0.1%活性炭时，高压下蔗糖水解也会增强。

2.金属器械可采用灼烧灭菌

对于无菌操作所用的各种器具，如打孔器、镊子、解剖刀、剪刀、解剖针等，一般的消毒办法是把它们先浸泡入 95%的酒精中，使用之前取出再以火焰将酒精灼烧灭菌，待冷却后立即使用。操作可采用 250 mL 或 500 mL 的广口瓶，放入 95%的酒精以便插入工具。这些器具不但在每次操作开始前要这样消毒，在操作期间也还要再消毒几次。也可将擦净或干燥的金属器械用纸包好或盛于铁盒内在 120 ℃的烘箱内处理 2 h，或用布包好后放在高压灭菌器内灭菌。

3.玻璃器皿及耐热用具采用干热灭菌

玻璃器皿常常与培养基一起灭菌，若培养基已先灭菌，而只需单独进行容器灭菌时，可采用干热灭菌法，将洗净的培养器皿等置入烘箱中，加热到 160～180 ℃的温度来杀死微生物，达到灭菌目的。由于在干热条件下，细菌的营养细胞的抗热性大为提高，接近芽孢的抗热水平，通常用 180 ℃持续 3 h 来灭菌。干热灭菌的缺点是热空气循环不良和穿透很慢，因此不应把玻璃容器在烘箱内放得太挤；干热灭菌的物品预先清洗并干燥，工具要包扎，以免灭菌后取用时重新污染；包扎可用耐高温的塑料，灭菌时应该逐渐升温，达到预定温度后记录时间，灭菌后须待烘箱充分冷凉后才能打开，如果尚未足够冷却即急于取出，外部的冷空气就会被吸入烘箱，因此有可能使里面的玻璃器皿重新受到微生物污染，甚至还有发生炸裂的危险。

4.不耐热的物质采用过滤灭菌

某些生长调节物质如赤霉素、玉米素(zeatin)、多糖、脱落酸、秋水仙素(colchicine)、尿素以及某些维生素如维生素 B_1、维生素 B_{12}、维生素 C、泛酸等，遇热时容易分解，使其结构容易遭到破坏，不能利用高温高压进行灭菌，通常采用过滤灭菌法，然后再将其加入高压灭菌过的培养基中。如果要制备一种半固态培养基，须待培养基冷却到大约 40 ℃时再加入这种无菌的热分解化合物；如果要制备一种液体培

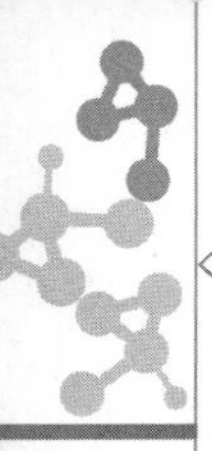

图 2-25 注射器灭菌和抽滤灭菌装置

养基，则要待培养基冷却到室温后再加。过滤灭菌法应该先选择 0.65 μm 滤膜进行初滤，可减少 0.4 μm 滤膜过滤器微孔的堵塞，从而使过滤灭菌进行得比较通畅。

过滤法灭菌的基本原理是将带菌的液体或气体通过网孔直径小于 0.45 μm 微孔滤器装置，当溶液通过滤膜后，细菌的细胞核、真菌的孢子等因为大于滤膜直径而被阻挡在滤膜上，液体、气体可通过滤膜流入无菌瓶中。在需要过滤灭菌的液体量大时，常使用抽滤装置；液体量小时，可用注射器(图 2-25)。使用前对其高压灭菌，将滤膜装在注射器的靠针管处，将待过滤的液体装入注射器，推压注射器活塞杆，溶液压出滤膜，从针管压出的溶液就是无菌溶液。

5. 空间采用熏蒸和紫外线灭菌

(1)熏蒸灭菌　采用加热焚烧、氧化等方法，使化学药剂变为气体状态扩散到空气中，以杀死空气和物体表面的微生物。这种方法简便，只需要把消毒的空间关闭紧密即可。

化学消毒剂的种类很多，它们使微生物的蛋白质变性，或竞争其酶系统，或降低其表面张力，增加菌体细胞浆膜的通透性，使细胞破裂或溶解。一般来说，温度越高，作用时间越长，杀菌效果越好；另外，由于消毒剂必须溶解于水才能发挥作用，所以要制成水溶液状态，如升汞与高锰酸钾。还有消毒剂量的浓度一般是浓度越大，杀菌能力越强，但石炭酸和酒精例外。常用熏蒸剂是甲醛，熏蒸时，房间关闭紧密，将甲醛放置在广口容器中，加 5 g/m^3 高锰酸钾氧化挥发。熏蒸时房间预先喷湿以加强效果。冰醋酸也可进行加热熏蒸，但效果不如甲醛。

接种室内灭菌除定期用甲醛及高锰酸钾熏蒸外，使用前可用 2%新洁尔灭擦净，并用 70%酒精喷雾，然后再用紫外灯照射。

(2)紫外线灭菌　在接种室、超净台上或接种箱里用紫外灯灭菌。紫外线灭菌是利用辐射因子灭菌，细菌吸收紫外线后，蛋白质和核酸发生结构变化，引起细菌的染色体变异而造成死亡。紫外线的波长为 200～300 nm，其中以 260 nm 的杀菌能力最强，但是由于紫外线的穿透物质的能力很弱，所以只适于空气和物体表面的灭菌，而且要求照射物以不超过 1.2 m 为宜。

6. 一些物体表面用药剂喷雾灭菌

物体表面可用一些药剂涂擦、喷雾灭菌。如墙面、桌面、双手等，可用 70%的酒精反复涂擦灭菌，1%～2%的来苏儿溶液以及 0.25%～1%的新洁尔灭也可以。

7. 植物材料表面用消毒剂灭菌

植物材料的消毒一般都是采用化学灭菌的方法。从外界或室内选取的植物材料的表面都不同程度地携带着各种污染微生物。这些污染源一旦带入培养基，便会造成培养基污染，为了消灭这种污染源，在把植物组织接种到培养基上之前必须彻底进行表面消毒，灭菌所用的浓度、消毒时间因不同材料而定，应该灵活运用并不断总结经验。对于难消毒的材料，如有茸毛的、粗糙不平的、地下部的等，在消毒前，一般先用肥皂水洗净，自来水冲净，再在 70%酒精或 1 mol/L 盐酸中浸 30 s 后浸入消毒剂；消毒剂中可加数滴吐温-20，以增强消毒剂的效果。内部已受到真菌或细菌侵染的部分在组织培养研究中一般都要淘汰。或者先通过种子培养得到无菌种苗，然后再用其各个部分如根段、茎段和叶片等建立组织培养。植物材料的灭菌具体见 2.4.2 外植体的灭菌。

2.1.7 无菌操作技术

接种时由于有一个敞口的过程，所以是极易引起污染的时期，这一时期的污染主要由空气中的细菌和工作人员本身引起，接种室要进行严格的空间消毒。通过灭菌的操作空间和使用的器皿以及衣服和

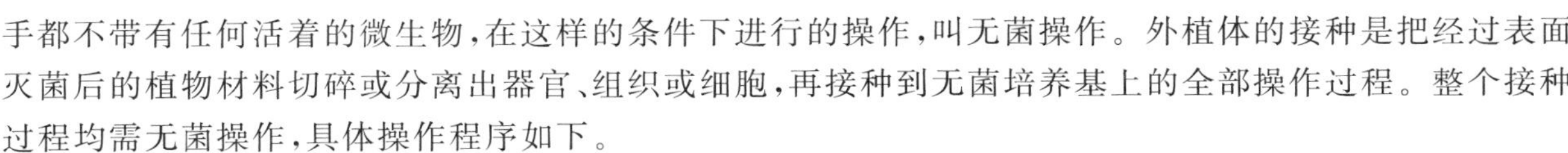

手都不带有任何活着的微生物，在这样的条件下进行的操作，叫无菌操作。外植体的接种是把经过表面灭菌后的植物材料切碎或分离出器官、组织或细胞，再接种到无菌培养基上的全部操作过程。整个接种过程均需无菌操作，具体操作程序如下。

(1)空间消毒，接种室内保持定期用1%～3%的高锰酸钾溶液对设备、墙壁、地板等进行擦洗；除了使用紫外线和甲醛消毒外，还可在工作期间用70%的酒精或3%的来苏儿喷雾，使得空气中灰尘颗粒沉降下来。在接种4 h前，需用甲醛熏蒸接种室，并打开紫外线灯进行灭菌。

(2)在接种室放好接种所需要的酒精灯，储存有70%、95%酒精和广口瓶或专用灭菌器，各种镊子、接种针、解剖刀、手术剪、火柴、培养基等。工作台面上的用品要放置有序、布局合理。酒精灯在当中，右手使用的物品在右侧，左手用品在左侧。工作忌忙乱而要有序；组织、细胞及培养板在未做处理和使用前，不要过早暴露于空气中，应分别使用不同吸管吸取营养液、细胞悬液及其他各种药液，不能混用。

(3)接种前20 min，打开超净工作台的风机以及台上的紫外灯杀菌。

(4)操作人员需穿上已灭菌的白色工作服，并戴上口罩(图2-26)，上超净工作台前操作员的双手必须进行灭菌，用肥皂水洗涤能达到良好的效果，进行操作前再用70%的酒精棉球擦洗双手和前臂，特别是指甲处，然后擦拭工作台表面，在操作期间还要经常用70%的酒精棉球擦拭双手和台面及相关用具，避免交叉污染。

图2-26　组培车间内接种场景

(5)在超净工作台上将接种的植物材料置于一个有盖的玻璃瓶中，注入适当的消毒液，使材料完全浸没在消毒液中并计时，盖上瓶盖，在消毒期间需把材料消毒瓶摇动2～3次。

(6)消毒处理后，将瓶盖打开，将消毒液倒出，注入适量的无菌水，再盖好盖，摇动数次，将水倒掉，如此重复3～4次。

(7)在对植物材料进行消毒处理的同时，可对工作台面、器械等进行消毒。方法是用酒精棉球擦拭台面，将镊子等工具蘸入95%的酒精中，然后取出再置酒精灯火焰上从头至尾灼烧一遍，尤其是与外植体接触的尖端处要反复过火，但要注意，金属器械不能在火焰中长时间烧灼，以防退火。烧灼过的器械要冷却后才能使用。一般在不使用时，应将刀、剪、镊子等用具浸泡在95%酒精中，用时在火焰上灭菌或放入专用灭菌器，待冷却后使用，用具每次使用前均需灭菌。

(8)在打开三角瓶或试管前，先用酒精灯火焰烧瓶口，可防止管口边沿沾染的微生物落入管内，当打开瓶子或试管时，应拿成斜角，以免灰尘落入瓶中，如果培养液接触了瓶口，则要将瓶口烧到足够的热度，以杀死存在的细菌。

(9)将材料取出，置于一个已灭过菌的培养皿中。切取适当的外植体，将其接种到瓶内的培养基上，材料接种好以后，应将瓶口在酒精灯火焰上转动烧一遍，然后迅速封口，注明材料名称及接种日期。为避免灰尘污染瓶口从而感染瓶内的培养基，可用已灭菌的报纸包扎瓶口和塞子，以遮盖瓶子颈部和试管口部。

(10)接种时双手不能离开工作台。操作员的呼吸也是污染的主要途径，通常咳嗽会增加细菌感染的概率。因此，在操作过程中间应禁止讲话，也不能走动、咳嗽等。

(11)接种完毕要及时清理台面并及时灭菌，可用紫外线灯照射30 min。若连续接种，每天要大强度灭菌1次。

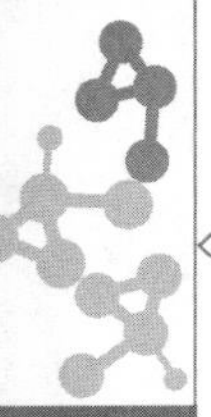

2.2　植物细胞组织培养的环境条件及营养成分

2.2.1　组织培养的环境条件

在植物细胞组织培养中，外植体接种后生长是否良好，会受到各种环境因素的影响，如季节、光照、温度、湿度、通气（气体组分、CO_2、氧气、乙烯、其他气体）、培养基组成、培养器皿、培养基 pH、压力和渗透压等的影响，因此需要严格控制上述条件。

1. 温度

温度（temperature）最重要的作用是决定呼吸的速度和控制培养组织代谢过程的化学反应。在植物细胞组织培养中，外植体在最适宜的温度下生长分化才能表现良好，不同植物繁殖的最适温度不同，大多数在 23～32 ℃，通常控制在（25±2）℃恒温条件下培养。温度低于 15 ℃或高于 35 ℃时，都会抑制细胞、组织的增殖和分化，对外植体生长是很不利的。例如，咖啡的组织培养物对温度的变化非常敏感，温度降低或升高，能严重地影响愈伤组织的生长，即使是照相时闪光产生的热量，也足以杀死组织，特别是绿色小植株。

不同植物培养的适温不同，百合的最适温度是 20 ℃，月季是 25～27 ℃，番茄是 28 ℃。温度不仅影响植物细胞组织培养中外植体和成苗的生长速度，也影响其分化增殖以及器官建成等发育进程。如烟草芽的形成以 28 ℃为最好，在 20 ℃以下、33 ℃以上形成率都很低。当然，也有一些例外情况。利用细胞培养，低温保存植物资源时，可在－196 ℃条件下限制其生长，延长贮藏时间。在考虑各种培养物的适宜温度时，也应考虑原植物的生态环境，才能获得最佳效果。如生长在高海拔和较低温度环境的松树，若在较高温度条件下培养试管苗生长缓慢。

不同温度处理对培养组织具有重要的影响。例如，桃胚在 2～5 ℃条件进行一定时间的低温处理，有利于提高胚培养成活率。用 35 ℃处理草莓的茎尖分生组织 3～5 d，可得到无病毒苗。在大白菜花药培养中，将花药在 3～5 ℃温度下处理 48～72 h，对胚状体的形成频率及发育均有良好的作用等。高温处理不仅可以获得无病毒植株，而且对一些植物的器官发生也有影响。

在培养室中，通常是用空调设备来控制温度的。目前常用的空气调节器，是采用压缩制冷或供热的方法，使培养空间降温、升温或通风，获得比较恒定的环境温度。

2. 光照

光照（light）是组织培养中比较复杂的调节因子，光对植物细胞组织培养的影响，主要表现在光强、光质以及光照时间等方面。通常光照对试管植物细胞、组织、器官的正常生长和分化具有很大的影响。连续的光照有利于培养细胞维管组织的形成，而一定的昼夜光照周期则有利于极性建立和形态发生。在离体培养条件下，光照的作用更大程度上是调节细胞的分化状态，而不是合成光合产物。光照对器官发生的调节可能与调节培养物的内源激素平衡有关，光照还可能影响生长素的信号转导系统，调整生长素的极性运输，从而引起器官分化。

（1）光照强度　光照强度（light intensity）对培养细胞的增殖和器官的分化有重要影响，通常光照强度对外植体细胞的最初分裂有明显的影响。从目前的研究情况看，光照强度对外植体及细胞的最初分裂有明显的影响。一般来说，光照强度较强，幼苗生长粗壮，而光照强度较弱幼苗容易徒长。在诱导细胞绿化时，不同材料对光强的要求不同。有的材料则需要散射光，而有些则需要低强光培养效果更好。光源一般设置在培养容器的上方，而培养植物主要接受向下的光线。随植物生长，植株上部截获的光能要多于其下部。因此，在试管苗生长的后期，最好光源从侧面直接照射，能使植物接受更多的光照，促进其健壮生长和建成良好的株形，提高移苗成活率。一般培养室要求每日光照 12～16 h，光照强度

1 000～5 000 lx，植物间有所差别。室内可将日光灯管安装在培养架上（图 2-27）。

图 2-27　带有日光灯管的培养架

（2）光质　光质（light quality）对愈伤组织诱导、培养组织的增殖以及器官的分化都有明显的影响。光质对器官分化的影响可能与光受体精确调节系统有关。一般蓝光有利于芽的分化，红光有利于根系发生。在植物细胞组织培养中，采用较低水平的蓝光、红光和远红外光可控制植物的光形态建成。如在杨树愈伤组织的生长中，红光有促进作用，蓝光则有阻碍作用。与白光和黑暗条件相比，蓝光明显促进绿豆下胚轴愈伤组织的形成。在烟草愈伤组织的分化培养中，起作用的光主要是蓝光区，红光和远红光区则有促进芽分化的作用。如百合珠芽在红光下培养，8 周后分化出愈伤组织；但在蓝光下培养，10 周后才出现愈伤组织。而唐菖蒲子球块接种 15 d 后，在蓝光下培养首先出现芽，形成的幼苗生长旺盛，而白光下幼苗纤细。

（3）光周期　对光周期（light period）来说，一般黑暗条件下，利于细胞、愈伤组织的增殖，而光照则利于器官的分化。而且不同光波与器官分化有密切关系。许多植物对光周期都是很敏感的，因而大多数研究者都选用一定的光暗周期来进行组织培养，一般光照周期为 10～16 h/d。最常用的周期是 16 h 的光照，8 h 的黑暗。不同波长的光质作用不同，不同的培养物对光照也有不同的要求，一些植物的组织培养中其器官形成不需要光，但有些植物光照可显著提高其幼苗的增殖，如马铃薯培养（图 2-28）。研究表明，对短日照敏感的品种的器官组织，在短日照下易分化，而在长日照下产生愈伤组织，有时需要暗培养，尤其是一些植物的愈伤组织在暗下培养比在光下更好。例如，对短日照敏感的葡萄品种，其茎切段的组织培养只有在短日照条件下才能形成根，而在长日照下产生愈伤组织。反之，对日照长度不敏感的品种则在任何光周期下都能生根。有的植物可以在黑暗条件下培养。例如，咖啡的愈伤组织仅仅是在黑暗中才能生长，红花和乌饭树的愈伤组织在黑暗中比在光下生长更好。

图 2-28　马铃薯的光周期培养

3. 气体交换特性

氧气是组织培养中必需的因素，外植体呼吸需要氧气，氧在调节器官的发生中可起重要作用，当培养基中溶解氧的数量低于临界水平时，促进胚状体发生；而溶解氧数量高于临界水平，则利于形成根。

这可能是低溶解氧可使细胞内 ATP 水平提高，从而促进细胞发育。所以需要增加可利用的氧气，并除去释放出来的二氧化碳。在液体培养时，振荡培养是解决液体培养通气问题的良好办法。固体培养和液体静置培养都必须有部分组织与空气接触，否则氧气供给不足，导致培养物死亡。在组织培养中，培养容器内的气体成分会影响到培养物的生长和分化，瓶盖封闭时要考虑通气问题，可用附有滤气膜的封口材料。通气最好的是棉塞封闭瓶口，但棉塞易使培养基干燥，夏季易引起污染。固体培养基可加进活性炭来增加通气度，以利于发根。培养室要经常换气，改善室内的通气状况。液体振荡培养时，要考虑振荡的频率、振幅等，同时要考虑容器的类型、培养基等。由于培养器皿密闭，使得 CO_2 浓度不足，因而在大部分光照期内，光合能力受到了低浓度 CO_2 的限制，迫使植物发育成异养或自养型。在高 CO_2 浓度和强光照条件下，含有大量叶绿体的绿色植物，其外植体的初始生长率更大。

继代烘烤瓶口时间过长，培养基中生长素浓度过高等，都可诱导乙烯合成。高浓度的乙烯能抑制生长和分化，趋向于使培养的细胞无组织结构地增殖。对正常的形态发生是不利因素。乙烯能使棉花胚珠在含有赤霉素的培养基上长出过多的愈伤组织，而减少纤维的形成。除此之外，培养物本身也产生二氧化碳、乙醇、乙醛等气体，数量过高会影响培养物的生长发育。一般培养容器常使用棉塞、铝箔、专用盖等封口物封口，容器内外空气是流通的，不必专门充氧。另外，疏松的封闭方式对降低幼苗玻璃化现象有好处。

4.湿度

组织培养中的湿度(humidity)影响主要指培养容器内的湿度及培养室的湿度。在植物、容器空间环境和根区环境之间以及容器外面存在气相或液相界面时，它们之间的水势变化对植物的生长发育影响很大。水分流动速率和方向由容器内外水势的空间分布决定，水分由水势较高点向较低点流动。由于容器内的湿度主要受培养基水分含量的影响，琼脂含量对培养基水分有很大的影响。在冬季应适当减少琼脂用量，否则，将使培养基干硬，以致不利于外植体接触或插进培养基，导致生长发育受阻。封口材料也会影响容器内的湿度变化，密闭性较高的封口材料易引起透气性受阻，也会导致植物生长发育受影响。一般情况下容器内的相对湿度几乎可达 100%，而培养室湿度变化随季节有很大变动，冬天室内湿度低，夏天室内湿度高。湿度过高、过低都不利于培养物生长。环境的相对湿度可以影响培养基的水分蒸发，一般要求 70%～80%的相对湿度，以保证培养物正常生长和分化。过低会造成培养基丧失大量水分，改变培养基中各种成分的浓度，提高渗透压，进而影响培养物的生长分化；过高会造成杂菌滋长，导致大量污染。通常情况下，可采用加湿器或经常洒水的方法来调节湿度，湿度过高可利用去湿机或通风除湿。组织培养中受环境湿度影响最大的是试管苗移栽入土阶段。试管苗从试管中移入土壤中，外境条件发生了根本变化，而湿度的变化最大。为了提高入土成活率，人们采用各种办法来提高和保持环境的相对湿度，如用塑料薄膜、瓶子等，使试管苗安全地渡过缓苗阶段。

5.渗透压

培养基的渗透压(penetrating pressure)对培养组织的生长发育影响很大。培养基中由于有添加的盐类、蔗糖等化合物，从而影响了渗透压的变化。通常 1～2 个大气压对植物生长有促进作用，2 个大气压以上就对植物生长有阻碍作用，而当增加到 5～6 个大气压时，植物生长就会完全停止，6 个大气压及以上植物细胞就不能生存。调节渗透压除可用蔗糖外，还可添加食盐、甘露醇等以提高渗透压。例如，提高培养基的蔗糖浓度，增大了渗透压，可以使桃幼胚继续进行“胚性生长”，也可以在某些植物的花药培养中提高愈伤组织的诱导频率和质量。

6.其他环境条件

大量的研究已经表明，季节对植物细胞组织培养的影响是不可忽视的。在一年内的不同时期从田间采取的植物材料，在组织培养中的效果并不一样。例如，百合鳞茎片的组织培养中，在生长季节从田间取材培养，小鳞茎的再生率高并且生长健壮。但是在冬季取同一种百合鳞茎培养，分化出的小鳞茎极少，并且需要的时间很长。

2.2.2 组织培养的营养成分

在离体条件下，不同种植物的组织对营养有不同的要求，甚至从一株植物不同的部位采来的组织，要使它们有令人满意的生长，其营养要求也可能是不同的。植物生长发育需要多种营养，缺乏营养则生长不良或变态。植物组织生长对营养的要求因植物种类、外植体、培养方式等的不同而异。在完善的培养基配方中应包括无机营养成分、有机营养成分、植物激素、琼脂及其他成分。

无机元素在植物生活中非常重要，例如，镁是叶绿素分子的一部分，钙是细胞壁的组分之一，氮是各种氨基酸、维生素、蛋白质和核酸的组分，这些物质也是植物的重要组成部分。此外，铁、锌和钼等是某些酶的组成部分。植物除了C、H和O外，已知还有13种元素对植物的生长是必需的，也称必需元素。根据植物需求量的多少将这些必需元素分为大量元素和微量元素。按照国际植物生理学会建议，植物所需要的浓度大于0.5 mmol/L的元素为大量元素，小于0.5 mmol/L的元素为微量元素。大量元素主要有氮、磷、钾、钙、镁、硫，其在植物体内的含量情况在0.03%～70%(表2-2)；微量元素有铁、铜、锌、锰、硼、钼、氯等。

表2-2 植物所需大量元素占植物体干重的百分数 %

元素名称	氧	碳	氢	氮	钾	磷	镁	硫	钙
含量	70	18	10	0.3	0.3	0.07	0.07	0.05	0.03

植物必需的元素在体内的生理作用主要有三个方面：一是组成各种化合物，参与机体的建造，成为结构物质；二是构成一些特殊的生理活性物质，参与活跃的新陈代谢，如构成植物激素、酶、辅酶以及作为酶的活化剂；三是这些元素之间互相协调，以维持离子浓度的平衡、胶体稳定、电荷平衡等电化学方面的作用。

1.水

培养基中的大部分成分是水，可提供植物所需的氢和氧，配制培养基时一般用离子交换水、蒸馏水、重蒸水。尤其是在开展相关研究试验时，需要水中不含或少含无机离子，以便完全人为地控制培养基成分，因此实验室设置一套蒸馏器是必要的。在工厂化大量生产试管苗时，要考虑用水的方便，即使是经过处理的自来水，也常常含有大量的杂质，如可溶性无机物质、可溶性有机物质、微生物和微粒物质等，但是原则是无毒害，水质较软，配制培养基不会产生沉淀(包括经高压灭菌后不沉淀)。在农村可试用河水或井水，城市中试用自来水，用这样的水配制成培养基，试用几种植物在其上生长3～4代(4～6个月)，如无显著影响，便可推广应用。

2.大量元素

(1)氮　氮是细胞中核酸的组成部分，也是生物体许多酶的成分，氮被植物吸收后转化为氨基酸再转化为蛋白质，然后被植物利用；同时还是叶绿素、维生素、磷脂和植物激素的组成成分。只有给予适当的氮源才能使植物培养物生长良好。

在培养基中无机氮的供应可有两种形式，一种是硝酸盐，另一种是铵盐，常将两者混合使用，以调节培养基中的离子平衡，利于细胞的生长、发育。当作为唯一的氮源时，硝酸盐的作用要比铵盐好得多。但在单独使用硝酸盐时，培养基的pH会向碱性方向漂移。若与硝酸盐一起加入少量铵盐，则会阻止这种漂移。因此，有好几种培养基既含有硝酸盐也含铵盐。通常在有硝酸盐存在时能解除铵盐的毒害。如果铵态氮的比例过高，易引发一些植物产生玻璃化苗。一般认为，铵态氮的含量超过8 mmol/L时容易伤害培养物，但是这种情况也依植物种类、培养部位、培养类型而定。另外，氮还可由一些有机氮源提供。

(2)磷　磷是细胞核的主要组分之一。许多重要的生理活性物质如磷脂、核酸、酶及维生素中都含

有磷。磷在植物碳水化合物的移动和代谢中起着极重要的作用，主要参与植物生命活动中核酸及蛋白质合成、光合作用、呼吸作用以及能量的贮存、转化与释放等重要的生理生化过程，增强植物的抗逆能力，促进早熟，组织培养过程小培养物需要大量的磷。因此，植物培养基中磷是不可缺少的。此外，在培养基中提高磷水平常可抵消 IAA 对芽分化的抑制作用，增加芽的增殖率。磷通常是以盐的形式供给，如 NaH_2PO_4、KH_2PO_4 等。

(3)钾　钾在植物体内对维持细胞原生质体的胶体系统和细胞的缓冲系统有重要作用。它也是许多酶的活化剂。组织培养中，钾能促进器官和不定胚分化，促进叶绿体 ATP 的合成，增强植物的光合作用和产物的运输，并与氮的吸收及蛋白质的合成有一定关系，能调节植物细胞水势，调控气孔运动，提高植物的抗逆性能。钾通常是以盐的形式供给，如 K_2SO_4、KNO_3、KCl 和 KH_2PO_4 等。

(4)钙、镁、硫　它们也是植物的必需元素，参与细胞壁的构成，影响光合作用，促进代谢等生理活动。钙、镁和硫酸的浓度在 1～3 mmol/L 的范围内较适宜。钙在组织培养中会影响培养物中酶的活性和方向。常用的添加物有：钙元素如 $Ca(NO_3)_2 \cdot 4H_2O$、$CaCl_2$，镁元素如 $MgSO_4 \cdot 2H_2O$，硫元素由各种硫酸盐提供。

3.微量元素

植物生长对微量元素需要量很少，占植物体干重的 10^{-7}～10^{-4}，一些微量元素常可从其他化学药品不可避免的杂质中带入培养基。微量元素在植物生命活动中常以酶系中的辅基形式起着重要作用，若添加过多，反而会出现外植体的蛋白质变性、酶系失活、代谢障碍、生长受抑制等毒害现象，微量元素的生理作用主要在酶的催化功能和细胞分化、维持细胞的完整机能等方面。通过深入研究，植物必需的微量元素种类还会增加，但因需求量极低在培养基中并不一定考虑加入。

(1)铁　铁是植物组织不可缺乏的微量元素。它是多种氧化酶的组成成分，与植物体内的氧化还原过程有着密切的关系。铁能促进细胞分裂与伸长，缺铁时细胞分裂停止。铁还影响到叶绿体的结构组成与叶绿素形成，缺铁时会有失绿症状出观。由于 Fe^{2+} 很容易氧化产生氢氧化铁沉淀，为了保证铁素的稳定供应，常常与一些螯合剂相配合，制成铁盐溶液。以这种形式提供的铁在 pH 7.6～8.0 仍可以被植物组织所利用。而以 $FeCl_2$ 形式存在的铁在 pH 5.2 左右才能被组织所利用。已知的根培养过程中，接种后 1 周之内培养基的 pH 会由原来的 4.9～5.0 上升到 5.8～6.0，于是表现为缺铁症状。另一方面，螯合态的铁也可避免 $Fe(OH)_3$ 沉淀的产生，是一种理想的铁源。通常 Fe-EDTA 可用 $FeSO_4 \cdot 7H_2O$ 和 Na_2-EDTA 进行制备，或直接选用 NaFe-EDTA。

(2)铜　参与一些氧化酶(如抗坏血酸氧化酶、多酚氧化酶、漆酶)和电子递体(如光合电子传递链上的质蓝素)的组成，还有促进离体根生长的作用。缺铜时幼叶萎蔫、植株矮小、细弱。

(3)锌　锌是各种酶的构成要素，能够提高光合作用效率，锌也是合成色氨酸所必需的元素，而色氨酸又是 IAA 的前身，因此锌也间接影响到生长素的合成，促进生殖器官发育和提高抗逆性，同时能促进花器官的发育。

(4)锰　锰是植物体内许多氧化还原酶的重要成分，参与植物的光合、呼吸代谢过程，影响根系生长，对维生素的形成以及加强茎的机械组织有良好的作用。

(5)硼　能促进生殖器官的正常发育，参与蛋白质合成或糖类运输，可调节和稳定细胞壁结构，促进细胞伸长和细胞分裂，与光合作用和蛋白质的形成也有一定关系。

(6)钼　钼是氮素代谢的重要元素，是硝酸还原酶合成所必需的元素，参与繁殖器官的建成，是固氮酶的重要组分之一。

(7)氯　氯是光合作用水光解的活化剂，氯离子参与光合放氧过程，在叶片气孔的开闭运动中起作用。缺氯植株叶小，而且有坏死。因此，微量元素在组织培养中是必不可少的，具有重要的作用。

4.有机营养成分

有机营养成分主要包括碳源(糖类)和维生素类。虽然大多数培养物都能合成所有必需的维生素，但合成能力有限，其数量显然不足。为了能使组织很好地生长，在培养基中常常必须补加几种维生素和氨基酸。

(1)碳源　植物组织在离体之后，难以依靠光合作用维持其生存，它所需要的碳是以各种糖的形式提供于培养基中，糖不仅为细胞提供合成新化合物的碳骨架，也为细胞的呼吸代谢提供底物与能源，另一重要的功能是调节培养基中的渗透压。常用的碳源是蔗糖，它具有热易变性，经高压灭菌后大部分分解为*D*-葡萄糖、*D*-果糖，只剩下部分的蔗糖，利于培养物的吸收。此外，葡萄糖和果糖也是较好的碳源，可支持许多组织很好地生长。淀粉对于含糖量较高的植物细胞组织培养有较好的效果。麦芽糖也可供许多植物细胞组织培养中应用，然而其他糖类对多数培养物的效果都不好。一般情况下，在组织培养中常用的蔗糖浓度为2%～5%。低浓度(1.5%～2.5%)糖有利于木质部的生长，但过低则不能满足细胞营养、代谢和生长的需要；高浓度(3%～4%)糖则可促进韧皮部的生长，若质量分数过高，可能会干扰糖类物质的正常代谢，也可能导致培养物渗透压增加，阻碍细胞对水分的吸收；若糖浓度居于两者之间(2.5%～3.5%)则同时对韧皮部和本质部生长都有利。但在幼胚培养、茎尖分生组织培养、花药培养和原生质体培养时，需要较高质量分数的糖，一般需10%左右或更高。对蔗糖的纯度来说，根据多年经验及各地快速繁殖工作的实际效果来看，尽管糖在培养基中加入量很大，但蔗糖的纯度不一定要求很高，只要在培养基中没有毒害因素就可以。

(2)维生素类化合物　维生素(vitamin)类化合物在植物细胞里主要以各种辅酶的形式参与多项代谢活动，对生长、分化等有很好的促进作用。虽然大多数的植物细胞在培养中都能合成所有必需的维生素，但合成的数量不足，通常需加入一种或一种以上的维生素，以便获得最好的生长。硫胺素(维生素B_1)一般认为是一种必需成分，在其他各种维生素中，还有吡哆醇(维生素B_6)、烟酸(维生素B_3，又称维生素PP)、泛酸钙(维生素B_5)，有的配方用了生物素(维生素H)、钴胺素(维生素B_{12})、叶酸(维生素Bc)、抗坏血酸(维生素C)，都能显著地改善培养的植物组织生长状况。抗坏血酸有很强的抗氧化和还原能力，常用于防止组织氧化变褐，在组织培养中有时用量较高。其中维生素B_1可全面促进植物的生长，维生素B_6促进根的生长。维生素具有热易变性，易在高温下降解，可进行过滤灭菌。

(3)肌醇　肌醇(化学名为环己六醇)能参与碳水化合物代谢、磷脂代谢等生理活动，帮助活性物质发挥作用，使培养组织快速生长，促进胚状体及芽的形成，培养基中肌醇用量一般为50～100 mg/L。

(4)氨基酸类及有机添加物　氨基酸作为一种重要的有机氮源，除构成生物大分子(如蛋白质、酶、核酶)的基本组成外，还具有缓冲作用和调节培养物体内平衡的功能，对外植体芽、根、胚状体的生长、分化有良好的促进作用。常用的氨基酸有甘氨酸、谷氨酰胺、精氨酸、谷氨酸、半胱氨酸、丝氨酸、丙氨酸以及酰胺类物质等。这些氨基酸是很好的有机氮化合物，可直接被细胞吸收利用，而且功能各异。其中甘氨酸能促进离体根的生长；丝氨酸和谷氨酰胺有利于花药胚状体或不定芽的分化；半胱氨酸可作为抗氧化剂，防止培养材料褐化，延缓酚氧化。就维生素和氨基酸而言，各种标准培养基之间存在着很大的差异。

此外，为了促进某些外植体的愈伤组织、器官、组织或细胞的生长，有时还使用很多种化学成分不明的复杂的营养混合物，如水解酪蛋白(CH)、椰子汁(CM)、马铃薯块、麦芽浸出物(ME)、苹果和番茄的果汁、黄瓜的果实、未熟玉米的胚乳及酵母浸出物(YE)等。这些天然复合物的成分比较复杂，大多含氨基酸、激素、酶等一些复杂化合物。它对细胞和组织的增殖与分化有明显的促进作用，但对器官的分化作用不明显。它的成分大多不清楚，一般添加了这些物质后，可能会影响到实验结果的重复性，在专门搞组织培养的研究时应慎重使用，但是在培养某些难以成功的植物时，还是值得一试的。

5.植物激素

植物激素是植物新陈代谢中产生的天然化合物，并经常从产生部位输送到其他部位，对生长发育不可缺少并能产生显著作用的一类微量有机物质，它具有内生性、可运行和调节性。在植物体内广泛分布，但在幼嫩的生长旺盛的部位含量更高。它能以极微小的量影响到植物的细胞分化、分裂、发育，影响

到植物的形态建成、开花、结实、成熟、脱落、衰老、休眠和萌发等许多生理生化活动。天然的生长素会受到体内酶的合成与分解的影响而调节其含量，控制代谢活动，而人工合成的生长调节物质比较稳定，不会受到酶的分解。因此，在组培中为了调节控制植物组织的生长与分化、形态发生及其他生理过程，经常使用植物激素。在培养基的各种成分中，没有哪一种能比植物激素所产生的影响更大。在组织培养中，植物激素用量虽少，但它们对外植体愈伤组织的诱导和根、芽等器官分化，有着重要和明显的调节作用。基本培养基能够保证培养物的生存与最低的生理活动，但只有配合使用适当的植物激素才能诱导细胞分裂的启动、愈伤组织生长以及根、芽的分化或胚状体的发育等合乎理想的变化。对于培养大多数植物材料来说，选择任何一种常用的基本培养基都能获得类似的效果，只有植物激素要根据植物种类、不同品种和培养物的表现来确定。在诱导培养物发生一定的生理变化和形态建成过程中，适时、适量地选用适宜的植物激素种类，是促进这些变化发生发展的主要方面。常用的植物生长调节物质有如下几种。

(1)生长素　1934 年，Kogl 等从人尿中首次分离出生长素的结晶，经鉴定为吲哚乙酸(简称为 IAA)。在植物中，IAA 大部分集中于生长强烈、代谢旺盛的部位。因其是最早发现的，故习惯于以 IAA 代表生长素。生长素的生理效应主要是细胞伸长生长、影响植物茎和节间的伸长、形成无籽果实、顶端优势、促进器官和组织分化及影响性别分化。在离体植物组织培养中，生长素被用于诱导细胞分裂和根的分化。

当 IAA/CTK(细胞分裂素)的比例高时利于愈伤组织分化出根，相反，则利于分化出芽，比例适宜时既能分化出芽又能分化出根。IAA/GA 的比例高时利于木质部分化，反之，利于韧皮部分化，比例适宜时既分化木质部又分化韧皮部。在自然界中，生长素影响节和节间的伸长、向性、顶端优势、叶片脱落和生根等现象。因而，在组织培养中，生长素在配合使用一定量的细胞分裂素的作用下，可诱导不定芽的分化、侧芽的萌发与生长。在侧芽的萌发与生长及在某些植物诱导胚状体产生时必须要使用生长素。常用的生长素有吲哚乙酸(IAA)、吲哚丙酸(IPA)、吲哚丁酸(IBA)、α-萘乙酸(NAA)、萘乙酰胺(NAD)、NOA(萘氧乙酸)、P-CPA(对氯苯氧乙酸)、2，4-二氯苯氧乙酸(2，4-D)和 4-碘苯氧乙酸。其中 IBA 和 NAA 广泛用于生根，并能与细胞分裂素互作促进茎的增殖。2，4-D 和 2，4，5-T 对于愈伤组织的诱导和生长非常有效。

IAA 等天然物易受体内酶的分解，更易受光的氧化作用，在高压灭菌中热稳定性较差，所以常用人工合成的类似物，主要有 NAA、IBA、2，4-D 等，在药剂的活性上以 2，4-D 的作用最强，但是 2，4-D 有抑制芽形成的副作用，适宜用量范围也较狭，过量常有毒害作用，一般用于细胞启动脱分化阶段，而诱导分化阶段往往不用 2，4-D，而用 NAA 或 IBA、IAA 等。在甜叶菊组培中植物激素对器官分化起着非常重要的作用，尤其是细胞分裂素与生长素的比值，对组织分化的方向起决定性作用。

生长素化合物可溶于酒精、水溶液中，可加热助溶，一般溶于 95%酒精或 0.1 mol/L 的 NaOH 中，常常配成 0.1 mg/mL 或 1 mg/mL 的溶液贮于冰箱中备用。

(2)细胞分裂素　细胞分裂素(CTK)的发现是植物细胞组织培养研究的结果，反过来它又大大推动了组织培养的发展。1963 年，新西兰的 D. S. Letham 从未成熟的玉米种子中分离出了第一个内源 CTK，命名为玉米素(ZT)。现已在许多植物中鉴定出了 30 多种 CTK。它广泛存在于高等植物中，尤其是处于细胞分裂的部位，如根、茎尖、正在发育和萌发的种子和生长的果实，CTK 含量都很高。CTK 的生理效应主要是促进细胞分裂与扩大、促进侧芽发育、延迟叶片衰老、刺激块茎形成、促进某些色素的生物合成、促进组织和器官分化、促进果树花芽分化，还能促进气孔开放，能够解除某些需光植物种子的休眠、促进发芽等。

比较常用的细胞分裂素有激动素(呋喃氨基嘌呤，也称 KT)、6-苄基腺嘌呤(6-BA)、苄氨基嘌呤(BAP)、玉米素(ZT)和异戊烯氨基嘌呤(ZiP)，除此之外，近年来又发现了一种人工合成的具有细胞分裂素活性的物质噻苯隆(TDZ)。

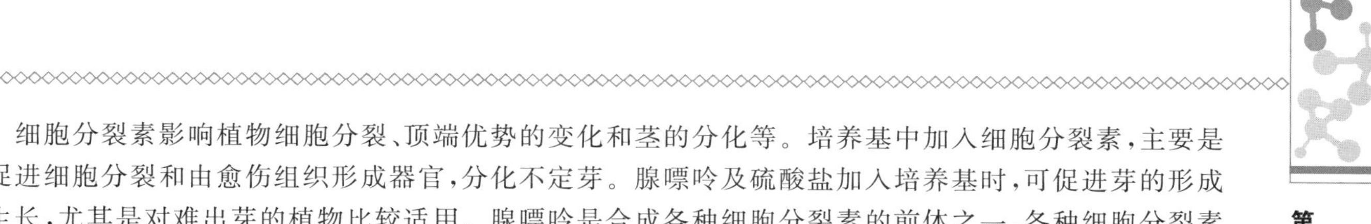

细胞分裂素影响植物细胞分裂、顶端优势的变化和茎的分化等。培养基中加入细胞分裂素，主要是为促进细胞分裂和由愈伤组织形成器官，分化不定芽。腺嘌呤及硫酸盐加入培养基时，可促进芽的形成和生长，尤其是对难出芽的植物比较适用。腺嘌呤是合成各种细胞分裂素的前体之一，各种细胞分裂素分子中都含有腺嘌呤，因此提供给植物组织，有利于植物组织协调自己的细胞分裂和分化活动。由于这类化合物有助于使腋芽由顶端优势的抑制下解放出来，因此也可用于枝条的增殖。在组织培养实验中，一般 CTK 与生长素配合使用，不同的添加比例往往会导致不同的培养效果。如生长素/细胞分裂素高，有利于根分化；生长素/细胞分裂素低，有利于芽分化(图 2-29)。因此，生长素与细胞分裂素必须协调使用才能再生正常个体。

CTK 不溶于水，易溶于强酸、强碱，一般溶于 0.5 mol/L 或 1 mol/L 的 HCl 或稀的 NaOH 中，贮于冰箱中备用。

图的上半部分生长素/细胞分裂素低，下半部分反之。

图 2-29　玉兰培养中不同的生长素和细胞分裂素添加比例效果(Pierik，1987)

(3)赤霉素　在水稻病害中有一种能够使得水稻幼苗徒长与黄化的病害，称为水稻恶苗病。1926 年日本学者黑泽英一发现，患恶苗病水稻植株徒长的原因是赤霉菌分泌的物质所致。1938 年数田贞次郎等从水稻赤霉菌中分离出了赤霉素 A，简称 GA_3。在高等植物中几乎所有器官和组织中均含有 GA，但是生殖器官和旺盛生长的部位 GA 含量高，活性也高。而休眠器官 GA 含量低，活性也低。GA 的生理效应主要是促进茎的伸长生长、打破休眠、促进抽薹开花、促进坐果、诱导单性结实、影响性别分化。此外，GA 还可以促进细胞分裂与组织分化，与 IAA 共同诱导木质部和韧皮部的分化。但是它能够抑制不定根的形成，这一点和 IAA 不同。主要作用机理是可以调节生长素的水平和诱导酶的生物合成。现已发现赤霉素有 20 多种，其中在组织培养中所用的是 GA_3。与生长素和细胞分裂素相比，赤霉素不常使用。据报道，低浓度 GA_3 能促进矮小植株茎节伸长。赤霉素还能刺激在培养中形成的不定胚正常发育成小植株。

GA 难溶于水，使用时可先用少量的乙醇溶解，然后加水稀释至所需要的浓度。在低温和酸性条件下较为稳定，遇碱中和会失效，因而不能与碱性溶液混用，一般用 95%酒精配成母液在冰箱中保存。

(4)乙烯　早在 19 世纪人们已经知道，某些气态物质能够影响植物的生长发育。1966 年，正式确定乙烯是一种植物激素，现已发现几乎所有的植物组织都能产生乙烯，在幼嫩组织中较少，在成长和衰老的组织较多，尤其在成熟过程中的果实中较多。乙烯的主要生理效应为抑制茎的伸长生长，促进上胚轴横向加粗(上胚轴失去负向地性而横向加粗)，促进某些植物的开花与雌雄分化，促进果实成熟，促进脱落与衰老，促进植物的次生物质分泌，此外还可以打破顶端优势，促进球茎、鳞茎的发芽，还可以促进向日葵产生不定根。

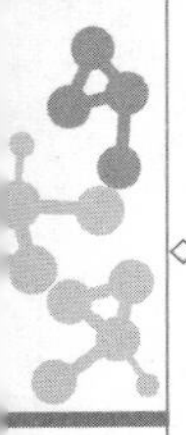

在培养中植物组织本身也会产生和散发出乙烯，尤其是生长素用量过高时会诱发植物产生乙烯。在培养物生长得密集拥挤，久不转瓶和瓶口覆盖物通气性不良时，将导致乙烯含量增高，就会加速培养物的衰老，因此在工作中了解植物各种激素的生理效应等知识，是改进培养基激素用量、培养条件、采样部位、采样时期等应具备的基础。

6.琼脂

在固体培养时琼脂(agar)是最好的凝固剂，琼脂是一种由海藻中提取的高分子碳水化合物，本身并不提供任何营养。琼脂能溶解在热水中，成为溶胶，当冷却至 40 ℃以下即可凝固为固体状凝胶。有很多实验都提到过使用滤纸、玻璃棉、石英砂、硅胶、丙烯酰胺等来取代琼脂，然而直到目前还没有发现比琼脂更为方便和更好的支持物。

琼脂的一般使用浓度是 0.7%～1%。若浓度过高，培养基就会变得很硬，营养物质很难被外植体吸收，从而影响组培效果。新买来的琼脂要先试验凝固力，一般只要它能稳定地凝固就不要多加，通常培养室温度低时可适当少加点，温度高时要多加一些，但琼脂并非是组培中的一种必需成分。对于某些试验体系来说，液体培养基的效果可能比琼脂固化培养基更好。如果要专门研究植物组织或细胞的营养问题，则应避免使用琼脂，如果非要使用也要采用纯度很高的琼脂，并用蒸馏水多次泡洗并晾干，以尽量除去水溶性的物质(因市售琼脂多含有 Ca、Mg 和微量元素)或考虑采用其他的固化介质。长时间高温灭菌会使凝固能力下降，过酸或过碱加之高温会使琼脂发生水解而丧失凝固能力。存放时间过久，琼脂变褐，也会逐渐失去凝固能力。

从快速繁殖的发展趋势来看，液体培养基将逐步取代固体培养。过去液体培养往往要用摇床、转床等振摇设备来解决通气问题，这样增加了成本并限制了容量，使液体培养的推广应用遇到了阻碍。近年来，试管繁殖采用浅层液体静置培养法已经取得了成功，但是在部分植物幼苗的生根阶段，目前仍要采用固体培养。

7.其他成分

这些物质不是植物生长所必需的，但对细胞生长有益。

(1)活性炭　在培养基中加入活性炭(active carbon，AC)主要是为了吸附植物的有害泌出物，对细胞生长有利，如防止组织培养物褐变的发生；其次活性炭的添加对某些植物的形态发生和器官形成也有良好效应。对于有利于某些植物诱导生殖已有成功的例子。活性炭为木炭粉碎经加工形成的粉末结构，结构疏松，孔隙大，吸水力强，有很强的吸附作用，它的颗粒大小决定着吸附能力，粒度越小，吸附能力越大。温度低吸附力强，温度高吸附力减弱，甚至解吸附。通常使用质量浓度为 0.5～10 g/L。在茎尖初代培养和胚胎培养中，加入适量活性炭，可减少组织变褐和培养基变色，也可以吸附外植体产生的致死性褐化物，其效力优于维生素 C 和半胱氨酸；在新芽增殖阶段，活性炭可明显促进新梢的形成和伸长，但其作用含量有一个阈值，一般为 0.1%～0.2%，不能超过 0.2%。在生根时活性炭有明显的促进作用，其机理一般认为与活性炭减弱光照有关，可能是由于根顶端产生促进根生长的 IAA，但 IAA 易受可见光的光氧化而破坏，因此，活性炭的主要作用就在于通过减弱光照保护了 IAA，从而间接促进了根的生长，由于根的生长加快，吸收能力增强，反过来又促进茎、叶的生长。

活性炭也有副作用，它吸附的选择性很差，在减少有害物质影响的同时也能吸附某些植物必需的化合物，有研究表明，每毫克的活性炭能吸附 100 ng 左右的生长调节物质。在高压灭菌之前加入活性炭会降低培养基的 pH，大量的活性炭加入会削弱琼脂的凝固能力，因此要多加一些琼脂。很细的活性炭也易沉淀，通常在琼脂凝固之前，要轻轻摇动培养瓶。总之，那种随意抓一撮活性炭放入培养基，会带来不良的后果。因此，在使用时要有其量的意识，使活性炭发挥其积极作用，在配制培养基时应予注意。

(2)硝酸银　离体培养中的植物组织会产生和散发乙烯，而乙烯在培养容器中的积累会影响培养物的生长和分化，严重时甚至导致培养物的衰老和落叶。$AgNO_3$ 中的 Ag^+ 通过竞争性地结合于细胞膜上的乙烯受体蛋白，从而可起到抑制乙烯活性的作用。因此，在培养基中加入适量的 $AgNO_3$，能起到促

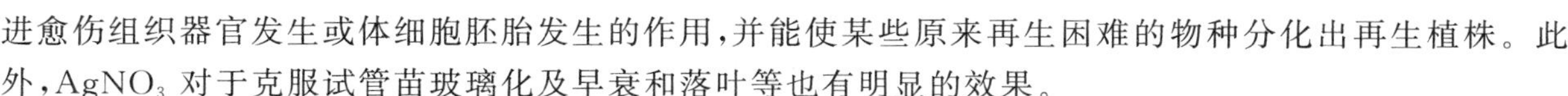

进愈伤组织器官发生或体细胞胚胎发生的作用，并能使某些原来再生困难的物种分化出再生植株。此外，$AgNO_3$ 对于克服试管苗玻璃化及早衰和落叶等也有明显的效果。

(3)抗生素　在培养基中添加抗生素的主要目的是防止菌类污染，减少培养中材料的损失，尤其是快速繁殖中，常因污染而丢弃成百上千瓶的培养物，采用适当的抗生素便可节约人力、物力和时间。常用的抗生素有青霉素、链霉素、土霉素、四环素、氯霉素、利福平、卡那霉素和庆大霉素等。用量一般为5～20 mg/L，大部分抗生素要求过滤灭菌。

8. pH

不同的植物对培养基最适 pH 的要求也是不同的(表 2-3)，大多在 pH 5～6.5，一般培养基都要求 pH 5.8，这基本能适应大多植物培养的需要。pH 的变化方向和幅度取决于多种因素。以硝态氮作氮源和以铵态氮作氮源就不一样，后者较高一些。培养基中成分单一时和培养基中含有较高浓度物质时，高压灭菌后的 pH 变化幅度较大，有时甚至可达 2 个 pH 单位，环境 pH 的变化大于 0.5 单位就有可能产生明显的生理影响。

表 2-3　不同植物的培养基最适 pH

种类	最适 pH	种类	最适 pH
杜鹃	4.0	番茄	5.7
越橘	4.5	月季	5.8
蓝莓	5.4	胡萝卜	6.0
蚕豆	5.5	桃	7.0

培养基的 pH 在高压灭菌前一般调至 5.0～6.0。当 pH 高于 6.5 时，培养基会变硬；低于 5.0 时，琼脂凝固效果不好。原因是经过高压灭菌后，培养基的 pH 会稍有下降(0.2～0.3 单位)，因此，在配制时常提高 pH 0.2～0.3 单位。在 5.8～6.0 之间，可适于大多数植物细胞的分裂、生长、分化。组织培养中应使用氢氧化钾(或氢氧化钠)及盐酸来调整 pH，一般用 1 mol/L 盐酸调低，用 1 mol/L 氢氧化钠调高，1 mL 的 NaOH 可使 pH 升高 0.2 单位，1 mL 的 HCl 可使 pH 降低 0.2 单位。调节时一定要充分搅拌均匀。采用 $Ca(H_2PO_4)_2$ 或碳酸钙作缓冲剂，可以使 pH 稳定，这对组织培养是很有用的。

2.3　培养基的配制、灭菌与保存

培养基(culture medium)是植物组织培养的重要基质。在离体培养条件下，不同种植物的组织对营养有不同的要求，甚至同一种植物不同部位的组织对营养的要求也不相同，只有满足了各自的特殊要求，它们才能很好地生长。因此，没有一种培养基能够适合一切类型的植物组织或器官。在建立一项新的培养系统时，首先必须找到一种合适的培养基，培养才有可能成功。在植物组织培养历史进程中，事实上也紧密地伴随着培养基的研制史。对植物的营养要求的不断认识，对已有培养基的改进，或者将新发现的植物激素、新的有益成分应用于培养基之中，都大大促进了组织培养研究的迅速发展，取得越来越多的成功。

2.3.1　培养基的成分

培养基的成分主要可以分水、无机盐、有机物、天然复合物、培养体的支持材料五大类。

1. 水

水是植物原生质体的组成成分，也是一切代谢过程的介质和溶媒。它是生命活动过程中不可缺少

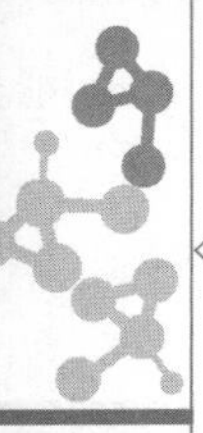

的物质。配制培养基母液时要用蒸馏水，以保持母液及培养基成分的精确性，防止贮藏过程发霉变质。大规模生产时可用自来水。但在少量研究上尽量用蒸馏水，以防成分的变化引起不良效果。

2.无机元素

无机元素(inorganic element)含大量元素及微量元素。

(1)大量元素　指浓度大于0.5 mmol/L的元素，有N、P、K、Ca、Mg、S等。

①N　是蛋白质、酶、叶绿素、维生素、核酸、磷脂、生物碱等的组成成分，是生命不可缺少的物质。在制备培养基时以NO_3^--N和NH_4^+-N两种形式供应。大多数培养基既含有NO_3^--N又含NH_4^+-N。NH_4^+-N对植物生长较为有利。供应的物质有KNO_3、NH_4NO_3等。有时，也添加氨基酸来补充氮素。

②P　是磷脂的主要成分，而磷脂又是原生质、细胞核的重要组成部分，磷也是ATP、ADP等的组成成分。在植物组织培养过程中，向培养基内添加磷，不仅增加养分、提供能量，而且也促进对N的吸收，增加蛋白质在植物体中的积累。常用的物质有KH_2PO_4或NaH_2PO_4等。

③K　与碳水化合物合成、转移以及氮素代谢等有密切关系。K增加时，蛋白质合成增加，维管束、纤维组织发达，对胚的分化有促进作用。但K的质量浓度不宜过大，一般以1～3 mg/L为好。制备培养基时，常以KCl、KNO等盐类提供。

④Mg、S和Ca　Mg是叶绿素的组成成分，又是激酶的活化剂；S是含S氨基酸和蛋白质的组成成分，它们常以$MgSO_4\cdot 7H_2O$提供，用量以1～3 mg/L较为适宜；Ca是构成细胞壁的一种成分，Ca对细胞分裂、保护质膜不受破坏有显著作用，常以$CaCl_2\cdot 2H_2O$提供。

(2)微量元素　指小于0.5 mmol/L的元素，有Fe、B、Mn、Cu、Mo、Cl等。Fe是一些氧化酶、细胞色素氧化酶、过氧化氢酶等的组成成分。同时，它又是叶绿素形成的必要条件。培养基中的铁对胚的形成、芽的分化和幼苗转绿有促进作用。在制作培养基时不用$Fe_2(SO_4)_3$和$FeCl_3$[因其在pH 5.2以上，易形成$Fe(OH)_3$不溶性沉淀]，而用$FeSO_4\cdot 7H_2O$和Na_2-EDTA结合成螯合物使用。B、Mn、Zn、Cu、Mo、Cl等也是植物组织培养中不可缺少的元素，缺少这些物质会导致生长、发育异常现象。

总之，植物必需营养元素可组成结构物质，也可是具有生理活性的物质，如酶、辅酶以及作为酶的活化剂，参与活跃的新陈代谢。此外，在维持离子浓度平衡、胶体稳定、电荷平衡等电化学方面起着重要作用。当某些营养元素供应不足时，愈伤组织表现出一定的缺素症状。如缺氮，会表现出一种花色素苷的颜色，不能形成导管；缺铁，细胞停止分裂；缺硫，表现出非常明显的褪绿；缺锰或钼，则影响细胞的伸长。

3.有机化合物

培养基中若只含有大量元素与微量元素，常称为基本培养基。为不同的培养目的往往要加入一些有机物(organic compound)以利于快速生长。常加入的有机成分主要有以下几类：

(1)碳水化合物　最常用的碳源是蔗糖，葡萄糖和果糖也是较好的碳源，可支持许多组织很好地生长。麦芽糖、半乳糖、甘露糖和乳糖在组织培养中也有应用。蔗糖使用浓度为2%～5%，常用为3%(图2-30)，即配制1 L培养基称取30 g蔗糖，有时可用2.5%，但在胚培养时采用4%～15%的高浓度，因蔗糖对胚状体的发育起重要作用。不同糖类对生长的影响不同。从各种糖对水稻根培养的影响来看，以葡萄糖效果最好，果糖和蔗糖相当，麦芽糖差一些。不同植物不同组织的糖类需要量也不同，实验时要根据配方规定按量称取，不能任意取量。高压灭菌时一部分糖发生分解，制定配方时要给予考虑。在大规模生产时，可用食用的白砂糖代替。

(2)维生素　维生素(vitamin)在植物细胞里主要是以各种辅酶的形式参与多种代谢活动，对生长、分化等有很好的促进作用。虽然大多数的植物细胞在培养中都能合成所必需的维生素，但在数量上还明显不足，通常需加入1至数种维生素，以便获得最好的生长。主要有维生素B_1(盐酸硫胺素)、维生素B_6(盐酸吡哆醇)、维生素B_5(烟酸)、维生素C(抗坏血酸)，有时还使用生物素、叶酸、维生素B_2(核黄素)等。一般用量为0.1～1.0 mg/L，有时用量较高。维生素B_1对愈伤组织的产生和生活力有重要作用，维生素B_6能促进根的生长，维生素B_5与植物代谢和胚的发育有一定关系，维生素C有防止组织变褐

无蔗糖

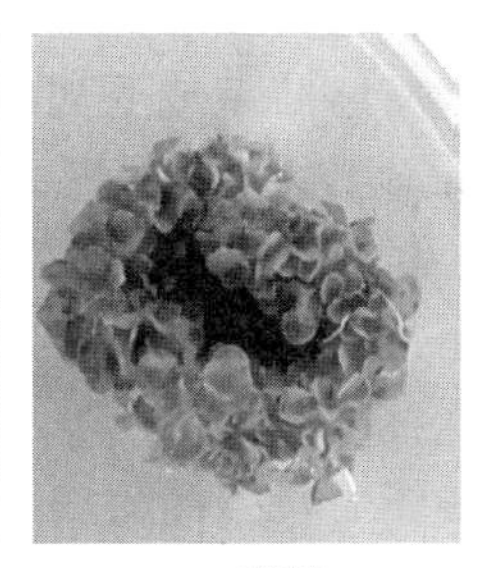
1%蔗糖

3%蔗糖

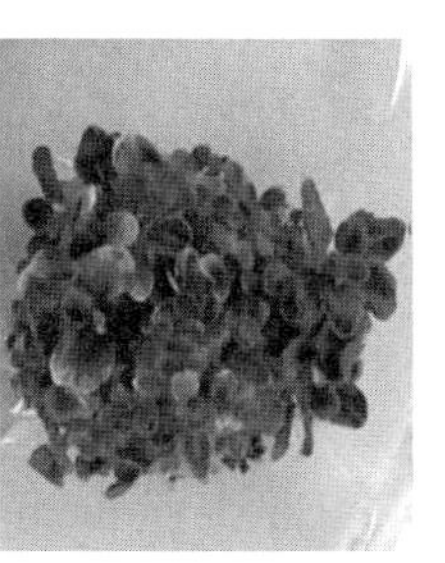
5%蔗糖

图 2-30　非洲紫罗兰叶片在不同蔗糖浓度下的培养效果

的作用。

(3)肌醇　肌醇(myo-inositol)又叫环己六醇,在糖类的相互转化中起重要作用。通常可由磷酸葡萄糖转化而成,还可进一步生成果胶物质,用于构建细胞壁。肌醇与 6 分子磷酸残基相结合形成植酸,植酸与钙、镁等阳离子结合成植酸钙镁,植酸可进一步形成磷脂,参与细胞膜的构建。使用浓度一般为 100 mg/L,适当使用肌醇,能促进愈伤组织的生长以及胚状体和芽的形成。对组织和细胞的繁殖、分化有促进作用,对细胞壁的形成也有作用。

(4)氨基酸　氨基酸(amino acid)是很好的有机氮源,可直接被细胞吸收利用。培养基中最常用的氨基酸是甘氨酸,其他的如精氨酸、谷氨酸、谷酰胺、天冬氨酸、天冬酰胺、丙氨酸等也常用。有时应用水解乳蛋白或水解酪蛋白,它们是牛乳用酶法等加工的水解产物,是含有约 20 种氨基酸的混合物,用量在 10～1 000 mg/L。由于它们营养丰富,极易引起污染。如在培养中无特别需要,以不用为宜。

(5)天然复合物　其成分比较复杂,大多含氨基酸、激素、酶等一些复杂化合物。它对细胞和组织的增殖与分化有明显的促进作用,但对器官的分化作用不明显。它的成分大多不清楚,所以一般应尽量避免使用。

①椰乳　是椰子的液体胚乳。它是使用最多、效果最大的一种天然复合物。一般使用量在 10%～20%,与其果实成熟度及产地关系也很大。它在愈伤组织和细胞培养中有促进作用。在马铃薯茎尖分生组织和草莓微茎尖培养中起明显的促进作用,但茎尖组织的大小若超过 1 mm 时,椰乳就不发生作用。

②香蕉　用量为 150～200 mL/L。用黄熟的小香蕉,加入培养基后变为紫色。对 pH 缓冲作用大。主要在兰花的组织培养中应用,对发育有促进作用。

③马铃薯　去掉皮和芽后,加水煮 30 min,再经过过滤,取其滤液使用。用量为 150～200 g/L。对 pH 缓冲作用也大。添加后可得到健壮的植株。

④水解酪蛋白　为蛋白质的水解物,主要成分为氨基酸,使用浓度为 100～200 mg/L。受酸和酶的作用易分解,使用时要注意。

⑤其他　酵母提取液(YE)(0.01%～0.05%),主要成分为氨基酸和维生素类;麦芽提取液(0.01%～0.5%)、苹果和番茄的果汁、黄瓜的果实、未熟玉米的胚乳等。遇热较稳定,大多在培养困难时使用,有时有效。

4.植物激素

植物激素(plant hormones)是植物新陈代谢中产生的天然化合物,它能以极微小的量影响到植物的细胞分化、分裂、发育,影响到植物的形态建成、开花、结实、成熟、脱落、衰老和休眠以及萌发等许许多多的生理生化活动,在培养基的各成分中,植物激素是培养基的关键物质,对植物组织培养起着决定性作用。

(1)生长素类　在组织培养中,生长素(auxin)主要被用于诱导愈伤组织形成,诱导根的分化和促进

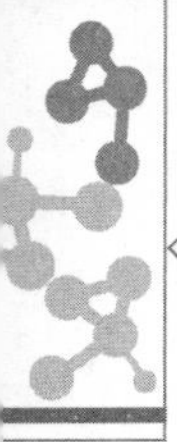

细胞分裂、伸长生长。在促进生长方面，根对生长素最敏感。在极低的浓度下(10^{-8}～10^{-5} mg/L)就可促进生长，其次是茎和芽。天然的生长素热稳定性差，高温高压或受光条件易被破坏。在植物体内也易受到体内酶的分解。组织培养中常用人工合成的生长素类物质。

IAA(indole acetic acid，吲哚乙酸)是天然存在的生长素，也可人工合成，其活力较低，是生长素中活力最弱的激素，对器官形成的副作用小，高温高压易被破坏，也易被细胞中的 IAA 分解酶降解，受光也易分解。

IBA(indole-3-butyric acid，吲哚丁酸)是促进发根能力较强的生长调节物质。

NAA(naphthalene acetic acid，萘乙酸)在组织培养中的启动能力要比 IAA 高出 3～4 倍，且由于可大批量人工合成，耐高温高压，不易被分解破坏，所以应用较普遍。NAA 和 IBA 广泛用于生根，并与细胞分裂素互作促进芽的增殖和生长。

2,4-D(2,4-dichlorophenoxy acetic acid，2,4-二氯苯氧乙酸)启动能力比 IAA 高 10 倍，特别在促进愈伤组织的形成上活力最高，但它强烈抑制芽的形成，影响器官的发育。适宜的用量范围较狭窄，过量常有毒害效应。

生长素配制时可先用少量 95%酒精助溶，2,4-D 可用 0.1 mol/L 的 NaOH 或 KOH 助溶。生长素常配成 1 mg/mL 的溶液贮于冰箱中备用。

(2)GA　GA(gibberellins，赤霉素)有 20 多种，生理活性及作用的种类、部位、效应等各有不同。培养基中添加的是 GA_3，主要用于促进幼苗茎的伸长生长，促进不定胚发育成小植株；赤霉素和生长素协同作用，对形成层的分化有影响，当生长素/赤霉素比值高时有利于木质部分化，比值低时有利于韧皮部分化；此外，赤霉素还用于打破休眠，促进种子、块茎、鳞茎等提前萌发。一般在器官形成后，添加赤霉素可促进器官或胚状体的生长。

赤霉素溶于酒精，配制时可用少量 95%酒精助溶。赤霉素不耐热，高压灭菌后将有 70%～100%失效，应当采用过滤灭菌法加入。

(3)细胞分裂素类　细胞分裂素类(cytokinins)是腺嘌呤的衍生物，包括 6-BA(6-苄氨基嘌呤)、KT(kinetin 激动素)、ZT(zeatin 玉米素)、BAP(6-苄基腺嘌呤)等。其中 ZT 活性最强，但非常昂贵，常用的是 6-BA。

在培养基中添加细胞分裂素有 3 个作用：①诱导芽的分化，促进侧芽萌发生长。细胞分裂素与生长素相互作用，当组织内细胞分裂素/生长素的比值高时，诱导愈伤组织或器官分化出不定芽(图 2-31)。②促进细胞分裂与扩大。③抑制根的分化。因此，细胞分裂素多用于诱导不定芽的分化，茎、苗的增殖，而避免在生根培养时使用。

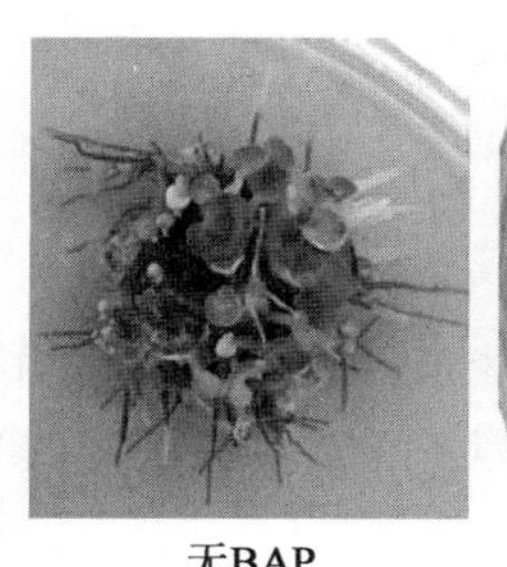
无BAP

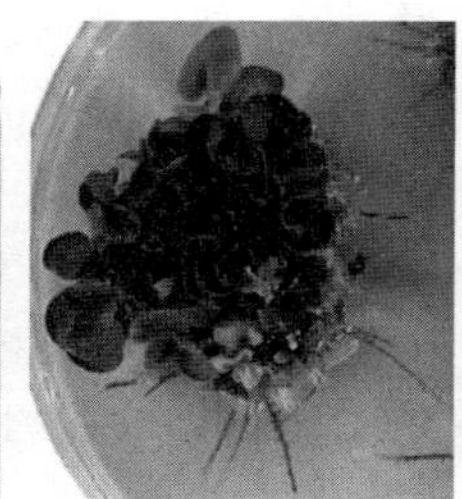
BAP 0.1 mg/L

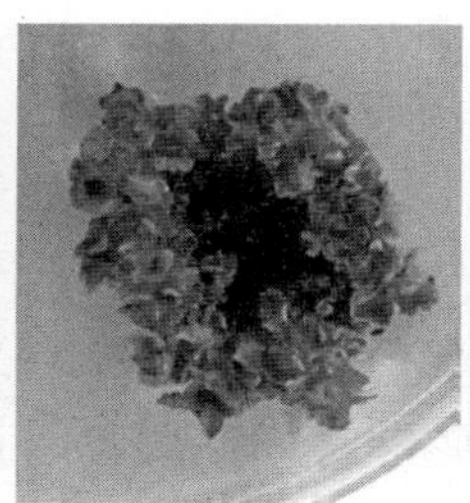
BAP 5.0 mg/L

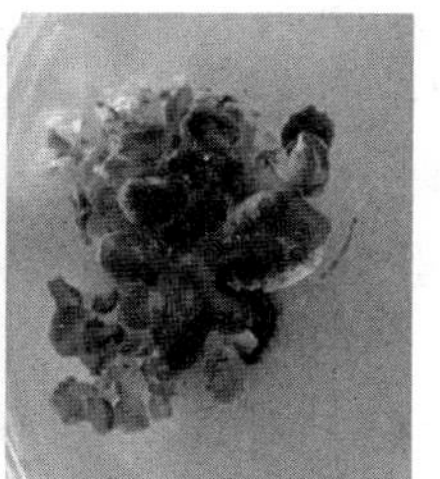
无NAA

图 2-31　非洲紫罗兰叶片培养中使用不同浓度激素的器官诱导分化效果

生长素与细胞分裂素的比例决定着发育的方向，是愈伤组织、是长根还是长芽。如为了促进芽器官的分化，应除去或降低生长素的浓度，或者调整培养基中生长素与细胞分裂素的比例。

生长调节物质的使用甚微，一般用 mg/L 表示浓度。在组织培养中生长调节物质的使用浓度，因植物的种类、部位、时期、内源激素等的不同而异，一般生长素浓度的使用为0.05～5 mg/L，细胞分裂素0.05～10 mg/L。

5.培养材料的支持物

(1)琼脂　琼脂作用前已述及，一般而言，加入琼脂的固体培养基与液体培养基相比优点在于操作简便，通气问题易于解决，便于经常观察研究等，但它也有不少缺点，如培养物与培养基的接触(即吸收)面积小，各种养分在琼脂中扩散较慢，影响养分的充分利用，同时培养物排出的一些代谢废物，聚集在吸收表面，对组织产生毒害作用。因此，在研究植物组织或细胞的营养问题时，应避免使用琼脂。可在液体培养基表面安放一个无菌滤纸制成的滤纸桥，然后在滤纸桥上进行愈伤组织培养。

(2)其他　有玻璃纤维、滤纸桥、海绵等，总的要求是排出的有害物质对培养材料没有影响或影响较小。

6.抗生物质

抗生物质(antibiotic)有青霉素、链霉素、庆大霉素等，用量在5～20 mg/L。添加抗生物质可防止菌类污染，减少培养中材料的损失，尤其是快速繁殖中，常因污染而丢弃成百上千瓶的培养物，采用适当的抗生素便可节约人力、物力和时间。尤其对大量通气长期培养，效果更好。对于刚感染的组织材料，可向培养基中注入5%～10%的抗生素。抗生素各有其抑菌谱，要加以选择试用，也可两种抗生素混用。但是应当注意抗生素对植物组织的生长也有抑制作用，可能某些植物适宜用青霉素，而另一些植物却不大适应。需要提醒的是，在工作中不能以为有了抗生素，而放松灭菌措施。此外，在停止抗生素使用后，往往污染率显著上升，这可能是原来受抑制的菌类又滋生起来造成的。

7.抗氧化物(antioxide)

植物组织在切割时会溢泌一些酚类物质，接触空气中的氧气后，自动氧化或由酶类催化氧化为相应的醌类，产生可见的茶色、褐色以致黑色，这就是酚污染。这些物质渗出细胞外就造成自身中毒，使培养的材料生长停顿，失去分化能力，最终变褐死亡。在木本尤其是热带木本及少数草本植物中较为严重。目前还没有彻底解决的办法，只能按实际情况，加用一些药物，并适当降低培养温度、及时转移到新鲜培养基上等办法，使之有不同程度的缓解，当然严格选择外植体部位、加大接种数量等措施也应一并考虑。抗酚类氧化常用的药剂有半胱氨酸及维生素C，可用50～200 mg/L的浓度洗涤刚切割的外植体伤口表面，或过滤灭菌后加入固体培养基的表层。其他抗氧化剂有二硫苏糖醇、谷胱甘肽、硫乙醇及二乙基二硫氨基甲酸酯等。

8.活性炭

活性炭的作用前已述及，它可以吸附非极性物质和色素等大分子物质，包括琼脂中所含的杂质，培养物分泌的酚、醌类物质以及蔗糖在高压消毒时产生的5-羟甲基糖醛及激素等。

在培养基中加入0.3%活性炭，还可降低玻璃苗的产生频率，对防止产生玻璃苗有良好作用。另外，活性炭在胚胎培养中也有一定作用，如在葡萄胚珠培养时向培养基加入0.1%的活性炭，可减少组织变褐和培养基变色，产生较少的愈伤组织。

9.pH

在灭菌之前培养基的pH一般都是调节到5.0～6.0。一般来说，当pH高于6.5时，培养基将会变硬；低于5.0时，琼脂不能很好地凝固。pH对不同植物的影响会有差异，如玉米胚乳愈伤组织在pH 7.0时鲜重增加最快，在pH 6.1时干重增长最快。

可通过pH试纸测定培养基的pH，也可通过pH仪来测量。

2.3.2　常用培养基的种类、配方及其特点

1.培养基的种类

培养基有许多种类，根据不同的植物和培养部位及不同的培养目的需选用不同的培养基。

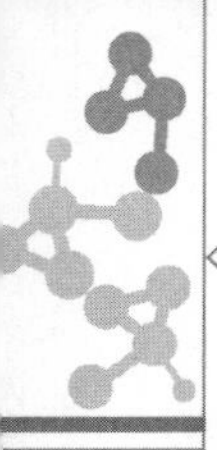

培养基最早是由 Sacks(1680)和 Knop(1681)研制的，他们对绿色植物的成分进行了分析研究，根据植物从土壤中主要是吸收无机盐营养，设计出了由无机盐组成的 Sacks 和 Knop 溶液，至今仍在作为基本的无机盐培养基得到广泛应用。以后根据不同目的进行改良产生了多种培养基，White 培养基在 20 世纪 40 年代用得较多，现在还常用。而到 60 年代和 70 年代则大多采用 MS 等高浓度培养基，可以保证培养材料对营养的需要，并能生长快、分化快，且由于浓度高，在配制、消毒过程中某些成分有些出入，也不致影响培养基的离子平衡。

培养基的名称，一直根据沿用的习惯。多数以发明人的姓名来命名，如 White 培养基，Murashige 和 Skoog 培养基(简称 MS 培养基)，也有对某些成分进行改良称作改良培养基。

(1)培养基根据其态相不同分为固体培养基与液体培养基。固体培养基是指加凝固剂(多为琼脂)的培养基；液体培养基是指不加凝固剂的培养基。培养基中加入一定量的凝固剂，加热溶解后，分别装入培养用的容器中，冷却后即得到固体培养基。凡不加凝固剂的即是液体培养基。固体培养基所需设备简单，使用方便，只需一般化学实验室的玻璃器皿和可供调控温度与光照的培养室。但固体培养基，培养物固定在一个位置上，只有部分材料表面与培养基接触，不能充分利用培养容器中的养分，而且培养物生长过程中，排出的有害物质的积累而造成自我毒害，必须及时转移。液体培养基则需要转床、摇床之类的设备，但通过振荡培养，给培养物提供良好的通气条件，有利于外植体的生长，避免了固体培养基的缺点。

(2)培养基根据培养物的培养过程分为初代培养基与继代培养基。初代培养基是指用来第一次接种从植物体上分离下来的外植体的培养基。继代培养基是指用来接种继初代培养之后的培养物的培养基。

(3)培养基根据其作用不同分为诱导培养基、增殖培养基和生根培养基。

(4)培养基根据其营养水平不同分为基本培养基和完全培养基。基本培养基主要有 MS、White、B5、N6、改良 MS、Heller、Nitsh、Miller、SH 等；完全培养基就是在基本培养基的基础上，根据试验的不同需要，附加一些物质，如植物生长调节物质和其他复杂有机附加物等。

2. 几种常用培养基的配方

植物细胞组织培养中常用的培养基主要有 MS、White、N6、B5、Heller、Nitsh、Miller、SH 等，它们的配方见表 2-4。更多的培养基配方见附录三。

表 2-4　几种常用培养基的配方　　mg/L

化合物名称	MS (1962)	White (1943)	N6 (1974)	B5 (1968)	Heller (1953)	Nitsh (1972)	Miller (1967)	SH (1972)
NH_4NO_3	1 650					720	1 000	
KNO_3	1 900	80	2 830	2 527.5		950	1 000	2 500
$(NH_4)_2SO_4$			463	134				
$NaNO_3$					600			
KCl		65			750		65	
$CaCl_2 \cdot 2H_2O$	440		166	150	75	166		200
$Ca(NO_3)_2 \cdot 4H_2O$		300					347	
$MgSO_4 \cdot 7H_2O$	370	720	185	246.5	250	185	35	400
Na_2SO_4		200						
KH_2PO_4	170		400			68	300	
K_2HPO_4								300

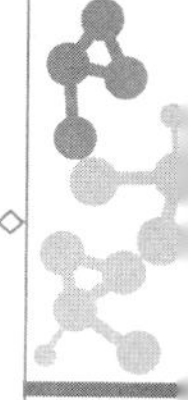

续表2-4

化合物名称	MS (1962)	White (1943)	N6 (1974)	B5 (1968)	Heller (1953)	Nitsh (1972)	Miller (1967)	SH (1972)
$FeSO_4 \cdot 7H_2O$	27.8		27.8			27.85		15
Na_2-EDTA	37.3		37.3			37.75		20
NaFe-EDTA				28			32	
$FeCl_3 \cdot 6H_2O$					1			
$Fe_2(SO_4)_3$		2.5						
$MnSO_4 \cdot 4H_2O$	22.3	7	4.4	10	0.01	25	4.4	
$ZnSO_4 \cdot 7H_2O$	8.6	3	1.5	2	1	10	1.5	
Zn(螯合体)					0.03			10
$NiCl_2 \cdot 6H_2O$								1.0
$CoCl_2 \cdot 6H_2O$	0.025			0.025		0.025		
$CuSO_4 \cdot 5H_2O$	0.025			0.025	0.03			
$AlCl_3$					0.03			
MoO_3						0.25		
$Na_2MoO_4 \cdot 2H_2O$	0.25			0.25				
TiO_2							0.8	1.0
KI	0.83	0.75	0.8	0.75	0.01	10	1.6	5.0
H_3BO_3	6.2	1.5	1.6	3	1			
$NaH_2PO_4 \cdot H_2O$		16.5		150	125			
烟酸	0.5	0.5	0.5	1				5.0
盐酸吡哆醇(维生素 B_6)	0.5	0.1	0.5	1	1.0			5.0
盐酸硫胺素(维生素 B_1)	0.1	0.1	1	10				0.5
肌醇	100			100		100		100
甘氨酸	2	3	2					
蔗糖	30 000	20 000	50 000	20 000	20 000	20 000	30 000	30 000
琼脂	10 000	10 000	10 000	10 000				
pH	5.8	5.6	5.8	5.8	5.8	5.8		5.9

3.几种常用培养基的特点

(1)MS 培养基　是 1962 年由 Murashige 和 Skoog 为培养烟草细胞而设计的。特点是无机盐和离子浓度较高,为较稳定的平衡溶液。其养分的数量和比例较合适,可满足植物的营养和生理需要。硝酸盐含量较其他培养基为高,广泛地用于植物的器官、花药、细胞和原生质体培养,效果良好。有些培养基是由它演变而来的。

(2)White 培养基　是 1943 年由 White 为培养番茄根尖而设计的。1963 年又作了改良,称作 White 改良培养基,提高了 $MgSO_4$ 的浓度和增加了硼素。其特点是无机盐数量较少,适于生根培养。

(3)N6 培养基　是 1974 年朱至清等为水稻等禾谷类作物花药培养而设计的。其特点是成分较简单,KNO_3 和$(NH_4)_2SO_4$ 含量高。在国内已广泛应用于小麦、水稻及其他植物的花药培养和其他组织培养。

(4)B5 培养基　是 1968 年由 Gamborg 等为培养大豆根细胞而设计的。其主要特点是含有较低的

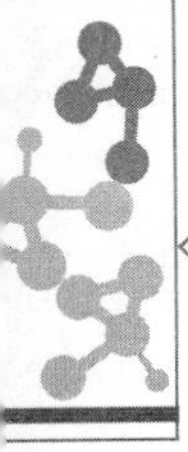

铵，这可能对不少培养物的生长有抑制作用。从实践得知有些植物在 B5 培养基上生长更适宜，如双子叶植物特别是木本植物。

(5)SH 培养基　是 1972 年由 SchenkHid 和 Hidebrandt 设计的。它的主要特点与 B5 相似，不用 $(NH_4)_2SO_4$ 而改用 $NH_4H_2PO_4$，是无机盐浓度较高的培养基。在不少单子叶和双子叶植物上使用，效果很好。

(6)Heller 培养基　是 1953 年由 Heller 等设计的，钾盐和硝酸盐是通过不同的化合物来提供的，含大量元素、维生素，不含蔗糖、琼脂。

(7)Miller 培养基　与 MS 培养基比较，Miller 培养基无机元素用量减少 1/3～1/2，微量元素种类减少，不含肌醇。

(8)Nitsch 培养基　是 1969 年由 Nitsch JP 和 Nitsch C 设计的，属于无机盐含量适中的培养基，主要用于花药培养。

2.3.3　培养基的配制

1. 母液的配制和保存

在植物组织培养工作中，配制培养基是日常必备的工作。为简便起见，通常先配制一系列母液(stock solution)，即贮备液。所谓母液是欲配制液的浓缩液，这样不但可以保证各物质成分的准确性及配制时的快速移取，而且还便于低温保藏。一般母液配成比所需浓度高 10～100 倍。配制时注意一些离子之间易发生沉淀，如 Ca^{2+} 和 SO_4^{2-}、Ca^{2+}、Mg^{2+} 和 PO_4^{3-} 一起溶解后，会产生沉淀，一定要充分溶解再放入母液中。配制母液时要用蒸馏水或重蒸馏水。药品应选取等级较高的化学纯或分析纯。药品的称量及定容都要准确。各种药品先以少量水让其充分溶解，然后依次混合。一般配成大量元素、微量元素、铁盐、有机物质、维生素等母液，其中维生素、氨基酸类可以分别配制，也可以混在一起。母液配好后放入冰箱内低温保存，用时再按比例稀释。

下面以 MS 培养基制备为例，概述其制备方法，表 2-5 为 MS 基本培养基 4 种母液配制表。

表 2-5　MS 培养基母液配制

母液名称	化合物名称	原配方量/mg	扩大倍数	称取量/mg	母液体积/mL	配 1 L 培养基的吸取量/mL
大量元素	KNO_3	1 900	0	19 000	1 000	100
	NH_4NO_3	1 650	10	16 500	1 000	100
	$MgSO_4 \cdot 7H_2O$	370	10	3 700	1 000	100
	$CaCl_2 \cdot 2H_2O$	440	10	4 400	1 000	100
	KH_2PO_4	170	10	1 700	1 000	100
微量元素	$MnSO_4 \cdot 4H_2O$	22.3	100	2 230	1 000	10
	$ZnSO_4 \cdot 7H_2O$	8.6	100	860	1 000	10
	H_3BO_3	6.2	100	620	1 000	10
	KI	0.83	100	83	1 000	10
	$NaMoO_4 \cdot 2H_2O$	0.25	100	25	1 000	10
	$CuSO_4 \cdot 5H_2O$	0.025	100	2.5	1 000	10
	$CoCl_2 \cdot 6H_2O$	0.025	100	2.5	1 000	10

续表2-5

母液名称	化合物名称	原配方量/mg	扩大倍数	称取量/mg	母液体积/mL	配 1 L 培养基的吸取量/mL
铁盐	Na_2-EDTA·$2H_2O$	37.25	100	3 725	1 000	10
	$FeSO_4\cdot 7H_2O$	27.85	100	2 785	1 000	10
有机物质	甘氨酸	2	100	200	1 000	10
	盐酸硫胺素(维生素 B_1)	0.4	100	40	1 000	10
	盐酸吡哆醇(维生素 B_6)	0.5	100	50	1 000	10
	烟酸	0.5	100	50	1 000	10
	肌醇	100	100	10 000	1 000	10

(1)大量元素母液　可配成 10 倍母液。用分析天平按表 2-5 称取药品,分别加 100 mL 左右蒸馏水溶解后,再用磁力搅拌器搅拌,促进溶解。注意 Ca^{2+} 和 PO_4^{3-} 易发生沉淀。然后倒入 1 000 mL 定容瓶中,再加水定容至刻度,成为 10 倍母液。

(2)微量元素母液　可配成 100 倍母液。用分析天平按表 2-5 准确称取药品后,分别溶解,混合后加水定容至 1 000 mL。

(3)铁盐母液　可配成 100 倍母液,按表 2-5 称取药品,可加热溶解,混合后加水定容至 1 000 mL。

(4)有机物质母液　可配成 100 倍母液。按表 2-5 分别称取药品,溶解,混合后加水定容至 1 000 mL。

(5)激素母液　每种激素必须单独配成母液,浓度一般配成 1 mg/mL。用时根据需要取用。因为激素用量较少,一次可配成 50 mL 或 100 mL。另外,多数激素难溶于水,要先溶于可溶物质,然后才能加水定容。

激素母液的配法如下:将 IAA、IBA、GA 等先溶于少量的 95%的酒精中,再加水定容至一定浓度。NAA 可先溶于热水或少量 95%的酒精中,再加水定容到一定浓度。2,4-D 可用少量 1 mol/L NaOH 溶解后,再加水定容到一定浓度。将 KT 和 BA 先溶于少量 1 mol/L 的 HCl 中再加水定容。将玉米素先溶于少量 95%的酒精中,再加热水定容到一定浓度。配制好的母液瓶上应分别贴上标签,注明母液名称、配制倍数、日期及配 1 L 培养基时应取的量。

2.培养基的配制及其灭菌

(1)培养基的配制　用量筒移取大量元素母液 100 mL,用专一对应的移液管分别吸取微量元素母液 10 mL、铁盐母液 10 mL、有机物质母液 10 mL,均置入 1 000 mL 定容瓶中,若不加任何激素,则为 MS 培养基;若需加激素按配方移取激素母液即可。

将已装母液的定容瓶用蒸馏水或自来水定容到 1 000 mL,取 1/3 左右倒入小铝锅中加热。同时,称好 30 g 蔗糖,称琼脂丝(或琼脂粉)7 g,也倾入小铝锅中,边加热边搅拌,防止糊底。旺火煮开,再用文火加热,直至琼脂全部融化即清澈见底为度(若用琼脂粉,应加入 100 mL 左右的液体培养基,并搅拌均匀)。

现在培养基配制时使用已经配制好的培养基粉,按照培养基所需的量称取(表 2-6),用蒸馏水在定容瓶中定容,加入琼脂粉后根据需要添加激素等其他成分,摇晃均匀即可。

培养基配好后,要调整 pH。用 0.1 mol/L 的 NaOH 或 HCl 液调成 pH 5.8 左右。在培养基配方不大变动的情况下可用经验法。可以将连续 3 次测定所加入的酸或碱液的平均值作为以后调整的用量值。调后注意一定要摇动均匀,还要注意酸或碱液不要放置时间太久。

表 2-6　不同培养基粉配制(1 L)

培养基	MS	White	B5	N6	SH	WPM
称取量/g	41.74	21.26	30.21	4.12	30.21	2.78
适用	大多数双子叶植物	生根、胚胎培养	双子叶木本植物	单子叶植物；花粉、花药培养	双子叶、单子叶植物	木本植物

(2)培养基的分装与灭菌　培养基配好后要趁热分装,100 mL 的容器装入 30～40 mL 培养基,即 1 L 培养基装 35 瓶左右。太多则浪费培养基,太少不宜接种和影响生长。但要根据培养对象来决定。如果培养时间较长时,应适当多装培养基;生根等短期培养时,可适当少装培养基。分装时不要把培养基弄到管壁上,以免日后污染。装后用封口材料包上瓶口,扎口后,写上培养基种类,准备灭菌。注意不能放置时间过长,以免产生污染。

分装好的培养基置于高压蒸汽灭菌锅中灭菌,灭菌条件为温度 121 ℃,压力 0.11 MPa,灭菌时间与培养基容量的关系如表 2-7 所示。

表 2-7　培养基容量与灭菌时间的关系

培养基体积/mL	灭菌温度/ ℃	灭菌时间/min
20～50	121	20
50～500	121	25
500～5 000	121	35

具体操作方法为:打开锅盖,加水至水位线。把已装好培养基的三角瓶,连同蒸馏水及接种用具等放入锅筒内,装时不要过分倾斜培养基,以免弄到瓶口上或流出。然后盖上锅盖,对角旋紧螺丝,接通电源加热,当升至 0.05 MPa 时,打开放气阀放气,气压指针回“0”,后关闭放气阀。当气压上升到 0.11 MPa 时,保压灭菌 20～35 min,到时停止加热。当气压回“0”后打开锅盖,取出培养基,放于平台上冷凝。灭好菌的培养基不要放置时间太长,最多不能超过 1 周。

2.4　外植体的选择与培养

2.4.1　外植体的选择

外植体是组织培养中的各种接种材料,包括植物体的各种器官、组织、细胞和原生质等。植物从低等的藻类到苔藓、蕨类、种子植物等高等植物的各类、各部分器官都可作为组织培养的材料,一般裸子植物多采用幼苗、芽、韧皮部细胞,被子植物采用胚、胚乳、子叶、幼苗、茎尖、根、茎、叶、花药、花粉、子房和胚珠等各个部分。因此,外植体的选择需要从植物品种、适当的时期、大小、外植体来源、消毒难易等方面予以考虑。

1.选择优良的种质及母株

无论是离体培养繁殖种苗,还是进行生物技术研究,培养材料的选择都要从主要的植物入手,选取性状优良的种质、特殊的基因型和生长健壮的无病虫害植株。尤其是进行离体快繁,只有选取优良的种质和基因型,离体快繁出来的种苗才有意义,才能转化成商品;生长健壮无病虫害的植株及器官或组织代谢旺盛,再生能力强,培养后容易成功。

2. 选择适当的时期

植物组织培养选择材料时，要注意植物的生长季节和生长发育阶段，对大多数植物而言，应在其开始生长或生长旺季采样，此时材料内源激素含量高，容易分化，不仅成活率高，而且生长速度快，增殖率高。若在生长末期或已进入休眠期时采样，则外植体可能对诱导反应迟钝或无反应。花药培养应在花粉发育到单核靠边期取材，这时比较容易形成愈伤组织。百合在春夏季采集的鳞茎叶片，在不加生长素的培养基中，可自由地生长、分化；而其他季节则不能。植物的腋芽培养，如果在1—2月间采集，则腋芽萌发非常迟缓；而在3—8月间采集，萌发的数目多，萌发速度快。

3. 选取适宜的大小

培养材料的大小根据植物种类、器官和目的来确定。在通常情况下，快速繁殖时叶片、花瓣等面积为5 mm^2，其他培养材料的大小为0.5～1.0 cm。如果是胚胎培养或脱毒培养的材料，则应更小。材料太大，不易彻底消毒，污染率高；材料太小，多形成愈伤组织，甚至难以成活。

4. 外植体来源要丰富

为了建立一个高效而稳定的植物组织离体培养体系，往往需要反复实验，并要求实验结果具有可重复性。因此，就需要外植体材料丰富并容易获得，一般从野外或温室中选取生长健壮的无病虫害的植株器官或组织作外植体，离体培养容易成功。最好对所要培养的植物各部分器官的分化能力先进行比较，再筛选最易再生的部位作为最佳外植体，如同一种百合鳞茎的外层鳞片要优于内层鳞片，下段鳞片要优于上、中段鳞片。对多数植物来说，茎尖是较好的选择，但往往数量有限，也可常用茎段、叶片作外植体，如菊花、秋海棠等；还可选择鳞茎、球茎、根茎、花茎、花瓣、根尖、胚等作为外植体进行培养。

5. 外植体要易于消毒

在选择外植体时，应尽量选择带杂菌少的器官或组织，降低初代培养时的污染率。一般地上组织比地下组织、一年生组织比多年生组织、幼嫩组织比老龄和受伤组织容易消毒。

2.4.2 外植体的灭菌

外植体灭菌是植物细胞组织培养重要的工作之一。接种用的材料表面，常常附有多种多样的微生物，这些微生物一旦被带进培养基，就会迅速滋生，使实验前功尽弃。因此，材料在接种前必须进行灭菌。灭菌时，既要将材料上附着的微生物杀死，同时又不能伤及材料。因此，灭菌采用何种药剂，什么浓度，处理多长时间，均应根据材料对药剂的敏感情况来确定。

与灭菌相关的一个概念是消毒，它指杀死、消除或充分抑制部分微生物，使之不再发生危害作用，显然经过消毒，许多细菌芽孢、霉菌的厚垣孢子等不会完全杀死，即在消毒后的环境里和物品上还有活着的微生物，所以只有通过严格灭菌，操作空间(接种室、超净台等)和使用的器皿，以及操作者的衣着和手才不带任何活着的微生物。在这样的条件下进行的操作，就叫作无菌操作。一般来说，外植体接种的过程都是在无菌的环境里进行的，因此，外植体接种前都必须彻底灭菌。

用于植物外植体灭菌的灭菌剂有氯化汞、甲醛、过氧化氢、高锰酸钾、来苏儿、漂白粉、次氯酸钠、抗生素、酒精等。使用这些灭菌剂，都能起到表面杀菌的作用。现将主要灭菌剂常用浓度和灭菌效果列于表2-8，其中70%～75%的酒精有较强的杀菌力、穿透力和湿润作用，可排出材料上的空气，利于其他消毒剂的渗入，常与其他消毒剂配合使用。酒精穿透力强，易损伤材料，所以一般处理时间要短。

上述灭菌剂应在使用前临时配制，氯化汞可短期内贮用。次氯酸钠和次氯酸钙都是利用分解产生氯气来杀菌的，故灭菌时用广口瓶加盖较好；过氧化氢是分解释放原子态氧来杀菌的，这种药剂残留的影响较小，灭菌后用无菌水漂洗3～4次即可；氯化汞是用重金属汞离子来灭菌的，灭菌的材料难以对氯化汞残毒有效去除，所以应当用无菌水漂洗8～10次，每次不少于3 min，以尽量去除残毒。

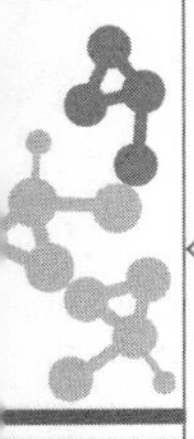

表 2-8 常用灭菌剂的使用浓度和灭菌效果比较

灭菌剂	使用浓度/%	清除的难易	消毒时间/min	效果
次氯酸钙	9～10	易	5～30	很好
次氯酸钠	2	易	5～30	很好
漂白粉	饱和浓度	易	5～30	很好
氯化汞	0.1～1	较难	2～10	最好
酒精	70～75	易	0.2～2	好
过氧化氢	10～12	最易	5～15	好
溴水	1～2	易	2～10	很好
硝酸银	1	较难	5～30	好
抗生素	4～50 mg/L	中	30～60	较好

灭菌时，把沥干的植物材料转放到烧杯或其他器皿中，记好时间，倒入灭菌溶液，不时用玻璃棒轻轻搅动，以促进材料各部分与消毒溶液充分接触，驱除气泡，使灭菌彻底。在快到时间之前 1～2 min，开始把灭菌液倾入一备好的大烧杯内，要注意勿使材料倒出，倾净后立即倒入无菌水，轻搅漂洗。灭菌时间是从倒入消毒液开始，至倒入无菌水时为止。记录时间还便于比较灭菌效果，以便改正。灭菌液要充分浸没材料，宁可多用些灭菌液，切勿勉强在一个体积偏小的容器中给很多材料灭菌。

在灭菌溶液中加吐温-80 效果较好，这些表面活性剂主要作用是使药剂更易于展布，更容易浸入灭菌的材料表面。但吐温加入后对材料的伤害也会增加，应注意吐温的用量和灭菌时间，一般加入灭菌液的 0.5%，即在 100 mL 中加入 15 滴。

最后一步是用无菌水漂洗，漂洗要每次 3 min 左右，视采用的消毒液种类，漂洗 3～10 次。无菌水漂洗作用是免除消毒剂杀伤植物细胞的副作用。

外植体的灭菌工作应在接种室或接种箱内无菌的条件下进行，各种不同类型的材料灭菌方法如下：

(1)花药的灭菌　用于组织培养的花药，按小孢子发育时期，实际上大多没有成熟，花药外面有萼片、花瓣或颖片、稃片保护着，通常处于无菌状态。所以一般只对整个花蕾或幼穗进行体表灭菌即可。如茄(*Solanum melongena* L.)的花药，灭菌时先去掉花蕾的萼片，用 70%酒精擦洗花瓣，然后将整个花蕾浸泡在饱和漂白粉上清液中 10 min，再经无菌水清洗 2～3 次，即可接种。这一灭菌程序，也适用于其他植物花药的灭菌。

(2)果实和种子的灭菌　根据果实和种子清洁程度，用自来水冲洗 10～20 min 甚至更长时间，然后进行消毒。

荚果的灭菌：绿色荚果可以采用火焰杀菌法。将绿色荚果稍加洗涤，转入 95%酒精中，然后取出荚果放入灭菌的培养皿中，点燃灼烧，并不断翻转荚果，待表面酒精燃尽，即可获得无菌荚果。再在无菌条件下取出幼胚或种子用于接种。火焰灭菌具有简便、快速、经济、彻底之优点。该程序也适用于块根类外植体的灭菌。

种子灭菌：通常先用热水浸种，然后再用次氯酸钠或氯化汞等杀菌剂灭菌。热水浸种除具有增加种皮透性、打破种子的休眠、促进种子萌发的作用外，高水温也有一定的杀菌作用。浸种的水温和时间与种子的大小、干燥程度以及种皮厚度有关。

具体步骤是用自来水冲洗 10～20 min，用 70%酒精消毒 1～2 min，再用 2%次氯酸钠溶液浸泡 5 min，最后用无菌水冲洗 3～5 次，就可以去除种子的病菌，进行组织培养。

果内种子则先要用 10%次氯酸钙浸泡 20～30 min，甚至几小时，依种皮硬度而定。对难以消毒的还可以用 0.1%升汞或 1%～2%溴水消毒 5 min。对用胚或胚乳培养的种子，如种皮太硬的种子，也可预先去掉种皮，再用4%～8%的次氯酸钠溶液浸泡8～10 min，经过无菌水冲洗后，在无菌条件下取出外植体即可用于接种，这类外植体一般都不带污染微生物。

(3)茎尖、茎段及叶片的灭菌　灭菌方法与花药的灭菌方法相同。对于茎叶，因为其暴露在空中，且生有毛或刺等附属物，所以灭菌前应该用自来水冲洗干净，用吸水纸将水吸干，再用70%酒精漂洗一下。然后根据材料的老、嫩和枝条的坚硬程度，用2%～10%次氯酸钠溶液浸泡6～15 min，用无菌水冲洗3次，用无菌纸吸干后进行接种。

(4)根和贮藏器官的灭菌　这类材料大多埋于土中，材料上常有损伤及带有泥土，灭菌比较困难。灭菌前，要用自来水清洗，并用毛刷或毛笔轻轻刷洗掉污物，必要时用刀片切去损伤和污染严重部分，吸干多余水分后用70%酒精漂洗一下，再用0.1%～0.2%的氯化汞灭菌5～10 min，或用6%～8%次氯酸钠溶液浸5～15 min，接着用无菌水清洗及用无菌纸吸干，然后进行接种。植物外植体表面灭菌的一般程序见图2-32。

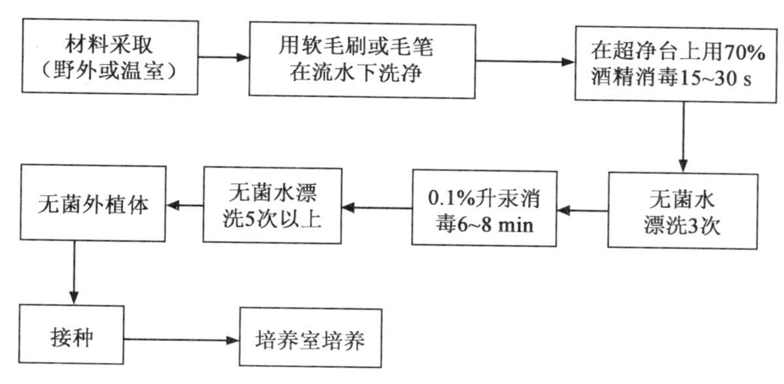

图2-32　植物外植体表面灭菌一般程序

2.4.3　外植体的接种和培养

1.外植体的接种

(1)无菌操作　接种时由于有一个敞口的过程，所以是极易引起污染的时期，这一时期的污染主要由空气中的细菌和工作人员本身引起，接种室要严格进行空间消毒。定期用1%～3%的高锰酸钾溶液对接种室内的设备、墙壁、地板等进行擦洗。除了使用前用紫外线和甲醛灭菌外，还可在使用期间用70%的酒精或3%的来苏儿喷雾，使空气中灰尘颗粒沉降下来。无菌操作可按以下步骤进行。

①在接种4 h前用甲醛熏蒸接种室，并打开其内紫外线灯进行灭菌；

②在接种前20 min，打开超净工作台的风机以及台上的紫外线灯；

③接种员先洗净双手，在缓冲间换好专用实验服，并换穿专用拖鞋等；

④上工作台后，用酒精棉球擦拭双手，特别是指甲处，然后擦拭工作台面；

⑤先用酒精棉球擦拭接种工具，再将镊子和剪子从头至尾过火一遍，然后反复过火尖端处，对培养皿要过火烤干，或者通过接种器械灭菌器(图2-33)来对器具进行灭菌消毒；

⑥接种时，接种员双手不能离开工作台，不能说话、走动和咳嗽等；

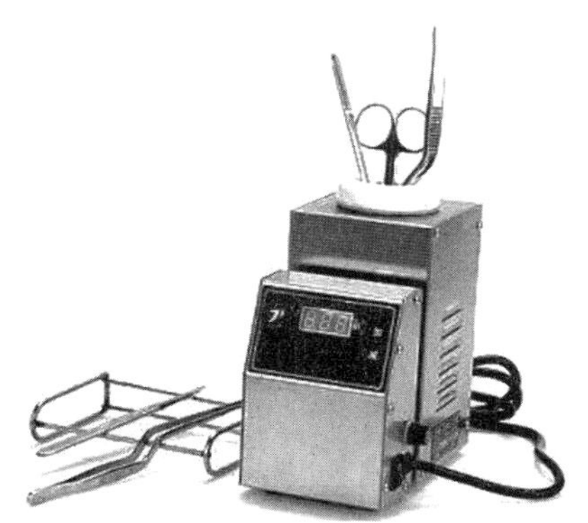

图2-33　接种器械灭菌器

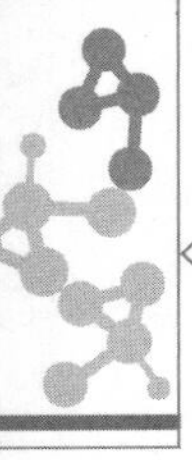

⑦接种完毕要清理干净工作台，可用紫外线灯灭菌 30 min。若连续接种，每 5 d 大强度灭菌一次。

(2)接种　接种是将已消毒好的根、茎、叶等离体器官，经切割或剪裁成小段或小块，放入培养基的过程。以上已叙述接种前的材料表面的消毒灭菌，现将接种前后的程序连贯地介绍。

①将初步洗涤及切割的材料放入烧杯，带入超净台上，用消毒剂灭菌，再用无菌水冲洗，最后沥去水分，取出放置在灭好菌的 4 层纱布上或滤纸上。

②材料吸干后，一手拿镊子、一手拿剪子或解剖刀，对材料进行适当的切割。如叶片切成 0.5 cm 见方的小块，茎切成含有一个节的小段，微茎尖要剥成只含 1～2 片幼叶的茎尖大小等。在接种过程中要经常消毒接种器械(灼烧、灭菌器灭菌)，防止交叉污染。

③用消毒过的器械将切割好的外植体插植或放置到培养基上。具体操作过程是：先解开包口纸，将试管几乎水平拿着，使试管口靠近酒精灯火焰的外焰部分，并将管口在火焰上方转动，使管口里外灼烧数秒钟。若用棉塞盖口，可先在管口外面灼烧，去掉棉塞，再烧管口里面。然后用镊子夹取一块切好的外植体送入试管内，轻轻插入培养基上。若是叶片直接附在培养基上，以放 1～3 块为宜。至于材料放置方法，除茎尖、茎段要正放(尖端向上)外，其他尚无统一要求。放置材料数量现在倾向少放，通过统计认为：对外植体每次接种以一支试管放一枚外植体为宜，这样可以节约培养基和人力，一旦培养物污染可以抛弃。接完种后，将管口在火焰上再灼烧数秒钟。并用棉塞塞好后，包上包口纸，包口纸里面也要过火。三角瓶每个瓶内放置 3～5 个外植体，其他程序同试管。如果以培养皿作为培养器皿，因选择培养皿大小不同，接种外植体数量有较大差异，以外植体间生长互不干扰为依据，然后用封口膜(parafilm)将培养皿上下盖处封住。

④贴好写有接种植物名称、接种日期、处理方法等的标签。

2. 外植体的培养

培养指把培养材料放在培养室(有光照、温度条件)里，使之生长、分裂和分化形成愈伤组织或进一步分化成再生植株的过程。

(1)培养方法

①固体培养法　固体培养最常用的凝固剂是琼脂，使用质量浓度为 5～16 g/L。另外一种常用的是植物凝胶，常用质量浓度是 1.5～2.5 g/L。固体培养的最大优点是简单、方便。但缺点是：只有外植体的底部表面才能接触培养基吸收营养，上面则不能，影响生长速度；外植体插入培养基后，气体交换不畅，代谢的有害物质积累，造成毒害，影响外植体的生长；组织受光不均匀，细胞群生长不一致。因此常有褐化、中毒等现象发生。

②液体培养法　即用不加固化剂的液体培养基培养植物材料的方法。由于液体中氧气含量较少，所以通常需要通过搅动或振动培养液的方法以确保氧气的供给，采用往复式摇床或旋转式摇床进行培养，其速度一般为 50～100 r/min，这种定期浸没的方法，既能使培养基均一，又能保证氧气的供给。这种方法可用于单细胞(如花药)、由少数细胞构成的细胞块(愈伤组织)的培养或原生质体的培养等。

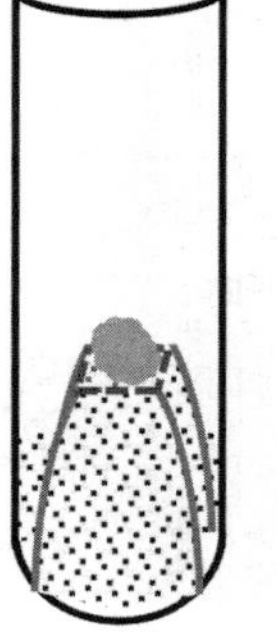

静止滤纸桥培养(图 2-34)是陈瑞铭 1964 年发明的，主要用于胚和愈伤组织等培养的一种液体培养方法。在一标本缸内放置一玻璃制成的架子，架子上放置一玻璃船，船内装培养液，船边悬挂滤纸。缸盖是一张带 3 个孔的玻璃板，两侧的孔供气体进出，中间的孔用作向玻璃船内灌注培养液。器官可以贴在滤纸上进行培养，营养的供应主要靠滤纸的虹吸作用。优点是可持续地、适量地获得营养，一个支持面可以同时培养较多的外植体，能随时收集培养液或外植体进行分析、观察。

图 2-34　滤纸桥培养

(2)培养条件　接种后的外植体应送到培养室去培养。植物细胞组织培养的优点之一就是在人工控制的环境条件下，使培养物生长发育，研究植物的生命活

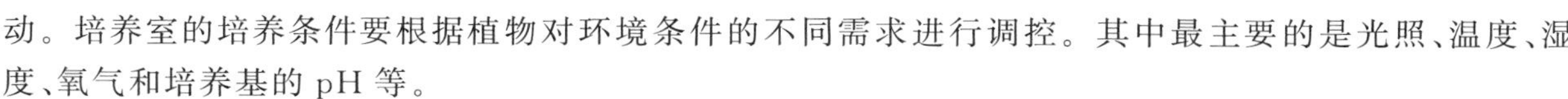

动。培养室的培养条件要根据植物对环境条件的不同需求进行调控。其中最主要的是光照、温度、湿度、氧气和培养基的 pH 等。

①光照　光照是组织培养中的重要外界条件之一，对离体培养物的生长和分化有很大的影响，表现在光质、光强和光周期等方面。

有的材料适合光培养，有的则适合暗培养，如玉簪花芽和花茎的培养，在暗培养的条件下芽的愈伤组织诱导率较光照条件下要高，而花茎只有在暗培养的条件下才能诱导出愈伤组织。有一些植物(如荷兰芹)的组织培养其器官的形成不需要光，而另一些植物则光照可提高幼苗的分化率。一般来说，愈伤组织的诱导不需要光或需较少的光。

但器官分化需要光照，并随着幼苗的生长需要加强光照，进而可以使小苗生长健壮，促进"异养"向"自养"转化，提高移植的成活率。即移植到试管外的幼苗的光强度比移植前培养的光强度有所提高，并可适应强度较高的漫射光(4 000 lx 左右)，以维持光合作用所需光照强度。但光线过强刺激蒸腾加强，会使水分平衡的矛盾更尖锐。普通培养室要求每日光照 12～16 h，光照强度 1 000～5 000 lx。如果培养材料要求在黑暗中生长，可用铝箔或者适合的黑色材料包裹在容器的周围，或置于暗室中培养。

光质也能明显影响外植体愈伤组织的诱导、组织的增殖及器官的分化。如对杨树愈伤组织的生长，红光有促进作用，蓝光则有阻碍作用。在百合株芽增殖和分化时发现，在红光下 8 周后不仅产生愈伤组织，同时也直接分化出苗，11 周后所产生的愈伤组织也分化成苗；而在蓝光下 12 周后才出现愈伤组织；白光下则未见愈伤组织的形成。可见红光能促进生长和分化。不同的植物对光的要求不同，需不断地积累和实验才能掌握不同植物的培养规律。在一般的组织培养中，往往忽略光质的影响。

光周期对试管苗的增殖和分化有一定的影响。选用一定的光周期进行外植体培养，对光周期敏感的植物的外植体分化诱导非常重要。

②温度　培养温度对植物细胞生长有重要影响。通常植物细胞培养采用 25 ℃。

离体培养条件下的温度控制原则：温度控制主要依据植物种的起源和生态类型来确定。将植物分为喜温性植物和冷凉性植物两大类。喜温性植物培养温度一般控制在 26～28 ℃比较适宜，冷凉性植物通常培养温度控制在 18～22 ℃或＜25 ℃较为适宜。

一般温度低于 15 ℃、高于 35 ℃对植物细胞的分裂、分化不利。在细胞脱分化阶段(诱导期)和愈伤组织增殖期(分裂期)，温度要求高些，而在器官发生阶段(分化期)要求低些。

培养周期中的昼夜温差：培养过程中采用恒温培养还是变温培养要依植物种类不同而定。目前多数植物种，从器官到细胞培养均采用恒温培养。国内有关小麦、水稻花药培养的报道认为：在诱导花药形成愈伤组织时，昼夜恒温较好；在器官分化时，昼夜具有一定温差比较好，分化出的幼苗也健壮。

低温预处理：研究指出，花药离体培养前，实行低温预处理，可以促进植物细胞脱分化和再分化，已成为一项有效的诱导分化措施。

③湿度　植物细胞组织培养中的湿度影响主要有两个方面：一是培养容器内的湿度，它的湿度条件常可保证 100%；二是培养室的湿度，它的湿度变化随季节和天气而有很大变动。湿度过高、过低都是不利的，过低会造成培养基失水而干枯，或渗透压升高，影响培养物的生长和分化；湿度过高会造成杂菌滋长，导致大量污染。因此，要求室内保持 70%～80%的相对湿度。

④氧气　植物细胞组织培养中，外植体的呼吸需要氧气。在液体培养中，振荡培养是解决通气的良好办法。在固体培养接种时应避免把整个外植体全部埋在琼脂中，以免造成缺氧。培养瓶盖需要一定的透气性，培养过程中，培养物释放的微量乙烯和高浓度的二氧化碳有时会有利于培养物的生长，但更多的是阻碍甚至是毒害培养物。因此，培养室空气循环流通良好非常重要。

⑤培养基的 pH　通常一般的培养基 pH 都在 5.6～6.0。如果 pH 不适，则直接影响外植体对营养物质的吸收，进而影响外植体的脱分化、增殖和器官的形成。不同植物对 pH 的要求不同，如兰花要求 pH 5.2 或更低一些，而玉米胚乳的组织培养在 pH 7.0 时愈伤组织的生长较快。

(3)培养步骤

①初代培养　初代培养旨在获得无菌材料和无性繁殖系,即接种某种外植体后,最初的几代培养。初代培养时,常用诱导或分化培养基,即培养基中含有较多的细胞分裂素和少量的生长素。初代培养建立的无性繁殖系包括茎梢、芽丛、胚状体和原球茎等。根据初代培养时发育的方向可分为:

a.顶芽和腋芽的发育　采用外源的细胞分裂素,可促使具有顶芽或没有腋芽的休眠侧芽启动生长,从而形成一个微型的多枝多芽的小灌木丛状的结构。在几个月内可以将这种丛生苗的一个枝条转接继代,重复芽—苗增殖的培养,并且迅速获得较多的嫩茎。然后将一部分嫩茎转移到生根培养基上,就能得到可种植到土壤中去的完整的小植株。一些木本植物和少数草本植物也可以通过这种方式来进行再生繁殖,如月季、茶花、菊花、香石竹等。这种繁殖方式也称作微型扦插,它不经过发生愈伤组织而再生,所以是最能使无性系后代保持原品种特性的一种繁殖方式。适宜这种再生繁殖的植物,在采样时,只能采用顶芽、侧芽或带有芽的茎切段,其他如种子萌发后取枝条也可以。

茎尖培养可看作是这方面较为特殊的一种方式。它采用极其幼嫩的顶芽的茎尖分生组织作为外植体进行接种。在实际操作中,采用包括茎尖分生组织在内的一些组织来培养,这样便保证了操作方便以及容易成活。

用培养定芽得到的培养物一般是茎节较长、有直立向上的茎梢,扩繁时主要用切割茎段法,如香石竹、矮牵牛、菊花等。但特殊情况下也会生出不定芽,形成芽丛。

b.不定芽的发育　在培养中由外植体产生不定芽,通常首先要经脱分化过程,形成愈伤组织。然后经再分化,即由这些分生组织形成器官原基,它在构成器官的纵轴上表现出单向的极性(这与胚状体不同)。多数情况下先形成芽,后形成根。

另一种方式是从器官中直接产生不定芽,有些植物具有从各个器官上长出不定芽的能力,如矮牵牛、福禄考、悬钩子等。当在试管培养的条件下,培养基中提供了营养,特别是提供了连续不断的植物激素,使植物形成不定芽的能力被大大地激发起来。许多种类的外植体表面几乎全部为不定芽所覆盖。在许多常规方法中不能无性繁殖的种类,在试管条件下却能较容易地产生不定芽而再生,如柏科、松科、银杏等一些植物。许多单子叶植物储藏器官能强烈地发生不定芽,用百合鳞片的切块就可大量形成不定鳞茎。

在不定芽培养时,也常用诱导或分化培养基。用培养不定芽得到的培养物,一般采用芽丛进行繁殖,如非洲菊、草莓等。

c.体细胞胚状体的发生与发育　体细胞胚状体类似于合子胚但又有所不同,它也通过球形、心形、鱼雷形和子叶形的胚胎发育时期,最终发育成小苗;但它是由体细胞发生的。胚状体可以从愈伤组织表面产生,也可从外植体表面已分化的细胞中产生,或从悬浮培养的细胞中产生。

初代培养中另有褐变问题值得注意,外植体褐变是指在接种后,其表面开始褐化,有时甚至会使整个培养基褐化的现象。它的出现是由于植物组织中的多酚氧化酶被激活,而使细胞的代谢发生变化所致。在褐变过程中,会产生醌类物质,它们多呈棕褐色,当扩散到培养基后,就会抑制其他酶的活性,从而影响所接种外植体的培养,降低培养成功率。

②继代培养　初代培养的愈伤组织在培养基上生长一段时间后,由于营养物质的枯竭、水分的散失以及积累了一些组织代谢产物,因此必须将组织转移到新的培养基上。这种转移过程称为传代或称继代培养。继代培养是初代培养之后的连续数代的扩繁培养过程。

在初代培养的基础上所获得的芽、苗、胚状体和原球茎等,数量都还不多,它们需要进一步增殖,使之越来越多,从而发挥快速繁殖的优势。继代培养的后代是按几何级数增加的。如果以 2 株苗为基础,那么经 10 代将生成 1 024 株苗。

继代培养中扩繁的方法包括切割茎段、分离芽丛、分离胚状体、分离原球茎等。切割茎段常用于有伸长的茎梢、茎节较明显的培养物。这种方法简便易行,能保持母种特性。增殖使用的培养基对于一种植物来说每次几乎完全相同，由于培养物在接近最良好的环境条件、营养供应和激素调控下，排除了其他生物的竞争，所以能够按几何级数增殖。

在快速繁殖中初代培养只是一个必经的过程，而继代培养则是经常性不停进行的过程。但在达到相当的数量之后，则应考虑使其中一部分转入生根阶段。从某种意义上讲，增殖只是贮备母株，而生根才是增殖材料的分流，生产出成品。

一般在 25～28 ℃下进行固体培养时，每隔 4～6 周进行 1 次继代培养。在组织块较小的情况下，继代培养时可将整块组织转移过去。若组织块较大，可先将组织分成几个小块再接种。

③生根培养　当材料增殖到一定数量后，就要使部分培养物分流到生根培养阶段。若不能及时将培养物转到生根培养基上去，就会使久不转移的苗子发黄老化，或因过分拥挤而使无效苗增多造成抛弃浪费。根培养是使无根苗生根的过程，这个过程目的是使生出的不定根浓密而粗壮。生根培养可采用 1/2 或者 1/4 MS 培养基，全部去掉细胞分裂素，并加入适量的生长素(NAA、IBA 等)。

诱导生根可以采用下列方法：将新梢基部浸入 50×10^{-6} 或 100×10^{-6} IBA 溶液中处理 4～8 h；在含有生长素的培养基中培养 4～6 d；直接移入含有生长素的生根培养基中。

上述 3 种方法均能诱导新梢生根，但前两种方法对新生根的生长发育则更为有利，而第三种对幼根的生长有抑制作用。其原因是当根原始体形成后较高浓度生长素的继续存在，则不利于幼根的生长发育。

另外也可采用下列方法生根：延长在增殖培养基中的培养时间；有意降低一些增殖倍率，减少细胞分裂素的用量(即将增殖与生根合并为一步)；切割粗壮的嫩枝在营养钵中直接生根，此方法则没有生根阶段，可以省去一次培养基制作，切割下的插穗可用生长素溶液浸蘸处理，但这种方法只适于一些容易生根的作物；少数植物生根比较困难时，则需要在培养基中放置滤纸桥，使其略高于液面，靠滤纸的吸水性供应水和营养，从而诱发生根。

从胚状体发育成的小苗，常常有原先已分化的根，这种根可以不经诱导生根阶段而生长。但因经胚状体途径发育的苗数特别多，并且个体较小，所以也常需要一个低浓度或没有植物激素的培养基培养的阶段，以便壮苗生根。

试管内生根壮苗的阶段，为了成功地将苗移植到试管外的环境中，以使试管苗适应外界的环境条件。通常不同植物的适宜驯化温度不同。如菊花，以 18～20 ℃为宜。实践证明，植物生长的温度过高不但会牵涉到蒸腾加强，而且还牵涉菌类易滋生的问题；温度过低使幼苗生长迟缓，或不易成活。春季低温时苗床可加设电热线，使基质温度略高于气温 2～3 ℃，这不但有利于生根和促进根系发达，而且还有利于提前成活。

2.4.4　外植体的成苗途径

外植体的成苗途径一般有 3 种(图 2-35)。

第一种，外植体先形成愈伤组织，然后分化成完整的植株。具体分化过程又分为 3 种：①在愈伤组织上同时长出芽和根，以后连成统一的轴状结构，再发育成植株。②在愈伤组织中先形成茎，后诱导成根，再发育成植株。③在愈伤组织中最常见的再分化是先形成根，再诱导出芽，得到完整植株。在培养中一般先形成根的，往往抑制芽的形成；而相反，一般先产生芽的，则以后较易产生根。

第二种，形成胚状体，再发育成完整植株。在组织培养中再生植株可通过与合子胚相似的胚胎发生过程，即形成胚状体，再发育成完整植株。胚状体可以从以下几种培养物产生：直接从器官上发生，从愈伤组织发生，从游离单细胞发生，孢子发生。在组织培养中诱导胚状体和诱导芽相比，有 3 个显著的优点：①数量多。一个外植体上诱导产生胚状体的数量，往往要比诱导芽的数量高得多。②速度快。胚状体是以单细胞直接分化成小植株的，它比经过愈伤组织再分化成完整植株要快些。③结构完整。胚状体一旦形成，即可长成小植株，成苗率高。

第三种，外植体经诱导后直接形成根和芽，再发育成完整的植株。如茎尖培养一般就属此种类型。

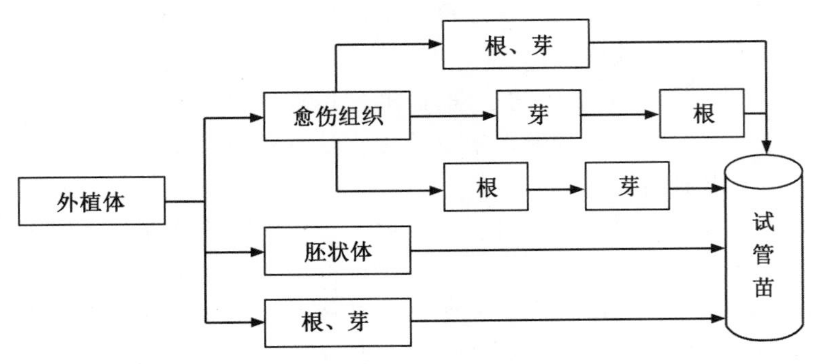

图 2-35　外植体成苗的途径

2.4.5　外植体培养过程中常见问题及解决方法

1.污染的原因及其预防措施

(1)污染的原因　污染是指在组织培养过程中培养基和培养材料滋生杂菌，导致培养失败的现象。污染的原因从病原菌方面来分析主要有细菌及真菌两大类；从污染的途径而言，主要是由于外植体带菌、培养基及器皿灭菌不彻底、操作人员未遵守操作规程等引起的。

细菌污染的特点是菌斑呈黏液状，而且在接种后 1～2 d 即可发现。除材料带菌或培养基灭菌不彻底会造成成批接种材料被细菌污染外，操作人员的不慎也是造成细菌污染的重要原因。因此，接种人员的手应经常用 70%酒精擦净，镊子和接种针在使用前必须在火焰上烧红。

真菌污染的特点是污染部分长有不同颜色的霉菌，在接种后 3～10 d 才能发现。造成真菌污染的原因多为周围环境的不清洁、超净工作台的过滤装置失效、培养用器皿的口径过大等。为了减少损失，提高工作效率，必须在每个操作环节注意防止污染的发生。

(2)污染的预防措施　发现污染的材料应及时处理，否则将导致培养室环境污染。对一些特别宝贵的材料，可以取出再次进行更为严格的灭菌，然后接入新鲜的培养基中重新培养。要处理的污染培养瓶最好在打开瓶盖前，先集中进行高压灭菌，再清除污染物，然后洗净备用。现就根据污染途径，阐述一下污染的几个预防措施。

①防止材料带菌的措施

a.用茎尖作外植体时，可在室内或无菌条件下对枝条先进行预培养。将枝条用水冲洗干净后插入无糖的营养液或自来水中，使其抽枝，然后以这种新抽的嫩枝条作为外植体，便可大大减少材料的污染。或在无菌条件下对采自田间的枝条进行暗培养，待抽出徒长的黄化枝条时采枝，经灭菌后接种也可明显减少污染。

b.避免阴雨天在田间采取外植体。在晴天采材料时，下午采取的外植体要比早晨采的污染少，因材料经过日晒后可杀死部分细菌或真菌。

c.目前对材料内部污染还没有令人满意的灭菌方法。在菌类长入组织内部时，不仅要去掉芽的鳞片，甚至要除去韧皮组织，只接种内部的分生组织，可以收到一定的效果。

②外植体的灭菌

a.多次灭菌法　如咖啡成熟叶片的灭菌即用这种方法。除去主脉(因主脉与支脉交界处常有真菌休眠孢子存在)，同时去掉叶的顶端、基部和边缘部分，这样可大大减少污染；将切好的外植体放入 1.3% 的次氯酸盐溶液中(商品漂白粉 25%的溶液)，灭菌 30 min；在无菌蒸馏水中漂洗 3 次；将材料封闭在无菌的培养皿中过夜，保持一定温度，次日将叶片用 2.6%次氯酸钠灭菌 30 min；用蒸馏水洗 3 次。对层积过的种子也可用多次灭菌法，在种子吸胀前后都要灭菌，在层积贮藏的第 1 周还应增加 1 次灭菌处理。

b.多种药液交替浸泡法　对一些容易污染而难灭菌的材料，用交替浸泡法灭菌较为理想。取茎尖、芽或器官外植体，用自来水及肥皂充分洗净，表面不可附着污垢、灰尘，用剪刀修剪掉外植体上无用的部分，剥去芽上鳞片；将材料放入70%～75%的酒精中灭菌数秒钟；在1∶500 Roccal B(一种商品灭菌剂名)稀释液中浸5 min；放入5%～10%次氯酸钠溶液中并滴入吐温-80数滴，灭菌15～30 min，或浸入0.1%～0.2%升汞溶液中并加入吐温-80数滴，灭菌5～10 min；用无菌水冲洗5次。也可以在从次氯酸钠溶液中取出后，放入无菌的0.1 mol/L盐酸(HCl)中浸片刻，再用无菌水冲洗数次。

③器皿与金属器械的灭菌

玻璃器皿的灭菌：玻璃器皿可采用湿热灭菌法，即将玻璃器皿包扎后置入蒸汽灭菌锅中进行高温高压灭菌，灭菌时间可延长达25～30 min；也可以用干热灭菌法，即将玻璃器皿置入电热烘箱中进行灭菌；还可以把玻璃器皿放入水中煮沸灭菌。

金属器械的灭菌：金属器械一般用火焰灭菌法，即把金属器械放在95%的酒精中浸一下，然后放在火焰上燃烧灭菌。这一步骤应当在无菌操作过程中反复进行。金属器械也可以用干热灭菌法灭菌，即将拭净或烘干的金属器械用纸包好，盛在金属盒内，放在烘箱中灭菌或直接放在器械灭菌器中灭菌。

④布质制品的灭菌　工作服、口罩、帽子等布质品均用湿热灭菌法，即将洗净晾干的布质品，放入高压锅中，用1.1 kg/cm^2(即15磅/英寸^2)，温度121 ℃，灭菌20～30 min。

⑤无菌操作室的灭菌　无菌操作室的地面、墙壁和工作台的灭菌可用2%的新洁尔灭或70%的酒精擦洗，然后用紫外灯照射约20 min。使用前用70%的酒精喷雾，使空间灰尘落下。一年中要定期1、2次用甲醛和高锰酸钾熏蒸。

⑥无菌操作　操作人员在接种时一定要严格按照无菌操作的程序进行，这是植物组织培养操作中最基本的要求，必须严格遵守。

2.外植体的褐变及其防治措施

褐变是指外植体在培养过程中，自身组织从表面向培养基释放出褐色物质，以致培养基逐渐变成褐色，外植体也随之进一步变褐而死亡的现象。褐变的发生与外植体组织中所含的酚类化合物多少和多酚氧化酶活性有直接关系。这些酚类化合物在完整的组织和细胞中，与多酚氧化酶是分隔存在的，因而比较稳定。但在建立外植体时，切口附近的细胞受到伤害，其分隔效应被打破，酚类化合物外溢。但酚类很不稳定，在溢出过程中与多酚氧化酶接触，在多酚氧化酶的催化下迅速氧化成褐色的醌类物质和水，醌类又会在酪氨酸酶等的作用下，与外植体组织中的蛋白质发生聚合，进一步引起其他酶系统失活，从而导致组织代谢紊乱，生长停滞不前，最终衰老死亡。在组织培养中，褐变是普遍存在的，这种现象与菌类污染和玻璃化并称为植物组织培养的3大难题。而控制褐变比控制污染和玻璃化更加困难。因此，能否有效地控制褐变是某些植物能否组培成功的关键。

(1)褐变的原因　植物种类、基因型、外植体的部位及生理状况等的不同，褐变的程度也有所不同。

①植物材料

a.基因型　不同种植物，同种植物不同类型、不同品种在组织培养中褐变发生的频率、严重程度都存在很大差别，轻者影响细胞生长和繁殖，重者导致细胞死亡。人们已经注意到，木本植物(木质素)、单宁含量或色素含量高的植物容易发生褐变。这是因为酚类的糖苷化合物是木质素、单宁和色素的合成前体，酚类化合物含量高，木质素、单宁或色素形成就多，而酚类化合物含量高将导致褐变的发生，因此，木本植物一般比草本植物容易发生褐变。

已经报道，发生褐变的植物中大部分都是木本植物。在木本植物中，核桃单宁含量很高，在进行组织培养时难度很大，不仅接种后的初代培养期发生褐变，而且在形成愈伤组织以后还会因为褐变而出现死亡。苹果中普通型品种——金冠茎尖培养时褐变相对轻，而柱形的4个“芭蕾”品种褐变都很严重，特别是色素含量很高的“舞美”品种。橡胶树的花药培养中，海垦2号褐变较少，因而易形成愈伤组织；而

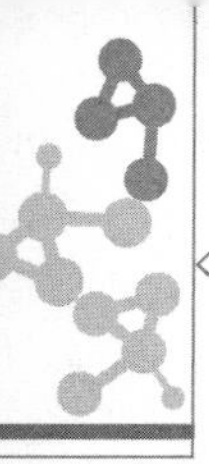

有些橡胶品种极易褐变，其愈伤组织的诱导也很困难。Dalal 等在比较两个葡萄品种“Pusa Seedless”和“Beauty Seedless”的褐变时，发现后者比前者严重，酚类化合物含量后者明显高。故在组织培养中，对于容易褐变的植物，应考虑对基因型的筛选，力争采用不褐变或褐变程度较轻的外植体来进行培养。

b. 材料年龄　一般幼龄材料都有比成龄材料褐变轻的趋势。平吉成从小金海棠、八楞海棠和山定子刚长成的实生苗上切取茎尖进行培养，接种后褐变很轻，随着苗龄的增长，褐变逐渐加重，取自成龄树上的茎尖褐变就更严重。幼龄材料褐变较轻与其酚类化合物含量少有关。Chever 分析欧洲栗的酚类含量变化的结果表明，幼龄材料酚类化合物含量少，而成龄材料比较多。

c. 取材部位　Yu 和 Meredith 在葡萄上发现从侧生蔓切取茎尖进行培养，比从延长蔓切取的茎尖更容易成活，进一步分析酚类含量发现前者比后者少。这种酚类含量造成的位置效应在“白琦南(White Riesling)”和“津范德尔(Zinfandel)”两品种上非常明显。而苹果顶芽作外植体则褐变程度轻，比侧芽容易成活。石竹和菊花也是顶端茎尖比侧芽茎尖更容易成活。油棕用幼嫩器官或组织如胚等作为外植体进行培养，褐变较轻，而用高度分化的叶片作外植体，接种后则很容易褐变。总之，分生部位接种后醌类物质形成少，而分化部位接种后醌类物质形成多。

d. 取材时期　王续衍和林秦碧对 24 个苹果品种进行茎尖培养时发现，以冬、春季取材褐变死亡率最低，其他季节取材则都有不同程度的加重。Wang 等也报道“富士”苹果和“金华”桃在 9 月至次年 2 月取材褐变轻，5—8 月取材则褐变严重。核桃的夏季材料比其他季节材料更易氧化褐变，因而一般都选在早春或秋季取材。造成这种季节性差异，主要是由于植物体内酚类化合物含量和多酚氧化酶活性呈季节性变化，植物在生长季节都含有较多的酚类化合物。Chever 报道，欧洲栗在 1 月 15—30 日醌类物质形成少，而在 5—6 月醌类物质明显提高。多酚氧化酶活性和酚类含量基本是对应的，春季较弱，随着生长季节的到来，酶活性逐渐增强，因而有人认为取材时期比取材部位更加重要。

e. 外植体大小及受伤害程度　蒋迪军和牛建新报道，金冠苹果茎尖小于 0.5 mm 时褐变严重，当茎尖长度在 5～15 mm 时褐变较轻，成活率可达 85%。在多个苹果品种上试验结果表明，用 5～10 mm 长的茎尖进行培养效果最好，茎尖如果太小很容易发生褐变。另外，取外植体时还要考虑其粗度，细的可切短些，粗的可切得长些。

外植体组织受伤害程度直接影响褐变。为了减轻褐变，在切取外植体时，应尽可能减小其伤口面积，伤口剪切尽可能平整些。Reuveni 和 Kipnis 用椰子的完整胚、叶片作外植体进行培养，很少发生褐变。除了机械伤害外，接种时各种化学消毒剂对外植体的伤害也会引起褐变。酒精消毒效果很好，但对外植体伤害很重；氯化汞对外植体伤害比较轻。Ziv 和 Halery 用 0.3% 氯化汞代替次氯酸钙进行消毒，可明显减轻鹤望兰的褐变。一般来讲，外植体消毒时间越长，消毒效果越好，但褐变也越严重，因而，消毒时间应掌握在一定范围内，才能保证较高的外植体成活率。

②培养条件　主要是光照与温度。温度过高或光照过强，均可使多酚氧化酶的活性提高，从而加速外植体的褐变。

在苹果、桃、葡萄、金缕梅、丝穗木等植物的茎尖培养中发现：如果外植体取自田间自然光照下植株枝条，那么接种后很容易褐变，而事先对取材母株或枝条进行遮光处理，之后再切取外植体，则可有效控制褐变。暗处理之所以能控制外植体褐变，是因为在酚类化合物合成和氧化过程中，有一部分酶系统的活性是受光诱导的。

温度对褐变影响很大。Ishii 等早已发现卡特兰在 15～25 ℃条件下培养比在 25 ℃以上褐变轻。Hildebrandt 和 Hamey 在天竺葵茎尖培养过程中，不仅发现 7 ℃以下培养的茎尖比在 17 ℃和 27 ℃下褐变轻，而且还证明高温能促进酚类氧化，而低温可以抑制酚类化合物的合成，降低多酚氧化酶的活性，减少酚类氧化，从而减轻褐变。

③培养基

a. 培养基状态　由于培养基中琼脂的用量和 pH 的高低不同，培养基可配成固体培养基、半固体培

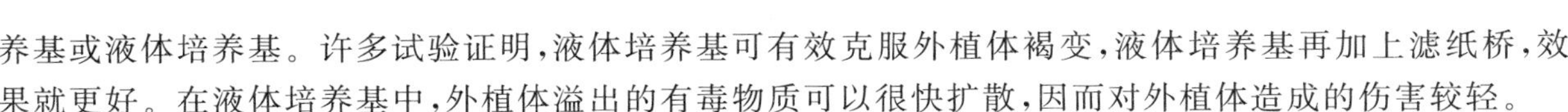

养基或液体培养基。许多试验证明,液体培养基可有效克服外植体褐变,液体培养基再加上滤纸桥,效果就更好。在液体培养基中,外植体溢出的有毒物质可以很快扩散,因而对外植体造成的伤害较轻。

b. 无机盐　在初代培养时,培养基中无机盐浓度过高,酚类物质将会大量外溢,导致外植体褐变。原因是无机盐中的有些离子,如 Mn^{2+}、Cu^{2+} 是参与酚类合成与氧化酶类的组成成分或辅因子,因此盐浓度过高会增加这些酶的活性,酶又进一步促进酚类合成与氧化。为了抑制褐变,在初代培养期使用低盐培养基,可以收到较好的效果。如过高的无机盐浓度会引起棕榈科植物外植体酚的氧化;油棕用 MS 无机盐培养容易引起外植体的褐变,而用降低了无机盐浓度的改良 MS 培养基时则可减轻褐变,而且获得愈伤组织和胚状体。

c. 植物生长调节物质　有报道说,初代培养处在黑暗条件下,生长调节物质的存在是影响褐变的主要原因,此时去除生长调节物质可减轻褐变。细胞分裂素 6-BA 或 KT 不仅能促进酚类化合物的合成,而且还能刺激多酚氧化酶的活性,这一现象在甘蔗的组织培养中十分明显。而生长素类如 2,4-D 和 IAA 可延缓酚类化合物的合成,减轻褐变现象发生。还有人推测外植体内源乙烯水平会影响酚类化合物的含量。

d. 抗氧化剂　培养基中加入抗氧化剂可改变外植体周围氧化还原电势,从而抑制酚类氧化,减轻褐变。目前,组织培养中应用的抗氧化剂种类很多,不同抗氧化剂的效果有所不同。在核桃茎尖培养中,硫代硫酸钠和苏糖二硫醇效果很好,而维生素 C、间苯三酚效果就不太显著。同一种药剂在不同培养基中效果不一样。Hu 和 Wang 认为抗氧化剂在液体培养基中比在固体培养中效果更好。在外植体接种之前,用抗氧化剂浸泡一定时间,也能收到一定效果。但浸泡时间如果过长,外植体褐变会更加严重,因为抗氧化剂对外植体有一定毒害作用。

e. 吸附剂　活性炭和聚乙烯吡咯烷酮(PVP)作为吸附剂可以去除酚类氧化造成的毒害效应,这在东北红豆杉、猪笼草、鸡蛋果、鹤望兰、杜鹃花、苹果、桃和倒挂金钟等植物上都有过报道。在倒挂金钟茎尖培养中只加入 0.01% PVP 便对褐变有抑制作用。它们的主要作用在于通过氢键、范德华力(指分子与分子之间的吸引力)等作用力把有毒物质从外植体周围吸附掉。活性炭除了有吸附作用外,在一定程度上还降低光照强度,从两方面减轻褐变。和抗氧化剂一样,不同吸附剂在不同植物上有效程度不同。活性炭对龙眼比 PVP 有效,而 PVP 对甜柿则比活性炭有效。

但要注意,用吸附剂抑制褐变有副作用,在吸附剂吸附有毒物质的同时,也要吸附培养基中的生长调节物质。因此,Zaid 认为在加有活性炭培养基中,生长调节物质的浓度就要适当提高。

f. pH　培养基的 pH 较低时,可降低多酚氧化酶活性和底物利用率,从而抑制褐变。而 pH 升高则明显加重褐变。

④材料转瓶周期　对于易褐变的材料,接种后转瓶时间长,伤口周围积累醌类物质增多,褐变加重,以致全部死亡。而缩短转瓶周期可减轻褐变。在山月桂树的茎尖培养中,接种后 12～24 h,便转入液体培养基中,这之后的 1 周内,每天转一次瓶,褐变得到完全控制。在无刺黑莓上也有类似经验。

(2)褐变的防治措施　为了提高组织培养的成苗率,必须对外植体的褐变现象加以控制。可以采用以下措施防止、减轻褐变现象的发生。

①选择适宜的外植体。取材时应注意选择褐变程度较小的品种和部位及分生能力较强的材料作外植体。如采用实生苗茎尖、枝条顶芽、幼胚等材料培养褐变程度比较轻。成年植株比幼苗褐变程度厉害,夏季材料比冬季及早春和秋季材料的褐变要严重。冬季的芽不易生长,宜选用早春和秋季的材料作为外植体。荔枝无菌苗的茎最容易诱导出愈伤组织,叶大部分不能产生愈伤组织或诱导出的愈伤组织中度褐变,而根极大部分不产生愈伤组织,诱导出的愈伤组织全部褐变。

②对外植体材料预处理。通过预处理能减轻醌类物质的毒害作用。处理方法如下:外植体经流水冲洗后,在 2～5 ℃的低温下处理 12～24 h,再用升汞或 70%酒精消毒,然后接种于只含有蔗糖的琼脂培养基中培养 5～7 d,使组织中的酚类物质部分渗入培养基中。取出外植体用 0.1%漂白粉溶液浸泡

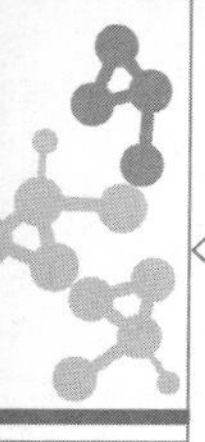

10 min，再接种到合适的培养基中。若仍有酚类物质渗出，3～5 d 后再转移培养基 2～3 次，当外植体的切口愈合后，酚类物质减少，这样可使外植体褐变减轻或完全被抑制。用抗坏血酸预处理香蕉芽外植体，能减轻外植体褐变，从而提高芽丛诱导率。

③采用适宜的培养基和光温条件。培养基适宜的无机盐成分、蔗糖浓度、激素水平、温度及在黑暗条件下培养，或在取外植体之前对母株进行遮光处理 20～40 d，可以显著减轻材料的褐变。

④在培养基中加活性炭、抗氧化剂和其他抑制剂。在培养基中加入 0.1%～0.5%的活性炭对吸附酚类氧化物的效果很明显。在许多热带树木的组织培养中均曾观察到活性炭防止外植体褐变的明显效果，但在使用过程中应注意，尽量用最低浓度的活性炭来对抗褐变的产生，因为活性炭的吸附作用是没有选择性的，在吸附酚类氧化物的同时，也会吸附培养基中的其他成分，对外植体的诱导分化会产生一定的负面影响。另外，在培养基中加抗坏血酸、血清白蛋白、有机酸、蛋白质、蛋白质水解产物、氨基酸、硫脲、二氨基二硫代甲酸钠、亚硫酸氢钠、氰化钾、苏糖二硫醇等抗氧化剂和其他抑制剂，或用它们进行材料的预处理或预培养，可有效地预防醌类物质的形成。

⑤缩短转瓶周期多次转移和细胞筛选。缩短转瓶周期多次转移这是组培中控制褐变常用且有效的方法。对容易褐变的材料可间隔 12～24 h 培养后，再转移到新的培养基上，能减轻酚类物质对培养物的毒害作用，降低抑制作用，使外植体尽快分生，连续转移 5～6 次，这样经过连续处理 7～10 d 后，褐变现象便会得到控制或大为减轻。在组织培养的过程中，经常进行细胞筛选，也可以剔除易褐变的细胞，减少褐变的发生。

3.培养物的玻璃化现象及其预防措施

(1)玻璃化现象　自从 1981 年 Debergh 等明确提出试管植物“玻璃化(vitrification)”概念以来，发现在很多木本和草本试管植物中都存在玻璃化现象。也成为试管苗工厂化生产中亟待解决的一个问题。

玻璃化苗外形与正常苗有显著差异。其叶、嫩梢呈水晶透明或半透明，植株矮小肿胀，失绿，叶片皱缩成纵向卷曲，脆弱易碎；叶表皮缺少角质层蜡质，没有功能性气孔，不具有栅栏组织，仅有海绵组织；体内含水量高，但干物质、叶绿素、蛋白质、纤维素和木质素含量低。由于其组织畸形，吸收养料与光合器官功能不全，分化能力大大降低，因而很难继续用作继代培养和扩大繁殖的材料；加上生根困难，很难移栽成活。它的出现会使试管苗生长缓慢、繁殖系数有所下降。玻璃化为试管苗的生理失调症，在不同的种类、品种间，试管苗的玻璃化程度不同。

(2)玻璃化的原因　玻璃化的起因是细胞生长过程中的环境变化。试管苗为了适应变化了的环境而呈玻璃状。产生玻璃化苗的因素主要有激素浓度、培养基成分、温度、光照时间、通风条件、消毒方法、继代次数等。

①激素浓度　激素浓度增加尤其是细胞分裂素浓度提高(或细胞分裂素与生长素比例高)，易导致玻璃化苗的产生。产生玻璃化苗的细胞分裂素浓度因植物种类的不同而异。细胞分裂素的主要作用是促进芽的分化，打破顶端优势，促进腋芽发生，因而玻璃化苗也表现为茎节较短，分枝较多的特点。使细胞分裂素增多的原因有以下几种：一是培养基中一次性加入过多细胞分裂素，比如 6-BA、ZT 等；二是细胞分裂素与生长素比例失调，细胞分裂素含量远远高于生长素，而使植物过多吸收细胞分裂素，体内激素比例严重失调，试管苗无法正常生长，而导致玻璃化；三是在多次继代培养时愈伤组织和试管苗体内累积过量的细胞分裂素。在初级培养相同的培养基，最初的几代玻璃化现象很少，多次继代培养后，便开始出现玻璃化现象，通常是继代次数越多玻璃化苗的比例越大。

②培养基成分　植物生长需要一定的矿物质营养，但是，如果营养离子之间失去平衡，试管苗生长就会受到影响。植物种类不同，对矿物质的量、离子形态、离子间的比例要求不同。如果培养基中离子种类及其比例不适宜该种植物，玻璃化苗的比例就会增加。培养基中的碳氮比也会影响玻璃化的比例。培养基中琼脂浓度低时玻璃化苗比例增加，水浸状严重，苗向上长。随着琼脂浓度的增加，玻璃化苗比

例减少，但由于硬化的培养基影响了养分的吸收，试管苗生长减慢，分蘖也减少。因此，琼脂的浓度一定要适当。

③温度　适宜的温度可以使试管苗生长良好，当温度低时，容易形成玻璃化苗，温度越低玻璃化苗的比例越高。温度高时玻璃化苗减少，且发生的时间较晚。

④光照时间　不同的植物对光照的要求不同，满足植物的光照时间，试管苗才能生长正常。大多数植物在 10～12 h 光照下都能生长良好，光照时数大于 15 h 时，或低于所需光照时数时，玻璃化苗的比例明显增加。

⑤通风条件　瓶内湿度与通气条件密切相关，使用有透气孔的膜或通气较好的滤纸、牛皮纸封口膜时，通过气体交换，瓶内湿度降低，玻璃化发生率减少。相反，如果用不透气的瓶盖、封口膜、锡箔纸封口时，不利于气体的交换，在不透气的高湿条件下，苗的生长势快，但玻璃化的发生频率也相对较高。一般来说，在单位容积内，培养的材料越多，苗的长势越快，玻璃化出现的频率也越高。

试管苗生长期间，要求有足够的气体交换，气体交换的好坏取决于生长量、瓶内空间、培养时间和瓶盖种类。在一定容量的培养瓶内，愈伤组织和试管苗生长越快，越容易形成玻璃化苗。如果培养瓶容量小，气体交换不良，易发生玻璃化。愈伤组织和试管苗长时间培养，不能及时转移，容易出现玻璃化苗。

⑥消毒方法　对容易发生玻璃化的品种进行接种时，要尽量减少在水中浸泡的时间，做到随洗随灭，漂洗后马上接种。特别对一些草本花卉，幼嫩的组织在长时间的消毒和清洗后很容易水渍状，继而产生玻璃化。

⑦继代次数　随着继代次数的增加，愈伤组织和试管苗体内积累过量的细胞分裂素，玻璃化程度不断升高。继代培养最初几代玻璃化苗很少，随着继代次数的增加，玻璃化苗的比例越来越高。这在香石竹、非洲菊等植物中均有报道。

(3)玻璃化防治措施　呈现玻璃化的试管苗，其茎、叶表面无蜡质，体内的极性化合物水平较高，细胞持水力差，植株蒸腾作用强，无法进行正常移栽，具体解决的方法为：

①适当控制培养基中无机营养成分。大多数植物在 MS 培养基上生长良好，玻璃化苗的比例较低，主要是由于 MS 培养基的硝态氮、钙、锌、锰的含量较高的缘故。适当增加培养基中钙、锌、锰、钾、铁、铜、镁的含量，降低氮和氯元素比例，特别是降低铵态氮浓度，提高硝态氮浓度，可减少玻璃化苗的比例。

②适当提高培养基中蔗糖和琼脂的浓度。适当提高培养基中蔗糖的含量，可降低培养基中的渗透势，减少外植体从培养基中可获得的水分；而适当提高培养基中琼脂的含量，可降低培养基的衬质势，造成细胞吸水阻遏，也可降低玻璃化，如将琼脂浓度提高到 1.1%时，洋蓟的玻璃化苗完全消失。

③适当降低细胞分裂素和赤霉素的浓度。细胞分裂素和赤霉素可以促进芽的分化，但是为了防止玻璃化现象，应适当减少其用量，或增加生长素的比例。在继代培养时，要逐步减少细胞分裂素的含量；另外，可以考虑加入适量脱落酸。

④增加自然光照，控制光照时间。在试验中发现，玻璃化苗放在自然光下几天后茎、叶变红，玻璃化逐渐消失。这是因为自然光中的紫外线能促进试管苗成熟，加快木质化。光照时间不宜太长，大多数植物以 8～12 h 为宜；光照强度在 1 000～1 800 lx，可以满足植物生长的要求。

⑤控制好温度。培养温度要适宜植物的正常生长发育。如果培养室的温度过低，应采取增温措施。热击处理，可防治玻璃化的发生。如用 40 ℃热击处理瑞香愈伤组织培养物可完全消除其再生苗的玻璃化，同时还能提高愈伤组织芽的分化频率。

⑥改善培养器皿的气体交换状况，如使用棉塞、滤纸片或通气好的封口膜封口。

⑦在培养基中添加其他物质。在培养基中加入间苯三酚或根皮苷或其他添加物，可有效地减轻或防治试管苗玻璃化，如添加马铃薯法可降低油菜的玻璃苗产生频率，而用 0.5 mg/L 多效唑或 10 mg/L 的矮壮素可减少重瓣丝石竹试管苗玻璃化的发生；而添加 1.5～2.5 g/L 的聚乙烯醇也成为防止苹果砧木玻璃化的措施。在培养基中加入 0.3%的活性炭还可降低玻璃化苗的产生概率，对防止玻璃化有良好作用。

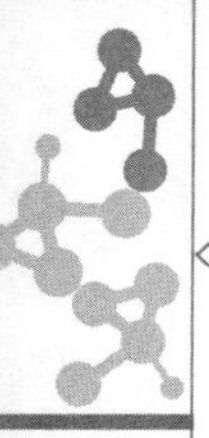

2.5 试管苗驯化与移栽

试管苗移栽是植物细胞组织培养过程的重要环节，这个工作环节做不好，就会前功尽弃。为了做好试管苗的移栽，应该选择合适的基质，并配合以相应的管理措施，才能确保整个植物细胞组织培养工作的顺利完成。

2.5.1 试管苗的特点

试管苗的根系不发达。有些不容易生根的植物有时只能形成1～2条根，而且经常没有侧根和根毛，例如牡丹、杏、梨、苹果等往往不能形成完整的根系。有些愈伤组织上产生的根没有和维管束相连接，这种根基本上没有吸收和运输水分和无机盐的能力。

试管苗叶片幼嫩，叶片表面角质层或蜡质层不发达，因此水分蒸发快，很容易失水萎蔫。一般的叶片正面有角质层或蜡质层，背面多有茸毛，叶背面气孔有很多茸毛可以保护气孔，减少水分蒸发。而试管苗表皮基本没有茸毛，所以水分蒸发量大。试管苗的细胞排列疏松，细胞间隙大，容易失水。

试管苗的机械组织发育较差，茎秆嫩而不坚挺，在缺水时易萎蔫和倒伏。

2.5.2 试管苗的生长环境

试管苗和一般的田间幼苗不同，试管苗长期生长在培养容器中，与外界环境隔离，形成了一个恒温、高湿、弱光、无菌的独特生态环境。

(1)恒温　在试管苗整个生长过程中，常采用恒温培养，即使某一阶段稍有变动，温差也是极小的。而外界环境中的温度由太阳辐射的日辐射量决定，处于不断变化之中，温差较大。

(2)高湿　组织培养中培养容器内的水分移动有两条途径：一是试管苗吸收的水分，从叶面气孔蒸腾；二是培养基向外蒸发，而后又凝结进入培养基的水分。循环的结果会使培养容器内相对湿度接近100%，远远大于培养容器外的空气湿度。

(3)弱光　组织培养中采取人工补光，其光照强度远不及太阳光，组培苗生长较弱，移栽后经受不了太阳光的直接照射。

(4)无菌　试管苗所在环境是无菌的。不仅培养基无菌，而且试管苗也无菌。在移栽过程中试管苗要经历由无菌向有菌的转换。

2.5.3 试管苗的炼苗

因为试管苗在培养瓶中与温室的条件差别很大，主要是培养瓶中的温度稳定、湿度高、光照较弱等。为了使试管苗适应移栽后的环境并进行自养，必须要有一个逐步锻炼和适应的过程，这个过程叫驯化或炼苗(acclimatization)。炼苗的目的在于提高试管苗对外界环境条件的适应性，提高其光合作用的能力，促使试管苗健壮，最终达到提高试管苗移栽成活率的目的。

试管苗从试管内移到试管外，由异养变为自养，由无菌变为有菌，由恒温、高湿、弱光向自然变温、低湿、强光过渡，变化十分剧烈。驯化应从温度、湿度、光照及有无菌等环境要素考虑，驯化开始数天内，应和培养时的环境条件相似，驯化后期，则要与移栽的条件相似，从而达到逐步适应的目的。

一般常用的炼苗程序为：

(1)闭瓶强光炼苗。当生根后或根系得到基本发育后(生根培养7～15 d)，将培养瓶移到室外遮阴棚或温室中进行强光闭瓶炼苗7～20 d，遮阴度为50%～70%。

(2)开瓶强光炼苗。将培养容器的盖子打开，在自然光下进行开瓶炼苗3～7 d，正午强光或南方光

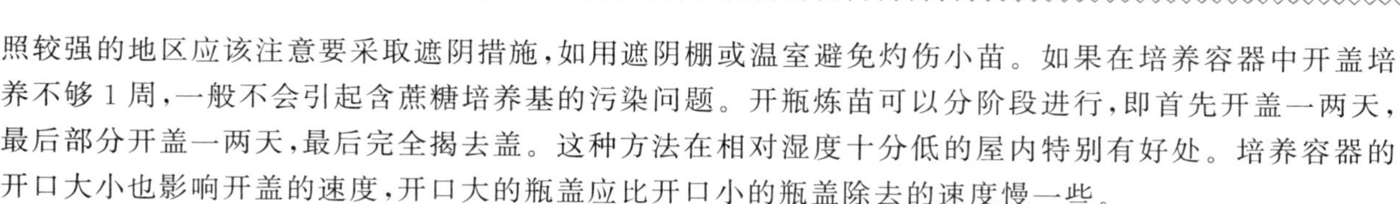

照较强的地区应该注意要采取遮阴措施，如用遮阴棚或温室避免灼伤小苗。如果在培养容器中开盖培养不够1周，一般不会引起含蔗糖培养基的污染问题。开瓶炼苗可以分阶段进行，即首先开盖一两天，最后部分开盖一两天，最后完全揭去盖。这种方法在相对湿度十分低的屋内特别有好处。培养容器的开口大小也影响开盖的速度，开口大的瓶盖应比开口小的瓶盖除去的速度慢一些。

炼苗一般都是靠经验，需要经过不断摸索积累经验。一般的方法就是将培养试管苗的容器带封口材料移到温室，开始保持与培养室比较接近的环境条件，适当遮光，提高湿度，以后逐渐去掉培养瓶的盖子，使瓶子中光照条件接近生长环境，然后松开并去除封口材料，使试管苗逐步适应环境条件。驯化成功的标准是试管苗茎叶颜色加深。

2.5.4 试管苗的移栽

试管苗是在无菌、恒温、适宜光照和相对湿度近100%的优越环境条件下长成的，并一直培养在富有营养成分与植物生长调节剂的培养基内，因此在生理、形态等方面都与自然条件生长的正常小苗有着很大的差异，存在一定的脆弱性，在移栽过程中很容易死亡，造成极大的经济损失。

由前述试管苗的特点可知，试管苗更适合于在高湿的环境中生长，当将它们移栽到试管外正常的环境中时，试管苗失水率很高，非常容易死亡。因此，为了改善试管苗的不良生理、形态特点，必须要经过与外界相适应的驯化处理，常采取的措施为：对外界要增加湿度、减弱光照；对试管内要流通气体、增施二氧化碳肥料、逐步降低空气湿度等。

当试管苗移出培养容器后，首先遇到的是环境条件的急剧变化，同时，试管苗也需由异养转为自养。因此，在移栽过程中必须创造一定的环境条件，使试管苗逐渐过渡，以利于根系的发育及植株的成活。

因为试管苗在无菌的环境中生长形成，对外界细菌、真菌的抵御能力较差，为了提高其成活率，需对栽培驯化基质进行灭菌，在培养基质中可掺入70%的百菌清可湿性粉剂200～500倍液进行灭菌处理。

总体而言，试管苗在移栽过程中经历了由无菌到有菌、由恒温到变温、由弱光到强光、由高湿到低湿、由自养到异养的急剧变化，因此必须通过炼苗，例如通过灭菌、降温、增光、控水、减肥等措施，使它们逐渐地适应外界环境，从而使生理、形态、组织上发生相应的变化，使之更适合于自然环境，也只有这样才能保证试管苗顺利地移栽成功。

1.移栽准备

(1)盆土的准备　为了有利于试管移栽苗根系的发育，栽种试管苗的基质要求具备透气性、保湿性和一定的肥力，且容易灭菌处理，不利于杂菌滋生，常选用珍珠岩、蛭石、砂子等，为了增加黏着力和一定的肥力也可配合草炭土或腐殖土。按比例搭配，一般用珍珠岩∶蛭石∶草炭土为1∶1∶0.5，也可用砂子∶草炭土为1∶1，这些介质在使用前应高压灭菌，或用至少3 h烘烤来消灭其中的微生物。具体应根据不同植物的栽培习性来进行配制，这样才能获得满意的栽培效果。以下介绍几种常见的试管苗栽培基质：

①河砂　河砂的特点是排水性强，但保水蓄肥能力较差，一般不单独用来直接栽种试管苗，常与草炭土等混合使用。河砂分为粗砂、细砂两种类型，粗砂即平常所说的河砂，其颗粒直径为1～2 mm；细砂即通常所说的面砂，其颗粒直径为0.1～0.2 mm。

②蛭石　蛭石是由黑云母和金云母风化而成的次生物，通过高温处理使其疏松多孔，质地很轻，能吸收大量的水，保水、持肥、吸热、保温的能力也较强，常与草炭土等混合使用。

③草炭土　草炭土由沉积在沼泽中的植物残骸经过长时间的腐烂所形成，其保水性好，蓄肥能力强，呈中性或微酸性反应，但通常不能单独用来栽种试管苗，宜与河砂等种类相互混合配成盆土而加以使用。

④腐殖土　腐殖土由植物落叶经腐烂所形成，一种由自然形成，一种由人为造成。人工制造时可将秋季的落叶收集起来，然后埋入坑中，灌水压实令其腐烂，第二年春季再将其取出置于空气中，在经常喷

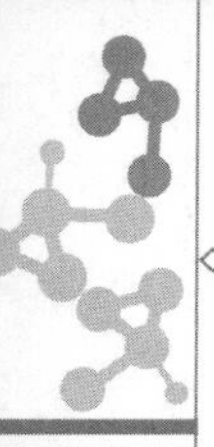

水保湿的条件下使其风化，然后过筛即可获得。腐殖土含有大量的矿质营养及有机物质，通常不能单独使用，宜与河砂等基质相互混合使用。掺有腐殖土的栽培基质一般有助于植株发根。

此外，由于试管苗实行无菌培养，因此在移栽中必须注意卫生管理，避免移栽损失，所有的移栽土最好都进行消毒。可采用湿热消毒法，即在高压消毒锅中以15磅压力维持20～30 min；也可采用化学药剂消毒法，即将质量浓度为5%的福尔马林或0.3%硫酸铜稀释液泼浇于土中，然后用塑料布覆盖1周后揭开，再翻动土，让其溶液气味挥发掉。

(2)栽培容器的准备　栽培容器可用(6 cm×6 cm)～(10 cm×10 cm)的软塑料营养钵，也可用育苗盘或直接移于苗床。其中营养钵占地大，耗用大量基质，但幼苗不用再次移栽；育苗盘和苗床一般需要二次移苗，但节省空间和基质。

(3)遮阴和加热设备的准备　试管苗移栽时需要提供一个逐渐过渡的环境条件，尤其是在冬天或夏天移栽时，在最初的几天里要注意温度与日照不能有急剧的变化，温度最好与原培养室内的温度(25±2)℃接近，阳光也不可直射，因植株的根系还未得到重新发育，夏天温度过高会造成植株萎蔫，冬天温度太低也会导致死亡。因此，夏天需准备遮阴的设施和其他的降温设施，如荫棚、遮阳网等；冬天则需准备加温的设施，如温室、大棚等。

(4)炼苗　试管苗在移栽前几天一般都需要进行炼苗，让它有个逐步适应环境的过渡阶段，一般方法是先将培养瓶从培养室拿到常温下放置，然后将试管苗容器口上包扎的塞子或纸去掉放置几天，此时需注意保持空气湿度，并防止杂菌污染，尤其是在炎热的夏季，由于气温较高，当封口打开后，该容器就由原来的无菌状态转为有菌状态，杂菌容易很快生长而污染试管苗。在去掉封口时采用培养基上加薄层水的处理效果较好，既可提高湿度又可减少杂菌生长，但若放置时间较长则需换水。待试管苗逐步适应外界的光照、温度和湿度后再进行移栽，即可提高移栽成活率。

2.移栽技术

移栽时，首先将试管苗从所培养的瓶中取出，取时要用镊子小心地操作，切勿把根系损坏，然后把根部黏附的琼脂漂洗掉，要求全部除去，而且动作要轻，以减少伤根伤苗。琼脂中含有多种营养成分，若不去掉，一旦条件适宜，微生物就会很快滋生，从而影响植株的生长，甚至导致烂根死亡。

移栽前，先将基质浇透水，并用一个筷子粗的竹签在基质中开一穴，然后再将植株种植下去，最好让根舒展开，并防止弄伤幼苗。种植时幼苗深度应适中，不能过深或过浅，覆土后需把苗周围基质压实，也可只将容器摇几下待基质紧实即可，以防损伤试管苗的细弱根系和根毛。移栽时最好用镊子或细竹筷夹住苗后再种植在小盆内，移栽后需轻浇薄水，再将苗移入高湿的环境中，保证空气湿度达90%以上。

3.移栽后的养护管理

试管苗是否能够移栽成功，除要求试管苗生长健壮，有发育完整良好的根系，其根的维管束又与茎相连之外，移栽后的养护管理也是一个非常关键的环节。试管苗移栽后的养护管理主要应注意以下几个方面：

(1)保持小苗的水分供需平衡。在试管或培养瓶中的小苗，因湿度大，茎叶表面防止水分散失的角质层等几乎没有，根系也不发达或无根，出瓶种植后即使根的周围有足够的水分也很难保持水分平衡。因此，在移栽初期必须提高周围的空气湿度(达90%～100%)，使叶面的水分蒸腾减少，尽量接近试管或培养瓶内的条件，才能保证小苗的成活。

为保持小苗的水分供需平衡，湿度要求较高，首先营养钵的培养基质必须浇透水，所放置的床面也最好浇湿，然后搭设小拱棚或保湿罩，以提高空气湿度，减少水分的蒸发，并且初期需经常喷雾处理，保持拱棚薄膜或保湿罩上有水珠出现。当5～7 d后，发现小苗有生长趋势时，才可逐渐降低湿度，减少喷水次数，将拱棚或保湿罩定期打开通风，使小苗逐步适应湿度较小的条件。约15 d后即可揭去拱棚的薄膜或保湿罩，并给予水分控制，逐渐减少浇水或不浇水，促进小苗长壮。

同时，水分控制也要得当，移栽后的第一次浇水必须浇透，为了便于掌握，可以采用渗水方式进行，

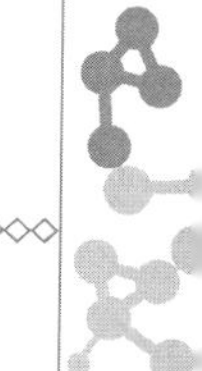

即将刚移栽的盆放在盛有水的面盆或水池中，让水由盆底慢慢地渗透上来，待水在盆面出现时再收盆搬出。平时浇水要求不能过多过少，注意勤观察，保持土壤湿润，夏天则需喷与浇相结合，既可提高湿度，又可降低温度，防止高温伤害。

另外，在保持湿度的同时，还需注意适当透气，尤其是在高温季节，高湿的条件下很容易引起幼苗得病而死亡。罩苗时间的长短应根据植物种类与气候条件来确定，一般木本的时间可相对长些，干旱季节及冬季也可长一些，反之则短，一般1周左右即可。保湿罩揭开后还应适当地在苗上喷水，以利于植株的生长和根系的充分发育。

(2)防止菌类滋生。试管苗在试管内的生长环境是无菌的，而移栽出来后很难保持完全无菌，因此在移栽过程中应尽量避免菌类的大量滋生，保证试管苗过渡成活，提高成活率。

要防止菌类滋生，首先应对基质进行高压灭菌、烘烤灭菌或药剂灭菌，同时还需定期使用一定浓度的杀菌剂，以便更有效地保护幼苗，如浓度800～1 000倍的多菌灵、甲基托布津等，喷药间隔宜7～10 d一次。此外，在移苗时还应注意尽量少伤苗，伤口过多、根损伤过多，都易造成死苗。为了减少试管苗出瓶操作时对幼苗产生的损伤，可采用新的组培苗出瓶技术，即无须洗去组培苗上附着的培养基，而直接从培养瓶中取苗栽植，这样既省去了一道操作程序，又能进一步提高成活率，但需更加注意移栽前后的消毒灭菌。

另外，试管苗移栽后喷水时还可加入0.1%的尿素，或用1/2 MS大量元素的水溶液作追肥，并在开始给予比较弱的光照，当小植株有了新的生长时再逐渐加强光照，促进光合产物的积累，可以加快幼苗的生长与成活，增强抗性，也可一定程度地抑制菌类的生长。

(3)保持一定的光、温条件。试管苗在试管内有糖等有机营养的供应，主要营异养生活，出瓶后须靠自身进行光合作用以维持其生存，因此光照强度不宜太弱，以强度较高的散射光较好，最好能够调节，随苗的壮弱、喜光或喜阴、种植成活的程度而定，一般在1 500～4 000 lx，有时可达10 000 lx。光线过强会使叶绿素受到破坏，引起叶片失绿、发黄或发白，使小苗成活延缓。过强的光线还能刺激蒸腾作用加强，使水分平衡的矛盾更加尖锐，容易引起大量幼苗失水萎蔫死亡。一般试管苗移栽初期可用较弱的光照，在小拱棚上加盖遮阳网或报纸等，以防阳光灼伤小苗，并减少水分的蒸发，夏季则更要注意，一般应先在荫棚下过渡，当小植株有了新的生长时，逐渐加强光照，后期则可直接利用自然光照，以促进光合产物的积累，增强抗性，促进移栽苗的成活。

小苗种植过程中温度也要适宜，不同的植物种类所需的温度不一样。喜温植物如花叶芋、花叶万年青、巴西铁树、变叶木等，以25 ℃左右为宜；喜冷凉的植物如文竹、香石竹、满天星、情人草、非洲菊、倒挂金钟、菊花等，以18～20 ℃为宜。温度过高易导致蒸腾作用加强、水分失衡以及菌类滋生等问题，温度过低则使幼苗生长迟缓或不易成活。一般试管苗夏季移栽时需放在阴凉的地方，冬天则要先在温室里过渡一段时间，以免由于温度太高或太低引起植株死亡。如有良好的设备或配合适宜的季节，使介质温度略高于空气温度2～3 ℃，则更有利于生根和促进根系的发育，提高成活率。若采用温室地槽等埋设地热线或加温生根箱来种植试管苗，则可取得更好的效果。

(4)保持基质适当的通气性。移栽基质要保持良好的疏松通气性，才有利于植株根系的发育。首先要选择适当的栽培基质，要求疏松通气，同时具有适宜的保水性，容易灭菌处理，且不利于杂菌滋生。常用粗粒状蛭石、珍珠岩、粗砂、炉灰渣、谷壳(或谷炭壳)、锯木屑、腐殖土等，或者根据植物种类的特性，将它们以一定的比例混合应用。栽培基质一般不重复使用，如重复使用，则应在使用前进行灭菌处理。同时，在平常的管理中也要注意浇水不宜过多，并及时将过多的水沥除，以利于根系的呼吸，有利于植株的生根成活。此外，平时还要注意经常松土，以保持基质疏松通气。松土时必须小心操作，切勿把根系弄断损坏，所用工具的大小应视容器大小而定，一般以细竹筷为好。

(5)防止风雨的影响。由于试管苗长时间培养在室内的优越环境条件下，一般都比较娇嫩，如不注意风雨的影响，就很难移栽成功。因此，试管苗一般应移栽在无风的地方，同时在移栽初期应注意避免

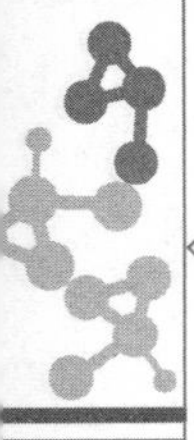

大雨的袭击，以减少移栽损失。

另外，在规模化生产的过渡培养温室内配置调温、调湿、调光和通气等设施，虽然投资成本较大，但可保障过渡组培苗的成活率。在管理措施完善的单位，一般3～5年即可收回投资，与条件差的过渡环境相比可获得更好的经济效益。

综上所述，试管苗在移栽的过程中只要精心养护，把水分平衡、菌类滋生、光、温条件和基质通气性等控制好，试管苗即会苗壮生长，获得成功。

2.5.5 提高试管苗移栽成活率的方法

提高试管苗移栽成活率的一般原则为：接触自然，开盖炼苗；循序渐进，慢速过渡；调节温湿，遮阴避光；发新老熟，及时移栽。

由高湿、弱光向自然变温、低湿、强光过渡，变化十分剧烈。若要获得较高的成活率应根据当地的气候环境特点、植物种类、移栽季节、设备条件等逐步缩小这种变化，以实现高成活和低成本的移栽。针对上述试管苗移于低湿下易于萎蔫死亡的原因，应采用以下措施及方法来提高试管苗移栽成活率。

1.培育瓶生壮苗

不同植物试管苗通过不同程序、不同培养基、不同继代次数及不同发生方式而来，能否成活及能否从异养变为自养，取决于试管苗本身生活力。凡生命力强，小苗健壮，有较发达根系的易于移栽和成活；反之，倍性混乱和单倍体小苗、生长不良小苗、弱苗、老化苗、发黄苗及玻璃化苗则不易移栽或移栽成活率很低。黄济明(1984)报道非洲菊试管苗基部木质化、茎粗苗比未木质化、茎细苗移栽成活率要高很多，前者达100%，后者仅为3%～76%。因此培养壮苗，是移栽能否成活的首要基础。

近年来，科学工作者发现，在培养基中加入多效唑(MET)、B_9、矮壮素(CCC)等植物生长延缓剂是培育瓶生壮苗的一种有效途径。如李明军等(1995，1997)报道将多效唑加入壮苗培养基中，可以使玉米试管苗的素质得到较大的改善，移栽后成活率显著提高。多效唑处理后试管苗有以下变化：①高度降低，粗度增大，从而使其矮壮；②发根快，根数多，从而大大增加了根系吸收养料的能力；③叶色浓绿，叶绿素含量增加，从而加强了其移栽后的自养能力。目前这种方法已在多种植物的组织培养中广泛应用。

2.促进试管苗根系发生及功能的恢复

可采用试管内生根和试管外生根的方法促进试管苗根系发生及功能的恢复。

3.促进茎叶保护组织的发生和气孔功能的恢复

前面提到试管苗叶表角质、蜡质、表皮毛无或极少或薄，气孔又不能关闭，极易失水。在移栽时，应尽量诱导茎叶保护组织的发生和恢复气孔调节功能。

一般移栽试管苗时，开始时打开瓶口，逐渐降低湿度，并逐渐增强光照，进行驯化，使茎叶逐渐形成蜡质，产生表皮毛，降低气孔口开度，逐渐恢复气孔功能，减少水分散失；同时促进新根发生，以适应环境。其湿度降低和光照增强进程依植物种类、品种、环境条件而异，其合理程序应使原有叶片缓慢衰退，新叶逐渐产生。如降低湿度过快，光线增加过大，原有叶衰退过速，则使原有叶片褪绿和灼伤、死亡或缓苗长而不能成活。一般情况下初始光线应为日光的1/10，其后每3 d增加10%，经过10～30 d炼苗即可栽入田间，但一定要避免中午的强光。湿度按开始3 d饱和湿度，其后每2～3 d降低5%～8%，直到与大气相同。

4.使用杀菌剂和抗蒸腾剂

试管苗从无菌异养培养，转入到有菌自养环境，在温度高、湿度大的条件下，试管苗组织幼嫩，易于滋生杂菌，造成苗霉烂或根茎处腐烂，苗死亡。因此一些人主张使用杀菌剂作为预防措施。但也有一部分人不主张使用，因为一是造成毒害，二是增加成本，不如控制环境和确保移栽环境尽可能干净，特别是移栽基质要卫生，不带或带极少微生物。为降低水分散失，有人主张应用抗蒸腾剂，但效果因使用者、使用对象不同而有所差异。

小　　结

(1)常用的培养基有:①MS 培养基,其特点是无机盐和离子浓度较高;②B5 培养基,其特点是含有较低的铵;③ White 培养基,其特点是无机盐低,适于生根;④ N6 培养基,其特点是 KNO_3 和 $(NH_4)_2SO_4$ 含量较高,适于花药培养;⑤SH 培养基,其特点是无机盐浓度较高,适于单子叶植物培养;⑥Heller 培养基,其特点是只含大量元素、维生素,不含蔗糖、琼脂,适于花药愈伤组织的诱导;⑦Miller 培养基,其特点是无机元素用量减少 1/3～1/2,微量元素种类减少,无肌醇;⑧Nitsch 培养基,其特点是无机盐含量中等,主要用于花药培养。

(2)水、无机盐、有机物质、天然复合物、凝固剂是构成培养基的 5 种主要成分。

(3)配制培养基时,为便于保存,提高效率,通常先配制母液。即先配成大量元素 10 倍液,微量元素 100 倍液,铁盐 100 倍液,有机物 500 倍液,激素 1 mg/L。

(4)培养基常分装到 150 mL 的三角瓶中,含量一般为每瓶 30～40 mL;高压灭菌时,压力通常为 0.1 MPa 以上,持续 20 min。

(5)植物组织培养技术包括灭菌、接种、培养和驯化 4 个环节。

(6)灭菌是指用物理或化学的方法杀死物体表面和孔隙内的微生物及其孢子。消毒是指杀死、消除或抑制部分微生物的活动,使之不能再发生危害作用,不如灭菌彻底。

(7)常用的灭菌方法有两种:物理方法和化学方法。干热、湿热、射线处理、过滤等属于前者;升汞、来苏儿、高锰酸钾、酒精等化学药剂处理则属于后者。

(8)培养基一般采用湿热灭菌法;耐热的玻璃器皿和器械一般采用干热灭菌法;镊子等接种用工具则采用灼烧灭菌法;不耐热的物质如生长调节剂等一般采用过滤除菌法。

(9)高压蒸汽灭菌前,要注意排净里面的冷空气;保压时间到达后,要使指针回零才能开盖取物。

(10)接种程序包括:①植物材料表面的消毒;②切割外植体;③将外植体移入培养基。

(11)培养方法主要有固体培养法和液体培养法。前者是比较常用的方法,简便易行。

(12)接种后材料的培养步骤可分为:①初代培养;②继代培养;③生根培养。

(13)驯化时要注意培养基质的选择和温、光、水、肥、气的综合管理。

思　考　题

1. 植物细胞组织培养实验室具体由哪些部分组成?
2. 植物细胞组织培养有哪些基本设备、器皿和用具?
3. 玻璃器皿和塑料器皿分别应如何洗涤?
4. 什么是有菌和无菌? 常用的灭菌方法有哪些?
5. 植物细胞组织培养无菌操作程序包含哪些内容?
6. 植物细胞组织培养所需的环境条件和营养成分有哪些?
7. 常用的植物生长调节剂有哪些?
8. 试述 MS 培养基配制的方法及注意事项。
9. 试述外植体选择的方法及其灭菌技术。
10. 简述植物组织培养过程中污染、褐化与玻璃化的原因及其防治措施。
11. 怎样做好试管苗的驯化与移栽工作?

实验 1　实验器皿的洗涤

1.实验目的

掌握植物细胞组织培养中玻璃器皿、塑料器皿、金属工具等的洗涤方法,了解洗涤液的配制和器皿烘干处理的方法。

2.实验原理

器皿是实验室中经常用到的器具,无论是采集试样、装箱运输还是分析测试,都要经常用到。清洁的实验器皿是实验得到正确结果的先决条件,也是实验室技术人员正确操作的基本条件之一,因此,实验器皿的洗涤是实验前的一项重要准备工作。洗涤器皿的方法有很多,如去污剂(肥皂、洗衣粉等)、超声、酸式洗液、碱式洗液等洗涤方法。在实际操作过程中。我们应根据不同的器皿而选择不同的洗涤方法。

3.实验用品

(1)主要器皿

刷子类:试管刷、烧杯刷、锥形瓶刷、滴定管刷;

三角瓶(锥形瓶):100 mL、150 mL、200 mL 规格的各若干;

烧杯:50 mL、100 mL、250 mL、500 mL 规格的各若干;

容量瓶:100 mL、500 mL、1 000 mL 规格的各若干;

量筒:25 mL、50 mL、100 mL、500 mL、1 000 mL 规格的各若干;

刻度移液管:1 mL、2 mL、5 mL、10 mL、25 mL 规格的各若干;

试管:2 cm×15 cm、2.5 cm×15 cm、3 cm×15 cm 规格的各若干;

白色和棕色试剂瓶:100 mL、1 000 mL 规格的各若干;

培养皿直径:6 cm、9 cm、12 cm 规格的各若干;

培养瓶:200 mL、300 mL、500 mL 规格的各若干;

玻璃棒,漏斗,注射器。

(2)洗涤用主要试剂　$K_2Cr_2O_7$、浓硫酸、浓盐酸、NaOH、去污粉、肥皂粉、丙酮、无水乙醇、乙醚。

4.实验步骤

(1)清洗

①玻璃器皿的清洗　对于玻璃瓶的清洗,通常可用肥皂、洗涤剂、稀酸等清洗,但要注意它们对分析对象的干扰。玻璃器皿清洗后不仅要求透明、无污迹,而且不能残留任何物质。某些化学物质仅残留 10^{-6} mg,就会对细胞产生毒性作用。因此清洗质量的好坏直接影响到细胞培养成功与否,必须严格按照清洗的程序进行,以达到清洗的目的。一般玻璃器皿清洗的程序包括浸泡、刷洗、浸酸和冲洗 4 个步骤。

a.浸泡:初次使用和培养用后的玻璃器皿都需先用清水浸泡,以使附着物软化或溶解。新的玻璃器皿使用前应先用自来水简单刷洗,然后用 5%稀盐酸溶液浸泡过夜,其间不应留有气泡,以中和其中的碱性物质。用过的玻璃器皿应事先将大块的废弃物倒掉,然后浸泡,注意浸泡时器皿要充满清洁液,勿留气泡。

b.刷洗:将浸泡后的玻璃器皿放到优质洗涤剂(绝对不能使用含沙粒的去污粉)水中,用软毛刷反复刷洗,注意不留死角,洗后晾干。

c.浸酸:刷洗不掉的微量杂质经过浓硫酸和重铬酸钾清洁液的强氧化作用后,可被除掉,清洁液对玻璃器皿无腐蚀作用,去污能力很强,浸酸是清洗过程中关键的一环。清洁液由重铬酸钾、浓硫酸和蒸

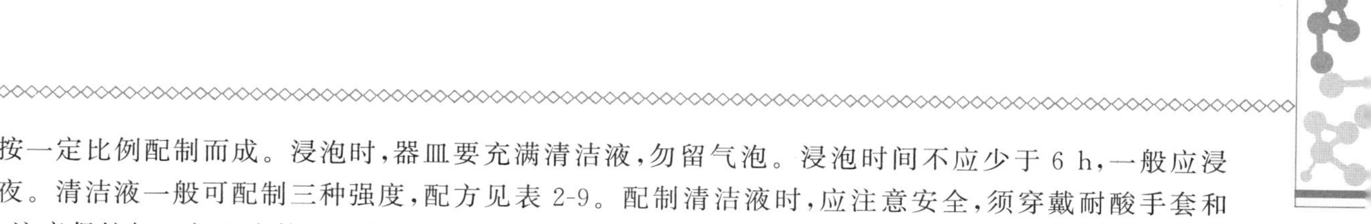

馏水按一定比例配制而成。浸泡时，器皿要充满清洁液，勿留气泡。浸泡时间不应少于 6 h，一般应浸泡过夜。清洁液一般可配制三种强度，配方见表 2-9。配制清洁液时，应注意安全，须穿戴耐酸手套和围裙，注意保护好面部和身体裸露部分。在配制过程中，可使重铬酸钾溶于水中(有时不能完全溶解，可加热溶解重铬酸钾)。待重铬酸钾溶液冷却后，慢慢加入浓硫酸(工业用酸即可)。注意：只能将浓硫酸缓慢加入水溶液中，若注入过急产热量大，易发生危险，切忌反向操作，以免浓硫酸溅出伤人。配制容器应用陶瓷或耐酸塑料制品。配成后的清洁液呈棕红色，经长时间使用后，因有机溶剂和水分增多渐变成绿色，表明已失效，应重新配制。旧清洁液仍有腐蚀作用，严禁乱倒，宜深埋土中。

表 2-9　清洁液配方

配方成分	弱液	次强液	强液	常用配方
重铬酸钾/g	50	100	60	100
浓硫酸/mL	100	200	800	200
蒸馏水/mL	1 000	1 000	200	800

d. 冲洗：刷洗和浸酸后都必须用水充分冲洗，使之不留任何残迹。冲洗宜用洗涤装置，亦可用手工操作，每瓶都得用水灌满，倒掉，重复 10 次以上，最后再用蒸馏水漂洗 2～3 次，晾干备用。对已用过的器皿，凡污染者须先煮沸 30 min 或置 3%盐酸中浸泡过夜；未污染者不需灭菌处理，但须刷洗、清洁液浸酸过夜并冲洗。

②橡胶制品的清洗　新购置的橡胶制品带有大量滑石粉，应先用自来水冲洗干净后，再作常规清洗处理。常规处理方法是：每次使用后的橡胶制品都要置入水中浸泡，以便集中处理和避免附着物干硬，然后用 2% NaOH 液煮沸 10～20 min，以除掉培养中的蛋白质。自来水冲洗后，再用 1%稀盐酸浸泡 30 min，最后用自来水和蒸馏水各冲洗 2～3 次，晾干备用。用过的胶塞的清洗方法基本同清洗玻璃器皿，但胶塞刷洗的重点部位是胶塞使用面，需逐个刷洗。

③塑料制品的清洗　塑料制品的特点是质地软、不耐热。目前常用的塑料制品是经过消毒灭菌密封包装的商品，用时打开包装即可，是一次性使用物品。必要时，用后经过清洗和无菌处理后，也可反复使用 2～3 次，但不宜过多。清洗程序为：使用后应即刻浸入水中严防附着物干硬，不宜用毛刷刷洗，以防出现划痕，如残留有附着物可用脱脂棉轻轻擦拭，用流水冲洗干净，晾干，再用 2% NaOH 液浸泡过夜，用自来水充分冲洗，然后用 5%盐酸溶液浸泡 30 min，随后用自来水冲洗干净，再用蒸馏水漂洗 5～6 次，晾干后备用。

④金属器具的清洗　植物细胞组织培养所用金属器具主要是一些解剖刀、剪、镊子、针等，这些新购进器具的表面常涂有防锈油，先用蘸有汽油的纱布擦去油脂，再用水洗，最后用酒精棉球擦拭，晾干。用过的金属器具先以清水煮沸消毒，再擦干；使用前以蒸馏水煮沸 10 min。

⑤除菌滤器的清洁　用过的滤器将滤膜去掉，用双蒸水洗净残余液体，置干燥箱中烘干备用。

(2)器皿烘干处理　植物细胞组织培养实验中，经常都要使用干燥的玻璃器皿，洗净的玻璃仪器常用下列几种方法干燥。

①自然风干　将洗净的玻璃器皿倒置在滴水架上或通气玻璃柜中自然晾干。

②烤干　烧杯和培养皿可以放在石棉网上用小火烤干，适用于硬质玻璃器皿。

③烘干　将洗净的玻璃器皿倒去残留水，口朝下放入烘箱中。在烘箱中放置玻璃器皿时应从上层依次往下层摆放，一般将烘热干燥的器皿放在上边，湿器皿放在下边，带磨口玻璃塞的器皿，必须取出塞子才能烘干。慢慢加热升温，烘箱内的温度最好保持在 100～105 ℃，恒温 30 min 左右；对一些小件玻璃器皿，可在红外灯干燥箱中烘干；有刻度玻璃器皿和容量瓶等不能放入烘箱中加热干燥，一般采取晾干或依次用少量酒精、乙醚刷洗后用温热的气流吹干；金属类的器具可以直接放入烘箱中干燥，且温度

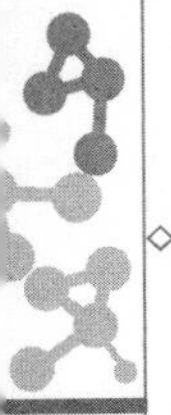

可适当调高至 130 ℃。烘干的器皿最好等烘箱冷却到室温后再取出。如果热时就要取出器皿，应用防烫手套拿取。

④吹干　对于急需干燥使用的器皿，清洗倒掉残留水后，可使用吹干，即使用气流干燥器或电吹风把器皿吹干。首先将水控干后，加入少量的丙酮或乙醇摇洗并倒出，先通入冷风吹 1～2 min 后，待大部分溶剂挥发后，再吹入热风至完全干燥为止，最后吹入冷风使器皿逐渐冷却。

⑤有机溶剂法　在洗净的器皿内加入少量有机溶剂如丙酮、乙醇或无水乙醇，转动器皿，使器皿内的水分与有机物混合，倒出混合液，器皿即迅速干燥。这种干燥方式一般只适用于紧急需要干燥器皿时使用，且器皿容积不能太大。

带有刻度的计量容器不能用加热法干燥，否则会影响容器的精度。一般采用自然风干或有机溶剂干燥的方法，吹风时使用冷风。

5.注意事项

(1)一般器皿使用注意事项　使用玻璃器皿必须注意以下几点：

①容量瓶与其磨口玻璃塞是密闭配套的，玻璃塞不能混用，以防容量瓶倒转混匀时液体流出。玻璃容量瓶不能用来贮存强碱溶液(强碱性溶液能严重腐蚀玻璃)。洗净后的容量瓶不能直接用火烤或在烘箱中高温烘烤的办法使其干燥，否则玻璃因受高温致其容积发生改变。

②在烧杯内配制溶液时，尽量使搅拌棒沿着器壁运动，不搅入空气，不使溶液飞溅。倒入液体时，必须沿器壁慢慢倾入，以免有大量空气混入，倾倒表面张力低的液体(如蛋白质溶液)时，更需缓慢仔细。

③容量瓶不宜长期贮存试剂，配好的溶液如需长期保存应转入试剂瓶中，转移前须用该溶液将洗净的试剂瓶润洗 3 遍。有刻度的量具如容量瓶、移液管、滴定管等和不耐热的器皿等不宜在电炉、烘箱中加热烘烤，如确需干燥可将洗净的上述器皿用乙醇等有机溶剂润洗后晾干，也可用电吹风或烘干机的冷风吹干。

④使用铬酸洗液时，应避免引入大量的水和还原性物质，以免洗液冲稀或变绿而失效，铬酸洗液具有很强的腐蚀性，使用洗液时应注意安全，不要溅到皮肤和衣服上。要把浓硫酸缓慢倒入水中，绝不能把水倒入浓硫酸中；氢氧化钠易吸收空气中的水分和二氧化碳，称量时要迅速；碱会使玻璃塞与瓶口黏在一起，故使用橡皮塞。

⑤试管刷的刷毛必须相当软，刷头的铁丝不能露出，也不能向旁侧弯曲，以免刷伤器皿内壁。不要使用有缺口或裂缝的玻璃器皿，这些器皿轻微用力就会破碎，应弃于破碎玻璃收集缸中。

⑥洗净后的器壁上应只留下一层薄而均匀的水膜，不挂水珠。已洗净的仪器内壁不能再用布或纸擦，因为布或纸的纤维会留在器壁上而弄脏仪器。

⑦热器皿取出后，不要马上碰冷的物体如冷水、金属用具等，以免破裂。当烘箱已工作时不能往上层放入湿的器皿，以免水滴下落，使热的器皿骤冷而破裂。

⑧盛水样的容器应使用无色硬质玻璃瓶或聚乙烯塑料瓶，瓶塞、瓶帽和旋塞要选用能抵抗瓶内所盛液体侵蚀的材料。

⑨在容易引起玻璃器皿破裂的操作中，如减压处理、加热容器等，要戴上安全眼镜。

⑩连接玻璃管或将玻璃管插在橡胶塞中时，要戴厚手套。对黏结在一起的玻璃仪器，不要试图用力拉，以免伤手。

(2)特殊器皿使用注意事项　在实验室使用铂器皿时需注意如下事项：

①所有铂器皿的加热和灼烧应在垫有石棉板的电热板上进行，不得直接与铁板或电炉丝接触，以免损坏。

②大多数金属在温度较高时会与铂形成合金，所以金属样品不能在铂坩埚内灼烧或熔融，以免损坏铂坩埚。

③不能在铂器皿中加热和熔融碱金属的氧化物、氢氧化物，因为这些化合物在熔融时会侵蚀铂，更

不可在铂器皿中加热和熔融汞的化合物和含汞的试样，因为汞化合物容易被还原成金属，与铂形成合金，损坏铂器皿。

(3)使用过的铂器皿注意事项

①在稀盐酸(1+1 或 1+2)内煮沸，然后用水冲洗干净。

②如用稀盐酸尚不能洗净，可用碳酸钠、焦硫酸钾或硼砂熔融。

③如仍有污点，或铂器皿表面发污，取细硅藻土用水润湿后轻轻擦拭，使其表面恢复正常光泽。

(4)比色皿的清洗注意事项　对于比色皿的清洗，要特别小心，根据不同情况，可以用水、洗衣粉溶液或重铬酸钾-硫酸混合洗涤液，必要时可对洗涤液适当加热，效果更佳。但不宜采用高温洗涤液并长期浸泡，更不能在较高温度的烘箱中烘干，以免黏合处脱开或破裂。如实验需要紧急使用，除去比色皿内外壁上的水分时，可先用滤纸吸干大部分水分，然后再用无水乙醇或乙醚除尽残存水分，为防止测定结果偏差，特别要保护好比色皿两侧的透光面，操作时要拿稳，切记不能使表面损伤或毛糙。

6.实验报告及思考题

(1)实验报告

①记述玻璃器皿的清洗步骤和操作要领；

②记录清洁液配制的要领与方法。

(2)思考题

①新旧玻璃器皿的洗涤有何不同？

②新旧塑料器皿的洗涤有何不同？

③器皿烘干有哪些方法？

实验 2　MS 培养基的配制与灭菌

1.实验目的

(1)通过 MS 培养基的配制，掌握配制培养基母液及 MS 固体培养基的基本技能；

(2)掌握培养基的灭菌方法。

2.实验原理

培养基是植物细胞、组织和器官吸取营养的场所。在植物细胞的分裂和分化过程中，需要各种营养物质，这些营养物质包括无机营养成分、有机营养成分、植物生长调节物质等。在植物细胞组织培养所使用的几十种培养基中，MS 培养基应用最为广泛，说明 MS 培养基的无机盐成分对许多植物种是适宜的，它的无机盐含量较高，微量元素种类较全，浓度也较高。一般先将药品配制成浓缩一定倍数的母液，用时稀释，储存于冰箱低温(2～4 ℃)中待用。

MS 培养基有 4 种母液，即大量元素母液、微量元素母液、有机物母液、铁盐母液，在配制母液时应注意防止沉淀产生。另需配制植物生长调节剂母液，绝大多数生长调节物质不溶于水，可以加热并不断搅拌促使其溶解，必要时加入稀酸或稀碱等物质促溶。各类植物生长调节物质的用量极小，它们对外植体愈伤组织的诱导和根、芽等器官分化起着重要和明显的调节作用。通常使用的浓度单位是 mg/L。

配制好的培养基应在 24 h 之内完成灭菌工作，以免造成杂菌大量繁殖。灭菌方法有：高温高压灭菌、过滤除菌、射线除菌等。培养基常采取高温高压灭菌的方法，灭菌条件一般是在 0.105 MPa 压力下，温度 121 ℃时，灭菌时间 15～30 min。

3.实验用品

(1)仪器　高压灭菌锅、移液管、量筒(100 mL、500 mL、1 000 mL)、培养瓶(三角瓶 100 mL、150 mL)、容量瓶(100 mL、1 000 mL)、烧杯(100 mL、1 000 mL、2 000 mL)、试剂瓶(50 mL、100 mL、

1 000 mL)、玻璃棒、标签、pH 试纸、电炉、电子天平、磁力搅拌器、冰箱。

(2)试剂　生长调节剂(IAA、IBA、NAA、2,4-D 等)、蒸馏水、浓度为 1 mol/L 和 0.5 mol/L 的 NaOH 以及浓度为 0.5 mol/L 的 HCl、95%乙醇。

(3)药品　配制 MS 培养基所需的各种无机物、有机物、琼脂、蔗糖。

4.实验步骤

(1)MS 培养基母液的配制　母液是配制培养基的浓缩液，一般配成比所需浓度高 10～100 倍的溶液。

优点：保证各物质成分的准确性；便于配制时快速移取；便于低温保藏。

①清洗干燥　首先要把配制培养基用的三角瓶(或培养皿、试管等)、烧杯、量筒、容量瓶等玻璃器皿，进行彻底清洗，自然晾干或烘箱干燥。

②母液的配制

a. MS 大量元素母液(10×)　称 10 L 量的药品溶解在 1 L 蒸馏水中。配 1 L 培养基取母液 100 mL(表 2-10)。

配制方法及保存：配制 1 L 母液准备 2 L 的烧杯。先将水(400～600 mL)倒入烧杯中，分别用天平称取各物质，逐步加入烧杯中，用玻璃棒搅拌使之完全溶解，可适当加热，最后于容量瓶中定容。配制好的母液装入试剂瓶中，贴好标签，写上试剂名称、倍数和日期，并置于 4 ℃冰箱中保存。

表 2-10　MS 培养基大量元素母液(10×)配制的所需各物质的量

化学药品	1 L/mg	10 L/g
NH_4NO_3	1 650	16.5
KNO_3	1 900	19.0
$CaCl_2 \cdot 2H_2O$	440	4.4
$MgSO_4 \cdot 7H_2O$	370	3.7
KH_2PO_4	170	1.7

b. MS 微量元素母液(100×)　称 10 L 量的药品溶解在 100 mL 蒸馏水中。配 1 L 培养基取母液 10 mL(表 2-11)。用 100 mL 烧杯，加入 40～60 mL 蒸馏水，配制方法及保存同上。

表 2-11　MS 培养基微量元素母液(100×)配制的所需各物质的量

化学药品	1 L/mg	10 L/mg
$MnSO_4 \cdot 4H_2O$	22.3	223
$(MnSO_4 \cdot H_2O)$	(21.4)	(214)
$ZnSO_4 \cdot 7H_2O$	8.6	86
$CoCl_2 \cdot 6H_2O$	0.025	0.25
$CuSO_4 \cdot 5H_2O$	0.025	0.25
$Na_2MoO_4 \cdot 2H_2O$	0.25	2.5
KI	0.83	8.3
H_3BO_3	6.2	62

注意：$CoCl_2 \cdot 6H_2O$ 和 $CuSO_4 \cdot 5H_2O$ 可按 10 倍量(0.25 mg×10=2.5 mg)或 100 倍量(25 mg)称取后，定容于 100 mL 水中，每次取 10 mL 或 1 mL(即含 0.25 mg 的量)加入母液中。

c. MS 铁盐母液(100×)　称 10 L 量溶解在 100 mL 蒸馏水中。配 1 L 培养基取母液 10 mL(表 2-12)。

配制方法及保存：取 2 个烧杯，分别用 2 个烧杯(100 mL)将两种成分溶解在少量蒸馏水中，其中 EDTA 盐较难完全溶解，适当加热可加速溶解。溶解后，将 2 种液体混合时，先取一种溶液倒入容量瓶(100 mL)中，然后将另一种成分边加入容量瓶边剧烈振荡，至产生深黄色溶液，最后定容，贮存于棕色试剂瓶中，保存在 4 ℃冰箱中。

表 2-12　MS 培养基铁盐母液(100×)配制的所需各物质的量

化学药品	1 L/mg	10 L/mg
Na_2-EDTA	37.3	373
$FeSO_4 \cdot 7H_2O$	27.8	278

d. MS 有机物母液(100×)　称 10 L 量溶解在 100 mL 蒸馏水中。配 1 L 培养基取母液 10 mL(表 2-13)。配制方法同 b，最好贮存于棕色瓶中。

表 2-13　MS 培养基有机物母液(100×)配制的所需各物质的量

化学药品	1 L/mg	10 L/mg
烟酸	0.5	5
盐酸吡哆醇(维生素 B_6)	0.5	5
盐酸硫胺素(维生素 B_1)	0.1	1
肌醇	100	1
甘氨酸	2	20

e. 生长调节剂　植物生长调节剂一般配制成浓度为 1.0～5.0 mg/mL 的溶液，贮存在 2～4 ℃下备用。由于多数生长调节剂难溶于水，所以配制时应按下面步骤进行。

IAA：先用少量 95%乙醇使之充分溶解，再加蒸馏水定容至需要浓度的体积。

NAA：可溶于热水中，也可采用与 IAA 同样的方法配制。

2,4-D：先用少量 1 mol/L 的 NaOH 溶液充分溶解，然后缓慢加入蒸馏水定容至需要浓度体积。

细胞分裂素类：KT 和 BA 等细胞分裂素类物质均溶于稀盐酸，应先用少量 1 mol/L 的 HCl 溶解后再稀释至需要浓度。

赤霉素：赤霉素的水溶液稳定性较差，一般用 95%的乙醇配制成 5～10 mg/mL 的母液低温保存，使用时再稀释。

如 6-BA 配成 2 mg/mL 的母液：取 6-BA 0.04 g 溶于 1 mL 的 1 mol/L 的 HCl 溶液中，再定容至 20 mL，贮存于棕色瓶中。

(2)MS 固体培养基的配制

①准备　按培养基配方计算用量，称好凝固剂(琼脂)和糖(蔗糖或者葡萄糖等)的用量，分别取出母液，按顺序排列，准备好称量用具和溶解用具。

②1 L 培养基配制　在烧杯(1 000 mL)中加入相当配制量 1/3 的水，加入琼脂煮熔，再根据计算依次加入大量元素、微量元素、铁盐、有机物、生长调节物质等，所取物质的量见表 2-14，或者取 41.74 g MS 培养基粉，最后加入糖并搅拌均匀，加水定容，搅拌均匀。

③调整 pH　用玻璃棒蘸取液体滴到 pH 试纸上，根据颜色对比观察 pH，使用滴管逐滴加入 0.5 mol/L NaOH、0.5 mol/L HCl 使 pH 为 5.5～6.0，如 pH 5.8；或者使用 pH 计调整培养基的 pH。

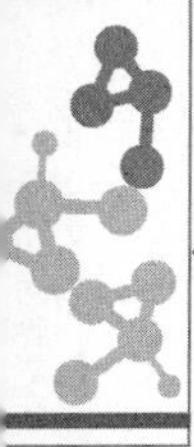

表 2-14　配制 MS 培养基应取各物质的量

试剂名称	MS 培养基用量	试剂名称	MS 培养基用量
琼脂	8 g/L	铁盐母液	10 mL/L
蔗糖	50 g/L	有机物母液	10 mL/L
大量元素母液	100 mL/L	6-BA 母液	0.5 mL/L
微量元素母液	10 mL/L	NAA 母液	1 mL/L

注意：

a. 经高温高压灭菌后，培养基的 pH 会下降 0.2～0.8，故调整后的 pH 应高于目标 pH 0.5 个单位。

b. pH 的大小会影响琼脂的凝固能力，一般当 pH 大于 6.0 时，培养基将会变硬；低于 5.0 时，琼脂就凝固不好。

c. 如果 pH 与所需的数值相差很大，可先用 0.5 mol/L 的 NaOH 或 HCl 调节，至接近时，再用 0.1 mol/L 的酸、碱调节。以免加入过量的水溶液，导致溶液体积增大，培养基不能很好地凝固。

④分装　将培养基尽快分装入 100 mL 或 150 mL 三角瓶中。培养基占容器的 1/5～1/4，即 20～30 mL，尽量避免培养基沾到容器内壁或容器口，标记日期。

⑤封口　选用合适物质（如封口膜、棉球、牛皮纸、锡箔纸等）封口。贴好标签，注明培养基名称、配制时间。

(3)MS 培养基的灭菌[高压蒸汽灭菌（湿热灭菌法）]

①装水　在高压灭菌锅内装入一定量的水（水要淹没电热丝，切忌干烧）。

②装培养基　在灭菌锅内放入含培养基的培养瓶或三角瓶。

③灭菌　将排气阀打开，加热，直至锅内释放出大量水蒸气，再关闭阀门；或者当锅内压力升至 49.0 kPa 时，开启排气阀，将锅内的冷空气全部排出。当锅内压力达到 108 kPa，温度为 121 ℃时，维持 15～20 min，即可达到灭菌的目的。灭菌时间过长，会使培养基中的某些成分变性失效。灭菌时间与培养基容量的关系如表 2-15 所示。

表 2-15　培养基体积与灭菌时间的关系

培养基体积/mL	灭菌温度/ ℃	灭菌时间/min
20～50	121	20
50～500	121	25
500～5 000	121	35

5. 注意事项

(1)配制培养基母液时的注意事项

①一些离子易发生沉淀，可先用少量蒸馏水溶解，再按配方顺序依次混合。

②配制母液时必须用蒸馏水或重蒸馏水。

③药品应用化学纯或分析纯。

④溶解生长素时，可用少量 1 mol/L 的 NaOH 或 95%酒精溶解，溶解分裂素类用 1 mol/L 的 HCl 加热溶解。

(2)配制培养基及灭菌时的注意事项

①逐一检查母液是否沉淀或变色，避免使用已失效的母液。

②6-BA、NAA 用量甚微，取用时要使用移液管，移液管越小越精确。

③分装要干净，灭菌时三角瓶尽可能放正，不要使培养基流出。

④先打开放气阀，压力全降下来之后再打开锅盖。

⑤灭菌后应尽快转移培养瓶，使培养瓶冷却、凝固。一般应将灭菌后的培养瓶储藏于 30 ℃以下的室内放置 3 d，观察灭菌效果。如果无细菌等的产生，即可使用该培养瓶。

⑥某些生长调节剂如 IAA、ZT、ABA 等以及某些维生素遇热是不稳定的，不能同培养基一起高压灭菌，而需要进行过滤灭菌。

6.实验报告与思考题

(1)实验报告

①分组配制不同母液，记录配制母液名称、各物质所取的量及配制过程。

②记录并分析培养基配制过程中的问题。

(2)思考题

①配制 MS 培养基时应注意哪些问题？

②高压灭菌时应注意哪些问题？

③如何配制植物生长调节剂？

第3章

愈伤组织培养

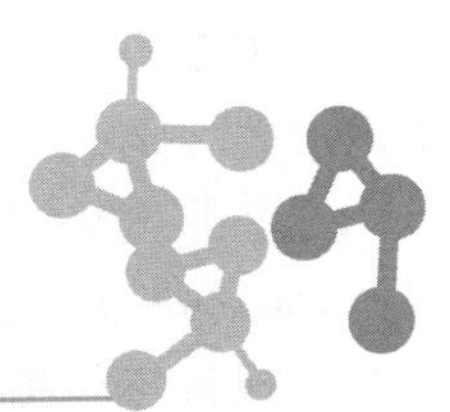

由于植物体的细胞携带着植物的整套基因组并具有发育成为完整植株的潜能，即细胞的全能性(totipotency)，植物体任何一部分器官或组织在理论上均可作为外植体(explant)进行诱导和培养，通常我们将外植体接种到人工培养基上，在激素作用下，进行愈伤组织(callus)诱导、生长和分化的培养过程称之为愈伤组织培养(callus culture)。愈伤组织的培养包括两个阶段：愈伤组织的形成和器官的形态发生(organogenesis)。愈伤组织形成是外植体的组织、细胞在离体条件下的潜在发育能力得到表达，并脱分化形成具有分裂能力的细胞团的过程，它标志着愈伤组织培养的开始；而器官形态发生，则是由脱分化的细胞团(愈伤组织)再分化形成具有特定结构和功能的组织或器官的过程。其形态发生方式主要有两种：不定芽(adventitious bud)方式和胚状体(embryoid)方式。不定芽方式是在某些条件下愈伤组织细胞发生分化形成不同的器官原基，再逐渐形成芽和根。胚状体方式则是由愈伤组织细胞诱导分化出具有胚芽、胚根、胚轴的胚状结构，进而长成完整植株。

3.1 愈伤组织的诱导与分化

植物组织培养目的大多数情况下是要获得再生植株，大多数离体组织、细胞的形态建成都要先经过脱分化形成愈伤组织这一阶段，所以愈伤组织的成功诱导是植物组织培养的关键起始步骤，同时愈伤组织可用于植物脱分化和再分化、遗传发育以及次生代谢产物等方面的研究，也是细胞悬浮培养和分离原生质体的材料来源。

3.1.1 愈伤组织的诱导

1.愈伤组织的概念

愈伤组织原指自然界中植物体受到机械损伤后，伤口表面形成的一团薄壁细胞。如今“愈伤组织”一词虽仍然沿用这层含义，但已不再仅仅局限于植物体创伤部分的新生组织。在单倍体育种中，花粉经诱导可产生愈伤组织或胚状体再分化形成单倍体植株；在原生质体培养过程中，原生质体可诱导产生愈伤组织直到植株再生，诸如此类，培养期间均未经过创伤过程。确切地说，在植物组织培养中，愈伤组织是指外植体在人工培养基上诱导产生的一种无序生长、尚未分化、具有持续旺盛分裂能力的薄壁细胞团，是植物组织培养过程中一种常见的组织形态。

2.愈伤组织的类型

通常在固体培养基上生长的愈伤组织，增殖生长较快的部位主要发生在不与琼脂接触的表面。从愈伤组织的外观特征看，生长旺盛、发育正常的愈伤组织的颜色一般呈现白色或者浅黄色，也有的呈现绿色，而老化的愈伤组织多为深黄色，甚至呈现褐色。愈伤组织的质地有显著不同，有的愈伤组织质地致密，有的则较为松脆。根据愈伤组织的质地和其细胞间紧密程度，可将愈伤组织分为两类：紧密型(compact)愈伤组织(坚实致密型愈伤组织)和松脆型(friable)愈伤组织。

紧密型愈伤组织内无大的细胞间隙，而是由管状细胞组成维管组织，细胞间被果胶质紧紧地粘着，往往不易形成良好的悬浮系统(图 3-1A)；而松脆型愈伤组织内细胞排列无次序，有大量较大细胞间隙，此类愈伤组织只要稍经机械振荡，即可使组织分散成单细胞或小细胞团，是进行细胞悬浮培养的最适合材料(图 3-1B)。这两类愈伤组织可以互相转变，通常可以根据培养需要，调节培养基中激素含量来实现两类愈伤组织的转换。例如，在培养基中增加生长类激素的含量，可使坚实的愈伤组织变得松脆。反之，降低或除去生长类激素，则松脆的愈伤组织可转变为紧密型的愈伤组织。

A

B

图 3-1 紧密型愈伤组织(A)与松脆型愈伤组织(B)

根据组织学观察及愈伤组织的再生性等，还可将愈伤组织分为胚性愈伤组织(embryonic callus，EC)和非胚性愈伤组织(non-embryonic callus，NEC)。

胚性愈伤组织一般质地坚实，愈伤组织呈淡黄色或乳白色，组织表面呈球状颗粒，生长速度较慢，因此常用“结构致密、爽脆、颜色嫩黄且有光泽”来形容胚性愈伤组织。从细胞学角度来看，发现再生性能强的胚性愈伤细胞较小，大多为圆形，原生质浓厚，无液泡，细胞内容物丰富，分裂活性强，具有鱼雷胚、心形胚的典型特征。通常把离体培养中具有类似胚细胞性质、容易调控分化表达全能性的这类细胞称为胚性细胞(embryonic cell)。由于植物细胞多以细胞团的形式存在，因此将该类细胞团称为胚性愈伤组织。胚性愈伤组织有易碎型和致密坚实型(非易碎型)之分(图 3-2)，这两种胚性愈伤组织均可在分化培养基上诱导完成植株再生，其中易碎型胚性愈伤组织是细胞悬浮培养、基因转化的良好材料。有研究结果表明，在 MS 培养基中增加维生素 B_1 用量至 10 mg/L，将 N、P、K 无机盐的用量降低至 1/10 倍，可促使坚实型愈伤转化为易碎型愈伤组织(Utsumi，2017)。

非胚性愈伤组呈水浸褐化状，分化能力差，组织结构疏松，细胞相对较大，内含大液泡，几乎无细胞器(图 3-2)。

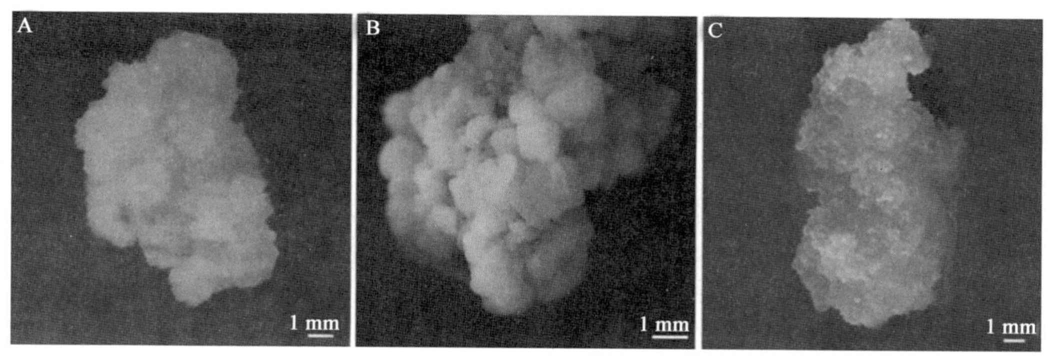

图 3-2 高粱胚性愈伤组织(A 为易碎型、B 为非易碎型)与非胚性愈伤组织(C)(季艳丽，2019)

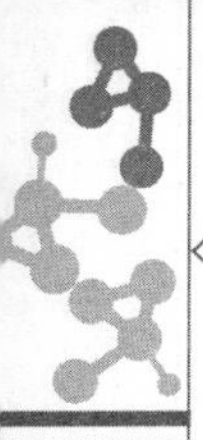

3.影响愈伤组织诱导的主要因素

根据植物细胞的全能性,所有外植体(explant)均有被诱导产生愈伤组织的潜在可能,但因植物种类、器官来源以及生理状态的不同,诱导愈伤组织的难易程度差异很大。一般而言,裸子植物及进化水平较低级的苔藓植物较难诱导,被子植物则容易诱导;单子叶植物如禾本科植物小麦、水稻等诱导难度相对较大,而双子叶植物如烟草、胡萝卜、番茄等易于诱导;成熟组织再生能力弱,脱分化比较难,诱导形成愈伤组织较为困难,而幼嫩组织生长代谢旺盛,再生能力强,细胞脱分化比较容易,诱导相对容易;木本植物较难诱导,而草本植物则相对容易;单倍体细胞较难诱导,二倍体细胞相对容易诱导。

愈伤组织的诱导首先受到植物本身基因型和外植体来源及生理状态的影响(内因),人工培养条件(外因)也是关键的影响因素,这些因素主要包括培养基、培养基所含的激素种类和浓度配比以及光照、湿度等环境条件等。通常内因起决定性作用,外因通过内因发挥作用。因此,在诱导愈伤组织时,应当具体从以下几方面进行考虑。

(1)外植体　外植体的类型很多,只要是从植物体上分离切割下来的任何器官、组织或细胞都可作为外植体,例如根、茎、叶及其顶端分生组织、幼胚、颖果和嫩花序等。植物种类不同,最适离体培养的外植体来源也不同(表3-1),选择适合的外植体是诱导愈伤组织成败的关键所在。对小麦来讲,幼胚是最适于诱导愈伤组织的外植体;对棉花,下胚轴是比较适宜的外植体;烟草、番茄等植物比较容易诱导,无论选择哪个部位的组织均可诱导形成愈伤组织;也有些植物如花生对品种的基因型依赖性很大,品种间诱导愈伤组织的能力差异很大,有的品种以幼叶为外植体诱导较好,有的以胚轴表现较佳。

表3-1　诱导愈伤组织的外植体类型

植物	常用的外植体类型
棉花	下胚轴等
烟草	子叶、真叶等
番茄	子叶、真叶、下胚轴等
小麦	幼胚、幼胚盾片、幼苗生长点等
玉米	幼胚、成熟胚、幼叶等
花生	成熟胚、幼叶、子叶、下胚轴等
水稻	种子、叶片、茎尖等
芦荟	茎段等
银杏	成熟胚、胚乳、真叶等
红豆杉	茎段、叶片等

在本书第2章2.4节外植体的选择与培养中曾提到,选择外植体时要考虑如下几个方面:要从优良种质的健壮无病害的植株上选择,外植体来源要丰富且遗传稳定性好,同时注意适当的取样时期,在植物生长旺盛的季节根据培养目的进行选择,还要注意选择适宜大小的外植体,选择易于消毒且带杂菌少的外植体。这几个方面都比较重要,在此再强调一下。除此之外,在选择外植体时,也要特别注意尽量选择细胞分化程度低或含低分化细胞多的器官和组织类型;尽量选择幼嫩、分生活跃的部分,选择在弱光下生长的组织,选择新展开的叶或幼嫩的茎;尽量避开含有不利于细胞分裂物质的部位,或在培养基中添加某种物质控制或消除不利因素的影响。成熟种子在无菌条件下长成的无菌苗的各个部分,如子叶、叶片、胚轴、幼芽等均可作为外植体进行离体培养。除此之外,这里补充一句,多酚氧化酶活性高的组织不宜作为外植体,因为在离体条件下,植株组织的切口处酚类物质暴露在空气中很快被氧化为醌类物质,形成褐变现象。如果在组织培养过程中遇到难以解决的案例时,应首先从外植体的选择上寻找突

破口，选择同一植物的不同类型的材料进行研究，并接种不同部位的外植体加以比较，最终找到最适合诱导的外植体。

（2）培养基和激素组合　除了外植体的选择外，确定适合的培养基和最佳激素种类配比也是至关重要的。培养基的成分包括大量元素、微量元素、有机物、碳源（蔗糖或葡萄糖等）。一般矿质盐浓度较高的基本培养基如 MS 及其改良培养基均可用于诱导愈伤组织，但不同植物不同基因型甚至不同外植体类型对培养基成分要求不同，因此培养基的选择要考虑具体培养对象。通常在外植体体积较大时，选择还原态氮水平高的培养基，如 MS、HB 等；外植体较小时，宜选择铵离子水平低的培养基，如 N6、B5 等。

选好培养基后，还要根据培养目的添加不同种类的激素（表 3-2）。常用激素有生长素和细胞分裂素两大类。其中常见生长素有吲哚乙酸（IAA）、吲哚丁酸（IBA）、萘乙酸（NAA）、2，4-二氯苯氧乙酸（2，4-D），常用浓度一般在 0.01～1.0 mg/L。细胞分裂素有 6-苄氨基嘌呤（BA）、激动素（6-糠基腺嘌呤，KT）、2-异戊烯基腺嘌呤（2ip）、玉米素（ZT）等，常用浓度一般在 0.1～10 mg/L。生长素大多促进细胞的生长和分裂，还可促进愈伤组织的形成和诱导生根；细胞分裂素则促进细胞分裂和调控其分化，延缓蛋白质和叶绿素的降解从而延迟细胞衰老；在组织培养中，细胞分裂素和生长素的比例影响着植物器官分化，通常比例高时，有利于芽的分化；比例低时，有利于根的分化。茄科及大多数双子叶植物在诱导愈伤组织时，需要细胞分裂素和生长素配合使用，因为二者之间的协同作用往往会超过单一激素的作用。也有植物类型诱导愈伤组织时只需要添加单一激素，如禾本科植物愈伤诱导时需要添加 2～4 mg/L 2，4-D 即可。除此之外，有时还需要加入有机附加物，如甘氨酸、水解酪蛋白、椰子汁或酵母提取物等来调节和维持愈伤组织的良好生长状态。有时也会加入 $AgNO_3$ 抑制内源乙烯，促进细胞分裂。

表 3-2　培养基中激素添加方式及用途

培养基中激素添加方式	培养用途
无激素	生根、愈伤组织增殖
单加生长素	生根、愈伤组织、不定芽
单加细胞分裂素	不定芽、侧芽增殖、愈伤组织形成
高浓度生长素＋低浓度细胞分裂素	愈伤组织、芽
低浓度生长素＋高浓度细胞分裂素	丛芽、愈伤组织
生长素＋细胞分裂素（等量或均为较低浓度）	不定芽、侧芽增殖
生长抑制剂	壮苗、减缓生长
赤霉素	打破休眠、促进伸长

（3）培养形式　培养方式有固体培养和液体培养两种形式。诱导愈伤组织的培养基一般采用固体培养基，以 8%左右琼脂作为固化剂；但某些特殊需要如建立细胞悬浮系，用液体培养基培养效果较好，这是因为液体培养基通常要进行振荡培养，气体交换和养分吸收均优于固体培养基，同时在液体条件下愈伤组织很容易分离成细胞和细胞团，产生较大吸收面积，利于悬浮培养。

（4）培养条件　培养条件主要指温度和光照。不同类型的植物对温度和光照反应不同。大多数植物在诱导愈伤组织时温度一般为 25～28 ℃。而对于喜温植物如棉花，可将温度调整为 28～30 ℃。

光周期和光照强度对植物器官形成有诱导作用，大多数双子叶植物在诱导愈伤组织时，可设置适当的光照，光周期为每天 12～16 h，光照强度为 1 500～2 000 lx。单子叶植物如禾本科植物在培养时可不需要光照，但为了便于观察，可使用较弱的光照。

3.1.2　愈伤组织细胞的分化

愈伤组织分化是植物器官内活细胞经诱导后，失去原有状态和功能，脱离原有发育轨道，恢复潜在

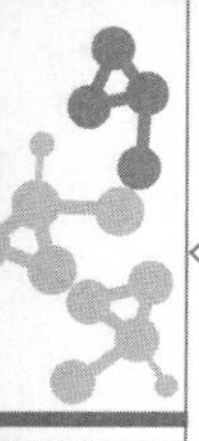

的全能性而转变为分生细胞，继而其衍生细胞分化为薄壁细胞组织的过程。一般情况下，从单细胞或外植体组织形成典型愈伤组织，大致要经历 3 个时期：诱导期（启动期）、分裂期和分化期（形成期）。

1. 诱导期

诱导期又叫启动期，是外植体成熟细胞开始进行分裂的时期。

用于接种的外植体细胞，通常都是处于静止状态的成熟细胞，这些细胞如果受到某些外来因素的刺激和诱导，其蛋白质和核酸合成速度加快，代谢活动加强，RNA 含量增加，细胞大小不变，核体积增大，细胞开始分裂。这些外来因素包括机械损伤、光照强度的改变、外源植物激素等，其中外源激素类物质对诱导细胞开始分裂效果较好，常用的激素有 2,4-D、萘乙酸、吲哚乙酸和细胞分裂素等。

2. 分裂期

分裂期是细胞快速分裂时期。外植体经过诱导以后脱分化，不断分裂、增殖，进而形成一团无序结构的愈伤组织。此期愈伤组织细胞分裂快，细胞数目增加很快，细胞结构疏松，缺少有组织的结构，颜色浅呈透明状。

愈伤组织在形态结构上由于植物种类不同或外植体来源不同可能存在差异，但此期发育良好的愈伤组织应当具备：高度的胚性或再分化能力，既能维持其不分化的状态，又能进一步诱导获得再生植株；旺盛的自我增殖能力，容易散碎，一般为松脆型愈伤组织，以便细胞培养悬浮系、大规模愈伤组织无性系建立及原生质体分离；良好的胚性，经过长期继代保存也不丧失。

3. 分化期

分化期是愈伤组织细胞停止分裂、细胞内发生一系列形态和生理上的变化，形成一些不同形态和功能的细胞的时期。此期愈伤组织特点如下：在愈伤组织内产生一些形态和功能不同的细胞，有管胞、纤维细胞、薄壁细胞、分生细胞、色素细胞等；细胞分裂部位和方向发生改变，由原来局限在组织外缘的平周分裂转为组织内部较深层局部细胞的分裂；愈伤组织内部形成瘤状或分生组织结节（meristemoid），分生组织结节成为愈伤组织的生长中心或进一步分化为维管组织结节；愈伤组织的颜色发生改变，生长旺盛的愈伤组织呈浅绿色或乳白色、白色，老化的则多转变为黄色或褐色。

3.2 愈伤组织的继代培养

将外植体从植物体上分离下来接种到人工培养基上进行培养，称为初代培养（primary culture）。在愈伤组织生长状态良好且没有出现老化现象之前，及时将愈伤组织从培养基上剥离下来，并进行适当的切割、筛选，然后转入新鲜培养基（继代培养基）上培养，愈伤组织可无限制地进行细胞分裂而维持其不分化的状态，这个过程叫作继代培养（subculture）。继代培养是继初代培养之后连续数代扩繁的培养过程，其目的是扩大培养群体，使培养物增殖。一方面继代培养可以防止培养物在培养基上生长一段时间以后，出现一些不利的影响。例如，由于不及时更换培养基，营养物质被消耗殆尽，培养基的水分散失也比较严重，会导致培养物营养缺乏，生长代谢缓慢；同时大量代谢产物的积累而对植物组织产生毒害作用。另一方面继代培养可使愈伤组织无限期保持在不分化的增殖状态，是长期保存愈伤组织的有效措施。

一般情况下，在 25～28 ℃下进行固体培养时，每隔 3～4 周更换 1 次新鲜培养基进行继代培养，具体继代时间还要根据植物组织的生长速率而定。由于培养物在适宜的环境条件、充足的营养供应和生长调节剂作用下，排除了其他生物的竞争，繁殖速度大大加快，繁殖系数大大提高，因此继代培养也叫增殖培养。在多次继代培养过程中可能会出现培养物自身的驯化现象，即经过多次继代（更换多次培养基）后，可以在继代培养基中将所用激素的浓度降低或除去激素，就可以满足培养物的正常生长发育。

3.2.1 培养基和培养条件

1. 培养基

(1)基本培养基　继代常用培养基与诱导愈伤组织的培养基基本一致，通常可根据愈伤组织的生长状态，对培养基中某些成分或植物生长调节剂的浓度及配比进行微调，以达到继代培养的目的。

传统观点认为培养基仅仅为培养物提供营养，激素才是调节细胞分裂改变细胞发展方向的物质，培养基的配方包括激素组合及配比优化方案，不可随意改动；但已有学者发现，培养基中的某些成分也可以发挥外源调控因子的作用，影响细胞和愈伤组织的状态。例如，还原态氮促进细胞分裂，硝态氮抑制细胞分裂，对于活力较弱的继代愈伤组织，要提高还原态氮的水平，对于活力较强的愈伤组织，则要提高硝态氮的水平；氯化钾浓度在 2 000 mg/L 以内，可提高细胞活力；维生素可起到双向调节的作用，在细胞分裂能力较弱时促进细胞分裂，在细胞分裂能力强时抑制细胞分裂；葡萄糖在多数情况下比蔗糖更益于细胞分裂。因此，在愈伤组织继代培养时，可以根据愈伤组织的生长状态对培养基成分进行适当调整，获得生长良好的愈伤组织。

(2)激素　激素是影响愈伤组织继代培养的关键因素。为了协调既要维持愈伤组织良好的生长状态，又要保持愈伤组织不分化且具备分化能力这一矛盾，继代培养时需要适当调整激素及其使用浓度。对于活力较弱的继代愈伤组织，需要提高培养基中生长素水平；对于活力较强的愈伤组织，则需要提高细胞分裂素水平。除此之外，值得重视的是在继代培养时要认真仔细把握植物激素的使用规律。例如，在有生长素存在的前提下，细胞分裂素有加强趋势，但二者在使用上有一定的顺序，使用顺序不同培养物的分化状态也不同。如果先用生长素后用细胞分裂素处理，有利于细胞分裂，但细胞不容易分化，容易产生多倍体细胞；如果先用细胞分裂素后用生长素处理，细胞分裂也分化；如果用生长素和细胞分裂素同时处理，细胞脱分化后分化频率显著提高，但二者的浓度比值决定着器官分化方向。生长素与细胞分裂素的比值高时，有利于根的分化；反之，比值低，有利于芽分化。比值适中，利于愈伤组织诱导和增殖。

另外，在植物组织培养时经常发现这样一种情况，一些植物组织要经长期继代培养，开始继代培养要加入激素，经过几次继代后，加入少量或不加入激素就可以生长，这种现象称为“驯化”(acclimation)。如胡萝卜薄壁组织继代培养加入 6～10 mol/L IAA，但在继代 10 代以后，可在不加 IAA 的培养基上正常生长。

2. 培养条件

(1)光照　愈伤组织诱导通常不需光或需弱光，在愈伤组织诱导阶段，一般可采用全暗、周期性光照、散射性光照 3 种方式进行培养，而继代培养一般需光。后期的器官发生阶段，则采用周期性光照比较好。

(2)温度　多数植物愈伤组织培养或继代培养时在 24～28 ℃的恒温条件下发育良好，而在器官分化时则需要有一定的温差。有研究报道，小麦和水稻花药培养在诱导花药形成愈伤组织时，昼夜恒温培养较好，而在器官分化时，昼夜具有一定温差比较好，诱导分化出的植株比较健壮。

(3)培养方式　上节提到，培养方式分为固体和液体培养两大类，液体培养又分静止和振荡培养的两种方式，可根据具体情况和培养目的选择合适的继代培养方式。

3.2.2 继代培养物的分化再生能力

继代培养是通过不断更换新鲜培养基，不断切割或分离培养物(包括细胞、组织或其切段)，从而获得快速繁殖并保持具备发育良好状态且不分化的愈伤组织。研究结果表明，在良好的培养条件和适合的激素浓度调节下，甘蔗愈伤组织可继代一年以上而不丧失分化能力。但随着继代次数的增多，细胞分化再生能力也随之下降，这种现象称为分化再生能力衰退。有研究表明，在小麦、水稻细胞悬浮培养中，

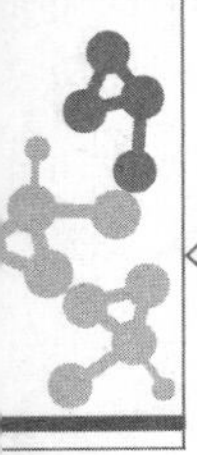

长期悬浮培养的材料分化能力逐渐下降。继代培养 15 次以上的草莓花药胚性愈伤组织形成的细胞悬浮系虽具有较高的增殖速度,但不能诱导胚状体发生。

通常植物种类、品种和外植体来源不同,继代培养能力也不尽相同。以愈伤组织为培养物在培养多代之后其增殖能力下降,分化再生能力也会随之降低或丧失;而在以腋芽或不定芽增殖为培养物继代多代后增殖仍然旺盛,分化能力一般不会丧失。另外,幼嫩材料继代培养能力较强,而成熟老化材料较弱;刚分离的组织较强,而已继代的组织较弱;草本植物的较强,木本植物的相对较弱。

影响继代培养的分化能力,主要有两个因素:生理因素和遗传因素。

(1)生理因素　在组织培养过程中,由于植物材料内部的一些变化,如内源生长调节物质的减少、丧失或不平衡等生理因素,从而导致继代培养物分化潜力发生变化,降低或丧失了形态发生的能力。也有人认为,经多次继代后愈伤组织中分生组织会逐渐减少或丧失,导致维管束难以形成,只能保持无组织的细胞团。还有人认为,在继代过程中,逐渐消耗了母体中原有与器官形成有关的特殊物质。近年来对玉米幼胚胚性愈伤组织的研究表明,在继代培养的时候,要注意挑选胚性愈伤组织,弃去非胚性愈伤组织,将大的胚性愈伤组织破碎,使内部的胚性细胞暴露出来,以利于胚性愈伤组织分化能力的保持(张晓玲,2017)。

(2)遗传因素　在继代培养中出现染色体行为紊乱,从而导致遗传变异,这些变异可能有:细胞内有丝分裂异常引起的细胞内染色体数目变异,比如出现多倍体、非整倍体等;染色体结构变异,包括缺失、重复、倒位、易位等。并且随着继代次数的增加,体细胞内的这种遗传变异频率增加。研究表明,"川棉239"体细胞胚胎发生能力虽然可保持较长时间,但随着继代时间的延长,再生能力却逐渐下降,畸形胚发生概率和再生植株不育率逐渐升高。兰州百合愈伤组织变异概率随着继代次数的增加而增加,胚性愈伤组织变异细胞在第一代中为 34.16%,在第 5 次继代中为 64.12%。继代培养物的染色体不稳定,对保持植物遗传性状极为不利,但我们可以从中筛选获得变异材料,为育种工作提供种质资源。

3.2.3　继代培养物的体细胞变异

在植物细胞、组织或器官培养过程中出现的遗传变异或表观遗传变异称为体细胞变异(somaclonal variation),培养的细胞或再生植株的群体,称为体细胞无性系。在不断继代培养过程中,细胞可能会发生基因突变或染色体的结构数目变异,即体细胞变异。科学家们把这些发生变异的细胞筛选下来,继续培养并从中选育出一些优良的新品种。如从番茄体细胞无性系变异中选育出抗晚疫病的突变体,从甘蔗体细胞无性系再生植株变异中选育的新品种,从马铃薯体细胞变异中筛选的抗早疫病的品种,从小麦体细胞无性系中筛选出的抗赤霉病、根腐病的品种,从水稻体细胞无性系中筛选的抗白叶枯病品种及耐盐突变体等。

在细胞培养过程中,体细胞变异非常普遍,人们可以从中筛选获得新的遗传变异类型。因此,体细胞无性系变异是人们获得遗传变异的重要来源,它在生理生化等基础研究和作物遗传改良上具有重要的理论价值和应用价值(详见第 7 章 7.5 节),然而关于无性系变异的机理目前仅停留在对某些现象的解释上。

另外,利用细胞继代培养筛选体细胞变异有以下优点:①筛选效率高。离体条件下在小空间内对大量个体进行筛选,并且可以在几个细胞周期内完成细胞变异的筛选,不受季节限制。②试验重复性高。筛选条件可以根据需要进行人工调节和控制,从而提高了试验的重复性。③避免嵌合体的出现,省去分离变异的麻烦。由于细胞培养过程中变异是在单细胞水平上出现的,因此,一个突变体来自一个细胞,不会有非突变细胞的干扰。④选择机会多。在细胞培养系统中,除体细胞自发突变外,还可以进行人工诱变,由于理化诱变剂可较均匀地接触细胞,引起培养细胞相对较高概率地发生突变,选择机会大大增加。

3.3 愈伤组织的形态发生

在植物组织培养过程中，细胞和外植体发生脱分化，经持续的细胞分裂而形成愈伤组织。在愈伤组织培养物中，细胞分裂以无规则方式发生，并产生无明显形态或极性的无序结构组织块，形成维管组织和瘤状结构，但无器官发生。当满足一定条件时，可从愈伤组织发生再分化而产生芽或根的分生组织，甚至体细胞胚，进而发育成苗或完整植株。从外植体形成器官或细胞无性系的过程，主要包括不定芽、根及体细胞胚的发生。

3.3.1 不定芽和根的发生

不定芽和根的发生，是愈伤组织或细胞培养物培养中常见的器官发生方式，分三个不同生长阶段。

第一阶段为离体外植体脱分化形成愈伤组织，这是外植体发生细胞分裂的结果。第二阶段为愈伤组织中形成一些分生细胞，形成瘤状结构，这是细胞分化、分化组织出现和有限细胞分裂的共同结果。第三阶段为器官原基的形成，常由于在某些条件下，分生细胞团发生分化而形成不同的器官原基。器官原基由一个或一小团发生细胞经细胞分裂而形成，进而产生小块分生组织。这些分生组织只有在一定条件下，才可逐渐转变到构成器官的纵轴上并表现出单向极性，从而分化出芽和根。很多实验表明，在植物组织培养中，当外植体形成愈伤组织后，可以通过利用植物生长物质比例来控制器官发生的模式，通过调整某些植物生长物质的比例促使芽和根的分化。一般来说，生长素有利于愈伤组织形成根而细胞分裂素可促进愈伤组织形成芽(图 3-3)。

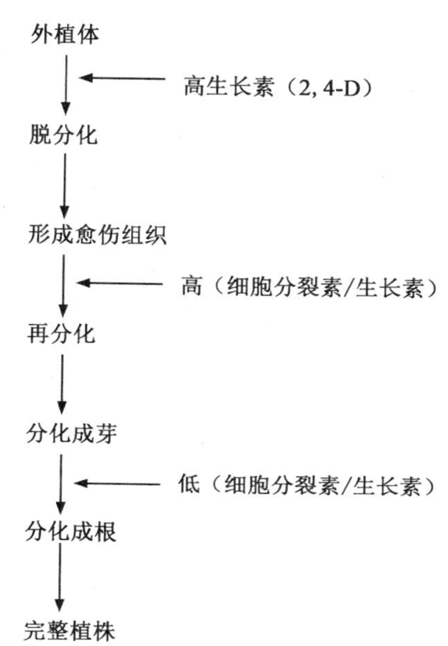

图 3-3 生长物质控制器官分化的模式图

一般来说，愈伤组织的器官发生顺序有 4 种情况：①愈伤组织仅有芽或根器官的分别形成，即无芽的根或无根的芽；②先形成芽，再在芽伸长后，在其茎的基部长出根而形成小植株，大多植物为这种情况；③先产生根，再从根的基部分化出芽形成小植株，这在单子叶植物中很少出现，而在双子叶植物中较为普遍；④先在愈伤组织的邻近不同部位分别形成芽和根，然后两者结合起来形成一株小植株，类似根芽的天然嫁接，但这种情况少见，而且一定在芽与根的维管束是相通的情况下才能得到成活植株。

此外，在植物的组织培养中，常常可看到一些异常的结构，如芽的类似物、叶的类似结构、苗的玻璃化现象等，这些情况大多是由于植物生长物质水平过高和比例不协调引起的，需要多加注意。

3.3.2 体细胞胚的发生

1. 概念与特点

植物的体细胞胚发生(somatic embryogenesis)是指双倍体或单倍体的体细胞在特定条件下，未经性细胞融合而通过与合子胚胎发生类似的途径发育出新个体的形态发生过程(Williams and Maheswaran,1986)(图 3-4)。经体细胞胚发生形成类似合子胚的结构称为胚状体(embryoid)或体细胞胚(somatic embryo)。这个定义包括以下几点含义：①体细胞胚是组织培养的产物，只限于在组织培养范围内使用，区别于无融合生殖的胚。②体细胞胚起源于非合子细胞，区别于合子胚。③体细胞胚的形成经历胚胎发育过程，区别于组织培养的器官发生中叶与根的分化。因此与诱导器官发生相比，诱导体细胞胚发生具有明显的不同：体细胞胚具有两极性；存在生理隔离；遗传性相对稳定；重演受精卵形态发生

的特性;体细胞胚发生具有普遍性等特点。而这些特点正是植物细胞表达全能性的有力证明。

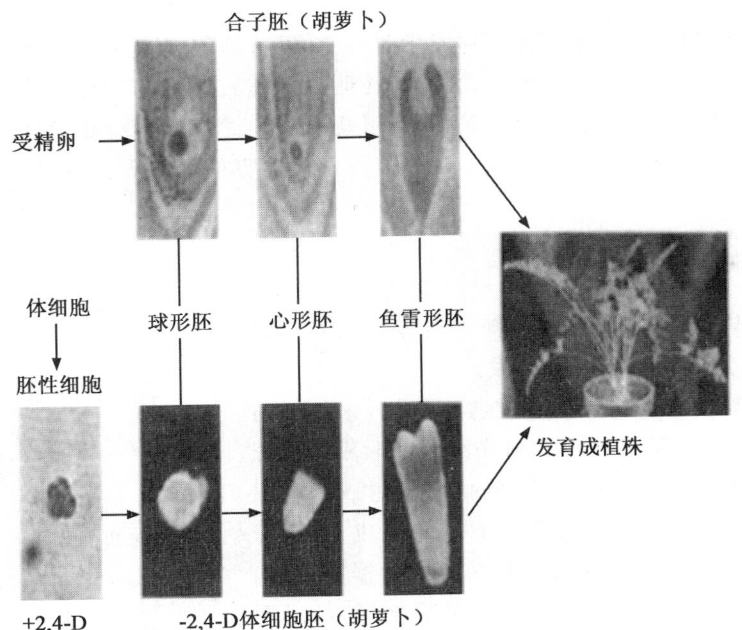

图 3-4 胡萝卜合子胚与体细胞胚发育的比较(Williams and Maheswaran,1986)

体细胞胚发生首先是由 Reinert 和 Steward 等于 1958 年分别从胡萝卜贮藏根培养获得的,因而胡萝卜一直是体细胞胚研究的重要模式植物。之后国内外不少学者在从事并推动植物体细胞胚发生的研究方面做了大量工作,并取得了重要成果。据不完全统计,目前已有至少 30 多个科 80 多个种的植物有形成体细胞胚的报道。现在,体细胞胚发生已被认为是植物界的普遍现象,是植物细胞在离体培养条件下的一个基本发育途径。

2. 体细胞胚胎发生的途径及类型

植物体细胞胚发生的途径分直接发生和间接发生两种。直接发生是指体细胞胚直接从原外植体不经愈伤组织阶段发育而成,其来源细胞可以是外植体表皮、亚表皮、合子胚等,目前有数十种外植体可直接发生产生体细胞胚,但相当一部分植物,其体细胞胚发生是间接发生的,即体细胞胚从愈伤组织,有时也从已形成体细胞胚的一组细胞中发育而成。此外,某些植物既可按直接方式又可按间接方式进行体细胞胚发生,如取自鸭茅叶基的外植体,先形成愈伤组织,再进行体细胞胚发生;若取其叶尖则体细胞胚直接从外植体上产生(黄学林等,1995)。而香雪兰体细胞胚胎发生的方式则是由培养基中植物生长调节物质种类、浓度配比决定的(Wang et al. ,1998)。

目前,人们对这两种体细胞胚胎发生的机理尚未取得共识,一般认为直接发生是由原先存在外植体中的胚性细胞——预胚胎决定细胞(preembryogenic determined cells,即 PEDCs)培养后直接进入胚胎发生而形成的体细胞胚;间接发生则是外植体分化的细胞先脱分化,并对其发育命运重决定(redetermination),而诱导出的胚性细胞——诱导胚胎决定细胞(induced embryogenic determined cells, IEDCs),由其进行胚胎发生形成体细胞胚(Williams et al. ,1986)。

植物体细胞胚胎发生的细胞学基础方面,人们普遍关心的一个问题是体细胞胚的起源问题。早期根据对胡萝卜的观察认为体细胞胚胎发生是单细胞起源的,即是从一个细胞发育而来的,后来在小麦、石龙芮、大叶茶等的研究中也证实了这一点。许多植物的原生质体可直接形成体细胞胚,如柑橘、紫花苜蓿、咖啡等。但后来越来越多的研究发现,体细胞胚也可起源于多细胞,有时外植体先脱分化形成愈伤组织,从它的表皮内部形成一小团类似分生组织的细胞团,进而分裂形成体细胞胚。有时外植体不脱分化，而直接发生胚性细胞团。常常在同一个植物种中，单细胞和多细胞发生方式共存，这与作为一个形态发生群内的相邻细胞间的协作行为直接相关。

3.体细胞胚胎发生的机制

20世纪50年代末，植物体细胞全能性理论得到证实，继之而兴起的体细胞胚胎发生为研究植物的合子胚发生提供了良好的替代系统。对体细胞胚，特别是胡萝卜体细胞胚的研究使人们对胚胎发生的了解深入了很多。从20世纪80年代开始，随着分子生物学技术的成熟，从基因水平上了解胚胎发育的分子机理成为现实。之后，利用胚胎操作法和遗传解剖法，结合生物化学和分子生物学技术，胚胎发育的研究在分子水平上取得了长足的进展，已从拟南芥分离到近300个与胚胎发育有关的基因位点的大量突变体，从玉米中也分离到50多个类似的突变体，这些基因分别控制着胚胎发育过程中的形态发生或细胞分化（许智宏等，1999）。尽管如此，对胚胎发育的了解还主要是通过一些模式植物如荠菜、拟南芥、玉米等研究取得的，相当一部分重要的植物种，包括一些木本植物胚胎发育缺乏系统的研究，有待用现有的条件与理论来加强研究。

（1）体细胞胚发生的生物学机理　目前，了解体细胞胚胎发生过程中生理生化变化及其对体细胞胚发生的意义，相当一部分是从胚性愈伤组织和非胚性愈伤组织的对比研究着手的。Wann等（1987）报道挪威云杉非胚性愈伤组织的乙烯产生速率比胚性愈伤组织高19～117倍，因此可将乙烯作为胚性愈伤组织的分子标志物，直接跟踪乙烯与体细胞胚胎发生的关系。杨和平于1991年提出了植物体细胞胚发生大致的生理生化轮廓，认为植物细胞具有的全套基因是体细胞胚胎发生的分子前提，经过切割或游离，体细胞由于外源理化因子的诱导，内源理化因子发生相应的变化，结果导致一系列酶的活化和钝化，接着RNA合成被活化，在染色质控制下进入活跃的周转，在这之前和同时，新的蛋白质（酶）合成与周转也活化，随后就是DNA合成加速，导致细胞的活跃分裂和球形胚的形成。以后，在内外源信息作用下，通过转录与翻译水平复杂而精巧的控制，基因在时间上和空间上得以选择性激活和表达，导致细胞生理代谢的阶段性和区域性差异，结果用于形态建成的物质基础不同，于是实现胚胎发生。近年有关方面的研究也可推断出类似结论，但真正证实上述观点是否正确，还要在转录及翻译水平上深入地研究体细胞胚发生的细胞生物学机理。

（2）体细胞胚发生的分子生物学机理　体细胞胚胎发生，归根结底是体细胞在各种内外因素的影响下，启动了某些特异基因的表达，表现为胚性蛋白的产生。体细胞胚胎发生中基因表达的研究有两种方式，即分离体细胞胚胎发生中的基因并鉴定该基因的功能；或是从非胚性组织中分离一些基因，进而了解这些基因的表达差异及其在体细胞胚胎发生中的作用。通过比较体细胞胚胎和愈伤组织的基因和蛋白质表达情况，已经从发育中的胚状体中分离到一些基因，其中部分基因正被用来研究体细胞胚胎发生中的基因调控机制。研究得比较清楚的有以下几种基因：编码晚期胚胎发生丰富蛋白（LEA）的基因、体细胞胚胎分泌蛋白基因、脂体跨膜蛋白基因、与翻译有关的延伸因子和ATP合成酶亚基的基因，另外还有体细胞胚胎发生中的“非胚性基因”等（陈金慧等，2003）。

4.影响体细胞胚胎发生的因素

体细胞胚的发生发育是多种内外因素综合作用的过程，其中外植体、培养基和植物生长调节物质以及培养的环境条件起决定作用。

（1）外植体的选择　根据细胞全能性的理论，植物体任何部分的细胞、组织和器官如根、茎、叶、种子等，都能在人工条件下脱分化，从而恢复到幼龄的胚胎性的细胞阶段。但是，由于技术和试验规模的限制，目前还不能轻而易举地使每一种植物的任何部位的任何一个细胞都恢复胚性，并重新开始它的胚胎发育。尽管全能性是客观存在的，但全能性的表达需要一定的条件和信号。不同植物、同一植物的不同部位对刺激等外界信号的感应程度不同，反应不同，其体细胞胚诱导的难易程度也就有所差异，这涉及分化和脱分化实质，即基因差别表达的问题。实践证明，大多数植物的幼胚都是组织培养和再生植株的最佳外植体（Bonga et al.，1992）。受精卵是全能性最好的细胞，从受精卵到幼胚发育过程短，细胞特化

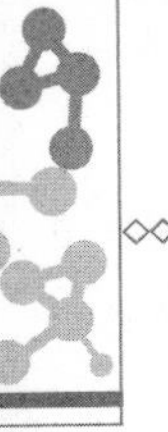

少，而发育成熟的植株的各类体细胞经过长时间的生长发育，不断特化，其全能性也随之下降(黄璐等，1999)。

Merkle 认为，森林树种的胚性培养只能来源于种子和幼苗，合子胚或种子的发育程度对诱导胚状体的影响是很大的。事实上，从营养器官诱导出体细胞胚的树种也有，但还是以胚或幼苗为外植体的居多。据 Evans 等 1981 年统计，在已成功体细胞胚发生的 63 种木本植物中，有 23 种是用胚作外植体的。许多树种的研究表明，未成熟种子的胚比成熟种子或幼苗有更高的诱导潜能。总之，体细胞胚胎发生中外植体的筛选是培养成功的重要前提，以一定发育阶段的合子胚为首选材料。

(2)基本培养基及其附属成分　基本培养基成分及其状态等对体细胞胚的发生至关重要，常用的基本培养基有含盐量较高的 B5、SH 和 MS 培养基。据 Evans 等 1981 年统计，70%的植物体细胞胚胎发生用 MS 或改良的 MS 培养基。据 Ammirato 在 1983 年统计的 92 种植物体细胞胚胎发生中，有 68 种使用 MS 基本培养基(约占 74%)。MS 培养基中较高浓度的 NH_4^+、NO_3^- 和螯合铁对体细胞胚发生有一定作用。但针叶树体细胞胚发生中，通常用 DCR、LP、LM 等培养基作体细胞胚诱导培养基。培养基根据树种不同可用固体或液体的，有些树种在体细胞胚胎发生的不同阶段要求使用不同状态的培养基。

氮素的形态及 K^+ 对体细胞胚胎发生也起重要作用。通常含高浓度 NH_4^+、NO_3^- 的培养基对针叶树的体细胞胚发生不利，降低其含量可促进体细胞胚的发生和发育。还原性氮对核桃等多个树种的体细胞胚发生具有促进作用。谷氨酰胺等酰胺类物质常被作为还原性氮源而加入培养基。培养基中添加椰乳(CW)、水解酪蛋白(CH)、酵母抽提物(YE)等天然复合物对许多木本植物体细胞胚的诱导也很有效。

碳水化合物一方面作为能源，另一方面又作为渗透调节剂对体细胞胚的诱导和发育产生重要作用。高频率诱导体细胞胚胎一般使用蔗糖，提高蔗糖浓度可增加可可生物碱、花青素、脂肪酸含量，有利于体细胞胚的成熟。苹果叶片离体培养时，在保证碳源供应的前提下，降低蔗糖浓度有利于直接体细胞胚胎发生，而在裸子植物的体细胞胚胎发生中，通常利用肌醇或聚乙二醇作渗透调节剂。

另外，调节乙烯、多胺等的生物合成均可改变愈伤组织的胚性及其体细胞胚发生能力。而聚乙烯吡咯烷酮(PVP)、活性炭等则常被作为促进体细胞胚胎成熟或防止褐化的物质添加于培养基。

(3)植物生长调节物质　很早人们就意识到，植物生长调节物质特别是生长素在植物体细胞胚胎发生中有重要作用。但由于有效的胚胎发生实验体系很少，至今人们对体细胞胚胎发生中植物生长调节物质的调控作用还缺乏足够的了解。尽管如此，生长调节物质仍是目前诱导体细胞胚最有效的一个因素，因此，在未弄清体细胞胚胎发生机制的情况下，用控制生长调节物质来提高体细胞胚胎发生的频率与质量在实践中是行之有效的方法之一。

生长素是诱导体细胞胚发生研究最多的植物生长调节物质，在不少植物中已证明是胚胎发生所必需的。2,4-D(2,4-二氯苯氧乙酸；2,4-dichlorophenoxyacetic acid)是诱导多种植物离体培养的体细胞转变为胚性细胞的重要植物生长调节物质，其次是 NAA(α-萘乙酸，1-naphthlcetic acid)。Evans 等曾经在 1981 年统计有 57.7%的双子叶植物以及所有单子叶植物在其体细胞胚发生的诱导阶段都使用 2,4-D。2,4-D 的作用十分重要而且微妙，一方面，它对胚性愈伤组织的产生必不可少；另一方面又抑制体细胞胚的进一步发育。所以，一般把体细胞胚发生分为两个阶段，一是诱导阶段，必须加 2,4-D；二是体细胞胚发生阶段，此阶段降低或去除 2,4-D(Zimmerman，1993)。事实上，有些植物在愈伤组织诱导与体细胞胚胎发生两阶段都需要或都不需要 2,4-D，这可能与不同植物内源激素的状况有关。

早期的研究特别强调生长素的作用，但越来越多的研究表明，细胞分裂素在植物体细胞胚发生中的作用也很重要，许多材料要求生长素与分裂素结合使用，如红醋栗、檀香、桉树、油茶、桃等，在对有少数材料如茶树未成熟胚子叶、欧洲冷杉雌配子体、塞尔维亚云杉幼茎的培养中，只用细胞分裂素就可诱导体细胞胚发生，而同时添加生长素可提高体细胞胚发生频率。许多裸子植物的研究表明，细胞分裂素在体细胞胚发生中起着比生长素更重要的作用。近年来,人们又发现一种更高细胞分裂素活性的物质——TDZ(一种细胞分裂素类物质,thidiazuron),TDZ在木本植物组织培养中作用相当明显,已在胡桃、美国白蜡、悬钩子等植物中相继用TDZ诱导了体细胞胚胎发生(Huetteman et al.,1993;孔冬梅等,2003)。

除生长素和细胞分裂素外,脱落酸(ABA,abscisic acid)对多数树种体细胞胚的发育特别重要,其作用主要是促进体细胞胚成熟,防止畸形胚的产生,抑制体细胞胚的过早萌发,防止针叶树中的裂生多胚现象。Misra等(1993)认为脱落酸对体细胞胚的促进机理可能在于脱落酸有利于外植体中贮藏库的增加,这些贮藏库包括贮藏蛋白、贮藏脂肪等。

总之,体细胞胚胎发生过程中,每种植物生长调节物质都各有其特异性。只有将各种植物生长调节物质交互配合使用,才能充分发挥植物生长调节物质调节平衡的作用,诱导出高质量的体细胞胚。

此外,植物生长调节物质与氮源、碳源作用之间也具有协同效应,在体细胞诱导中需合理配合使用。胡自华使用含不同浓度的脱落酸、赤霉酸和脯氨酸及三者不同浓度的组合诱导胡萝卜体细胞胚胎发生,发现三因素在适当浓度配合时,体细胞胚的质量改善比单独使用任何一种调节物都要明显。

(4)培养的环境条件　培养基的状态,环境的光照、温度和气体状态等对体细胞胚发生都会产生不同程度的影响。

①培养基的物理状态　培养基的物理状态可分为液体、固体和半固体。一般认为,培养基的物理状态对胚的形成和发育影响很小,但并非所有植物都如此。有些植物在体细胞胚发生的不同阶段,对培养基物理状态的要求不同,如胡萝卜和石刁柏,在诱导愈伤组织形成时要求固体培养基,在细胞和体细胞胚增殖时采用液体培养基,在成株时采用固体培养基。而烟草愈伤组织需要从固体培养基转到液体培养基才能有效分化苗。

②渗透压　许多实验表明,培养基中的渗透压对胚状体发生和植株再生有显著影响。一般体细胞胚发生的较早时期要求较高的渗透压,但较高渗透压会抑制胚性愈伤组织的增殖。培养基中蔗糖、葡萄糖等浓度的改变可以引起渗透压的改变,从而改变培养效果。文颖通过低温处理结合渗透压调节法使甘蔗的体细胞胚发育达到了部分同步化。

③培养基pH　pH的变化直接或间接地影响愈伤组织的生长及其形态建成。愈伤组织或体细胞胚发生均要求一个较为合适的pH。烟草花粉诱导体细胞胚适宜的pH为6.8,柑橘则以pH 5.6为好。pH 7.0处理1 d可显著提高水稻花粉愈伤组织分化绿苗的能力。Jay等发现,生物反应器中pH 4.3时胡萝卜体细胞胚发生频率高,但胚发育被抑制在鱼雷胚阶段前,只有在pH 5.8时体细胞胚才继续生长发育。目前pH对愈伤组织形成和分化影响的规律还不是十分明确。

④光照　体细胞胚发生对光照的要求因植物种类而异,例如烟草和可可的体细胞胚发生要求高强度的光照,而胡萝卜、黄蒿、咖啡、水曲柳等的体细胞胚发生则在黑暗的条件下较为合适。对胡萝卜悬浮细胞培养,白光、蓝光抑制体细胞胚发生和生长,黑暗、红光、绿光下所得体细胞胚产率最高,蓝光还可促进心形胚中ABA的合成,而红光则促进心形胚的发育。蓝光有利于芽的分化,而红光、远红光抑制芽分化,同时促进根分化。

⑤温度和湿度　各种愈伤组织增殖的最适温度有差异,从20～30 ℃不等,一般为(25±2) ℃。如可可愈伤组织诱导的最适温度为27 ℃。在高温、高湿的同时使用较高浓度的细胞分裂素,容易导致玻璃化苗的出现。培养温度一般为恒温,但夜晚适当降温对苗和根形成都有好处。

⑥气体　通气状况对体细胞胚的形成有一定影响,当封口膜的透气性差时容易产生玻璃化胚。一般来说,对体细胞胚的发生发育,培养容器内的气体成分比通气状况更为重要,而且气体成分在液体培养或生物反应器中的影响比固体培养中大。对胚发生影响较大的气体成分主要指氧气、二氧化碳和乙烯。

⑦电场　应用弱电流刺激能明显增强组织培养中器官发生和体细胞胚发生的潜能。Goldsworthy

曾报道，将两个电极分别插入烟草愈伤组织和琼脂培养基中，通过弱电流（微安培）几周后，处理的组织形成苗频率为对照的5倍。目前也有关于电流刺激原生质体融合的报道。

3.3.3 人工种子

人工种子即为人造种子，最初由英国著名植物组培专家 Murashige 首次在第四届国际植物组织培养会议上提出，距今40多年的历史，但伴随体细胞胚胎发生的研究，人工种子的研究取得了突飞猛进的发展，它不仅扩展了植物组织培养的领域，而且在农业生产中扮演着越来越重要的角色。

1.人工种子的概念

人工种子（artificial seeds）又称为合成种子（synthetic seeds）、无性种子（somatic seeds）或种子类似物（analogs of botanical seed），按照李修庆等（1990）的观点，人工种子的概念可以分为广义和狭义两个方面。广义的人工种子主要包括：①经过或不经过适当干燥处理，不包裹成球，直接播种发芽的胚状体；②用 Polyox 将多个胚状体包裹成饼状物；③将胚状体混在胶质中，用流质播种法直接播种，或用凝胶包裹顶芽、腋芽和小鳞芽等。狭义的人工种子则是指将离体培养的胚状体包裹在含有营养和具有保护功能的物质中形成的、并在适宜条件下能够发芽出苗的颗粒体。现在人们所提到的人工种子，多是指狭义人工种子。人工种子具有种子的结构（图3-5），一般由人工种胚、人工胚乳和人工种皮3部分构成，其中人工种胚分为胚状体与非体细胞胚。胚状体是指体细胞胚、花粉胚等繁殖体，非体细胞胚指愈伤组织、短枝、芽、茎等繁殖体。人工胚乳一般由含有供应胚状体养分的胶囊组成，其养分包括矿物质、维生素、碳源以及激素，有时还添加有益微生物、杀虫剂和除草剂等，胶囊之外的包膜称为人工种皮，是人工种子的最外层部分，要求不但能控制种子内水分和营养物质的流失，而且能通气和具有机械保护作用。人工种子在一定自然生长条件下能够萌发，并可发育成一个完整的植株。

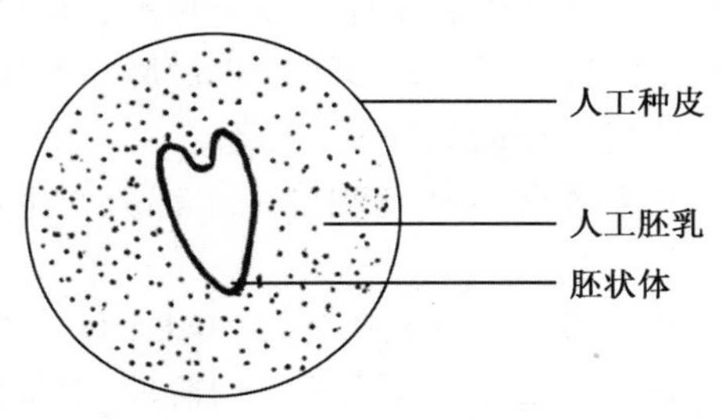

图3-5 人工种子的结构

2.人工种子的意义

人工种子不仅能像天然种子一样可以贮存、运输、播种、萌发和长成正常植株，而且还具有许多优点，这些优点赋予了人工种子研究的重要意义。

（1）使生产不受外界自然条件影响和土地的制约，一年四季在室内都可以进行大规模的工业化生产。天然种子在农业生产上受季节限制，而体细胞胚可常年在实验室获得，并可以用生物反应器大规模生产。已有研究表明用1个体积为12 L的发酵罐在二十几天内生产的胡萝卜体细胞胚可制作1 000万粒人工种子，可供种植几百公顷土地，这样也就节约了大量留种地，同时可以节约大量的种源和粮食。

（2）快捷高效的繁殖方式，缩短育种时间。比如，一个新稻种用通常的方法培养需要七八年时间，而用人工种子与常规育种和良种繁育技术结合，减少了移栽驯化过程，只需三四年，可以缩短一半时间，这就大大缩短育种及良种推广的年限，提高了育种效率。

（3）可以人为赋予种子多种优良品质。目前，植物基因工程的研究飞速发展，在植物抗虫、抗病、抗除草剂和改变植物成分方面，都得到了不少转基因植株，有的甚至已建成品系，如抗病毒的烟草和番茄。只要在制作人工种子的培养基和人工种皮之中加入各种生长调节物质、有益的微生物和农药等，人为地控制植物的生长发育，人工种子播种后生长出来的植物就有一定的抗逆性。由于人工种子内的“胚”是离体培养获得的，人们可以通过基因工程技术使人工种子具有优良特性。

（4）固定杂种优势。天然种子是有性繁殖的，在遗传上具有因减数分裂引起的重组分离现象，所以杂种优势只能体现在子一代。而人工种子在本质上属于无性繁殖，一旦获得优良基因型，可以保持杂种优势，多年使用而不需三系配套等复杂的育种过程。与杂交育种结合，使杂交种的优良单株能快速繁殖成无性系品种，充分发挥杂交育种和杂种优势的潜力。对于杂交后因性状分离而不能制种的作物品种，可以通过人工种子发展成品种。将体细胞融合技术与人工种子技术结合，可以克服体细胞融合植株后代分离大、育性差的弊端，只要选出优良细胞融合株，就可大量繁殖。

(5)对于一些自然繁殖困难的名优珍贵品种，如同源或异源多倍体品种、名贵的突变材料、生长周期长的多年生木本植物等，以及一些难以保存的种质资源，自然条件下遗传性不稳定或育性不佳的材料，均可采用人工种子技术进行快速大量的繁殖。

(6)人工种子可以将培养的芽、胚保持自然种子的机能，不易霉变，从而便于组培物的保存与运输。

(7)在人工种子的包裹材料里加入各种生长调节物质、菌肥、农药等，可人为地控制作物的生长发育和抗性。

3.人工种子的制作程序

种子不仅是植物传种续代繁衍之本，而且也是人类衣食之源。植物人工种子的制作，是在组织培养基础上发展起来的一项生物技术，其制作程序主要包括体细胞胚的诱导、包裹制种与发芽试验。其中诱导出高质量的体细胞胚和人工种皮材料的选择是制作的关键。

(1)人工胚的获得　人工胚可以是体细胞胚，也可采用不定芽、小鳞茎、毛状根等代替，但是以胚状体包制的人工种子为好。一般来讲，用于人工种子的体细胞胚要满足以下基本要求：首先，在形态上与天然的合子胚类似，经过原胚、心形胚、鱼雷胚、子叶胚等发育阶段；其次，萌发后既要有根的生长，又要有茎端分生组织的分化，且体细胞胚的基因型应与亲本一致，产生健壮植株的幼苗表型也应与亲本相同；最后，要能耐干燥并可较长时间保存。此外，胚状体的大小对人工种子的发芽速度和整齐度也有很大影响。高质量的胚状体播种后能及时发芽出苗，且根与芽几乎同时生长。养料充足，具有一定抗逆性，成活力强。下胚轴不膨大，无愈伤组织化。发育的同步性好，经分选后大小基本一致，发芽成苗较整齐、正常、无畸形。

(2)人工胚乳的选择　人工胚乳是介于人工种皮和人工种胚之间的一种由人工进行添加的营养物质，供人工种胚良好生长。人工胚乳一般是在MS、N6、B5等基本培养基基础上添加生长调节剂、糖等制成。人工胚乳应根据各种不同植物的要求和特点有目的有选择地配制，而不可随意套用。选用无毒、透气和吸水性强的木薯淀粉与1.5%海藻酸钠混合制作的胚乳可改善单一海藻酸钠人工胚乳的透气性、吸水性和发芽率，人工胚乳中加入GA有利于人工种子的发芽，加入$CaCl_2$有利于向培养物供氧，提高人工种子发芽率和耐贮藏性，添加活性炭可改善营养固定和缓释，提高人工种子在土壤中的成苗率。邢小姣等研究表明，添加激素可促进垂盆草(*Sedum sarmentosum*)人工种子的萌发及生根。陈菲研究发现，适宜的生长调节剂可显著提高雅安扁穗牛鞭草(*Hemurth riu compressa*)人工种子的萌发率。因此，用激素、缓释物、固化剂、抗生素及其他混合物制作全能性人工胚乳将是今后发展的目标。

(3)人工种皮的选择　人工种皮材料的筛选是伴随着人工种子的研究而发展起来的。人工种皮的制作通常包括内膜和外膜两个部分。人工种子对人工种皮的要求：无毒、无害，能支持胚状体；有一定的透气性、保水性，不造成人工种子在贮藏保存过程中活力丧失，又能保证其将来正常地萌发生长；可容纳和传递胚胎发育所需的营养物质、激素、维生素、化学药剂及菌肥等生长和发育的控制剂，供体细胞胚萌发时的需要，以及为延长贮藏寿命而添加的防腐剂、杀菌剂等；能保持营养成分和其他助剂不渗漏；能被某些微生物降解(选择性生物降解)，降解产物对植物和环境无害。此外，种皮应具有一定的硬度，既要保证体细胞胚顺利萌发生长，还可保护胚免遭生产、运输及种植过程中的机械损伤，也有利于机械化种植。目前大多数人工种皮由海藻酸钠制成，其毒性低，成本低，凝胶快，生物相容性好。但其保水和水溶性差，添加剂容易渗漏，胶球之间易粘连，在空气中易失水干燥，失水过度后不再回胀，不利于人工种子的萌发和贮藏，而且硬度过低，易产生拖尾等。因此，有学者将琼脂、琼脂糖、海藻酸盐、羧甲基纤维素、果胶酸盐、乙基纤维素、硝化纤维素等其他胶凝剂用于人工种子生产；有研究显示，在人工种皮中添加抑菌剂(壳聚糖等)、固化剂($CaCl_2$等)、碳源(糖类)、纳米材料(SiO_2、TiO_2)等更有利于调节种皮透性及萌

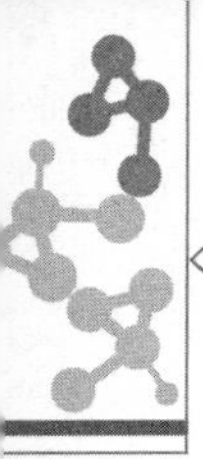

发生根的速度，促进种子在有菌环境中生根萌发。

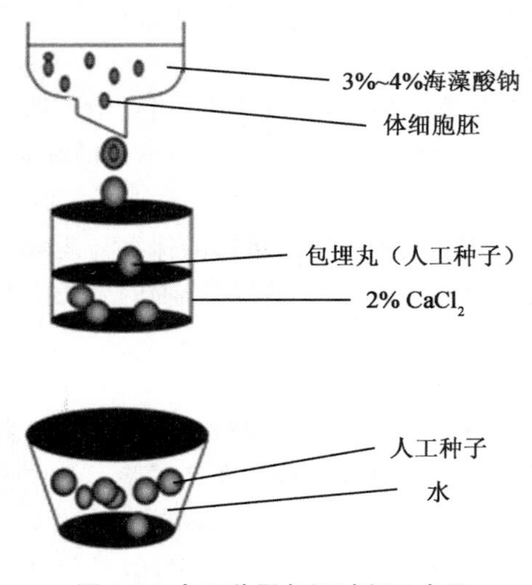

图 3-6　人工种子包埋过程示意图

(4)人工种子的包埋　目前，大多是通过手工的方式进行人工种胚的包埋。包埋技术主要有以下几种：①液胶包埋法，是将繁殖体悬浮在黏性液态胶中后直接播种到土中。Drew 在 1979 年采用此方法在含有营养物质但不含糖类的培养基上放置大量的胡萝卜体细胞胚，最终得到 3 颗完整小植株。②干燥包埋法，指将干燥后的体细胞胚进行包埋，此法的优点在于易贮藏。紫花苜蓿干燥的体细胞胚幼苗活力高于未干燥的胚的幼苗，但仍远低于真正的种子。Redenbaugh 等在关于苜蓿体细胞胚包埋的研究中首次使用该方法，结果显示，成苗率可达 86%，印证了使用干燥法进行体细胞胚包埋的有效性。③水凝胶法，是指将繁殖体包裹于海藻酸钠与氯化钙经离子交换后形成的圆形颗粒之中的方法，此法是目前研究采用最广泛的方法。用海藻酸盐凝胶包裹体细胞胚(图 3-6)，操作方法如下：在无菌条件下将选择好的体细胞胚悬浮于含 2%～3%的海藻酸钠溶液中；以滴球法制作人工种子时，以 0.1 mol/L 氯化钙溶液为凝固剂，当含有体细胞胚的海藻酸钠悬滴落在氯化钙溶液中时，便会发生离子交换反应，表面迅速发生络合作用，一般停留 5～10 min 便可形成胶囊丸的人工种子；用无菌水冲洗胶囊丸 2～3 次；无菌条件下，在 1/2 MS 培养基上做发芽、转换试验或在 4 ℃低温条件下保存，或用外膜材料作进一步的外膜包裹。

(5)人工种子的贮藏和防腐　人工种子的生产不受季节的限制，但农业生产的季节性要求人工种子具有耐贮藏的能力，这样才能使人工种子的萌发与季节协调一致，因此人工种子贮藏是亟待解决的问题之一，人们曾试用低温、液体石蜡、干燥或几种措施综合处理以期延长贮存时间，但多数结果并不令人满意。干燥法和低温法组合是目前应用最多的方法。近年来，液氮冻存体细胞胚及包裹体细胞胚的防腐是人工种子贮藏和大面积田间应用的关键技术之一。研究人工种子的最终目的是为了田间应用，由于人工胚乳中含有糖类等有机物质，加之目前尚未得到可真正称为人工种皮的包裹材料，富含营养的人工胚乳一旦暴露于田间这种开放系统，除了失水干燥外，势必会遭微生物的侵染。因此必须采取一定措施使人工种子具备相当的防腐抗菌能力。Castillo 制得的人工种子虽有较高的萌发率，但未能在有菌条件下成苗，其主要原因是人工种子易感染病菌而腐烂。在甘薯人工种皮中加 400～500 mg/L 的先锋霉素、多菌灵或羟基苯酸丙酯，均有不同程度的抑菌作用，萌发率可提高 4%～10%。在包埋介质中添加的防腐剂只要保证人工种子发芽前不染菌即可，但要找到对胚无伤害，尤其是不影响胚的正常发育和萌发的防腐剂，还很困难。当人工种子进入大规模田间种植阶段，主要操作者为农民，为了方便操作及降低成本，建议所用的防腐剂从农药中筛选。另外一条更为理想的途径是筛选与天然种皮有相似特性的高分子材料作人工种皮。目前，关于人工种子发育的试验大部分都限于无菌条件，因此国内外已发表的所有关于植物体细胞胚及其人工种子贮藏试验多是在无菌条件下进行的。这些结果可供将来有菌条件下的贮藏参考。植物人工种子的贮藏特性随物种的体细胞胚质量、制种方法的不同而变化，因而应当进一步研究，以提高实用性。

4. 人工种子的应用前景

人工种子有巨大的应用潜力，已引起了世界各国的广泛重视。目前，国内外对 30 多种植物进行了人工种子的研究，包括经济价值较大的蔬菜、花卉、果树、农作物等。美国加州植物遗传公司(PGI)、植物 DNA 技术公司等已投入巨资进行研究。法国南巴黎大学于 1985 年研制出了胡萝卜、甜菜及苜蓿人工种子，他们预计 2005 年形成产业，并将三倍体番茄人工种子的研究纳入欧洲尤里卡计划。1985 年，

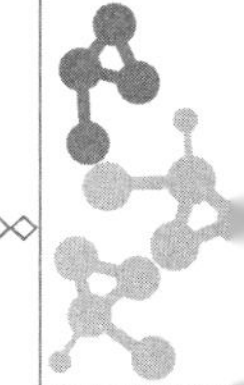

日本麒麟啤酒公司与美国合作研究了芹菜、莴苣与杂交水稻的人工种子。在美国，芹菜、苜蓿、花椰菜等人工种子已投入生产并打入市场。匈牙利已对马铃薯人工种子进行了大规模田间试验。我国也于1987年将人工种子研究纳入国家高科技发展规划（“863”计划），目前已有番木瓜、橡胶树、挪威云杉、白云杉、桑树等许多种林木及胡萝卜、芹菜等蔬菜作物的体细胞胚初步应用于制作人工种子。

尽管人工种子研究已取得了很大进展，但总的来说，在生产中还没有大规模应用，一个重要原因就是人工种子生产成本大大超过天然种子。但人工种子能够工厂化大规模生产、贮藏和迅速推广良种的优越性，使人工种子的研究和应用仍然具有十分广阔的前景。随着体细胞胚发生技术的发展和人工种子技术的成熟，生产成本也将逐步降低。人工种子将成为21世纪高科技种子业中的主导技术之一，在农业生产中发挥重要作用。

3.4 愈伤组织培养的应用

植物的任何器官和任何组织的活性细胞，在离体培养中，接受各种因素的作用，细胞都会发生分裂进入脱分化，经持续分裂形成细胞团，进一步发展成为不受亲本植株影响的典型愈伤组织。这些愈伤组织能通过继代培养而长期保存，或在液体培养中进行悬浮培养而迅速增生。愈伤组织培养作为一种最常见的培养形式，除茎尖分生组织培养和部分器官培养以外，其他培养形式最终都要经历愈伤组织才能产生再生植株，而且，愈伤组织还常常是悬浮培养的细胞和原生质体的来源。因此，愈伤组织培养具有多种用途。一方面可研究植物生长发育及分化的机制、遗传变异规律，对植物遗传育种具有特殊意义；另一方面可用于大规模工厂化生产有用化合物，或用于细胞培养筛选工业、农业、医药生产上有用的无性系，或用于原生质体培养中的原生质体来源等。实践证明，愈伤组织培养不仅是一种植物快繁的新手段，同时也是植物改良、种质保存和有用化合物生产的理想途径。

愈伤组织培养在植物育种中的应用具有广阔的前景。这主要表现为：

(1)加快了植物新品种和良种繁育速度，特别是对于无性繁殖的果树、观赏树木等植物，传统的嫁接、扦插、分株等方法与组织培养相比，不仅繁殖系数小，而且受季节、气候、地点的限制，效率低、费用高，组织培养将这些传统的育种方式改在试管和室内进行，利用一块植物组织在一年内可繁殖成千上万的小植株，取得迅速高效、低成本推广新品种的效果。

(2)培养无病毒苗木，这在香蕉、马铃薯、柑橘、草莓等植物上均得到了成功应用，通过愈伤组织可以进行无病毒植株的培育。病毒是植物的严重病害，病毒病的种类不下500多种。受害的粮食作物有水稻、小麦、马铃薯、甘薯，蔬菜作物有油菜、大蒜，果树有柑橘、苹果、枣，花卉有唐菖蒲、石竹、兰花等。防治无方，只好拔除病株，因而造成很大经济损失。病毒在植株上的分布是不均一的，老叶、老的组织和器官病毒含量高，幼嫩的未成熟组织和器官病毒含量较低，生长点几乎不含病毒或病毒较少。1952年法国Morel用生长点培养法获得无病毒植株成功，以后许多国家开展了这方面的工作。目前已在香蕉、马铃薯、柑橘、甘薯、大蒜、石竹、百合、兰花、草莓等植物上获得成功。如果采用0.1 mm以下的生长点，则培养时间长，成活率低，故目前已多用0.1～0.5 mm大小生长点，结合热处理培育无病毒苗。

(3)获得倍性不同的植株，这对于无性繁殖植物的育种，具有较大的利用价值，因为愈伤组织形成过程中易发生染色体的核内加倍。傅亚萍等测定了粳稻02428单倍体、二倍体和四倍体植株的光合作用特性，发现气孔大小、比叶重随染色体倍性的增加而递增，这显然有利于光合效率的增加。

(4)克服远缘杂交困难，通过愈伤组织克服远缘杂交困难，为培育新品种提供了技术保证。

(5)利于种质资源长期保存和远距离运输。应用组织培养保存种质资源具有节约土地，节省人力、物力，手续简便，易于长远距离运输，而且不致受病虫害的侵袭，并便于交流的优点。

(6)提供育种中间材料。通过组织培养可获得不同性质的愈伤组织，可为原生质分离、融合或遗传

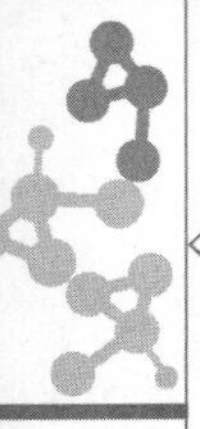

转化提供优质材料。

(7)诱发和离体筛选突变体。根腐病是小麦的主要病害之一,可减产10%~15%,迄今尚无有效的防治方法。抗病育种被认为是一种有效的防治途径,通过电离辐射诱导变异,可在生产上发挥重大作用。

(8)制造人工种子,为某些濒危和珍贵物种的繁殖提供一种高效的手段。如研究白术人工种子最佳胚乳配方,为白术人工种子技术规模化开发应用提供理论依据,而且以组织培养为基础的白术人工种子快速繁殖技术具有一定的优越性。

小　结

(1)外植体通过诱导脱分化形成愈伤组织,继而再分化形成植株的过程,即愈伤组织的培养过程,它经历愈伤组织的形成和器官的形态发生两个阶段。愈伤组织的诱导大致要经历三个时期:诱导期、分裂期和分化期。

(2)在愈伤组织生长状态良好时,及时进行继代培养,可以防止由于营养物质枯竭、水分散失以及代谢产物的积累对愈伤组织的不利影响;也可使其无限期保持在不分化的增殖状态,是长期保存愈伤组织的有效措施。但随着继代次数的增多,由于生理和遗传因素,愈伤组织分化再生能力会逐渐衰退。此外,在继代的培养物中会出现体细胞变异现象,人们可以把某些优良变异保存下来,育成新品种。

(3)不定芽、根及体细胞胚的发生是外植体形成器官或细胞无性系的主要形态过程,外植体、基本培养基及附属成分、植物生长调节物质及培养的环境条件均可对其形成过程造成影响。人工种子具有种子结构,不仅能像天然种子一样可以贮存、运输、播种、萌发,而且还具有许多优点,人工种子制造的程序主要包括:体细胞胚的获得、种子包埋、贮藏和防腐。

(4)愈伤组织培养具有多种用途。一方面可研究植物生长发育及分化的机制、遗传变异规律,对植物遗传育种具有特殊意义;另一方面可用于大规模工厂化生产有用化合物,或用于细胞培养筛选工业、农业、医药生产上有用的无性系,或用于原生质体培养中的原生质体来源等。

思　考　题

1. 名词解释

愈伤组织、脱分化、再分化、继代培养、驯化、体细胞无性系、无性系变异。

2. 愈伤组织的诱导分为哪几个阶段?各阶段细胞特点如何?

3. 影响愈伤组织诱导的因素有哪些?

4. 继代培养的目的是什么?影响继代培养的因素有哪些?

5. 简述利用无性系筛选体细胞变异的优点及意义。

6. 请简要叙述不定芽和根的发生过程。

7. 体细胞胚胎发生的途径及类型有哪些?

8. 请简要阐述体细胞胚胎发生的机制。

9. 哪些因素会影响体细胞胚胎的发生?

10. 什么是人工种子?研究人工种子有何意义?

11. 请简述愈伤组织在实际生产中的应用。

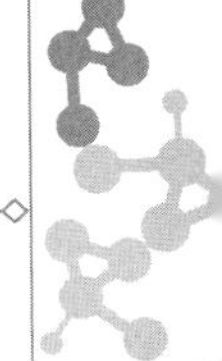

实验3 胡萝卜肉质根的愈伤组织诱导与培育

1.实验目的

胡萝卜是细胞和组织培养中的经典材料，来源方便，因而是教学实验的良好材料。本实验的目的是学习胡萝卜离体根愈伤组织继代培养的基本操作技术，进一步熟悉、规范无菌操作技术。

2.实验原理

在无菌条件下，将胡萝卜肉质根的形成层部分取出作为外植体，放在加有激素和蔗糖的MS培养基上进行培养，在适合的光照、温度、湿度等条件下，通过脱分化，会形成一种能迅速增殖的无特定结构和功能的细胞团——愈伤组织，进一步培育可以形成新的完整植株。

3.实验用品

(1)仪器　超净工作台(或无菌箱)、灭菌锅、显微镜、解剖刀、刮皮刀(蔬菜用具)、不锈钢打孔器、长把镊子、烧杯(500 mL)、9 cm培养皿、移液管等。

(2)材料　市售大而新鲜的胡萝卜。

(3)试剂

①MS培养基(配法见有关章节)，并附加10 mg/L 2,4-D和2 mg/L 6-苄氨基嘌呤；

②70%酒精，饱和漂白粉溶液；

③0.05%甲苯胺蓝(toluidine blue)。

(4)药品　硝酸铵、硝酸钾、氯化钙、硫酸镁、磷酸二氢钾、碘化钾、硫酸锰、硫酸锌、钼酸钠、硫酸铜、氯化钴、乙二胺四乙酸二钠、硫酸亚铁、甘氨酸、盐酸硫胺素、盐酸吡哆醇、烟酸、肌醇、2,4-D(2,4-二氯苯氧乙酸)、6-苄基腺嘌呤(6-BA)、盐酸、氢氧化钠、95%酒精、蒸馏水等。

4.实验步骤(图3-7)

(1)将胡萝卜用自来水冲洗干净，用刮皮刀除去表皮1～2 mm，横切成大约10 mm厚的切片。以下步骤全部在无菌条件下操作。

(2)胡萝卜片经70%酒精处理几秒钟后，无菌水冲洗一遍，再用饱和漂白粉溶液浸泡10 min，无菌水冲洗3～4次。

(3)将胡萝卜片平放入培养皿中，一手用镊子固定胡萝卜片，一手用打孔器按平行于组织片垂直轴方向打孔。每个小孔应打在靠近维管形成层的区域，务必打穿组织。然后从组织片中抽出打孔器，用玻璃棒轻轻将圆柱体从打孔器中推出，收集在装有无菌水的培养皿中。重复打孔步骤，直至制备足够数量的组织圆柱体。

(4)用镊子取出圆柱体，放入培养皿中，用刀片切除圆柱体两端各2 mm长的组织。将剩下的组织切成3个各约2 mm厚的小圆片(此时，小圆片直径5 mm，厚2 mm)，将制备好的小圆片转移到装有无菌水的培养皿中。在整个切割操作中要多次火焰消毒镊子和解剖刀，冷却后再使用。

(5)用镊子将小圆片转到灭菌的滤纸上(每次1片)，将小圆片两面的水分吸干，并立即植入培养基表面。

(6)将培养物置于25 ℃温箱中培养。也可将一部分放到光下培养，以比较光照和黑暗对诱导愈伤组织的反应。

5.实验注意事项

(1)实验操作的各个环节务必在无菌环境下进行。

(2)接种时使三角瓶呈一定的倾斜度，用手拿镊子的接种过程不要直接在培养基上方完成，以减少

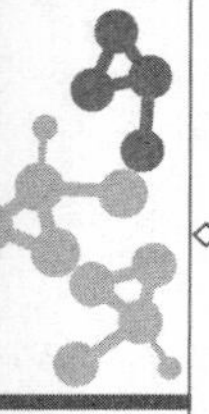

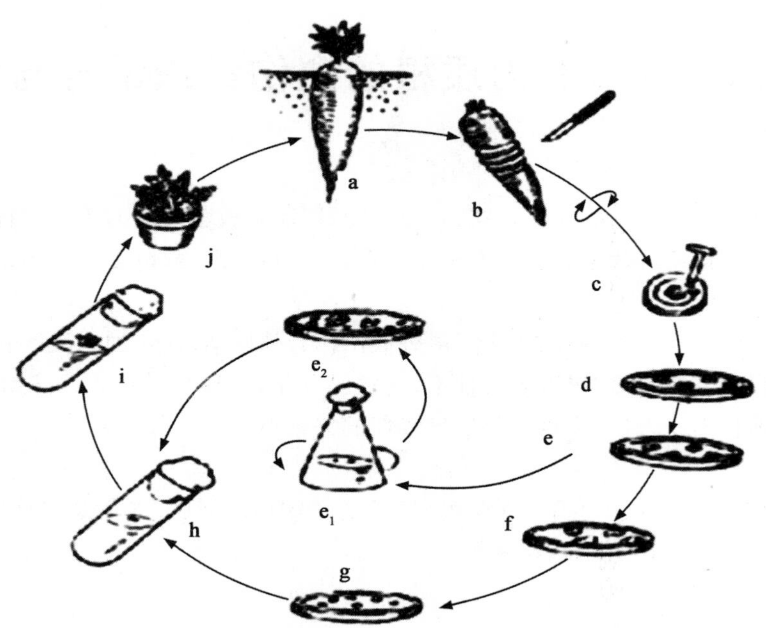

a. 带贮藏根的胡萝卜植株　b. 灭菌后的贮藏根，切成 1～2 mm 的切片　c. 用打孔器取形成层组织　d. 预培养　e. 愈伤组织诱导　e_1. 悬浮培养　e_2，g. 体细胞胚诱导　f. 愈伤组织继代培养　h～j. 体细胞胚植株再生

图 3-7　胡萝卜繁殖和体细胞胚胎发生过程（Tomrres，1998）

污染机会。

6. 实验报告与思考题

（1）实验报告

①观察愈伤组织生长状态，比较光照与黑暗条件下出愈情况有何差异。

②统计出愈数，计算愈伤组织诱导率。

（2）思考题

①如何提高愈伤组织诱导率？

②无菌操作过程中有哪些关键点要注意？

第4章 器官培养

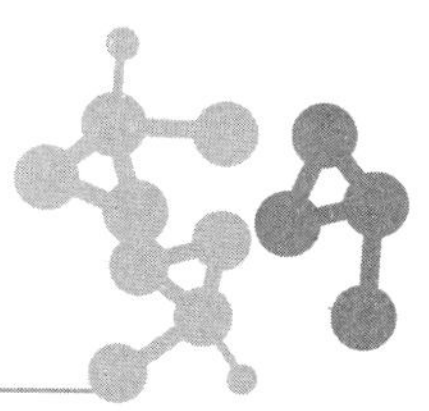

植物的器官是指多细胞植物体内由多种不同组织联合构成的结构单位，具有一定的形态特征，能行使一定的生理功能。植物的器官一般分为两类：根、茎、叶属营养器官；花、果实和种子属于繁殖器官。植物器官培养(plant organ culture)是指植物某一器官的全部或部分或器官原基的离体培养，包括离体的根、茎、叶、花、果实及子房和胚等的培养。以器官作为外植体进行离体培养是植物组织培养中最主要的一个方面，进行的植物种类最多，应用的范围也最广。

器官培养不仅是研究器官生长、营养代谢、生理生化、组织分化和形态建成的最好方法，而且在生产实践上具有重要的应用价值，如利用茎、叶和花器培养建立的试管苗，可在短期内提高繁殖速率，进行名贵品种的快速繁殖；可以用于植物种质保藏；利用茎尖培养可得到脱毒试管苗，解决品种的退化问题，提高产量和质量；将植物器官作诱变处理，用器官培养可得到突变株，进行细胞突变育种。

4.1 植物器官培养的主要程序

植物器官培养的主要程序包括外植体的选择与消毒、形态发生、诱导生根与再生植株的移栽等过程(图4-1)。

4.1.1 外植体的选择与消毒

1.外植体的选择

根据培养目的适当选取材料，选择原则：易于诱导培养、再生能力强、带菌少。首先，从健壮的植株上取材料，不要取有伤口的或有病虫的材料。其次，晴天，最好是中午或下午取材料，不要在雨天、阴天或露水未干时取材料。因为健壮的植株和晴天光合呼吸旺盛的组织，有自身消毒作用，这种组织一般是无菌的。最后，在生长季开始时(比如春天)从活跃的枝条等取得外植体，其再生能力相对要强。此外，从温室或培养室中的植株上采取的外植体相对大田植株的更好。当然，对于不同植物的外植体，其再生能力有所差异；即使同一植物种类，不同基因型外植体的再生能力也有明显的差异。对于某一植株而言，不同器官的再生能力也有不同。

2.外植体的消毒

从外界或室内选取的植物材料，都不同程度地带有各种微生物。这些污染源一旦带入培养基，便会造成培养基污染。因此，植物材料必须经严格的表面灭菌处理，再经无菌操作接种到培养基上。

首先，将采来的植物材料除去不用的部分，将需要的部分仔细洗干净，如用适当的刷子等刷洗。把材料切割成适当大小，即灭菌容器能放入为宜。置自来水龙头下流水冲洗几分钟至数小时，冲洗时间视材料清洁程度而异。易漂浮或细小的材料，可装入纱布袋内冲洗。流水冲洗在污染严重时特别有用。洗时可加入洗衣粉清洗，然后再用自来水冲净。洗衣粉可除去轻度附着在植物表面的污物，除去脂质性的物质，便于灭菌液的直接接触。当然，最理想的清洗物质是表面活性物质——吐温。然后，对材料的

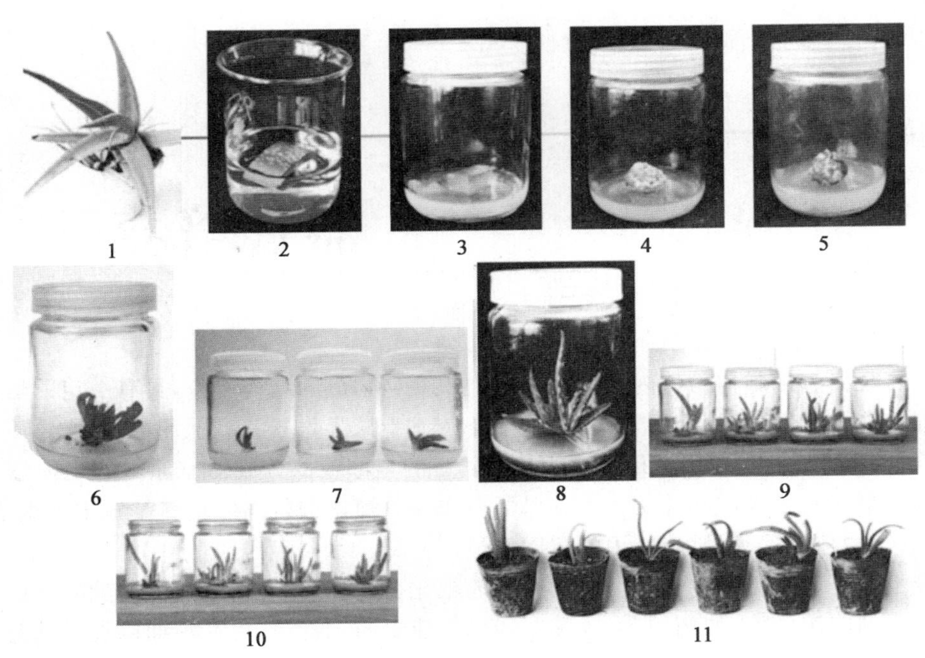

1.选健壮芦荟植株　2.切取肉质叶中段洗涤消毒　3.接种　4.愈伤组织发生　5.愈伤组织分化
6.不定芽发生　7.分芽繁殖　8.诱导生根　9.长成小苗　10.炼苗　11.移栽

图 4-1　芦荟器官培养的一般过程

表面浸润灭菌。要在超净台或接种箱内完成,准备好消毒的烧杯、玻璃棒、70% 酒精、消毒液、无菌水、手表等。用 70% 酒精浸 10～30 s,或用 10%～12% H_2O_2 消毒 5～10 min,或用 0.1%～1% $HgCl_2$ 浸泡 2～10 min,或用饱和漂白粉浸泡 10～30 min,或用 1% 硝酸银消毒 5～30 min,或用次氯酸钠处理 10～20 min。在消毒时,通常将酒精和其他消毒剂配合使用。由于酒精具有使植物材料表面被浸湿的作用,加之 70%酒精穿透力强,也很易杀伤植物细胞,所以浸润时间不能过长。有一些特殊的材料,如果实,花蕾,包有苞片、苞叶等的孕穗,多层鳞片的休眠芽等,以及主要取用内部的材料,则可只用 70% 酒精处理稍长的时间。处理完的材料在无菌条件下,待酒精蒸发后再剥除外层,取用内部材料。最后,需用无菌水涮洗,涮洗要每次 3 min 左右,视采用的消毒液种类,涮洗 3～5 次。无菌水涮洗作用是免除消毒剂杀伤植物细胞的副作用。注意:①酒精渗透性强,幼嫩材料易在酒精中失绿,所以浸泡时间要短,防止酒精杀死植物细胞。②老熟材料,特别是种子等可以在酒精中浸泡时间长一些,如种子可以浸泡 5 min。③升汞的渗透力弱,一般浸泡 10 min 左右,对植物材料的杀伤力不大。④漂白粉容易导致植物材料失绿,所以对于幼嫩材料要慎用。⑤在消毒液中加入浓度为 0.08%～0.12% 的吐温-20 或吐温-80(一种湿润剂),可以降低植物材料表面的张力,达到更好的消毒效果。

4.1.2　形态发生

外植体通常可以通过不定芽(adventitious bud)、腋(侧)芽增殖、原球茎、小鳞茎和胚状体(embryoid)5 种形态发生途径,再形成完整植株。

1.不定芽途径

在叶腋和茎尖以外的其他器官上所形成的芽称为不定芽。在器官培养中,外植体可以在芽原基以及分生组织处形成大量不定芽,直接萌发成苗。根据不定芽发生的来源,可以分为直接不定芽发生和间接不定芽发生,前者指不定芽由外植体直接产生,这类不定芽通常是从表皮细胞或表皮以下几层细胞产生的,有时带有少量的愈伤组织;后者指外植体诱导产生愈伤组织,愈伤组织上产生不定芽。这两种途

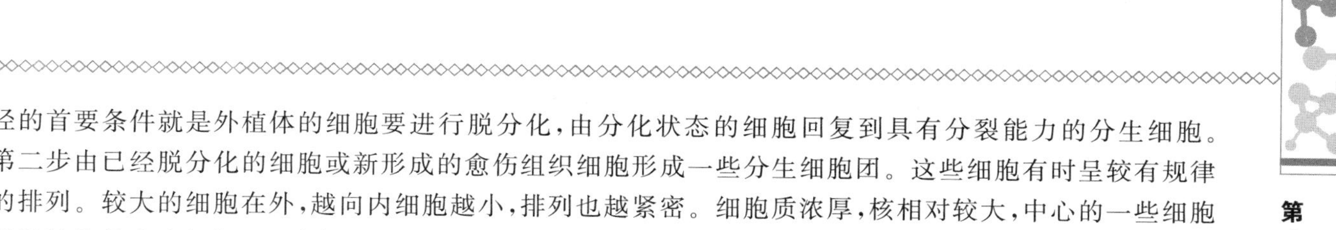

径的首要条件就是外植体的细胞要进行脱分化，由分化状态的细胞回复到具有分裂能力的分生细胞。第二步由已经脱分化的细胞或新形成的愈伤组织细胞形成一些分生细胞团。这些细胞有时呈较有规律的排列。较大的细胞在外，越向内细胞越小，排列也越紧密。细胞质浓厚，核相对较大，中心的一些细胞可以认为是分生组织，以后由这些分生组织形成器官原基，进一步发育成不定芽。

不通过愈伤组织直接形成不定芽的途径更优越一些，因为植物在脱分化形成愈伤组织中可能会出现一些变异。但直接形成的不定芽并不总能保持原品种的特性，有时在繁殖中还能出现严重的质量问题。观赏植物中有不少遗传学上的嵌合体。如一些带镶嵌色彩的叶子、花，带金边、银边的植物等，在通过不定芽繁殖时，再生植株就失去了这些富有观赏价值的特性。

2.腋(侧)芽增殖途径

植物能年复一年地长高，就是茎尖分生组织不断活动的结果。在适宜的外界环境条件下，茎尖分化出叶片和侧芽，侧芽又再次分化为叶片和侧芽。同样，在离体培养时外植体如果是茎尖，就能诱发腋芽、侧芽萌发，进而形成芽丛。芽丛被分割成单芽或小芽丛，进而进行继代增殖，短期内就可以产生大量的试管苗。例如，草莓若采取这种方式，半个月以内就可以增加10倍，1年内可以产生数以百万计的试管苗。

3.原球茎途径

原球茎最初是兰花种子发芽过程中的一种形态学构造。种子萌发初期并不出现胚根，只是胚逐渐增大，以后种皮的一端破裂，膨大呈小圆锥体称作原球茎。在兰科植物的组织培养中，常从茎尖和侧芽的组织培养中产生一些原球茎。这是20世纪60年代初期莫赖尔(Morel)开始的工作，它促成了兰花栽培的变革，建立了兰花工业，实现当今兰花生产的工业化和商品化。原球茎本身可以增殖。将继代培养出来的大量原球茎转接于特定的固体培养基上，可以进一步大量增殖，并抽叶生根，形成完整的兰花种苗。

4.小鳞茎途径

一些植物的变态茎(如鳞茎、球茎、块茎等)在组织培养的过程中容易形成相应的变态茎。如百合，其鳞茎的鳞片在MS+6-BA 0.5 mg/L+NAA 0.1 mg/L的培养基上，经过4～5 d的培养，就会在鳞片的近轴面切口处，出现明显的膨大，8～9 d后，形成小白点，并逐渐长大形成小鳞茎。每块鳞片外植体至少有3～4个，多则8～9个小鳞茎，继续培养35～40 d后，小鳞茎在光下就能抽叶成苗，并在基部发生根系，进而形成完整的百合植株。

5.胚状体途径

胚状体是指在组织培养中起源于一个非合子细胞，经过胚胎发生和胚胎发育过程形成的具有双极性的胚状结构。胚状体不同于合子胚，因为它不是两性细胞融合产生；胚状体也不同于孤雌/雄胚，因为它不是无融合生殖的产物；胚状体也不同于器官发生方式形成的茎芽和根，因为它经历了与合子胚相似的发育过程且成熟的胚状体是双极性结构。胚状体经历原胚(proembryo)、球形胚(globular embryo)、心形胚(heart-shaped embryo)、鱼雷胚(torpedo-shaped embryo)和成熟胚(mature embryo)5个发育时期。

胚状体形成除了可以从愈伤组织上产生以外，还可以由组织或器官等外植体直接产生，可以由外植体的表皮细胞产生，也可以由悬浮培养的游离单细胞产生。促使胚状体产生的机理目前并不十分清楚，但已经明确以下因素会影响细胞胚状体的形成。

(1)激素的种类和浓度　在离体胡萝卜细胞悬浮培养和咖啡组织培养时，若将产生的愈伤组织由含有2,4-D的培养基转移到不含2,4-D的培养基中时，会产生胚状体。在南瓜中，NAA和IBA组合能够有效促进胚胎发生。在胡萝卜和柑橘组织培养中，IAA、ABA和GA组合可以抑制胚胎发生。

(2)氮源种类和比例　在胡萝卜叶柄培养时，以硝酸钾为唯一氮源的培养基上建立起来的愈伤组织，必须要在培养基中加入生长素才能形成胚状体。但是在含有5.56 g/L的KNO_3培养基中加入少

量 NH_4Cl 时，即使培养基中不加生长素，也会形成胚状体，说明在硝态氮中加入少量的氨态氮时会增加胚状体的发生。在胡萝卜中，NH_4^+ 和 NO_3^- 的比例也会影响胚状体的发生。尽管 NH_4^+ 对于胚状体的产生十分重要，但其作用也可以用水解酪蛋白、谷氨酰胺和丙氨酸等物质来部分地取代。

(3)其他因素　有试验证明，在培养基中加入适量 K^+ 是必须的。此外，也有研究表明，在培养基中加入 ATP 可以促进胚状体的发生。

4.1.3　诱导生根与再生植株的移栽

通过不定芽和腋芽增殖产生的试管苗，只有芽没有根。因此，需要诱导其生根，才能形成完整的植株。

1. 诱导生根

一般认为，矿质元素浓度高时有利于发展茎叶，较低时有利于生根，所以生根培养时一般选用无机盐浓度较低的培养基作为基本培养基。用无机盐浓度较高的培养基时，应稀释一定的倍数。如 MS 培养基，在生根、壮苗时，多采用 1/2 MS 或 1/4 MS。

一般生根培养基中要完全去除或用很低的细胞分裂素，并加入适量的生长素，最常用的是 NAA(0.2～0.5 mg/L)或 IAA(0.2～0.5 mg/L)。一部分植物由于生长的嫩枝本身含有丰富的生长素，因此也可以在无生长素的培养基上生根。

很多草本植物不定根的形成很容易，但木本植物一般较难，从成年树上得到的材料生根更难。对于这类生根较困难的植物，可试用以下几种方法：先用高浓度(100 g/L 左右)的生长素处理嫩茎几小时到 1 d，用无菌水冲洗后再接入到培养基中；苹果、苹果砧木、梨等，可在生根培养基中加入适量的根皮苷或根皮酚以促进根的形成，浓度约为 150 mg/L。在生根阶段，培养基中的糖浓度要降低到 1.0%～1.5%，以促使植株增强自养能力，同时降低了培养基的渗透势，有利于完整植株的形成和生长；另外应增加光强，达到 3 300～10 000 lx。在这样的条件下，植物能较好地生长，对水分的胁迫和对疾病的抗性将有所增加，植株可能在强光照下表现出生长延缓和较轻微的失绿，但事实证明，这样的幼苗，要比在低光强条件下的绿苗有较高的移植成活率。

2. 再生植株的移栽

试管苗是在恒温、保湿、营养丰富、光照适宜和无病虫侵扰的优良环境中生长的，其组织发育程度不佳，植株幼嫩柔弱，抗不良环境能力差。移栽时，应注意以下几点：

(1)应保持小苗的水分供需平衡。试管中的小苗，因湿度大，茎叶表面防止水分散失的角质层等几乎全无，根系也不发达，移栽后除了根系周围有适宜的水分供给外，还应特别保持空间的空气湿度，减少叶面的蒸腾。原则是在小苗移出的初期，外部温度条件要接近于培养瓶内，以后逐步向自然状态过渡。这一工作又叫炼苗。

(2)要选择适当的介质，关键是疏松通气和适宜的保水性，而且不滋生杂菌。常用的有蛭石、珍珠岩、粗砂、炉灰渣、锯木屑等，或将它们以一定比例混合应用，这些介质的选用要根据不同的植物种类而定。有些草本植物的无菌苗还可以直接移入保湿性良好的土壤中。

(3)要防止杂菌滋生，保持种植场内外干净。适当使用一些杀菌剂可以有效地保护幼苗，如百菌清、多菌灵、甲基托布津等。

(4)要注意光、温管理。试管苗移出后，尽量避免阳光直射，以强度较高的散射光为好，光线太强会使叶绿素受到破坏，叶片失绿，发黄或发白，使小苗成活迟缓。同时，过强的光刺激蒸腾加强。光照强度也可随移出时间的延长而增加。试管苗移植后温度要适宜，喜温植物如花叶芋、花叶万年青、巴西铁树等，以 26 ℃左右为宜；喜凉的植物如马铃薯、文竹、菊花等以 18～22 ℃为宜。温度过高，使蒸腾加强，并易滋生菌类；温度过低，幼苗生长迟缓，不易成活。

除上面的措施之外，有时在试管苗移植之前先将培养容器的盖子打开或松动，使空气进入容器，待锻炼三四天后再移植，会得到好的结果。小苗移植后2～4周，即可长出根系和新叶，可逐渐通风锻炼，之后将成活的幼苗移入田间。

4.2 根的培养

植物离体根培养是指以植物的根段为外植体进行离体培养的技术。离体根培养是进行根系生理和代谢研究的最优良的实验体系，因为根系生长快，代谢强，变异小，加上无菌，不受微生物干扰，能根据研究需要，改变培养基的成分来研究其营养吸收、生长和代谢的变化，所以它是进行根系生理研究、器官分化、形态建成的良好体系。另外，由根细胞可再生成植株，不仅证明根细胞的全能性，也可建立快速生长的根无性系，用于生产实践。

4.2.1 离体根的培养方法

1.外植体的消毒

离体根的来源有两种：一种来源于土壤中的植株，另一种来源于无菌苗的根系。前者污染严重，需消毒处理；后者本身无菌，经过分割后可以直接用于离体根的培养。来源于土壤的根系消毒方法是，首先用自来水充分洗涤，对于较大的根需要用软毛刷刷洗根表面的土壤、微生物等杂质，接着用解剖刀分割，用滤纸吸干根表面上的水分，再用95%酒精漂洗10～30 s，然后经0.1%～0.2%升汞处理5～10 min或用2%次氯酸钠溶液浸泡15～20 min，最后再用无菌水冲洗3～5次，用无菌吸水纸吸干根表面多余的水分。

2.培养方法

离体根培养方法有固体培养法、液体培养法和固体-液体法3种。

(1)固体培养法　离体根培养的常用方法是在培养基中加入琼脂进行固体培养。

(2)液体培养法　离体根的液体培养通常采用100 mL或200 mL的三角瓶，内装20～40 mL的液体培养基，将消毒好的根段接种到培养液中，在适合温度和转速的条件下进行培养。当然也可以利用发酵瓶进行大量培养。

(3)固体-液体法　离体根的固体-液体法是指将根基部一端插入固体培养基中，根尖一端却浸在液体培养基中培养的方法。例如番茄根的培养，其过程(图4-2)如下：番茄种子先表面消毒，无菌萌发，待根伸长后，取前端10 mm长的根尖接种于培养基，暗培养4 d可长出侧根，1周后又可切离侧根的根尖作为新的培养材料进行扩大培养。经此种单个直根衍生而来，并经继代培养而保持遗传性一致的根的培养物，即成离体根的无性系。

4.2.2 培养基的选择

根据不同的植物种类以及不同状态的离体根生长时对营养的需求不同，选择或调整根培养所需的培养基。多为无机离子浓度低的White培养基，其他培养基如MS、B5等也可采用，但必须将其浓度稀释到2/3或1/2，以降低培养基中的无机盐浓度。

离体根培养可利用唯一氮源。通过不同氮源种类对离体根培养影响的研究表明：硝态氮较氨态氮更有利于根的增重和增长。在培养基中加入各种氨基酸的水解酪蛋白，能促进离体根的生长。微量元素是离体根培养所必需的，缺少微量元素就会在培养过程中出现各种缺素症。维生素B_1是番茄离体培养不可缺少的。适宜的浓度范围内，对生长的促进作用与浓度成正比。去掉维生素B_1，根生长立刻停止。若缺少维生素B_1时间较长，生长潜力发生不可逆转的丧失。碳源一般以蔗糖为最佳。

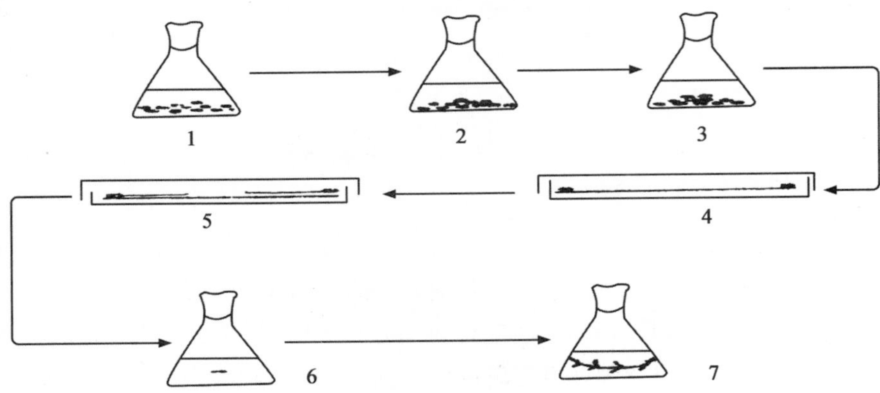

1. 种子用70%酒精消毒1 min 2. 用饱和漂白粉液消毒10 min 3. 用无菌水洗3次 4. 将6～10粒种子放入培养皿中的湿滤纸上 5. 培养皿中种子进行暗培养直至胚根长至30～40 mm 6. 切取10 mm长的根尖用无菌的接种环接种于培养液中 7. 在25 ℃下培养直到长出侧根

图4-2 番茄离体根培养的过程(葛胜娟,2003)

我们培养番茄离体根时,使用改良的怀特培养基(表4-1):培养基中氮源以硝酸盐为主,碳源采用蔗糖;减少了大量元素的用量,增加了甘氨酸和烟酸的用量。由于硫胺素(维生素B_6)对离体根培养的作用明显,所以浓度仍为0.1 mg/L。另外,增加了碘的成分,因为碘有利于番茄根的生长,浓度为0.38 mg/L。硼对离体根的生长也有重要的影响,缺硼可降低根尖细胞的分裂速度,阻碍细胞伸长,所以硼的用量仍保留了一半。

表4-1 番茄离体根培养液配方(葛胜娟,2003) mg/L

化合物名称	使用量	化合物名称	使用量
$Ca(NO_3)_2$	143.90	KI	0.38
Na_2SO_4	100.00	$CuSO_4 \cdot 5H_2O$	0.002
KCl	40.00	MoO_3	0.001
$NaH_2PO_4 \cdot H_2O$	10.60	甘氨酸	4.00
$MgSO_4 \cdot 7H_2O$	368.50	烟酸	0.75
$MnSO_4 \cdot 4H_2O$	3.35	维生素B_1	0.10
$FeC_6H_5O_7 \cdot 3H_2O$	2.25	维生素B_6	0.10
$ZnSO_4 \cdot 7H_2O$	1.34	蔗糖	15 000
H_3BO_3	0.75	pH	5.2

4.2.3 植物激素对离体根培养的影响

生长素对离体根的生长有明显的作用。一般情况下,加入适量的生长素能促进根的生长,其反应因植物种类不同而异。

(1)生长素 研究较多的是生长素。生长素对植物的影响因种类或品种而有差异。比如生长素能抑制樱桃、番茄、红花槭等植物的离体根生长;也能促进欧洲赤松、白羽扇豆、矮豌豆、玉米、小麦等植物的离体根生长；而黑麦、小麦的一些变种的生长却依赖于生长素的作用。

(2)激动素　激动素能增加根分生组织的活性，具有抗老化的作用。

(3)赤霉素　赤霉素能明显影响侧根的发生与生长，加速根分生组织的老化。

4.2.4 根无性繁殖系的建立及植株再生培养

将种子进行表面消毒，在无菌条件下萌发，待根伸长后从根尖一端切取长 1.2 cm 的根尖，接种于培养基中。这些根的培养物生长甚快，几天后发育出侧根。待侧根生长约 1 周后，即切取侧根的根尖进行扩大培养，它们又迅速生长并长出侧根，又可切下进行培养，如此反复，就可得到从单个根尖衍生而来的离体根的无性系。这种根可用来进行根系生理生化和代谢方面的实验研究。培养条件为暗光，温度为 25～27 ℃。

植物根的离体培养也可以用来再生植株。第一步诱导形成愈伤组织(图 4-3)。第二步再在分化培养基上诱导芽的分化，在愈伤组织上分化成小植株。

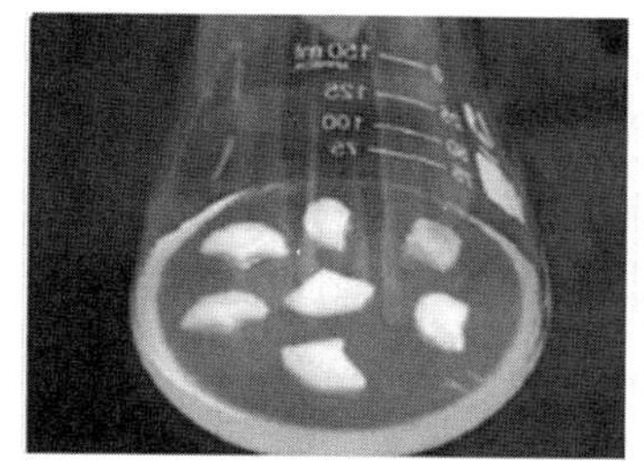

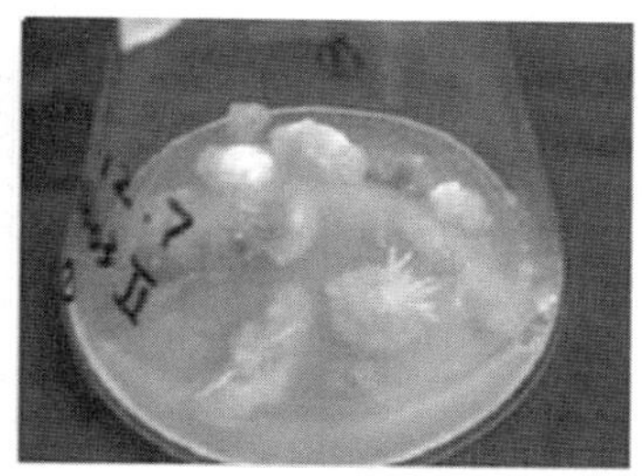

图 4-3　人参根愈伤组织诱导

4.3 茎的培养

根据取材部位茎的培养可分为茎尖培养和茎段培养。茎尖培养是指切取茎的先端部分或茎尖分生组织(stem apical meristem)部分，进行无菌培养。茎尖培养分为茎尖分生组织培养和普通茎尖(common shoot tip)培养两种类型。茎尖分生组织培养又称微茎尖培养(micro-stem tip culture)(图 4-4)，主要是指对茎尖长度 0.1 mm 左右，含 1～2 个叶原基(leaf primordia)的茎尖进行培养，这种培养可获得无病毒植株，而且诱导成功率大。普通茎尖培养(图 4-5)是指对几毫米乃至几十毫米长的茎尖、芽尖及侧芽的培养，目的是快速繁殖和用于植物开花生理的研究。通过茎尖培养进行植物的快速无性繁殖在一些植物中已经成为一门成熟的技术而被应用。由于这一技术是在无菌条件下，且又是在一个非常小的范围内来大量进行繁殖的，因而，人们又把这种繁殖技术称为微繁技术。茎尖培养具有培养技术简单、繁殖速度较快、繁殖系数高等优点；可以加速良种和珍贵植物的保存和繁殖；所繁殖的植物变异少，质量好；能解决不能用种子繁殖的无性繁殖植物的繁殖问题；可以节省种株；试管苗便于运输和防止病虫害传播，有利于种质资源国际交流；有利于植物茎细胞理论基础研究；同时试管苗可用于保存某些难以用种子保存的种质资源。关于茎尖培养详见第 10 章，这里只讨论茎段的培养。

4.3.1 茎段培养的一般过程

茎段培养是指带有腋(侧)芽或叶柄、长数厘米的包括块茎、球茎在内的幼茎节段进行的离体培养。培养茎段的主要目的是快繁，其次也可探讨茎细胞的生理特点，以及进行育种上的筛选突变体的过程。

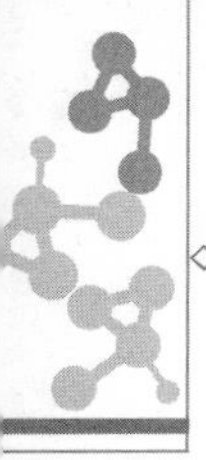

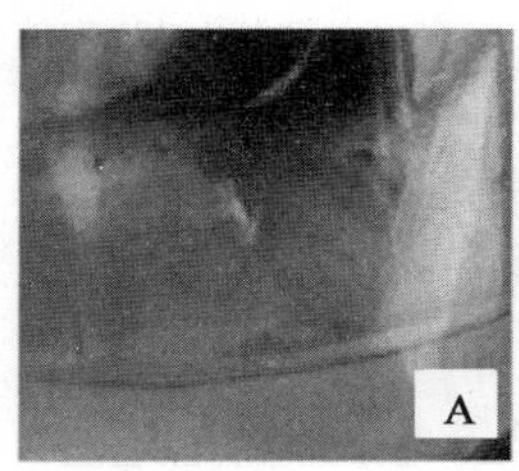

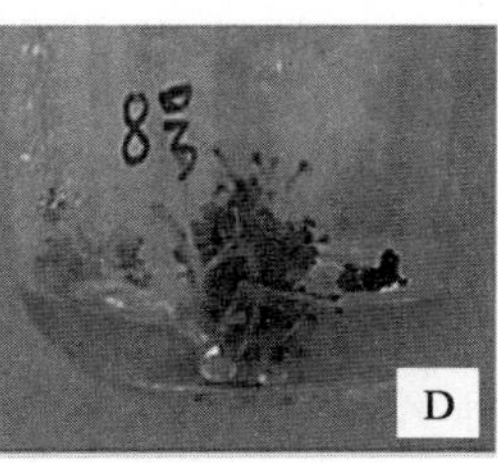

A. 微茎尖　B. 生长良好的草莓苗　C. 生长一般的草莓苗　D. 生长较差的草莓苗

图 4-4　草莓微茎尖快繁

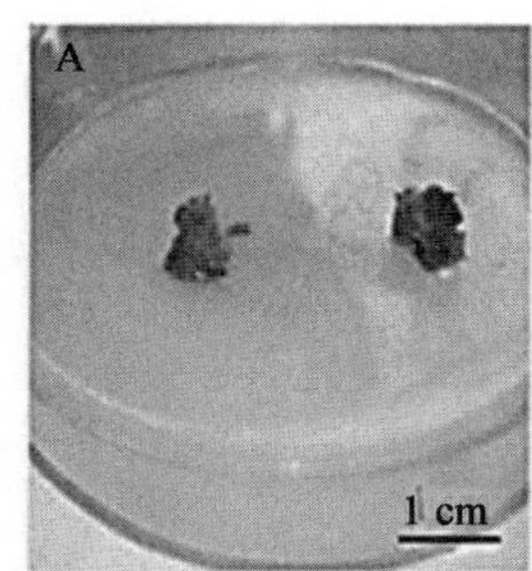
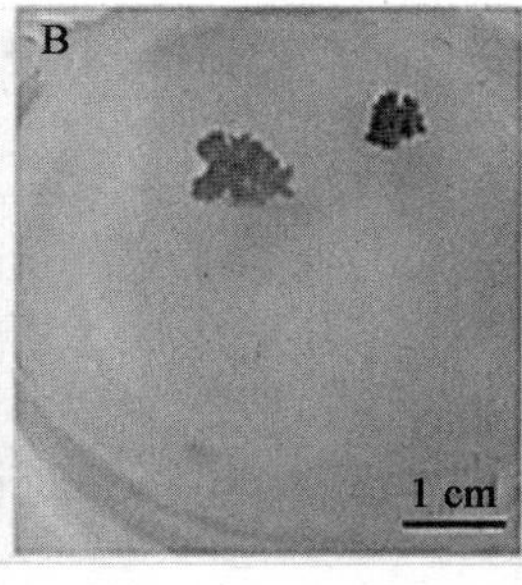
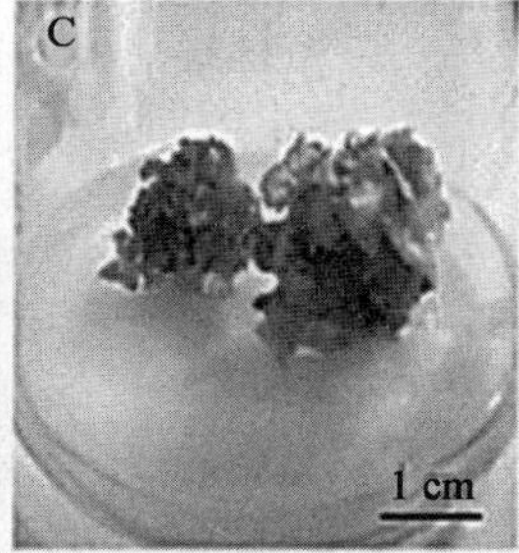

A. 草莓茎尖萌发出幼芽　B. 幼芽增多　C. 大量不定芽　D. 无根组培苗

图 4-5　草莓普通茎尖培养

茎段培养用于快速繁殖的优点在于：培养技术简单易行，繁殖速度较快；芽生芽方式增殖的苗木质量好，且无病，性状均一；解决不能用种子繁殖的无性繁殖植物的快速繁殖等问题。一般在无菌条件下，将经过消毒的茎段切成数厘米长带节的节段，接种在固体培养基上。茎段可直接形成不定芽或先诱导形成愈伤组织，再脱分化形成再生苗。把再生苗进行切割，转接到生根培养基上培养，便可得到完整的小植株。茎段培养成苗的一般过程如图 4-6 所示。

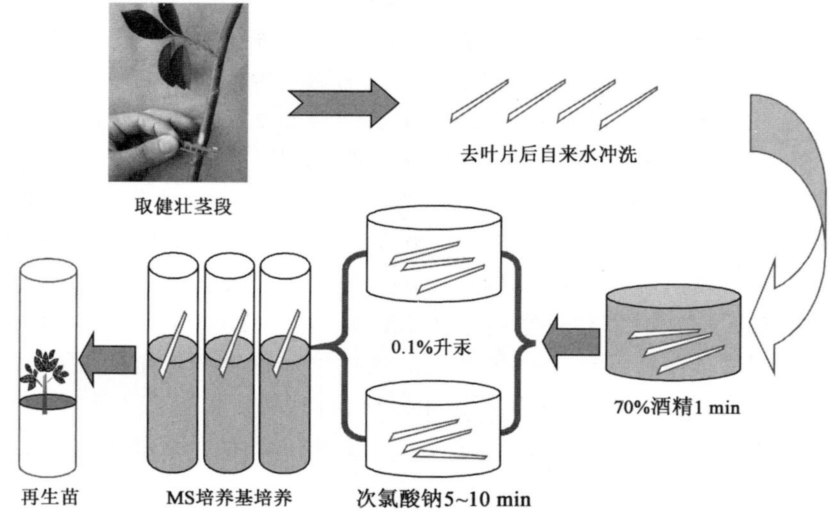

图 4-6　茎段培养成苗的一般过程

4.3.2 茎段培养的具体方法

1.材料的选择和处理

取生长健壮无病虫的幼嫩枝条或鳞茎盘，若是木本，取当年生嫩枝或一年生枝条，剪去叶片，剪成3～4 cm的小段。在自来水中冲洗1～3 h，在无菌条件下用70%酒精灭菌30～60 s，再用0.1%的氯化汞浸泡3～8 min，或用饱和次氯酸钠浸泡10～20 min，因材料老嫩和蜡质多少而定时间。最后用无菌水冲洗数次，以备接种。取材时注意茎的基部比顶部切段，侧芽比顶芽的成活率低，所以应优先利用顶部的外植体，但由于每个新梢仅一个顶芽，也可利用腋芽，茎上部的腋芽培养效果较好。还应注意尽量在生长期取芽，在休眠期取外植体，成活率降低。如苹果在3—6月取材的成活率为60%，7—11月下降到10%，12月至翌年2月下降至10%以下。

2.培养

最常用的基本培养基为MS培养基，加入3%蔗糖，用0.7%的琼脂固化。培养条件保持25 ℃左右，给予充分的光照和光期。经培养后茎段的切口特别是基部切口上会长出愈伤组织，呈现稍许增大，而芽开始生长，有时会出现丛生芽，从而得到无菌苗。

在茎段培养中，促进腋芽增殖用6-BA是最为有效的，依次为KT和ZT等。生长素虽不能促进腋芽增殖，但可改善苗的生长。GA对芽伸长有促进作用。继代扩繁是茎段培养的主要一步。这可由两种途径解决：一是促进腋芽的快速生长，二是诱导形成大量不定芽。第一种途径的好处是不会产生变异，能保持品种优良特性。且方法简便，可在各种植物上使用，每年从一个芽可增殖10万株以上。第二种途径会产生变异。继代增殖过程注意选用培养基和生长调节剂。

生根培养的目的是使再生的大量试管苗形成根系，获得完整的植株。创造适于根的发生和生长的条件，主要是降低或除去细胞分裂素而加入生长素。由于在苗增殖时施用了较高浓度的细胞分裂素，苗中保持着一定的量，因此，在生根培养中不需要加细胞分裂素。生长素的浓度，NAA一般0.1～1.0 mg/L，IBA和IAA可稍高。

试管苗的生根，对基本培养基的种类要求不严，如MS、B5、White等培养基，都可用于诱导生根，但是其含盐浓度要适当加以稀释。前面的几种培养基中，除White外，都富含N、P、K盐，它们都抑制根的发生。因此，应将它们降低到1/2、1/3或1/4，甚至更低的水平。

生根培养时增强光照有利于发根，且对成功地移栽到盆钵中有良好作用。故在生根培养时应增加光照时间和光照强度，但强光直接照射根部，会抑制根的生长，所以在生根培养时最好在培养基中加0.3%活性炭，以促进生根。

3.移植

这是组织培养的关键一环。试管苗是在恒温、保湿、营养丰富、激素适当和无菌条件下生长的，植物的组织发育程度不佳，植株幼嫩，表皮角质层变薄，抵抗力减小减弱。移植是一个由异养转变为自养的过程。因此，在驯化时要进行炼苗。然后洗净琼脂，小心移栽，初期湿度要大，基质通气湿润，保湿保温，更要精心管理等。

4.3.3 茎段培养举例

(1)球茎类花卉是一类变态茎(球茎、鳞茎)的植物，其繁殖可用分球或鳞片进行离体培养，达到大量增殖的目的。球茎类通常在地下培育，污染率比较高。如百合的鳞茎消毒时，要把外面几层的鳞片剥去，认真用水清洗后，再将鳞茎底部脏的部分用锋利小刀剥去，在超静工作台上用70%酒精消毒30 s，

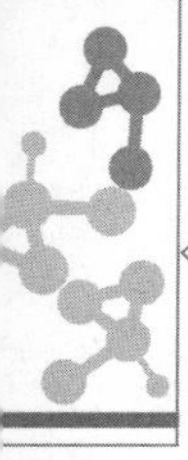

然后在 1% 次氯酸钠溶液中消毒 30 s，用无菌水冲洗 3～4 次，用消毒的滤纸吸干表面水分，切取鳞片接种于培养基上，通过芽的诱导、增殖、成球与生根，可以培养出完整植株。

(2)怀山药茎段(肉质根上端、长 15～20 cm 的一段)切成小段，经表面消毒后，再切成小方块或小圆片，接种于含 2 mg/L KT、1～2 mg/L PP_{333} 和 0.02 mg/L NAA 的 MS 培养基上，培养 20 d，其边缘形成白色突起，然后从突起部位形成 3～5 个不定芽，40 d 左右形成高 3～5 cm 的具绿色叶片的无菌苗。取长 0.5 cm 的茎段接种到生芽培养基(MS+6 mg/L BA+0.02～2 mg/L NAA)上，培养 7 d 可在切口处或中间表皮上形成白色愈伤组织，通过愈伤组织再形成绿苗。值得注意的是，茎段愈伤组织的形成和再生苗的产生与培养基中 NAA 浓度有关，当 NAA 浓度由 0.02 mg/L 上升到 2 mg/L，愈伤组织形成率由 50.3% 提高到 82.5%，绿苗形成率由 25% 下降到 7.1%。实验表明，在 NAA 低浓度培养基中，通过茎切段直接成芽的频率较高；而在 NAA 浓度高的培养基中，通过愈伤组织形成芽的频率较高。

4.4 叶的培养

离体叶的培养是指包括叶原基、叶柄、叶鞘、叶片、子叶等叶组织的无菌培养。由于叶片是植物进行光合作用的器官，又是某些植物的繁殖器官，因此离体叶培养在植物器官培养中占有重要地位。

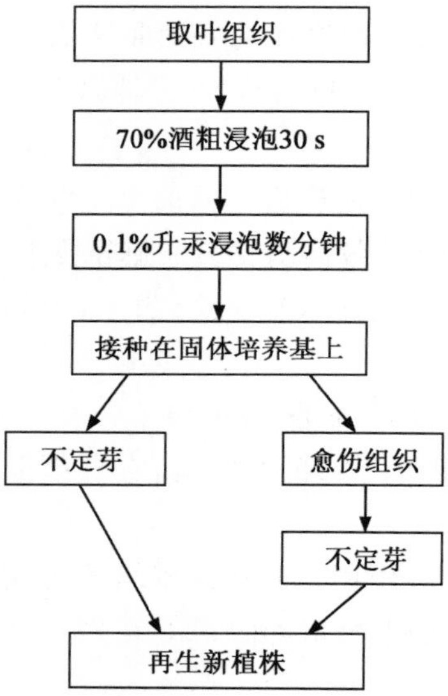

取叶组织
↓
70%酒粗浸泡30 s
↓
0.1%升汞浸泡数分钟
↓
接种在固体培养基上
↙ ↘
不定芽 | 愈伤组织 → 不定芽
↘ ↙
再生新植株

图 4-7 叶培养成苗的一般过程

离体叶的培养具有非常重要的意义，它是研究叶形态建成、光合作用、叶绿素形成等理论问题的良好方法；通过叶片组织的脱分化和再分化培养，可以证实叶细胞的全能性；通过离体叶组织、细胞的培养探索离体叶组织、细胞培养的条件和影响因素，为叶片原生质体培养和原生质体融合研究提供理论依据；利用离体叶组织的再生特性，建立植物体细胞快速无性繁殖系，可以提高某些不易繁殖植物的繁殖系数；离体叶的培养物是良好的遗传诱变系统，经过自然变异或者人工诱变处理可筛选出突变体而应用于育种实践。

在自然界，很多植物的叶都具有很强大的再生能力，能从叶片产生不定芽的植物，以羊齿植物最多，双子叶植物次之，单子叶植物最少。再生成植株的方式有两种：一种是直接诱导形成芽；另一种是先诱导形成愈伤组织，再经愈伤组织分化成植株(图 4-7)。

4.4.1 离体叶培养方法

(1)材料选择及灭菌　取植物顶端未充分展开的幼嫩叶片冲洗干净，用 70% 酒精漂洗约 10 s，再在饱和漂白粉液中浸 3～15 min，或在 0.1% 升汞中浸 3～5 min，用无菌水冲洗数次，再放在无菌的干滤纸上吸干水分，以供接种用。对一些粗糙或带茸毛的叶片要延长灭菌时间。注意同一时期的叶片要选择成熟度相对较大的叶片，即厚实一点的叶片。一般地说，同一叶片的栅栏组织比海绵组织处于较成熟状态。在培养叶肉时因为海绵组织在分裂前就死亡，如果栅栏组织不发达的话就难以培养。

(2)接种　把灭菌过的叶组织切成约 0.5 cm 见方小块或薄片(如叶柄和子叶)，接种在 MS 或其他培养基上。培养基中附加 BA 1～3 mg/L，NAA 0.25 mg/L。

(3)培养　叶片组织接种后于 25～28 ℃条件下培养，每天光照 12～14 h，光照度为 1 500～3 000 lx。

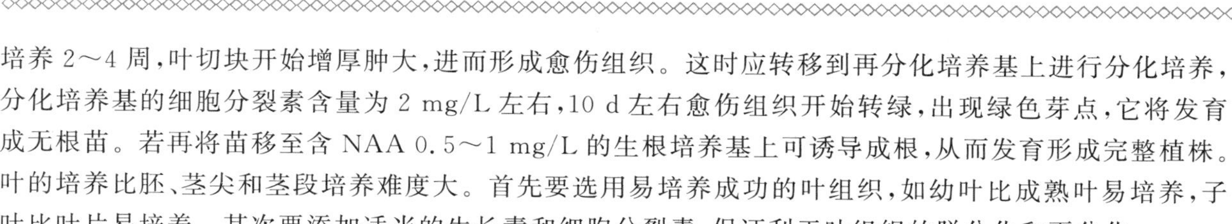

培养 2～4 周，叶切块开始增厚肿大，进而形成愈伤组织。这时应转移到再分化培养基上进行分化培养，分化培养基的细胞分裂素含量为 2 mg/L 左右，10 d 左右愈伤组织开始转绿，出现绿色芽点，它将发育成无根苗。若再将苗移至含 NAA 0.5～1 mg/L 的生根培养基上可诱导成根，从而发育形成完整植株。叶的培养比胚、茎尖和茎段培养难度大。首先要选用易培养成功的叶组织，如幼叶比成熟叶易培养，子叶比叶片易培养。其次要添加适当的生长素和细胞分裂素，保证利于叶组织的脱分化和再分化。

4.4.2 培养基的选择

叶组织培养常用的有 MS、White、N6 等培养基。培养基中的糖源一般都使用蔗糖，浓度为 3%左右。培养基中附加椰子汁等有机添加物，有利于叶片组织培养中的形态发生。

激素是影响烟草叶组织脱分化和再分化的主要因素。

对大多数双子叶植物的叶组织培养来讲，细胞分裂素特别是 KT 和 6-BA 有利于芽的形成；而生长素特别是 NAA 则抑制芽的形成而有利于根的发生，2,4-D 是一种效应强植物生长调节剂，有利于愈伤组织的形成。

4.4.3 影响叶组织培养的因素

(1)基因型　不同植物种类、同一物种的不同品种间在叶组织培养特性上有一定的差异。

(2)细胞分裂素与细胞分裂素的组合　各种细胞分裂素都能促进芽的分化，6-BA 与 KT 配合使用时效果强于单独使用；单用时 6-BA 的作用好于 KT，但 6-BA 对不定芽的进一步发育(茎叶的形成)有抑制作用。

(3)细胞分裂素与生长素的组合　细胞分裂素与生长素配合使用，诱导芽分化效果好于单独使用细胞分裂素。

(4)供试植株的发育时间和叶龄　个体发育早期的幼嫩叶片较成熟叶片分化能力高，较幼龄叶片组织再分化能力也远高于发育完全的叶片组织。

(5)叶脉　叶脉、叶柄分化能力较强。

(6)极性　某些植物叶背面朝上放置就不生长。

(7)损伤　损伤后刺激诱导愈伤组织生长和器官发生。

4.4.4 叶培养举例

离体叶经诱导愈伤组织培养基(生长素与细胞分裂素的比值较大)的培养，形成愈伤组织，愈伤组织转接在分化培养基(生长素与细胞分裂素比值较小)上，分化出不定芽。如长寿花实生苗的叶片，经表面消毒后，切成 0.5 cm×0.5 cm 的方块，接种于 MS+1 mg/L 2,4-D + 0.1 mg/L BA 培养基上，经过 30 d 左右的培养，叶片边缘开始出现淡绿色颗粒状突起，继续培养后颗粒突起逐渐扩大，以后形成质地致密的淡绿色愈伤组织块。经继代培养后，获得大量愈伤组织。将愈伤组织切成 0.5 cm×0.5 cm 的大小，接种到培养基 MS+1 mg/L BA +0.1 mg/L NAA 上，15 d 后愈伤组织明显转绿和增大；50 d 左右开始产生绿色芽点并陆续分化出芽，每块愈伤组织可分化出 5～6 株无根苗，在 1/2 MS 培养基上，全部长出不定根。

杨树、中华猕猴桃等植物常从叶柄或叶脉的切口处形成愈伤组织。用绿巨人幼叶的叶柄，在含 5 mg/L BA 的 MS 培养基中培养，2 个月后叶柄处形成致密绿色愈伤组织，每块愈伤组织上可分化 8～10 个不定芽，当不定芽长至 0.5 cm 时，将不定芽同一部分愈伤组织移到含 2 mg/L BA 和 0.2 mg/L NAA 的培养基中，不定芽迅速伸长并长成健壮小苗。大蒜贮藏叶及水仙的鳞片叶直接或经愈伤组织再生出球状体或小鳞茎而发育成再生植株。

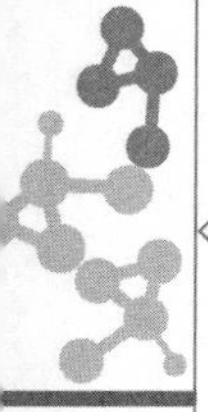

小　　结

(1)器官培养包括离体的根、茎、叶、花器和果实的培养。

(2)离体根培养所用的培养基多为无机离子浓度低的 White 培养基或其他培养基。

(3)影响离体根生长的因素:①基因型;②营养条件;③生长物质;④pH;⑤光照和温度。

(4)茎尖培养是切取茎的先端部分或茎尖分生组织部分,进行无菌培养。茎尖培养根据培养目的和取材大小可分为微茎尖培养和普通茎尖培养。

(5)茎段培养步骤如下:①取材;②消毒接种;③接种;④培养。

(6)离体叶培养包括叶原基、叶柄、叶鞘、叶片、子叶在内的叶组织的无菌培养。

(7)叶片组织的脱分化和再分化培养:①材料选择及灭菌;②接种;③培养。

思　考　题

1. 简述植物器官培养的概念和意义。
2. 简述植物器官培养的基本程序。
3. 植物器官培养过程中植株再生的途径有哪些?
4. 影响离体根生长的因素有哪些?
5. 茎段培养的一般过程与方法是什么?
6. 简述植物叶片培养的基本方法和步骤。

实验 4　人参根的培养

1. 实验目的

(1)学习人参根离体培养的基本方法。

(2)掌握人参根快繁基本技术。

2. 实验原理

人参(*Panax ginseng* C. A. Meyer)是五加科人参属的多年生药用植物,在我国古医书《神农本草经》中被列为上品,是常用的滋补强壮药。利用组织培养手段通过人参细胞或器官培养的方法生产人参皂苷是解决人参资源短缺的有效途径。比起人参细胞培养,根培养的优势在于其具有原始植物根所具有的巨大生物合成能力,根培养中细胞的高度分化使得次生代谢产物的合成能力明显提高,表现出明显的代谢与活力稳定性。本实验主要利用通过组织培养产生的人参毛状根进行继代培养,大量繁殖人参毛状根而获取生产人参皂苷的原材料;学习并掌握人参根愈伤组织诱导及再生技术为人参生物技术方面的应用奠定技术基础。

3. 实验用品

(1)材料　人参的毛状根。

(2)仪器　超净工作台、灭菌锅、镊子、烧杯(500 mL)、三角瓶(100 mL)、恒温振荡培养箱、烘箱、天平、酸度计、吸水纸。

(3)试剂　0.5 mg/L IBA、500mg/L 2,4-D、100mg/L KT、NaOH 溶液。

(4)药品　MS 培养基所需化学药品。

4.实验步骤

(1)配制培养基

MS_0(液体,不加琼脂):称取 41.74 g MS 培养基粉,加入蔗糖 30 g,置于 1 000 m L 烧杯中,加入 800m L 双蒸水搅拌、微波炉加热,调节 pH 为 5.8～6.0,分装于 100 mL 三角瓶中若干,每瓶 50 mL 备用;MS_0＋0.5 mg/L IBA,分装灭菌备用。

MS_1(固体,加琼脂):MS_0 加入 2,4-D(500 mg/L) 1 mL、KT(100 mg/L) 0.1 mL,调节 pH,加入琼脂 7 g,待琼脂完全熔解后定容至 1 000 m L,再将培养基倒入 100 mL 的小三角瓶中,每瓶约 40 m L,高压灭菌备用。

(2) 将人参根用自来水浸泡 45 min 后冲洗 2 次,先用 70%酒稍浸泡 30 s,自来水冲洗 2 次,再在无菌室超净工作台上用 0.1% $HgCl_2$ 消毒,无菌蒸馏水冲洗 4～5 次。

液体培养:取人参毛状根尖(20 mm)于 MS_0 液体培养基(加激素)进行预培养 72 h,然后转入不加激素的 MS_0 培养基继代培养,继代时间为 7 d。筛选生长旺盛、分枝多且细长的毛状根培养物进行液体振荡培养,暗培养(25±1) ℃,110～120 r/min,培养 4 周。用镊子取液体振荡培养的人参毛状根,长度约 20 mm、粗细均匀的根尖,接种在装有 50 mL MS_0 培养基的三角瓶中。接种量为 4 根/瓶,设置重复 3 次,每次至少 5 瓶,继代培养 2～4 周。

固体培养:在无菌室超净工作台上用手术刀将人参根尖切成 0.3～0.5 cm 长的圆片,无菌接种约 6 个外植体于盛有 MS 培养基的 100 mL 三角瓶中,(24±2) ℃和 24 h 黑暗条件下培养。培养 45 d 后将愈伤组织行继代培养,以补充培养物所需的营养物质。接种 30 d 后进行第一次继代培养,以后每 3～4 周继代 1 次。

5.实验注意事项

接种时使三角瓶呈一定的倾斜度,手拿镊子、灼烧等整个接种过程不要直接在培养基上方完成,以减少污染机会。

6.实验报告与思考题

(1)实验报告

①每隔 1 周随机取样 1 次,测定愈伤组织生长速度。

②将本实验的操作过程及实验结果整理成实验报告。

(2)思考题

人参毛状根的培养为何用液体培养?其最佳培养条件是什么?

人参固体培养的愈伤组织出愈率与液体培养出愈率比较,哪个更适合人参根愈伤组织诱导?

实验 5　草莓微茎尖的培养

1.实验目的

掌握一般植物微茎尖脱毒方法,包括掌握外植体的采集与预处理方法;能做到举一反三,熟悉一般植物茎尖脱毒与良种复壮技术。

2.实验原理

植物茎尖或微茎尖培养之所以能去除病毒,是由于病毒在植株体内分布不匀所致,一般老叶片及成熟的组织和器官中病毒含量较高,而幼嫩及未成熟的组织和器官中病毒含量很低,特别在生长点(0.1～1.0 mm 区域)则几乎不含病毒。植物茎尖培养法脱毒效果好,后代遗传性稳定,是目前草莓无病毒苗培育应用最广的一种方法。

3.实验用品

(1)仪器　镊子、酒精灯、滤纸、培养皿、三角烧瓶、解剖镜、接种环、剪刀、解剖针、解剖刀、烧杯、废液缸、高压灭菌锅(121 ℃,20 min)。

(2)材料　草莓新梢。

(3)试剂　95%酒精、70%酒精、0.1%升汞、无菌水、MS培养基。

(4)药品　BA、NAA、IBA、蔗糖、琼脂、NaOH。

4.实验步骤

(1)培养基配制及接种　配制培养基母液,初代培养基为:MS+6-BA 0.25 mg/L+NAA 0.25 mg/L(或White+IAA 0.1 mg/L),加入3%蔗糖、8 g琼脂,混合后煮沸并用NaOH溶液把pH调到6.0,然后分装到接种瓶中封装。

(2)预处理　为了灭菌彻底,需先进行湿润处理,以使灭菌剂能渗入材料。可用多种湿润剂,如用70%酒精,湿润0.5～1 min。

(3)消毒及灭菌

①用蘸酒精的棉球擦拭工作台面,然后把无菌操作需要的各种用品放入超净工作台中;

②依次打开工作电源、风机和紫外线灯开关,30 min后关闭紫外线灯开关;

③剪取5 cm左右长的新梢顶芽,用手剥去外层大叶,流水冲洗2～6 h;

④用70%酒精处理3～5 s,无菌水冲洗1次(或用0.5%次氯酸钠溶液表面消毒5 min,并不停地搅动促进药液的渗透);

⑤用0.1%升汞浸泡2～10 min,无菌水冲洗3次;

⑥放入铺有滤纸的培养皿中待用。

(4)剥取茎尖

①在超净工作台上把解剖镜放大倍数调到较小。

②将培养皿置于解剖镜中央,调节旋钮,使茎尖在视野中清晰。

③取健壮、无病的草莓刚抽出的匍匐茎尖,一只手用镊子将其按住,另一只手用解剖针将叶片和叶原基剥掉,解剖针要常常蘸入95%酒精,并用火焰灼烧以进行消毒。解剖针可蘸入无菌水进行冷却。

④当一个闪亮半圆球的顶端分生组织充分暴露出来之后,用解剖刀片将分生组织切下,为0.2 mm的茎尖,为了提高成活率,可带1～2枚幼叶。

将剥取的茎尖直立向上接种到培养基上,每管(瓶)1～2个茎尖(图4-4A)。

(5)初代培养　温度25 ℃,光照强度2 000 lx,连续16 h光照,湿度适宜即可。

(6)继代增殖　将丛生苗分块即每5～7株切成一块(图4-5C),转入继代培养基(MS+6-BA 0.5～1.0 mg/L+IBA 0.05 mg/L或MS+6-BA 0.5 mg/L+NAA 0.01 mg/L)。

(7)生根培养　生根培养基为1/2 MS+IBA 0.1～1.0 mg/L,IBA浓度为0.1 mg/L效果最好。

观察不同组培阶段不定芽、组培苗的形态(图4-4,图4-5),拍照记录。

5.实验注意事项

(1)剥离茎尖时,应尽快接种,茎尖暴露的时间应当越短越好,以防茎尖变干。可在一个衬有无菌湿滤纸的培养皿内进行操作,有助于防止茎尖变干。

(2)接种时不能将整个茎尖埋入培养基中。培养基须是经过湿热灭菌的。

(3)在继代增殖过程中,去掉原生叶片有利于新苗分化,在扩大繁殖中随时清除愈伤组织,有利于新苗增殖和生长。

(4)接种至生根培养基,培养室温度在28 ℃以上时,绿苗普遍变黄,生根率降低,根尖发黄老化,幼苗易产生玻璃化现象,因此温度控制在(25±1) ℃最为适宜。

6. 实验报告及思考题

(1)实验报告

①记录接种茎尖数、污染数,计算接种成功率。

②调查比较不同继代天数丛生苗的生长状态。

③提交实验记录,并分析实验成功及失败的原因;提交照片数张。

(2)思考题

①如何才能快速高效地切取微茎尖?

②微茎尖培养成功的关键点有哪些?

实验6 甜叶菊叶片的培养

1. 实验目的

(1)学习甜叶菊叶片离体培养的基本方法。

(2)掌握甜叶菊快繁基本技术。

2. 实验原理

甜叶菊(*Stevia rebaudianum* Bertoni)属于多年生菊科植物,宿根性,须根型,短日照,草本植物。原产南美洲巴拉圭和巴西交界的阿曼拜山脉。甜叶菊是理想的甜味剂,其叶片富含多种甜叶菊醇糖苷(steviol glycosides),因其具有甜度高(甜度是蔗糖的350～400倍)、热量低(热量约为蔗糖的1/300)、安全无毒等特点,可取代糖精、甜蜜素和部分蔗糖,在日本和巴西已被作为蔗糖的替代品广泛应用于食品、饮料等加工等行业。逐渐受到了糖尿病和肥胖症患者的青睐,被誉为最有发展前途的新型健康糖源。

甜叶菊采用叶片组织培养,能够有效克服甜叶菊自交不育、种子结实率不高、发芽率低、发芽时间差别大、幼苗生长缓慢、个体间变异大等缺点。一般可先通过叶片诱导愈伤组织,再培养产生不定芽和根,形成新的甜叶菊苗,以满足生产上快速大量繁殖品质优良且均一的无性系苗用于大面积退耕造林的需求。

3. 实验用品

(1)实验器具　超净工作台、冰箱、电炉、酸度计、高压灭菌锅、酒精灯、紫外灯、剪刀、镊子、天平、烧杯、容量瓶、量筒、母液瓶、移液管(1 mL、2 mL、5 mL)、标签纸、三角瓶(100 mL、150 mL、200 mL)、烧杯(50 mL、100 mL)、试剂瓶、记号笔等。

(2)试剂及培养基　70%酒精、95%酒精、琼脂、0.1%升汞、次氯酸钠、漂白粉、0.1 mol/L的NaOH、0.1 mol/L的HCl、配制MS培养基所需的药品、水解酪蛋白、生长调节物质母液[6-苄基腺嘌呤(6-BA)、萘乙酸(NAA)、激动素(KT)、玉米素(ZT)和2,4-D]、无菌水等。培养基的种类很多,本实验只选用诱导率、分化率生根效果较好的几种培养基,pH 5.8。具体配方如下:

愈伤组织诱导培养基:MS+0.5 mg/L BA+0.5 mg/L NAA的固体基本培养基。

不定芽分化继代培养基:适宜的增殖培养基为MS+0.4 mg/L BA+0.1 mg/L NAA。

生根培养基:1/2 MS+0.2 mg/L IAA。

(3)实验材料　选择甜叶菊旺盛生长时期的植株,取着生于植株最顶端的新展开的幼叶作为外植体。

4. 实验步骤

(1)进入组培实验室后用水和香皂洗净双手,穿上灭菌过的专用实验服和帽子。

(2)打开超净工作台内的吹风和紫外灯,并打开无菌操作室内的紫外灯,照射20 min。

(3)灭菌期间可进行外植体预处理,即对采收回来的甜叶菊组织进行修整,去掉不需要的部分。

(4)照射 20 min 后,关闭紫外灯,打开照明灯,用 70%的酒精擦拭工作台和双手,准备进行外植体的消毒和接种工作。

(5)用蘸有 70%酒精的纱布擦拭装有培养基的三角瓶或培养皿的外表,放进工作台。

(6)把接种器具浸泡在 95%酒精中,在火焰上灭菌后,放在器械架上。

(7)外植体的灭菌。采集甜叶菊幼嫩叶片,先用自来水冲洗 30 min,洗去渗出的汁液,用 10%的去污粉或洗衣粉溶液浸泡 5 min 后,然后用蒸馏水浸泡 10 min,在超净工作台内用 70%酒精处理 5~10 s,无菌水冲洗 1~2 次,后用 0.1%的升汞做表面消毒处理 3 min,同时加入 2 滴吐温,无菌水冲洗 4~5 次,每次 5 min,最后将叶边缘和主叶脉剪掉,剪成大小为 0.5 cm^2 的小块,即可作为接种的外植体材料。接种时,用无菌滤纸吸干外植体表面水分,可以明显减少污染率和褐变率。

(8)接种。新展开的幼叶经灭菌处理后,用镊子夹住幼叶,叶正面朝上接种于愈伤组织诱导固体培养基上,用封口膜处理,温度为(25±1) ℃,光照强度 2 000 lx,光照时间 16 h/d 条件下进行愈伤组织诱导培养。

(9)接种完毕后,清理和关闭超净工作台,并将接种好的培养皿(瓶)放入培养室进行培养。

(10)不定芽的继代培养。诱导不定芽分化的愈伤组织大小为 1 cm×1 cm×0.5 cm 左右。接种经 4~5 周培养后,将愈伤组织块在超净工作台上转入到分化培养基上,进行增殖分化;诱导温度为(25±1) ℃,光照强度 2 000 lx,光照时间 16 h/d,再经 2~3 周的培养,便分化出不定丛生芽;每 20 d 继代一次。为了在短时间内获得大量保持原性状且整齐均一的无性系后代,愈伤组织继代增殖时间不宜过久,以两次继代后进行分化培养为最佳。

(11)试管苗生根。待分化的丛生芽长出茎叶至 3~4 cm 高时,将其切下直立接种在生根培养基上进行不定根诱导,诱导温度为(25±1) ℃,光照强度 2 000 lx,光照时间 16 h/d,约 1 周后即可长出根,形成完整植株,并不时地观察再生苗的生根情况并做记录。也有人采用其他方法,例如将高 5 cm 以上的苗,放在 N_6+0.2 mg/L NAA 的液体培养基中培养,不仅能长根,而且苗壮。

(12)炼苗与移栽。移栽前将已生根的试管苗不开口移到自然光照下锻炼 2~3 d,让试管苗接受强光的照射,使其长得壮实起来,然后再打开瓶口,置于室内自然光下炼苗,并经常往叶片上喷水,以防止失水过多干枯。当幼苗的根长到了 2~3 mm 长时开始移栽,适当推迟移栽,能提高成活率,一般在炼苗 3 d 后,取出生根苗,洗去根上附着的培养基,移入花盆中。移栽的基质有很多种类,一般选择透气、有营养而且方便取用的混合基质即可,例如移栽到 1/3 河沙+1/3 田土+1/3 蛭石(或珍珠岩)的基质上,出瓶后须注意保湿和遮阴,使其逐渐适应外界环境,湿度保持在 80%左右,用 85%的遮阴网遮阴 5~7 d,之后正常管理,一般成活率都在 90%以上。

5.实验注意事项

(1)从试管中取出发根的小苗,用自来水洗掉根部黏着的培养基,要全部除去,以防残留培养基滋生杂菌。但要轻轻除去,应避免造成伤根。栽植时用一个筷子粗的竹签在基质中插一小孔,然后将小苗插入,注意幼苗较嫩,防止弄伤,栽后把苗周围基质压实,栽前基质要浇透水,栽后轻浇薄水,再将苗移入高湿度的环境中,保证空气湿度达 90%以上,可提高成活率。

(2)试管苗在移栽后的 1 周内,一定要进行遮光和保湿处理,防止烈日灼伤叶片,影响成活和植株的生长。

(3)由于试管苗原来的环境是无菌的,移出来以后难以保持完全无菌,但应尽量不使菌类大量滋生,以利于成活,所以应对基质进行高压灭菌或烘烤灭菌。还可以适当使用一定浓度的杀菌剂以便有效地保护幼苗。

(4)要选择适当的颗粒状基质,保证良好的通气作用。在管理过程中不要浇水过多,过多的水应迅速沥除,以利于根系呼吸。

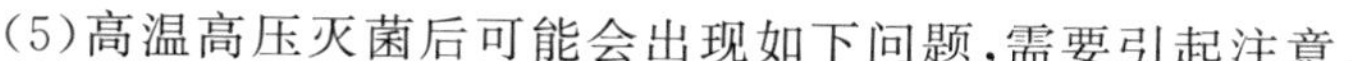

(5)高温高压灭菌后可能会出现如下问题,需要引起注意。

①pH 下降 0.3～0.5 单位;

②太高温度灭菌时会使糖焦化,可能会产生毒性;

③灭菌时间太长会使盐沉淀,同时使琼脂解聚;

④挥发性物质不能高温灭菌,否则会被破坏。

6.实验报告与思考题

(1)实验报告

①记录接种叶块数、污染数,计算接种成功率。

②计算甜叶菊叶片愈伤组织的诱导率。

(2)思考题

①在叶片组织培养中如何更好地控制污染?

②培养基对甜叶菊叶片愈伤组织生长、分化和生根有什么影响?

第5章

胚胎培养

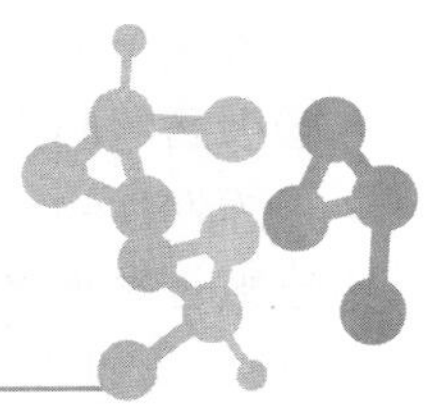

胚胎培养是植物组织培养的一个重要领域，植物胚胎培养(embryo culture)是指将植物的胚(种胚)及胚性器官(子房、胚珠)在离体条件下进行无菌培养，使其发育成完整植株的技术。早在1904年，Hanning就在无菌条件下进行了十字花科辣根菜(*Cochlearia officinalis* L.)、萝卜(*Raphanus sativus* L.)成熟胚培养，并获得再生植株。Laibach(1925，1929)用宿根亚麻×奥地利亚麻(*Linum perenne* × *L. austriacum*)胚培养，得到了杂种植物。我国胚胎培养技术是从李继桐等(1934)成功培养了银杏的离体胚开始起步的。

目前胚胎培养除了应用于育种工作外，也广泛地被用来研究胚胎发育过程中的生理代谢变化以及有关影响胚发育的内外因素等问题。我国的科学工作者在培养离体胚成功的基础上，又扩展到了胚珠和子房的培养，特别是未受精胚珠或子房培养，为进行离体授粉(或试管授精)等研究工作提供了重要的技术条件。

5.1 胚 培 养

5.1.1 胚培养的意义

1.克服远缘杂交不孕和幼胚败育，获得种间或属间杂种

远缘种间或属间杂交是植物育种的重要手段，尤其是在长期品种间杂交单向选择造成基因贫乏的状况下，远缘杂交引入新的基因资源更加必要。但是，远缘杂交的一个难点是杂交不孕现象。不孕的原因可能是杂交不亲和，也可能是幼胚败育。杂交不亲和可以通过试管授精技术解决，幼胚败育现象则可以通过胚培养技术来挽救。目前该技术已广泛应用于多种作物(水稻、玉米、棉花、甘蓝、柑橘、猕猴桃和番茄等)的远缘杂交育种中，获得了一些有价值的杂种。

胚拯救现已广泛应用于园林植物远缘杂交育种，目前已有相关研究报道利用胚培养拯救杂种幼胚，获得杂种植株。梅花果实属核果类，发育速度快，果实成熟时胚尚未发育完全或出现败育。由于梅花远缘杂交存在较严重的杂交不亲和性，F_1 的杂交果实幼胚常会停滞发育或干瘪坏死，种子萌芽力很低，杨秋玲(2019)对以‘美人’梅为母本获得的杂交种子采用胚培养技术进行培育，获得杂种苗，提高梅花育种效率。

一些植物的种子如柑橘、杧果等存在多胚现象，其中，只有一个胚是通过受精产生的有性胚，其余的胚多由珠心细胞发育而成，因此称其为珠心胚。在杂交育种中，由于珠心胚的存在，很难确定真正的杂种；且珠心胚生活力很强而杂种胚生活力弱，使得杂种胚早期夭折，往往得不到杂种苗。通过幼胚培养可解决这一难题。

2.缩短育种周期

对于一些多年生植物，传统育种程序复杂，周期很长，应用胚培养技术则可以加快育种进程。例如，许多李属的果树种子萌发受抑制，若剥离胚进行体外培养则可短期正常萌发成苗。利用胚拯救技术以无核葡萄为母本进行无核葡萄的育种工作可以大大提高育种效率，使育种周期缩短一半。

核果类果树的早熟品种果实发育期短，胚发育不成熟，导致常规层积播种很难成苗，胚培养技术则能够有效提高早熟品种的萌芽率和成苗率，为核果类早熟以及特早熟品种育种工作的顺利开展提供了条件。迄今为止，国内外已通过胚培养技术培育出了桃、杏等许多植物的优良早熟品种或品系。

3.获得单倍体植株

单倍体的诱导以及加倍后形成的高度纯合的加倍单倍体，在植物育种中具有重要的应用价值。通过远缘杂交结合胚培养技术是获得单倍体的有效方法之一。如栽培大麦与球茎大麦杂交，受精作用不难完成，但在胚胎发生的最初几次分裂期间，父本的染色体被排除，结果就形成了单倍体的大麦胚，然而受精后 2～5 d 胚乳逐渐解体，使得单倍体胚生长很缓慢，为得到大麦的单倍体植株，必须把幼胚剥离出来进行培养。

4.打破种子休眠，提早结实

一些植物的种子由于种胚发育迟缓存在生理后熟现象，另一些植物的种子因含抑制萌发的物质而处于休眠状态。通过幼胚培养可打破休眠，促使萌发成苗，提早结实。此外，胚培养可用于种子生活力的快速测定，且检测结果比常用的染色法更准确可靠。

5.建立高频再生体系

许多珍稀植物具有较高的利用价值，如红豆杉提取物紫杉醇是一种重要的抗癌药物，紫草根中的紫草素具有治疗烧伤、抗菌消炎和抗肿瘤等作用。因此，人们对这些植物的需求量很大。然而这些植物的自然繁殖系数低，大量采集、采伐很容易造成资源匮乏。为了克服供求矛盾，建立高频再生体系，加快繁殖速度是非常必需的。利用成熟胚培养技术加速苗木繁殖速度是一条重要途径。目前，已在小麦、水稻、苹果和山楂等植物开展了这方面的研究。

6.胚培养材料可作为转基因受体材料

植物转基因技术的应用范围正在逐渐扩大，在提高植物抗逆性、改善品质、提高产量等方面都在发挥重要作用。邓彬(2019)以‘玛瑙红’樱桃幼胚为材料诱导愈伤组织，建立‘玛瑙红’樱桃遗传转化体系，为利用遗传转化技术研究樱桃基因功能及生物育种奠定基础。另外，在水稻、小麦等植物基因转化研究中，幼胚愈伤组织是良好的受体材料。因此，建立这些植物的幼胚培养再生体系是非常必要的。

5.1.2 胚培养类型

胚的发育对营养的要求有两个阶段，即异养期和自养期。异养期(heterotrophy period)，即在胚发育早期，幼胚完全依赖胚乳和周围的母体组织提供营养；自养期(autotrophy period)，即在这个时期，胚在代谢上已经能在含有基本无机盐和蔗糖的合成培养基上生长，能主动吸收培养基中的无机盐和糖，经过自身代谢作用合成其生长必需物质，在营养上已完全独立。依据所剥离胚的发育时期不同，可以将植物离体胚的培养分为两类，即幼胚培养与成熟胚培养，这两类胚在离体培养过程中的成苗途径和所需营养条件不太一样。

幼胚一般是尚未成熟即发育早期的胚，幼胚培养是指处于原胚期、球形期、心形期、鱼雷期的离体胚培养；幼胚完全是异养的，在离体培养时比成熟胚培养困难，要求的技术和条件较高，培养不易成功。在远缘杂交育种上，离体胚的培养主要是培养幼胚，所以研究幼胚培养技术在育种中更为重要。1943 年罗士韦成功地进行了云南油杉和铁杉的幼胚培养研究，并先后成功开展了向日葵、桃、柑橘等 20 多种植物胚培养工作。特别在杂种离体幼胚培养工作与生产实践紧密结合上，获得了白菜×甘蓝、萝卜×小白菜、栽培棉×野生棉、栽培大麦×普通小麦等 10 多个种属间或种间的杂种植物，并获得了一批新品种。到目前为止，幼胚培养已发展到能使约 50 个细胞大小的极幼龄的胚状体结构培养成植株。目前植物离体幼胚培养已成为杂交育种工作中的一个常规育种手段，广泛应用于育种实践。

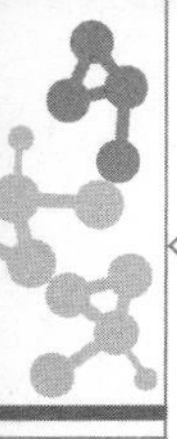

种子植物的成熟胚一般在比较简单的培养基上就能萌发生长，只要提供合适的生长条件及打破休眠，离体胚即可萌发成幼苗。成熟胚生长不依赖胚乳的贮藏营养，培养基要求简单。常用的培养基只需要含有大量元素的无机盐和糖，就可使胚萌发生长成正常的植株。Haning(1904)曾用一种无机盐加蔗糖进行十字花科植物的成熟胚(2 mm 长)的培养；Dieterich(1924)利用含 Knop 无机盐和 2.5%～5%蔗糖的固体培养基，进行许多植物成熟胚培养。1982 年，王玉英等对山楂胚培养及苗木的快速繁殖进行了研究，将当年收获的山楂种胚打破休眠，使种子不经过低温砂藏就可以萌发出小苗；同时其顶芽、侧芽及腋芽均分化成芽丛，丛生出许多无根枝条，再诱导生根，并进行移栽。成熟胚培养技术要求不严格，将受精后的果实或种子(带种皮)，用药剂进行表面消毒，剥取种胚接种于培养基上，在人工控制条件下，即可发育成为一个完整的植物体。

5.1.3　胚培养过程

1.幼胚培养

(1)材料的选择与灭菌　在胚培养中，由于植物类型及实验目的不同，对植物材料的要求也不一样。如作为一般的实验或示范，可选用大粒种子的豆科和十字花科植物便于操作，同时还要考虑到培养材料时胚发育时期的一致性，最好选择开花和结实习性有规律的植物。如荠菜植物具有总状花序，其中各个胚珠处于不同的发育时期，一般沿花序轴由上而下，胚龄逐渐增加，每个蒴果含 20～25 个胚珠，它们基本上处于同一个发育时期。如要培养处于一定发育时期的胚，必须了解该植物授粉后的天数与胚胎发育期间的相应关系；如培养的杂种胚在发育过程中发生夭折，则必须要确定在夭折前，将种子剥离下来进行培养。

取回大田或温室里种植的杂交植物的子房，用 70%酒精进行数秒钟的表面消毒，再用 0.1% $HgCl_2$ 灭菌 10～30 min，无菌水冲洗，即可用于外植体的分离和培养。

(2)幼胚的分离及培养

①幼胚的剥离　将灭菌好的材料在无菌条件下切开子房壁，用镊子取出胚珠，剥离珠被，取出完整的幼胚。因合子胚受珠被和子房壁的双层保护，属无菌环境，不需要再进行表面消毒，可直接置于培养基上进行培养。有些种子种皮很硬，须先在水中浸泡之后才能剥离。对于较小种子可借助显微镜分离，并及时转入培养瓶中进行培养。

在进行幼胚分离时，由于植物的种类及发育时期不同，分离的技术和难度也不一样。如分离不同发育时期的荠菜幼胚时，把消毒好的蒴果切开胎座区域，用镊子将外壁的两半撑开，露出胚珠。鱼雷胚或更幼小的胚，位置都局限在纵向剖开的半个胚珠之中，在剥取这种未成熟胚的时候，由胎座取下一个胚珠，然后用锋利刀片将其切成两半，将带胚的一半细心剔除胚珠组织，即可把带胚柄的整个胚取出；剥取较老的胚时，在胚珠上无胚的一侧切一小口，把完整的胚挤出到周围的液体中，整个操作过程必须小心，以免使胚损伤。在单子叶植物的幼胚分离中，以大麦研究较多，一般在显微镜下剔除颖壳，即可分离幼胚。

②幼胚的培养　胚由异养转入自养是其发育的关键时期，这个时期出现的早晚因物种而异。Raghavan(1966)在对不同发育时期的荠菜(*C. bursapastoris* L.)进行离体培养中，胚在球形期以前属异养，只有到心形期才转入自养，在这两个时期之内，培养中的胚对外源营养的要求也会随胚龄的增加而逐渐趋向简单。Monnier(1976,1978)介绍了一种固体培养方法，用这种方法可以使 50 μm 长(球形早期)的荠菜胚在同一个培养皿中不需变动原来的位置就可完成全部发育过程直到萌发。这种方法是在一个培养皿中装入两种不同成分的培养基，在培养皿中央放一个玻璃容器，将第一种较简单的琼脂培养基加热融化，注入中央玻璃容器的外围，形成外环；待第一种培养基冷却凝固后，将中央的小玻璃容器拿掉，形成一个中央圆盘，然后在圆盘中注入成分较复杂的第二种培养基，将幼胚置于培养皿中心部分的第二种培养基上培养(图 5-1)。在幼胚培养过程中，幼胚从异养到自养先后受到两种成分不同的培养基的作用，从而完成幼胚发育的整个过程。

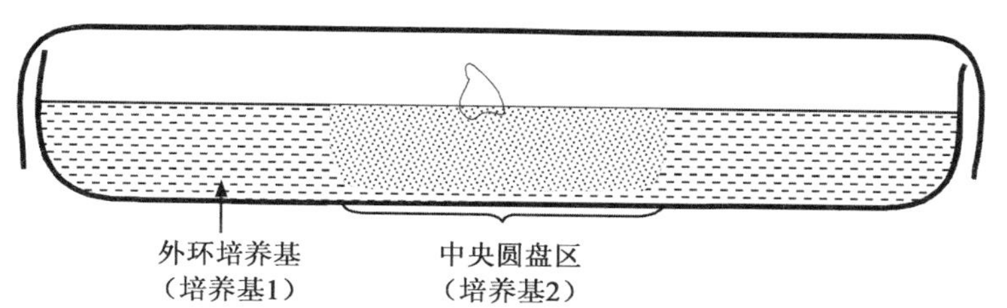

图 5-1 在一个培养皿中装有两种成分不同培养基的培养方法（王蒂，2005）

在有些情况下，幼胚通常在人工培养基上很难培养，尽管人们对培养基已经有了不少改进，但仍不够理想，特别是当胚在发育的更早时期发生夭折，拯救杂种胚就有很大困难。利用胚乳看护培养，可显著提高幼胚的成活率。在植物正常生长发育过程中，胚是由紧紧包围它的胚乳组织提供营养的，Ziebur 等（1951）报道，在进行大麦未成熟胚离体培养时，如果在其周围培养基上存在来自同一物种另一种子的离体胚乳，对胚的生长有明显的促进作用。有时异种胚乳对胚的生长比同种胚乳更为合适，Stingl（1907）在进行谷类胚胎嫁接的研究中发现，当大麦胚移植到小麦胚乳上时，比在大麦胚乳上生长更好；Kruse（1974）在某些属间杂交研究中发现，若把杂交未成熟的胚放在事先培养的大麦胚乳上进行培养，能显著提高获得杂种植株的频率，例如，大麦（*Hordeum vulgare*）×黑麦（*Secale cereale*）属间杂交，采用这种方法有 30%～40%的杂种未成熟胚可以发育成苗，而采用传统的胚培养法只有 1%能获得成功。

De lautour 等（1980）对胚乳看护培养的方法做了改进，把杂种离体幼胚嵌入到由双亲之一的胚乳中，然后把二者一起放在人工培养基上培养（图 5-2）。具体方法是：利用车轴草（*Trifolium* Linn.）和山蚂蟥（*Desmodium* Desv.）植物杂种，把杂种胚和正常胚的荚果（后者用作看护胚乳的供体）进行表面消毒，放在衬有湿滤纸的无菌培养皿中，从带有杂种胚和正常胚的荚果中各取出其胚珠，把杂种胚通过脐状口嵌入到正常胚乳中，之后将含有杂种胚的看护乳转到人工培养基上培养，并获得成功。

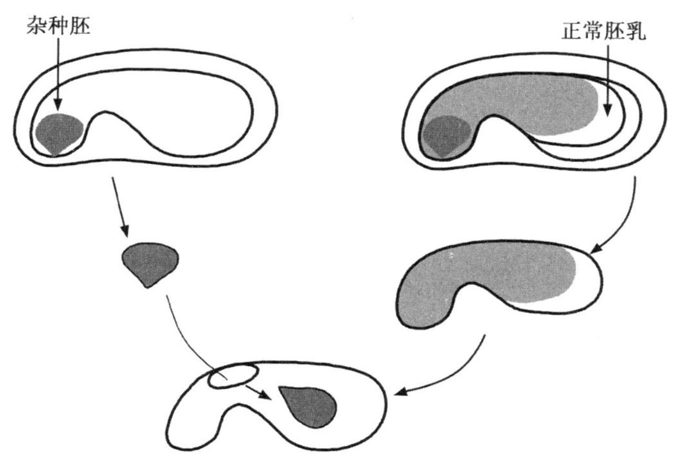

图 5-2 车轴草和山蚂蟥属植物杂种胚的胚乳看护培养法（李浚明，2002）

2. 成熟胚培养

成熟胚培养是指子叶期至发育成熟的胚培养过程。在自然状况下，许多植物的种皮对胚胎萌发有抑制作用，需要经过一段时间休眠，待抑制作用消除后种子才能萌发，然而从种子中分离出成熟胚后进行体外培养，可以解除种皮的抑制作用，使胚胎迅速萌发。成熟胚已经储备了能满足自身萌发和生长的

养分，因此在只含有无机营养元素、几种维生素和少量激素的简单培养基上就可培养。早期常用的培养基为 Tukey(1934)、Randdolph 和 Cox(1943)，后来也采用 Nitsch(1951)和 MS(1962)等较复杂的培养基。成熟胚培养实质上是胚的离体萌发生长，其萌发过程与正常种子萌发没有本质差别，因此所要求的培养条件与操作技术比较简单。根据朱至清等(2003)的研究发现，大量元素减半的 MS 培养基适用于多种植物的成熟胚培养。成熟胚培养具有取材方便、方法简单、实验周期短、不受时间限制、愈伤组织生长快和一次成苗率高等优点，主要用于珍稀物种的萌发和某些繁殖困难植物的抢救等。

成熟胚的培养过程(图 5-3)：

(1)培养基　成熟胚在简单的培养基上就可以培养，一般由含有大量元素的无机盐和蔗糖组成。

(2)培养方法　选取健壮优良的个体自交种或杂交种子，用 70%酒精进行表面消毒几秒至几十秒(消毒时间取决于种子的成熟度和种皮的厚薄)。将经过表面消毒的成熟种子放到漂白粉饱和溶液或 0.1% $HgCl_2$ 水溶液中消毒 5～15 min，然后用去离子水冲洗 3～5 次，在超净台中解剖种子，取出胚，接种在培养基上，常规条件培养即可。

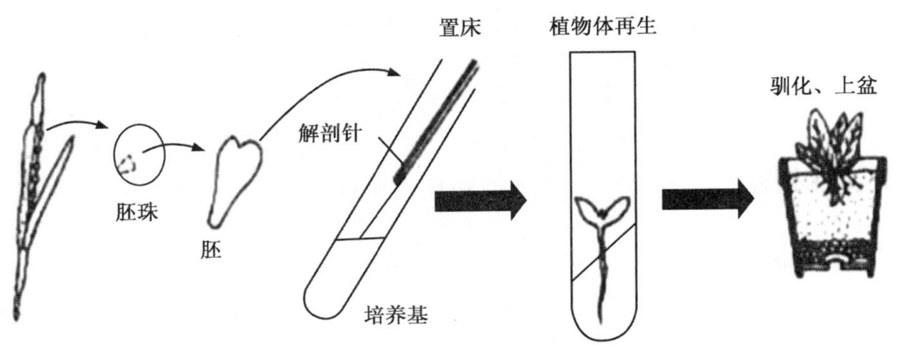

图 5-3　成熟胚培养过程示意图(陈忠辉，1999)

5.1.4　胚生长方式和植株再生途径

1. 胚生长的方式

常见的离体幼胚培养的生长发育方式有 3 种。

(1)胚性发育　指胚只在体积上增大甚至超过正常胚大小而不能萌发成苗。这种生长方式的幼胚接种到培养基上以后，仍然按照在活体内的发育方式生长，最后形成成熟胚，再按种子萌发途径出苗形成完整植株。这种途径发育的幼胚一般一个幼胚将来就是一个植株。

(2)早熟萌发　指幼胚接种后不再发育，迅速萌发成幼苗，多数情况一个幼胚萌发成一个植株，有时因细胞分裂形成许多胚状体，进而形成许多植株，即丛生胚现象。早熟萌发形成的幼苗往往畸形瘦弱，甚至引起死亡。所以在幼胚离体培养中，如何维持培养的胚胎进行正常的胚性生长，是胚培养的关键。

(3)愈伤组织分化　在许多情况下，幼胚在离体培养中首先发生细胞增殖，形成愈伤组织，再分化成胚状体或形成芽苗。一般来说，由胚形成的愈伤组织大多为胚性愈伤组织，这种愈伤组织很容易分化形成植株。与成熟器官如叶片、茎或根及成熟种子的胚相比，由幼胚诱导形成的愈伤组织具有较强的植株再生能力，特别是在禾谷类作物如水稻、玉米、小麦、高粱和大麦中更是如此。

2. 幼胚培养植株再生途径

(1)器官发生再生途径　器官发生再生途径是指在组织培养过程中，再生植株不是通过胚胎，而是通过分生组织直接分化器官，最终形成完整植株的过程。

植物的组织、细胞离体培养时，如果给予一定条件，就会使已分化成熟的细胞再重新分裂，增殖生长，这就是生长的诱导。由于分化的细胞恢复了分裂能力，细胞不断分裂，使细胞和组织逐渐失去了原有的分化状态，即脱分化，脱分化的结果就是形成愈伤组织。然后在形成的愈伤组织或继代培养的愈伤组织中形成一些分生细胞团，由分生细胞团分化成不同类型的器官，在这些分生细胞团形成一段时间以后，就能见到构成器官的纵轴上表现出单向极性(分化朝一个方向进行)。自然界中许多种植物的扦插极易形成不定根，而在组织培养中最常见的再生器官类型也是根的形成。从同一种植物不同器官取得的外植体，在短期培养中往往容易诱导形成根，也可以不经过愈伤组织，在膨大的外植体上直接形成根，如烟草的髓组织、叶肉组织、叶脉、棉花子叶等，很多情况下都可产生根。各种植物的愈伤组织，如水稻、玉米、油菜、棉花、烟草在一定条件下也易形成根，在愈伤组织的表面，根的分布通常不规则，故称为不定根。

在组织培养中，芽几乎与根一样，可以由植物不同器官的外植体在短期培养中诱导形成的愈伤组织分化产生，也可以由外植体直接形成。一般茎尖培养或短枝扦插，常常是直接形成芽。但根和芽也可以在同一组织上形成，根据对组织培养中根芽形成的大量观察，一般来说，组织培养中先形成的芽在其基部很容易形成根；而在培养物中若先形成根，往往会抑制芽的形成。在组织培养中通过形成芽和根而产生再生植株的方式有三种：第一种是芽产生之后，在芽形成的茎基部长根而形成小植株；第二种是从根中分化出芽；第三种即愈伤组织的不同部位分别形成根和茎芽，然后逐渐在根与芽之间建立起维管系统形成完整植株。由于根芽分化所要求的培养基不同，目前试验中多采用先诱导芽分化，再诱导根分化的方法。

对于一些有变态茎叶的器官(如鳞茎、球茎、块茎等)，在组织培养中也易形成相应的变态器官。如百合鳞茎的鳞片切块培养中，从分化出的芽形成小鳞茎；马铃薯的茎切段培养可以形成微型块茎；在组织培养过程中，很多花卉的鳞茎、叶片、花梗等器官经切片后进行培养均可以诱导出不定芽。目前，通过器官途径育苗已经在花卉组织培养中被广泛使用。

(2)胚状体再生途径　胚状体分化是外植体诱导出愈伤组织后，形成类似于受精卵所发育的胚胎结构(即体细胞胚)，最后由胚状体直接产生新的植株。最早是Stward(1958)在胡萝卜组织培养中获得成功的。胚状体的形成与器官的形成过程相似，是从离体组织脱分化形成的，但是胚状体的发育过程与单极性器官茎、叶和根的发育不同，在胡萝卜细胞培养中形成胚状体时，要通过球形胚期、心形期、鱼雷期和子叶期等阶段，这与整体植物中受精卵的发育极为相似；Guha 和 Maheshiwari(1964)从毛叶曼陀罗花药培养获得由花粉发育而来的生殖细胞胚状体；鲁娇娇等(2016)关于朱顶红‘Red Lion’胚性愈伤组织诱导及体细胞胚发生的研究结果表明，以朱顶红鳞片为外植体进行体细胞胚的诱导，在 MS+2 mg/L BA+1 mg/L NAA+2 mg/L TDZ+30 g/L 蔗糖培养基上胚性愈伤组织诱导率可达 90.63%，体细胞胚在不添加植物生长调节剂的 MS 培养基上可发育形成芽和根，长成完整小植株。众多研究表明，胚胎发生的能力广泛存在，也是植物体细胞培养的一个基本特征。目前，通过胚状体获取幼苗已经在很多花卉植物上广泛应用，兰花的组织培养就是一个十分成功的例子。

在胚状体发生过程中，培养基中的氮源、植物生长物质对它们的形成是十分重要的，一般认为，铵态氮对于胚状体的发生更为有利，在很多情况下，同时使用铵态氮与硝态氮也可诱导很多胚状体的发生；此外，赤霉素、细胞分裂素等物质会抑制胚状体的发生，2,4-D 等生长素类物质对胚状体的发生也有很重要的作用。

5.1.5　影响胚培养的因素

1. 培养基

(1)无机盐　用于胚培养的无机盐配方很多，互不相同。成熟胚培养的培养基主要有 Tukey、Randoiph、White 等较简单的培养基，在培养基中以大量元素和微量元素的无机盐为基本成分，此外还加入一定量糖类和一些生长附加物。用于幼胚培养的培养基有 Rijven、White、Rangaswang、Norstog 等以及常用的 MS、B5、Nitsch 等培养基。Monnier(1976)研究发现几种标准的无机盐溶液(包括 Knop、

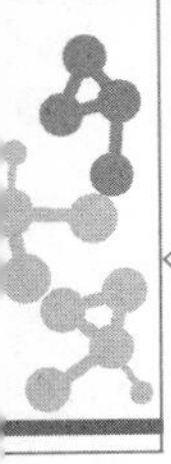

Miller、MS 等培养基)对荠菜胚培养的作用,在一定的培养基上,未成熟胚的生长和存活之间并不存在相关性,在 MS 培养基中,未成熟胚的生长最好,但存活率低;Knop 培养基中,虽然毒性小,但胚的生长较差。Monnier 通过变动 MS 培养基中每一种盐分的浓度,配制了一种既有利于生长,也有利于存活的新培养基,与 MS 相比,培养基中 K^+ 和 Ca^{2+} 比较高,NH_4^+ 水平低。另外,不同植物胚培养适用的培养基不同,如十字花科植物胚培养主要采用 B5 和 Nitsch 培养基,而核果类果树(桃、杏、李、樱桃等)采用 MS 培养基较多,禾谷类作物的幼胚培养多采用 N6 和 B5 培养基。

(2)碳水化合物　培养基中的蔗糖在胚培养过程中具有三个方面的作用:调节培养基的渗透压、作为碳源和能源以及防止幼胚的早熟萌发。加入蔗糖保持适当的渗透压对未成熟的胚培养尤其重要,胚龄越小,要求渗透压越高,这是由于在自然条件下原胚就是被高渗液体包围的,随着胚的发育,营养物质不断由营养液转移至胚。蔗糖最适浓度因胚的发育时期而有明显差异,幼胚所处的发育阶段越早,所要求的蔗糖浓度越高,如球形胚一般要求蔗糖浓度 8%～12%,而心形胚至鱼雷形胚则只要求蔗糖浓度 4%～6%;但成熟胚在含 2%蔗糖培养基中才能生长很好。

在未成熟胚的培养中,如果蔗糖浓度过低会引起胚胎过早萌发。如 Paris 等(1953)在培养小于 0.3 mm 的曼陀罗(*D. stramonium*)幼胚时,发现其适宜的蔗糖浓度为 5%,而较低的蔗糖浓度对较大的成熟胚生长适合。郭仲琛等(1982)在水稻幼胚培养中也观察到类似情况,不同胚长所需的蔗糖浓度也不一样。在胚长分别为 1.0～1.1 mm、2.0～2.5 mm、5.0～5.5 mm 和 10 mm 时,蔗糖的浓度分别为 17.5%、16.0%、12.5%、6.0%。Monnier(1976,1978)在一个培养皿中装有两种成分不同的培养基培养荠菜幼胚时,发现中央与幼胚接触的培养基蔗糖含量可达 18%。

(3)其他成分　在胚培养过程中,除无机盐和碳水化合物之外,还需要添加一些附加物,如氨基酸、维生素、植物生长调节剂以及天然有机化合物。

在胚培养中加入氨基酸,无论是单一的还是复合的,都能刺激胚的生长。加单一氨基酸时,以谷氨酰胺最有效,Rijven(1955,1956)观察到 500 mg/L 的谷氨酰胺可促进多种植物离体胚的培养;Ball(1959)在培养基中加入 1 600 mg/L 的谷氨酰胺,能强烈促进银杏胚形成幼苗的生长。

水解酪蛋白是一种氨基酸复合物,一直被广泛用作胚培养附加物。水解酪蛋白和酵母提取物对荠菜及棉花心形胚幼胚生长有明显的促进作用(Rijven,1952;Mauney,1961)。对于四季橘的球形胚培养来说,水解酪蛋白是必需的。胚对水解酪蛋白的敏感性因物种而异,栽培大麦最适浓度为 500 mg/L,紫花曼陀罗培养时水解酪蛋白为 50 mg/L 时生长较好。

常用于胚培养的维生素类有硫胺素、吡哆醇、烟酸、泛酸钙等。维生素对发育初期的幼胚培养来说是必需的,而已经萌发生长的胚,因为细胞能合成自身需要的维生素,加入维生素甚至可能对形态发生表现抑制作用。硫胺素对植物胚培养中根的伸长有促进作用,而烟酸、泛酸钙和生物素对茎的生长更为显著。

关于植物生长物质在胚培养中的作用,与植物种类及胚胎发育时期有很大关系。成熟胚生长一般不需要外源激素即可萌发,但加入激素可显著增加培养物的生长,尤其对休眠种胚,激素的启动萌发是非常必要的。关键问题是应该使加入的生长物质和植物内源激素之间保持某种平衡,使其发生胚性生长。如果激素浓度低,则不能促进幼胚的生长;但激素浓度过高,将会使幼胚发生脱分化而影响其正常发育。荠菜的原胚能在含有 IAA 和腺嘌呤的培养基上生长;在大麦未成熟胚培养中,有 ABA 和 NH_4^+ 存在的情况下,明显抑制由 GA_3 和激动素所促进的早熟萌发,使胚循序进行正常的发育;离体培养的胚胎,在很多情况下,特别是附加生长物质多时,则可显著引起脱分化,细胞增殖形成愈伤组织,并由此再分化形成多个胚状体或芽。从另外一个角度来讲,这种生长分化方式同样具有一定的研究和实际应用价值。李浚明等(1984,1991)通过把杂种胚诱导成愈伤组织,再由杂种愈伤组织分化植株的方法,在小麦(*Triticum aestivum*)×大麦(*Hordeum vulgare*)和小麦×簇毛麦(*Haynaldia villosa*)两项属间杂交中得到了大量的杂种植株，其中在小麦-簇毛麦杂种后代中选择出抗白粉病的品种。

在正常植物体上，胚的生长受胚乳的滋养，因此加入一些天然胚乳或种子提取物，对胚生长有促进作用。20世纪40年代Van Overbeek等使用椰子汁培养曼陀罗的心形胚获得成功。此后人们开始广泛地在胚培养中使用椰子汁，有椰子汁的培养基可促进甘蔗幼胚生长。使用多种天然提取物(大麦胚乳、麦芽、马铃薯块、大豆等提取物)培养大麦胚时，只有大麦胚乳可促进大麦胚的生长，而分离的大麦胚乳放置于培养的大麦胚周围，可以使0.5 mm的胚生长得到幼苗。这一现象在其他植物中也存在，如玉米胚乳组织的提取物，可促进培养的玉米胚的生长。这些种子提取物对胚培养的作用与椰子汁有相同的效果。王伏雄(1963)发现蜂王浆对银杏幼胚正常分化有促进作用，并减少培养胚的死亡率，抑制胚形成愈伤组织。

2.培养的环境条件

(1)温度　幼胚培养的温度条件一般以该植物种子萌发的适宜温度为好，对大多数植物胚培养来说，温度保持在25～30 ℃较为合适。也有需要较低或较高温度培养的植物，如马铃薯胚培养，在20 ℃下较好；而香子兰属的胚在32～34 ℃下生长最好；柑橘、苹果、梨在25～30 ℃范围是合适的；棉花胚在32 ℃生长最好。有些植物(如桃)胚培养需要变温条件下进行。

(2)光照　一般认为在黑暗或弱光下培养幼胚比较适宜，光对胚胎发育有轻微的抑制作用。大多数处于球形期至心形期的幼胚，需要在黑暗条件下培养2周后再给予光照，在胚培养的形态分化期，光照对胚芽生长有利，而黑暗则对胚根生长有利，因此，以光暗交替培养为好，对多数植物来说，每天保持16 h光照、8 h黑暗较为合适。另外，光能抑制幼胚的早熟萌发，离体培养条件下，幼胚的进一步发育还与植物种类有关，如棉花幼胚先在黑暗中培养，然后转入光照条件下培养，子叶的叶绿素生成很慢，而转入弱光下培养的幼胚，子叶很容易产生叶绿素；荠菜胚培养时，每天给以12 h的光照比全黑暗条件好。

3.胚柄对幼胚培养的影响

胚柄是一个短命的结构，长在原胚的胚根一端，当胚达到球形期时，胚柄也发育到最大。研究表明，胚柄可参与幼胚的发育过程。一般胚柄较小，很难与胚一起剥离出来，所以培养的胚都不具备完整的胚柄。Cionini等(1976)研究表明，在胚培养中胚柄的存在对幼胚的存活是关键。红花菜豆中，较老的胚，不管有无胚柄的存在，均能在培养基中生长；但幼胚培养时，不带胚柄会显著降低形成小植株的频率。因为胚培养中胚柄的存在会显著刺激胚的进一步发育，而且在胚发育的心形期就起作用。使用生长调节物质，如5 mg/L赤霉素能有效取代胚柄的作用。在红花菜豆中，心形期时胚柄中赤霉素的活性比胚本身高30倍，子叶形成后，胚柄开始解体，GA_3水平开始下降，但胚中GA_3的水平增高；当没有胚柄存在时，一定浓度范围的激动素可促进幼胚的生长，但其作用与赤霉素不同。

4.胚乳看护培养

尽管人们对培养基已做过不少改进，但培养早期胚和杂种未成熟胚仍很难成功。Ziebur和Brink(1951)采用大麦胚乳看护培养技术，成功地进行了大麦未成熟胚的培养。Kruse(1974)报道，在某些属间杂交中，若把杂种幼胚接种在事先培养的大麦胚乳上进行培养，能显著提高获得杂种植株的频率，这说明培养基中含有同一物种或另一相近物种的离体胚乳对胚的生长发育有明显的促进作用。例如，在大麦和黑麦的属间杂交中，采用这种培养方法可使30%～40%的杂种幼胚培养成苗，而传统的胚培养成功率只有1%。

后来，一些学者对胚乳看护培养做了改进，把离体杂种幼胚嵌入到双亲之一或另一物种的胚乳中，而后将其置于培养基中进行培养，如在车轴草属植物中，利用该方法获得了许多种间杂种。

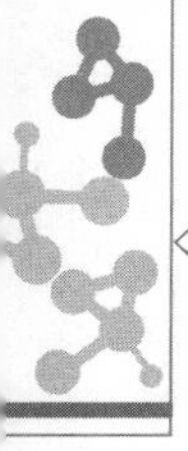

5.2 胚乳培养

5.2.1 胚乳培养的意义

胚乳培养(endosperm culture)是指将胚乳组织从母体上分离出来,通过离体培养,使其发育成完整植株的过程。胚乳组织是一种良好的实验材料,是胚发育过程中提供养料的主要场所,对于在成熟种子中保留有胚乳的一些植物,胚乳是种子萌发时为幼苗生长提供营养的组织。胚乳培养在理论上可用于胚乳细胞的全能性、胚乳细胞生长发育和形态建成、胚和胚乳的关系以及胚乳细胞生理生化机制等方面的研究。另外,胚乳培养对于研究某些天然产物,如淀粉、蛋白质和脂类的生物合成与调控具有重要意义。

胚乳离体培养较易获得三倍体植株。在裸子植物中,胚乳是由雌配子体发育而成的,所以是单倍体;而被子植物中胚乳是双受精的产物,是由两个极核和一个雄配子融合而成的,是三倍体组织。首先,三倍体植株的种子在早期会发生败育,因此可利用三倍体植株生产无籽果实;其次,三倍体植株比二倍体植株高大,生长速度快,生物产量高,这在以营养器官为产品的植物生产上具有重要价值;第三,三倍体植物的品质优于二倍体。因此,胚乳培养对于提高植物产量与品质改良都具有重要意义。

到目前为止,有 40 余种植物进行了胚乳培养,近 20 种植物获得了胚乳植株(表 5-1)。

表 5-1 被子植物胚乳在离体培养中分化芽和再生完整植株(王蒂,2004)

植物名称	科	生长和分化状况	研究者
罗氏核实木(*Putranjiva roxburghii*)	大戟科	形成植株,移栽成活	Srivastava(1973)
黑种草(*Nigella damascena*)	毛茛科	胚状体(球形胚期)	Sethi et al. (1976)
苹果(*Malus pumila*)	蔷薇科	愈伤组织分化根、叶和植株	母锡金等(1977,1978)
荷叶芹(*Petroselinum hortense*)	伞形科	分化胚状体	Masuda et al. (1977)
桃(*Prunus persica*)	蔷薇科	分化胚状体	刘淑琼等(1980)
柚(*Citrus grandis*)	芸香科	形成小植株	王大元等(1978)
马铃薯(*Solanum tuberosum*)	茄科	形成小植株	刘淑琼等(1981)
变叶木(*Codiaeum variegatum*)	大戟科	愈伤组织分化、根和芽	Chikkannaiah (1974)
水稻(*Oryza sativa*)	禾本科	形成植株,移栽成活	Nakano et al. (1975)
玉米(*Zea mays*)	禾本科	形成植株	李文祥等(1992)
小麦×黑麦杂种	禾本科	形成植株,移栽成活	王敬驹等(1982)
柏形外果(*Exocarpus cupressiformis*)	檀香科	直接从胚乳分化芽	Johri et al. (1965)
细檀(*Leptomeria acida*)	檀香科	愈伤组织分化芽	Nag et al. (1971)
白花寄生(*Scurrula pulverulenta*)	桑寄生科	直接从胚乳分化芽	Bhojwani et al. (1970)
怒江钝果寄生(*Taxillus vestitus*)	桑寄生科	直接从胚乳分化芽、吸器	Johri et al. (1970)
中华猕猴桃(*Actinidiachinensis* var. *chinesis*)	猕猴桃科	形成植株,移栽成活	黄贞光等(1982)
石刁柏(*Asparagus officinalis*)	百合科	形成植株	刘淑琼等(1987)
枸杞(*Lycium barbarum*)	茄科	形成植株,移栽成活	顾淑荣等(1985,1991)
核桃(*Juglans regia*)	胡桃科	形成植株,移栽成活	Tulecke et al. (1988)
枣(*Zizyphus sative*)	鼠李科	形成植株,移栽成活	石荫坪等(1988)
黄芩(*Scutellaria baicalensis*)	唇形科	形成植株	王莉等(1991)
杜仲(*Eucommia ulmoides*)	杜仲科	形成植株,移栽成活	朱登云等(1996)

5.2.2 胚乳培养过程

取含有胚乳的果实或种子，先进行表面消毒，然后在无菌条件下剥离胚乳接种于培养基上进行培养。胚乳培养有带胚培养和不带胚培养两种方式，一般胚乳带胚培养较容易获得成功。对于有较大胚乳组织的种子，如大戟科和檀香科的植物，可将种子直接进行表面消毒，在无菌条件下除去种皮即可进行培养；对于像桑寄生科的植物，胚乳被一些黏性物质层包裹，可先将整个种子作表面消毒，然后在无菌条件下剥开种皮，去掉黏性物质，取出胚乳组织；对于有果实的种子，如槲寄生科植物，制备胚乳时，将整个果实进行表面消毒，在无菌条件下切开幼果，取出种子，小心分离胚乳，接种在培养基上培养。

5.2.3 植株的再生

在胚乳培养研究中，器官发生是一种最为常见的植株再生方式，迄今通过这种方式产生完整再生植株的植物有苹果、梨、枇杷、柚、橙、檀香、马铃薯、枸杞、大麦、水稻、玉米、小黑麦杂种、罗氏核实木、猕猴桃和西番莲等20余种。与器官发生相比，在胚乳培养中通过胚胎发生途径获得再生植株的报道较少，其中柑橘是通过胚胎发生途径获得胚乳再生植株的首例。

1. 愈伤组织的诱导

在胚乳培养中，除少数寄生或半寄生植物可以直接从胚乳分化出器官外，大多数被子植物的胚乳，无论是未成熟或成熟的，都需要首先经历愈伤组织阶段，然后才能分化植株。胚乳接种到培养基上6～7 d后，外植体体积膨大，然后胚乳的表面细胞或内层细胞分裂形成原始细胞团，往往在切口处形成乳白色的隆突，并不断增殖形成团块，成为典型的愈伤组织结构。多数植物的初生愈伤组织皆为白色致密型，少数植物为白色或淡黄色松散型（如枸杞）或绿色致密型（如猕猴桃）。

2. 器官发生途径

愈伤组织诱导器官的形成，可通过器官发生型和胚胎发生型途径。器官发生型是先诱导愈伤组织，然后从愈伤组织中分化出芽；而胚胎发生型则是胚乳组织不形成愈伤组织，直接分化产生茎芽。通常以第一种器官发生途径为主。最早诱导器官分化的植物是大戟科的巴豆（*Croto bonplandianum*）和麻疯树（*Jatropha panduraefolia*），将这两种植物愈伤组织转移到分化培养基上，前者分化出根，后者分化出三倍体的根和芽。Srivastava（1973）进行罗氏核实木成熟胚乳培养中，发现愈伤组织在WT＋KT 5.0 mg/L＋IAA 2.0 mg/L＋CH 1 000 mg/L培养基上，茎芽的分化率达到85%，而且这些茎芽在同一种培养基上最终长成了4 cm高的小植株。

1977年中国农业科学院柑橘研究所的科研人员首次成功地从柚子的胚乳培养出胚乳植株，将柚的胚乳愈伤组织转到MT＋GA_3 1.0 mg/L培养基上，分化出球形胚状体，之后在无机盐加倍和逐步提高GA_3的培养基上，胚状体进一步发育形成胚乳再生植株。与器官发生型相比，在胚乳培养中，通过胚胎发生途径获得再生植株的植物较少，主要有柚、檀香、橙、桃、枣、核桃和猕猴桃等。

3. 三倍体后代的特征

（1）形态特征　由于被子植物的胚乳是三倍体，因此通过胚乳培养可得到三倍体植株，产生无籽果实，或由其加倍成六倍体植物。无籽果实食用方便，多倍体植株比原形植株具有粗壮，叶片大而肥厚，叶色浓，花型大或重瓣，果实大但结实率低的特征。对这些变异性状，可以直接利用或作为育种材料，尤其在花卉新品种和药用植物新品种选育方面往往有重要的利用价值。

（2）胚乳再生植株的倍性　在胚乳培养中，胚乳愈伤组织及再生植株的染色体数常常发生变化。例如苹果（$2n=34$）胚乳植株根尖细胞染色体数的分布范围是29～56，其中多数是37～56，真正三倍体细胞只占2%～3%（母锡金等，1978）。枸杞、梨、玉米和大麦等的胚乳植株的染色体数也不稳定，同一植株往往是不同倍性细胞的嵌合体。染色体倍性的混乱现象，在胚乳培养中相当普遍。对于胚乳培养的染色体倍性，根据已有的研究结果来看，多数胚乳培养都由具有多种数目的染色体细胞组成，且多数细

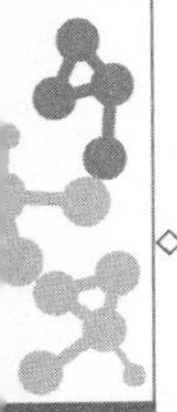

胞的染色体为非整倍体，具有三倍数染色体的细胞较少。而在有些植物的胚乳细胞培养中，表现了倍性的相对稳定性，这些植物胚乳细胞往往也能长期保持器官分化的能力，如核桃、檀香、橙和柚等。

影响胚乳细胞在培养中染色体稳定性的因素主要有：胚乳的类型、胚乳愈伤组织发生的部位以及培养基中外源激素的种类和水平。国内在苹果、桃、猕猴桃、马铃薯等植物的胚乳培养中获得再生小植株。猕猴桃是雌雄异株植物，胚乳的染色体两组来自母本，一组来自父本，胚乳培养不仅可以获得三倍体植株和其他多倍体及非整倍体植株，而且对于研究植物性别决定也很有意义。根据黄贞光等(1982)报道，猕猴桃来源于同一植株的胚乳，可以培养出三倍体和二倍体两种倍性的植株，ZT 3 mg/L＋NAA 0.5 mg/L 的培养基上，由愈伤组织培养出的胚乳植株，根尖染色体鉴定为二倍体，$2n=58$，而在 ZT 3 mg/L＋2,4-D 1 mg/L 培养基上得到的胚乳植株的根以及胚状体的胚根，染色体倍性鉴定证明是三倍体 $2n=3x=87$，表明培养基的外源激素配比，不仅决定胚乳细胞的增殖和分化，而且影响细胞染色体倍性的变化。

5.2.4 胚乳培养的主要影响因素

1.培养基与培养条件

在胚乳培养中，常用的基本培养基有 White(WT)、LS、MS、MT 等，其中以 MS 使用最多。此外，为了促进愈伤组织的产生和增殖，在培养基中还经常添加一些有机物，如水解酪蛋白和酵母提取物等，在小麦、变叶木和葡萄胚乳培养中，可添加一定量的椰子汁，对愈伤组织诱导和生长是必需的。除基本培养基和有机附加物外，植物激素对胚乳愈伤组织的诱导和生长起着十分重要的作用。对多数植物来说，在没有任何外源激素培养基中，不能或很少诱导胚乳愈伤组织的产生。不同植物愈伤组织诱导需要的植物生长调节剂种类不同，一般来说，单子叶植物需要较高浓度的生长素，而双子叶植物往往需要细胞分裂素与生长素配合使用效果较好，如大麦胚乳培养只有在添加一定浓度 2,4-D 的培养基上才能产生愈伤组织；在猕猴桃胚乳培养中，玉米素的效果最好；而在枣胚乳培养中，无论是单一的激素还是生长素和细胞分裂素配合，都能有效诱导愈伤组织的形成；荷叶芹植物的胚乳，则能在无任何激素的培养基上产生愈伤组织。胚乳培养中，蔗糖浓度一般为 3%～5%，但在小黑麦杂种胚乳培养中，8%的蔗糖浓度有利于愈伤组织的形成。

胚乳愈伤组织生长的适宜温度为 25 ℃左右，对光照和培养基 pH 的要求则因物种不同而异。玉米胚乳适合于暗培养，蓖麻胚乳则在 1 500 lx 的连续光照下生长较好，其他物种的胚乳培养多数是 10～12 h 光照条件下进行。胚乳培养对 pH 的要求较高，一般在 4.6～6.3 之间，但不同植物适宜的 pH 有很大差异，如巴婆适宜的 pH 为 4.0，蓖麻以 5.0 为好，苹果 6.0～6.2 较为适宜，而玉米胚乳愈伤组织在 pH 7.0 时生长最好。

2.胚在胚乳培养中的作用

关于胚在胚乳培养中的作用一直受到人们的关注。在胚乳培养中，通常有带胚培养和不带胚培养两种方式。带胚胚乳比不带胚胚乳组织容易形成愈伤组织，当愈伤组织形成后，除去胚并不影响胚乳组织的增殖。朱登云(1996)和 Srivastava(1973)认为，原位胚的参与或代之以 GA_3 处理对于成熟胚乳愈伤组织的诱导是必需的。胚对胚乳培养的影响，与胚乳的生理状态或胚乳的年龄有关。刘淑琼等(1980)在桃的未成熟胚乳培养中发现，在胚存在的情况下，愈伤组织诱导率从 60%提高到 95%。但处在旺盛生长阶段的未成熟胚乳，只要培养条件合适，无须胚的参与就能脱分化而形成愈伤组织，这已被苹果、猕猴桃、柚、枇杷等的胚乳培养结果所证实。而对成熟的胚乳，特别是干种子的胚乳培养，生理活动十分微弱，在诱导其脱分化形成愈伤组织之前，必须借助于原位胚的萌发使其活化。胚对胚乳组织的增殖作用，有人认为是某种“胚性因子”在起作用。Srivastava(1971)研究发现，核实木胚乳组织在培养之前先用不同浓度的 GA_3 或 IAA 处理，比如用 1～2 mg/L GA_3 浸泡 36 h 的核实木胚乳组织，在无胚的情况下，可形成愈伤组织并分化出绿色芽体，故认为这种“胚性因子”可能就是赤霉素。

总之，胚乳培养是否必须有原位胚的参与，主要与接种时胚乳的生理状态和胚乳的年龄有关。

3.胚乳发生类型和发育程度

植物胚乳可以分为两大类：被子植物胚乳和裸子植物胚乳。被子植物胚乳是双受精的产物，它由两个极核和一个雄配子融合形成，所以在染色体倍性上它属于三倍体组织。裸子植物很特殊，它的胚乳在受精前就已形成，裸子植物的胚乳为配子体的一部分，由大孢子直接分裂发育而成，因此它是单倍体组织。

被子植物胚乳的发育与植物其他组织相比具有独特性，胚乳的发生方式分为核型（精核与极核受精后，只以核的分裂方式增殖）、细胞型（精核与极核受精后，是以细胞分裂的方式增殖）和沼生目型（精核与极核受精后，有核分裂和细胞分裂两种方式混生增殖），其中核型胚乳占61%。胚乳发生类型直接影响胚乳愈伤组织的产生和诱导频率的高低。胚乳的发育时期可分为早期、旺盛生长期和成熟期。不论胚乳属于核型或细胞型，处于发育早期的胚乳，愈伤组织的诱导率较低。例如，同为细胞期的红江橙（核型），前期愈伤组织诱导率低于后期；青果期的枸杞胚乳（细胞型）愈伤组织诱导率低于变色期和红果期；而处于游离核或刚转入细胞期的核型胚乳，无论是草本植物还是木本植物，都难以诱导愈伤组织的形成。

处于旺盛生长的胚乳，在离体条件下最容易诱导产生愈伤组织，如葡萄、苹果和桃的胚乳，愈伤组织诱导率可达90%～95%。因此，胚乳培养中，旺盛生长期是取材的最适时期。禾本科植物胚乳培养最适时期：水稻为授粉后4～7 d，黑麦草为7～10 d，玉米和小麦为8～12 d，大麦为10～20 d。一般情况下，接近成熟和完全成熟的胚乳，愈伤组织的诱导率很低。如种子发育后期的苹果胚乳，愈伤组织诱导率只有2%～5%，授粉后12 d的玉米和小麦胚乳，都不能产生愈伤组织；但成熟期的水稻，表现出较高的愈伤组织诱导率和器官分化能力。另外一些木本植物，如大戟科、桑寄生科和檀香科植物，它们的成熟胚乳不仅能产生愈伤组织，而且有不同程度的器官分化或再生植株的能力。

5.3 胚珠和子房培养

5.3.1 胚珠和子房培养的意义

幼胚培养中，要取出心形期或比其更早期的胚进行培养，对培养技术的要求更高，分离也更困难，特别在兰科植物中，即使已经成熟的种子胚也非常小，操作起来就更困难，而分离胚珠和子房则比较容易。胚珠是种子植物的大孢子囊，是孕育雌配子体的场所，也是种子形成的前身。子房是雌蕊基部膨大的部分，由子房壁、胎座、胚珠组成。

植物胚珠和子房培养包括已受精和未受精胚珠和子房的离体培养。未受精胚珠和子房的培养可与花药和花粉培养一样获得单倍体植株，但获得单倍体植株的频率较后者高。通过单倍体加倍，可快速获得异花授粉植物的自交系和无性系，并发生隐性突变；通过单倍体培养中的变异可创造新的种质资源，这对植物遗传育种有重要意义。此外，未受精胚珠培养还是研究离体受精的基础。受精之后的胚珠与子房培养，可克服远缘杂交的败育现象，使杂种胚的早期原胚正常发育，并萌发成苗；还可用于研究果实及种子的生长发育机理。

5.3.2 胚珠和子房培养过程

1.胚珠培养的方法

胚珠培养是指在人工控制的条件下，对胚珠进行离体培养使其生长发育形成幼苗的技术。1942年，兰花胚珠培养获得成功，并得到种子，缩短了从授粉到获得种子的时间。而未授粉胚珠培养的研究进程较慢，直到20世纪80年代初才获得成功。1980年，Caynet-Sitbon首次用非洲菊未授粉胚珠经愈

伤组织分化成单倍体植株。此后又获得了烟草、甜菜、橡胶、向日葵、葡萄、西葫芦、黄瓜和牡丹等多种植物的单倍体植株。

由于幼胚分离难度较大，而胚珠分离相对容易，在幼胚培养时常采用胚珠培养。胚珠培养分为两种类型，即受精胚珠培养和未受精胚珠培养。未受精胚珠培养材料的选择要在开花前 1～6 d，而受精胚珠培养要在授粉后 1～120 d 不等，较晚时期有利于胚的发育。培养受精胚珠，可根据培养要求，在大田或温室取回授粉时间合适的子房；如果培养未受精的胚珠，则应在授粉前适当时间摘取子房。培养时首先利用 70％的酒精表面消毒 30 s，再用 5％的次氯酸钠溶液灭菌 10 min，无菌水冲洗数次，然后将已消毒的子房在无菌条件下进行剥离，用解剖刀沿纵轴切开子房，将胚珠一个个取出来，或者将带有胎座部分的胚珠一起取下接种。未受精胚珠培养后，可以诱导产生愈伤组织或体细胞胚状体，进而再生植株；已受精胚珠的培养，主要是使杂交胚珠在适宜的培养条件下生长发育。通常受精后的胚珠较幼胚培养容易成功，培养条件也不如幼胚培养严格。

2.子房培养的方法

子房培养是指将子房从母体上分离下来，放在人工配制的培养基上，使其进一步生长发育成为幼苗的过程。在进行胚珠培养时，常常因为分离技术严格而采用子房培养。根据培养子房是否受精，可将子房培养分为受精子房培养和未受精子房培养两类。1949 年和 1951 年，Nitsch 先后建立了较完整的子房培养技术，培养了小黄瓜、番茄、菜豆、草莓、烟草等植物授粉前和授粉后的离体子房，在含蔗糖的无机盐培养基上，授粉后的小黄瓜和番茄获得了成熟果实及具有生活力的种子。随后，在大麦、烟草、小麦、向日葵、水稻、玉米、百合、青稞、荞麦、白魔芋和杨树等数十种植物上获得了单倍体植株。

子房培养的程序和方法与胚珠培养相似，若培养未受精的子房，一般选用开花前 1～5 d 大田里种植的植株子房；若培养受精后的子房，应在授粉后，根据培养的目的，选择不同授粉天数的子房作为试材。子房培养可大大减少相同胚龄胚培养的难度。

单子叶植物的子房包裹在颖壳里，而颖花又严密包裹在叶鞘中，花内子房无菌，因此只要在幼穗表面用 70％酒精擦拭，即可在无菌条件下剥取子房直接接种。双子叶植物的花蕾可以用饱和漂白粉溶液灭菌 15 min，无菌水冲洗后备用。对其他子房裸露的植物则应按照正常表面消毒程序，严格进行消毒之后，在无菌条件下除去花萼、花冠或颖壳，将子房接种于合适的培养基上进行培养。

5.3.3　影响胚珠和子房培养的主要因素

1.影响胚珠培养的因素

(1)培养基　胚珠培养的培养基较多采用 White、Nitsch、MS 等培养基。培养授粉后不久的胚珠，要求附加椰子汁、酵母提取物、水解酪蛋白等，同时还可添加一些氨基酸如亮氨酸、组氨酸、精氨酸等。

研究表明，在离体胚珠的发育过程中，培养基的渗透压起着重要的作用，特别是对幼嫩的胚珠更是如此。矮牵牛授粉后 7 d，胚珠处于球形胚期，将其剥离置于蔗糖浓度为 4％～10％的培养基上，即可发育为成熟的种子。若胚珠内含有合子和少数胚乳核，适宜的蔗糖浓度为 6％，而刚受精后的胚珠培养时，适宜蔗糖浓度则为 8％。

在进行胚珠培养时，胚珠的发育时期对其培养成功有很大影响。罂粟授粉后 2～4 d 的胚珠，培养时所要求的培养基较复杂，在 Nitsch 培养基上即使附加酵母提取物、水解酪蛋白、激动素、生长素等，也不能促进胚珠的发育，而采用发育到球形胚期的胚珠，用简单的培养基就能成功。

(2)胎座和子房　对于胚珠培养来说，胚珠授粉的天数，以及是否带有胎座，对培养的胚珠发育有显著影响。如罂粟授粉后第 6 天的胚珠，从胎座上切下来，置于添加维生素的 Nitsch 培养基上时，所经历的发育过程与正常胚珠大体相同，移植后第 20 天的胚珠比自然条件生长的胚珠大，并且胚珠经过充分发育而形成成熟的种子，继续培养就会发芽形成幼苗。培养带有胎座或子房的胚珠时，所需培养基较简单，而且受精后不久的胚珠也容易发育成种子，所以进行单个胚珠培养不能成功时，可考虑用带有胎座或子房的胚珠一起进行培养。

(3)胚发育时期　在胚珠培养中,不同发育时期对胚珠培养成功有很大影响。一般合子和早期原胚较难取材,而且对培养基成分要求严格。曾有虞美人(*Papaver rhoeas*)合子期胚珠培养成功的报道,并且 Maheshwari 等(1961)培养罂粟授粉后 6 d 的离体胚珠,也获得了有活力的种子。培养发育到球形胚期的胚珠,对培养基的要求不严格,较容易培养成功而获得种子。许多植物在含有无机盐、蔗糖和维生素的基本培养基上培养即能获得成功,如果附加水解酪蛋白和椰子汁等,可促进其生长发育。

2. 影响子房培养的因素

(1)材料的选择　大量子房培养研究证明,不同植物及不同品系植物间诱导产生单倍体植株的频率存在明显差异。例如,向日葵不同品种在培养中的差异十分显著,大体可分为 3 种类型:第一类是能诱导孤雌生殖,如"当阳""阿尔及利亚"和"B-11"等;第二类不能诱导孤雌生殖,但珠被体细胞能增生,如"苏 32""辽 14"和"观赏"等;第三类对培养的反应比较迟钝,既不能诱导孤雌生殖,也无体细胞增生,如"兴山""天津"和"夫尼姆克"等。

子房培养能否成功,除了受基因型影响外,其胚囊所处的发育时期对胚状体的诱导频率也起着关键作用。因此,选择适宜的时期进行未授粉子房的培养至关重要。未授粉子房培养以选择胚囊接近成熟时期的子房较易成功。由于胚囊的分离和观察都非常复杂,所以在实际工作中通常是根据胚囊发育与开花的其他习性和形态指标的相关性来确定,如距离开花的天数(一般是开花前 2 d)和花粉发育时期等。

(2)培养基　比较常用的基本培养基是 N6、MS、BN 和改良 MS(添加维生素 B_1 4 mg/L)。禾本科植物常用 N6 培养基,而其他植物多用 MS 和 BN。不同的培养基对子房培养产生愈伤组织的诱导频率有明显影响。已授粉子房培养只需简单的培养基即可形成果实,并含有成熟种子;而未授粉子房的培养对培养基的要求很严格。

多数研究表明,未授粉子房培养必须加入适宜种类和浓度的生长调节剂,但不同植物所需的调节剂种类和配比各不相同。在百合未授粉子房培养时,2,4-D 单独使用诱导频率为 18.87%,2,4-D+6-BA 配合使用诱导频率为 33.73%,2,4-D+KT 诱导频率为 47.76%。

在未授粉子房培养中,蔗糖浓度多为 3%~10%。一般在诱导培养阶段,蔗糖浓度相对要求较高,而在分化培养时蔗糖浓度相对要求较低。

(3)接种方式　子房壁与花药壁相比,对营养物质的通透性较差,所以子房培养时应采用适于营养物质吸收的接种方式。在使用固体培养基时,接种方式是影响培养成功的关键因素之一。例如,在大麦未授粉子房的培养中,花柄直插较平放的诱导频率高 6 倍,这可能与材料的极性和营养元素的吸收有关。

5.4 植物离体受精

5.4.1 植物离体受精的意义

植物的离体受精是指用无菌花粉对离体条件下的子房或胚珠进行授粉受精,使子房或胚珠发育为成熟种子的过程。从花粉萌发到受精形成种子以及种子萌发到幼苗形成的整个过程,均在试管内完成,所以称为离体受精,或试管授精。

离体受精技术在克服植物受精不育障碍,特别是克服花粉在柱头上不能萌发或花粉萌发后不能进入花柱,或在花柱中生长缓慢,使配子不能如期融合障碍等方面有着极其重要的意义。

在实际应用上,活体授粉(子房内授粉)适用于子房较大的植物,因为这种方法能使花粉萌发后不需

经过柱头和花柱组织直接进入子房,可应用于克服柱头和花柱组织上出现的两性不亲和性,但这种方法仍然是在原植物体上进行的,对子房容易脱落的植物不太适用。而雌蕊离体授粉(柱头授粉)方法,由于从授粉开始直到果实成熟都在试管内进行,同时培养基组成和培养条件也可控制,解决了子房脱落和因胚乳发育不良使胚败育等问题,但由于整个受精过程仍然是通过柱头进行的,所以不能克服因柱头花柱组织造成的不亲和性。子房和胚珠试管授精方法就具有较大的优越性,因这两种方法是将花粉直接授粉于子房或胚珠上,整个受精过程都在人工控制试管里进行,所以它既可排除柱头和花柱组织对于受精的障碍,又可克服子房脱落和胚或胚乳败育等问题。

5.4.2 离体授粉的类型

根据无菌花粉授于离体雌蕊的位置,可将离体授粉分为 3 种类型,即离体柱头授粉、离体子房授粉和离体胚珠授粉(图 5-4)。进行离体授粉时,从花粉萌发到受精形成种子以及种子萌发和幼苗形成的整个过程,一般均在试管内完成。

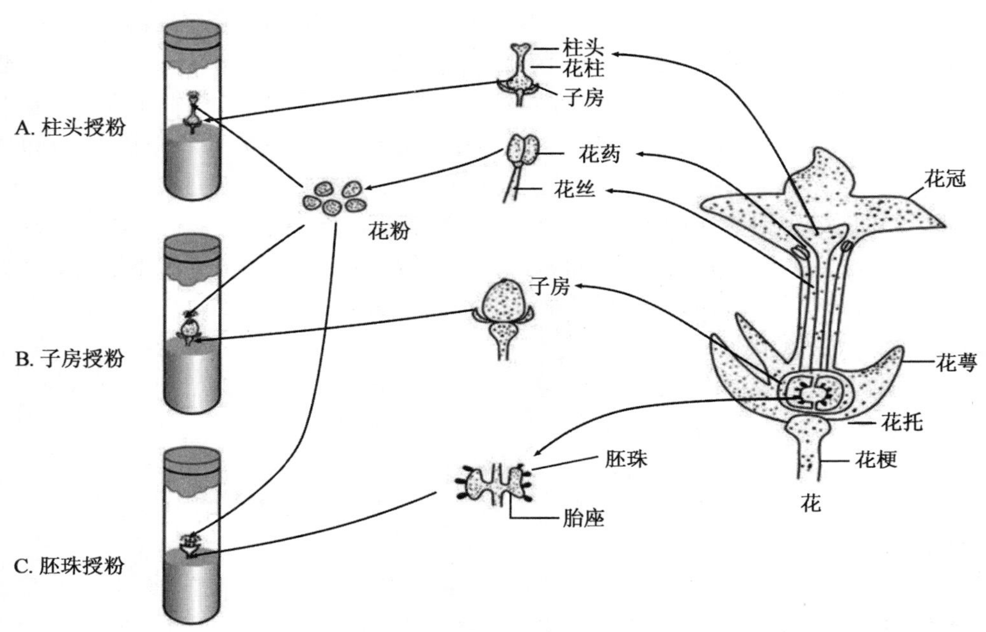

图 5-4 离体授粉的 3 种方式示意图(Razdan,1993)

1. 离体柱头授粉

离体柱头授粉是指将无菌花粉授于离体培养的雌蕊(未受精的)柱头上,得到含有可育性的种子或果实,又称为雌蕊离体授粉(图 5-4A)。离体柱头授粉的方法通常是在花药尚未开裂时切取母本花蕾,消毒后,在无菌条件下用镊子剥去花瓣和雄蕊,保留萼片,将整个雌蕊接种于培养基上,当天或第 2 天在其柱头上授以无菌的父本花粉。离体柱头授粉是一种接近于自然授粉情况的试管授精技术,先后在烟草、金鱼草、玉米、小麦等植物上获得了成功。

2. 离体子房授粉

离体子房授粉是指在离体条件下,将无菌花粉直接引入子房,使花粉粒在子房中萌发、完成受精,并获得具有生活力的种子,也称为子房内授粉。把花粉直接送入子房实现受精作用,可以克服柱头或花柱授粉不亲和性障碍。子房内授粉可分为两种类型,即活体子房内授粉和离体子房内授粉。

(1)活体子房内授粉 这种授粉方式是指被授粉的子房并不离体,仍然在活体植株上,对其用花粉悬浮液进行授粉,使活体子房发育并形成成熟种子的过程。早在 1926 年,Dahlgren 就在卵形党参

(*Codonopsis pilosula*)中将花粉授于活体子房顶部的切口处，成功地实现了受精。

整个操作步骤包括：①确定供试植物的开花和花药开裂时间；②对母本花蕾去雄并套袋；③采集父本花粉；④确定适于父本花粉萌发的溶液；⑤将花粉引入子房。

花粉粒引入子房的方法有两种：①直接引入法，用锋利刀片在子房壁或子房顶端上开一切口，把花粉从切口处送入子房；②注射法，将花粉粒用 100 mg/L 硼酸配制成悬浮液，每滴悬浮液含 100～300 个花粉粒。母本开花后，将子房用酒精棉进行表面消毒，在子房两侧彼此对应的位置上钻两个小孔，用无菌注射器由一个小孔向子房内注入花粉悬浮液，子房内的空气则由另一个小孔排出，悬浮液要注满子房腔，直到开始由另一小孔流出为止，注射完毕后，将两个小孔用凡士林封上。这种子房内授粉的方法在虞美人、罂粟、花菱草等植物中已获得成功。

(2)离体子房内授粉　离体子房内授粉是指用无菌花粉对离体培养的子房进行授粉，使其发育成成熟种子的技术(图 5-4B)。取即将开花的花蕾，经过表面消毒，剥离花萼和花瓣，去掉柱头和花柱，在试管中将异种无菌花粉授于子房顶端的切口处，或将异种无菌花粉引入子房内(引入方法同活体子房内授粉)，从而实现受精过程。Inomata(1979)进行两性不亲和物种油菜和甘蓝的种间杂交中，利用离体子房内培养的方法成功地获得了杂种。

3. 离体胚珠授粉

离体胚珠授粉是指离体培养未受精的胚珠，并在胚珠上授粉，最终在试管内结出正常的种子(图 5-4C)。离体胚珠授粉既可以将胎座上切下的单个胚珠(裸露胚珠)接种在培养基上，然后撒播花粉于胚珠表面，实现受精；也可以将带有完整胎座或部分胎座的胚珠接种在培养基上，并撒播花粉进行受精。Kanta 等(1963)通过培养胚珠，并进行离体授粉使花粉管直接进入胚珠，成功地进行了试管内受精。Kanta 等把罂粟未授粉的胚珠培养于试管内的 Nitsch 培养基上，在移植的胚珠上撒上花粉粒，结果 15 min 内花粉萌发，花粉管生长迅速，2 h 内就在胚珠的外表布满了花粉管，并在许多胚珠中发生了受精作用。利用这种方法，Kameya(1970)成功地进行了甘蓝(*B. oleracea*)×大白菜(*B. pekinensis*)的种间杂交。

5.4.3 离体受精的方法

1. 试验材料的选择

实验最好选用子房较大并有多个胚珠的植物，例如茄科、罂粟科、石竹科等。在这些植物中，其胎座上布满上百个胚珠，由于数量大，在分离过程中仍有许多胚珠是完好无损的，因此容易在授粉后进一步发育。上述几个科的植物花粉易于在胚珠上萌发，花粉管能大量在胚珠和胎座上生长。

在单子叶植物中，最先在玉米离体子房受精中获得成功(邵启全等，1977)。后来采用胚珠离体受精也获得成功，由于在剥除玉米子房壁获取裸露胚珠的过程中容易造成损伤，可用刀片将未授粉玉米果穗块上的子房上部 1/3 切除，从而使胚珠外露。这种方法操作简便，在技术熟练情况下不易伤害胚珠，而且能在短时间内得到大量能正常发育的玉米胚珠。

不论雌蕊离体授粉还是胚珠试管授精，多保留母体花器官组织有利于离体受精成功，如小麦雌蕊离体授粉中，保留颖片有利于籽粒发育；在水稻试管授精中，可用尚未开花的稻穗作温汤去雄(45 ℃，5 min)后，用父本花药塞入待授粉的母本的颖花中，然后将带有一段枝梗的颖花直插在培养基上，使花颖的基部和培养基接触，实验表明，带枝梗的颖花受精率高。

2. 离体受精的一般程序

离体受精的一般程序是：①确定开花、花药开裂、授粉、花粉管进入胚珠和受精作用的时间；②去雄后将花蕾套袋隔离；③制备无菌子房或胚珠；④制备无菌花粉；⑤胚珠(或子房)的试管内授粉。

为了避免意外授粉，用作母本的花蕾必须在开花之前去雄并套袋。开花之后 1～2 d 将花蕾取下，带回实验室准备进行无菌培养。将花萼和花瓣去掉，把雌蕊在 70%酒精中漂洗数秒，再用适当的杀菌

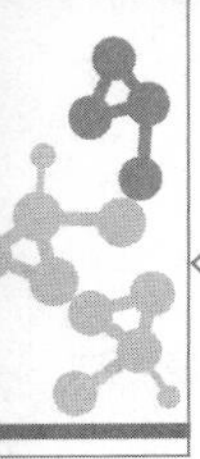

剂进行表面消毒，最后用无菌水洗净，去掉柱头和花柱，剥去子房壁，使胚珠暴露出来。接种时，可带着胚珠的整个胎座，或把胎座切成数块，每块带有若干胚珠，之后进行离体授粉。在进行离体柱头授粉时，需要仔细对雌蕊进行表面消毒，不能使消毒液触及柱头，以免影响花粉在柱头上的萌发生长。对单子叶植物，每一朵花为一个子房(胚珠)，但玉米则可用授粉前雌蕊，且子房有若干层苞叶保护，没必要进行表面消毒，可将果穗切成小块，每块带有 2 行共 4～10 个子房，可获得大量无菌胚珠来进行离体授粉。

为了在无菌条件下采集花粉，需要把尚未开裂的花药从花蕾中取出，置于无菌的培养皿中直至花药开裂；若要从已开放的花中摘取花药，应将花药进行表面消毒，然后将其置于无菌培养皿直到开裂。将散出的花粉在无菌条件授予培养的胚珠、胎座、柱头上或其周围。如果胚珠表面有水分，则常常抑制胚珠上花粉管的生长。因此在胚珠接种后，如在培养基表面出现一层水分，则应用无菌的滤纸吸干，然后再授予花粉。据报道，把花粉授到胚珠或胎座上的效果，比撒在胚珠周围的培养基上效果好。

离体授粉受精成功的标志，是在受精之后能由胚珠或子房形成有生活力的种子。一般来讲，授粉后胚珠(或子房)可以在适宜于胚珠(或子房)培养的培养基上培养，培养条件也没有特殊要求。光照强度一般为 1 000 lx，光照时间 10～12 h 即可。受精后的胚，有的可发育成种子，如烟草、矮牵牛、康乃馨等；有的是胚原位萌发，即授粉 5 周后，子房上可直接长出植株。

5.4.4 影响离体授粉和受精后结实的因素

1. 影响离体授粉成功的因素

(1)外植体　试管授精技术是克服自交或杂交不亲和性障碍的一种有效方法，但至今通过离体受精获得成功的例子仍然有限，从而限制了该技术的广泛应用。

①柱头和花柱的影响　柱头是某些植物受精前的障碍，要克服这种障碍，必须去掉柱头和花柱。但根据叶树茂(1978)用烟草试验表明，保留柱头和花柱，试管授精良好，平均 80% 的子房能结种子；去掉部分柱头，对产生种子影响不大；但把柱头和花柱全部去掉，子房结实率较低。

②胎座的影响　在试管授精中，子房或胚珠上带有胎座，有利于离体受精的成功。至今试管授精大部分成功的例子，都是用带胎座的子房或胚珠材料。同时多胚珠子房的离体受精也易成功。

③外植体的生理状态　在剥离胚珠或子房时，其生理状态对授粉后的结实率有明显影响。在开花后 1～2 d 剥离的胚珠比在开花当天剥离的胚珠结实率高。玉米果穗进行离体授粉的适宜时期是在抽丝后 3～4 d。进一步研究表明，烟草利用授粉后剥离的未受精胚珠比未授粉雌蕊上剥离下来的胚珠，经花粉离体授粉后的结实率高，这是因为花粉在柱头上萌发或花粉管穿越花柱会影响子房内代谢活动，刺激子房中蛋白质的合成。因此，在离体授粉中，可以把剥离胚珠的时间选择在雌蕊授粉后和花粉管进入子房之前，从而增加离体授粉成功的机会。

(2)培养基　试管内授粉后，如何保证花粉迅速萌发，并且有较高的萌发率，花粉管能迅速伸长并在受精允许的时间内到达胚囊，实现受精过程，关键因素是培养基。常用于离体授粉的培养基为 Nitsch、White、MS 等。研究发现 $CaCl_2$ 对离体授粉有很大影响，Kameya(1966)先将离体胚珠在 1% $CaCl_2$ 溶液中蘸一下，然后立即用开放的花中采集到的花粉进行授粉，最后把完成受精作用的胚珠转到 Nitsch 培养基上培养，通过这种方法，获得了具有萌发力的种子，若不用 $CaCl_2$ 处理则不能形成种子，可见 Ca^{2+} 具有刺激花粉萌发和花粉管生长的作用。培养基中蔗糖的浓度一般为 4%～5%，在玉米中适合的蔗糖浓度为 7%。在有机附加物中一般有水解酪蛋白、椰子汁、酵母提取液等。烟草胎座授粉后加入少量的激动素、生长素和这些附加物，能显著提高子房的结实数。

(3)培养条件　在离体授粉中，培养物一般都是在黑暗或光照较弱的条件下。但 Zenkteler(1969，1980)研究发现，无论培养物在光照或黑暗条件下培养，离体授粉的结果没有差别。离体授粉培养的温度条件一般为 20～25 ℃，在水仙植物中，15 ℃的培养条件比 25 ℃条件下能显著增加每个子房的结实数，而在罂粟中则需要较高的温度条件。

2. 影响受精后结实的因素

(1)培养材料的选择和处理　胚珠或子房的发育时期不同,它们的受精能力也不同。有的植物开花前适于受精,而有的植物在开花后适于受精,所以在实验前,应了解其生殖特性,以提高离体授粉成功率。如玉米果穗进行离体授粉的适宜时期是抽丝后 3~4 d。

材料的处理也影响授粉成功率。柱头是某些植物受精的障碍,一般应切除柱头和花柱。但烟草等植物保留花柱和柱头有利于离体授粉。对于玉米,连在穗轴上的子房比单个子房离体授粉效果好。此外,胎座组织对离体授粉有利,目前离体授粉成功的多数例子,都是以带胎座的胚珠授粉的。

(2)培养基　离体授粉一般采用 MS、Nitsch 或 B5 培养基,以 Nitsch 培养基应用较多。离体胚珠(子房)培养的成活率以及离体花粉萌发率和花粉管的生长速度都直接影响离体授粉的成功率。而提高离体胚珠成活率,影响花粉萌发率和花粉管生长速度的主要因素是培养基。因此,要对培养基成分进行严格的筛选,如基本培养基、激素种类和浓度、渗透压和 pH 等。要选择有利于胚珠(或子房)培养和花粉萌发生长的培养基。

小　　结

(1)植物胚胎培养是指将植物的胚(种胚)及胚性器官(子房、胚珠)在离体条件下进行无菌培养,使其发育成完整植株的技术。

(2)植物离体胚的培养分为幼胚培养和成熟胚培养两类。幼胚培养,特别是发育早期的幼胚,培养时较难获得成功,需要添加激素、维生素、氨基酸,以及一些天然附加物,比如椰子汁、胚乳提取物等,或依靠天然胚乳移植等才可能成功。成熟胚在比较简单的培养基上(只含大量元素的无机盐及糖)就能正常地萌发生长。胚培养可以克服植物种间或属间远缘杂交引起的胚发育不良、受精后胚乳发育不良以及幼胚的早期败育,打破种子休眠,缩短育种年限等。

(3)胚乳细胞培养的成功,进一步证明了三倍体细胞也具有全能性。诱导三倍体植物对于提高植物产量与品质改良都具有重要意义。一般三倍体植物的获得如三倍体西瓜,主要靠四倍体和二倍体杂交得到,且杂交困难,不易成功,而三倍体胚乳细胞全能性的实现,就可以通过胚乳培养的方法获得大量的三倍体植物。

(4)子房培养和胚珠培养,是从胚培养发展起来的一项技术。其培养的成功,不仅使单倍体诱导和杂种胚培养成为可能,而且为试管授精技术奠定了基础。在进行远缘杂交中,通过雌蕊离体授粉、离体子房授粉和离体胚珠授粉,可以克服远缘杂交不亲和性。特别是胚珠试管授精,能消除柱头和花柱所造成的受精前障碍。所以直接对胚珠授粉,使得花粉直接与胚珠接触,从而使胚珠(或子房)受精结实,为异属遗传物质的有性转移提供了一种方法。

思　考　题

1. 幼胚培养时胚的发育方式有哪几种? 各有何特点?
2. 为什么幼胚培养比成熟胚培养要求的培养基和培养条件更为严格?
3. 简述碳水化合物在胚培养中的作用。
4. 影响胚珠培养成功的因素有哪些?
5. 比较胚培养、胚珠培养和子房培养的异同。
6. 简述胚乳培养的特点及应用。

7.胚胎培养在植物改良中的应用有哪些方面?

8.离体授粉包含哪些类型?

9.离体受精的意义主要表现在哪些方面?

实验7 水稻幼胚的培养

1.实验目的

掌握植物幼胚的一般培养技术,并熟悉其培养过程中关键环节。

2.实验原理

我国水稻胚胎培养主要是从20世纪80年代开始的,但起点高,进展快,如双丰1号,用正在分化中的幼胚(开花后9～15 d),甚至用只有4 d龄的幼胚都能培养成苗。试验表明,胚龄与成苗率有明显的关系,胚龄愈小愈难成苗,如4 d、5 d、6 d、7 d胚龄的胚,其成苗率分别为8%、12%、40%、62%。张秀茹等(2001)选用水稻不同器官进行组织培养,结果显示,未成熟胚培养,愈伤组织诱导率达69%,但绿苗分化率较低。培养的幼胚多在盾片处出现白色的愈伤组织,其生长速度超过了成熟胚的愈伤组织。目前,水稻组织培养已在单倍体育种、诱变育种、体细胞杂交及遗传转化等方面得到广泛应用。

3.实验用品

(1)材料　开花后9～15 d正在胚器官原基分化期的幼胚。

(2)仪器设备及用具　电子天平、冰箱、移液枪、移液管、高压灭菌锅、超净工作台、体视显微镜、培养架、酸度计、玻璃器皿、接种用具(如镊子、解剖刀、剪刀和接种针等)。

(3)试剂药品　大量元素、微量元素、铁盐溶液、植物生长调节物质(如2,4-D、6-BA、NAA、KT、IBA等)、水解酪蛋白、肌醇、甘氨酸、山梨醇、琼脂粉、蔗糖等。

4.实验步骤

(1)培养基的制备　按照常规方法配制实验所需各种培养基,具体方法如下:

①称量。按照母液顺序和所需量,用量筒、移液管和移液枪依次量取各母液于容量瓶中,加蒸馏水定容至刻度,摇匀。

②熔化(熬制)。将容量瓶内的培养基倒入铝锅中,另将预先称好的6～10 g琼脂和30 g蔗糖加入锅中,加热煮化。先用旺火烧开,再用文火煮化。注意经常搅拌,防止糊底。

③调pH。待培养基冷却后,用酸度计或pH试纸测试pH,可用0.1 mol/L NaOH或0.1 mol/L HCl将其调到5.8左右。

④分装与封口。用注射器将调好pH的培养基分装到100～150 mL三角瓶内,每瓶装20～30 mL。分装后立即扎紧瓶口,贴上标签,注明培养基的名称、配制时期等。

⑤培养基灭菌。将分装好的培养基放入高压灭菌锅内,121 ℃灭菌20 min。备用。

(2)外植体处理及培养　将大田采集的稻穗在超净工作台上用70%酒精进行数秒表面消毒,0.1% $HgCl_2$浸泡10 min,无菌水冲洗3～5次,在无菌条件下利用体视显微镜进行解剖,即用刀片沿颖壳纵轴切开内外颖,取出授粉7～10 d的幼胚(子房),接种在培养基上进行培养。水稻幼胚培养使用较为普遍的两种培养基为MS或N6培养基,愈伤组织诱导培养基为N6无机盐和维生素,附加2,4-D 2 mg/L、水解酪蛋白(CH)0.5 g/L、肌醇0.1 g/L、甘氨酸2 mg/L,蔗糖30 g/L,pH 5.8,用7 g/L琼脂固化。

(3)愈伤组织的诱导及培养　幼胚培养8 d时,拔去胚芽,将愈伤组织继代于新鲜的上述培养基中,开始第一次继代培养,14 d后,再继代一次。

(4)分化培养　将继代后的愈伤组织转接于预分化培养基(MS培养基附加6-BA 1 mg/L,NAA 2 mg/L,ABA 5 mg/L,山梨醇15 g,pH 5.8)上,26 ℃暗培养8 d;将预分化后的愈伤组织转接于分化培养基(MS基本培养基附加 NAA 0.5 mg/L,KT 0.5 mg/L,6-BA 2 mg/L,ZT 0.2 mg/L,CH 0.25 g/L,pH 5.8)上,26 ℃下光照培养,每天光照时间为16 h。继代周期为14 d。

(5)生根培养 愈伤组织分化出芽并长出小苗,当小苗长至约3 cm时转至生根培养基进行生根培养(1/2 MS,NAA 0.1 mg/L,pH 5.8)。

5.实验注意事项

配制培养基时,一定要注意调pH;另外所选外植体不能太小,否则会影响愈伤组织的形成。

6.实验报告与思考题

(1)实验报告

①观察愈伤组织的生长状态,统计胚分化愈伤组织的数量,计算愈伤组织诱导率。

②统计愈伤组织分化出绿芽数,计算分化率及芽增殖倍数。

③生根培养时统计生根数量,计算生根率。

(2)思考题

①水稻幼胚培养中成功的关键点在哪里?

②如何才能快速准确地获取水稻的幼胚?

实验8 玉米成熟胚的培养

1.实验目的

学习和掌握玉米成熟胚培养技术,熟悉其主要步骤和关键环节。

2.实验原理

玉米胚组织培养及再生,目的是让外植体能够高频率地诱导出愈伤组织,建立高效的体细胞再生体系,为玉米遗传转化操作和细胞工程研究创造有利条件。玉米未成熟胚培养获得的胚性愈伤组织具有良好的继代能力和再生植株能力,但其受地理条件、生长季节和发育阶段的影响,削弱了实用性。以玉米成熟胚为外植体诱导的愈伤组织作为遗传转化受体,获取植株的周期短、取材方便、不受生长季节限制、灭菌容易、外植体均匀、重复性好,是一种比较理想的适合于玉米遗传转化的再生体系。这不仅可以为玉米的遗传研究工作带来方便,而且可以为转基因研究和其他生物学研究以及拓宽在杂交育种中的应用奠定基础。

3.实验用品

(1)材料 成熟玉米种子。

(2)仪器设备及用具 电子天平、冰箱、移液枪、移液管、高压灭菌锅、超净工作台、培养架、酸度计、玻璃器皿、接种用具(如镊子、解剖刀、剪刀和接种针)等。

(3)试剂药品 大量元素母液、微量元素母液、有机溶液母液、铁盐溶液母液、植物生长调节物质母液(2,4-D、6-BA、NAA、KT、IBA等)、脯氨酸、水解酪蛋白(CH)、甘露醇、活性炭、琼脂粉、蔗糖等。

4.实验步骤

(1)培养基的制备 同实验7。

(2)外植体处理及培养 选取饱满、干净、无病虫害侵染的成熟种子在超净工作台上用无菌水清洗,用70%的酒精消毒5 min。再用0.1%的$HgCl_2$消毒15 min,无菌水冲洗3~5次,最后以无菌水在26 ℃下浸泡48 h,得无菌材料;将浸泡好的玉米种子放置于高压灭菌的大培养皿中,镊子夹住种子,用无菌解剖刀切开,取出膨胀的成熟胚,接种于诱导培养基上26 ℃暗培养。玉米成熟胚培养的诱导培养基为MS或N6培养基,MS附加2,4-D 2.0 mg/L、脯氨酸0.7 mg/L、水解酪蛋白(CH)500 mg/L。

(3)愈伤组织继代培养 将初代愈伤组织每隔10 d转移到新鲜的继代培养基(N6+2,4-D 2.0 mg/L+

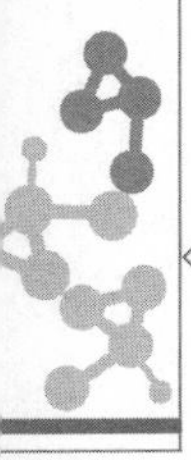

脯氨酸 0.7 mg/L＋2％甘露醇＋CH 500 mg/L)进行继代培养 2～3 次。

(4)愈伤组织分化及生根培养　挑选颜色鲜艳、黄色、颗粒状的胚性愈伤组织转接于分化培养基上(N6＋KT 1.0 mg/L＋CH 100 mg/L)在温度为(28±1) ℃，弱光照(白色荧光灯提供)人工气候箱进行分化培养。分化出的幼苗诱导生根，生根培养基为 1/2 MS＋0.1％活性炭＋3％蔗糖＋0.5％琼脂。

5.实验注意事项

玉米成熟胚培养继代次数严重影响着愈伤组织的质量，继代次数少，愈伤组织水渍化严重，继代次数多，褐化现象严重。实验当中要确定合适的继代次数。

6.实验报告与思考题

(1)实验报告

①观察愈伤组织生长状态。

②统计出愈数，计算愈伤组织诱导率。

③计算愈伤组织分化率及试管苗生根率。

(2)思考题

①玉米成熟胚培养中的关键点是什么？

②玉米成熟胚培养中其愈伤组织继代培育如何防止褐化发生？

第6章

花粉和花药培养

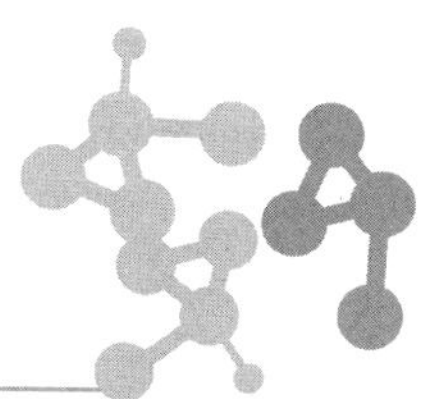

花粉培养技术，是指把花粉从花药中分离出来，以单个花粉粒作为外植体进行离体培养的技术，也称小孢子培养技术。花药培养技术是把发育到一定时期的花药接种到培养基上，来改变花粉原有的发育程序，使其脱分化形成细胞团，然后再分化形成胚状体或愈伤组织，进而发育成完整植株的技术。花药培养属于器官培养，花粉培养属于细胞培养，但二者培养目的是一致的，都是要诱导花粉细胞发育成单倍体植株，经染色体加倍而成为正常结实的二倍体纯系植株。这和常规多代自交纯化方法相比，可节省大量的时间和劳力。同时，花粉和花药培养是研究减数分裂，花粉生长机制的生理、生化、遗传等基础理论的最好方法。

6.1 花粉培养

6.1.1 花粉培养的意义

花粉培养及游离小孢子培养属细胞培养的范畴。它是通过人工培养离体花粉或小孢子，改变其形成花粉管和精子的发育途径，诱导其形成单倍体植株。它与花药相比，有明显的优越性，首先，可以消除花丝、药壁等二倍体组织的干扰，得到的愈伤组织、胚状体或再生植株纯粹是配子体起源的，可省却对其来源进行鉴定的步骤；其次，由于花粉培养中不存在药壁等相关组织的影响，可以更好地调节支配核发育的各种因素，试验的可控性加强。此外，花粉培养中可以观察到单个花粉或小孢子雄核发育的过程，因而是研究雄核发育过程及其影响因子的理想实验系统。

1973年Nitsch和Noireel首次用毛曼陀罗的小孢子进行离体培养。20世纪80年代后期，在十字花科的作物上小孢子培养技术被广泛应用，该技术得到迅速发展尤其以油菜最为突出。90年代初，禾谷类作物在小孢子培养方面的研究逐渐被重视，大麦的小孢子培养技术也逐渐成熟。其中小麦、大麦、烟草和油菜已成为研究小孢子培养技术的模式植物，高等植物游离小孢子培养已经形成一种研究植物细胞全能性和胚发生问题的有价值的体系。游离小孢子培养技术能在科研及生产应用方面取得一定的成果，主要是由于其自身具有以下优势：①直接从花蕾中游离出来天然分散的单倍体细胞的小孢子，便于单细胞培养的操作；②单倍体细胞核中的全套染色体为一个基因组，借助使染色体组加倍的方法，理论上可获得纯合基因的二倍体；③小孢子培养具有较高的胚状体诱导率，能够获得较多的胚状体和再生植株；④利用单倍体再生植株的突变性，能够筛选抗逆性强和高产的植株；⑤小孢子培养获得的再生植株后代一般性状表现一致，活力稳定。因此，可以利用游离小孢子培养技术获得单倍体再生植株，再用于创新育种材料和选育新品种等应用研究，以及遗传学等方面的研究。借助于小孢子培养技术，同时结合传统的育种方法，可以缩短育种年限，提高育种效率。

6.1.2 花粉小孢子发育途径

1.花粉的发育途径

Sunderland 和 Dunwell 等首次研究了小孢子的胚胎发生途径。对多数具有代表性的被子植物小孢子研究发现，从花粉母细胞到成熟花粉粒要经历三个发育阶段：①花粉母细胞经减数分裂形成四分体，四个薄壁细胞被一层膜所包裹着（图 6-1A）。②四分体细胞分离形成游离的小孢子，此时的小孢子多数处于单核中期（图 6-1B），细胞核占据着细胞的大部分空间，随后细胞质中出现大量球形颗粒使细胞质变得浓密，将细胞核挤到一边，这便是单核末期，也叫单核靠边期（图 6-1C，图 6-2）。这一时期是多数植物小孢子离体培养的最佳时期。③花粉粒发育成成熟的花粉（图 6-1D），这是整个花粉发育最复杂的一个时期。

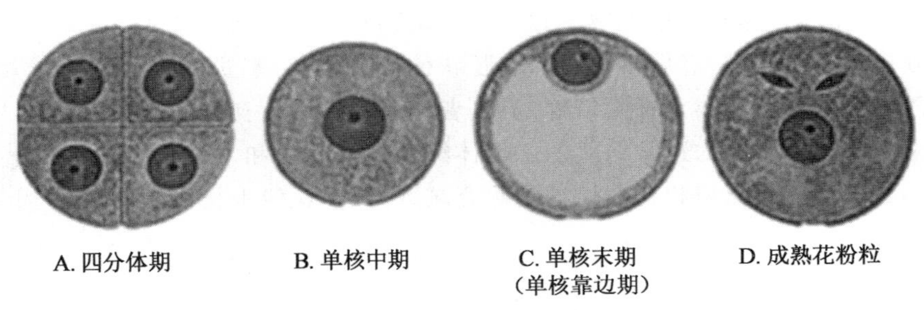

图 6-1　花粉发育过程模式图

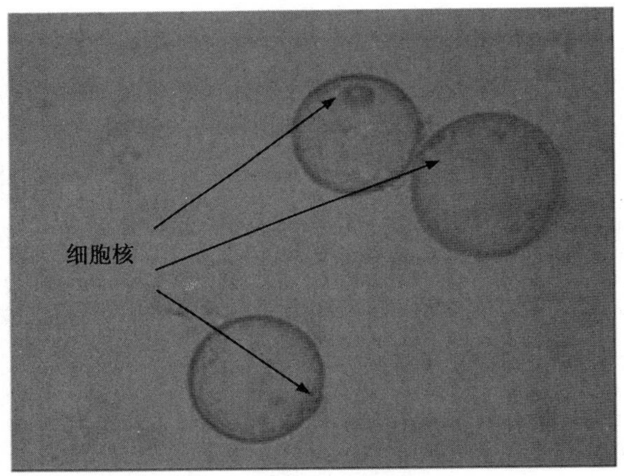

图 6-2　水稻花药中单核靠边期的花粉（10×20 倍）

2.离体条件下花粉的发育途径

花粉在离体培养条件下，通过孢子体发育途径，经过细胞分裂、增殖及分化阶段，最后形成完整的植株。根据雄核发育起始方式的不同，将其发育途径分为两种：一是均等分裂，二是非均等分裂。均等分裂是指小孢子在第一次有丝分裂时，对称地分裂成形态和大小基本相似并且无极性的两个子细胞。经培养这两个子细胞均能发育成胚状体。非均等分裂是指小孢子在第一次有丝分裂时，不对称地分裂成形态和大小均不同的两个子细胞，分别是营养细胞和生殖细胞。这两个细胞单独或共同参与胚状体的形成。烟草和刺梨花的花粉第一次有丝分裂都是不均等分裂，产生的营养细胞经连续分裂后形成胚状体，生殖细胞不分裂或经连续分裂后逐渐退化。与此同时，也有极少数植物的花粉以均等分裂的方式作为雄核发育过程的开始。朱至清和孙敬三等认为形成胚状体的雄核发育多数起源于不均等分裂。

研究花粉的发育途径，有利于小孢子离体培养及植株再生技术水平的不断提高。通过研究花粉雄核发育的条件，观察各种影响因子对小孢子发育的作用效果，为建立良好的培育体系奠定基础，也为杂交育种提供理论依据。

6.1.3 花粉分离及培养

1. 花粉的分离

小孢子的分离有三种方法：一种是漂浮培养法，即将花药接种于液体培养基上，任其内花粉自由释放，然后离心培养；二是磁搅拌法，即将花药放入盛有一定量培养液或渗透剂的三角瓶中，置于磁力搅拌仪上，低速旋转，使小孢子随搅拌逐渐溢出，直至花药呈透明，离心、培养；三是挤压法，这是最早的花粉分离方式。

2. 花粉培养的方法

(1)看护培养法　看护培养(nurse culture)是由缪尔(Muir)于1953年创立的，它将亲本愈伤组织或高密度的悬浮细胞同低密度细胞一起培养，以促进低密度细胞生长、分裂的培养方法。花粉看护培养法具体操作如下：

在装有50 mL液体培养基的小培养皿中，用解剖针撕开花药释放出花粉，形成花粉悬浮液，最后稀释至0.5 mL培养基中，含有10个花粉粒的细胞悬浮液。看护培养时，把活跃生长的愈伤组织放在琼脂培养基表面上，然后在每个花药上覆盖一小块圆片湿润滤纸。用移液管吸取1滴已准备好的花粉粒悬浮液，滴在每个小圆片滤纸上(图6-3A)。培养在25 ℃和一定光照强度下，大约1个月后长出花粉愈伤组织(图6-3B)。愈伤组织和培养细胞可以是来自同一类植物，也可以来自不同的植物。由于愈伤组织生长过程中会释放出有利于花粉发育的物质，并通过滤纸供给花粉，促进了花粉的发育。

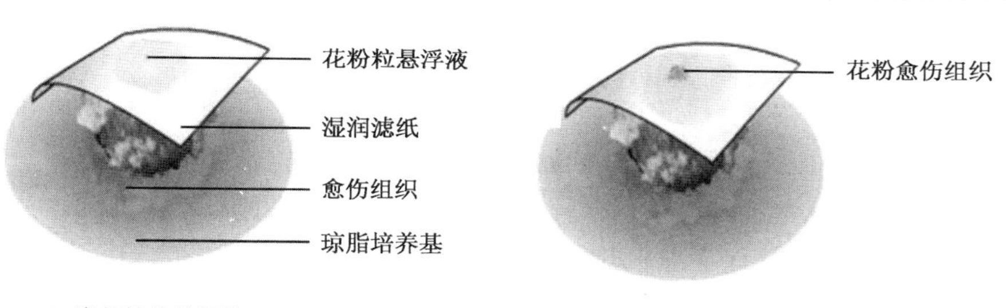

图6-3　花粉看护培养法模式图

(2)微室培养法　取含有50～80粒花粉的一滴培养液放在微室培养装置中。为了防止花粉破裂，应在低温条件下(4 ℃以下)接种，然后在20 ℃培养。

6.1.4 花粉培养植株再生及倍性鉴定

1. 花粉培养植株再生方式

小孢子经历早期的分裂后，每个花粉粒最终都会形成一个多细胞的结构，当花粉壁被撑破后，一团结构不规则的组织被释放出来，之后经过不同途径长成植株。颠茄、萝卜、天仙子和烟草等植物的小孢子分裂成四细胞结构后，经过球形胚、心形胚、鱼雷形胚这一发育过程，最终发育成子叶形胚。但拟南芥属和天门冬属的植物，由花粉壁破裂所释放出来的细胞团经过进一步的增殖，最终形成愈伤组织，再由愈伤组织分化进一步产生植株。李金荣和欧承刚等发现，胡萝卜游离小孢子发育过程存在两种不同途径，分别是胚状体途径和愈伤组织途径，由这两种途径最终长成植株。

2. 花粉植株的遗传

从理论上讲，小孢子经离体培养再生产生的加倍二倍体应是纯合体，在遗传上是稳定的，不会因世代的增加发生变异。我国许多研究者在籼稻上做了大量研究，证明有80%～90%的二倍体花粉植株是纯合的，这些花粉植株不会因世代的递增出现生活力衰退现象。但由于培养过程中经过不同的理化因素作用，也有可能发生基因突变。如果基因突变发生在自然加倍之前，则后代表现为不再分离；如果基因突变发生在加倍之后，突变在当代不表现，但在后代会出现分离。因此，花粉培养过程中也可能产生新的变异类型。花粉培养产生的花粉植株，除单倍体外，还有双单倍体、三倍体、多倍体及非整倍体。引起加倍的原因主要有核内有丝分裂、核融合和核内复制，也与培养基中的2,4-D的浓度有关。由于花粉培养产生的花粉植株往往是单倍体、双单倍体及其他倍性植株的混合群体。因此，有效的倍性鉴定是了解其遗传背景和进一步应用的基础，尽早检测出单倍体有利于对其进行加倍处理；另外，倍性鉴定也可用于分析细胞分裂活动等生理和遗传研究。

3.花粉植株倍性鉴定

在植物花粉培养中，再生植株中占有很高比率的单倍体。例如，烟草花粉培养再生苗几乎全是单倍体，小麦花粉植株70%左右为单倍体，水稻花粉培养自然加倍率也仅为40%左右。因此，重视早期染色体倍性水平鉴定，有利于单倍体植株及时进行加倍处理。倍性鉴定方法可直接观察染色体数，也有通过DNA含量测定、气孔以及形态观察等间接方法鉴定。

(1)基于染色体数鉴定　这是确定倍性精确、可靠的方法，对染色体较大、数目少的植物尤为适合。通常以根尖、卷须、叶片、愈伤组织等为材料，采用压片法和酶解去壁低渗法确定染色体数。用醋酸洋红或苏木精对大叶黄杨未授粉子房培养再生植株的根尖染色压片，观察细胞中期染色体，结果表明，单倍体占79.4%，二倍体占8.21%，其他倍性占12.35%。

(2)基于流式细胞仪鉴定　又称流式细胞分析法。用流式细胞分析仪检测处于分裂间期的细胞DNA含量，借助计算机自动统计分析，绘制出DNA含量的分布曲线图，据此确定植株倍性。该方法具有测量速度快、精确度高、准确性好等优点，特别适合于大量样品的倍性检测分析，但该技术需要有较昂贵的设备。

(3)基于气孔鉴定　叶片上的气孔是植物与环境进行气体交换的通道。已发现叶片气孔保卫细胞的大小及气孔保卫细胞叶绿体数目与染色体倍性之间存在显著的相关性，可作为鉴定染色体倍性的辅助手段。例如，茶树不同倍性植株保卫细胞叶绿体数目有明显区别，二倍体植株保卫细胞叶绿体数目为16，三倍体植株叶绿体数为17～24，而四倍体植株叶绿体数为25～32。烟草花粉植株(以展开第5叶为材料)，叶绿体数少于或等于14个的为单倍体，多于14而少于或等于26个的为二倍体，多于26个的则为多倍体。

气孔大小也可用于植株的倍性鉴定。如玉米单倍体植株的鉴定标准是气孔保卫细胞长度不超过29 μm。气孔长度、气孔密度及叶绿体数或三者同时可用于植物的倍性鉴定。例如，黑荆树二倍体和四倍体的气孔长度分别为27.17 μm和40.24 μm，气孔密度分别为22.11个/mm^2和10.26个/mm^2；不同倍性植株的气孔长度和气孔密度都达到显著差异。葡萄三倍体植株平均气孔长度为27.90～30.11 μm，气孔密度为20.22～26.40个/mm^2，平均叶绿体数则为9.34～11.50，并且三者均介于二倍体和四倍体植株的数值之间。

(4)基于植株形态鉴定　细胞染色体的倍性对植物细胞和各器官体积有明显效应。黄瓜未受精子房培养的再生单倍体植株具有长势弱、叶片小、花冠裂片深等特点。西瓜单倍体植株的叶面积、茎长、茎粗显著低于二倍体，雌、雄花也明显小于二倍体，而且雄花中没有花粉粒。甜菜四倍体植株的气孔、花粉粒、花冠和种子均大于二倍体。水稻花粉培养再生植株可按颖长分成3类，单倍体与二倍体的分界颖长是5.6 mm，二倍体与三倍体的分界颖长是7.8 mm。

4.单倍体加倍方法

(1)秋水仙碱处理　作物加倍经常用秋水仙碱，它是一种抗有丝分裂物质，能够抑制细胞有丝分裂形成纺锤体，染色体完成复制后因不能形成两个子细胞，使染色体的数目获得加倍。用0.05%秋水仙

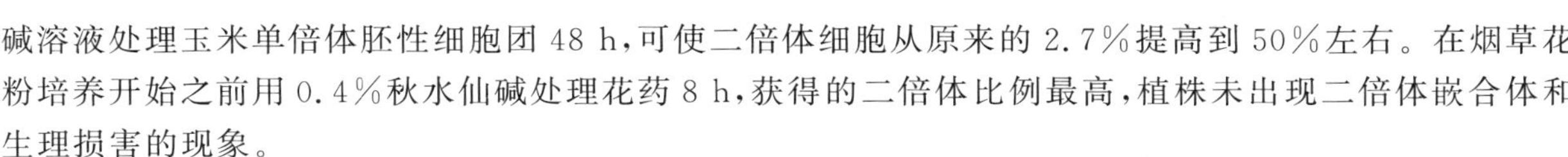

碱溶液处理玉米单倍体胚性细胞团 48 h，可使二倍体细胞从原来的 2.7％提高到 50％左右。在烟草花粉培养开始之前用 0.4％秋水仙碱处理花药 8 h，获得的二倍体比例最高，植株未出现二倍体嵌合体和生理损害的现象。

(2)除草剂处理　有些除草剂如磺草硝(oryzalln)、胺草磷(APM)、氟乐灵等，能抗有丝分裂，起到细胞加倍作用。Hansen 等比较了秋水仙碱、oryzalin、APM 和氟乐灵等对甘蓝型油菜的加倍效应，其中秋水仙碱最佳加倍条件为 1 mmol/L 浓度处理 24 h，加倍率达 94％；三种除草剂处理 12 h，加倍率都达 65％左右，且它们的处理浓度为秋水仙碱的 1％。用这些化合物中毒性最低的 APM 延长处理至 20～24 h，可得到 95％～100％的二倍体再生苗。另外，氟乐灵处理产生的不正常胚率低于秋水仙碱的效应。

(3)生长素、细胞分裂素处理　在高粱外植体培养基中添加 2,4-D 有加倍效果。在芦笋花药培养中，高浓度的 2,4-D 和 6-BA 诱导花药培养的愈伤组织多倍化；而 NAA 和低浓度的 2,4-D 则易导致单倍体细胞的出现。在石刁柏花药培养过程中，高浓度的 2,4-D 虽然能提高愈伤组织中单倍体细胞的频率，但同时又加剧其多倍化。

6.1.5　影响花粉培养的主要因素

1. 影响花粉培养的内在因素

(1)供体的基因型　胚状体的诱导率与材料的基因型有着密切的关系。不同种以及同一种类的不同品种，甚至同一品种的不同个体，胚性反应也会有所不同。张德双和曹鸣庆等对 13 份青花菜材料进行游离小孢子培养，其中有 8 份材料产生了胚状体，继续培养只有 5 份材料产生再生植株。曹鸣庆和李岩等以 17 份不基因型的大白菜为材料进行游离小孢子培养，结果有 16 个基因型的材料获得了胚状体。小孢子胚状体的诱导率有其遗传因素，这种性状受其遗传基因的控制。宋建成等以玉米为材料研究发现，存在于基因型间的小孢子发育成胚状体的能力差异会通过基因遗传给后代。由此可见，小孢子胚胎发生能力与植物基因型有关，是一种受基因控制的遗传特性。

(2)花粉发育时期　选择合适的花粉发育时期是提高植株胚胎诱导率的重要因素。如烟草、油菜及麦类作物等作为研究小孢子胚胎发生的模式植物，一般其花粉发育的单核期至二核期是诱导处理的敏感时期，具体时期因作物种类不同而有一定区别。小孢子的发育时期及取样部位都对诱导胚胎发生有影响。如诱导小麦小孢子的胚胎发生最好的阶段是单核细胞的中期到晚期，而对于硬粒小麦小孢子的胚胎发生最好的诱导阶段是单核晚期到双核早期，诱导苜蓿小孢子的胚胎发生最好的阶段也是单核中、晚期。甘蓝游离小孢子培养最佳取材为主花序上的花蕾，初花期的花蕾培养效果要明显优于盛花期花蕾的培养效果。而在甘蓝型油菜中，以刚开花后一周所取的花蕾经培养后胚状体产量最高，此时的胚状体产量与花序无关。许多研究者发现，小孢子的发育时期与花蕾形态指标密切相关。贾根义等研究结果表明，花瓣与花药长度之比为 1/3～4/5 的花蕾是成功进行大白菜小孢子培养的必要条件。利用小孢子的最佳诱导时期进行培养，是提高小孢子胚胎诱导频率的一个重要因素。为了提高工作效率，研究者常以花蕾大小作为选择最佳诱导时期材料的标准。

2. 影响花粉培养的外在因素

(1)材料预处理　为了提高小孢子培养的效率，通常对实验材料进行预处理。最常用的是温度(热或冷)、糖饥饿、氮饥饿或这几种胁迫的联合使用。目的是改变细胞的活力、分裂方式以及发育途径，从而进一步改变胚状体的发育状况。国内外研究者在低温、高温预处理等方面做了系统的研究，较全面地分析了不同条件下胚状体的诱导情况。一些作物的游离小孢子，在分离前将花序置于 4 ℃低温下处理 1～2 d 可明显提高小孢子胚状体的诱导率。离体培养的小孢子在受到胁迫诱导后，可由原来正常的花粉发育途径转向小孢子胚胎发生途径。研究表明，在此过程中大多数作物的小孢子具有诸如细胞膨大、细胞质透明、细胞核位于细胞中央等早期形态特征。周卫文和杨建明等研究低温预处理在大麦小孢子

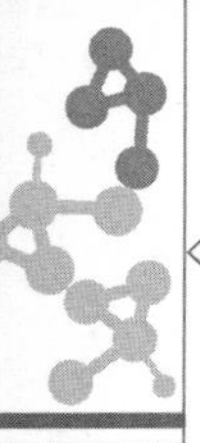

培养中的作用，结果表明，低温处理对较敏感的小孢子作物品种有明显的效果。其作用机理是低温对小孢子发育途径产生影响。Arilndrianto 和 Erwin 等研究了热激处理对小麦游离小孢子胚状体诱导率的影响。将供试材料放于 33 ℃高温下处理 2 d，两种供试材料的诱导率分别为 23.9%和 23.1%，均高于不经过高温处理组。同时证实，超过一定的时间范围，诱导率与高温处理时间呈反比。由此可以看出，高温预处理对小孢子发育成胚胎有很重要的作用。

（2）接种密度　小孢子培养的接种密度与小孢子胚状体诱导率的关系密切，密度过高或是过低均会影响小孢子的成胚数。具体的接种密度应根据材料而定，一些产胚率较高的作物，接种密度应小些，相反，则应大些。密度过大不利于胚的生长和发育，密度过小则使培养基中提供的营养过剩。Huang 对油菜小孢子培养密度与胚胎发生的关系进行了研究，结果表明小孢子密度为 4×10^5 个/mL 时是一个分水岭，高于或低于这一密度均不利于胚胎发生。他们进一步研究得出结论，在初始培养的 2～4 d 适当的稀释小孢子培养密度，有利于有胚胎发生能力的小孢子更好地生长发育。

（3）培养基及其附加成分　培养基的营养物质对维持小孢子活力、促进生长发育有重要作用，不同作物在培养中采用的培养基类型存在差异。用于诱导胚状体发生的培养基是小孢子培养过程中的重要因素，该培养基不仅影响小孢子培养初期的细胞分裂，对于诱导胚状体的产生及再生植株也有很大影响。一般在油菜小孢子培养中常采用 Miller 和 B5 培养基。在白菜小孢子培养中较多的采用了 NLN 和 B5 培养基。十字花科蔬菜小孢子胚状体的诱导培养中所采用的多为 NLN 和 Keller 这两种培养基。

（4）活性炭及其浓度　活性炭能够促进小孢子发育成胚状体已经在许多作物小孢子研究中得到了证实。在小孢子培养过程中，部分小孢子通过代谢会释放出一些有毒物质，可能会抑制其他小孢子的胚胎发生及胚状体的进一步正常发育，而这些有毒物质可以被活性炭吸附，使有胚胎发生能力的小孢子免遭毒害，从而提高了胚胎发生率。活性炭不但能吸收培养基中的有毒物质，还可以吸收一些必要元素和植物激素，所以浓度不宜过高，否则会起反作用。活性炭中添加适量的琼脂糖效果会更好，因为有琼脂糖的活性炭，如果吸附在小孢子上也不会阻止胚状体的发生。刘凡和莫发东等研究发现，活性炭并非对所有试验材料的小孢子培养都有促进胚胎产生的作用，而是对个别材料不起作用或作用不明显，无论怎么都不能获得胚或只得到个别无法正常发育的胚。杨清和曹鸣庆认为，对冬花椰菜小孢子培养有促进作用的活性炭最佳浓度为 0.5 g/L，当浓度高于 5 g/L 时，无促进作用。不同作物小孢子培养的最佳活性炭浓度不同，可能是由于材料的基因型不同，或是在小孢子培养中被释放出的有毒物质有所区别，从而导致活性炭的作用不同。

（5）激素种类及浓度　在培养小孢子的培养基中，经常使用的激素有 2,4-D、IAA、NAA 等生长激素和 KT、玉米素、6-BA 等细胞分裂素。徐艳辉和冯辉等报道，6-BA 可以促进大白菜小孢子的胚胎发生，其最佳浓度为 0.2 mg/L，但是 6-BA 对难成胚的基因型大白菜作用不显著。蒋武生和原玉香等认为，不加任何激素的培养基对大白菜小孢子培养的效果更好。李岩和刘凡等发现，培养基中加适宜浓度的激素有利于小白菜小孢子发育成胚胎，并且其胚状体的产量明显高于不添加外源激素的对照处理。余凤群和刘后利对两种甘蓝材料进行研究，结果表明培养基中加入 IAA 对胚状体的形成不起作用，加入 NAA 具有抑制胚状体产生的作用，而添加 6-BA 后胚状体产量有明显的提高。

6.2　花药培养

6.2.1　花药培养的意义

自 1964 年由 Guha 和 Mahesheshwari 首次在毛叶曼陀罗上通过花药培养获得单倍体植株以来，先后在许多重要作物上获得成功。由于单倍体在突变选择和加速杂合体纯合化过程中的重要作用，这一领域的研究在整个 20 世纪 70 年代得到了迅速发展，获得成功的物种数目增加到 160 余种。

花培育种，是将花药（花粉）培育成单倍体植株，再经染色体自然或人工加倍得到纯合二倍体（DH）株系的一种育种方法。这种染色体加倍产生的纯合二倍体，在遗传上非常稳定，不发生性状分离，因此，花培育种能极早稳定分离后代、缩短育种年限。由于花粉植株是由单倍体直接加倍形成的，故隐性性状得以纯合表现。而且花粉植株不论来源于 F_1 或 F_2，其当代株系均表现丰富的多样性，如株高、生育期、育性及抗性等。这些性状相互交叉，组成了具有多种形态特征的花培株系，因此，花培育种既可充分利用植物的种质资源，又可获得性状的多样性。花培育种既可充分利用植物的种质资源，又可获得性状的多样性。

6.2.2 花药培养过程

花药培养是将一定发育时期的花药在适当条件下，通过两种途径发育成单倍体植株的过程。一是胚发生途径，即花药中的花粉经分裂形成原胚，再经一系列发育过程最后形成胚状体，进而形成单倍体植株，甜椒、茄子、大白菜、油菜等均可通过这种方式获得单倍体；二是器官发生途径，即花药中的花粉经多次分裂形成单倍体愈伤组织，再经诱导器官分化，形成完整单倍体植株。花药培养技术相对简单，易于成功，是目前人工诱导单倍体的重要途径，但在培养过程中可能受到药壁组织干扰，得到的再生植株不一定完全来自花粉，因而可能存在二倍体，必须对其进行倍性鉴定。花药培养流程见图 6-4。

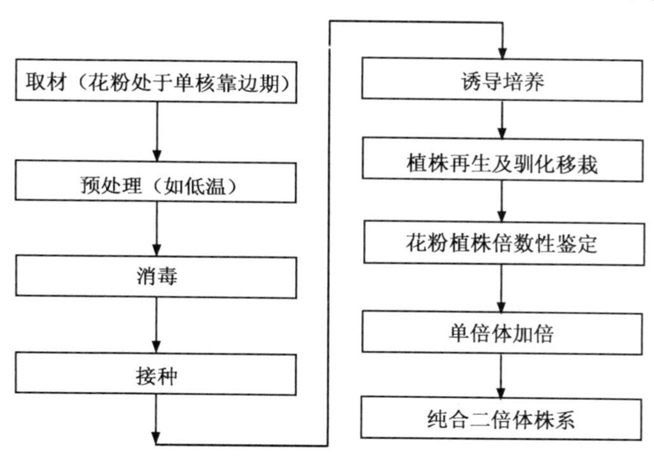

图 6-4 花药培养流程

1. 材料预处理

在培养前，将采集的花蕾或花序以理化方法处理能提高花粉植株诱导频率。处理方法有低温、离心、低剂量辐射、化学试剂处理等，其中最有效的是低温效应。低温预处理的时间及温度因材料种类不同而异。肖国樱研究认为低温预处理的作用机制是延缓花粉退化、维持花粉发育的生理环境、提高内源生长素浓度并降低乙烯浓度以及启动雄核发育等。朱德瑶等的试验研究表明，低温预处理使基因型材料间的差异和材料与天数间存在着明显的互作效应。张跃非等认为水稻花药培养前应进行低温预处理，以 8 ℃处理 8 d 为宜。

2. 消毒

从健壮无病植株采集花蕾，因为未开放的花蕾中的花药为花被包裹，本身处于无菌状态，可仅用 70％酒精棉球将花的表面擦洗即可。也可按对其他器官消毒处理方法进行，先用 70％的酒精浸一下后，在饱和漂白粉溶液中浸 10～20 min，或用 0.1％升汞液消毒 7～10 min，然后用无菌水洗 3～5 次。

3. 接种

接种时用解剖刀、镊子小心剥开花蕾，取出花药，注意去掉花丝，然后散落接种到培养基上，一个

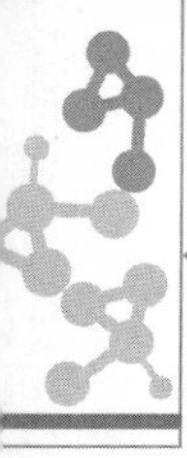

10 mL 的试管可接种 20 个花药。

4.诱导培养

花药培养温度一般在 23～28 ℃,脱分化培养需要暗培养,再分化培养需要光培养,每天 11～16 h 的光照,光照强度 2 000～4 000 lx。经 10～30 d,可诱导生成愈伤组织或胚状体。

5.植株再生及驯化移栽

将生成愈伤组织或胚状体转入植株再生培养基,在光照和温度条件不变的情况下,进行植株再生培养。待苗长出 3～4 片真叶,移到装有蛭石和草炭(3∶1)的小钵中进行适当炼苗后,即可移植于田间种植。图 6-5 是水稻花药培养的一般过程。

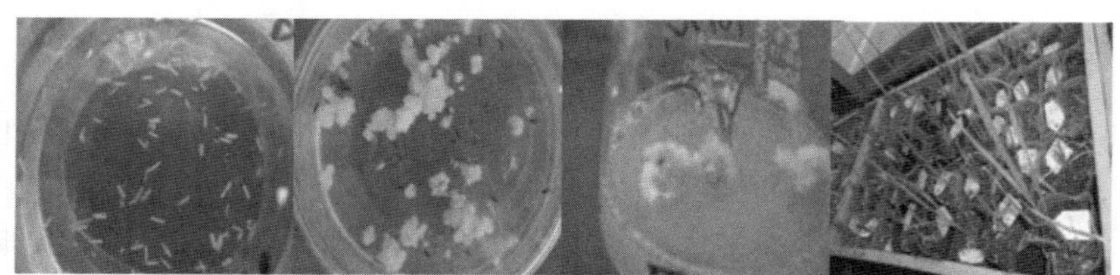

接种花药　　诱导培养　　植株再生　　驯化移栽

图 6-5　水稻花药培养过程

6.2.3　影响花药培养的主要因素

1.外植体的获取

获得外植体是花药培养最初的环节,包括供体植株的生长条件、材料的选择、取材的时间、取材的方式等。

(1)花药供体植株的生长条件　研究发现,对于小麦,夏天取大田植株的花药做培养的效果要比冬春取温室植株的花药做培养的效果好得多。Biornstard 等在挪威南部对大田、人工气候室和生长箱 3 种条件下栽培的材料的花药培养做比较时发现,大田材料的花药培养的效率最低,他最后的结论是花药外植体植株以栽培在温度较低的自然光下为好。即花药生长发育充分完整的情况下更有利于培养,因为它不但可以为花药培养提供更多的营养物质,且有利于抵抗一些不利条件的影响。

(2)材料的基因型　在花药培养中,几乎所有学者都一致认为基因型是影响花粉植株诱导的重要因子,对材料基因型的选择是花药培养中的重要措施。试验表明,在栽培稻中,花药培养力的大小顺序为爪哇稻＞籼粳杂种＞粳稻＞籼籼杂种＞籼稻,但沈锦骅等认为粳稻＞籼粳杂种。一般而言,组合中有粳稻血缘,培养力较高。已有研究表明,花药培养力是可遗传的性状。深入研究花药培养力有关的遗传特点,对指导亲本的合理搭配,得到高出苗率的杂交组合,提高花培育种效率具有重要的指导意义。

(3)花粉发育时期　在诱导花粉进行雄核发育的过程中,花粉发育时期与愈伤组织的诱导和植株再生存在极为密切的关系,花粉在接种时所处的发育时期可能比培养基成分更重要。从花粉母细胞经减数分裂到成熟花粉要经历一系列发育过程,根据它们在形态、生理上的变化又分为 6 个时期:单核早期、单核中期、单核后期、有丝分裂期、二核花粉期和三核花粉期。不同的物种最适宜的发育时期不同。水稻花药培养成功的关键是取到花粉细胞处于小孢子单核靠边期的花药。朱德瑶等认为,颖花浅绿色,花药伸长至颖壳 2/5～1/2 时,花粉分化处于单核中、晚期,此时取穗较好。但在实际应用中一般是以稻苞抽出的叶枕距(剑叶叶枕到第二叶叶枕的距离)为标准,这种标准的可靠性因品种(组合)的不同而有差异。

(4)预处理　花药培养前经过一段时间的适度低温预处理,可使愈伤组织诱导率提高几倍甚至几十倍。关于低温预处理的作用机理目前研究得不多,观点也不一致,概括起来主要有以下几点:①低温预处理可能造成花药内部除 ABA 以外的内源激素的变化,进而影响愈伤组织的形成。②低温预处理后显著延长了花药壁退化的时间，由于花药壁中含有大量的花药因子，延长了花药壁的退化，也相应增加了花药壁释放到培养基中的花药因子，同时在花药壁中积累了大量的淀粉，为花粉的进一步生长发育提供了物质基础，从而有利于愈伤组织的形成。③低温预处理延长了花粉退化的时间，促进了花粉的启动和分化，提高了花粉发育的百分率。④有利于多细胞花粉的提早出现，且频率较高。

甘露醇预处理对愈伤组织诱导率、胚状体的形成及绿苗再生具有很好的效果。Maraschin 等利用 cDNA 宏阵列的方法研究发现，甘露醇预处理大麦花药 4 d 后，处理的小孢子中表达的细胞分裂相关基因以及参与脂类生物合成、淀粉合成及能量合成的转录产物，较对照下调表达，而糖和淀粉水解、蛋白水解、应激反应、程序性细胞死亡抑制和信号转导相关产物，较对照上调表达，这说明甘露醇预处理能阻碍花粉发育相关基因的表达，并有利于诱导胚状体的发育。

2. 培养基

(1)基本培养基的筛选　培养基是组织培养中最重要的基质，选择合适的培养基对培养成功与否起着决定性的作用。培养基的产生最早是 Sacks 和 Knop 对绿色植物的成分进行了分析研究，根据植物从土壤中主要是吸收无机盐营养而设计出的由无机盐组成的 Sacks 和 Knop 溶液。此后随着人们对植物矿质营养研究的不断深入和组织技术的不断发展，逐步设计出了适用于不同培养目的的培养基，如 MS 培养基是 Murashige 和 Skoog 1962 年为烟草体细胞培养设计的，已成为植物组织培养中应用最广泛的一种培养基。N6 培养基是朱至清等 1975 年为禾本科植物(水稻)花药培养而设计出的。虽然培养基种类繁多，但现在还没有一种花药培养基是普遍适用的，花药培养对营养的要求不但因基因型不同，而且还可能因花药年龄以及供体植株的生长条件而异。实践表明，在水稻花药培养过程中，诱导培养基使用通用和改良 N6 对各种类型材料具有普遍适用性，SK_3 对籼粳交后代有较好效果。分化培养基一般采用 MS 培养基，壮苗培养基则采用不加激素的 1/2 MS 培养基。在大量元素中，碳是构成有机化合物骨架的主要元素，是生物体中最重要的元素之一。植物本身能进行光合作用，利用空气中的 CO_2 产生糖类，不必要从外部供给糖。可是在组织培养中由于大多数情况下不能进行光合作用，因此就必须在培养基中添加糖作为碳源。在组织培养中糖不仅作为碳源，而且对调节培养基的渗透压也具有十分重要的作用。在组织培养和花药培养中人们使用最普遍的为蔗糖，并且根据培养的外植体及不同的生长时期，所添加的浓度也有所不同。在培养初期一般用 60 g/L 的蔗糖做碳源。张连平等用蔗糖、食用砂糖、麦芽糖＋食用砂糖进行试验表明，以蔗糖的花药培养效果最好，麦芽糖＋食用砂糖最差。

(2)激素　也称生长调节物质，是植物在特定部位产生的微量物质，不但对植物的生长发育起着十分重要的作用，而且对植物组织培养成功与否也起着决定性的作用。生长调节物质一般包括生长素和细胞分裂素两大类。生长素主要包括 IAA、IBA、NAA、2,4-D；细胞分裂素包括 BA、ZT、KT 等。这两类物质是培养基中最关键的成分，其比例、组成不但可以影响花粉发育的类型，而且还可以影响是二倍体的体细胞组织(药隔、药壁等)生长增殖，还是单倍体细胞生长增殖的问题。生长素对细胞脱分化形成愈伤组织及其生长有决定作用，细胞分裂素对愈伤组织的分化和胚状体形成起重要作用。但生长素浓度过高往往会抑制花粉发育，且诱导二倍体的体细胞组织(药隔、花丝、药壁等)的生长，低浓度时则体细胞不发育或量少，而诱导花粉产生愈伤组织，在某些情况下花粉的发育还可不经愈伤组织途径直接产生胚状体。大量研究表明，诱导培养基中 2,4-D、KT、NAA 的合理配比，较使用单一生长素类物质诱导愈伤组织效果好；分化培养基中一般以 NAA、IAA、KT 或 NAA、NAA、6-BA 或只用 NAA 与细胞分裂素类物质配合使用，但各激素浓度配比受接种材料基因型影响较大。

(3)附加物　近年来，许多研究发现，脯氨酸(Pro)对许多植物的细胞和花药培养有提高愈伤组织诱导率和增加再生植株的作用。实际上植物的许多天然有机成分对植物花药培养都是非常有益的，这些早在 20 世纪 70 年代就已有研究。例如，人们发现马铃薯提取液不仅可大幅度提高植物花药培养时愈伤组织及胚状体的诱导率，特别是对有些作物如水稻花药漂浮培养、游离花粉粒培养都有突出的作用。活性炭对花粉植株的生根壮苗也具有显著作用。马铃薯提取液、椰子汁、玉米汁等天然活性物质及

水解乳蛋白、酵母汁、脯氨酸、丙氨酸等多种有机添加物对提高籼稻花粉培养力均有较明显的效果。

(4)培养基的 pH　关于培养基中的 pH，它不仅影响在一定琼脂浓度下培养基是否凝固，而且对培养成功与否也起着十分重要的作用。在最早期的研究中人们以 pH 中性(即 pH 为 7.0 左右)为主，但随着研究的不断深入和发展，认为在 pH 为 5.8 较有利于培养。陈英等在水稻花药培养中发现，将 pH 调至 6.3～6.8，特别是在 6.3 时，愈伤组织诱导率、绿苗分化率较 pH 为 5.8 有大幅度提高，从而将绿苗产量提高一倍至几倍。

3.培养的光温条件

光照是组织培养中最重要的培养条件之一，一般认为光照有利于胚状体的发育，但是连续光照，特别是红光对胚状体的发育有抑制作用。邹美智等研究报道诱导芽的关键光谱成分是蓝光部分，紫光部分也有刺激芽的作用，红光无效应。诱导花药产生愈伤时光的有无关系不大，当愈伤组织分化成植株时都需要光，一般是利用人造的微弱散射光(如日光灯)，光能加速培养物的生长，增加小植株数并减少黄化。一般培养室采用 1 000～4 000 lx 光照强度即可。光照时间随不同植物而异，有人发现在短日照的水稻中日照时数的长短会影响离体组织内源激素的含量，用短日照能促进内生细胞分裂素含量增加，因此缩短日照时数对水稻花药愈伤组织的诱导和分化可能有促进作用。水稻光培养过程一般采用光照度 2 000 lx，时间 10 h 左右，以日光灯照射为主。邹美智等对不同光照条件下水稻花药培养苗的分化进行比较，结果表明：自然光照比人工补充关照可以提高绿苗分化率 4.8 倍；降低白苗分化率 37.6%；明显提高总的分化率；不同组合表现一致。

温度是影响花药培养反应十分重要的因素之一，特别是对于诱导花药形成愈伤组织的阶段更是如此。同时，花药培养对培养温度的反应是十分复杂的，不但不同的基因型要求不同的培养温度，而且同一基因型当花药供体植株栽培在不同的生长条件下，其花药要求不同的培养温度。水稻花药培养一般分为暗培养和光培养两阶段。暗培养过程中温度一般以 26～28 ℃恒温培养，也有研究表明变温培养可以提高愈伤组织诱导率；光培养的最适温度为 26 ℃左右，过高白化苗率增大，对绿苗的生活力也有明显的影响。

6.2.4　花药培养中存在的问题

由于花药培养研究时间较短，且受不同种类、品种和培养条件等一系列因素影响。因此，虽已在 200 余种作物中培养成功，但由于对这方面机理的研究还不够深入，尚未完全了解小孢子是如何被激发进入孢子体发育途径的，也就是诱导雄核发生的遗传和发育机制还不清楚。所以目前这种方法尚未达到随意操作雄配子的程序，还不能在栽培植物的所有重要基因型中普遍应用，还存在许多问题。

1.诱导频率低

花药培养中诱导率低主要表现在两个方面：①愈伤组织或胚状体诱导频率低；②愈伤组织诱导成芽或胚状体成苗率低。据统计，禾本科作物的愈伤组织诱导率一般在 10%以下，而诱导成芽至植株再生则更低，因不同品种而异，一般在 0～1.5%之间。诱导率之所以低，主要是在现阶段对花药培养中小孢子启动的机理和所需条件尚缺乏深入细致的研究。

2.混倍现象严重

大多数物种通过花药培养产生的花粉植株除单倍体外，还有二倍体、三倍体、四倍体以及各种非整倍体，甚至在一些试验中发现通过花药培养的植株中无单倍体存在。在花药培养中混倍现象之所以比较普遍，主要是由于核内有丝分裂、核融合等造成的。

3.体细胞干扰

在花药培养中极易产生体细胞的干扰。从体细胞组织如花丝、药隔或花药壁产生的愈伤组织，以后分化产生二倍体或多倍体的植株。虽然花药壁是花药培养中体细胞干扰的重要因素，但花药壁在花粉的去分化和发育中起着重要的作用，不仅花粉的最初去分化启动必须在花药中进行，而且已经启动的花

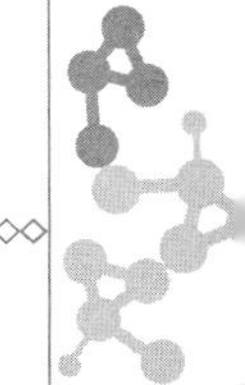

粉能否进一步发育也与药壁的作用有关。Sunderland 认为花药壁具有调节培养基的作用，如果花药释放的花粉经清洗再悬浮于新鲜培养基中，它的生长就受到限制。人们研究发现，高浓度的生长素往往会抑制花粉的发育，且诱使二倍体的体细胞组织(药壁、药隔)的生长，低浓度则体细胞不发育，而诱导花粉产生愈伤组织。一般还认为在剥取花药时减少对花药的损伤，也可抑制体细胞的诱导。因此探索既能最大限度地利于药壁在花药培养中的积极因素，又能限制其诱导，对于花药培养具有十分重要的意义。

4. 白化苗现象

水稻花药培养，特别是籼稻花药培养中，常产生大量的白化苗。白化苗与绿苗相比，不仅在蛋白质、RNA 和 DNA 组成上存在差异，而且其叶片中某些金属元素含量明显低于绿苗叶片，如白苗叶片中 Zn、Fe、Mg 等元素含量明显低于绿苗，而 P、K 高于绿苗。供体植株和花药的生长状态和培养条件均可影响白化苗频率；在众多外界因素中，高温和过高浓度的 2,4-D 明显促进白化苗形成。

6.3 花粉和花药培养的应用

6.3.1 花培在育种中的应用

1. 花培与抗病育种

花药培养和抗病育种紧密结合，导入抗病基因，是培育抗病品种的有效方法之一。由于二倍体花粉植株来源于单倍体，控制病害抗性的基因已经纯合，抗、感病特性十分明显，因而就能很快地将符合育种目标的抗病株系挑选出来，从而育成抗病品种。聂道泰等在中间偃麦草与小麦杂交的衍生材料中发现，“中 5”具有中间偃麦草的高抗黄矮病和对条锈病免疫的性状，因而以“中 5”为外源抗性基因供体，通过花药培养，快速创制出稳定的小麦条锈病和黄矮病抗性新种质。

2. 花培与综合育种

综合育种法，是根据作物遗传基因重组、突变与纯合的理论提出的一种新的育种方法。它综合运用了常规杂交育种、诱变育种和花药培养等技术，使遗传基因的变异及其稳定均得以较快进行。其中，常规杂交育种是基础。通过有性杂交，可将多个亲本的优良遗传因子进行重组、分离、聚合，产生丰富的变异；诱变技术可以打破基因间的连锁。它与常规杂交结合，可扩大遗传变异谱；丰富遗传资源，花药培养技术是关键。由花培产生的植株，经诱导加倍后，可成为纯合的二倍体植株，从而大大提高育种效率。

(1)花培与聚合育种法　聚合育种法，是将多个亲本的优良性状结合在一起的育种方法。但多亲本复合杂交育种，存在早期选择效果差、杂种性状稳定所需年限长的问题。为此，1983 年，章振华、葛美芬等提出了花培聚合育种法，即先将杂种花粉培养成株系，选择优良株系间重新组合的杂种花粉再培养，经过花粉株系的多次重组，有计划地将若干个亲本的优良性状聚合于一体。如章振华等将嘉农 485/蓝勃莱特//台南 13 组合 F_1 的花粉株系 175，与品种“科 C1669”配成杂种，再经花培育成耐寒早熟晚粳“花寒早”。

(2)花培与远缘杂交育种　通过远缘杂交，可以向现有的作物品种输入新的性状，因而在品种改良上有较大的潜力。然而，远缘杂种后代往往存在分离年限长且不育的问题。如果在花粉败育阶段以前进行花药培养，则可不受其败育性的影响，仍能诱导出花粉植株，从而使远缘杂种后代性状迅速得以稳定，克服远缘杂种的不育性和分离性。

(3)花培与诱变育种　结合花药培养，可大大缩短了诱变育种的年限。如果在花粉植株二倍化以前进行诱变，不论是显性突变还是隐性突变，得到的突变体在二倍化以后都是纯合的，因而，突变性状在当代就得以表现和稳定。如胡忠、庄承纪等对水稻离体花药及其花粉植株进行化学诱变或辐射诱变，获得

了早熟、矮秆突变系。

3.利用单倍体细胞进行基因转化

单倍体细胞是外源基因转入的理想材料，因为它将使转化体成为完全纯合的植株(如果染色体加倍成功)，导入一个纯合的基因组将避免转化植株的后代发生分离。作为单倍体系统，离体的小孢子用作遗传转化的靶，可以避免嵌合再生体的形成。而且，与离体培养相关的体细胞无性系变异可能相对较小，因为与其他靶组织相比，其培养时间较短。由于小孢子体系这些明显的优点，对建立一个适合小孢子转化的基因转移程序已做过很多尝试。迄今为止，基因枪法看来是最有前途的，因为它在大麦和烟草中成功地实现了稳定转化。

4.花培在遗传分析中的应用

利用花药培养创建双单倍体群体(DH 系)，不仅可以应用于育种，还广泛应用于遗传图谱作图和其他的基础研究领域，如体外胚胎发生和发育生物学等。另外，DH 系还用于抗病、抗虫等性状的筛选，分子标记等多种基础研究。景蕊莲等利用花药培养创建了一个具有 191 个个体的小麦加倍单倍体作图群体，该群体将用于小麦有关抗旱性状及产量性状基因的遗传作图。利用花药培养技术创建 DH 群体和利用单粒传的方法建立重组近交系群体相比，可大幅度缩短时间。Guzy Wrobelska 等通过比较单粒传的重组近交系群体和花培群体的农艺性状、AFLP 和 RAPD 标记，认为花药培养产生的 DH 群体对农艺性状没有显著影响，可用于各种农艺性状的基础研究。

6.3.2 我国单倍体育种的成就

1964 年印度学者 GuhaGlha 和 Maheshuari 用毛曼陀萝的花药培养，首次成功地诱导获得了花粉单倍体植株，花药培养得到了突破性的进展。随后，这一技术相继被应用于了烟草、水稻、小麦、玉米等重要作物的单倍体育种研究中。近年来，在果树、蔬菜及药用植物宁夏枸杞、人参、乌头、平贝母和三叶半夏等都有单倍体育种的报道。但由于技术成熟度不同，不同作物的单倍体诱导成功率存在较大差异，研究的深度及在育种中的应用情况也不一致。

1.水稻

1968 年世界上首例水稻花药单倍体植株诱导成功。1970 年我国水稻单倍体育种起步。1975 年我国利用花药培养育种技术第 1 次育成了粳稻品种早丰 1 号。中国农业科学院选育的中花系列品种(中花 8～14 号)，黑龙江省农业科学院选育的龙粳系列，天津市农作物研究所培育的花育 1～3 号、花育 13、花育 560 等。进入 20 世纪 90 年代后，通过改进方法，极大地提高了培养效率，育成了一批籼、粳稻常规品种和籼型杂交稻。李艳萍等选育出了一批育性转换期明显的光敏不育系，如 93-920s、93-926S，它们与 681 配组具有明显超亲优势，与对照(1187)相比有明显的竞争优势。四川农业大学利用花药培养技术育成了恢复力强、配合力高的花广 518、花广 549、花广 1357 和蜀恢 162 等广亲和恢复系。籼粳中间型材料已成为花药培养育种研究的主体材料之一，籼粳杂交稻的花药培养是我国选育超高产杂交水稻的有效途径之一。

2.小麦

1984 年我国首次育成国际上第一个小麦花培新品种京花 1 号，它是北京市植物细胞工程实验室培育的世界上第一个大面积种植的冬小麦花培品种，使我国在这一领域的研究应用跃居国际领先水平。近年来该实验室又培育出一批综合性状较好的小麦新品系进入了区试和生产示范阶段，如冬小麦花培新品系京单 93-2197、京单 92-2613、京单 95-7001。河南省农科院利用杂种 F_1 花药培养，选育出了在北方冬麦区罕见的超早熟小麦新品系“花特早”。该小麦新品系的突出特点是抽穗早，前期灌浆强度大，比一般小麦早熟 7 d 左右，高抗赤霉病等。河北省农林科学院粮油作物研究所(1996)培育的花 940 小麦

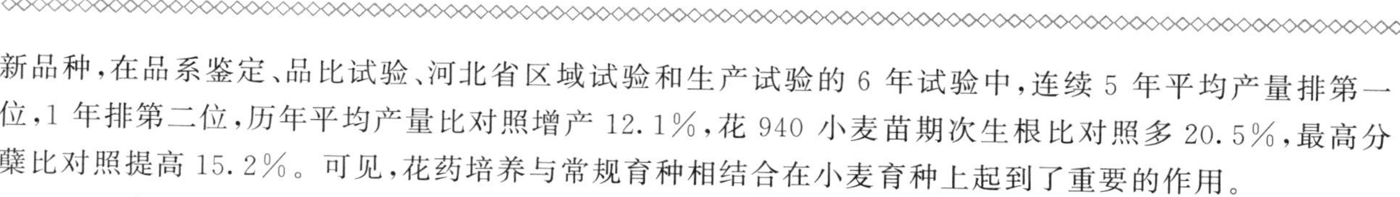

新品种，在品系鉴定、品比试验、河北省区域试验和生产试验的6年试验中，连续5年平均产量排第一位，1年排第二位，历年平均产量比对照增产12.1%，花940小麦苗期次生根比对照多20.5%，最高分蘖比对照提高15.2%。可见，花药培养与常规育种相结合在小麦育种上起到了重要的作用。

3.玉米

1949年，Chase首次利用花药培养获得了玉米双单倍体(DH)系，随后用DH系配制了强优势的杂交种D640。1975年中国科学院遗传研究所谷明光等首次获得玉米花粉植株。广西玉米研究所育成了玉米花培杂交种桂三1号，于1992年通过广西壮族自治区品种审定，这是国内外利用花培方法育成的第一个玉米杂交种。1995年杨宪民利用玉米花培纯系选育出优良杂交种化单1号。目前，单倍体技术在玉米育种中的应用前景广阔，已经成为自交系选育的重要手段，与种质扩增和育种材料的改良有机结合起来，可应用于遗传图谱的构建、基因定位及克隆。

小　　结

(1)花药培养是器官培养，花粉培养属细胞培养，但二者培养目的一样，都是要诱导花粉细胞发育成单倍体细胞，最后发育成单倍体植株。

(2)选择适宜的花粉发育时期，是提高花粉植株诱导成功率的重要因素。不同植物花药培养最适宜的小孢子发育时期不同。

(3)花粉培养包括花粉的分离、花粉培养、植株再生及倍数性鉴定等步骤。花药培养过程包括材料预处理、消毒、接种、诱导培养、植株再生与驯化移栽。

(4)影响花粉培养或花药培养因素很多，具体技术参数依不同基因型植物而有所不同。

(5)花粉和花药培养的应用领域主要包括育种中的应用、利用单倍体细胞进行基因转导应用、遗传分析中的应用。

思　考　题

1.比较花药培养技术和花粉培养技术异同点。
2.花药培养时如何选择适宜的发育时期？为什么？
3.简述花药培养一般过程。
4.花药培养时培养基配制有什么特点？
5.花粉培养时怎样使用看护培养法？
6.单倍体植物在育种中有何作用？

实验9　水稻花药的培养

1.实验目的

了解水稻花药培养的全过程，学会整个培养程序的实验方法和操作技术。

2.实验原理

水稻花药培养是现代生物技术育种中较为成熟、实用、快速、有效的育种新技术，利用该技术选育的

水稻新品种逐年增多，推广面积逐步增加，创造了巨大效益。影响水稻花药培养的因素有基因型、取穗时期、低温预处理、培养基、培养环境条件等；一般粳稻培养效率较高，花药单核靠边期取样最好，低温以8～10 ℃处理7～15 d为佳，培养基以N6为好。其中取穗时期尤为重要，可以以稻苞抽出的叶枕距作为取穗标准，一般密穗型品种为5 cm，半矮生型品种10 cm，早熟或特早熟型品种3 cm左右，且应选择在晴天早晨露水未干或傍晚进行。

3.实验用品

(1)仪器　光学显微镜、盖玻片、载玻片、超净工作台、手术剪、接种环、枪状镊子(长15～20 cm)、酒精灯、培养皿、广口瓶、滤纸、纱布、脱脂棉、刻度搪瓷缸、高压灭菌锅、电炉等。

(2)材料　孕穗期的水稻幼穗。

(3)试剂　70%酒精、0.1%升汞、无菌水、醋酸洋红。

4.实验步骤

(1)培养基的配制

1号：N6＋2,4-D(1.0～2.0 mg/L)＋BA(0.2～0.5 mg/L)＋NAA(0.2～0.5 mg/L)＋麦芽糖(4%～6%)。

2号：N6＋BA(1.0～2.0 mg/L)＋ NAA(0.2～0.5 mg/L)＋蔗糖(3%)。

(2)材料的选择　水稻花药培养宜采用花粉发育至单核靠边期的花药。检查花粉发育时期的方法：从田间采集花蕾数个，从每花蕾取花药于载玻片上，加醋酸洋红1～2滴，用玻棒或镊子将花药压碎，剔除碎片，加盖玻片镜检。观察几个视野，若多数花粉只有一个核并被挤向一侧，即为单核靠边期，表明此时花药适合作外植体；或根据稻苞抽出的叶枕距作为取穗标准(见原理)。

(3)材料预处理　将从田间采集的花蕾，用湿纱布包好放塑料袋中，扎好袋口，置10 ℃下处理2～4 d(可放置到14 d)。

(4)材料消毒　将接种材料用自来水洗干净，用纱布轻轻擦干。然后将材料放入已消毒的广口瓶内，加入70%酒精浸润30 s，倒去酒精，再倒入0.1%升汞消毒8 min，倒去消毒液后用无菌水冲洗4次。

(5)接种与培养

①愈伤组织诱导培养　用消过毒的镊子或接种环将花药接种于1号培养基上，进行愈伤组织诱导培养，温度为25～28 ℃，暗培养。2～3周产生愈伤组织。

②绿苗分化培养　当愈伤组织长到一定大小时，将其切成0.5 cm见方的小块，转移到2号培养基上，进行分化培养。温度为25～28 ℃，光照培养，光强1 000～3 000 lx，每日光照12 h。2周后开始形成芽丛，进而分化成苗。

(6)驯化移栽　当幼苗具根2～4条、根长1～1.5 cm时移至温室内炼苗，在温室内不开瓶驯化3 d后再出瓶栽植于河沙或腐殖土中，覆膜保湿，4～5 d后就可去膜定植。

5.实验注意事项

(1)用镊子夹取花药时力度要小。

(2)注意花蕾的采集时间。

6.实验报告与思考题

(1)实验报告

①资料整理。按下列公式计算出愈率、绿苗分化率、污染率。

出愈率＝发生愈伤组织的花药总数/接种花药总数×100%

绿苗分化率＝形成绿苗的总数/接种愈伤组织块数×100%

污染率＝污染管(瓶)数/接种总管(瓶)数×100%

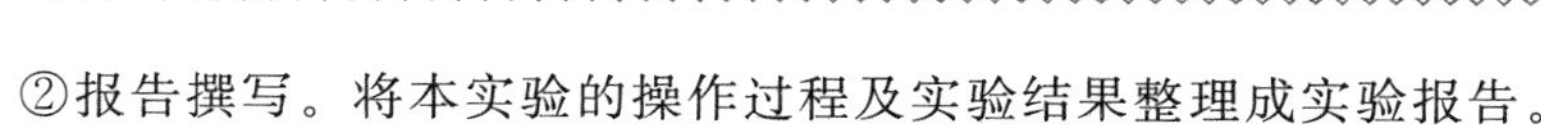

②报告撰写。将本实验的操作过程及实验结果整理成实验报告。

(2)思考题

①仔细揣摩根据水稻稻苞抽出的叶枕距来判断稻穗发育时期的方法，你所用的材料品种的最适叶枕距是多少？

②水稻花药培养的环境条件中，光、温条件在不同的水稻类型中有何差异？

第7章 细胞培养

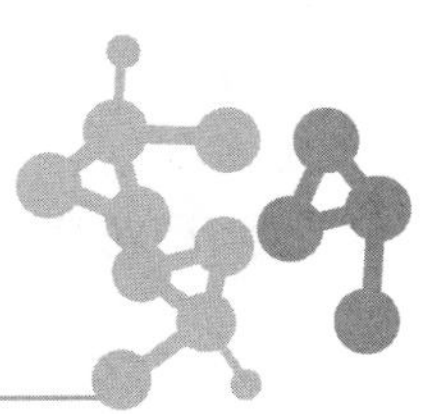

植物细胞培养(plant cell culture)是指对植物器官或愈伤组织上分离出的单细胞(或小细胞团)进行培养,形成单细胞无性系或再生植株的技术。Haberlandt 提出细胞全能性假说时,便最早尝试分离和培养显花植物单个叶细胞,并预见单细胞培养系统将有助于对植物细胞特性和潜力的研究,以及对多细胞有机体细胞间相互关系的了解。目前,这一领域的研究已取得了巨大进展,不仅能培养游离的细胞,还能在完全隔离的环境中促使单个细胞进行分裂,并产生完整植株。

植物生理学家和植物生物化学家都已经意识到,在进行细胞代谢的研究以及各种不同物质对细胞反应影响的研究时,使用单细胞系统比使用完整的器官或植株具有更大的优越性。使用游离细胞系统时,可以让各种化学药品和放射性物质很快地发挥作用,又能很快地终止反应的进行。因此,单细胞培养的意义在细胞生物学研究领域凸显出来。另外,可以通过单细胞融合、基因转导、微注射、载体导入等多种手段创造遗传改良的新材料,为农作物的遗传改良提供有效的途径。由于在植物组织培养过程中,细胞在遗传、生理生化上会出现种种变异,因而单细胞培养所获得的单细胞无性系,可以用来研究细胞生物学个体的再现过程。除此之外,单细胞分裂过程中可以产生大量的次生代谢物,因此在医学、食品等所需要的次生代谢产物研究领域也具有相应的优势。

在医学上,草药和香料中存在的植物化学物质长期以来一直被用作抵抗疾病的天然药物。植物组织培养代表了整个植物作为植物化学物质的来源。在过去的 20 年中,已开发出不同的策略来增加组织培养物中植物化学物质的合成和提取,通常会获得显著效果。例如,来自太平洋紫杉的细胞生长在 75 m^3 搅拌的生物反应器中,每年可输送多达 500 kg 这种具有医学重要性的次生代谢产物(Imseng 等,2014; Steingroewer,2016)。除了得到这些天然的代谢产物外,近些年来,人们还通过一些基因技术手段,结合植物细胞培养,生产出一些重组医用蛋白(如疫苗抗原、抗体)和工业酶等。

在食品上,1994 年,联合国粮食及农业组织(粮农组织)赞同将植物细胞和组织培养技术作为生产食用天然化合物的过程(Anand,2010;Roberto 和 Francesca,2011)。2002 年,粮农组织与国际原子能机构(国际原子能机构-粮食和农业核技术司)联合发表了一份报告,主题是体外培养技术用于生产具有更高价值的生物活性化合物,重点是研究人员和产业界如何以最经济的方式对其进行加工(粮农组织-国际原子能机构,2002)。Murthy 等(2015)阐述了来自植物组织和器官培养的食品成分的安全评估,并提出了一些方案来评估这些产品的毒性及其潜在的生物活性。

7.1 植物细胞的特性与培养方法概述

7.1.1 植物细胞的特性

细胞是生命活动的基本单位,除了病毒以外,其他的所有生物体均由细胞构成。各种细胞的共同特点是可以进行自我复制和新陈代谢,然而不同的细胞又具有各自不同的特性。

植物细胞与微生物细胞、动物细胞一样，都可以在人工控制条件的生物反应器中生长、繁殖、生产人们所需的各种产物。然而，植物细胞与微生物、动物细胞比较，在细胞体积、倍增时间、营养要求、光照要求、对剪切力的敏感程度以及人们进行细胞培养的主要目的产物等方面的特性都有所不同(表 7-1)。

表 7-1　植物、微生物、动物细胞的特征比较

项目	植物细胞	微生物细胞	动物细胞
细胞大小/μm	10～100	1～10	20～30
倍增时间/h	＞12	0.3～6	＞15
营养要求	简单	简单	复杂
光照要求	大多数要求光照	不要求	不要求
对剪切力	敏感	大多数不敏感	敏感
主要产物	色素、药物、香精、酶、多肽等次级产物	醇、有机酸、氨基酸、抗生素、核苷酸、酶等	疫苗、激素、单克隆抗体、多肽、酶等功能蛋白质

植物细胞与动物细胞及微生物细胞之间的特性差异主要有以下几点：

(1)植物细胞的形态虽然根据细胞种类、培养条件和培养时间的不同有很大的差别，但是都比微生物细胞大得多，体积比微生物细胞大 10^3～10^6 倍；一般植物细胞的体积也比动物细胞大。植物细胞在分批培养过程中，细胞形态会随着培养时间的不同而改变，一般在分批培养的初期，细胞体积较大，随着进入旺盛生长期，细胞进行分裂，体积变小，并且容易聚集成细胞团；进入生长平衡期后，细胞伸长，体积变大，细胞团比较容易分散成单个细胞。例如，烟草细胞在培养初期平均长度为 93 μm，随着培养的进行，细胞分裂，平均长度缩短到 50 μm，细胞容易聚集成细胞团。进入平衡期后，细胞长度又变为 90～100 μm。

(2)植物细胞的生长速率和代谢速率比微生物低，生长倍增时间较微生物长；生产周期也比微生物长。植物细胞的平均倍增时间都在 12 h 以上，比微生物长得多。例如，烟草细胞的倍增时间约为 20 h，胡萝卜细胞的倍增时间约为 33 h，酵母平均倍增时间 1.2 h，大肠杆菌却只有 20 min。而细菌和酵母细胞的一般生产周期 1～2 d，霉菌细胞生产周期 4～7 d。

(3)植物细胞和微生物细胞的培养要求较为简单，而动物细胞的营养要求复杂。

(4)植物细胞具有群体生长特性，单细胞难以生长、繁殖，所以在植物细胞培养时，接种到培养基中的植物细胞需要达到一定的密度，才有利于细胞培养。

(5)植物细胞容易结成细胞团。由于有这个特性，所以一般所说的植物细胞悬浮培养主要是指小细胞团悬浮培养。

(6)植物细胞与动物细胞、微生物细胞的主要不同点之一，是大多数植物细胞的生长以及次级代谢物的生产要求一定的光照强度和光照时间，并且不同波长的光具有不同的效果。在植物细胞大规模培养过程中，如何满足植物细胞对光照的要求，是反应器设计和实际操作中要认真考虑并有待研究解决的问题。

(7)植物细胞与动物细胞一样，对剪切力敏感，在生物反应器的研制和培养过程中的通风、搅拌等方面要严加控制。相比之下，微生物细胞尤其是细菌对剪切力具有较强的耐受能力。

(8)植物细胞和微生物、动物细胞用于生产的主要目的产物各不相同。植物细胞主要用于生产色素、药物、香精和酶等次级代谢物，微生物细胞主要用于生产醇类、有机酸、氨基酸、核苷酸、抗生素和酶等，而动物细胞主要用于生产疫苗、激素、抗体、多肽生长因子和酶等功能蛋白质。

7.1.2 植物细胞的培养方法

植物细胞培养的方法多种多样，按照培养基的不同可以分为固体培养和液体培养。其中液体培养又可以按照培养方式的不同分为液体薄层静止培养和液体悬浮培养等。

固体培养是指细胞在含有琼脂的固体培养基上生长繁殖的培养过程。植物细胞培养所使用的固体培养基除了含有植物细胞生长繁殖所需的各种组分以外，还含有 0.6%～1.0%的琼脂(重量/体积)，培养基呈半固体状态。固体培养在愈伤组织的诱导和继代培养，细胞和小细胞团的筛选、诱变，单细胞培养和原生质体培养等方面广泛使用。

液体薄层静止培养是将接种有单细胞的少量液体培养基置于培养皿中，形成一薄层，在静止条件下进行培养，使细胞生长繁殖的培养过程。在单细胞培养中使用。

液体悬浮培养是指细胞悬浮在液体培养基中进行培养的过程。植物细胞生产次级代谢物的过程，以及通过植物细胞进行生物转化将外源底物转化为所需产物的过程，通常在生物反应器中采用液体悬浮培养技术。

按照培养过程的不同，植物细胞培养可以分为初代培养、继代培养和生根培养。

初代培养是将植物体上分离下来的外植体进行最初几代培养的过程。其目的是建立无菌培养物，诱导腋芽或顶芽萌发，或产生不定芽、愈伤组织、原球茎。通常是植物组织培养中比较困难的阶段，也称为启动培养。

继代培养是将初代培养诱导产生的培养物重新分割，转移到新鲜培养基上继续培养的过程。其目的是使培养物大量繁殖，也称为增殖培养。

生根培养是指诱导无根组培苗产生根，形成完整植株。其目的是提高组培苗田间移栽后的成活率。

按照培养对象的不同，植物细胞培养可以分为愈伤组织培养、单细胞培养、单倍体细胞培养、原生质体培养、固定化细胞培养、小细胞团培养等，如表 7-2 所示。

表 7-2 植物细胞培养的各种方法

培养方法	培养基	培养对象	用途
愈伤组织培养	固体培养基	愈伤组织	获得大量、优良的愈伤组织和小细胞团。用于种质保存和植物细胞的液体悬浮培养等
单细胞培养	固体培养基 液体培养基 条件培养基	单细胞	使单细胞分裂、生长、繁殖，获得由单细胞形成的细胞团和细胞系，研究单细胞的分裂、生长、繁殖、分化、发育的过程
单倍体细胞培养	固体培养基	花药细胞	使单倍体细胞主要是植物雄性生殖细胞(花药)发育成胚状体，分裂、生长为单倍体植株或纯合二倍体植株。在植物的育种中广泛使用
原生质体培养	固体培养基 液体培养基	原生质体	用原生质体形成细胞系；进行原生质体融合或基因转移，获得具有优良遗传特性的新细胞；固定化原生质体生产胞内产物；分化成完整植株等
固定化细胞培养	液体培养基	固定化细胞	植物细胞胞外次级代谢产物的生产；进行生物转化，将外源底物转化为所需的产物；人工种子的制造等
小细胞团培养	液体培养基 固体培养基	小细胞团	生产次级代谢产物；用于生物转化和种质保存等

7.2 植物细胞悬浮培养

7.2.1 植物细胞悬浮培养的特点和意义

植物细胞悬浮培养(cell suspension culture)的名词术语很多,有悬浮培养、细胞悬浮培养、细胞培养等。确切的含义应当是指将植物的细胞和小的细胞聚集体悬浮在液体培养基中进行培养,使之在体外生长、发育,并在培养过程中通过不断搅动或摇动等方法使其保持很好的分散性。这些细胞和小聚集体来自愈伤组织、某个器官或组织,甚至幼嫩的植株,通过化学或物理方法获得。

1.细胞悬浮培养的特点

细胞悬浮培养有两个主要特点:

(1)植物细胞通过悬浮培养能产生大量的比较均一的细胞,而不像愈伤组织那样只能提供细胞间已经有明显分化的细胞群体。

(2)悬浮细胞增殖的速度比愈伤组织快,适合于大规模培养。

细胞悬浮培养的其他特点:

(1)在植物细胞悬浮培养中,细胞代谢缓慢,生长速率低,需要较长的培养过程。当细胞处于培养生长对数初期,细胞对渗透压及物理压力很敏感。另外,植物细胞具有含纤维素的细胞壁,它有较高的拉伸强度,对剪切力更为敏感。

(2)植物细胞在悬浮培养时对氧的需求量较低,但由于植物细胞培养后期密度高、黏度大,氧的传输会受到阻碍,因此与微生物相比,在达到同样浓度时,氧传递速率要小得多。

2.细胞悬浮培养的意义

悬浮培养的两大主要特点决定了其具有重要的理论和实践意义。

(1)细胞悬浮培养体系为细胞、遗传、生理、生化等学科的研究创造了有利的条件,更为重要的是,它为在细胞水平上的植物遗传工程研究提供了理想的材料和途径。

(2)悬浮细胞是一个理想的突变体选择系统,目前利用悬浮细胞进行体细胞突变体的筛选已取得了积极的进展并获得了一批有价值的突变体。

(3)悬浮细胞为植物的原生质体培养提供了良好的供试材料。

(4)利用悬浮细胞还可进行多倍体的诱导,从而应用于植物的倍性育种上。

(5)植物细胞悬浮培养对研究代谢物的生物合成是有价值的,很可能是最终提供生产重要植物产品的有效方法。

(6)细胞悬浮培养可用于人工种子的生产,它可能开拓难繁殖植物的无性繁殖或优良特性固定(尤其是杂种优势固定)方面的新领域。

7.2.2 细胞悬浮培养的一般程序

1.单细胞的分离

(1)由培养愈伤组织中分离单细胞　大多数植物的细胞悬浮培养中的单细胞都是通过这一途径得到的。这一途径比较方便,应用这一方法分离单细胞时,首先是以组织或器官为外植体,诱导出愈伤组织。一般来说,从外植体最初诱导的愈伤组织,质地较硬,很难建立分散的细胞悬浮液。Wilson 和 Street(1975)观察到,当把新获得的橡胶树愈伤组织转移到液体培养基中并加以搅动时只能破碎成小块,不能获得高度分散的细胞悬浮液。这种情况在葡萄上也可见到。因此,为了得到高度分散的悬浮细胞,一般将新诱导出的愈伤组织转移到成分相同的新鲜培养基上让其继续增殖,通过反复地在琼脂培养

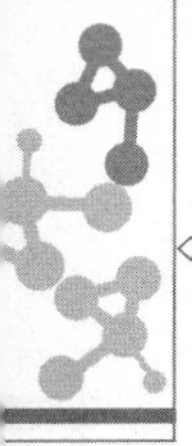

基上继代，不但可使愈伤组织不断增殖，扩大数量，更重要的是能够提高愈伤组织的松散性。这一过程对大多数植物通过愈伤组织建立悬浮细胞是非常必要的。当经过愈伤组织诱导、继代并获得了松散性良好的愈伤组织后，就可以制备细胞悬浮液。

进行细胞培养的愈伤组织，挑选外观疏松、生长速度快的颗粒状愈伤组织，更容易通过悬浮振荡培养游离出单细胞。而对于质地坚硬、紧密的愈伤组织，可以通过 2 种方式使其转变为疏松状态的愈伤组织(图 7-1)。一种方法是通过果胶酶和纤维素酶酶解的方式，通过酶解，降低细胞间的紧密性，再辅助振荡培养，即可以增加愈伤组织的松散度。另一种方法是通过调节培养基中生长素和细胞分裂素的比例，增加生长素的浓度，也可改变愈伤组织的状态，使其更适合振荡培养，游离单细胞。

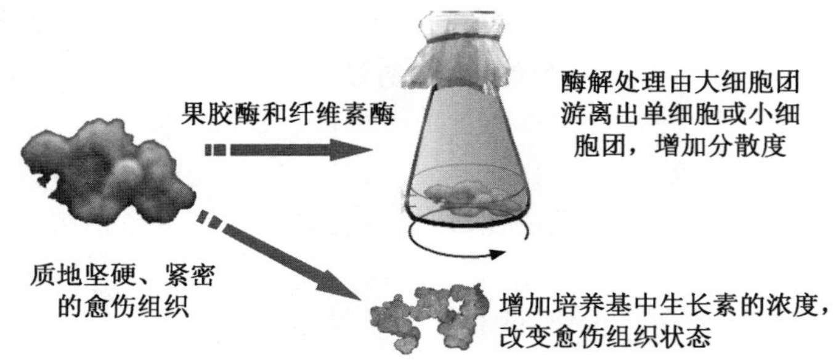

图 7-1　致密愈伤组织转变为疏松愈伤组织的途径

由愈伤组织获得游离细胞的具体做法：把未分化的和易碎的愈伤组织约 2 g 转移到装有 30～50 mL 液体培养基的三角瓶中，在 25 ℃ 左右弱光或暗处振荡培养(120 r/min)。初期在 10 d 左右用新鲜培养液更换掉三角瓶中大约 4/5 的旧液，同时将漂浮在原培养液上层的细胞碎片和衰败的细胞淘汰。几个周期后，培养液由浑浊变清，开始出现细胞质浓密的单细胞和小细胞团。此后按悬浮培养的方法进行继代培养，直至建成良好的悬浮培养物。在这里振荡培养起到了重要的作用，它可使大细胞团破碎成小细胞团和单细胞，另外，还可以使细胞和小细胞团悬浮在液体培养基中，促进其均匀分布。此外，振荡的培养基会促进气体交换，有利于细胞的正常生长。

(2)由完整植物器官中分离单细胞

①机械法

研磨法：这种方法是将植物组织取下，经常规消毒后于无菌条件下置于无菌研钵中轻轻研碎，然后再通过过滤和离心把细胞净化。Gnanam 和 Kulaivelu(1969)用研磨法由若干物种的成熟叶片中分离出具有光合活性和呼吸活性的叶肉细胞。Edwards 和 Black(1971)应用类似的方法由马唐(*Digitaria sanguinalis*)中分离出了具有代表活性的叶肉细胞和维管束鞘细胞，由菠菜中分离出叶肉细胞。

研磨法分离单细胞时，必须在研磨介质中进行，研磨介质主要是一些糖类物质缓冲液和对细胞膜有保护的金属离子等，如甘露醇、葡萄糖、Tris-HCl 缓冲液、$MgCl_2$、$CaCl_2$ 等。不同作者使用的研磨介质有一定的差异，但主要功能一样，都是使细胞在游离过程中和游离出来以后尽量不受或者少受伤害。研磨法是机械分离中应用最广的一种方法。

刮离法：除研磨法外，Ball 等(1965)、Joshi 等(1967,1968)曾先后用撕去叶表皮，然后用小解剖刀把细胞刮下来的办法分离了花生成熟叶片细胞。这些离体细胞在液体培养基中很多能成活并持续地进行分裂。

另外，Rossini(1969)和 Harada 等(1972)在玻璃匀浆管中把 1.5 g 叶片材料制成匀浆，然后经 61 μm 和 38 μm 双层过滤器过滤、离心除渣，分离出了篱无剑(*Calystegia sepium*)和石刁柏(*Asparagus officinalis*)的叶片组织的游离细胞。

与后面将要介绍的酶解法相比，用机械法分离细胞至少有两个明显的优点：细胞未受到水解酶的伤害；无须质壁分离，这对生理和生化研究来说是很理想的。但是这种方法并不是对所有的组织均适用，只有在薄壁组织排列松散、细胞间接触点很少时，用机械法分离叶肉细胞才能取得成功。用机械法分离的缺点是游离细胞产量低，获得大量活性细胞困难。

②酶解法　在植物生理和生物化学领域，用酶解法分离单细胞已有相当一段历史，这是利用果胶酶降解细胞壁之间的果胶物质而使单细胞游离的一种分离单细胞的方法。Takebe 等(1962)首次报道用果胶酶处理烟草叶片而大量分离具有代谢活性的叶肉细胞的方法。之后，Otsuki 和 Takebe(1969)又把这种方法成功地运用到了 18 种其他草本植物上。Takebe 等(1968)证明，用于分离细胞的离析酶不仅能降解中胶层，而且还能软化细胞壁，因此，用酶法离析细胞时，必须给细胞予以渗透压保护。在烟草细胞分离中若甘露醇的浓度低于 0.3 mol/L，烟草原生质体将会在细胞壁内崩解。若在离析液中加入硫酸葡聚糖钾可提高游离细胞的产量。

以烟草为例，酶解法分离叶肉细胞的具体方法如下：

a. 由 60～80 日龄的烟草植株上切取幼嫩的完全展开叶，进行表面消毒，之后用无菌水充分洗净。

b. 用消过毒的镊子撕去下表皮，再用消过毒的解剖刀将叶片切成 4 cm×4 cm 的小块。

c. 取 2 g 切好的叶片置于装有 20 mL 无菌酶溶液的三角瓶中，酶溶液组成为 0.5%离析酶(macerozyme)、0.8%甘露醇和 1%硫酸葡聚糖钾。

d. 用真空泵抽气，使酶溶液渗入叶片组织。

e. 将三角瓶置于往复式摇床上，120 r/min，25 ℃，2 h。期间每隔 30 min 更换酶溶液 1 次，将第 1 个 30 min 后换出的酶溶液弃掉，第 2 个 30 min 后的酶溶液主要含有海绵薄壁细胞，第 3 个和第 4 个 30 min 后的酶溶液主要含有栅栏细胞。

f. 用培养基将分离得到的单细胞洗涤两次后即可进行培养。

与机械法分离相比，酶法分离植物细胞具有一次分离数量多、速度快的特点，但其缺点是酶解时间过长，对游离细胞可能产生伤害。避免的办法是在酶解离时每 30 min 更换一次酶液，收集一次细胞。第一个 30 min 游离的细胞很少，可弃之不用。以后每 30 min 收集一次，及时清净，并悬浮在培养基中。用酶解法分离细胞的特点是，在某些情况下，有可能得到海绵薄壁细胞或栅栏薄壁细胞的纯材料。但是一些禾本科植物例如大麦、小麦和玉米，很难通过酶解法使细胞分离，最好是通过愈伤组织分离细胞。这主要是在禾谷类植物中，由于叶肉细胞伸长，并在若干地方发生收缩，因而细胞间可能形成一种互锁结构，阻止了它们的分离。

2. 培养基

悬浮细胞培养常用的基本培养基有 MS、B5、NT、TR、VR、SS、SCN、SLCC 等。要根据不同种类的培养细胞及培养目的选择适当的碳源、氮源以及其他添加物如生长素、椰子乳(CM，5%～10%)、酵母抽提物(YE，0.01%～0.1%)、麦芽提取液(MW，0.01%～0.1%)等。通过愈伤组织制备的悬浮细胞在培养时，培养基应以原愈伤组织继代时的培养基除去琼脂为好。

糖类物质为植物组织培养过程中幼小外植体生命活动中不可或缺的碳源和能源，且糖类物质的添加还有调节培养基渗透压的作用，是培养基的重要组分之一。植物细胞培养一般多采用蔗糖、葡萄糖和果糖作为碳源，其中蔗糖使用最多。葡萄糖和果糖可以直接被细胞吸收利用，而蔗糖或其他多糖一般在灭菌或培养过程中会降解为单糖而被细胞利用，如蔗糖在高温高压灭菌时，会有一少部分分解成葡萄糖和果糖。邢建民等(1999)研究发现，水母雪莲悬浮培养细胞能够快速地将蔗糖降解为葡萄糖和果糖作为碳源并首先利用葡萄糖。

氮参与蛋白质、核酸、酶、叶绿素、维生素、磷脂、生物碱等物质构成，是生命不可缺少的物质，也是培养基主要组分之一，所以氮源对悬浮细胞的培养也具有重要的影响，尤其是在次生物质的生产中，含氮化合物的数量和种类对次生物质的形成有很大影响。葡萄细胞生长在富含硝酸铵的培养基上，产生的酚类物质和白藜芦醇的含量比传统培养基高 15.9 倍和 5.6 倍。在富含氮成分的培养基中培养烟草

BY-2 细胞,可以将重组抗体的产量提高 10～20 倍。硝态氮和铵态氮的相对比例对培养细胞的分裂和分化有显著影响。Sivakumar 等(2005)的实验结果表明,培养基中较低的铵态氮比例更有利于人参皂苷的合成。

无机磷是光合作用和糖酵解所必需的。研究表明,适当增加磷酸盐浓度与促进细胞生长和生物量积累有关,而低磷酸盐浓度有利于次生代谢物的形成。就龙葵而言,高磷水平促进了细胞生长,但对次生代谢物的产生有负面影响(Chandler 和 Dodds,1983)。相反,磷酸盐水平的降低会诱导长春花产生阿玛西林和酚类物质(Balathandayutham 等,2008)。

生长调节物质作为培养基的重要组分之一,其浓度和种类对细胞的生长、分化、分散度和次生物质的产量都有极大的影响。因此,对生长调节物质特别是生长素和细胞分裂素的比例需要进行一些调整,但由于植物材料和生理状态的差异,所用生长调节物质的种类和配比无一定模式可循,必须经过试验来确定。

除了上述的几种培养基的主要成分外,组成培养基的物质还有一些其他的无机元素、有机物质和活性炭、抗生素、天然有机附加物、抗氧化物等。

3. 培养细胞的起始密度及细胞计数

(1)最低有效密度的概念　在悬浮细胞培养中,使悬浮培养细胞能够增殖的最少接种量称为最低有效密度(minimum effective density)或称为临界起始密度(critical initial density),如在培养中低于此值细胞就不能增殖。最低有效密度因培养材料、原种保存时间长短、培养基的成分不同而有差异,一般为 10^4～10^5 个细胞/mL,在培养过程中可增殖到(1～4)×10^6 个细胞/mL。例如,假挪威槭的细胞,在标准的合成培养基上,临界的起始密度为(9～15)×10^3 个细胞/mL,在这个密度下开始培养到最大密度(约 4×10^6 个细胞/mL),平均每个细胞要分裂 8 次。

(2)细胞计数　要保证细胞培养的最低有效密度,在细胞游离后要对分离的单细胞进行计数。细胞计数最常用的方法是血球计数板法,计算较大的细胞数量时,可以使用特制的计数盘。血球计数板法操作过程与血球计数相同,滴一滴悬浮细胞液到计数板的凹槽中,盖上盖玻片使其与计数板紧密结合,操作时要仔细,既要防止凹槽中形成气泡,因为一旦形成气泡,等于缩小了凹槽的体积,又要防止大细胞使盖玻片抬起来,二者都可造成计数上的误差。接着调节显微镜使视野中能见到清晰的计数板上的方格和方格中的细胞,然后计数。计数时为了避免重复或遗漏,常将分布在格线上的细胞,一律以接触方格底线和右侧线上的细胞作为记入本格内的细胞数,以减少人为计数误差。数出了方格中的细胞数就能计算出每毫升悬浮液中的细胞数,因为方格的边长在计数板上已经给出,而凹槽的深度一般为 0.1 mm,这样每一格的体积是已知的,知道单位体积中的细胞数就能算出每毫升溶液中的细胞数。由于细胞悬浮培养中存在着大小不一的细胞团,所以可以先利用 5%～8%铬酸或 0.25%果胶酶使悬浮细胞团分散,然后用血球计数板进行计数,可提高细胞计数的准确性。

(3)活细胞测定　活细胞测定有如下几种方法:

①醋酸酯-荧光素染色法　该方法是用荧光素-醋酸酯(FDA)对悬浮细胞进行活体染色。FDA 本身不能发出荧光,无极性,可自由通过原生质体膜进入细胞内部,一旦进入细胞后,由于受到活细胞内酯酶分解而产生可以发出绿色荧光的极性物质荧光素,它不能自由出入原生质膜而留在细胞中。若在荧光显微镜下可观察到产生荧光的细胞,表明是有活力的;相反,不产生荧光的细胞,表示是无活力的。

具体操作:取 0.5 mL 细胞悬浮液,加入 10 mm×100 mm 的小试管中,加入 FDA 溶液,使其终浓度达到 0.01%,混匀,在室温下作用 5 min,然后用荧光显微镜观察。统计 5 个视野,计数活细胞数,求算活细胞率。

②死细胞着色法　一些染料如酚藏红花、伊万斯蓝、洋红、甲基蓝等也可用于悬浮细胞活力的测定。活细胞原生质体有选择吸收外界物质的特性,用这些染料处理时,活细胞不吸收染料不着色,而死细胞则可以着色,统计未染上色的细胞就可以计算活细胞率。这种方法也可用作醋酸酯-荧光素染色法的互

补法。下面以酚藏红花染色法为例简要说明这种活细胞测定方法。

酚藏红花能使死细胞染成红色,而活细胞不吸收该染料不着色。测定时先配制 0.1%酚藏红花水溶液,溶剂为培养液。然后将悬浮细胞滴在载玻片上,再滴一滴 0.1%酚藏红花溶液与其混合,盖上盖玻片。染料与细胞混合后,很快就可在普通显微镜下观察,会发现死细胞均染成红色,而活细胞不能被酚藏红花染色,即使 30 min 后亦是如此。

③双重染色法　为了更精确地测定细胞活力,还可采用双重染色法,即将细胞悬浮液和 FDA 溶液先在载玻片上混合,再用酚藏红花水溶液或其他染料作染色剂,滴一滴于载玻片上与细胞悬浮液和 FDA 溶液混合,盖上盖玻片,于显微镜下检查,若无色、发荧光的则为活细胞,若呈现红色且不发光则为死细胞。

④氯化三苯基四氮唑(TTC)法　该法利用活细胞呼吸产生的 $NADH_2$ 和 $NADPH_2$ 催化渗透到细胞内的 TTC,使其还原生成红色的 TTF(三苯基甲腙),通过观察其显色反应和提取 TTF 分别定性和定量衡量细胞的活性。

4.悬浮细胞培养方法

悬浮细胞培养方法根据其培养方式基本上可分为两种类型,即分批培养和连续培养。

(1)分批培养(batch culture)　是指把植物细胞分散在一定容积的培养基中进行培养,在培养过程中除了气体和挥发性代谢产物可以同外界交换外,一切都是密闭的,当培养基中的主要营养物质耗尽时,细胞的分裂和生长即停止。分批培养所用的容器一般是 100～250 mL 三角瓶,每瓶装 20～75 mL 培养基。为了使分批培养的细胞能不断增殖,必须进行继代。继代的方法是取出培养瓶中一小部分悬浮液,转移到成分相同的新鲜培养基中(大约稀释 5 倍)。也可用纱布或不锈钢网进行过滤,滤液接种,这样可提高下一代培养物中单细胞的比例(图 7-2)。

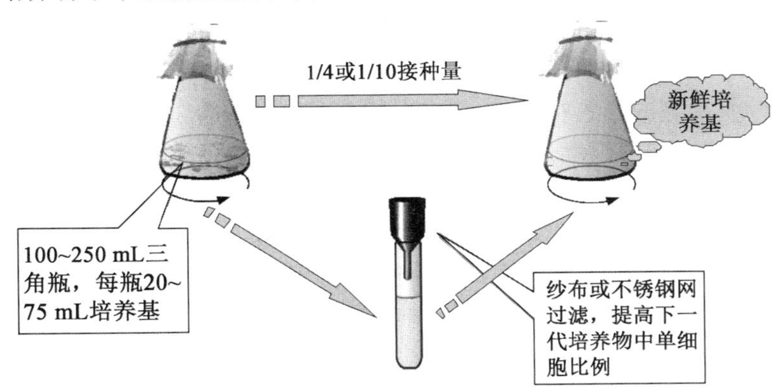

图 7-2　分批培养方法示意图

在分批培养中,细胞数目增长的变化情况表现为一条 S 形曲线(图 7-3),最初为滞后期(lag phase),细胞很少分裂,接着是对数生长期(exponential phase),一般继代培养 2～3 d 后细胞即进入对数生长期,细胞分裂活跃,数目迅速增加,是进行突变诱发、遗传转化等研究的适宜时期。经过 3～4 个细胞世代之后,由于培养基中某些营养物质已经耗尽,或是由于有毒代谢产物积累,增长速度缓慢,由直线生长期(linear phase)经减慢期(progressive deceleration phase),最后进入静止期(stationary phase),增长完全停止。滞后期的长短主要取决于在继代时原种培养细胞所处的生长期及细胞密度。当细胞密度比较少时,不但滞后期较长,而且在一个培养周期中细胞增殖的数量也少。例如,当继代后的细胞密度是 $(9\sim15)\times10^3$ 细胞/mL 时,在进入静止期前细胞数目通常只增加 8 倍,而若继代后的细胞密度为 $(0.5\sim2.5)\times10^5$ 细胞/mL 时,经过一个培养周期细胞数目将增加到 $(1\sim4)\times10^6$ 细胞/mL。如果转入的细胞密度低,则在加入培养单细胞或小群体细胞所必需的营养物质之前,细胞将不能生长。另外,

如果缩短 2 次继代的时间间隔，例如每 2～3 d 继代一次，则可使悬浮培养的细胞一直保持对数生长。如果使处于静止期的细胞悬浮液保存时间太长，则会引起细胞的大量死亡和解体。因此，当细胞悬浮液达到最大细胞量之后，即在刚进入静止期的时候，须尽快进行继代。一般的来说，在对数生长后期是最佳的继代时期。有报道，加入条件培养基可以显著缩短滞后期的长度。在分批培养中细胞繁殖一代所需的最短时间，即在对数生长期中细胞数目加倍所需的时间，因物种的不同而异：烟草，48 h；假挪威槭，40 h；蔷薇，36 h；菜豆，24 h。一般来讲，这些时间都长于在整体植株上分生组织中细胞数目加倍所需的时间。

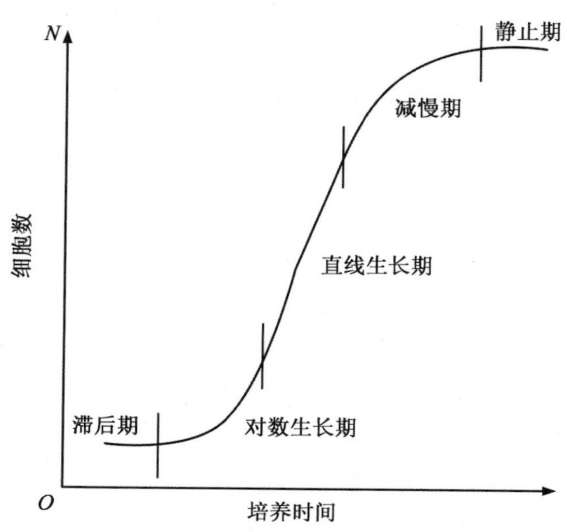

图 7-3　悬浮培养细胞生长曲线

在细胞培养过程中，细胞的形态有明显的变化。在培养初期，多半是比较大的游离细胞，接着便开始分裂，随着分裂，原来较大的细胞就分裂成一个一个较小的细胞。同时，较小的细胞就聚集成细胞块。在生长停止后，细胞便伸长、膨大，块状细胞游离分散。有人曾就植物细胞在培养中的变化做过如下的研究：烟草细胞在培养的初期平均长度为 93 μm，中间为 50 μm，在整个培养的中期和对数生长期，细胞聚集成块，大小一般为 350～400 μm。虽然，植物细胞的形态大小、细胞块的聚集度会因细胞的种类、培养液的成分等不同而异，但是其变化规律大致是相同的。

在悬浮培养过程中筛选细胞悬浮系是很重要的。在对悬浮培养细胞进行继代时可使用吸管或注射器，但其进液口的孔径必须小到只能通过单细胞或小细胞团（2～4 个细胞），而不能通过大的细胞聚集体。继代前应先使三角瓶静置数秒，以便让大的细胞团沉降下来，然后再由上层吸取悬浮液。对于较大的细胞团，在继代时可将其在不锈钢网筛中用镊子尖端轻轻磨碎后再进行培养。如果每次继代都依这个办法操作，就有可能建立起理想的细胞悬浮培养物。愈伤组织的结构是受遗传因子控制的，因而有时无论采用什么方法也难以使细胞充分分解。不过，一般来说，如果培养基的成分和继代方法合适，总可提高细胞的分散程度。已经知道，加入 2,4-D、少量水解酶（纤维素酶和果胶酶），或加入酵母提取液等物质，都能促进细胞的分散。并且每隔 1～2 d 更换新鲜培养基，使生物量与培养基容积比保持为 2，这样悬浮培养细胞即可长期保持在对数生长晚期，能够使细胞最大程度分散。然而，为了获得充分分散细胞悬浮液，最重要的还是最初始的材料要使用易碎的、疏松的愈伤组织。如前所述，如果把愈伤组织在半固体培养基上保持 2～3 个继代周期，其松散度也会增加。但是即使在分散度最好的悬浮液中也存在着由几个或几十个细胞组成的细胞团，只含有游离细胞的悬浮液是很少的。主要原因是，细胞具有聚集在一起的特性，由一个初始细胞经过分裂产生的若干个子细胞，不能像子代细胞那样各自分散在培养液中。

分批培养是植物细胞悬浮培养中常用的一种培养方式，其所用设备简单，只要有普通摇床即可，而且操作简便，重复性好，往往能获得理想的效果，特别适合于突变体筛选、遗传转化等研究。但由于分批培养的一些缺点，使该方法对于研究细胞的生长和代谢并不是一种理想的培养方法。在分批培养中细胞生长和代谢方式以及培养基的成分不断改变，虽然在短暂的对数生长期内细胞的生长速度保持恒定，但细胞没有一个稳态生长期，相对于细胞数目的代谢物和酶的浓度也不能保持恒定，这些问题在某种程度上可通过连续培养加以解决。

(2)半连续培养　是利用培养罐进行细胞大量培养的一种方式。在半连续培养中，当培养罐内细胞数目增殖到一定量后，倒出一部分细胞悬浮液于另一个培养罐内，再分别加入新鲜培养基继续进行培养，如此这样频繁地进行再培养。半连续培养能够重复获得大量均匀一致的培养细胞。

(3)连续培养(continuous culture)　是利用特制的培养容器进行大规模细胞培养的另一种培养方式(图7-4)。在连续培养中，新鲜培养基的不断加入，同时用过的旧培养基不断排出，因而在培养物的容积保持恒定的条件下，培养液中的营养物质能够得到不断补充，使培养细胞能够稳定连续生长。

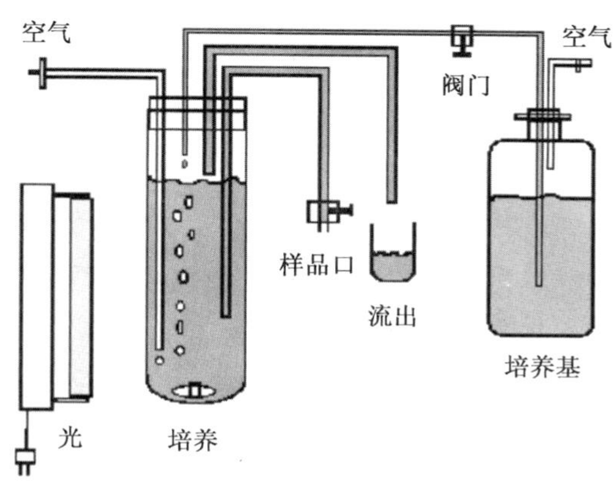

图7-4　连续培养用发酵罐装置示意图(朱延明，2009)

连续培养根据其方法的不同可分为封闭式连续培养(sealed serial culture)和开放式连续培养(opened serial culture)。

①封闭式连续培养　在封闭式连续培养中，排出的旧培养基由加入的新培养基进行补充，进出数量保持平衡。排出的旧培养基中悬浮细胞经离心收集后又被返回到培养系统中去，因此，在这种培养系统中，随着培养时间的延长，细胞数目不断增加。

②开放式连续培养　在开放式连续培养中，新鲜培养基不断加入，旧培养基不断流出，流出的培养液不再收集细胞用于再培养而是用于生产。在这个系统中，遵守两个原则：一是新培养基加入速率等于旧培养基的排出速率；二是排出细胞的速率等于新细胞增长的速率。因而，在这样的一个系统中，悬浮培养的细胞处于一种在量上的稳定状态，能使培养物和生长速度永远保持在一个接近最高值的恒定水平上。这种培养系统可以用化学恒定法(constant detect)或者浊度恒定法(turbidimetry)进行控制。

化学恒定法：在整个细胞培养中，有些化学物质(如氮、磷、葡萄糖、生长调节物质)对细胞的生长影响很大。因而它们的浓度可被调节成为一种生长限制浓度，以固定的速度加入新鲜培养基内，使细胞的增殖保持在稳定状态之中。在这种培养基中，除生长限制成分以外的所有其他成分的浓度皆高于维持所要求的细胞生长速率的需要，而生长限制因子则被调节在这样一种水平上，它的任何增减都可由相应的细胞增长速率的增减反映出来。

Wilson等(1974)用4 L培养液培养假挪威槭细胞，以硝态氮为限制因子，采用化学恒定培养法得到了稳定状态的群体，在个别试验中稳定状态持续了200 d以上，最后还是由于污染等原因才停止。

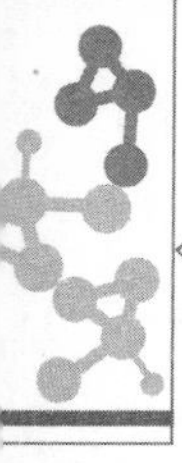

Wilson(1971)以磷为营养物质的限制因子,细胞外形的大小、培养基的组分、培养液的 pH 等都处在稳定水平上。用化学恒定培养法来研究假挪威槭细胞的氮代谢时还看到了酶活力也处于稳定状态。

化学恒定法的最大特点就是通过限制营养物质的浓度来控制细胞生长速率,而细胞生长速率与细胞特殊代谢产物形成有关。因此,只要弄清这一关系,就可以通过化学恒定培养法控制一种适宜的细胞生长速率,可以生产最高产量的某种特殊代谢产物,如蛋白质、有用药物及香精等,这对于大规模细胞培养的工业化生产有重要的意义。

浊度恒定法:浊度恒定中,新鲜培养基的加入受由细胞密度增长所引起的培养液浑浊度的增加所控制,当培养系统中细胞密度超过所选定的细胞密度时,细胞可随培养液一起排出,从而保证细胞密度的恒定。

浊度恒定的原理基于悬浮培养细胞的浑浊度与细胞密度、细胞干重之间存在着相关性,曾有人用浊度计测量过植物培养细胞的增长。Erikssoon(1965)以迅速生长的单冠毛菊细胞为材料,测量了培养细胞干重和光密度(610 nm)之间的相关性。Dougall(1965)用比色法测定了蔷薇悬浮培养细胞的生长。在假挪威槭悬浮培养中,悬浮细胞的浑浊度和细胞密度、细胞干重之间具有相关性,而且浑浊度与密度、干重之间的关系并不被假挪威槭细胞聚集度改变而破坏,这样用浊度法不仅可以测量出连续培养中的细胞密度,还可以用来控制细胞密度,将培养细胞控制在一个稳定状态。

浊度恒定法的特点是,在一定限度内,细胞生长速率不受细胞密度的约束,生长速率决定于培养环境的理化因子和细胞内代谢的速度,不受任何培养物质不足的影响,故成为研究细胞代谢调节的良好培养系统。它可在生长不受主要营养物质限制的条件下,研究环境因子(如光照和温度)、特殊的代谢物质和抗代谢物质以及内在的遗传因子对细胞代谢的影响。

连续培养是植物细胞培养技术中的一项重要技术,这种培养技术对于植物细胞代谢调节的研究,对于各个生长限制因子对细胞生长影响以及对于次生物质的大量生产等研究都有重要的意义。

5.振荡培养的类型

在悬浮培养中,为了使培养基能不停地运动,改善液体培养基中培养材料的通气状况,以及使细胞团和单细胞均匀地分布于培养基中,可以使用各种类型的振荡培养。

(1)旋转式摇床　在分批悬浮培养中,旋转式摇床至今仍是一种应用最广泛的设备。摇床的载物台上装有三角瓶夹,不同大小的瓶夹可以调换,以适应大小不同的三角瓶,摇床的速度也是可控制的。对于大多数植物组织来说,以转速 30～150 r/min 为宜,冲程范围为 2～3 cm,转速过高或冲程过大会造成细胞破裂。

(2)慢速转床　这种转床是 Steward 在 1952 年进行胡萝卜细胞培养时设计的。转床的基本结构是在一根略微倾斜(12°)的轴上平行安装若干转盘,转盘上装有固定瓶夹,转盘向一个方向转动,培养瓶也随之转动,瓶中的培养物交替地暴露于空气或液体培养基中,转速 1～2 r/min,培养时若需要光照,在床架上可安装光源。

(3)自旋式培养架　适用于大容量的悬浮培养。转轴与水平面呈 45°,转速 80～110 r/min,这种装置上可以放置 2 只 10 L 的培养瓶,每瓶可装 4.5 L 液体培养基。

6.悬浮细胞再生植株

由悬浮细胞再生植株通常有 2 种途径:一是如在胡萝卜细胞悬浮培养中,由悬浮细胞直接形成体细胞胚,进入体细胞胚胎发育途径;二是先将悬浮细胞在半固体或固体培养基上诱导形成愈伤组织,然后再由愈伤组织分化形成芽和根,最终形成再生植株,完成器官发生再生途径。后者如果细胞团加大,则可将培养瓶短时间静置使细胞团自然沉降后,用吸管将细胞团转移到半固体培养基上培养。这种培养基的组成基本上与继代培养基一致,但也须视材料及细胞团的生长状态而做调整,特别是在激素组成方面做些调整。不过,对于单细胞、低密度悬浮细胞或是过于小的细胞团,则不宜直接将其转移到半固体培养基上培养,而是要参照原生质体培养方法或是单细胞培养方法,先对它们进行液体浅层培养或看护培养，待形成较大细胞团后，再转到半固体培养基上诱导。

7.2.3 悬浮培养细胞的生长与测定

对于任何一个建立的细胞系都应进行动态的测定，以掌握其生长的基本规律，为继代培养或其他研究提供依据。在悬浮培养中，为了计算细胞的繁殖速度，一般可用以下方法进行计量。

1.细胞计数

细胞的数目是细胞悬浮培养中不可缺少的生长参数。由于悬浮培养的细胞并不全以游离单细胞存在，因而通过从培养瓶中直接取样很难进行可靠的细胞计数。为了提高细胞计数的准确性，可先用铬酸(5%～8%)或果胶酶(0.25%)对细胞团进行处理，使其分散。大多数细胞悬浮液可用铬酸在20 ℃下离析6 h，也可提高铬酸的浓度和处理的温度来加速离析。Street等在计数悬浮培养假挪威槭细胞时，将1份培养物加入2份8%铬酸溶液中，在70 ℃下加热12～15 min，然后将混合物冷却，用力振荡10 min，用血球计数板进行计数。

这种方法还可以用于测定植物原生质体、小孢子及组织切片中细胞的大小。

2.细胞密实体积(PCV)的测定

可用离心法使细胞沉淀后进行测定。为了确定细胞密实体积，需将已知体积的均匀分散的悬浮液放入一个15 mL刻度离心管中，2 000×g 离心5 min，则在离心管上可得到细胞沉淀的体积，然后将此换算成以每毫升细胞悬浮液中细胞体积的毫升数来表示。此外，在测定细胞体积时，有时也用这样的方法：使细胞自然沉淀，测定其体积，称为沉淀体积(settled cell volume)。

3.细胞的鲜重和干重的测定

测量鲜重时，将一定量的细胞悬浮液加到预先称重的尼龙布上，用水冲洗并抽滤除去细胞黏着的多余水分，然后称重。测量干重时，将离心收集的细胞转移到预先称重定量的滤纸片上，然后在60 ℃烘箱内烘12 h，在干燥器中冷却后称重。细胞的鲜重或干重一般以每毫升悬浮培养物或每10^6个细胞的重量表示。

4.有丝分裂指数的测定

在一个细胞群体中处于有丝分裂的细胞占总细胞的百分数即有丝分裂指数(mitosis index，MI)。指数越高，说明分裂进行的速度越快，反之则越慢。有丝分裂指数反映群体中每个细胞用于分裂所需时间的平均值。在愈伤组织生长的早期以及活跃分裂的悬浮培养物中，分裂指数还反映了细胞分裂的同步化程度。一个迅速生长的细胞群体其有丝分裂指数为3%～5%。

测定有丝分裂指数的方法简单，但却费时。对于愈伤组织，一般采用孚尔根染色法，先将组织用1 mol HCl在60 ℃水解后染色，然后在载玻片上按常规方法作镜检，随机检查500个细胞，统计其中处于分裂间期及处于有丝分裂各个时期的细胞数目，计算分裂指数。悬浮培养细胞先应离心、固定，然后将细胞吸于载玻片上染色、镜检。至少检查500个细胞，随后计算出分裂指数。

虽然有丝分裂指数的测定是研究细胞生长的指标，但它受许多因子的影响，如完成一个细胞周期所需的时间、有丝分裂持续的时间、非周期性和死细胞的百分数、细胞群中同步化程度等。因此单独测定有丝分裂指数还不能精确地反映某一培养物的细胞分裂的同步程度。

5.细胞植板率

利用平板法培养单细胞或原生质体时，常以植板率来表示能分裂长出细胞团的细胞占接种细胞总数的百分数。其中每个平板上接种的细胞总数，等于铺于平板时加入细胞悬浮液的容积和每单位容积悬浮液中细胞数的乘积。每个平板上形成的细胞团数，则可以在实验末期直接测定。一般初始细胞密度较高时，可以获得较高的植板率，但由于植板后相邻细胞形成的细胞群落常混在一起，给分离单细胞无性系带来困难。因此，理想的结果应该是在较低的细胞密度条件下能得到尽可能高的植板率。但是，正常条件下每个物种都有一个最适的植板密度，同时也有一个临界密度，低于这个临界密度时，细胞就

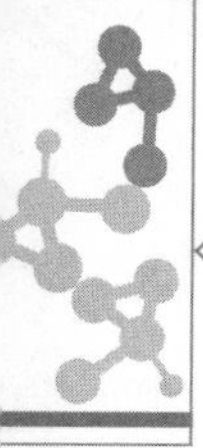

不能发生分裂。因此，应采用特殊的培养方法和选择合适的培养基，以提高低密度细胞培养条件下的植板率。

7.2.4 悬浮培养细胞的同步化

悬浮培养的目的是获得大量均一的细胞株系。前面讲过，可以通过连续培养和半连续培养进行细胞大规模培养，即可获得大量的细胞。但是培养的植物细胞在大小、形态、核的体积和 DNA 含量以及细胞周期等方面都有很大的变化，这种变化使得研究细胞分裂、代谢、生化及遗传问题复杂化。因此，人们试图采取一些同步化方法使悬浮培养的细胞分裂趋于高度一致。悬浮细胞的同步培养(synchronous culture)是指在培养中，通过一定的方法使得大多数细胞都能同时通过细胞周期的各个阶段(G_1、S、G_2 和 M)。

在悬浮培养中，为了研究细胞分裂和细胞代谢，最好使用同步培养物或部分同步培养物，因为和非同步培养相比，在同步和部分同步培养中，细胞周期内的每个时间都表现得更为明显。因此通过植物细胞的同步化，不仅可以详细地了解细胞周期的真实过程，还可以认识真正控制着从亲代细胞到子代细胞过程中生化变化的序列因子。但在一般情况下，悬浮培养细胞都是不同步的，为了取得一定程度的同步性，许多研究者进行了各种尝试。要使非同步培养物实现同步化，就要使培养过程中的细胞所处的细胞周期能够达到较为统一的分布。通常，人们用有丝分裂指数来计量同步化程度，但 King 和 Steert (1977)及 King(1980)强调指出，同步性程度不应只由有丝分裂指数来确定，而应根据若干彼此独立的参数来确定。这些参数包括：①在某一时刻处于细胞周期某一点上的细胞百分数；②在一个短暂的具体时间内通过细胞周期中某一点的细胞的百分数；③全部细胞通过细胞周期中某一点所需的总时间占细胞周期时间长度的百分数。

这里介绍几种用于实现悬浮培养细胞同步化的方法。

1. 物理方法

(1)体积选择法(volume selection)　培养的植物细胞在形态和大小上是不规则的，并常聚集成团，这些差异使根据植物细胞的体积进行选择十分困难，但是根据细胞聚集的大小来选择是可行的。Fujimura 等(1979)在胡萝卜细胞悬浮培养中，将在附加 0.5 μmol/L 2,4-D 的培养基中继代培养 7 d 后的悬浮细胞先经过 47 μm 的尼龙网，除去大的细胞聚集体后，再经过 31 μm 网过滤收集网上的细胞和细胞团，用等体积的液体培养基悬浮后将 1 mL 悬浮液加入含有 10%～18%的 Ficoll 不连续密度梯度(含 2%蔗糖)的离心管中于 180×g 离心 5 min，分别收集不同层次的细胞到各离心管中，加入 10 mL 培养液离心收集细胞，并用培养基洗涤 3 次，除去悬浮液中的 Ficoll。通过这种分离的细胞是匀质的，转移到幼胚培养基上 4～5 d 即可产生同步胚胎发生，同步化达到 90%。在平常，可将悬浮培养细胞分别通过 20、30、40、60 目的滤网过滤、培养、再过滤，重复几次后可获得同步化细胞。由于此法简便，所以是目前控制植物体细胞胚同步化常用的方法。

(2)冷处理法(cold treatment)　温度刺激能提高培养细胞的同步化程度。培养细胞经低温处理后，DNA 合成受阻或停止，细胞趋向 G_1 期；当温度恢复至正常后，大量培养细胞进入 DNA 合成期，从而实现培养细胞的同步化分裂。在胡萝卜细胞悬浮培养中，Okamura 等(1973)使用冷处理和营养饥饿相结合的方法使细胞同步化。首先将悬浮细胞在摇床上于 27 ℃培养至静止期，继续培养 40 h，然后在 4 ℃下冷处理 3 d，再加入 10 倍的经 27 ℃温育的新鲜培养基，在 27 ℃下培养 24 h，重复冷处理 3 d，之后在 27 ℃下培养，经 2 d 后处于有丝分裂的细胞数目增加。

2. 化学方法

(1)饥饿法(starvation method)　悬浮培养细胞中，可断绝供应一种细胞分裂所必需的营养成分或生长调节物质，使细胞停止在 G_1 期或 G_2 期，经过一段时间的饥饿之后，当在培养基中重新加入这种限制因子时，静止细胞就会同步进入分裂。Gould 等(1981)报道培养基中的磷和糖类物质的饥饿使假挪

威械细胞阻止在 G_1 期和 G_2 期，氮源饥饿的细胞仅积累在 G_1 期。若把已生长到静止期的假挪威槭悬浮细胞继续培养 1～2 周后，将细胞转移到 10 倍体积的新鲜完全培养基上，该细胞培养物能同步生长 2～5 个细胞周期。Komamine 等(1978)在长春花细胞培养中，先使细胞受到磷酸盐饥饿 4 d，再把它转入到含有磷酸盐的培养基中，结果获得了同步性。另一些实验证明，生长调节剂的饥饿也能使细胞分裂同步化。在烟草中，若把静止期的细胞移入新培养基中(即培养初期 2～3 d 内不添加 2,4-D 和 KT)，短时间里有丝分裂指数可提高 7%。Everett 等(1981)报道，在假挪威槭悬浮细胞培养中，生长素饥饿能引起细胞分裂指数和细胞周期的增加。当悬浮细胞生长到静止期时收集细胞，用无生长素或无细胞分裂素的培养基洗涤 3 次，在无生长素和细胞分裂素的完全培养中继代直到有丝分裂指数为 0。然后将细胞转移到含有生长素和细胞分裂素的完全培养基中，经 3 d 后有丝分裂指数能提高 5～10 倍。

(2)抑制法(inhibition method)　使用 DNA 合成抑制剂 5-氨基尿嘧啶、5-氟脱氧尿苷(FUdR)、羟基脲和过量的胸腺嘧啶核苷等，也可使细胞同步化。当细胞受到这些化学药剂处理后，能暂时阻止细胞周期的进程，使细胞积累在某一特定时期(G_1 期和 S 期的边界上)，一旦抑制解除细胞就会同步进入下一个阶段。5-氟脱氧尿苷已用于大豆、烟草、番茄等悬浮培养细胞的同步化试验，处理时间为 12～24 h，浓度 2 μg/mL。Szabados 等(1981)报道羟基脲已用于小麦和欧芹悬浮细胞同步化试验，在生长指数期的悬浮培养物中加入 3～5 mol/L 羟基脲，继续培养 24～36 h，后经洗涤进行培养，使小麦和欧芹悬浮培养细胞有丝分裂指数达到 30%和 80%。应用这种方法取得的细胞同步性只限于一个细胞周期。

(3)有丝分裂抑制法(mitotic inhibition method)　是指在细胞悬浮培养时，加入抑制有丝分裂中期纺锤体形成的物质使细胞分裂阻止在有丝分裂中期，以达到同步化培养的方法。在各种纺锤体阻抑物中，秋水仙碱是阻止细胞停留在中期的最有效的抑制剂。在指数生长的悬浮培养物中加入 0.02%的秋水仙碱，4 h 后玉米悬浮培养物有丝分裂指数提高，经 10～12 h 达到高峰。该法简单，但要避免秋水仙碱处理时间过长，因为秋水仙碱能使不正常有丝分裂的频率增高，一般处理时间以 4～6 h 为宜。秋水仙碱应过滤灭菌后再使用。

应该指出的是，在植物细胞悬浮培养中，要达到高度的同步化是比较困难的，其主要原因是活跃分裂细胞的百分数较低，而且在悬浮培养液中细胞有聚集的趋势。如果处理的细胞没有足够的生活力，不仅不能获得理想的同步化效果，还可能造成细胞的大量死亡。采用指数生长的培养物继代培养可减少这些因子的影响。此外，设置适宜的氮源及比例有助于细胞生长和次生代谢产物的生成。

7.2.5　影响细胞悬浮培养的因素

1. 基本培养基组成

(1)氮　硝酸盐是最常用的氮源。一般情况下，硝态氮水平高利于细胞增殖和胚性愈伤组织的诱导，铵态氮水平高促进组织的器官分化和体细胞胚胎形成。在具有功能 NH_4^+ 和 NO_2^- 利用系统的培养中，氮吸收常取决于培养基的 pH 和培养物的年龄。例如，矮牵牛悬浮细胞在 pH 4.8～5.6 下培养起始吸收的 NO_2^- 比 NH_4^+ 多，可是在许多情况下，NH_4^+ 只能在低 pH 的培养基中被利用。低浓度的总氮通过刺激细胞分裂导致大量小细胞的形成，而高浓度的总氮往往利于细胞生长。

(2)磷　植物细胞以各种方式吸收磷，其浓度常常是细胞分裂和生长的限制因子，它与由核苷酸(ATP、ADP、AMP)所引起的能量水平以及 RNA 和 DNA 合成直接相关。磷通常抑制游离氨基酸的积累。

(3)硫　硫的缺失使所有蛋白质的合成自动停止。如果含硫氨基酸不能继续产生，它们便不能参加蛋白质的合成。用硫代硫酸盐、*L*-半胱氨酸、*L*-甲硫氨酸和谷胱甘肽代替无机盐，能使烟草悬浮细胞充分生长；而 *D*-半胱氨酸、*D*-甲硫氨酸和 *DL*-高半胱氨酸只能使烟草悬浮细胞的生长保持在最低状态。

(4)镁、钾、钙　到目前为止，多个报道已表明，镁、钾、钙这些大量元素是绝对必要的。有关 K^+ 的最适浓度(胡萝卜为 1 mmol/L，矮牵牛和烟草为 20 mmol/L)的研究认为，不同培养物在吸收能力方面

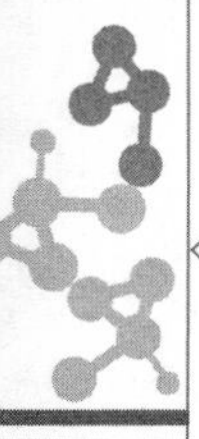

的差异不必考虑。在大豆等植物的培养中，在培养期间几乎所有的 K^+ 都被培养细胞所吸收；相反，在烟草的细胞培养中，发现到了培养末期仍有最初浓度（20 mmol/L）一半的 K^+ 留在培养基中未被利用。

（5）氯　Cl 通常影响光系统Ⅱ的酶类及液泡形成体的 ATP 酶的活动，干扰细胞的渗透调节。在许多情况下，Cl^- 可由 Br^- 和 I^- 代替。

（6）微量元素　微量元素的影响与所用的材料密切相关。例如，锰对胡萝卜悬浮细胞的生长有促进作用，但对水稻无影响。缺铁常导致细胞生长的中途停止，高浓度的铁（1 mmol/L）通常又有抑制作用；在大多数情况下，铁浓度以 0.05～0.2 mmol/L 为宜。同时，我们应该考虑各种元素之间对吸收的互作效应。例如，极少量的钛（Ti）有助于所有大量元素和微量营养成分的吸收。硼特别影响葡萄糖的吸收。在植物细胞悬浮培养的生长培养基中加入硅以促进次生代谢物的产生。培养物会表现出：活力增强（Si 引发的延缓衰老效应）；更高的分裂速率（Si 与细胞壁结合而增加稳定性）；启动次生代谢。

2. 有机成分

（1）氨基酸类　除精氨酸和赖氨酸外，添加作为氮源 NO_3^- 的替代物的氨基酸，通常抑制细胞的生长。实际上，在某些情况下，精氨酸能够补偿其他氨基酸的抑制作用；相反，在颠茄的愈伤组织培养中，精氨酸又是一种抑制剂；但以 NH_4^+ 作为氮源时却没有抑制作用。此外，不同氨基酸之间是相互影响的。在烟草细胞悬浮培养中，半胱氨酸的吸收受 *L*-亮氨酸、*L*-精氨酸、*L*-酪氨酸和 *L*-脯氨酸的抑制；*L*-半胱氨酸和 *L*-高胱氨酸抑制硫酸盐吸收，从而对蛋白质合成和细胞生长产生负面影响。

（2）维生素类　对维生素类的需求因植物而异。硫胺素通常是需要的（0.1～30 mg/L）。在 *Convolvulus arvensis* 悬浮培养中，硫胺素缺乏能够诱导细胞显著分裂。在 *Acer pseudoplatanus* 悬浮培养中，如果硫胺素、吡哆酸、半胱氨酸、胆碱、肌醇都缺乏，则悬浮细胞的生长显著下降；但如果仅缺乏其中的一种，则无影响。在少数情况下，发现添加烟酸和吡哆醇能刺激细胞生长。

3. 碳源

（1）碳水化合物　培养物对各种碳水化合物的反应取决于所培养的植物种类和碳水化合物浓度。例如，有些培养物在仅加葡萄糖时便能正常生长，而有些培养物需要在培养基中加入果糖或蔗糖（2%～3%）才能正常生长。

（2）CO_2　为了维持细胞生长以及使光自养培养物完全绿化，需要连续提供 2%～5% 的 CO_2。通常，细胞生长随着 CO_2 质量分数的增加而增加，但也有例外。

4. 植物激素

植物组织的基本营养需求得到满足后，通过添加生长调节剂，如生长素、细胞分裂素、赤霉素、乙烯（或者更准确地说是抗乙烯）或脱落酸来刺激植物进一步的发育反应。

（1）生长素类　生长素类的影响因所用植物种类及生长素种类不同而不同。2,4-D 特别有利于薄壁细胞的生长，所以在植物细胞悬浮培养中，常加入适宜浓度的 2,4-D。

（2）细胞分裂素　细胞分裂素的效果受多种因素的影响，因所选用的植物种类、激素种类及浓度不同而不同。植物细胞中的细胞分裂素可被细胞分裂素氧化酶钝化。在烟草中，细胞分裂素的降解似乎受到外源细胞分裂素的调控，后者导致细胞分裂素氧化酶的迅速增加。细胞分裂素诱导细胞分裂，从而使细胞数增加，这种细胞数的增加是由一种修饰磷脂模式来决定的。有关细胞分裂素的作用位点及作用机理目前所知甚少。

（3）乙烯　内源乙烯生产是旺盛分裂细胞的特征，因此其生产受到生长素（IAA、NAA、2,4-D）的促进。在非光合培养物中，乙烯同其他激素协同作用。乙烯诱导细胞壁增厚。用 2-氯-乙烯-磷酸处理释放出乙烯，结果由于液泡体积减小，从而导致致密的细胞发育。

除了上述的同一植物激素对不同种类植物的作用不同外，对相同物种或基因型的不同外植体（组织类型）应用相同的生长调节剂处理可能会导致不同的反应，这表明在组织培养中可能存在植物激素受体或效应器的组织特异性（Phillips，1988）或组织内内源植物激素与外源提供的生长调节剂的相互作用。

5. **培养基 pH、渗透压及微生物**

pH 对铁吸收以及悬浮细胞的生活力的影响是很大的。H^+ 浓度的变化常常影响特定酶反应。在有些培养中,悬浮细胞生活力的下降可通过添加椰子汁(10%)或聚乙烯吡咯烷酮(PVP,1%)来改善,这是因为它们具有缓冲作用。

长期以来,渗透压对细胞生长的影响一直未引起重视。但是研究发现,在各种植物的悬浮培养中,增加葡萄糖、蔗糖、山梨糖醇特别是甘露醇的浓度(0.3~0.6 mol/L),能够增加细胞干重和鲜重,同时使细胞体积变小。

培养基中的微生物,即使是那些非致病性或不明显的微生物,也可能对培养物产生有害影响,并导致实验结果缺乏增殖或变异(Tsao 等,2000)。

6. **其他物理因素**

(1)振荡频率(shaking frequency,stirring frequency)　振荡频率对悬浮培养中的细胞团大小、细胞生活力和生长均有影响。例如,玫瑰细胞在 300 r/min 下仍能存活而且不被损伤,可是烟草细胞只能耐受最大 150 r/min 的振荡。因此,不可忽视振荡速度对细胞生长的影响。

(2)培养条件　光的波长及光照强度对悬浮培养细胞具有影响。通常,光强设定在 50~100 μmol/(m^2 · s)光合有效辐射之间,但也有光合光子通量密度低至 5 μmol/(m^2 · s)高达 150 μmol/(m^2 · s)的报道,具体取决于品种和应用。据报道,高光照强度能够提高烟草的绿色愈伤组织的单细胞植板率,但抑制无叶绿素的培养物的细胞生长。

一般来说,(26±3) ℃的温度适合于植物生长。过高、过低的温度均不利于悬浮细胞的增殖。

7.3 植物单细胞培养

单细胞培养(single cell culture)是指从植物器官、愈伤组织或悬浮培养物中游离出单个细胞,在无菌条件下,进行体外培养,使其生长、发育的技术。Muir 等(1954)第一次设计了愈伤组织看护培养技术,成功地培养了由烟草细胞悬浮液和松散的愈伤组织中分离的单细胞,并由此获得了单细胞无性系。De Rope(1955)首次设计了微室悬滴培养法进行单细胞培养。Jorrey(1957)用双层盖玻片法,看护培养了由豌豆根的愈伤组织分离出来的单个细胞,其中大约 8%的单细胞出现了分裂。随后,Jones 等(1960)改进了微室培养技术,并成功地培养了由烟草杂交种愈伤组织分离出来的单细胞,首次在微室培养条件下得到了单细胞无性系。在单细胞培养上最卓越的工作是 Bergmann(1960)首创的细胞平板培养法,此法是将悬浮细胞接种到薄层固体培养基中进行培养,以获得大量的单细胞无性系。这是目前应用最广泛的单细胞培养法,并被应用于原生质体培养等方面。

由于植物细胞具有群体生长特性,单细胞往往难以生长、繁殖。为此,需要采用一些特殊的培养技术,例如采用看护培养、微室培养、平板培养、条件培养、液体薄层静止培养等进行单细胞培养,才能达到培养目的。植物单细胞培养方法与特点如表 7-3 所示。

表 7-3　植物单细胞培养方法与特点

培养方法	培养基	特点
看护培养	固体培养基	采用一活跃生长的愈伤组织块来看护单细胞,简单易行,易于成功,培养效果较好
微室培养	固体培养基 液体培养基	培养基用量少,可以通过显微镜观察单细胞的生长、分裂、分化、发育情况。有利于对细胞特性和单细胞生长发育的全过程进行跟踪研究
平板培养	固体培养基	操作简便,由于单细胞生成的细胞团容易观察和挑选,培养效果较好
条件培养	条件培养基	由于条件培养及提供单细胞生长繁殖所需的条件,具有看护培养和平板培养的特点,在植物单细胞培养中经常采用

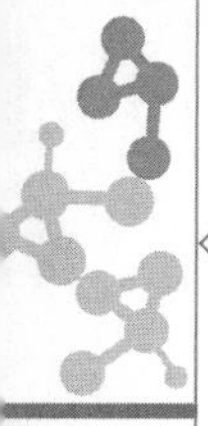

7.3.1 单细胞培养方法

1. 平板培养

将悬浮培养的细胞接种到薄层固体培养基中进行的培养称为平板培养(planting culture)。平板培养(图 7-5)是为了分离单细胞无性系,并对不同无性系进行生理、生化和遗传特性研究而设计的一种单细胞培养技术。Bergmann(1960)首创了这一培养方法,该方法需要一个较低的细胞密度,并均匀地分布在薄层固体培养基中,为了使平板上长出的细胞团都来自单细胞,用悬浮培养物作为接种材料时,应将培养物经过适当大小孔径的过滤网,或用别的方法,以除去大的细胞聚集体,使大部分材料为游离细胞。

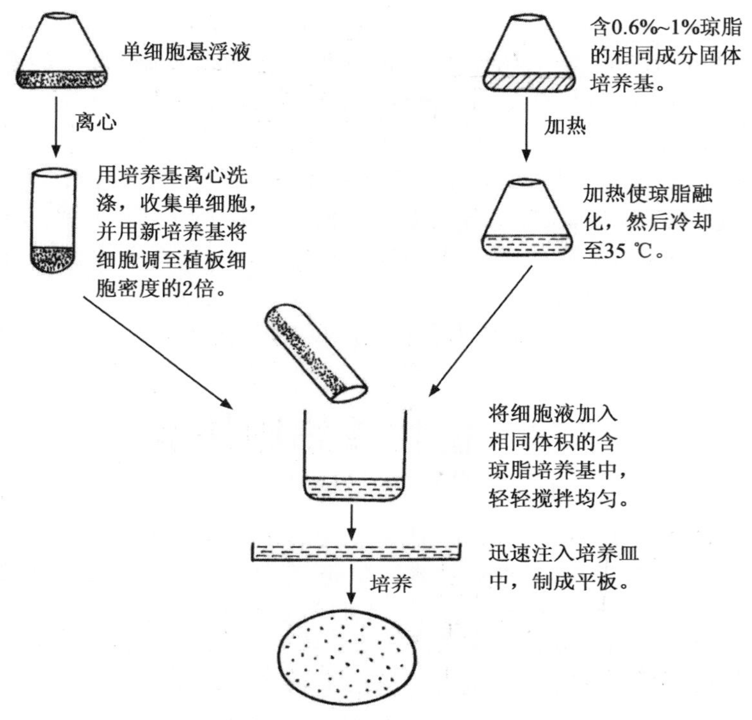

图 7-5　平板培养法分步图解(Bergmann,1960)

(1)平板培养的操作步骤及注意事项　平板培养是单细胞培养,因此第一步先要分离单细胞,不论是由哪种材料、哪种方法获得的细胞,绝大多数必须是单细胞。细胞游离后用血球计数板计数,平板培养细胞的起始密度一般为 10^3～10^5 个细胞/mL。如果悬浮培养是细胞悬浮液与琼脂培养基以 1∶4 混合的话,那么悬浮的细胞密度应该是(5×10^3)～(5×10^5)个细胞/mL。因此在平板培养制作前要先根据细胞计数的结果,通过离心使细胞沉淀,如果要提高密度可吸走一定量的上清液;如果要降低密度可加进一定量的培养液,使细胞悬浮到需要的密度。然后将 1 份单细胞悬浮液与 4 份 30～35 ℃下呈融化状态的琼脂固体培养基充分混合均匀,倒入到无菌培养皿中成一平板,并使培养平板的厚度在 5 mm 左右,盖上培养皿盖并用石蜡或胶带封口,置于 25 ℃下培养约 3 周即可形成单细胞无性系,再用解剖针从固体培养基中挑出无性系愈伤组织转入到新鲜固体培养基上继代。

在培养过程中应注意:①选用的培养基无论是条件培养基还是合成培养基,其目的是能够在低的起始密度下使细胞生长。②不可选用处在静止期过久的细胞,因为只有处在分裂旺盛时期的细胞才有较高的分裂能力。③在固体培养基中适宜的起始密度因不同的植物种类而异,要根据不同的细胞调整起始密度。④平板培养存在一个热伤害的可能,因此接种细胞时要严格控制温度,一般不超过 35 ℃,温度

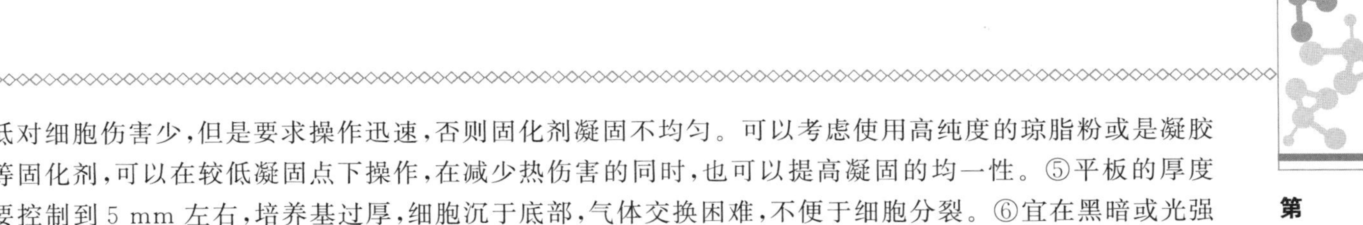

低对细胞伤害少,但是要求操作迅速,否则固化剂凝固不均匀。可以考虑使用高纯度的琼脂粉或是凝胶等固化剂,可以在较低凝固点下操作,在减少热伤害的同时,也可以提高凝固的均一性。⑤平板的厚度要控制到 5 mm 左右,培养基过厚,细胞沉于底部,气体交换困难,不便于细胞分裂。⑥宜在黑暗或光强很低的条件中培养。根据一些实验室的经验,在培养期间经常用显微镜在光下观察的平板,与一直在黑暗中培养的平板比较,其细胞群落的形成会受到一些抑制。

(2)植板率　用平板法培养单细胞时,常以植板率(plating efficiency,PE)来评价培养的效率,它以长出细胞团的单细胞在接种细胞中所占的百分数来表示。

植板率=每个平板中新形成的细胞团数/每个平板中接入的细胞数×100%

计算式中每个平板中新形成的细胞团数要进行直接计量。计量时应掌握合适的时间,即细胞团肉眼已能辨别,但尚未长合在一起的时候。如过早,肉眼不能辨别小的细胞团;过晚,靠得很近的细胞团长合在一起难以区分,这些都影响计量的正确性。通常植板率一般在 25 ℃下培养 21 d 后进行计算。

(3)降低平板培养细胞起始密度的方法　按照常规的培养方法,细胞在平板中均匀分布后其细胞间的距离是细胞直径的 3~4 倍,这样的密度太大,单细胞生长后聚合且不易从琼脂培养基中分离出来,因而平板培养中需要降低细胞的起始密度,以便更好地获得单细胞无性系。但是,在平板培养中,其培养效率(植板率)是随着培养细胞密度的增加而增加的。Bergmann(1977)研究了黑暗条件下烟草细胞密度对植板率的影响(表 7-4),充分的证实了这一点。因此,随着植板细胞密度的减小,细胞对培养条件要求增高,即在低密度下进行平板培养并提高植板率,必须创造在高密度下单细胞周围的环境条件。选用条件培养基可以降低培养细胞的起始密度,所谓条件培养基就是已经进行了一段时间悬浮细胞培养的培养基。条件培养基的制作方法是:先将细胞或愈伤组织悬浮培养一段时间,然后离心取其上清液,上清液中含有细胞培养时释放出的促进细胞分裂的物质,这即是最简单的条件培养基,用它制备悬浮细胞并与等量的琼脂培养基混合制板,可以培养较低密度的细胞。

表 7-4　黑暗条件下烟草细胞密度对植板率的影响

细胞数/mL	细胞数/平板	植板率/%	集落数/mm^2
90	1 350	0	0
180	2 700	9.9±3.1	0.04
360	5 400	45.7±6.1	0.4
720	10 800	90~100	1.70

若在基本培养基中加入一些天然提取物如椰子乳、水解酪蛋白、酵母浸出液等,则可有效地取代影响细胞分裂的细胞群体效应。同样,配制营养物质十分丰富的合成培养基,也能降低平板培养细胞密度。Kao 等(1975)配制了一种含有无机盐、蔗糖、葡萄糖、14 种维生素、谷氨酰胺、丙氨酸、谷氨酸、半胱氨酸、6 种核酸碱和 4 种三羧酸循环中有机酸的合成培养基,在这种培养基中,密度低到 25~250 个细胞/mL 的植板细胞也能分裂。若用水解酪蛋白(250 mL/L)和椰子汁(20 mL/L)取代各种氨基酸和核酸碱,有效植板细胞密度则可进一步下降。

2.看护培养

用一块活跃生长的愈伤组织块作为看护组织,利用其分泌出的代谢活性物质,促进靶细胞的持续分裂和增殖的方法称为看护培养(图 7-6)。该愈伤组织块叫看护愈伤组织。其作用是为单细胞提供促进分裂的活性物质,使单细胞持续分裂形成细胞团。

这个方法最初是由 Muir(1954)设计的,当时是为了由烟草和金盏花细胞悬浮液和易散碎的愈伤组织中选取单细胞进行培养。具体做法是:在新鲜的固体培养基上接入 1~3 mm 大的愈伤组织,在愈伤组织块上放一张已灭过菌的滤纸,放置一个晚上,使滤纸充分吸收从组织块渗上来的培养基成分,次日

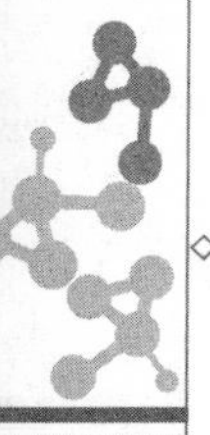

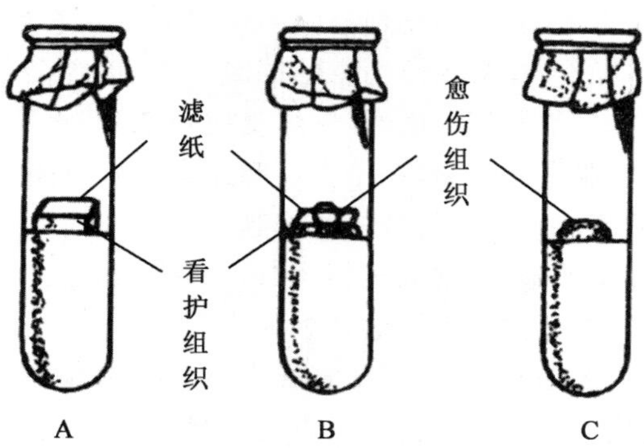

图 7-6　看护培养法示意图(Muir,1954)

将单细胞吸取并放在滤纸上培养。愈伤组织和预培养的细胞可以属于同一物种,也可以是不同物种。培养 1 个月单细胞即长成肉眼可见的细胞团,2～3 个月后从滤纸上取出放在新鲜培养基上,以便进一步促进它的生长并保持这个单细胞无性系。

除了上述的方法外,还有另两种看护培养的方法。一种方法是 Bergmann(1960)设计的。将所要培养的单细胞直接植板在琼脂培养基上,在其周围或者旁边放置看护愈伤组织。用这种方法要注意,不能使所培养的细胞与看护愈伤组织混合在一起。另一种方法是 Raveh 等(1973)设计的。将活跃增殖的细胞用 X 射线进行照射,使其丧失分裂能力,然后植板在琼脂培养基上,再将所要培养的单细胞以低密度植板于其上。这种方法叫作饲养层培养法。

一个直接接种在诱导培养基上通常不能分裂的细胞,在看护愈伤组织诱导下则可能发生分裂,由此可见,看护愈伤组织不仅给这个细胞提供了培养基中的营养成分,而且还提供了促进细胞分裂的其他物质,并且这些物质可通过滤纸扩散,以便供给培养的细胞生长分裂所需。愈伤组织刺激离体细胞分裂的效应,还可以通过另一种方式来证实:把两块愈伤组织置于琼脂培养基上,在它们周围接种若干个单细胞,可以看到首先发生分裂的都是靠近这两块愈伤组织的细胞,这也说明了活跃生长的愈伤组织所释放的代谢产物,对于促进细胞分裂是十分必要的。

看护培养方法简便,效果好,易成功,且能培养低密度下的离体细胞,但是该方法不利于在显微镜下直接观察细胞的生长全过程。

3. 微室培养

微室培养(microculture)是指将含有单细胞的培养液小滴滴入无菌小室中,在无菌条件下使细胞生长和增殖,形成单细胞无性系的培养方法。它是为进行单细胞活体连续观察而建立的一种微量细胞培养技术,运用这一技术可对单细胞的生长、分化、细胞分裂、胞质环流的规律进行活体连续观察;也可以对原生质体融合、壁的再生以及融合后的分裂进行活体连续观察。因此,它是进行细胞学实验研究的有用技术。

常见的微室培养技术主要有以下 3 种方法。

(1)双层盖片培养法　这一方法是 Torrey(1957)设计的,他用此法培养了由豌豆根的愈伤组织分离出来的单细胞,并使有些单细胞成活了几周,其中有 8%的单细胞分裂形成了细胞团,最大的细胞团达到 7 个细胞。具体方法是:先在一块小盖玻片中央放一团与单细胞同一来源的愈伤组织作为滋养组织,然后滴上一滴琼脂,琼脂的四周具有分散的单细胞,然后将盖片粘在一块较大的盖片上,翻过来放在一块凹穴载玻片上,再用石蜡或凡士林将其周围密封,置于 25 ℃下培养。

(2)微室薄层培养法　Jones 等(1960)又改进了微室培养制作技术,并用条件培养基代替了看护组织,将细胞置于微室中进行培养(图 7-7)。具体做法是:先由悬浮培养液中取出一滴只含有单细胞的培养液,放在一张无菌载玻片上,在这滴培养液周围与其间隔一定距离加上一圈石蜡油,构成微室的"围墙”。在“围墙”左右两侧再各加一滴石蜡油，在每滴石蜡油上放一张盖玻片作为微室的“支柱”，然后将第三张盖玻片架在2个支柱之间，构成微室的“屋顶”，这样含有细胞的培养液被覆盖于微室之中，构成围墙的石蜡油能阻止微室中水分的丢失，且不妨碍气体的交换，最后把微室的整张载玻片放在培养皿中培养。待细胞团长到一定大小以后，揭掉盖玻片，将其转到新鲜的液体培养或半固体培养基上进行培养。

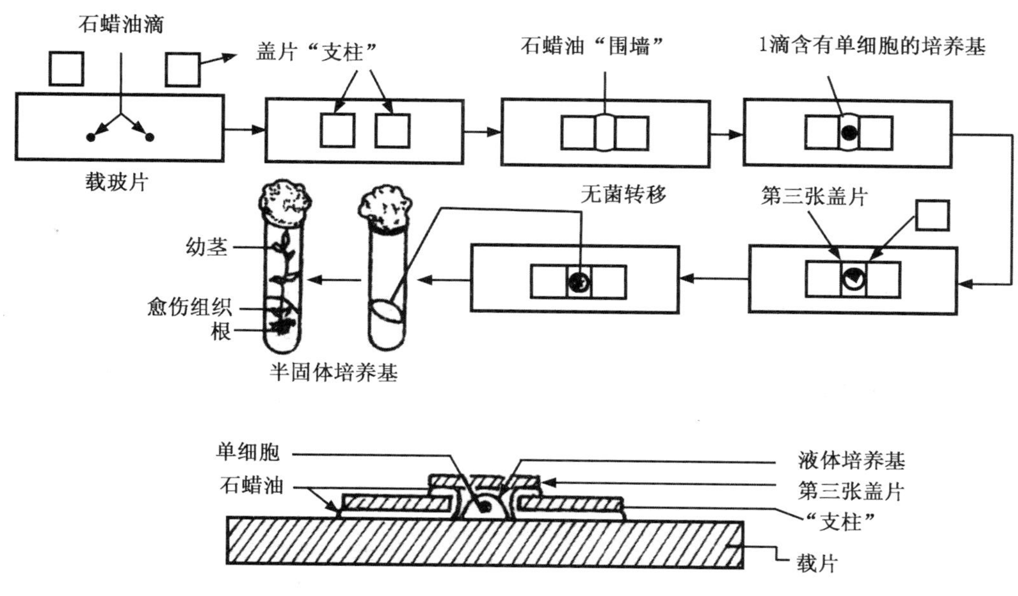

图7-7 微室培养法分步图解(Jones等，1960)

Jones通过这种方法观察了由烟草杂种愈伤组织分离的单细胞的分裂活动。Vasil等(1965)应用微室培养法，由一个离体的烟草单细胞培养开始，获得了完整的开花植株。

(3)陆文梁法 陆文梁1983年在Jones法的基础上又做了进一步的改进，并用它连续观察了离体胡萝卜细胞在脱分化过程中的分裂过程(图7-8)。陆文梁对Jones法进行了3方面的改进：①只用一块盖玻片；②用四环素眼药膏代替石蜡油；③四环素眼药膏中横放四根毛细管，既能起支撑盖玻片作用，又能起到通气作用。

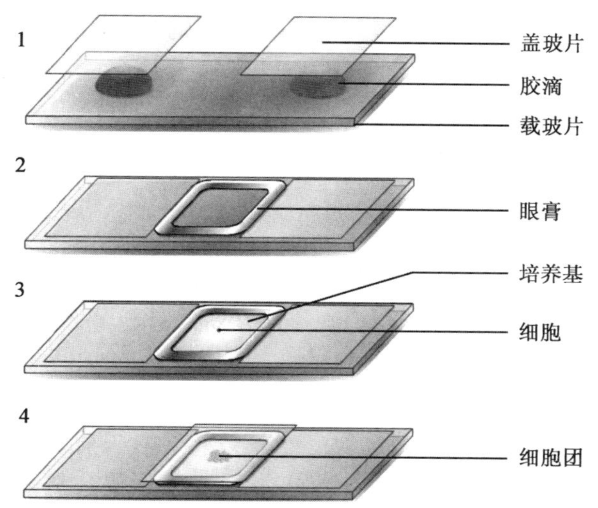

图7-8 陆文梁法模式图(陆文梁，1983)

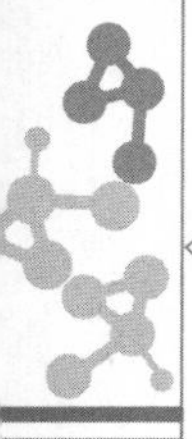

7.3.2 影响单细胞培养的主要因素

单细胞培养往往对营养和培养环境的要求比愈伤组织和悬浮细胞培养更为苛刻，影响单细胞培养的因素主要有：

1.条件培养基

看护培养技术表明，用作看护的愈伤组织，通过滤纸渗透，不仅向滤纸上面的单细胞提供了培养基中全部的必需养分，而且还提供了那些能够越过滤纸障碍、诱导单细胞分裂的特殊物质。在细胞悬浮培养时，如果在培养基中加入这些代谢产物，细胞悬浮培养的最低有效密度就会大大降低，这就是条件培养基。Street 和 Stuart 等(1969)在假挪威槭的细胞悬浮培养时，制备了条件培养基，使最低有效密度从$(9\sim15)\times10^3$ 个细胞/mL 下降到$(1.0\sim1.5)\times10^3$ 个细胞/mL，即降低了 10 倍。Street 和 Staurt(1969)设计了一个液体条件培养装置，在三角瓶中放入一根玻璃管，管的一端套上一纸透析袋或多孔玻璃套管，扎紧。管内盛有高细胞密度的培养液，管外盛低细胞密度的培养液，高密度细胞释放的代谢产物通过透析袋或多孔玻璃套管扩散到低细胞密度的培养液中，促进后者的细胞分裂，单细胞则不能通过透析袋或多孔玻璃套管流出。这说明如果培养细胞起始密度高时，培养基成分就可简单些，密度低时，培养基成分就应复杂些。进一步的研究证明，若在培养基中加入一些天然提取物或设计营养条件丰富的“合成条件培养基”，则可以有效地取代影响细胞分裂的群体效应。条件培养基通常被用作获取制药用次生代谢物的一种更好的技术。

Kao 和 Michayluk(1975)配制了一种成分十分丰富的合成培养基(KM-8P)，里面含有无机盐、蔗糖、葡萄糖、14 种维生素、谷氨酰胺、丙氨酸、谷氨酸、半胱氨酸和 4 种三羧酸循环中的有机酸(丙酮酸钠、柠檬酸、苹果酸、延胡索酸)等。在这种培养基上，密度低到 25～50 个细胞/mL 的植板细胞也能分离。若以水解酪蛋白水解产物(250 mg/L)和椰子果汁(20 mL/L)取代各种氨基酸和核酸碱，有效植板细胞密度可进一步下降到 1～2 细胞/mL。

2.细胞密度

有关细胞密度对细胞分裂影响的解释是建立在这样一个基础上，即细胞能够合成某些对分裂所必需的化合物。只有当这些化合物的内源浓度达到一个临界值以后，细胞才能进行分裂。而细胞在培养中会不断地把它们所合成的这些物质扩散到培养基中，直到这些化合物在细胞和培养基之间达到平衡，这种扩散方可停止。结果是，当细胞密度较高的时候，达到平衡的时间比细胞密度较低时要早得多。因此，在后一种情况下，延迟期就会拖得很长。当细胞密度低于临界密度以下时，永远也达不到这种平衡状态，因此细胞也就不能分离。这一理论基础即为密度效应机理。当然，植板的临界密度不是一成不变的，它因培养基的营养状况和培养条件而改变，即培养基的成分越复杂，营养成分越丰富，那么植板细胞的临界密度越低，反之，植板密度要求越高。如在使用含有上述必需代谢产物的条件培养基或营养丰富的“合成条件培养基”时，则可能使相当低细胞密度的细胞开始分裂。此外，植板率高低也与细胞活力等因素有关。

3.生长调节物质

在单细胞培养中，补充生长调节物质是非常重要的，它可以大大地提高植板率。如在低密度旋花细胞培养时必须加入细胞分裂素和一些氨基酸，细胞才能开始生长和分裂。在美国梧桐和假挪威槭的细胞培养中，也看到类似情况。

4.气体

某些气体对于起始细胞的分裂是必需的。Stuart 等(1971)证实了确有某些易挥发物质存在，他们用一只分隔成两层的培养瓶，一层装有低密度细胞培养液，另一层装有高密度细胞培养液，两层液体是不流通的，可是气体是流通的，这种培养方法可以使最低有效密度下降到 600 个细胞/mL。如果在此培养基的一个侧臂中装入氢氧化钾等二氧化碳的吸收剂后，由于培养瓶内的二氧化碳被吸收，这种促进起始细胞分裂的效应也消失了，这表明二氧化碳浓度是影响单细胞培养的一个因素。进一步实验证明，人为地提高培养容器中二氧化碳浓度到 1%，可以促进细胞生长，而超过 2%反而起抑制作用。如同时用低浓度的乙烯(2.5 mg/kg)时对细胞生长促进作用更明显。然而，用这种改变气体组分的办法很难完全达到由活跃生长的培养物释放出来的挥发性物质所表现的促进作用，因而有理由认为，还有一些另外的挥发性物质参与此促进过程。

另外，适当调节 pH 和提高培养基中铁的含量也能提高植板率，这说明影响细胞透性和组织离子状态的因素在条件化过程中可能是重要的。当在培养基中补加合适的营养成分并将 pH 调到 6.4 时，可将假挪威槭悬浮细胞起始最低有效密度从(9～15)×10^3 个细胞/mL 降低到 2×10^3 个细胞/mL。

7.4 植物细胞培养的应用

7.4.1 筛选突变体

在植物细胞培养中，常会出现自发变异，即体细胞无性系变异(somaclonal variation)，有关这方面内容将在下一节中做具体介绍。

诱变育种是高等植物的主要育种途径之一。但是，以个体或器官水平(如种子、幼苗、叶片、茎段等)的诱变育种存在着明显的缺点：①嵌合体现象严重，这是发现和分离突变体的主要障碍，降低了选择效率；②突变频率低，所需选择群体大，浪费人力、物力，而单纯通过增加诱变剂量来提高突变频率对材料的损伤又太大，效果也不理想；③育种年限长。

早在 1970 年 Carlson 成功地应用 EMS 处理烟草悬浮细胞诱发突变，这启发研究者通过以单细胞(如原生质体)或小细胞团(如悬浮细胞)为处理对象的细胞水平诱变技术来解决上述问题。因为：①以培养细胞(单细胞或小细胞团)为处理对象，可以使这些单细胞或小细胞团培养成为胚性状态(embryogenic)，其植株再生为体细胞胚胎发生途径，因此经诱变处理可得到单细胞起源的遗传上稳定非嵌合体(non-chimeric mutant)或同质突变体(homogeneous mutant)，这样就可有效地解决嵌合体问题；②以培养细胞为处理对象，可以在很小的空间内同时处理大量旺盛分裂细胞，例如在每 100 mL 活跃生长的烟草细胞悬浮培养液中，含有 1×10^7 以上的细胞，而且可以利用与微生物相似的突变体选择系统来筛选突变体，因此这可大大提高突变频率和选择效率，同时又节省人力和物力；③细胞水平诱变周期短，不受季节限制，一般又可获得非嵌合体，因此大大缩短了育种年限。

到目前为止，通过细胞诱变已获得一批优质、抗病、抗逆等的突变体。例如，用 EMS 诱变处理水稻培养细胞，用 S-(2-氨乙基)半胱氨酸作为选择剂，通过培养获得的突变体，其蛋氨酸含量增加 14%；游离天冬氨酸增加 17%，而且比野生种增加 3%；游离异亮氨酸和亮氨酸比野生种增加 4～8 倍。刘庆昌等(1998)用 γ 射线辐照甘薯胚性悬浮细胞，获得了薯皮色、高干物率等同质突变体。以烟草野火病类似物——蛋氨酸磺基肟为选择剂，筛选经诱变处理的烟草培养细胞，获得了烟草抗野火病突变体。用 NaCl 筛选出烟草耐盐细胞系，其耐盐性可通过有性繁殖传递给后代。用剂量为 80 Gy 的 ^{60}Co γ 射线辐照处理甘薯胚性悬浮细胞，经过 2% NaCl 筛选，获得了甘薯耐盐突变体。

7.4.2 生产次生代谢产物

植物的很多次生代谢产物是药物、化妆品、染料、香料、色素、糖类等的重要来源，只是这些天然产物的含量太低，难以满足人类的需要。此外，由于存在区域和环境限制，且大规模人工合成又存在许多困难，这些因素也会限制天然化合物的商业生产。不过，在整体植物中存在的这类化合物，在培养细胞中也同样存在。因此，随着细胞培养技术的发展，人们可以利用细胞大量培养技术来生产这些化合物。

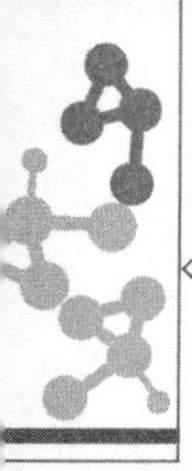

利用细胞大量培养生产天然化合物的方法大致包括 3 个步骤：①高产细胞系的建立，包括从特定的植物材料诱导愈伤组织，从愈伤组织分离单细胞，细胞诱变和突变细胞的筛选，高产单细胞无性系保存等；②"种子"培养，即对高产细胞系进行多次扩大繁殖，以便获得足够的培养细胞用作大量培养时的接种材料；③细胞大量培养，即用发酵罐或生物反应器(bioreactor)进行细胞培养，以生产所需要的植物化合物。图 7-9 为建立基于脱分化植物细胞(DDC)的植物细胞悬浮培养物的程序示意图。

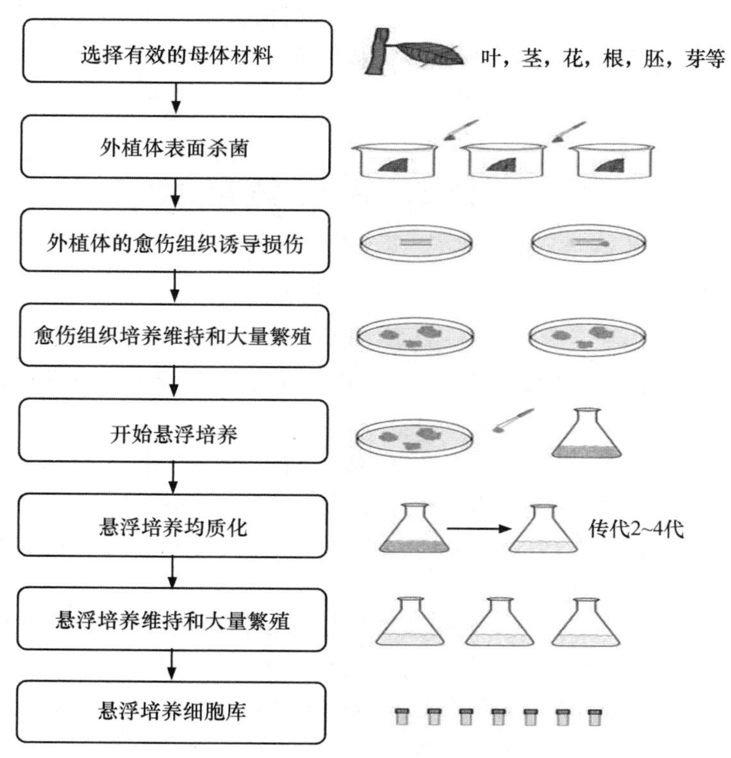

图 7-9 DDC 的植物细胞悬浮培养物的程序示意图(Regine 等，2018)

在利用生物反应器进行细胞大量培养时，应知道植物细胞与微生物细胞虽然有不少特点相似，但也有不少特点与微生物细胞不同，例如：①植物细胞个体大，直径为 20～150 μm，相当于微生物细胞的 10～100 倍；②植物细胞有形成细胞团的倾向，在液体培养基中不可能像微生物细胞那样均匀分散；③植物细胞生长速度慢，生产周期比微生物发酵时间长；④培养的植物细胞，其细胞壁非常脆弱，虽具有很大的抗张力，但也难以承受反应器中搅拌器产生的巨大剪应力(shear)。因此，在进行植物细胞大量培养时，不能简单地使用微生物发酵的设备和方法，必须根据植物细胞的这些特点来设计生物反应器，并制定相应的操作程序。并通过相应手段达到自动控制温度、pH、传导性、气体浓度、泡沫形成等影响因子的目的。

此外，由于植物细胞本身的生长和次生代谢产物的合成所要求的条件不完全相同，因此在生产中应当采用"两步法"：第 1 步先扩增生物量，第 2 步再促进次生代谢产物的合成。这两步通常应在不同的生物反应器中进行。根据培养室内环境的不同，生物反应器大致可分为液相式、气相式、复合式和临时浸没式(TIS) 4 种类型。根据用于混合的能量输入类型不同，液相生物反应器可细分为机械搅拌(STR)、空气搅拌(气升式)和再循环预富集介质(对流)搅拌 3 种类型。

近几十年来，出现了一种生产重组蛋白即分子农业的新概念，即根据作物中异源蛋白的含量来收获作物。在植物中生产重组蛋白比在哺乳动物和转基因动物中生产重组蛋白更安全、更具成本效益，因为它需要更少的时间，而且不存在内毒素、病原体或致癌 DNA 污染的问题。它是生产对哺乳动物宿主细

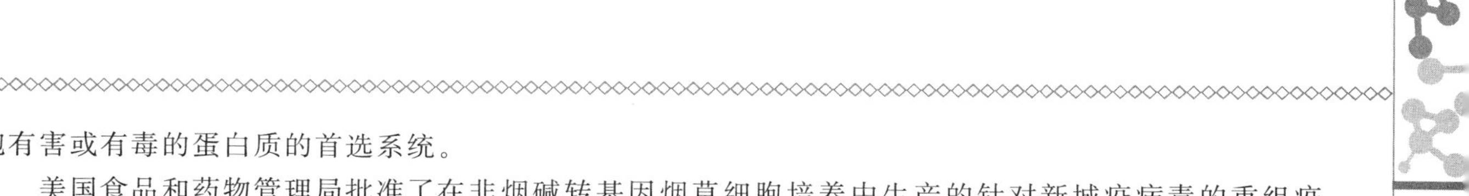

胞有害或有毒的蛋白质的首选系统。

美国食品和药物管理局批准了在非烟碱转基因烟草细胞培养中生产的针对新城疫病毒的重组疫苗，这是植物细胞培养作为生物生产平台发展过程中的一个重大事件。从那时起，Elelyso 的商业成功证明了这种方法的价值。Elelyso 是第一个在植物细胞中生产的用于人类的重组药用蛋白。胡萝卜是 Protalix 生物疗法最初使用的物种，现在是最著名的药物生产植物物种，拥有 10 种疫苗，分别针对麻疹、乙型肝炎病毒(HBV)、人类免疫缺陷病毒、鼠疫杆菌、沙眼衣原体、结核杆菌、产肠毒素大肠杆菌、白喉棒状杆菌/破伤风梭菌/百日咳杆菌和幽门螺杆菌，正在等待开发完成。

由于植物细胞培养基缺乏任何易受哺乳动物病毒或朊病毒传播的哺乳动物成分，如与牛海绵状脑病有关的成分，植物细胞系统自然不存在被人类或其他动物病原体感染或传播的风险。此外，植物细胞培养对哺乳动物病原体污染提供了天然屏障，因为在植物细胞中繁殖哺乳动物病毒的尝试一直没有成功(EMA，2013)。植物病毒不能在植物细胞培养中传播，因为它们缺乏病毒移动的途径，即胞间连丝(Raffaele 等，2009；Scholthof，2005)。与哺乳动物细胞表达系统相比，这些因素不仅在安全性方面很重要，而且显著降低了操作成本。

长期以来，植物一直是成为下一个获得批准的重组药物蛋白生产平台的领跑者，但监管、环境和其他问题阻碍了这一成功。今天，植物细胞悬浮液似乎是一个可行的选择。一些哺乳动物细胞培养产品非常关注的问题，例如病毒不定性剂和朊病毒，对植物细胞系统没有影响。此外，下游提纯工艺，以及对制造步骤和最终产品的充分监测和控制，与在所有其他生产平台生产的生物制药所使用的工艺相似。Protalix 是第一个获得监管部门批准的在植物细胞中生产的蛋白质药物。现在，在胡萝卜细胞中生产的第一个产品 TGA 已经成功通过监管机构的评估并获得批准，道路已经畅通，供许多其他公司效仿。

目前，全球 1/4 的处方药含有直接、间接或通过半合成方式完全从植物中提取的化合物(次生代谢物)(Song 等，2014)。到目前为止，通过细胞大量培养能生产的次生代谢产物包括：生物碱(alkaloid)、类固醇(steroid)、萜类化合物(terpenoid)、醌类(quinone)、γ-吡喃酮类(pyrone)、生物活性物质(抗生物质、抗癌物质、抗病毒物质、酶阻害物质等)、酶类(enzyme)等。例如，海巴戟是蒽醌的天然来源，这种化合物是在皮层组织中合成的，贮存于根的外皮细胞中。以干重计，在这种植物细胞培养物中，蒽醌含量比根多 20 倍；以每细胞的含量计，培养细胞比根的皮层细胞高 2～3 倍。洋紫苏的悬浮培养物能累积一种生物碱，数量可高达细胞干重的 15%，比这种生物碱在植株中的含量高出 5 倍。

7.4.3 其他应用

为了克服远缘杂种的不育性，常常需要进行染色体数加倍。例如，在甘蔗属植物中，有很多遗传不育杂种，能通过染色体加倍而恢复其育性，这些杂种可以在育种中利用。而用种子和插条并不能达到上述目的。在甘蔗中通过细胞培养可以产生大量多倍体植株，在经过秋水仙素处理 4 d 的 1 个甘蔗综合杂种的细胞培养中，获得了 1 000 余株再生植株，其中约 48%的植株是染色体加倍的。

利用细胞培养大量生产植物细胞本身，并加以利用的研究，很早就有人开始进行，并设计了各种培养装置。1960 年，为了生产食用植物，美国陆军、空军的研究机构等曾潜心进行研究，如 Mandels 等(1968)用豆类、生菜、胡萝卜等进行大规模的液体培养实验，以解决世界粮食不足的问题，成为很有魅力的研究。当然，由于其生产方法耗费大，未达到实用化的程度，便停止了研究。

培养细胞是一群形态、代谢活性等方面均匀一致的细胞，其生育环境容易调控，细胞吸收物质容易，向目标细胞直接投放某种物质可以控制，而且是无菌的状态。培养细胞的这些优点有利于植物代谢生理学、生物化学等的研究，可以作为葡萄糖、淀粉、脂质、细胞壁、氨基酸、蛋白质、核酸等代谢的理想研究材料。

7.5 植物体细胞无性系变异

众所周知，应用微生物材料，开展诱变育种和进行诱发遗传变异机理的研究，取得了令人瞩目的成就。对高等植物而言，若能像微生物那样，在数目众多的细胞群体中进行诱变和筛选突变体的研究，便有可能像对微生物那样设计各种试验，用单倍体、二倍体乃至多倍体植物细胞进行诱变研究，来拓宽植物遗传资源和进行遗传改良。20 世纪 70 年代以来，随着生物技术的迅速发展，尤其是 Heinz 和 Mee (1969，1971)在甘蔗的再生植株中发现抗病性明显提高的变异体，以及 Carlson(1970)从烟草细胞成功地筛选出突变体后，利用离体培养的植物细胞，在细胞水平上直接进行诱变和筛选突变体的研究，引起科学工作者的重视，并取得了明显的进展。

7.5.1 体细胞无性系变异的来源与特征

自 20 世纪 80 年代以来，人们对体细胞无性系及其变异的诱导和应用进行了比较深入的研究，对体细胞无性系变异的来源及其特征有了更深入的认识和了解，为更好地应用体细胞无性系变异奠定了坚实的基础。

1. 体细胞无性系变异的概念与应用

(1)概念　20 世纪 80 年代初，Larkin 和 Scowcroft(1981)对有关再生植株变异的报道加以评述，并提出用体细胞无性系(somaclone)一词来概括一切由植物体细胞再生的植株，并把经过组织培养循环出现的再生植株的变异称为体细胞无性系变异(somaclonal variation)，而且指出体细胞无性系变异不是偶然现象，其变异机理值得研究，在植物育种上具有广泛的应用前景。此后，随着植物原生质体、细胞和组织培养技术的迅速发展，体细胞无性系变异日益引起人们的广泛重视，并对体细胞无性系变异有了进一步的认识和理解，认为在离体培养条件下植物器官、组织、细胞和原生质体培养产生的无性系变异统称为体细胞无性系变异，它在植物品种改良和生物学基础研究中显示出极大的应用价值。

(2)体细胞无性系变异的优缺点　体细胞无性系变异和传统的育种方法相比较，主要具有如下优点：

①诱变群体大，筛选方便。由于筛选可以在离体条件下进行，从而可以在较小空间内对大量个体进行筛选。如在一个培养皿中可以很容易培养与处理 5×10^5 个细胞，并可针对特定的变异性状筛选突变体，而在大田中种植相同数量的植株则需要很多土地，难以控制选择突变体的条件，而且大量微小的变异也常被遗漏。

②细胞突变体的筛选可以在几个细胞周期内完成，且不受季节限制，试验的重复性和筛选效率高。

③体细胞无性系变异是在单细胞水平上进行的，避免了整体植株水平上无性变异常呈现出的嵌合体，可以省去变异分离的麻烦；而且诱变频率高，变异幅度大，单个或少数基因变异占较大比例，再经过一代选择通常就能稳定，具有稳定变异快的特点。

④体细胞无性系变异可以与诱发突变互相补充，从而增加变异的来源，扩大变异范围，有利于创造新的种质资源和选育新的品种，尤其是在无性系变异中出现的由一个或少数基因突变引起的“微突变”，特别适合在不改变品种基本特性的条件下，改良品种个别特性，如创造矮化植株和提高抗病性等。

⑥环境条件容易控制，可以设计出有效的筛选方法，甚至可以定向选择特异的突变。

体细胞无性系变异的缺点如下：

①体细胞无性系变异是随机和不可预测的，而且畸变频率高，多数变异并不能达到育种目标的要求。

②体细胞无性系变异依赖于基因型。

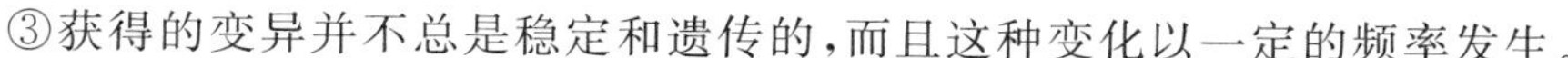

③获得的变异并不总是稳定和遗传的，而且这种变化以一定的频率发生。

(3)体细胞无性系变异的应用　离体诱导的体细胞无性系变异的遗传稳定性是相对的，但体细胞发生变异是普遍的，而且变异的幅度和范围可以通过培养物的种类、基因型和外植体以及培养条件进行控制。随着生物技术的不断发展，特别是诱变途径的不断完善，使体细胞无性系变异的研究和应用潜力得到了更充分的发挥。

①拓宽遗传资源，为植物遗传改良创造中间材料或直接筛选新品种。体细胞无性系变异是一种普遍现象，而且变异相当广泛，发生的基因突变可以稳定地存在于许多植物中。目前，通过体细胞无性系变异已经改良了许多重要的农作物，如小麦、水稻、大麦、棉花、花生和菜豆等。在全世界 50 多个国家中，已培育出 1 000 多个由直接突变获得的或由这些突变体杂交而衍生的新品种。被改良的主要性状包括作物品质、产量、雄性不育、抗病性和抗逆性等。

②突变体用于遗传研究。通过离体诱导获得的突变体，可以用于基因克隆和标记的筛选。在植物原生质体融合中，细胞突变体也可以通过遗传互补选择杂种细胞。突变体在表现型上与供体明显不同，可以通过差异显示或分子杂交筛选获得突变位点的 DNA 序列，经过测序与功能鉴定，就可能获得与突变性状相关的基因或与突变性状相关的分子标记，用于相关遗传研究。突变体用于基因克隆和功能鉴定已成为模式植物的常规方法，并已开始在其他作物中广泛应用。

③发育生物学研究。植物的个体发育是一个渐进过程，任何一个器官和组织的分化都是在复杂的调控过程中完成的。植物体细胞突变体为植物发育基因调控的研究提供了一个崭新的材料，而且该方面研究已取得了明显的进展，尤其是已从拟南芥和金鱼草等模式植物中分离出许多不同发育阶段和组织类型的突变体，包括顶端分生组织、根、开花转变、花序、花分生组织、胚胎发育等突变体。通过对这些突变体的研究，建立了器官发育模式，同时分离鉴定了一大批与发育有关的基因，包括维持正常发育状态的基因、促进发育进程的基因以及相关修饰基因(许智宏和刘春明，1998)。

④生化代谢途径研究。植物个体生长发育过程中涉及一系列生化代谢活动，每个代谢活动过程中都涉及调控该代谢活动的一系列相关酶基因的表达。如果调控某一生化代谢过程的关键酶基因发生突变，则会影响到下游代谢链的正常进行。如早期通过烟草突变体对硝酸还原酶的研究，获得的两种突变体 *cnx* 和 *nia* 分别通过作用于钼离子和酶蛋白来影响硝酸还原酶的活性。随着体细胞突变技术的不断成熟，可以根据研究需要，建立某一生化代谢途径中任何一个调控点的突变体。此外，还可与基因工程技术相结合，对一些关键调控过程进行修饰和改造，实现代谢过程的人工定向调控。因此，离体诱导的体细胞突变体作为代谢活动调控研究的工具，正显示出巨大的应用潜力和优势。

2.体细胞无性系变异的来源及影响变异的主要因素

体细胞无性系变异究竟是在离体培养过程中发生的，还是在培养之前就已经存在。在生物技术发展初期，这个问题一直是人们讨论的热点，但随着生物技术的迅速发展和深入系统的研究，使人们对这个问题有了明确的认识。研究已证实，体细胞无性系变异一部分是来源于外植体细胞的突变，即起始外植体本身就是倍数性或遗传组成上不同的嵌合体；另一部分是离体培养条件诱导产生的细胞突变，即在组织和细胞培养过程中发生的，其发生频率一般随继代培养时间的增加而提高。所以，体细胞无性系变异的发生受到不同因素的影响，包括基因型、嵌合体组织的存在、外植体类型、大小、年龄和来源、基本培养基成分(无机和有机成分)、生长调节剂的类型和浓度及其应用时机、培养环境和培养持续时间(Yancheva 等，2003；Graham 2005；Nas 等，2010；Ikeuchi 等，2016)。无论体细胞无性系变异来源于以上两种中哪一种情况，其在离体诱导条件下都会形成变异的愈伤组织，并进一步诱导获得变异的再生植株。

(1)变异来源

①外植体细胞来源的突变　外植体细胞来源的突变一种原因是外植体突变细胞与正常细胞组成的嵌合体，尤其是茎顶端分生组织嵌合体。嵌合体包括基因突变嵌合体，其基因的突变一般发生在分生组

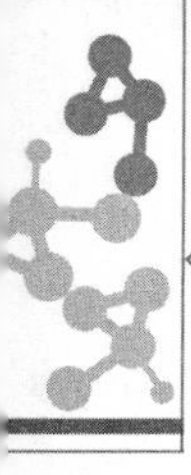

织个别细胞中，由突变细胞衍生来的组织或器官可能会出现新的变异性状；另一种是染色体数目变异嵌合体，只发生在少数新育成的多倍体品种和杂种上。无论是哪一种嵌合突变的外植体，经离体诱导获得的再生植株的性状都容易发生分离，很难保持原来品种的性状。但若是离体诱导嵌合的体细胞，则能获得新的体细胞无性系变异，有利于无性繁殖植物品种的改良。

外植体细胞来源的突变另一种是先存在于分化的细胞中。在植物个体生长和发育过程中，分化成熟的组织和器官细胞核中 DNA 水平有很大的变化，当这样的外植体被离体诱导时，其细胞脱分化和分裂生长时，有可能诱导产生多倍体的培养细胞。

②离体培养诱导的突变　离体培养条件对植物细胞本身产生一种胁迫作用，进一步诱导植物细胞产生可遗传的变异和表观遗传变异。如 Mokkock 等(1986)由纯合小麦未成熟胚和花序培养获得的无性系 RB20 连续几代株高都比对照矮，而与 RB20 来自同一块愈伤组织的另一株系的株高则未发生变化，表明 RB20 株高变异是在培养阶段产生的，而不是预先存在的。

(2)影响变异的主要因素　体细胞无性系变异是随机和不可预测的，但变异的类型、范围和发生频率与植物种类、基因型、外植体类型、培养基和培养环境密切相关。

①外植体对体细胞无性系变异的影响

植物的种类和基因型：某些不同植物的种类或同一种不同基因型的外植体，经离体培养后所获得的无性系，表现出不同的变异(黄斌，1985；曾寒冰，1988)。因此，在作物品种改良中选择合适的基因型用于离体培养是十分必要的。

外植体的染色体倍数水平：体细胞无性系变异与外植体染色体倍数水平之间有一定的联系。通常多倍体植物易于产生变异，如小麦和马铃薯的体细胞无性系要比二倍体或单倍体细胞再生的无性系表现出更广泛的变异。在同样的条件下，大麦是二倍体，一般只有 1%非整倍体的再生植株，而小麦是六倍体，通常非整倍体的再生植株可达到 10%～40%，其原因是多倍体具有多组染色体，当染色体发生丢失或增加时，具有较大的缓冲能力，仍能继续生长并再生，而二倍体则相反，染色体数目稍有变动，就会抑制生长，非整倍体容易被淘汰。

外植体生理状态：在离体培养过程中，同一器官的不同发育时期，也会影响变异的发生。一般来说，培养分化程度高或衰老的组织，产生变异的概率会增大。如在同一培养条件下，同一小麦品种的不同胚龄在愈伤组织诱导、成苗和成苗时间长短方面都有显著差异(曾寒冰，1988)。在大麦、小麦和水稻花药培养获得的花粉植株中，白化苗的比例均随接种时花粉发育时期的延迟而提高，这一现象在大麦中尤为明显(黄斌，1985)。

不同培养器官：不同培养器官经离体培养后，愈伤组织及再生植株变异范围和频率不同。Bajai 等(1983)以 9 个水稻品种离体胚和从幼苗的根、中胚轴、芽的切段进行培养，发现由胚获得的愈伤组织和再生植株的遗传变异范围较大，而其他大多数愈伤组织是二倍体。

外植体器官再生途径：植物组织培养从离体材料到获得再生植株主要通过两种途径实现。这两种途径的主要区别在于是否经历形成愈伤组织这一过程。第一种途径为间接成苗，由外植体诱导产生愈伤组织，愈伤组织经过脱分化在内部形成拟分生组织，即具分生能力的薄壁细胞团，然后再分化成不同的器官原基形成再生植株。第二种途径为直接成苗，不同的外植体不经愈伤组织而直接诱导出根、芽或者胚状体，形成再生植株。由于间接成苗这一方式中经脱分化形成愈伤组织，这一过程大大增加了染色体变异的可能，导致变异频率的增加。直接成苗的过程会大大降低体细胞无性系变异发生的可能。

②培养基成分　培养基成分是影响体细胞无性系变异最重要也是最复杂因素之一。不适宜的培养基会延长诱导愈伤组织的时间，也会对细胞有丝分裂产生干扰。培养基中植物生长调节剂的浓度和种类对再生植株的变异影响很大，而且植物激素间存在一种互作，这种互作可以促进变异的增加，也可以使变异减少。Jha 等(1982)观察到 2,4-D 比 NAA 诱导较多的染色体数不正常的豇豆细胞。在含有

2,4-D和激动素的培养基中愈伤组织内多倍体细胞的频率要比仅含2,4-D、NAA、KT等单一激素培养基的高(商效民,1984)。高浓度的2,4-D会导致较大的变异。

除植物激素外,培养基中各种无机或有机诱变性化合物可能是诱发染色体畸变和基因突变的另一主要原因。Furner等(1978)报道,有机氮有利于毛曼陀罗二倍体和四倍体的增殖,无机氮只促进单倍体的分裂。Hibberd和Green(1988)在玉米未成熟胚培养的培养基中加入等量的赖氨酸和苏氨酸,结果获得核基因显性突变无性系Ltr-19,它的抗赖氨酸性比敏感无性系高5~10倍。Kokina等(2017)研究了Au和Ag纳米颗粒(nanoparticles,NPs)对大白菜体细胞无性系变异的影响。在含Au NPs的培养基上生长的愈伤组织和再生芽中,体细胞无性系变异的发生率均高于Ag NPs。

③继代培养时间　愈伤组织和悬浮培养细胞培养时间越长,继代次数越多,其变异频率越高,同时随着愈伤组织继代培养时间的延长,核型变异的细胞数增多,再生植株的变异频率增加。研究表明,玉米、燕麦和三倍体黑麦草长期培养的愈伤组织诱导的再生植株的非整倍体和/或染色体结构变异的频率高,但在小黑麦(Nakamura和Keller,1982)和小麦上(Karp和Maddock,1984)观察到经过仅1个月的短期培养也可诱导出变异株。因此,继代培养时间的长短可能并不是决定性的因素。

④温度　高温或低温条件能促进染色体变异。胡含等(1981)在小麦花药培养中曾看到,接种后提高培养温度,可增加非整倍体和混倍体的频率。在常温(24 ℃)条件下培养,再生植株中各非整倍体的频率为7.81%,混倍体为1.56%。但在接种后经高温处理(33 ℃)8 d,非整倍体和混倍体的频率均有明显提高。

3.体细胞无性系变异的特征

经过20多年的大量研究,已证实体细胞无性系变异是植物界的一种普遍现象,变异广泛,具有多样性,且可以遗传,使体细胞无性系变异在植物遗传改良、遗传研究、发育生物学和生化代谢途径方面的研究显现出巨大的应用潜力。

(1)体细胞无性系变异的普遍性、多样性和广泛性　大量研究证明,植物体细胞无性系变异是普遍现象。通过离体诱导,在许多植物中,如甘蔗、菠萝、香蕉、苹果、柑橘、草莓、番茄、马铃薯、烟草、水稻、小麦、玉米、小黑麦、燕麦、高粱、谷子、大麦、大豆、棉花、小麦、大麦、挪威云杉、甜菜、辣椒、苎麻、猕猴桃、油菜、苜蓿等,都发现较高频率和多种类型的体细胞无性系变异,这些变异主要涉及农艺性状、生化特性、抗病性和抗逆性、细胞遗传学和分子水平方面的变异等,这不仅揭示了植物体细胞无性系变异的普遍性和多样性,而且为离体诱导是体细胞无性系变异的主要原因提供了有力的证据。体细胞无性系变异涉及的性状相当广泛,包括数量性状、质量性状、染色体数目和结构的变化,DNA扩增和减少,生化特性变化等,但以数量性状变化为主。

(2)体细胞无性系变异的可遗传性　通过离体诱导所获得的再生植株的性状变异,有的是可遗传的,即属于体细胞无性系变异,其变异发生频率低,每代细胞的变异频率为10^{-7}~10^{-5},而且变异是随机的,但变异通常稳定,性状变异能通过有性生殖传递;有的性状变异则可能属于表观遗传(epigenetic variation)的范畴,即这些性状变异不是由DNA序列改变引起的植物表型变异,而是特定的培养条件使某些基因表达调控发生变化所致,变异具有方向性,而且稳定,但这些变异一般不能通过有性生殖进行传递,同时随着诱导条件的去除,其原有性状也将恢复。因此,区分可遗传变异和表观遗传变异是利用体细胞无性系变异进行植物品种改良的关键。

7.5.2 植物体细胞无性系变异的机理

植物体细胞无性系变异的发生具有其遗传学基础,具体表现在显微水平的染色体数目和结构变异与分子水平的基因突变、碱基修饰、基因扩增或丢失、基因重排以及转座元件的激活而影响细胞核或细胞质基因的表达等。

1.染色体变异

植物体细胞无性系再生植株的染色体变异包括染色体数目变异和染色体结构变异两个方面。染色体数目变异又可分为倍性变异和非整倍性变异，倍性是指一个给定细胞中染色体的数目。多倍体生物在基因组中有几组染色体，与正常的二倍体生物不同(Leal 等，2006)。它们是核内复制的结果，在这种情况下，核基因组在没有正常的后续细胞分裂的情况下继续复制(Weber 等，2008)。非整倍体意味着一个额外的或缺失的染色体状态(Jin et al.，2008)。到目前为止，在水稻、小麦、大麦、玉米和大蒜等植物的愈伤组织或再生植株中均发现了较高频率的单倍体、三倍体、四倍体和八倍体等染色体倍性变异现象。此外，小麦、大蒜和芦笋等物种在组织培养过程中还发生了染色体非整倍性变异，其中既有染色体数目的增加，也有染色体数目的减少，甚至还存在混倍体。在欧美杂种山杨体细胞无性系变异研究中，詹亚光等(2006)也发现了类似的变化。在体细胞培养过程中产生的染色体数目变异，主要是有丝分裂过程中纺锤体的异常。在细胞有丝分裂后期，不同程度的纺锤体缺失导致染色体不分离、移向多极、滞后或小聚集，最终产生变异细胞。同时，培养细胞中的有丝分裂也是染色体数目变异的一个重要原因。植物体细胞无性系染色体结构变异包括染色体断裂后经过修复和重新连接所形成的易位、倒位、缺失和重复。孙振元等(2001)发现在黑麦草、小麦等植物的再生植株中均存在易位系。詹亚光等(2006)在大蒜和欧美杂种山杨等植物的组织培养过程中，也发现了诸如次缢痕延长、染色体加长、形成带有随体或长臂较长的大型染色体等染色体结构变异。关于植物组织培养可引起细胞染色体断裂的基因组冲击，这方面已有很多报道。许多研究还表明断裂位点位于异染色质区，而不是随机发生的。同时，染色体断裂可导致易位、倒位和缺失等染色体结构变异。

2.点突变、基因重排及基因的扩增和丢失

随着 RFLP、RAPD 等 DNA 分子标记技术的发展和应用，人们开始在分子水平上认识植物体细胞无性系变异的机理。基因突变亦称点突变，是指基因的核苷酸顺序或数目发生改变而引起的变异。点突变在植物组织培养过程中可以高频率发生，从而引起体细胞无性系变异。Evans 和 Sharp(1983)在番茄无性系的 230 个再生植株中发现 13 个变异是由于单基因的点突变造成的，突变频率高达 5.7%。目前，点突变已被认为是引起水稻体细胞无性系变异的重要来源。点突变与其他几种变异方式相比较，对再生植株的损伤小，且得到的变异能够较快稳定遗传。因此，点突变所产生的突变体的识别和分离对基础理论研究和遗传改良有重要意义。此外，在正常的组织培养条件下，植物基因组还可能发生扩增与丢失或基因重排，这也是植物体细胞无性系变异的原因之一。

3.转座因子的激活

转座因子(transposable element，TEs)是指在生物细胞中能从同一条染色体的一个位点转移到另一个位点或者从一条染色体转移到另一条染色体上的 DNA 序列。转座因子的激活也是导致植物体细胞无性系高频率变异的主要原因之一。在玉米的组织培养和再生过程中分别检测到活性 *Ac* 和 *Spm*(玉米的 2 个转座子系统)，成为支持这一假说的最初证据。此外，Mu 因子在植物组织培养过程中也可保持转座活性，并可产生新的 Mu 同源限制性片段。后来，在水稻中又发现 3 个反转座子家族(Tos10、Tos17 和 Tos9)在组织培养过程中均可被激活，且转座频率随培养时间的延长而增加。同时通过对 Tos17 反转座子侧翼序列的分析表明，其主要整合到植物基因组的低拷贝基因区，说明反转录转座子的活动有可能导致基因突变。目前的研究结果证明，在植物组织培养过程中，许多低拷贝反转录转座子均可被激活。同时一些高拷贝反转录转座子也具有转录活性。但可能由于研究方法和技术的限制，尚未发现高拷贝反转录转座子发生转座的直接证据。虽然对于植物组织培养导致转座因子激活引起的遗传学效应能否稳定遗传尚无定论，但越来越多的证据表明转座因子的激活对植物体细胞无性系变异具有重要作用。

4.DNA 甲基化

DNA 甲基化是指在一个胞嘧啶上加一个甲基形成 5-甲基胞嘧啶。它通过两种甲基化机制发生：

新的甲基化机制，建立新的甲基化模式；维持机制，在细胞分裂过程中保存新生成的DNA链中的甲基化模式。植物群体中DNA甲基化引起的变异是植物表型和基因表达变异的重要来源之一，数据表明它在植物的多种生理过程中起着关键作用，如转录调节、春化或长期驯化。此外，它对抑制转基因、重复内源性序列、病毒序列和转座因子至关重要。

一些学者提出一种假设，认为大多数组织培养中的突变可能直接或间接地与DNA甲基化状态改变有关。当DNA处于高度甲基化时，基因的活性就受到抑制；而当甲基化程度降低时，可提高基因活性。甲基化的改变可能引起染色质结构的改变、异染色质的延迟复制、染色体断裂及基因表达的变化，因此DNA甲基化程度的增加或减少可用来阐述质量性状和数量性状的变化、转座因子活性的变化、由染色体断裂引起的突变等。在特异位点上甲基化变异引起基因表达的变化可能是正向的（如激活转座子），也可能是负向的。在玉米愈伤组织及再生植株、水稻再生植株中都发现一定频率的DNA甲基化及碱基序列的改变，并且DNA多态性显著增加。含有IAA和肌醇的培养基会增加胡萝卜的DNA甲基化水平，在组织培养过程中也可能使DNA去甲基化，并且这种变化可以遗传给后代。关于DNA甲基化变异在植物体细胞无性系变异中的作用机制目前尚未明确，但许多研究已显示DNA甲基化类型以多种形式出现在再生植株及其后代中。

5. 胞质DNA的改变

高等植物中叶绿体和线粒体基因组是相对独立于核基因组的遗传物质。线粒体基因组的变异频率显著高于叶绿体基因组，最经典的例子是由胞质DNA控制的雄性不育性（CMS）。Li等报道可育的野生烟草原生质体培养两次之后，分离出CMS植株，鉴定后发现有线粒体DNA缺失，失去一种40 kb线粒体DNA编码的多肽；单倍体烟草愈伤组织培养物加链霉素选择出的抗链霉素突变植株，其叶绿体DNA有改变，呈非孟德尔式遗传。

6. 外观遗传变异

外观遗传变异即发育变异，由外部因素引起的基因表达的改变，从而导致表型上的变异，常见的有复幼现象、适应化作用和短暂矮化。

7.5.3 细胞突变体诱变

诱变是指通过各种诱变剂的作用，使细胞发生变异的过程。诱变是获得优良植物细胞的有效方法之一。

常用的诱变剂可以分为物理诱变剂和化学诱变剂两类。各种诱变剂尤其是化学诱变剂可较均匀地直接作用于细胞，引起培养细胞发生突变的概率较高。由于诱变剂作用于群体细胞，细胞数量较大，选择突变体的条件难以控制，大量的微小变异常被漏掉。但在培养条件下的细胞往往处于相对一致的小环境中，因此可以较容易地设计出有效的筛选突变体的方法。

1. 诱变剂

诱变剂有物理诱变剂和化学诱变剂两大类。它们的处理方法和作用机理有所差别，简介如下。

（1）物理诱变剂　物理诱变剂包括X射线、γ射线、中子、α粒子、P粒子、紫外线等。紫外线的能量较低，不能引起被照射物质的离子化，因而叫作非电离诱变因子；其余的物理诱变剂均能引起被照射物质的离子化，称为电离诱变因子。

采用物理诱变剂处理的方法有以下几种：一是外照射，即射线由被照射物质的外部透入内部诱发突变。这种方法比较简单安全，可进行大量处理。外照射又分为急照射和慢照射。前者指在较短时间内把全部剂量照完，后者指在较长时间内照射完全部剂量。二是内照射，即将放射源引入植物组织或细胞内使其放出射线诱发突变。常用的有浸泡法、注射法和饲入法。内照射需要一定的防护设备，处理的材料在一定时间内仍带有放射性，应注意防止放射性污染。物理诱变剂处理可在一代中进行，也可在几个世代中连续进行。

(2)化学诱变剂　化学诱变剂的种类较多，根据作用机制不同分为以下几类。

①碱基类似物　主要有嘧啶类似物和嘌呤类似物两大类。如5-溴尿嘧啶和去溴去氧核苷，均为碱基类似物。它与DNA碱基性质相近，可与DNA结合，不妨碍其复制，但会取代正常碱基，发生偶然配对错误，从而改变DNA电子结构。

②烷化剂　烷化剂一般分为四大类，分别是烷基磺酸盐和烷基硫酸盐、亚硝基烷基化合物、次乙胺和环氧乙烷类、芥子气类。烷化剂主要是通过烷化基团使DNA分子上的碱基及磷酸部分烷化，DNA复制时导致碱基配对错误而引起突变。有人认为烷化剂的重要成分是它的功能基数目，可以认为有单功能、双功能、三功能的化合物。双功能和多功能烷化剂的毒性要比单功能烷化剂强，它们的毒性对改变DNA化学结构的诱变力也大。几种烷化剂的使用含量如下：甲基磺酸乙酯0.3%～1.5%、乙烯亚胺0.05%～0.15%、亚硝基乙基脲烷0.01%～0.03%、硫酸二乙酯0.1%～0.6%。

③移码诱变剂　移码诱变剂系指能够引起DNA分子中组成遗传密码的碱基发生移位复制，致使遗传密码发生相应碱基位移重组的一类化学诱变物质，主要为吖啶类化合物，常用的有吖啶橙和原黄素两种。

④其他类诱变剂　叠氮化合物类如叠氮化钠(NaN_3)、亚硝基胍(CH_5N_5)。叠氮化合物是在常规诱发突变中，植物诱变效果最好的一种化学诱变剂，在诱发大麦、豌豆、二倍体小麦、水稻等作物上都获得相当高的诱变率。如对大麦叶绿素缺失突变体诱变的效果，比γ射线和中子诱导率高得多，对人体毒性小，对植物引起的生理损伤也小。叠氮化钠诱变率为40%～50%，而γ射线和中子诱导率为10%。生物碱类诱变剂的主要代表为秋水仙碱也称秋水仙素，是一种被广泛应用于细胞学、遗传学研究和植物育种中的化学诱变剂。秋水仙素是诱变多倍体效果最好的药剂之一，迄今已有大量植物多倍体诱导成功。其他类较常用的还有抗生素、亚硝酸及其盐和部分金属化合物。

2.诱变的基本过程

诱变的基本过程一般包括单细胞制备、预培养、诱发突变、突变细胞株的选择等步骤。

(1)单细胞制备

①材料的选择　用于突变体筛选的最理想的材料为单细胞或原生质体。也可以用茎尖、腋芽等，但容易诱发嵌合体。以顶端分生组织为例，顶端分生组织分3层：L1层细胞，该层细胞进行垂周分裂，发育成表皮；L2层细胞，该层细胞进行平周分裂，发育成皮层、包缘组织；L3层细胞，进行平周分裂，发育成中柱。当用诱变剂处理时，不可能每层细胞同时产生诱变效应，也就是这种诱变效应无法有效控制。其结果是有些细胞发生突变，有些细胞未发生突变，两种细胞嵌合在一起，分裂、分化形成嵌合体植物。用单细胞或原生质体作为诱发突变材料，就可以避免嵌合体的形成。但是从器官再生角度出发，由单细胞或原生质体再生生产植株的植物种类仅限于少数，因而在广泛使用上受到限制。为此，目前用得最多的材料是愈伤组织，它具有以下优点：愈伤组织是介于单细胞和具有一定结构的组织之间的组织；是分生细胞，容易诱发突变；分散性好，借助酶处理分散性更好。

②预处理　采用诱变剂进行化学诱变处理，根据植物种类需对诱变剂的含量、时间进行筛选，选用最适含量、最适处理时间才能收到良好的效果。例如烟草高蛋氨酸突变体筛选，以EMS为诱变剂，含量为0.25%，预处理时间为1 h；而水稻高赖氨酸突变体筛选以EMS为诱变剂，含量为1%，预处理时间为1 h。

③细胞材料的制备　分离植物的各个器官，在离体条件下诱导形成愈伤组织，进而继代在液体培养基中进行振荡培养，从而获得小细胞团和单细胞的悬浮培养物。也可从器官或细胞培养物游离出单个原生质体进行突变体筛选。

④制备细胞悬浮液　经过预处理的材料用悬浮液洗净备用。如材料是愈伤组织可进行酶处理，经过过滤、离心沉降，最后获得纯净的细胞悬浮液。

(2)预培养　单细胞或愈伤组织经诱变剂处理和酶处理后活力下降，为恢复细胞活力，必须进行预培养。预培养可采用平板培养法，也可采用悬浮培养法，无论哪种方法均需要考虑细胞起始密度。预培养时间因植物种类而异。烟草采用平板培养法，预培养 2 周；水稻采用悬浮培养法，预培养 10 d。

(3)诱发突变　诱发突变一般采用平板培养法，并在培养基中加入某种选择因子，长时间饲喂培养细胞，使其发生拟定目标的突变，反复饲喂需数月时间。

细胞诱变处理指用各种物理的、化学的诱变因子处理细胞材料，使细胞发生突变。常用的物理诱变因子有 γ 射线、紫外线等，常用的化学诱变因子有甲基磺酸乙酯(EMS)。诱变因子的选择因植物种类、器官和年龄而不同。但有不少植物细胞即使不经处理，也可筛选到突变体。

7.5.4　细胞突变体的筛选

细胞突变体的诱导和筛选是一个比较活跃的研究领域，在植物的遗传改良、遗传研究和遗传资源的拓宽方面得到广泛的应用。

1. 细胞突变体筛选的方法及筛选程序

细胞突变体出现频率很低，因此，必须采用特定的方法将发生突变的细胞从正常型细胞中分离出来。筛选原理建立在有区别地杀灭正常型细胞的基础上。根据除去正常型细胞方式的不同，可以将筛选方法分为正选择法和负选择法，以及后来发展起来的“绿岛”法。

(1)筛选原理

①正选择法　把细胞群体置于某种选择剂中或选择条件下，细胞突变体可以正常生长，正常型细胞不能生存而死亡，从而达到分离目的的一种选择方法。

一般抗性细胞突变体的筛选常采用正选择法，如抗病细胞突变体筛选、抗逆境胁迫(抗盐、抗旱和抗寒等)细胞突变体筛选、抗除草剂细胞突变体筛选等。这种方法大多是直接在培养基中加入某种能体现细胞突变体特征的物质，如抗盐细胞突变体筛选通常是在培养基中加入一定浓度的盐，抗除草剂细胞突变体筛选是在培养基中加入一定浓度的某种除草剂等。

应用正选择法时，可采用一步选择法或多步选择法(图 7-10)。一步选择法是指所用的选择压力足以一次性地杀死正常型的细胞，一般用于单基因突变细胞的筛选。多步选择法则采用两次以上由低到高的选择压力，逐渐杀死正常型细胞，多用于遗传背景不详且可能是多基因突变细胞的筛选。用正选择法进行细胞突变体筛选的缺点在于，正常型细胞可以产生生理性适应，从而混存于突变细胞中，因此常采用反复加压与去压交替的培养方法将其淘汰。

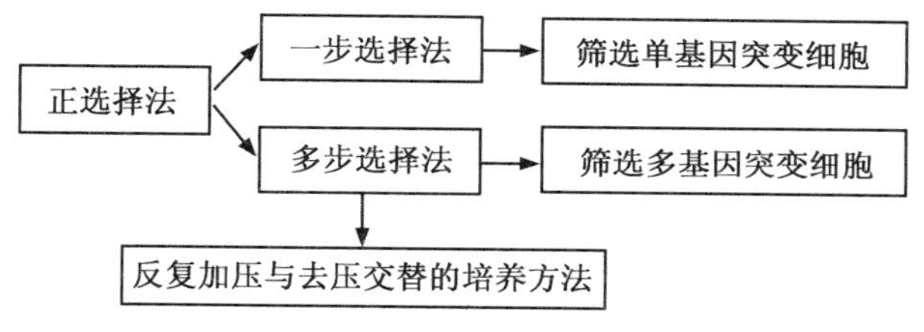

图 7-10　正选择法分类与用途

②负选择法　先控制培养基营养成分，使正常型细胞生长，而突变的细胞处于抑制不分裂状态，然后用一种能毒害生长细胞而对不分裂的细胞无害的药物淘汰生长正常的细胞。负选择法常用的药物有亚砷酸盐和某些核苷酸类似物(如 5-脱氧尿嘧啶)。

负选择法通常适用于营养缺陷型细胞突变体的筛选。通过控制培养基营养成分，使生化过程有缺陷又不能合成某种代谢必需物质的细胞突变体处于不能分裂状态，然后用药物杀死正常型细胞，再使突变细胞恢复生长。

③“绿岛”法　Calson(1978)在烟草上采用活体和离体相结合的方法筛选烟草细胞突变体，提出了

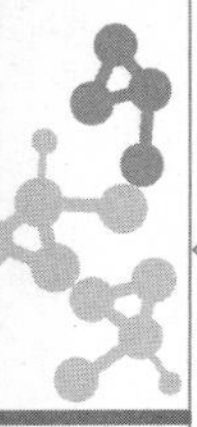

具有一定特色的细胞突变体筛选的方法，即“绿岛”法。

“绿岛”法的筛选是在整体的植株水平上，用某种化学物质作用于植株叶片，使细胞发生突变，叶片局部呈现绿色斑点，切下这部分细胞进行组织培养，通过培养细胞的再分化，使抗性细胞分化成完整植株。对于某些病毒抗性细胞突变体的筛选，可以采用这种方法，如抗 TMV 和 CMV 病毒突变体的筛选。

④间接选择法　当缺乏直接选择指标或直接指标对细胞极为不利时，可采用间接选择法。例如，脯氨酸含量与植物抗旱性有关，因此可通过筛选脯氨酸含量高的细胞突变体，间接地获得抗旱的突变体。

(2)一般筛选程序

①确定选择剂的浓度　把培养物接种在含有一系列浓度的选择剂(盐、除草剂、重金属和植物毒素等)培养基上，选择使 90%以上培养物致死的浓度为选择剂浓度。

②致死浓度筛选　将培养物分批接种在已确定致死浓度的培养基上，筛选存活的培养物，再将其转接到正常培养基上进行扩大繁殖，直至再生植株。

③逐步筛选　在培养基中逐渐增加选择剂的浓度，最后把筛选存活的培养物进行继代增殖。

2.细胞突变体的筛选与利用

离体诱导细胞突变体的类型很多，根据目前研究和人们的需求状况，细胞突变体的筛选和利用主要归为以下 5 种类型：①富含氨基酸和氨基酸类似物细胞突变体；②抗病细胞突变体；③抗除草剂细胞突变体；④抗逆细胞突变体；⑤单倍体细胞突变体。

(1)富含氨基酸和氨基酸类似物细胞突变体　在几种主要农作物种子蛋白中，常缺少这种或那种必需的氨基酸，如大豆缺少甲硫氨酸，玉米缺少赖氨酸和色氨酸，小麦缺少赖氨酸和苏氨酸，水稻缺少赖氨酸。因此，通过采用氨基酸和氨基酸类似物选择抗性细胞突变体，达到改良人类食物营养品质的目的。

植物细胞中氨基酸的代谢是受末端产物(各种氨基酸)反馈抑制调控的，只有筛选对某种氨基酸反馈抑制不敏感的突变体，其氨基酸的含量才有可能高。已知反馈抑制的作用点是氨基酸生物合成过程中某些关键酶，只有这些关键酶发生突变，对各自的反馈抑制物不敏感时，才会过量合成某种氨基酸。因此，在培养基中加入高浓度的某种氨基酸或氨基酸类似物，使野生型细胞受激酶抑制而生长缓慢，突变体细胞能正常生长，同时通过检测加入的氨基酸或氨基酸类似物可反馈抑制其合成过程中的关键酶是否发生变异，从而将富含某种氨基酸的细胞突变体筛选出来。研究表明，使用氨基酸类似物筛选高氨基酸的突变体比采用氨基酸进行筛选的效果更好。缪树华等(1987)获得高赖氨酸玉米无性系。罗建平等(2000)以 NaN_3 诱变处理沙打旺胚性愈伤组织，用甲硫氨酸类似物——乙硫氨酸为选择剂，筛选到 1 株抗性稳定且能再生的抗 0.6 mmol/L 乙硫氨酸的变异系。该变异系细胞对乙硫氨酸的抗性是野生型细胞的 8 倍。王瑛华等(2006)以 NaN_3 诱变处理鹰嘴紫云英的愈伤组织也获得了抗 100 mmol/L 甲硫氨酸变异细胞系，并分化成再生植株。

以芦笋抗 AEC(氨乙基半胱氨酸)细胞突变体筛选(王敬驹，1995)为例，说明富含氨基酸细胞突变体的诱变与筛选过程。

①选择生长良好的芦笋愈伤组织，用 0.1%(*V*/*V*)EMS(甲基磺酸乙酯)诱变处理 24 h，洗去诱变剂转入继代培养中缓冲培养 2～3 周。

②转入含 0.5 mg/L AEC 的继代培养基中进一步筛选。

③挑取存活的细胞团转入无选择压力的培养基上继代培养 3～4 周，使细胞快速增殖。

④将愈伤组织转移至分化培养基(MS 基本培养基)上使其分化成苗，3 周后可出现丛生苗。

⑤取一定数量的单个试管苗切取长为 0.5～1 cm 的小段于诱导培养基上形成愈伤组织，并按照试管苗次序将愈伤组织编号，每一块愈伤组织可以看作一个独立的细胞系。

⑥每个编号愈伤组织分别转移到含 0.5 mg/L AEC 的培养基上进行抗性筛选，淘汰无抗性和抗性差的细胞系。

⑦将每个抗性细胞系的一半愈伤组织转接到分化培养基上使其分化成苗，另一半用于氨基酸分析。

⑧用氨基酸分析仪分析各抗性细胞系的氨基酸含量，并和供体原始愈伤组织做比较，注意赖氨酸和苏氨酸含量的变化，选择游离氨基酸含量明显提高的抗性细胞系。对分化植株也作相应的检测以筛选出高氨基酸含量的再生植株无性系。

⑨无性繁殖变异植株，观察农艺性状，并对其有性后代进行遗传学分析。

(2)抗病细胞突变体　植物在生长发育过程中常常遭受病原物的侵袭，进而导致植物发生病害，不能正常生长，影响植物的产量或品质。因此，提高抗病性是植物育种的主要目标之一，对主要农作物而言，提高抗病性就显得尤为重要。研究已证明，通过离体诱导抗病细胞突变体是提高植物抗病性的一个可行途径。

植物毒素有时对组织、细胞或原生质体的毒害作用与对整体植株的作用是一致的(Eaele，1978)。如果植物毒素是致病的唯一因素，就可能在离体条件下直接以毒素为选择压力筛选抗病细胞突变体，这个假设得到了 Carlson(1973)实验结果的支持。Carlson 用化学诱变剂 EMS 处理烟草原生质体，筛选出抗甲硫氨酸磺肟(MSO)的细胞系，其再生的植株对烟草野火病的抗性明显提高。此后，在大麦、小麦、玉米、燕麦、油菜、甘蔗、马铃薯等作物上，从细胞培养和愈伤组织诱变中成功获得抗病体细胞无性系。在再生植株水平上也成功获得具有抗病能力的植株，如 Behnke(1979)在马铃薯中由马铃薯晚疫病菌培养物有毒滤液筛选得到的愈伤组织，获得了抗病的再生植株。Daub(1986)育成了抗霜霉病且高产的甘蔗品种“Ono”。水稻也通过突变体筛选育成了抗病品种“DAMA”(Heszky 等，1992)。胡玉林等(2008)用枯萎病菌孢子悬浮液为选择压，筛选出了抗枯萎病的香蕉植株。Zhang 等(2012)通过白腐病病原体培养滤液筛选出了抗白腐病菌的大蒜。

(3)抗除草剂细胞突变体　通过基因工程手段可以筛选出抗除草剂的无性系，而且可以选育成农作物新品种，提高了使用除草剂的安全性，拓宽了除草剂的应用范围。但当通过基因工程难以获得转基因植株时，通过细胞工程手段筛选抗除草剂的细胞突变体则具有重要的实际意义。

Chaleff 和 Parsons(1978)最先由烟草组织培养选出了抗毒莠定的突变体，并建立了具有代表性的筛选抗除草剂的方法，后来被用于各种抗除草剂细胞突变体的筛选。具体方法如下：

①将烟草种子用 5%次氯酸钠消毒 15 min，无菌水冲洗 3 次，将种子接种在 MS 固体培养基上，直到长成健壮的无菌试管苗。

②以无菌试管苗的叶片为外植体，接种到 MS+2 mg/L NAA+0.3 mg/L KT+3%蔗糖+0.8%琼脂的培养基(C_1 培养基)上，诱导愈伤组织。

③获得的愈伤组织在相同的培养基上进行继代培养。

④将旺盛生长的愈伤组织转移到 C_1 液体培养基中，在摇床上振荡培养，直到形成分散的细胞团。

⑥用一定规格的尼龙网过滤悬浮培养物，除去大的愈伤组织块。

⑥用离心机离心收集小细胞团，并重新悬浮到 C_1 培养基中继代培养。

⑦吸取 2 mL 悬浮培养物，转移到含有 500 μmol/L 毒莠定的 C_1 固体培养基上，于 25 ℃荧光灯照明(每天 16 h)条件下，进行抗性细胞突变体的筛选。

⑧1 个月后生长出抗性愈伤组织。

⑨将抗性愈伤组织转移至选择培养基上继代培养 1 次，然后在 MS+0.3 mg/L IAA+3.0 mg/L 6-BA 培养基上诱导植株，继代 2～3 次后便有芽和小植株的形成。然后将小植株转移到含有 0.1 mg/L IAA 的培养基上诱导生根，获得再生植株。

在抗除草剂突变体选择上，最成功的是碘磺酰脲类除草剂的体细胞无性系筛选。Chaleff 和 Ray(1984)筛选出抗绿黄隆和嘧黄隆甲酯的体细胞无性系。Baillie 等(1993)和 Pofelis 等(1992)分别筛选出抗绿黄隆的大麦和百脉根的植株。

(4)抗逆细胞突变体　土壤中含盐量或重金属离子含量过高、低温、干旱等都会对植物的生长发育

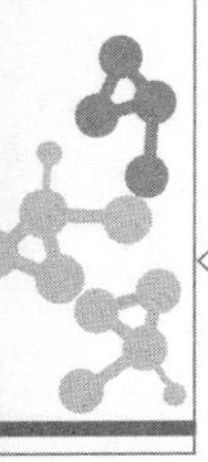

造成危害。因此，提高植物的抗逆性是植物改良品种的一个新的育种目标。以往的研究证明，可以从组织培养中分离出抗逆的突变体。

①耐盐突变体　土壤盐渍化严重影响农业生产和生态环境，培育耐盐品种是解决问题的关键。Nabors 等（1975，1980）筛选的耐高浓度 NaCl（0.88%）的烟草细胞系，再生植株经过连续两个有性世代后，仍然保持着这种耐性。在苜蓿耐盐突变体筛选过程中，为了避免在耐盐突变体中出现不良的变异性状，Winicov（1994）建议在苜蓿愈伤组织诱导 3 个月内筛选耐盐突变体。王仑山等（1995）获得了枸杞（*Lycium barbarum* L.）耐盐突变体，指出直接把经诱变剂处理过的愈伤组织培养于含 1.5% NaCl 的培养基中，克服了因逐级增加盐浓度而使那些适应性较强的细胞得以生存，提高了选择效率。其方法是将枸杞无菌苗下胚轴于 MS＋2，4-D 0.25 mg/L＋LH 500 mg/L 的诱导培养基上培养产生胚性愈伤组织，经 0.34%的 EMS（半致死剂量）处理并恢复增殖 2 周后，将存活组织转接到含有 1.5% NaCl 的诱导培养基上培养 4 周，再将少数存活的组织转移到含 1.0% NaCl 的同样培养基上继续培养，经不断选择，选出了耐 1.0% NaCl 的愈伤组织变异体。经耐盐性、耐盐稳定性、脯氨酸含量、叶绿素含量分析，以及对山梨醇、聚乙二醇的反应证明，该愈伤组织是耐盐变异体。变异体在含有 1.0% NaCl 的分化培养基（MS＋6-BA 0.5 mg/L）上可分化出再生植株。目前，在苜蓿、水稻、柑橘、番茄、小黑麦和芦苇等植物上也都得到稳定的抗盐细胞系和再生植株。

②其他抗逆性　用低温作为诱变剂筛选并获得了耐寒的烟草再生植株，利用聚乙二醇作为诱变剂获得了耐旱的高粱再生植株，用重金属离子为筛选剂获得了多种植物耐铝、耐镉、耐铜或耐汞的突变体（孙敬三和朱至清，1990）。在低 pH 的酸性土壤中，铝和锰的浓度高，对大多数作物的生长有害。目前在胡萝卜和烟草等植物中已筛选出抗铝、锰等金属离子的体细胞无性系。

（5）单倍体细胞突变体　通过单倍体细胞培养筛选抗性突变体具有高效和易于稳定的两大特点。在单细胞培养过程中，隐性突变基因容易在细胞中表达，在选择压力下可以筛选出由隐性基因调控的抗性突变体，提高了选择效率，同时通过突变体加倍，获得的纯合突变株，加快了突变体的稳定和纯合过程。如 Campbell 和 Wernsman（1994）以黑胫病毒素为选择剂，从烟草愈伤组织培养物中获得了抗黑胫病的烟草突变体，并在烟草育种上得到了应用。

除了以上 5 种细胞突变体，通过细胞或愈伤组织培养，还可以筛选产量高、品质好、生长势强等优良性状的突变体，有的可以培育成新品种，如 Moyer 和 Collins（1983）选育出了块茎色泽好、烘烤质量高的马铃薯品种。Evens（1989）培育出干物质含量高的番茄品种。Katiyar 和 Chopra（1995）推出了产量高的棕色芥菜品种。也可以通过组织培养以较高的频率诱发雄性不育，使其在作物杂种优势利用上取得重要价值。

3.细胞突变体的鉴定

植物体细胞无性系变异的鉴定可以采用多种方法进行检测。主要方法如下：

（1）形态学鉴定　对体细胞变异体分析的最简单的方法是采用形态学鉴定。通过这种方式对 R_0 代显性基因和纯合基因表达的性状进行筛选，可以使 R_0 代植株的筛选超过 50%。然后对筛选出来的变异体进行有性繁殖，了解变异体的遗传背景。

体细胞变异体形态学上的变异（如植株高度、育性、花果颜色、结实数、开花时间、抽穗期、成熟期、产量、耐盐性、抗病等）程度通常用植株百分数表示，体细胞无性系群体变异程度可以用测定标准差（SD）来分析特定的数量性状（Kierk 等，1990）。

（2）生物化学性状分析　采用蛋白质电泳、同工酶酶谱检测体细胞变异体在蛋白质水平和同工酶水平上产生的变异。

（3）细胞学分析　从无性系染色体核型和再生植株花粉母细胞减数分裂染色体行为以及终变期染色体数目鉴定体细胞无性系变异。但核型分析只能揭示明显的染色体变化，发生在分子水平的变异不能发现。

(4)分子水平检测　采用限制性酶切片段长度多态性(RFLP)和随机扩增DNA多态性(RAPD)以及扩增片段长度多态性(AFLP)等手段检测基因组DNA多态性的变异。

体细胞无性系变异可以使用多种技术进行检测，比如克隆的形态评估技术、染色体的细胞学特征(包括其数量和结构)、生理生化特性、涉及各种分子标记使用的分子工具，每种方法各有优缺点，都证明了其在检测变异中的应用。然而，利用核酸检测培养物和幼年期体细胞无性系变异的分子技术被认为是最好的方法，而要求植物处于成体阶段的形态学和生理学方法似乎应用较少(Bairu等，2011b)。分子技术与现代先进的流式细胞术、荧光原位杂交和其他实时成像技术相结合，已证明在检测培养物的变异方面是非常成功的。

小　　结

(1)植物细胞培养分为单细胞培养和大量细胞培养，大量细胞往往采用悬浮培养的方法。单细胞培养是指从植物器官、愈伤组织或悬浮培养物中游离出单个细胞，在无菌条件下，进行体外培养使其生长、发育的技术；植物细胞悬浮培养是指将植物的细胞和小的细胞聚集体悬浮在液体培养基中进行培养，使之在体外生长、发育，并在培养过程中保持很好的分散性。两者有着不同的意义、培养方法及影响因素，但是初始细胞密度对单细胞培养和细胞悬浮培养都很重要。

(2)悬浮细胞生长的测定及细胞同步化在研究和生产上都具有重要的意义，理解细胞生长规律，建立一个稳定生长的细胞系，对于次生代谢物质、蛋白的生产具有指导意义；而通过植物细胞的同步化，不仅可以详细地了解细胞周期的真实过程，还可以认识真正控制着从亲代细胞到子代细胞过程中生化变化的序列因子，为基础理论的研究提供材料和方法。

(3)细胞培养应用的一个很重要的方面即是体细胞无性系变异及筛选。针对这一重要的应用，详细地介绍了有关体细胞无性系变异的概念、细胞突变体筛选的基本原理和方法以及变异的遗传基础和相关应用。

思　考　题

1.什么是植物单细胞培养？植物单细胞培养有何意义？

2.介绍几种常见的单细胞培养方法。

3.什么是细胞悬浮培养？细胞悬浮培养有何意义？

4.何谓植板率？如何降低平板培养细胞的起始密度？

5.如何判定悬浮培养细胞的活力？

6.何谓同步培养？目前实现悬浮培养细胞同步化主要有哪几种方法？

7.简述体细胞无性系、体细胞无性系变异以及体细胞无性系变异的诱导和筛选方法。

8.简述体细胞无性系变异的来源及其影响因素。

9.简述体细胞突变体变异鉴定方法及其变异特征。

10.什么是细胞突变体及细胞突变体的筛选有哪些用途？

实验 10　植物愈伤组织的细胞悬浮培养

1. **实验目的**

以大麦悬浮培养和植株再生为例，熟练掌握由愈伤组织进行细胞悬浮培养的技术方法及明确影响悬浮培养的因素。

2. **实验原理**

植物细胞的悬浮培养是指将植物细胞或较小的细胞团悬浮在液体培养基中进行培养，在培养过程中能够保持良好的分散状态。这些小的细胞聚合体通常来自植物的愈伤组织。一般的操作过程是把未分化的愈伤组织转移到液体培养基中进行培养。在培养过程中不断进行旋转震荡，一般可用 100～120 r/min 的速度进行。由于液体培养基的旋转和震荡，使得愈伤组织上分裂的细胞不断游离下来。在液体培养基中的培养物是混杂的，既有游离的单个细胞，也有较大的细胞团块，还有接种物的死细胞残渣。

继代培养是将初代培养诱导产生的培养物重新分割，转移到新鲜培养基上继续培养的过程。其目的是使培养物得到大量繁殖，也称为增殖培养。在液体悬浮培养过程中应注意及时进行细胞继代培养，因为当培养物生长到一定时期将进入分裂的静止期。对于多数悬浮培养物来说，细胞在培养到第 18～25 天时达到最大的密度，此时应进行第一次继代培养。在继代培养时，应将较大的细胞团块和接种物残渣除去。若从植物器官或组织开始建立细胞悬浮培养体系，就包括愈伤组织的诱导、继代培养、单细胞分离和悬浮培养。目前这项技术已经广泛应用于细胞的形态、生理、遗传、凋亡等研究工作，特别是为规模化生产植物细胞次生代谢物提供了理想的途径。

3. **实验用品**

(1)仪器　振荡摇床、超净工作台、人工气候箱、体视显微镜、培养架、加湿器及空调等。

(2)材料　未成熟大麦幼穗。

(3)试剂　常规化学试剂，主要用于配制培养基与种子消毒。

(4)器皿　培养皿、解剖镊子、解剖针、三角瓶、酒精灯等。

4. **实验步骤**

(1)大麦愈伤组织诱导

①将大麦种子先用 70%酒精消毒 30 s，再用含有 1%活性氯的次氯酸钠溶液消毒 1～3 min，最后用无菌蒸馏水洗 3 次。

②在体视显微镜下由种子剖取 0.5～1.0 mm 长未成熟胚，接种在 60 mm 培养皿中的改良 L2 培养基上。L2 培养基的配方见表 7-5。每个培养皿装愈伤组织诱导培养基 10 mL，接种未成熟胚 1～3 个，盾片朝上。大于 1.0 mm 的胚容易萌发。接种前将胚的根端和茎端分生组织去掉，可以阻止胚的萌发，促进愈伤组织的形成。接种后将培养皿置于 25 ℃弱光下培养。

(2)悬浮培养的建立

①愈伤组织诱导开始后 3～4 周，把形成的愈伤组织转到含有 50 mL 改良 AA 培养基(表 7-5)的 100 mL 三角瓶中，置摇床(100～120 r/min)上弱光振荡培养。

②14 d 后进行一次继代培养，以后继代间隔时间缩短为 9～11 d。每次继代时增加培养基容积 0.3～0.5 mL，直至最大容积 12 mL。

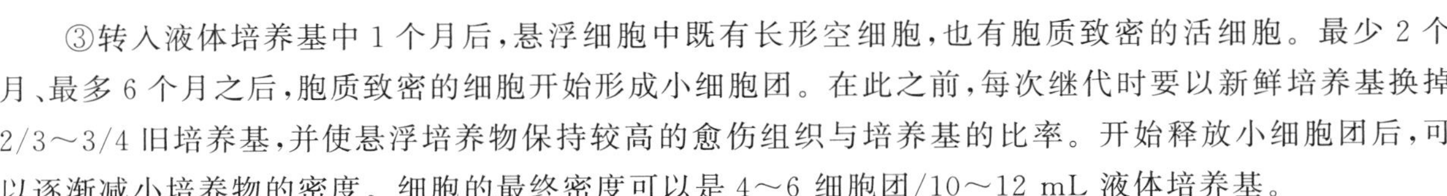

③转入液体培养基中1个月后，悬浮细胞中既有长形空细胞，也有胞质致密的活细胞。最少2个月、最多6个月之后，胞质致密的细胞开始形成小细胞团。在此之前，每次继代时要以新鲜培养基换掉2/3～3/4旧培养基，并使悬浮培养物保持较高的愈伤组织与培养基的比率。开始释放小细胞团后，可以逐渐减小培养物的密度。细胞的最终密度可以是4～6细胞团/10～12 mL液体培养基。

④每次继代时，淘汰长形空细胞或褐变细胞，只保留胞质浓密的黄色或白色的细胞。用改良L1培养基继代的悬浮细胞常常长成均匀的浅黄色小细胞团，而用改良AA培养基继代的悬浮细胞常常长成白色较大、不均匀的细胞团。

(3)植株再生

①弃掉悬浮细胞培养液，将小细胞团直接植板于装在90 mm培养皿中的25 mL改良L3培养基中。

②3～4周后，把在体视显微镜下能看到的胚性结构转到新鲜的再生培养基上，并置于弱光下培养，直至长出绿色茎芽。

③把绿色茎芽(约10 mm长)置于光照条件下培养(16 h/8 h光周期)，光强2 500～3 000 lx(白炽灯荧光灯管)。照光2～3周后，把绿色茎芽(20～30 mm)转到装在90 mm培养皿中的无激素改良L3培养基中培养，诱导生根。

④生根后驯化移栽。

表7-5 几种用于建立大麦悬浮培养的培养基

	改良L1	改良L2	改良L3	改良AA
大量元素/(mg/L)				
NH_4NO_3	700	1 500	200	
KNO_3	1 750	1 750	1 750	
KH_2PO_4	200	200	200	
$MgSO_4 \cdot 7H_2O$	350	350	350	252
$CaCl_2 \cdot 2H_2O$	450	450	450	150
$NaH_2PO_4 \cdot 2H_2O$				150
KCl				2 960
微量元素/(mg/L)				
$MnSO_4 \cdot 4H_2O$	15	15	15	10
H_3BO_3	5	5	5	3
$ZnSO_4 \cdot 7H_2O$	13.4	7.5	7.5	2
KI	0.75	0.75	0.75	0.8
$NaMoO_4 \cdot 2H_2O$	0.25	0.25	0.25	0.25
$CuSO_4 \cdot 5H_2O$	0.025	0.025	0.025	0.025
$CoCl_2 \cdot 6H_2O$	0.025	0.025	0.025	0.025
NaFe-EDTA/(mg/L)				
Na_2-EDTA	37	37	37	37
$FeSO_4 \cdot 7H_2O$	28	28	28	28

续表7-5

	改良 L1	改良 L2	改良 L3	改良 AA
维生素/(mg/L)				
肌醇	100	100	100	100
盐酸硫胺素	10	10	10	10
盐酸吡哆醇	1	1	1	1
烟酸	1	1	1	1
抗坏血酸	2		2	2
泛酸钙	1		1	1
氯化胆碱	1		1	1
叶酸	0.4		0.4	0.4
核黄素	0.2		0.2	0.2
p-氨基苯甲酸	0.02		0.02	0.02
生物素	0.01		0.01	0.01
氨基酸/(mg/L)				
谷氨酰胺	750	750	750	876
脯氨酸	150	150	150	
天冬氨酸				266
天冬酰胺	100	100	100	
盐酸精氨酸				216
甘氨酸				7.5
糖类/(g/L)				
麦芽糖	50	30	30	
蔗糖				30
激素/(mg/L)				
2,4-D	2.0	2.5		2.0
BAP			1.0	
琼脂糖/(g/L)		4	4	
pH	5.6	5.6	5.6	5.8

5.实验注意事项

(1)大麦愈伤组织诱导材料的选择,需要注意选取未成熟的胚,还需注意胚的大小,控制在 1 mm 以下,以减少胚的萌发。

(2)幼胚接种培养放置的方向。

(3)愈伤组织诱导及后期悬浮培养的外界条件。

(4)悬浮培养及继代过程中的细胞密度及愈伤组织的密度。

(5)悬浮细胞系细胞团状态的选择。

(6)注意驯化移栽的关键环节。

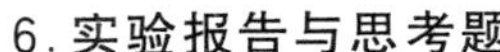

6. **实验报告与思考题**

(1)实验报告

①记录悬浮培养继代时细胞及愈伤组织的密度和状态。

②记录大麦悬浮培养细胞的植板率。

③记录大麦悬浮培养及再生的效率,即由幼胚到再生植株的比率。

(2)思考题

①植物细胞悬浮培养与固体培养相比有何优缺点?

②怎样确保植物细胞悬浮培养的成功?

第8章

植物原生质体培养和体细胞杂交

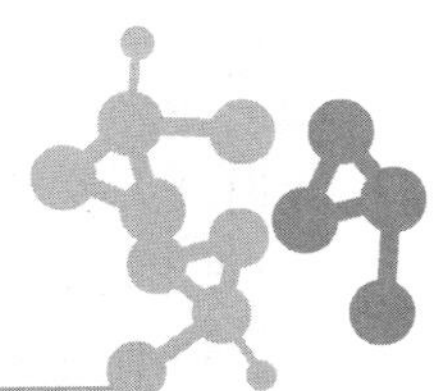

植物细胞主要由细胞壁、细胞膜、细胞质和细胞核组成。原生质体(protoplast)指的是用特殊方法脱去植物细胞壁的、裸露的、有生活力的原生质团。就单个细胞而言,除了没有细胞壁外,它具有活细胞的一切特征。植物原生质体被认为是遗传转化的理想受体,除了可以用于细胞融合的研究以外,还能通过它们裸露的质膜摄入外源 DNA、细胞器、细菌或病毒颗粒。原生质体的这些特性与植物细胞的全能性结合在一起,已经在遗传工程和体细胞遗传学中开辟了一个理论和应用研究的崭新领域。

植物原生质体与植物细胞相比,具有下列显著特点:

(1)具有全能性。植物原生质体虽然去除了细胞壁,但是其细胞核、细胞质和细胞膜等细胞内的结构仍然保持完整,没有受到破坏,仍然保留了植物全套的遗传信息,因此,植物原生质体与植物细胞一样具有全能性,具有细胞壁再生以及分裂、繁殖、生长、发育的能力,可以进行正常的新陈代谢,也可以分化发育成完整的植株(图 8-1)。

(2)吸收能力增强。植物原生质体由于去除了细胞壁这一扩散障碍,其吸收能力比完整细胞增强,便于细胞膜外的物质进入细胞膜内,有利于氧的传递、营养成分的吸收、基因的转移和原生质体融合等。

(3)分泌能力提高。植物细胞产生的许多代谢产物之所以不能分泌到胞外,原因是多方面的,其中细胞壁对物质扩散的障碍是重要原因之一。原生质体由于去除了细胞壁这一扩散障碍,细胞膜的透过性增强,利于胞内产物的分泌。通过固定化原生质体培养,使较多的胞内物质分泌到细胞外,可以不经过细胞破碎,直接从培养基中分离得到其代谢产物。

(4)稳定性较差。植物原生质体由于没有细胞壁的保护作用,稳定性较差,易受渗透压等条件变化的影响。所以在原生质体培养过程中,必须添加适宜的渗透压稳定剂等,以免原生质体受到破坏。原生质体在离体培养过程中的变异往往多于具有细胞壁的细胞,因此它是获得单细胞无性系和选育突变体的优良起始材料。原生质体广泛地应用于体细胞杂交,原生质体培养是体细胞杂交的关键技术之一,对该技术的研究有利于体细胞杂交的进一步深入发展。不仅如此,由于去除了细胞壁,因而更有利于外源遗传物质的导入,可作为遗传转化、外源基因瞬时表达、细胞壁再生、病毒侵染以及细胞器导入等方面的起始材料。体细胞杂交技术可以有效地克服有性杂交不亲和性、雄/雌性不育、多胚性干扰以及花期不遇等常规育种中遇到的生殖问题,转移有益性状,创造前所未有的新种质。与有性杂交相比,体细胞杂交不仅能实现核基因的重组,而且还能实现细胞质基因组的重组,特别是在转移线粒体或叶绿体基因组控制的有益农艺性状方面,如线粒体控制的细胞质雄性不育等性状,具有有性杂交无法比拟的优越性。

本章节将重点介绍原生质体分离培养和体细胞杂交的相关基本知识。

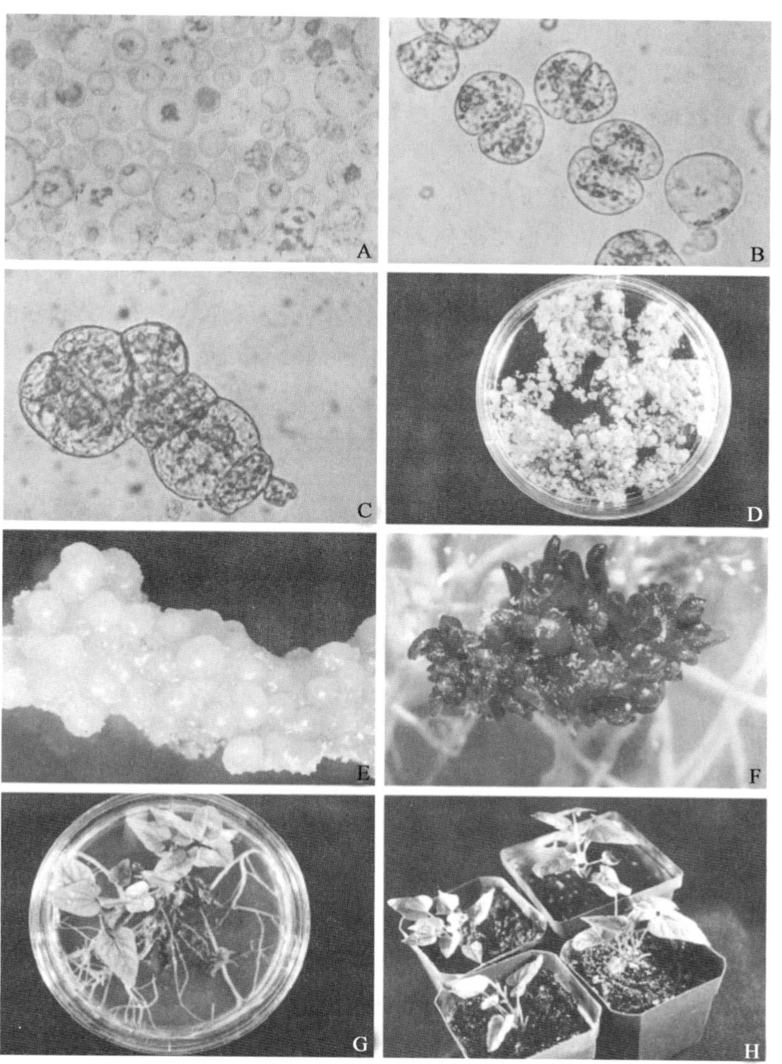

A. 未经纯化的叶柄原生质体　B. 培养5～6 d原生质体分裂　C. 细胞分裂8次　D. 培养8周后形成愈伤　E. 愈伤组织产生胚状体　F. 不同发育期的体细胞胚　G. 体细胞胚再生的小植株　H. 再生植株移栽

图8-1　甘薯叶柄原生质体经体细胞胚胎发生再生植株(S. K Dhir,1998)

8.1　原生质体研究的发展及应用

8.1.1　原生质体研究的发展

早在1890年,Klercker通过用切割组织使植物发生质壁分离的方法来获得植物的原生质体,并获得了甜菜、洋葱、萝卜和黄瓜的原生质体。但是机械制备方法费力,工作强度大,制备过程原生质体受损严重,获得率极低,并且原生质体培养较为困难,很少有成功的例子。只在葫芦藓(*Funaria hygrometrica*)中获得了由机械法分离的原生质体经培养再生的植株。

1960年,英国植物生理学家Cocking用疣孢漆斑菌(*Myrothecium verrucaria*)中提取的粗制酶游离出番茄幼根原生质体,第一次证实了采用酶解法可以获得大量的原生质体,开辟了原生质体研究的新纪元,推动了原生质体研究工作的进展。

1968 年，Takebe 等第一个用商品酶（纤维素酶和果胶酶）分离得到烟草叶肉细胞原生质体，同年 Power 等采用一步法也得到了原生质体。1971 年 Takebe 等培养叶肉原生质体，成功地再生了植株。之后，植物原生质体的研究取得了很快的发展。尽管烟草等作物的原生质体很容易培养再生植株，但禾谷类作物的原生质体培养在很长时间都未能获得再生植株。1985 年，日本学者 Fujimura 等率先从水稻原生质体培养获得再生植株，之后在玉米、小麦等作物中相继取得突破。1986 年，单个原生质体培养获得成功，为在单细胞水平上研究单个原生质体的生理特性、细胞间相互作用以及在单细胞水平进行遗传操作提供了条件（表 8.1）。至今为止，已有 350 多种高等植物原生质体再生植株获得成功，包括大部分粮食作物（水稻、小麦、玉米、马铃薯等）、油料作物（油菜）、经济作物（烟草、棉花、林木）、园艺作物（柑橘、矮牵牛）和一些药用作物（绞股蓝、曼陀罗等），禾本科的牧草和草坪草也有成功的报道。

表 8-1 原生质体研究进展的年代记事

年份	人物	事件
1880	Hanstein	提出“原生质体”的概念
1892	Klercker	采用机械法分离出少量植物（水卫士，*Stratiotes aloides*）原生质体
1909	Küster	首次开展原生质体的融合工作，但未成功
1960	Cocking	使用纤维素酶从番茄（*Lycopersicum esculentum* Mill.）的幼根得到大量原生质体
1968	Takebe et al.	纤维素酶和果胶酶投入市场，首先用商品酶进行烟草原生质体分离
1971	Takebe et al.	首次获得烟草叶肉原生质体培养的再生植株
1972	Carlson	采用 $NaNO_3$ 融合方法从烟草中获得第一个种间体细胞杂种
1974	Kao，Michayluk	首次将聚乙二醇（PEG）应用于植物原生质体融合
1978	Melchers et al.	获得第一个番茄＋马铃薯属间体细胞杂种
1980	Dudits et al.	获得首例欧芹＋烟草非对称杂种
1981	Zimmerman，Scheuric	首次开展了原生质体电融合工作
1982	Krens et al.	开展原生质体吸取外源 DNA 的工作
1985	Fujimura et al.	获得第一例禾谷类作物水稻原生质体培养的再生植株
1986	雷鸣，王光远等	我国水稻原生质体再生完整植株取得重要突破
1986	Spangenberg et al.	油菜单个原生质体培养获得成功
1989	陈志贤等	棉花原生质体培养获得再生植株
2004	夏光敏等	筛选出高产、耐盐、抗旱的小麦体细胞杂种新品种‘山融 3 号’
2004	Sun et al.	栽培陆地棉与野生二倍体种融合获得棉花体细胞杂种

8.1.2 原生质体的应用

由于没有细胞壁，原生质体为作物遗传改良和植物学研究提供了极为有利的试验材料。原生质体可以用于下面几种研究。

1. 种质资源保存

作为种质资源保存的原生质体主要用于超低温保存，植物原生质体超低温保存开始于 20 世纪 70 年代。有些植物只有在一年的某个特定时期才能成功分离原生质体，超低温保存的原生质体可以随时为研究提供所需的材料，并且是研究植物低温伤害及细胞内结冰的好材料。目前，原生质体已应用于胡萝卜、烟草、毛曼陀罗、颠茄、玉米、杏、大豆、小麦、大麦、燕麦和柑橘等作物的超低温保存。提高原生质体活力及培养后的再生能力是今后原生质体超低温保存的重点研究目标。

2. 原生质体融合

原生质体培养成功为开展体细胞杂交奠定了基础，可以通过不同类型的原生质体融合克服传统育种方法所面临的生殖障碍(reproductive barrier)，创造新的种质材料，并且可以实现不同材料的核基因重组，是植物细胞工程在育种上应用的重要内容。此外，与有性杂交相比，它可以实现两种材料的胞质重组。从1972年首次获得植物体细胞杂种以来，原生质体融合发展较快，并获得了大量的新种质，从中可筛选出优良新品种。

3. 筛选突变体

由于原生质体在培养过程中能够产生体细胞无性系变异，或者在培养过程中诱导变异，从再生植株中筛选出具有优良性状的变异体，成为农作物改良的育种新材料，或直接育成新品系。在马铃薯、苜蓿、水稻、猕猴桃、柑橘和烟草原生质体再生植株中均存在体细胞无性系变异。采用原生质体培养结合离体诱变还可以加速突变体的获得。例如，采用UV照射单倍体烟草叶肉原生质体，用缬氨酸选择得到了抗缬氨酸的烟草突变体。

4. 原生质体是植物遗传转化的理想受体

原生质体由于去除了细胞壁，使其容易摄取外源遗传物质，如细胞器、细胞核、DNA等，因而成为植物遗传转化的理想受体。这些年来，在利用原生质体的基础上，建立了多种直接转化的方法，如PEG法、电激转化法、脂质体介导的转化、基因枪、显微注射、微焦束激光导入法等。由于有些禾本科植物(如牧草、草坪草等)难以采用农杆菌介导法转化，可以通过直接转化法。因此，在禾本科植物尤其是在牧草育种中，原生质体培养技术尤为重要，是目的基因能得以转化和表达的基础和有效途径。

Krens等(1982)最早在烟草上开展外源DNA转化原生质体的工作，并取得了成功。原生质体作为遗传转化的受体系统具有以下几个优点：①同一组织可以产生大量遗传上基本一致的原生质体；②如果原生质体具有再生能力，容易获得转化植株；③原生质体为单细胞受体，可以避免转化嵌合体(chimera)的发生。目前，原生质体转化研究获得了大豆、柑橘、小麦、水稻、诸葛菜、玉米、结缕草、苜蓿、甘薯和牛尾草的转基因植株。此外，原生质体也是基因瞬时表达分析的理想材料，已广泛用于蛋白质亚细胞定位、启动子活性和蛋白质相互作用等研究。

5. 基础研究

原生质体为细胞生物学、发育生物学、细胞生理学、病毒学等学科的基础理论研究提供了理想的实验体系，可以用于研究细胞壁再生、膜结构、细胞膜的离子转运及细胞器的动态表现、光合作用、呼吸作用、物质跨膜运输等。此外，还可以采用原生质体研究气孔开关机理、物质储运、细胞膜的作用和病毒浸染机理及复制动力学等。原生质体还被用作进行抗寒性、抗热性测定的材料，并且认为在原生质体水平上的抗性与在植株水平上的抗性一致，从而为早期筛选抗性植株提供了材料。

8.2 植物原生质体分离

8.2.1 原生质体分离

1. 植物细胞膜的电特性和膜电位

植物细胞膜是一个由脂类和蛋白质等构成的双分子层膜，其物理性质类似于一个双电层，细胞的内外层带的是同种电荷。不同植物的细胞膜电位不同，同一种植物细胞倍性不同，而且在不同外界离子环境下其细胞膜的膜电位也不同(表8-2和表8-3)。了解植物细胞膜的电特性对细胞融合研究很有必要。

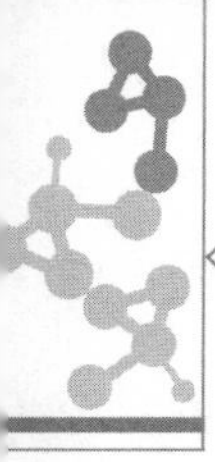

表 8-2　几种植物不同倍性原生质体的膜电位

原生质体	倍性	膜电位/mV
烟草	($2n$)	−25～35
烟草	(n)	−25
矮牵牛	($2n$)	−30
油菜	($2n$)	−23
豌豆	($2n$)	−10～15

表 8-3　烟草叶细胞原生质体不同 Ca^{2+} 浓度下的膜电位

$CaCl_2 \cdot 2H_2O$/(mmol/L)	膜电位/mV	凝聚力
0	−28	—
1	−25	—
10	−9	—
100	0	+++

2. 植物细胞壁的结构及其化学组成

植物细胞壁可分为初生壁(primary wall)和次生壁(secondary wall),相邻两个细胞的初生壁之间存在中层 (middle layer)(亦称胞间层)(图 8-2)。初生壁的主要成分是纤维素、半纤维素和果胶,还有少量结构蛋白。纤维素是 β-1,4 连接的 D-葡聚糖,可含有不同数量的葡萄糖单位。纤维素化学性质高度稳定,能够耐受酸碱及其他许多溶剂,是一种比较亲水的晶质化合物。半纤维素是存在于纤维素分子之间的一类基质多糖,它的种类很多,如木葡聚糖和胼胝质等。细胞壁内的蛋白质主要包括伸展蛋白、酶和凝集素等。次生壁主要由纤维素和半纤维素组成。次生壁分为外层(S_1)、中间层(S_2)和内层(S_3),次生壁的分层主要是 3 层中微纤丝排列方向不同的结果。中层主要由果胶酸钙和果胶酸镁的化合物组成。果胶化合物是一种可塑性大而且高度亲水的胶体,它可使相邻细胞黏在一起,并有缓冲作用。果胶很容易被酸或酶等溶解,从而导致细胞的分离。

在细胞壁上常有附属结构。植物的某些细胞在特定的生长发育阶段可形成特殊的细胞壁,如花粉壁由孢粉素的覆盖层和基粒棒层构成花粉外壁外层和外壁内层Ⅰ,由纤维素构成外壁内层Ⅱ及内壁。

植物细胞壁的复杂程度因植物器官种类、成熟度、生理状态而异。选择原生质体分离的外植体材料时,一般选择较幼嫩的组织,最好选用试管苗、愈伤组织或悬浮培养细胞。这类材料的原生质体产率高,活性强,培养后细胞植板率高。

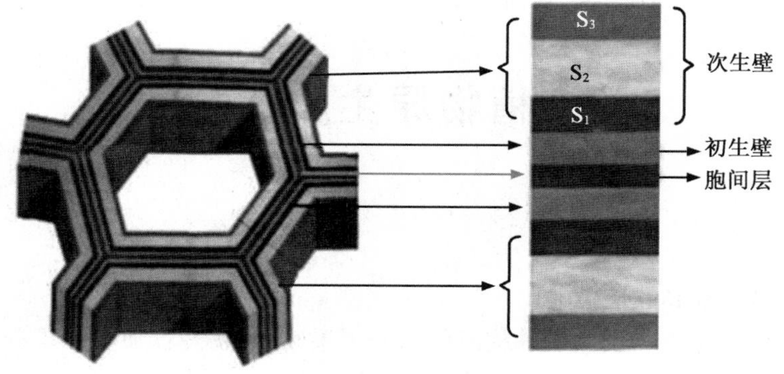

图 8-2　植物细胞壁结构模式图(西北农林科技大学生命科学学院植物教研室,网络课程)

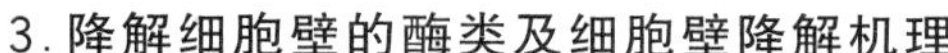

3. 降解细胞壁的酶类及细胞壁降解机理

用于植物原生质体分离的酶类有纤维素酶、半纤维素酶和果胶酶。

纤维素酶的商品酶主要有 Cellulase Onozuka RS、Cellulase Onozuka R-10、GA3-867。其组分为 CX 组分(β-1,4-葡聚糖酶)、C1 组分(含 β-1,4-葡聚糖纤维二糖水解酶)和 β-葡萄糖苷酶等。CX 组分能使纤维素分子链分离,破坏微纤丝的晶态结构。C1 组分和 β-葡萄糖苷酶则催化纤维素分子链水解为葡萄糖。上述 3 种商品酶中 Cellulase Onozuka RS 和 Cellulase Onozuka R10 纯度高,毒害小。其中 Cellulase Onozuka RS 的活性是 Cellulase Onozuka R10 的 2 倍多,是理想的纤维素酶。常用浓度为 0.5%～2%。

半纤维素酶的商品酶主要有 Hemicellulase、RhozymeHP150。主要组分是 β-木聚糖酶(1,4-β-D-xylan xylanohydrolase)和 β-甘露聚糖酶(1,4-β-D-mannan mannohydrolase)。β-木聚糖酶作用于木聚糖主链的木糖苷键而水解木聚糖。β-甘露聚糖酶作用于甘露聚糖主链的甘露糖苷键而水解甘露聚糖。这两类酶均为内切酶,可随机切断主链内的糖苷键而生成寡糖。常用浓度为 0.1%～0.5%。

果胶酶主要的商品酶有 Maceozyme R-10、Pectolyase Y23、Pectinase。其组分为解聚酶(又称多聚半乳糖醛酸酶)和果胶脂酶(又称果胶甲酯酶)。二者均能催化果胶质水解。解聚酶能催化以 α-1,4-键连接的半乳糖醛酸水解为 D-半乳糖醛酸及其二聚物、三聚物等。果胶酯酶能催化果胶质的甲酯水解成甲醇及其二聚酸。果胶酶的酶制剂一般含有一些有害的物质,如核糖核酸酶、蛋白酶、脂肪酶、过氧化物酶、磷脂酶、酚和盐等。使用前,应进行离心,并尽量缩短酶解处理时间。上述商品酶中,Pectolyase Y23 活性最强,其活性是 Maceozyme R-10 的近 100 倍,但处理时间不宜过长,一般不应超过 8 h。上述酶的常用浓度,Maceozyme R-10 为 0.2%～2.0%,Pectolyase Y23 为 0.05%～0.2%,Pectinase 为 0.2%～2.0%。Pectinase 杂质较多,其酶液在过滤灭菌前必须离心去除沉淀,否则很难进行过滤灭菌。

4. 材料来源及预处理

(1)材料来源　供体材料是影响原生质体培养成功与否的关键因素之一,不仅影响原生质体分离效果,也影响其培养效果。原则上讲,植物的茎、叶、胚、子叶、下胚轴等器官组织以及愈伤组织和悬浮培养细胞,均可作为原生质体分离的材料,目前较多采用叶片来分离原生质体,但分裂旺盛的、再分化能力强的愈伤组织或悬浮细胞系,尤其是胚性愈伤组织或胚性悬浮细胞系是最理想的原生质体分离材料。如果选用愈伤组织或悬浮细胞系,要注意选择继代后处于旺盛分裂时期的材料。愈伤组织则同时要注意挑选淡黄色、颗粒状的材料。如果选用植株上的外植体,一定要注意植株的年龄、生长发育状态、外植体组织器官的成熟度等。应选择生长健壮植株上较幼嫩的组织,该类材料的原生质体产量高,活力强,培养后植板率高。最好事先培养无菌试管苗,可免去材料消毒程序,避免消毒液对材料的伤害,从而大大提高原生质体的活力。

(2)预处理　为提高原生质体的产率和活性,常采用 2 种预处理方法:①低温处理。以叶片等外植体为试材时,一般放在 4 ℃下,黑暗中处理 1～2 d,其原生质体的产量高,均匀一致,分裂频率高。②等渗溶液处理。把材料放在等渗溶液中数小时,再放到酶液中分离原生质体,能提高其产量和活性。尤其是多酚化合物含量高的植物,如苹果、梨等,采用这种处理方法效果好。

5. 分离方法

植物原生质体分离方法有机械分离法和酶分离法。酶分离法是目前广泛采用且效果最佳的原生质体分离方法。

(1)机械分离法　1892 年,Klercker 采用机械方法分离藻类(stratcotesalcides)植物中的原生质体,首先使细胞产生质壁分离,然后切开细胞壁使原生质体释放出来。其后 Hofler(1931)和 Whatley(1956)采用机械分离法,分别从洋葱表皮和甜菜组织中得到了原生质体。但由于该方法获得的原生质体产量低,不能满足实验需要,而且液泡化程度低的细胞不能采用该方法,因此,机械分离法没有得到广泛应用。

(2)酶分离法　1960 年,德国诺丁汉大学的 Cocking 首先利用纤维素酶从番茄幼苗根尖中分离获得原生质体,收率高、完整性好、活力强。经数十年的不断完善,目前已成为植物原生质体分离最有效的方法。酶分离法又分为两步法和一步法。两步法是先用果胶酶处理材料,游离出单细胞,然后再用纤维素酶处理单细胞,分离原生质体。其优点是所获得的原生质体均匀一致、质量好。但由于操作繁杂,目前已逐渐被淘汰。一步法是将纤维素酶和果胶酶等配制成混合酶液来处理材料,一步获得原生质体。因操作简便,目前几乎均采用该方法。

由于商品酶的出现,现在实际上已有可能由每种植物组织中分离出原生质体,只要该组织的细胞还没有木质化即可。据报道,从以下各组织中都已分离出原生质体:叶肉细胞、根细胞、豆科植物的根瘤细胞、茎尖、胚芽鞘、块茎、花瓣、小孢子母细胞、果实组织、糊粉细胞、下胚轴和培养的单细胞、愈伤组织等。

①分离原生质体的酶液成分　分离植物原生质体的酶液主要由分离培养基、酶和渗透压稳定剂组成。常用的分离培养基主要是钙磷盐溶液、CPM 液和 1/2 MS 盐溶液等。常用的酶有纤维素酶、果胶酶和半纤维素酶,它们是纯度较高、对原生质体损害较小的商品酶。植物细胞壁中纤维素、半纤维素和果胶质的组成在不同细胞中各不相同。通常,纤维素占细胞壁干重的 25%～50%,半纤维素约占细胞壁干重的 53%,果胶质一般约占细胞壁的 5%。所以,纤维素酶、果胶酶和半纤维素酶的水平应根据不同植物材料而有所变化。常用的纤维素酶(cellulase onzuka R-10)浓度是 1%～3%,崩溃酶(driselae)、果胶酶(pectinase Y-23)为 0.1%～0.5%,离析酶(macerozyme R-10)为 0.5%～1%,半纤维素酶为 0.2%～0.5%。花粉小孢子壁成分比较特殊,除含有纤维素、果胶质外,还有胼胝体,因此,分离小孢子原生质体时需用蜗牛酶或胼胝质酶。

酶液中渗透压对平衡细胞内的渗透压、维持原生质体的完整性和活力有很重要的作用。一般来说,酶液、洗涤液和培养液中的渗透压应高于原生质体内的渗透压,会比等渗溶液有利于原生质体的稳定;较高的渗透压可防止原生质体破裂或出芽,但同时也使原生质体收缩并阻碍原生质体再生细胞分裂。广泛使用的渗透压调节剂是甘露醇和山梨醇、蔗糖、葡萄糖和麦芽糖,其浓度在 0.3～0.7 mol/L,随不同植物和细胞类型而有所变化。大多数一年生植物所需要的渗透压稳定剂浓度较低(0.3～0.5 mol/L),多年生植物特别是木本植物要求较高浓度的渗透压稳定剂(0.5～0.7 mol/L)。酶液 pH 一般为 5.6 左右。

此外,酶液中加入聚乙烯吡咯烷酮(PVP)、2-N-吗啉乙磺酸(MES)、葡聚糖硫酸钾等分别起到减轻酚类物质毒害、稳定 pH 和降低核糖核酸酶活性的作用,可以提高原生质膜的稳定性,增加完整的原生质体数目和活力。表 8-4 为葡萄叶片原生质体分离所用酶液组合,每个成分均具有其重要的作用。

表 8-4　葡萄叶片原生质体分离用酶液组合

成分	浓度
Maceozyme R-10	0.50%
Cellulase Onozyka RS	1.00%
MES	3 mmol/L
$CaCl_2 \cdot 2H_2O$	0.01 mol/L
甘露醇	0.5 mol/L
葡聚糖硫酸钾	0.50%

注:pH 5.6,过滤灭菌。

②分离原生质体的主要步骤　从温室或者田间取叶片分离原生质体有 4 个步骤(图 8-3):a. 预处理;b. 叶片表面消毒;c. 去表皮;d. 酶解分离原生质体。使用试管苗、愈伤组织或悬浮培养细胞可以省略第 b、第 c 步。

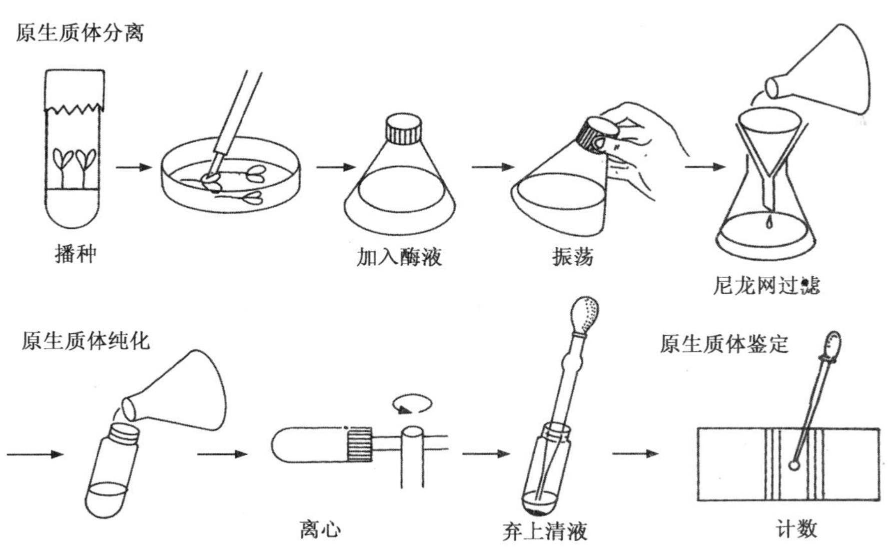

图 8-3 植物原生质体分离过程示意图

具体方法为：a. 预处理。主要目的是使细胞停止活跃的分裂并造成轻度的质壁分离，以适合酶解处理，具体方法见前所述。b. 叶片表面消毒。采用常规的消毒方法进行消毒，对于表面带有绒毛的材料可以适当添加表面活性剂。c. 去表皮。表皮的去除也需要在无菌的条件下进行，用解剖镊子将表皮层细胞去除，保留叶片的栅栏组织或叶肉细胞，必要时需在显微镜下操作。d. 酶解分离原生质体。首先根据实验材料制定合理的酶液组合。应注意酶制剂的种类、酶制剂的配比以及酶液的 pH。称取纤维素酶、果胶酶以及渗透压稳定剂等配成酶液，将酶液离心(2 500～3 000 r/min)后，用 0.45 μm 微孔滤膜过滤灭菌，分装后－20 ℃冷冻保存。为了提高原生质体膜的稳定性，一般在酶液中添加 $CaCl_2 \cdot 2H_2O$ 和葡聚糖硫酸钾。然后进行酶解处理。将植物材料放入酶液中(0.5～1.0 g 组织/10 mL 酶液)，真空泵抽引渗透处理 5 min，以促进酶液渗透，然后置于往复振荡式摇床上(30～40 次/min)，26 ℃酶解处理 2～8 h。如果是幼嫩叶片应尽量撕去下表皮或除去绒毛，切成 1～2 mm 的细条。酶解处理期间可用解剖针轻轻破碎叶片组织，有利于原生质体的游离释放，提高其产量。

(3)微原生质体的分离 有多种途径通过原生质体融合获得细胞质杂种。其中，将一亲本的原生质体与另一亲本的胞质体(cytoplasts)融合是获得细胞质杂种的较好途径。胞质体可以通过诱导原生质体分离形成。在离体条件下，原生质体能被诱导分离成的多个亚原生质体(subprotoplasts)或微原生质体(miniprotoplasts)，含有细胞核的亚原生质体称为核质体(karyoplast 或 nucleoplast)，无细胞核的部分称为胞质体。茄科植物的核质体能进行细胞分裂并再生植株，而胞质体不能进行细胞分裂，胞质体在胞质杂交中是非常有用的供体。制备微原生质体或胞质体的基本原理是，通过原生质体梯度离心产生不同的离心力，将原生质体分离成微原生质体。加入细胞松弛素 B 与离心相结合，更容易去掉细胞核，得到胞质体。

如图 8-4 所示，离心过程中由于离心力的作用，原生质体显著变形，被拉长。不同密度的细胞组分处于不同的渗透梯度中。细胞核组分密度大，朝向离心管底部，而含液泡的部分密度小，朝向离心管顶部。随着离心时间延长，细胞核部分(细胞核与一些细胞质)与含液泡的部分(液泡与细胞质)分离，产生有细胞核的微原生质体和液泡化的胞质体。

梯度离心的溶液组成、离心速度和细胞松弛素 B 处理取决于原生质体的类型。一般来说，梯度离心的组分有无机盐、蔗糖和改良硅胶(菲苛，Percoll)。有两种用于制备微原生质体的梯度组成成分，一是由不同渗透剂浓度组成的梯度溶液，含有细胞松弛素(梯度 A：溶液Ⅲ，培养基中的原生质体；溶液Ⅱ，

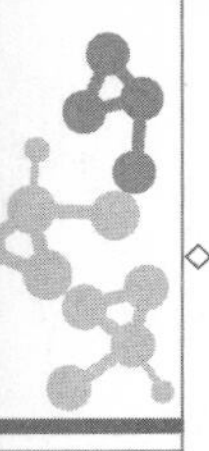

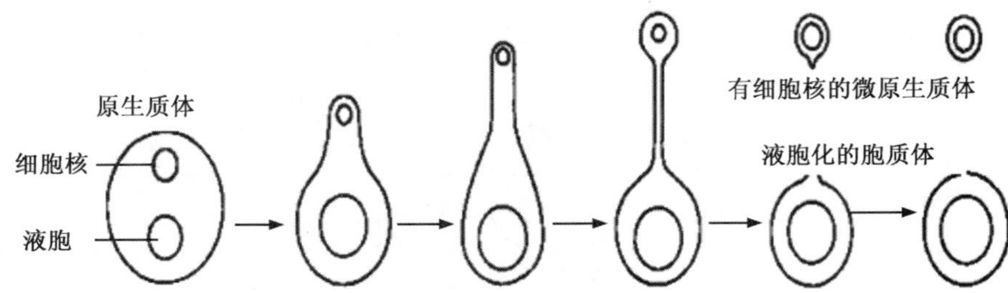

图 8-4　在不同渗透剂密度梯度离心过程中微原生质体或胞质体的形成模式图

1.5 mol/L 山梨醇，50 μg/mL 细胞松弛素 B；溶液Ⅰ，饱和蔗糖溶液）；二是由不同渗透剂浓度组成的梯度溶液，不含细胞松弛素（梯度 B：溶液Ⅳ，0.22 mol/L $CaCl_2$ 中的原生质体；溶液Ⅲ，0.5 mol/L 甘露醇，5% 改良硅胶；溶液Ⅱ，0.48 mol/L 甘露醇，20% 改良硅胶；溶液Ⅰ，0.45 mol/L 甘露醇，50% 改良硅胶）。无论梯度 A 还是梯度 B，必须将溶液Ⅰ到溶液Ⅳ依次分层置于离心管中，不要混合，形成不连续的梯度。在吊桶式转头离心机中放入有$(2\sim5)\times10^5$个原个质体的 10 mL 离心管，梯度 A 在 37 ℃下(20 000～40 000)×g 之间离心 15～20 min，梯度 B 在 12 ℃下(20 000～40 000)×g 之间离心 49～90 min。离心后，无细胞核的胞质体位于梯度溶液的顶部，而有细胞核的微原生质体在溶液Ⅰ和Ⅱ之间形成一条带。用移液管小心吸出胞质体，重新悬浮在原生质体培养基中，用于原生质体融合。

8.2.2　原生质体纯化

供体组织经过酶处理后，得到的是由未消化组织、破碎细胞以及原生质体组成的混合群体，必须进行纯化，以得到纯净的原生质体。植物原生质体纯化方法主要有以下 3 种，即沉降法、漂浮法和不连续梯度离心法。

1. 沉降法

沉降法亦称过滤离心法。该方法利用比重原理，低速离心使原生质体沉于底部。首先用适当孔径(30～40 μm)的微孔滤膜过滤酶混合液，除去未消化的组织细胞等，低速(150×g 以下)离心 3～5 min，使原生质体沉淀，弃去含细胞碎片的上清液和酶液。然后用液体培养基或甘露醇溶液悬浮洗涤原生质体，重复 2～3 次。最后将原生质体悬浮在 1～2 mL 的液体培养基中备用。该方法的优点是纯化收集方便，原生质体丢失少。缺点是原生质体纯度不高。该方法是目前最为广泛采用的方法。

2. 漂浮法

漂浮法是根据原生质体和细胞或细胞碎片的比重不同，分离出原生质体。原生质体的比重较小，在较高浓度的溶液中离心后会漂浮在液面上。在无菌条件下，把 5～6 mL 浓度较高的溶液（如 20%的蔗糖溶液）加入 10 mL 的离心管中，其上轻轻滴入 1～2 mL 酶-原生质体混合液，锡箔纸封口，在 150 g 下离心 5 min，使破碎的细胞或组织残片沉于底部，而原生质体浮于离心管上部的液面上。用吸管收集原生质体液层，用液体培养基或含有 $CaCl_2\cdot2H_2O$ 的甘露醇溶液洗涤 2～3 次。最后将纯化的原生质体悬浮于 1～2 mL 的液体培养基中备用。该方法的优点是获得的原生质体纯度高。缺点是原生质体的收率低，且由于所用的糖或糖醇溶液较浓，可能会使部分原生质体破裂。采用这种方法的关键是糖或糖醇的含量以及离心的速度。

3. 不连续梯度离心法

在离心管中首先加入不同浓度的 Ficoll 溶液，构成不同的浓度梯度，在上部滴入 1～2 mL 酶-原生质体混合液，在 150 g 下离心 5 min，不同比重的原生质体漂浮在不同的浓度梯度的界面上，用吸管收集原生质体，悬浮洗涤备用。该法是坎奈(Kanai)和爱德华(Edwards)(1973)在分离玉米叶肉原生质体时创立的。他们用 30%的聚乙二醇(PEG，相对分子质量为 6 000)1.6 mL 和 20%葡聚糖（相对分子质量为 40 000)4.5 mL,再加 0.2 mol/L 磷酸缓冲液 0.45 mL 和 1.2 mol/L 山梨醇溶液 1.5 mL,然后再加 0.9 mL 原生质体悬浮液,轻轻混合,在 5 ℃下以 300×g 离心 5 min,即可分为两相:细胞碎片和破碎的原生质体留在下层,完整原生质体漂浮于两相界面处,小心地将其吸出,即得到纯的原生质体。但采用 PEG-葡聚糖系统时,必须小心检查,因为 PEG 有使原生质体黏着的负效应。匹沃瓦兹克(Piwowarczyk)(1979)改进了这种方法,只通过一次离心即得到完整无损的原生质体。具体做法是:在离心管中依次加入一层溶于培养基的 500 mmol/L 的蔗糖,一层溶于培养基的 140 mmol/L 蔗糖和山梨醇,最后一层悬浮在酶溶液中的原生质体,其中含有 300 mmol/L 山梨醇和 100 mmol/L $CaCl_2$,经 400×g 离心 5 min 后,在蔗糖层之上就会出现一个纯原生质体层。

采用本法时,在选择两相系统和各相溶液的浓度与用量时应视具体材料而定。一般要求各相溶液的浓度应与分离原生质体时所用的渗透浓度相同,其中与原生质体混合的那一相用量可稍多一些。该方法的优点是获得的原生质体大小均匀一致、纯度高;并且在原生质体分离和纯化中保持着相同的渗透强度,避免了渗透冲击造成的破损,原生质体存活力高。缺点是操作繁杂,原生质体的收率低。

8.2.3 原生质体活力测定

原生质体的活力强弱是原生质体培养成功与否的关键因素之一。了解实验材料、分离方法以及酶液体系所获的原生质体的活力,对修正酶液组合和下一步的培养至关重要。因此,在前期的实验中必须测定原生质体的活力。原生质体活力测定的方法主要有以下几种。

1.荧光素二乙酸法

荧光素二乙酸盐(fluorosetin diacetate,FDA),本身无荧光,无极性,能自由进出完整的、具有活力的原生质体膜。一旦进入原生质体,FDA 能被原生质体的酯酶分解而成为具有荧光的极性物质。极性物质不能再进出质膜,积累在原生质体内。无活力的原生质体不能产生荧光。在荧光显微镜下,能够分辨出有活力的原生质体,并计算出存活百分率。FDA 法方便可靠,是目前最常用的方法。

(1)FDA 母液配制　FDA 不溶于水,能溶于丙酮。把 1 mg FDA 溶于 1 mL 丙酮中作为母液,4 ℃冷藏贮存,贮期不宜过长。使用时取 0.1 mL 母液加在新配制的 10 mL 0.5～0.7 mol/L 甘露醇溶液中,最终浓度为 0.01 %。

(2)染色观察　取 1 滴 0.01%的 FDA 液与 1 滴原生质体悬浮液在载片上混匀,25 ℃室温染色 5～10 min。用荧光显微镜观察,激发光波长 330～500 nm,活的原生质体产生黄绿色荧光。用计数器计算存活百分率。

2.酚藏花红染色法

酚藏花红(phenosafranine)是一种碱性染料,溶于水显红色并带黄色荧光,其最大激发和发射波长分别为 527 nm 和 588 nm。酚藏花红能被活的原生质体吸收而呈红色,无活性的原生质体无吸收能力而无色。

(1)母液配制　称取适量的酚藏花红溶于 0.5～0.7 mol/L 的甘露醇溶液内,配成 0.01%浓度的母液。

(2)染色观察　取一滴新鲜母液与原生质体悬浮液等量混匀,室温下染色 5～10 min,荧光显微镜下镜检。

3.形态观察法

一般凭形态特征即可识别原生质体的活力。如果颜色鲜艳、形态完整、富含细胞质,则有活力。也可采用渗透压变化法,把原生质体放入高渗或低渗溶液中,观察张缩情况来判断其活力。如果体积能随溶液的渗透压变化而改变,即为活的原生质体。

4.其他方法

胞质环流法,即在显微镜下具有环流者为有旺盛代谢活力的原生质体。但是该法对细胞周围带有

大量叶绿素的叶肉细胞原生质体并不适用。另外，也可以氧的摄入量为指标，评价原生质体的活力，氧的摄入量可用能指示呼吸代谢强度的氧电极进行测定，呼吸强度高的是具有代谢活力的原生质体。

8.2.4 影响原生质体数量和活力的因素

1.材料的种类及生理状态

(1)叶片　叶片是使用最广泛的分离原生质体的材料。经处理可以促使一些植物的原生质体分裂，或者提高原生质体再生植株频率。预处理包括黑暗处理、低温处理和预培养。例如，甘蔗植株在黑暗条件下培养 12 h 后分离的原生质体才能分裂；而龙胆试管苗叶片在 4 ℃下处理后原生质体才能分裂。将四倍体和双单倍体马铃薯 3～4 周龄试管苗完全展开的叶片用于分离原生质体，原生质体分裂率和再生率高。当表皮细胞不容易去掉时，应将叶片剪成 1～2 mm 大小后进行酶解处理。如果在酶解剪碎叶片时结合适当的真空渗透处理，使酶液进入细胞间隙，能缩短酶解时间和提高叶肉原生质体产量。酶解前将叶片置于无酶的原生质体分离液中一段时间，使叶肉细胞发生质壁分离，以利于加入酶液后纤维素酶和果胶酶迅速消化细胞壁。

(2)愈伤组织　愈伤组织也常常用于分离原生质体。在植物组织的诱导、培养和继代过程中出现了多种类型的愈伤组织，这些愈伤组织在颜色、外部形态、质地和生长状况等方面都有着明显的差别。美味猕猴桃愈伤组织大致可分为 4 种类型：A 型愈伤组织，生长快，结构较疏松，外呈瘤状突起，培养一段时间后若不继代往往出现褐化；B 型愈伤组织，色泽鲜艳，质地较松脆或外松内实，易培养，常呈颗粒状；C 型愈伤组织，质地致密坚硬，表面有突起，生长较慢；D 型愈伤组织，色泽暗淡，结构松散柔软，生长很慢或不生长，在培养过程中常逐渐褐化死亡。A 型愈伤组织分离原生质体数量最多，但存活率较低；B 型愈伤组织分离的原生质体不仅数量较多，而且存活率也高，是一种最适于分离和培养原生质体的愈伤组织；C 型愈伤组织分离的原生质体数量较少，但存活率较高；D 型愈伤组织分离的原生质体数量较多，但存活率低。因此，就美味猕猴桃而言，愈伤组织的继代培养和原生质体的分离中主要选 B 型愈伤组织。

与愈伤组织材料一样，胚性愈伤组织的状态对于原生质体的分离也存在差异。桉树胚性愈伤组织在发育过程中主要以 3 种状态存在：Ⅰ类为未分化的胚性愈伤组织，形态为黄色松软型，可自然散开；Ⅱ类为开始分化的胚性愈伤组织，但是在胚发育的初级阶段，形态为黄色和红色夹杂的愈伤组织，形态较松软；Ⅲ类为红色坚硬愈伤组织，这类愈伤组织已分化出大量胚状体，质地特别硬。3 类愈伤组织继代 15 d 后，用于分离原生质体，结果发现，Ⅰ类愈伤组织的原生质体的产量最高，Ⅱ类愈伤组织的原生质体产量明显下降，Ⅲ类则几乎没有游离出原生质体。因此，就桉树而言，Ⅰ类胚性愈伤组织状态更适合原生质体的分离。

愈伤组织的生理状态之所以对原生质体产量有大的影响，主要在于年龄较大或分化程度较高的细胞其细胞壁厚难以去除，细胞已液泡化，即使去除细胞壁，原生质体也较易破裂。

(3)悬浮细胞　对于一些植物尤其是禾本科植物来说，不容易分离到大量的叶肉原生质体，或者当叶肉原生质体再生细胞不能持续分裂时，悬浮培养细胞是非常好的分离原生质体的材料。与愈伤组织类似，只有生长分裂旺盛的悬浮培养细胞才适合于作为分离原生质体的材料。此外，禾本科植物悬浮培养细胞的来源十分关键，用幼胚外植体诱导的胚性愈伤组织建立胚性细胞系，其原生质体再生细胞能通过体细胞胚胎发生途径再生植株。用非胚性细胞系分离的原生质体，大部分原生质体培养后只形成愈伤组织而没有形态发生的能力。

取火炬松的胚性细胞悬浮系不同生长时期的悬浮细胞，用酶液处理，分离原生质体。结果表明，对数生长期的胚性悬浮细胞的原生质体产量和活力均最高。晚松细胞悬浮系对数生长期的悬浮细胞的原生质体产率和原生质体存活率也较高。由此表明，在以悬浮培养细胞作为原生质体分离的初始材料时，也要考虑细胞的生长周期对分离产生的影响。

(4)继代时间　继代培养时间较长的愈伤组织，分离原生质体产率低，较难分离。可能是由于细胞老化及细胞生理状态发生改变所致；也可能是细胞次生代谢物积累过多，使细胞生理活性降低。而继代培养时间短，愈伤组织因转代后恢复生长不久，形成的新细胞团较少，取材量小，同样影响原生质体的得率，因而一定要掌握好取材时间。

玉米愈伤组织继代培养 16 d，分离纯化得到的原生质体存活率在 95%以上；而继代培养 24 d，分离纯化得到原生质体存活率仅为 70%左右。说明玉米愈伤组织继代培养 16 d 是分离原生质体的较好时期。继代培养不同时间的苹果愈伤组织及悬浮培养系分离原生质体的效果不同。继代 10～15 d 的花粉愈伤组织较继代 16～30 d 的同样材料分离得到较高产率和存活率的原生质体。

人参悬浮细胞培养 7 d 继代一次的材料，分离得到的原生质体数量多，且容易分裂；14 d 继代一次的材料，分离得到的原生质体少，生理活性较低，不易分裂成细胞团。以罗田甜柿休眠芽茎尖诱导的愈伤组织为试验材料，发现继代 10 d 的愈伤组织可以分离到较高产率和存活率的原生质体。而龙眼则以继代 5 d 的悬浮细胞分离原生质体的效果最好。荔枝胚性细胞悬浮培养物，以继代 3～4 d 细胞分离的原生质体产率和存活率最高。

2. 前处理

由生长在非无菌条件下的植株上取来的组织，必须进行表面消毒。一般来说，消毒方法为器官和组织消毒的常规方法。一些研究表明，对禾谷类植物叶片进行表面消毒时，效果最好效率最高的方法是把它们用苄烷铵(Zephiran)(0.1%)-酒精(10%)溶液漂洗 5 min。叶片表面消毒的另一种方法是用 70%酒精漂洗，然后再在超净台上使叶片表面的酒精蒸发掉。

要保证酶解能充分进行，必须使酶溶液渗入到叶片的细胞间隙中去，为达到这个目的可以采用几种不同的方法，其中应用最广泛的是撕去叶片的下表皮，然后以无表皮的一面向下，使叶片飘浮在酶溶液中。如果叶片下表皮撕不掉或很难撕掉则可把叶片或组织切成小块(约 2 mm^2)后投入到酶溶液中。若与真空渗入相结合，这种方法不但十分方便，而且也非常有效。据报道，若以真空处理 3～5 min，使酶液渗入叶片小块，在 2 h 内即可把禾谷类植物的叶肉原生质体分离出来。检测酶溶液是否已充分渗入的标准，是当真空处理结束后大气压恢复正常，小块叶片是否下沉。代替撕表皮的另一种有效方法是用石英砂摩擦叶的下表面。在酶处理期间进行搅拌或震动可以增加培养细胞原生质体的释放率和产量。

3. 酶及酶解

不同植物种类或同一植物的不同器官以及它们的培养细胞，由于细胞壁的结构不同，分解细胞壁所需的酶也不同。例如，叶片及其培养细胞采用纤维素酶和果胶酶联合；根尖细胞以果胶酶为主，附加纤维素酶；花粉母细胞和四分体小孢子用蜗牛酶和胼胝质酶联合；成熟花粉细胞用果胶酶和纤维素酶联合。一般来说以幼苗的叶片、下胚轴等器官为材料游离原生质体时，去壁相对容易，应选用活性较弱的酶，且酶的浓度要低；以愈伤组织悬浮培养系为材料游离原生质体时，应选用活性较强的酶。决明子原生质体游离时，果胶离析酶 Pecolyase Y-23 是必需的。离析酶的加入有利于提高叶肉原生质体的游离，而果胶酶则很难游离出原生质体。蜗牛酶对茴香胚性细胞悬浮系原生质体的游离是必需的。

除了酶的种类外，酶液含量对原生质体分离效果也有很大影响。如酶液中的纤维素酶和离析酶含量对辣椒子叶原生质体的产量和活力均有重要影响。Cellulase Onozuka R-10 含量为 1.5%时原生质体的产量与活力均最高，高于或低于此含量，原生质体产量与活力均有所下降。而果胶酶 Macerozyme R-10 含量对原生质体的产量、活力的影响不尽一致，酶含量由 0.2%增至 0.5%时，原生质体的产量大幅度提高，继续提高酶的含量，原生质体的产量明显下降，原生质体的活力则随酶含量的增加呈下降趋势。综合考虑酶含量对原生质体的产量和活力的影响，1.5%纤维素酶和 0.6%果胶酶组成的酶液最适于辣椒原生质体的分离。

用酶解法制备原生质体时应根据酶解液的组成和含量选择合适的酶解时间。在同一酶解条件下，

酶解时间越长，原生质体的产量越高，但原生质体的活力下降，因此应尽量降低酶对原生质体的毒害作用，短时间酶解，获取大量有活力的原生质体。草莓花药愈伤组织原生质体游离时，在同一酶解条件下，比较了 5 个酶解时间(1 h、5 h、10 h、13 h、14 h)，结果发现酶解 13 h 后，大部分愈伤组织被酶解，活力为 67.35%。比较不同酶解时间对辣椒原生质体的分离效果，发现酶解时间在 4～10 h 范围内，随酶解时间的增加，原生质体的产率显著提高，酶解 10 h 原生质体产量可达 17.65×10^6 个/g(鲜重)，继续增加酶解时间，原生质体产率明显下降，同时可以观察到酶液中原生质体碎片增多。可见，长时间的酶解可导致原生质体破坏。同时，长时间的酶解还可能对原生质体的存活率造成不利影响。酶解时间在 4～8 h 时，原生质体存活率无明显差异，再继续增加酶解时间，则原生质体存活率显著下降。酶解时间不同，活原生质体的得率有很大差别。

一般在游离植物原生质体时，采用在摇床上振荡酶解有利于原生质体的释放。进行野大麦原生质体游离时以 80 r/min 在摇床上酶解，随着振荡时间的延长，原生质体得率不断提高，振荡 4 h 时得率达最高，为 8×10^6 个/g，而在静止条件下酶解 4 h 时其原生质体得率为 3.4×10^5 个/g，仅为振荡酶解时的 1/24；在振荡酶解 2 h 后再静止酶解 2 h，其得率为 7.1×10^5 个/g，为振荡酶解时的 1/11。在其他植物原生质体游离时，也发现振荡酶解有利于原生质体的释放。原因可能是低速振荡增加了酶解液与材料的接触，同时还增加了氧气的供应，对原生质体的释放有利。

4.渗透压稳定剂

在原生质体制备过程中，为了防止原生质体被破坏，一般要采用高渗溶液，以利于完整原生质体的释放。配制高渗溶液的溶质称为渗透压稳定剂。常用的渗透压稳定剂有甘露醇、山梨醇、蔗糖、葡萄糖、盐类等。在降解细胞壁时，渗透压稳定剂常和酶制剂混合使用。通常用渗透压稳定剂来稀释酶液。渗透压稳定剂中最常用的是甘露醇、蔗糖和山梨醇。如甘露醇常用于烟草、胡萝卜、柑橘、蚕豆等的原生质体制备；蔗糖常用于烟草、月季等植物；山梨醇常用于油菜等植物。

渗透压稳定剂的种类和浓度应根据植物种类不同而异，如同样采用甘露醇，胡萝卜的使用浓度为 0.56 mol/L、柑橘为 0.8 mol/L、蚕豆为 0.7 mol/L，烟草的成熟花粉其使用含量为 13%。在火炬松的胚性悬浮细胞原生质体分离的研究中，以甘露醇、山梨醇、葡萄糖和蔗糖为渗透压稳定剂，用酶液(Cellulase Onozuka RS+Cellulase Onozuka R10+Pectolyase Y-23)分离胚性悬浮细胞的原生质体，结果表明，以 13%的甘露醇作为渗透压稳定剂的，原生质体的产量和原生质体的活力均最高，分别为 8.2×10^4 个/mg(鲜重)和 63.3%(表 8-5)。

还有一类是利用无机盐溶液作为渗透压稳定，由 $CaCl_2$、$MgSO_4$、KCl 或培养基中的无机盐组成。这类渗透压稳定剂的优点是原生质体的产量比用甘露醇高。缺点是会降低细胞壁降解酶的活性，高浓度的无机盐会进入细胞内，影响培养效果。

表 8-5　渗透压稳定剂对原生质体分离的影响

渗透压稳定剂	细胞鲜重/mg	原生质体产量/($\times10^6$ 个/mg)	原生质体活力/%
甘露醇	50	8.2±1.17	63.3±1.19
山梨醇	50	3.8±1.09	59.1±2.73
葡萄糖	50	2.3±0.98	57.4±2.26
蔗糖	50	2.9±1.23	51.2±3.85

5.质膜稳定剂

添加细胞质膜稳定剂有利于提高原生质体的产率和存活率。细胞质膜稳定剂的作用是增加完整细胞质膜的数量，防止细胞质膜被破坏，促进原生质体再生细胞壁和细胞分裂以形成细胞团。常用的细胞质膜稳定剂有葡聚糖硫酸钾、2-N-吗啉乙磺酸(MES)、无机钙离子($CaCl_2$)和磷酸二氢钾等。葡聚糖硫

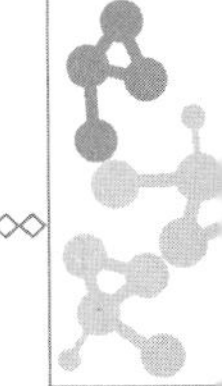

酸钾能够抑制酶液内某些酶如 RNA 酶的活性,有助于质膜稳定,保护原生质体,对细胞壁的再生和细胞团的形成有促进作用。如在烟草的原生质体分离时,在酶液中加入葡聚糖硫酸钾,洗净酶液后进行培养,原生质体很快长细胞壁,而且分裂快,容易形成细胞团;而不加葡聚糖硫酸钾,原生质体经 1 周培养后即死亡。0.1% $CaCl_2 \cdot 2H_2O$ 能为膜蛋白所束缚,提高膜的钙含量可增加质膜稳定性。

6. pH

酶液的 pH 对原生质体的产量和活力影响很大。因植物材料不同所要求的 pH 也有差异,一般为 pH 5.5~5.8。如果原生质体的供体材料是植物组织器官,酶液中应加入 pH 缓冲剂,以维持稳定酶液的 pH。一般添加 0.05~0.1 mol/L 磷酸盐或 3.0~5.0 mmol/L 2-N-吗啉乙磺酸(MES)。

8.3 植物原生质体培养

8.3.1 原生质体培养方法

原生质体培养方法主要有固体培养法、液体培养法和固-液结合培养法。另外对于低细胞密度的原生质体培养,还可以采用饲养层培养法、共培养法和微滴培养法等。而在原生质体应用于生物转化中时,经常采用固定化原生质体培养技术进行固定培养。

1. 固体平板培养法

原生质体的培养方法和对培养条件的要求常与单细胞培养相似。故原生质体的培养也可按照单细胞的平板方法进行。首先把原生质体悬浮在液体培养基中(密度为 10^4 个/mL 左右),与高压灭菌后冷却至 42~45 ℃的培养基(2 倍固化剂浓度)用大口刻度吸管迅速等量混匀,并迅速转移到培养皿中,旋转培养皿,瞬间便凝固,用石蜡膜带密封,暗培养。培养基层不宜过厚,一般 2~3 mm。培养 5~7 d 原生质体开始分裂,3 周左右观察细胞植板率。待形成大细胞团后,转移到去除渗透压调节剂的新鲜固体培养基中继代培养。

近年来发现,用琼脂糖代替琼脂粉可以提高植板率。特别是对于那些在琼脂培养基上不易发生分裂的原生质体,使用琼脂糖可能会取得比较好的效果。低熔点琼脂糖可在 30 ℃左右融化,与原生质体混合不影响原生质体的活力。该方法的优点:原生质体分布均匀,有利于分裂;容易获得单细胞株系;可定位观察单个原生质体的生长发育情况。缺点:原生质体易受热伤害;易破碎;原生质体始终处在高渗透压胁迫下,生长发育缓慢,植板率低。

2. 液体浅层培养法

尽管固体培养有上述优点,但很多研究者还是喜欢使用液体培养基,这是因为,当使用液体培养基的时候,经过几天培养之后,可用有效的方法把培养基中的渗透压降低;另外,如果原生质体群体中的蜕变组分产生了某些能杀死健康细胞的有毒物质,可以随时更换培养基;再有,经过几天高密度培养之后,可把细胞密度降低,或把目标细胞分离出来。

本方法是用液体培养基进行原生质体培养。把纯化后的原生质体用液体培养基调整好密度,用吸管转移到培养皿中,石蜡膜带密封,在培养室暗培养。培养基层厚 2~3 mm。培养 5~10 d 细胞开始分裂,此时开始降低培养基中的渗透压。每隔一周用刻度吸管吸取不含渗透压调节剂的新鲜液体培养基来置换原液体培养基。当形成大细胞团后,转移平铺在去除渗透压调节剂的固体培养基上增殖培养。

本方法的优点:操作简单,对原生质体伤害小;可微量培养;能及时降低渗透压并补加新鲜培养基,细胞植板率高。缺点:原生质体沉淀,分布不均匀;形成的细胞团聚集在一起,难以选出单细胞无性系。

3. 固-液结合培养法

该方法是原生质体培养中效果最佳的方法。先把原生质体采用固体平板培养法包埋在培养皿底层

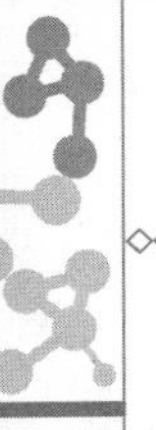

(平铺或数滴),上面再加入相同成分的液体培养基(或添加 0.1%～0.3%的活性炭),用石蜡膜带密封后进行暗培养。当细胞开始分裂后,用新鲜液体培养基更换原液体培养基(至少每周定期更换一次),这样能够稀释和除去培养物所产生的有害物质。在更换用的液体培养基中添加 0.1%～0.3%的活性炭,效果尤佳。当形成大细胞团后,转移平铺在去除渗透压调节剂的固体培养基上培养。

还有一种称为双层培养的方法,即固体和液体培养基结合的双层培养,是在培养皿中先铺一薄层琼脂或琼脂糖等凝固的固体培养基,然后将原生质体悬浮液植板于固体培养基上。固体培养基中的营养成分可以慢慢地向液体中释放,以补充培养物对营养的消耗,同时吸收培养物产生的一些有害物质,有利于培养物的生长。此外,固体培养基中添加活性炭或可溶的 PVP,能更有效地吸附培养物所产生的酚类等有害物质,促进原生质体培养。

本方法的优点:原生质体分布均匀,有利于分裂;容易获得单细胞株系;因能除去抑制分裂的有害物质,细胞植板率高。缺点:原生质体易受热伤害;原生质体易破碎。

4.饲养层培养法

在动物干细胞培养中,最常用饲养层细胞进行培养。所谓饲养层细胞就是指一些特定细胞(如颗粒细胞、成纤维细胞、输卵管上皮细胞等已在体外培养的细胞),经有丝分裂阻断剂(常用丝裂霉素)处理后所得的单层细胞。

在植物细胞培养中,也可以借助动物细胞培养的方法,利用经 X 射线处理的细胞作为培养的条件因子,包埋在培养基中作为饲养层细胞,促进细胞分裂提高植板率,该技术叫饲养层培养。这种方法最初是 Raveh 等(1973)建立的一种在低密度下培养原生质体的方法。在一般情况下,当植板率低于 10^4 个细胞/mL 时,烟草原生质体不能分裂,但是通过饲养层培养法,这些细胞可在低至 10～100 个原生质体/mL 的密度下进行培养。这对于获得单细胞无性系、避免产生嵌合体来说,无疑是种很有效的培养方法。

(1)饲养层细胞及处理　使用 X 射线照射的植物原生质体可以作为饲养层细胞,采用最适剂量的 X 射线照射原生质体,达到完全抑制原生质体分裂的目的。这一剂量能抑制细胞分裂,但并不破坏细胞的代谢活性。然后用液体培养基多次洗涤处理过的细胞,除去有毒的游离基团。对于分裂慢或不分裂的具有代谢活性的原生质体,不进行照射也可直接作为饲养层细胞。

可以选择与靶细胞的颜色不同的细胞或愈伤组织作为饲养层细胞,便于观察和区别。饲养层细胞与靶细胞可以是同种植物,也可以是比较远缘的植物,但二者必须都能在同一培养基上生长。例如烟草原生质体饲养柑橘原生质体,胡萝卜细胞培养物饲养烟草原生质体和细胞等。

(2)包埋培养　将饲养层细胞和靶细胞进行包埋可以采用 2 种方法,即混合培养和分层培养。混合培养是将饲养细胞(例如经射线处理的原生质体)和培养细胞(或称靶细胞)均匀包埋在琼脂培养基中,用常规平板培养法进行培养。分层培养饲养细胞与琼脂培养基混合平铺在培养皿底层,将靶细胞平铺培养在上层,进行常规培养。

该方法与看护培养具有一定的相似之处,都是利用细胞分裂过程中的活性物质作为条件因子,促进靶细胞的分裂。

5.微滴法

使用一种构造特别的培养皿,培养单个原生质体及由这些原生质体再生细胞。这种培养皿具有两室,小的外室和大的内室。内室中有很多编码的小穴,每个小穴能装 0.25～0.5 μL 培养基。把原生质体悬浮液的微滴加入小穴中,在外室内注入无菌蒸馏水以保持培养皿内的湿度。把培养皿盖上盖子以后,用封口膜封严。对于单个原生质体分裂来说,微滴的大小是关键因素。每 0.25～0.5 μL 小滴内含有一个原生质体,在细胞数对培养基容积的比率上相当于细胞密度为(2～4)$\times10^3$ 细胞/mL。增加微滴的大小将会降低有效植板密度。有报道称,当微滴为 2 μL 时,微滴中的单个细胞就不能分裂。在粉蓝烟草＋大豆和拟南芥＋油菜杂种细胞培养中,应用微滴法已取得了成功。

6.固定化原生质体培养技术

固定化原生质体是指固定在载体上，在一定的空间范围进行新陈代谢的原生质体。固定化原生质体培养是将固定化原生质体在一定条件下进行培养，获得所需的代谢产物的过程。固定化植物原生质体一方面保持了植物细胞原有的新陈代谢能力，可以照常产生原来在细胞内产生的各种代谢产物；另一方面，由于去除了细胞壁这一扩散障碍，细胞膜的透过性增强，有利于胞内产物分泌到细胞膜外。加上载体的保护作用，固定化原生质体具有较好的操作稳定性和保存稳定性。

通过固定化原生质体培养，可以使较多的胞内物质分泌到细胞外，可以不经过细胞破碎，直接从培养液中分离得到所需的代谢产物。本法为胞内产物的生产开辟了新途径。固定化植物原生质体还可以用于生物转化，经过原生质体产生的酶或酶系的作用，将底物转化为人们所需的产物。

(1)原生质体固定化方法　原生质体制备好后，把离心收集到的原生质体重新悬浮在含有渗透压稳定剂的缓冲液中，配成一定浓度的原生质体悬浮液。然后采用包埋法制成固定化原生质体。原生质体固定化一般采用凝胶包埋法。常用的凝胶有琼脂凝胶、海藻酸钙凝胶、角叉菜胶和光交联树脂等。现举例说明如下：

①琼脂-多孔醋酸纤维素固定化法　用生理盐水配制3%左右的琼脂，加热溶解灭菌后，冷却至50 ℃左右，与等体积的一定浓度的原生质体悬浮液混合均匀。将混合液用滴管滴到一定形状的多孔醋酸纤维素上，置于冰箱或冰盒中冷却凝固，制成固定化原生质体。

②海藻酸钙凝胶固定化法　用含有渗透压稳定剂的缓冲溶液配制成一定含量的(3%～6%)海藻酸钠溶液，与等体积的一定浓度的原生质体悬浮液混合均匀，将此混悬液用滴管或注射器滴到一定浓度的氯化钙溶液中，浸泡1～2 h，制成直径为1～4 mm的球状固定化原生质体。

③角叉菜胶固定化法　用含有渗透压稳定剂的缓冲溶液配制成一定含量(3%～8%)的角叉菜胶，加热溶解，灭菌后，冷却至50 ℃左右，与等体积的一定浓度的原生质体悬浮液混合均匀，将混悬液滴到一定浓度的预冷的氯化钾溶液中，制成球状固定化原生质体。

④光交联树脂固定化法　用含有渗透压稳定剂的缓冲溶液配制30%～60%的光交联树脂预聚体，加热溶解灭菌后，冷却至50 ℃左右，加入1%的光敏剂，与等体积的原生质体悬浮液混合均匀，摊成薄层，经紫外光照射2～3 min，聚合后切成一定形状的小块，制成片状固定化原生质体。

此外，也可选用其他适宜的凝胶或中空纤维为载体，制备固定化原生质体。

(2)固定化原生质体的特点　固定化原生质体主要用于生产各种胞内产物和进行生物转化。具有下列显著特点：

①提高产率和转化率。固定化原生质体由于解除了细胞壁这一扩散屏障，可增加细胞膜的通透性，在用于胞内产物的生产时，有利于氧气和营养物质的传递和吸收，也有利于胞内物质的分泌，可显著提高产率；在用于生物转化时，有利于外源底物进入细胞膜内，也有利于反应产物扩散到细胞膜外，从而提高转化率。

②稳定性较好。固定化原生质体由于有载体和渗透压稳定剂的保护作用，具有较好的操作稳定性和保存稳定性，可反复使用和连续使用较长的时间，利于连续化生产。在冰箱保存较长时间后仍能保持其生产能力。培养基中需要添加渗透压稳定剂，以保持原生质体的稳定性。这些渗透压稳定剂在培养结束后，可用层析或膜分离技术等方法与产物分离。

③利于产物的分离。原生质体经过固定化，制备成一定形状的颗粒，易于和产物分开，有利于产物的分离纯化，提高产品质量。

(3)固定化原生质体的培养方法　固定化原生质体培养通常采用液体悬浮培养，即将固定化原生质体悬浮在液体培养基中，在一定条件下进行培养。液体培养基中必须含有适量的渗透压稳定剂，以免原生质体受到破坏。在固定化原生质体培养过程中，要使胞内产物不断地分泌到细胞膜外，必须尽可能防止细胞壁的再生，以保持固定化原生质体的分泌能力，为此，可以在固定化原生质体的培养过程中，添加

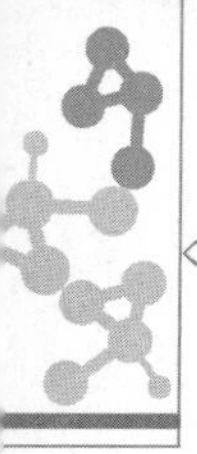

适量的纤维素酶和果胶酶进行处理。培养所使用的反应器主要有气升式反应器、鼓泡式反应器、流化床式反应器和膜反应器等。

8.3.2 影响原生质体培养的因素

1.原生质体活力

获得活力强的原生质体是培养成功与否的关键，直接影响细胞植板率。选择生长发育健康植株上的外植体，或旺盛分裂的愈伤组织，或旺盛分裂的悬浮细胞系，并在酶解处理时酶制剂浓度不要过高，处理时间不要过长，可提高原生质体的活力。

2.原生质体起始密度

与在细胞培养中的情况相似，在原生质体培养中也存在着密度效应，过高或过低均影响其分裂。一般培养的起始密度为$(1\sim10)\times10^4$个/mL。密度过低细胞内代谢产物扩散到培养基中的量较低，导致细胞内代谢产物浓度过低而影响细胞生长和分裂。密度过高会因营养不良或细胞代谢产物过多而影响正常生长。其次，在一种高密度的情况下，由个别原生质体形成的细胞团往往在相当早的培养期就彼此交错地生长在一起，倘若该原生质体群体在遗传上是异质的，其结果就会形成一种嵌合体组织。在体细胞杂交和诱发突变体的研究中，最好是能获得个别细胞的无性系，为此需要在低密度下(100～500个/mL)培养原生质体或由原生质体产生的细胞。采用饲养层培养法可以降低培养密度。

3.培养基成分

用于植物原生质体培养的培养基很多，一般来说，适合于愈伤组织生长和悬浮培养细胞生长的培养基都可以用于培养原生质体，只是有些有机和无机营养含量需要调整。MS、B5、Nitsch、N6和KM-8P培养基等经过改良均可用于原生质体的培养。需要指出的是KM-8P适合于培养低密度原生质体(100～500个/mL)。另外，原生质体培养基只能过滤灭菌，高温高压灭菌的培养基抑制原生质体的生长和分裂，不同植物的原生质体要求的培养基条件有较大差异，在改良和设计原生质体培养基时，可以从以下几个方面考虑。

(1)渗透压稳定剂　原生质体培养基需要一定浓度的渗透压稳定剂来保持原生质体的稳定。渗透压稳定剂浓度应该与酶液中的渗透剂浓度一致，随着细胞壁的再生和细胞分裂发生，应逐渐降低原生质体培养基中的渗透剂浓度，直至与细胞培养基的渗透压一致。培养基中渗透剂浓度低，容易造成原生质体破裂，而渗透剂浓度高则抑制再生细胞分裂。常用的渗透剂有甘露醇、山梨醇、葡萄糖和蔗糖等。蔗糖既可以作为渗透压稳定剂，又是碳源，在马铃属、香豌豆、雀麦和木薯原生质体培养基中使用蔗糖作渗透压稳定剂比用葡萄糖或甘露醇好。不同植物原生质体要求的渗透剂浓度有很大差异，通常一年生植物所需要的渗透剂浓度低，变化范围在0.3～0.5 mol/L之间；多年生植物特别是木本植物要求较高的渗透剂浓度，变化范围在0.5～0.7 mol/L之间。

(2)生长调节剂　植物生长调节剂(plant growth regulator，PGR)因素主要是生长素和细胞分裂素的浓度配比，在原生质体培养中仍起着决定性作用。但是，在原生质体再生细胞、分裂细胞团和愈伤组织形成以及诱导形态建成过程中，生长素和细胞分裂素的比例是不同的。原生质体培养初期，生长素浓度高，对原生质体再生细胞启动分裂、持续分裂和形成愈伤组织有利。不同植物的原生质体培养对生长调节剂的要求有较大差异。禾本科植物原生质体培养基大多用2,4-D，也有2,4-D与NAA、BA或ZT等相结合的。双子叶植物的原生质体培养需要2,4-D与NAA、BA或ZT等配合使用，生长素与细胞分裂素比例高有利于再生细胞分裂。柑橘原生质体培养不需要生长素和细胞分裂素。诱导原生质体来源的愈伤组织形态分化时，需要逐渐降低2,4-D浓度或去除2,4-D，同时降低NAA浓度或用IAA替代，诱导不定芽时应增加BA或ZT浓度。分化培养基中的激素比例变化取决于不同基因型或不同分化前处理的愈伤组织的差别。在玉米、猕猴桃等植物原生质体培养中，只有采用“分步诱导法”，即将愈伤组织依次继代于生长素降低和铵态氮提高的三种分化培养基，才能诱导愈伤组织产生胚状体或再生不定芽。

(3)其他营养成分　与植物组织或细胞培养基不同的是，原生质体培养基中铁、锌和氨离子的浓度较低，钙离子浓度是前者的2～4倍，氮源以硝态氮为主，铵态氮浓度较低。钙离子浓度较高能提高原生质体的稳定性，原因是钙能保持原生质体质膜的电荷平衡。高浓度的氨态氮抑制原生质体生长，相反，高浓度硝态氮有利于原生质体和细胞生长。在猕猴桃原生质体培养中，将硝态氮和铵态氮浓度分别从18.4 mmol/L和9.0 mmol/L改变到17.5 mmol/L和4.5 mmol/L后，原生质体分裂频率从4.95%提高到10.4%。不同植物原生质体培养对氮元素的用量与比例要求有较大差异，要以培养的对象及实验条件而定。有机还原氮对一些原生质体培养有促进作用。水稻原生质体培养中氨基酸替代无机氮，能促进原生质体再生细胞的分裂和提高植板率。有的原生质体培养基中添加谷氨酰胺、天冬酰胺、精氨酸、丝氨酸、水解乳蛋白或水解酪蛋白等也获得了较好的结果。

在原生质体培养中维生素含量基本与相应的组织和细胞培养基中一致。但是，提高肌醇浓度能明显促进龙葵原生质体生长发育，使细胞第一次分裂率增加2～3倍。添加其他有机物也有利于原生质体培养。例如，在原生质体培养基中加入2%聚蔗糖(ficoll)后，甘蓝型油菜的叶肉原生质体分裂频率增加2倍。在分化培养基中添加多胺化合物(如腐胺、精胺、亚精胺)以及抗氧化物质(如甘氨酸、PVP-10、n-丙基没食子酸、谷胱甘肽)和活性炭等，对甜樱桃(*Prunus avium*)、甜菜与黑麦草原生质体再生细胞分裂和形态分化有较大的促进作用。

虽然有些时候根据完整细胞和组织对培养条件的要求，可以推测出适于其原生质体培养的培养基成分，但认为原生质体在培养中的表型与无壁细胞相当的这样一种简单想法并非总是正确的。例如，去掉细胞壁以后，培养的冠瘿瘤细胞就会失去其生长调节物质的自主性，而在多细胞阶段，这种自主性又得到了恢复。同样豌豆根尖原生质体对培养调节的要求与其细胞也有所不同。研究者发现，刚分离出来的禾谷类植物原生质体对培养基中的植物激素很敏感，但由这些原生质体再生的细胞则可转移到含有生长素和细胞分裂素的培养基中诱导分裂。

4. 培养条件

新分离出来的原生质体应在散射光或黑暗中培养。在某些物种中原生质体对光非常敏感，最初的4～7 d应进行暗培养。在显微镜台上以加绿色滤光片的白炽灯光照射5 min后，豌豆根原生质体的有丝分裂活动就会受到完全抑制。经过5～7 d，当完整的细胞壁形成后，细胞具备了耐光的特性，这时才可把培养物转移到光下。

原生质体培养一般采用(26±1)℃恒温培养。有关在原生质体培养中温度对细胞壁再生及以后分裂活动的影响研究很少。当培养物在25℃时，番茄和秘鲁番茄的叶肉细胞原生质体以及陆地棉培养的原生质体，或是不能分裂，或是分裂的频率很低；但在27～29℃时，这些原生质体发生分裂，植板率很高。据报道，较高的温度不仅能影响分裂的速率，而且迄今不能分裂的原生质体系统中，还可能是启动和维持分裂的一个前提。另外，因植物种类不同，对温度的依赖性也略有差异。一般来说，热带植物要求温度稍高，寒带植物要求温度稍低。

5. 植物材料和基因型

植物基因型是决定原生质体培养成功与否的关键因素。有些材料由于基因型原因，细胞难以分裂，培养极其困难，如在油菜原生质体培养中，成功的报道主要集中在甘蓝型油菜，而芥菜型油菜(*Brassica juncea*)成功的较少，白菜型油菜(*Brassica campestris*)则更少。一般来讲，木本植物原生质体培养比一、二年生的草本植物困难得多。木本植物中又以多酚化合物含量高的植物原生质体培养最为困难，如梨和苹果等。

8.3.3 原生质体再生

1.细胞壁再生

(1)细胞壁再生　原生质体培养后，首先体积稍增大，如果是叶肉细胞，则叶绿体重排于细胞核周围。由球形逐渐变成椭圆形，2～4 d后，原生质体将失去它们所特有的球形外观，这种变化被视为再生新壁的特征，即合成完整细胞壁。一般说来，和已分化的叶肉细胞原生质体相比，在活跃生长的悬浮培养细胞的原生质体中，微纤丝的沉积快得多。例如，蚕豆培养细胞的原生质体在培养后10～20 min即能开始壁的合成，而叶肉原生质体经8～24 h培养后才能见到细胞壁物质，大约72 h后才能形成完整的壁。在有些情况下，原生质体保持无壁状态可长达1周以上，甚至数月之久。燕麦胚芽鞘和蔷薇培养细胞的原生质体则可能轻度地再生细胞壁。

新形成的细胞壁是由排列松散的微纤丝组成的，由这些微纤丝最后组成典型的细胞壁，迄今所能得到的证据表明，微纤丝的合成是发生在质膜的表面。然而，对于特定的细胞器是否与微纤丝的合成有关还没有一致的看法。有研究认为，内质网与壁物质的合成有关，并排除了高尔基体参与的可能性。

壁的形成是细胞分裂的前提，只有形成完整细胞壁的细胞才能进入细胞分裂阶段。细胞壁发育不全的原生质体常会出芽，或体积增大，相当于原来体积的若干倍。此外，由于在核分裂的同时不伴随发生细胞分裂，这些原生质体可能变成多核原生质体。之所以会出现这种异常现象，除了其他原因外，原生质体在培养之前清洗不彻底可能是一个重要原因。

(2)影响细胞壁再生的因素　影响细胞壁再生的主要因素有：植物基因型种类、供体细胞的分化状况以及培养基成分等。如烟草属、矮牵牛属和芸薹属(*Brassica*)的叶肉细胞原生质体在24 h即可形成新细胞壁，而豆科和禾本科植物的叶肉原生质体则不能。培养基成分对细胞壁再生起重要作用。据报道，蔗糖浓度超过0.3 mol/L或山梨醇浓度超过0.5 mol/L时，抑制细胞壁形成。有些植物的细胞壁再生需要植物生长调节剂，如2,4-D等。培养基中渗透压过高也抑制细胞壁的再生。

在旋花科植物原生质体研究中发现，只有在外源供应一种易于代谢的碳源如蔗糖时，细胞壁才能再生，否则细胞壁不能形成。培养基中若存在电解质渗透压稳定剂会抑制细胞壁的发育。对于胡萝卜细胞悬浮培养物的原生质体来说，若在培养基中加入聚乙二醇(M_W=1 500)，细胞壁的发育就既快又比较均匀。

(3)再生细胞壁的鉴定　再生的细胞壁可以用荧光染色等方法鉴定。荧光染色法是目前国内外最常用且方便快捷的有效方法。常用荧光素为卡氏白(Calcofluor white ST)。步骤：①染色液配制。将卡氏白溶解在0.5～0.6 mol/L的甘露醇溶液中。②染色观察。用荧光色素溶液与原生质体悬浮液混合，终浓度为0.1%，染色1 min，410 nm以上的滤光片镜检。如果有细胞壁存在，能看到蓝光(420 nm)。如果原生质体含有叶绿素，则能看到红色荧光，可用滤光片除去红光。

2.细胞分裂和愈伤组织或胚状体形成

(1)再生细胞的分裂和愈伤组织或胚状体形成

①细胞分裂　在适宜条件下原生质体培养2～3 d，细胞质增加，DNA、RNA、蛋白质以及多聚糖合成，很快便发生核的有丝分裂和胞质分裂。外观上细胞分裂的前兆是叶绿体等细胞器集中在细胞的赤道板位置。第一次细胞分裂一般需要2～7 d，如烟草3～4 d、葡萄4～5 d。少数情况下，第一次分裂之前的滞后期可持续长达7～25 d之久。与已经高度分化的叶肉细胞原生质体相比，活跃分裂的悬浮培养细胞的原生质体进入第一次有丝分裂的时间照例要早。凡能继续分裂的细胞，经2～3周培养后可长出细胞团。再经过2周之后，愈伤组织已明显可见，这时可把它们转移到不含渗透压剂的培养基中，依一般的组织培养方法处理。因此，当细胞开始分裂后，要及时降低培养基的渗透压，以减轻培养基对细胞的胁迫作用和满足细胞不断分裂对营养的需要。

②愈伤组织或胚状体形成　因植物种类和原生质体供体材料的性质不同，分裂细胞持续分裂可能

形成愈伤组织，也可能形成胚状体。在培养过程中一般不需要改变培养基的主要成分，只需降低渗透压，调整碳源，补充新鲜培养基和增加光照强度。

（2）影响细胞分裂启动的因素　细胞分裂启动主要受基因型、供体材料的发育状态、原生质体活性、培养基成分等因素的影响。一般来说，茄科植物分裂率高，如烟草、矮牵牛、龙葵，而禾本科植物分裂率低。培养基成分的影响主要指植物生长调节剂的浓度配比、渗透压等。因此，选择好的原生质体供体材料、分离出活力强的原生质体、设计筛选出适宜的培养基至关重要。

3.植株再生

原生质体来源的细胞其器官发生有两条途径：一是通过愈伤组织形成不定芽，此途径在植株再生中占绝大多数。当由原生质体形成大细胞团或愈伤组织后，及时转移到芽分化培养基上，根据植物生长调节剂对器官发生的调控机理设计出适合的培养基。先诱导出不定芽，再转移到根诱导培养基上诱导出根。另一途径是由原生质体再生细胞直接形成胚状体，由胚状体发育成完整植株。该途径是最为理想的途径。体细胞胚的发育过程与合子胚完全相同。

8.3.4　原生质体培养的应用

通过植物原生质体培养可以进行原生质体融合、外源基因的转化、植株的再生、次级代谢物的生产和进行生物转化等。

（1）利用原生质体融合获得融合细胞。通过原生质体分离得到的两种原生质体，在聚乙二醇(PEG)、聚赖氨酸等助融剂的作用下，或通过振动、电刺激等方法，可以进行原生质体融合，获得异核体(包含有两个不同细胞核的原生质体)。再经过细胞壁再生、细胞核融合、体内基因重组等，由异核体变为合核体，从而获得具有新的遗传特性的融合细胞。

（2）利用原生质体进行外源基因的转化。通过体外基因重组获得的重组质粒等，可以通过转化进入原生质体。由于原生质体除去了细胞壁这一扩散障碍，重组质粒等外源 DNA 更容易穿过细胞膜进入细胞内，经过细胞壁再生、体内基因重组等获得具有新的遗传特性的转基因细胞。再通过细胞培养，获得外源基因表达的产物。

（3）利用原生质体再生植株。原生质体虽然去除了细胞壁，但是仍然保留其全套遗传信息，具有分化发育成完整植株的能力。所以，可以利用原生质体特别是经过外源基因转化或者原生质体融合后获得的具有新的遗传特性的原生质体进行细胞壁再生，形成由原生质体再生得到的单细胞和细胞团，再经过植物胚状体培养，分化成植株，获得具有新的遗传特性的植物新品种。

（4）利用固定化原生质体培养生产次级代谢物。通过固定化原生质体培养，可以使原来存在于细胞内的某些次级代谢产物较多地分泌到细胞膜外，而直接从培养液中分离得到所需的产物。

（5）利用原生质体进行生物转化。通过原生质体中存在的酶或者酶系的催化作用，可以将酶作用的底物转化为所需的产物。由于原生质体去除了细胞壁这一扩散障碍，增强了细胞膜的透过性，有利于底物和产物的进入和排出，可以提高转化效率。

8.4　植物细胞融合

两种异源(种、属间)原生质体，在诱导剂的诱发下，相互接触，从而发生膜融合、胞质融合和核融合形成融合体，再经过细胞壁再生形成杂种细胞的过程，称为原生质体融合(protoplast fusion)或称为细胞融合(cell fusion)。如果取材为体细胞则称为体细胞杂交(somatic cell hybridization)。它是以原生质体培养技术为基础，借用动物细胞融合方法发展和完善起来的一门新型生物技术。植物细胞有细胞壁，要直接进行细胞融合是不可能的，必须去除细胞壁，所以植物细胞融合实质上是原生质体融合。自

Carlson 等在 1972 年获得第一株烟草体细胞杂种植株以来，原生质体融合技术在植物中已广泛应用。早期(20 世纪 70 年代)的工作主要以茄科植物的烟草属、曼陀罗属、矮牵牛属、茄属、番茄属和颠茄属作为材料，后来又以十字花科芸薹属和拟南芥属以及伞形科的胡萝卜属和欧芹属作为材料进行研究。20 世纪 80 年代中期以来，一批有重大经济价值的农作物如水稻、小麦、大豆等的原生质体融合纷纷获得成功，一些有经济价值木本植物的原生质体融合方面也取得了较大进展，并已获得了包括柑橘、梨亚科、李亚科、猕猴桃、樱桃、柿、苹果、杨树、榆树等体细胞杂种植株。目前，重要经济植物的体细胞杂交已成为该研究领域的主流。

8.4.1 植物原生质体融合的意义

1.实现远源遗传重组，创造新的遗传型

在种间甚至属间的体细胞杂交中，往往可以把两个亲本的染色体组合在一起，形成杂合的二价体。如果杂种植株可育，并能稳定地遗传，就有可能形成农业上有用的新物种。在 20 世纪 70 年代初，首次获得了第一个烟草种间体细胞杂种，继而又获得了属间体细胞杂种番茄薯等。近几年来的主要突破是在原生质体培养难度较大的一些农作物和经济作物中也建立了体细胞杂交体系。根据油菜属中几种植物在进化上的亲缘关系，通过体细胞杂交合成新种的研究是这方面成功的例子。将白菜型油菜(*Brassica campestris*)与甘蓝进行体细胞杂交，成功地得到了合成种甘蓝型油菜(*B. napus*)，它具有预期的 38 条染色体，大部分可育，进而将甘蓝型油菜与黑芥(*B. nigra*)的体细胞杂交也得到了一些染色体数为 54 条的杂种。它组合了油菜属所有的 3 套染色体，可育并结了种子。禾本科植物的远源种间和属间体细胞杂交组合已经获得了再生植株。水稻与野生稻、水稻与稗草之间的体细胞杂种已得到种子和后代。另外，木本植物原生质体融合研究也有显著成果，尤其是柑橘类，已经产生了一批有性不亲和的种间、属间体细胞杂种。自 1984 年以来，据不完全统计，通过原生质体融合技术又增添了已再生植株的种内体细胞杂种 16 个，种间 66 个，属间 50 个，并有两个科间组合的细胞杂种也分化出植株。

2.转移抗逆性状，改良作物品质

体细胞杂交用于育种的一个重要途径是将栽培材料与相关的野生种作为亲本，经过原生质体融合、选择与再生，从而获得野生种的抗逆特性，提高作物的抗逆性是育种和品种改良的一个重要方面。马铃薯抗病性状的转移成效最为显著。1980 年，Butenko 和 Kuchko 利用原生质体融合技术，成功地获得了马铃薯抗 Y 病毒的杂种植株。将茄属中抗枯萎病的野生种 *S. tonum* 和不抗该病的 *Solanum melangena* 进行原生质体融合，再生植株中均表现出一定程度的抗枯萎病特征。Helgeson 得到了抗晚疫病和马铃薯卷叶病的体细胞杂种。甘蓝型油菜与黑芥进行原生质体融合，获得了抗茎尖霉菌病的杂种细胞。这方面研究最多的是马铃薯。另一个通过体细胞杂交改良作物的成功例子是中国农业科学院烟草研究所于 1980 年将普通烟草与黄花烟草的原生质体进行融合，得到了种间体细胞杂种植株。经多年回交和自交选育，最终获得品质优良、兼抗多种病害的烟草新品系。对 *N. tabacum* 与 *N. suaveolens* 的体细胞杂种当代进行烟草赤星病室内接种，初步结果表明抗病性有一定程度的提高。另外，栽培烟草与野生烟草、烟草与龙葵、大豆与野生大豆等体细胞杂种及其后代经选育也获得了有价值的新品系。

3.通过原生质体融合转移细胞质基因控制的性状

与常规的有性杂交过程不同，原生质体融合设计了双亲的细胞质，它不仅可以把细胞质基因转移到全新的核背景中，也可使叶绿体基因组和线粒体基因组重组。双亲叶绿体基因组和线粒体基因组之间重组已经有很多研究报道。这些研究创造细胞质变异的新来源，有些可直接应用于植物育种。

一般认为，异质联合中核与线粒体的相互作用可能导致雄性不育。Chuong 将细胞质雄性不育和与抗除草剂阿特拉津两种单倍体油菜的原生质体进行融合，建立了细胞质雄性不育又抗阿特拉津的油菜杂种植株，该杂种是二倍体，用保持系授粉时能正常结籽，其叶绿体 DNA 的内切酶酶切图谱与抗阿特拉津的亲本一致，而线粒体 DNA 的内切酶酶切图谱与胞质雄性不育的亲本一致。在烟草、马铃薯、

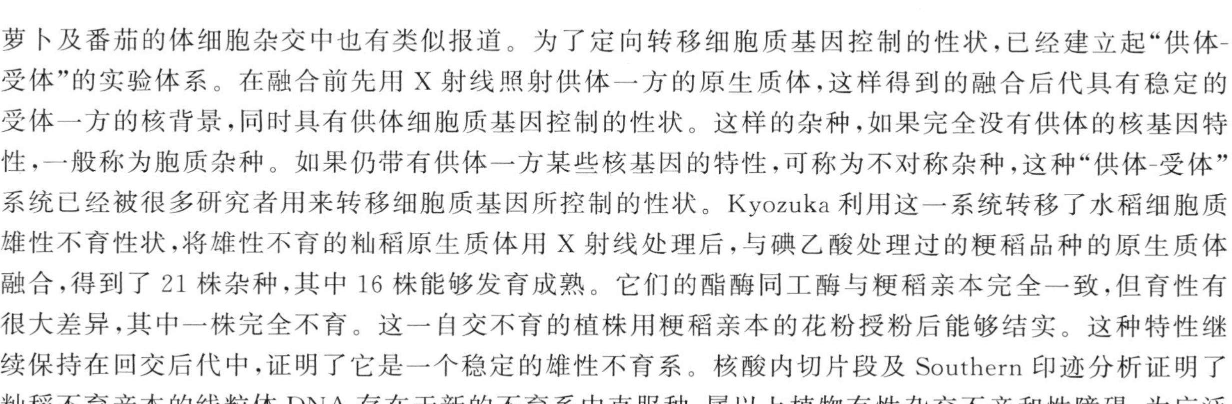

萝卜及番茄的体细胞杂交中也有类似报道。为了定向转移细胞质基因控制的性状，已经建立起“供体-受体”的实验体系。在融合前先用 X 射线照射供体一方的原生质体，这样得到的融合后代具有稳定的受体一方的核背景，同时具有供体细胞质基因控制的性状。这样的杂种，如果完全没有供体的核基因特性，一般称为胞质杂种。如果仍带有供体一方某些核基因的特性，可称为不对称杂种，这种“供体-受体”系统已经被很多研究者用来转移细胞质基因所控制的性状。Kyozuka 利用这一系统转移了水稻细胞质雄性不育性状，将雄性不育的籼稻原生质体用 X 射线处理后，与碘乙酸处理过的粳稻品种的原生质体融合，得到了 21 株杂种，其中 16 株能够发育成熟。它们的酯酶同工酶与粳稻亲本完全一致，但育性有很大差异，其中一株完全不育。这一自交不育的植株用粳稻亲本的花粉授粉后能够结实。这种特性继续保持在回交后代中，证明了它是一个稳定的雄性不育系。核酸内切片段及 Southern 印迹分析证明了籼稻不育亲本的线粒体 DNA 存在于新的不育系中克服种、属以上植物有性杂交不亲和性障碍，为广泛重组遗传物质开辟了新的途径。

8.4.2 原生质体融合原理及方法

1. 融合原理

(1)自发融合　在酶解过程中，有些相邻的原生质体能彼此融合形成同核体(homokaryon)，每个同核体包含 2～40 个核。这种类型的原生质体融合称作“自发融合”，它是由不同细胞间胞间连丝的扩展和粘连造成的。在由分裂旺盛的培养细胞制备的原生质体中，这种多核融合体更为常见。例如，在玉米胚乳愈伤组织细胞和玉米胚悬浮细胞原生质体中，大约有 50% 是多核融合体。采用两步法制备原生质体，或在用酶混合液处理之前先使细胞受到强烈的质壁分离药物的作用，则可切断胞间连丝，减少自发融合的频率。细胞膜表面有稳定的疏水性基团，具有膜电位，因其静电排斥力，使原生质体不能吸附在一起。

(2)诱发融合　原生质体的融合过程包括 3 个主要阶段(图 8-5)：一是凝聚作用阶段(图 8-5B)，其间两个或两个以上的原生质体的质膜彼此靠近；二是在很小的局部区域质膜紧密粘连(图 8-5C)，彼此融合，在两个原生质体之间细胞质呈现连续状态，或是出现桥(图 8-5D)；三是由于细胞质桥的扩展(图 8-5E)，融合完成，形成球形的异核体或间核体(图 8-5F)。

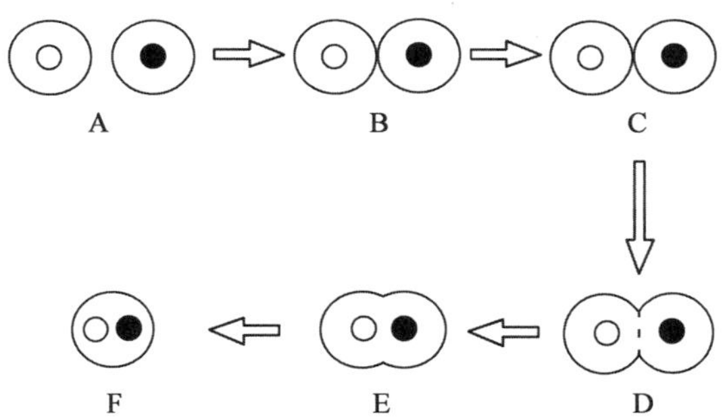

A. 2 个彼此独立的原生质体　B. 2 个原生质体之间发生凝聚作用
C,D. 在局部位置上膜融合　E,F. 形成 1 个球形异核体

图 8-5　原生质体融合过程示意图

①物理法融合原理　对融合槽的两个平行电极施加高频交流电压，产生电泳效应，使融合槽内的原生质体偶极化并沿着电场的方向排列成串珠状，再施加瞬间的高压直流脉冲，使黏合相邻的原生质体膜局部发生可逆性瞬间穿孔，然后原生质体膜连接、闭合，最终融为一体。

②化学法融合原理　植物原生质体表面带有负电荷。因物种的不同，表面电荷可在 $-30\sim-10$ mV

之间变化。由于所带电荷性质相同，彼此凝聚的原生质体的质膜并不能靠近到足以融合的程度。膜融合发生的条件是，膜的贴近程度必须相当于分子距离 1 nm 或更小。已知高 pH-高钙离子能够中和正常的表面电荷，因而使凝聚原生质体的质膜紧密接触。10 mmol/L $CaCl_2 \cdot 2H_2O$ 能够完全除掉烟草原生质体的电荷。高温无论在植物中还是动物中都能促进膜的融合，其原因正如动物研究者指出的，引起了质膜中脂类分子的紊乱，通过紧密粘连的质膜中脂类分子的互作和混合，于是发生融合。

原生质体经 PEG 处理后立即凝聚，形成由两个或更多原生质体组合的聚合体。质膜的紧密粘连既可发生在相当大的表面区域上，也可能局限于凝聚区域内很小的部位，或是两种情况兼而有之。在紧密粘连区域彼此靠在一起的质膜发生局部融合之后，其间就会形成细小的细胞质通道。随着这些通道的逐渐扩展，融合中的原生质体最后变为球形。当通过洗涤把 PEG 去掉后，这些融合体质壁分离状态恢复正常，重新出现了活跃的胞质环流。这些现象又促进了融合体变圆和细胞质混合，在 3～10 h 内可完成胞质的混合。

然而对于 PEG 诱导融合的真正机制并不完全清楚。研究者认为，由于 PEG 分子具有轻微的负极性，故可与具有正极性基团的水、蛋白质和碳水化合物等形成氢键。当 PEG 分子链大到足够的程度时，它在相邻的原生质体表面之间可形成一个分子桥的作用，于是发生了粘连。PEG 可与 Ca^{2+} 以及其他阳离子结合。由于 Ca^{2+} 可以在蛋白质（或磷脂）和 PEG 的负极性基团之间形成共同的静电键电子桥，从而促进了原生质体间的黏着和结合。在高 Ca^{2+}-高 pH 液的处理下，钙离子和与质膜结合的 PEG 分子被洗脱，导致电荷平衡失调并重新分配。由于在两层膜紧密接触区域电荷重新分配的结果，就可能使一种原生质体的某些带正电荷的基团连接到另一些原生质的带负电荷的基团上，或是情况相反，最后融合在一起。

据报道，在动物细胞中，PEG 能引起膜结构的改变，如膜内蛋白或糖蛋白颗粒的凝聚，结果就会在质膜中出现不含蛋白质的双层脂类分子区，在 PEG 处理期间膜的融合就是发生在这一区域内。

2. 融合方法

20 世纪 70 年代以来，已经研究过多种植物原生质体融合方法，如 $NaNO_3$、溶菌酶、机械分离诱导粘连、明胶、高钙-高 pH、聚乙二醇、抗体、植物凝集素伴刀豆蛋白 A、聚乙烯醇以及电刺激等。在这些融合方法中，只有 $NaNO_3$、高钙-高 pH、聚乙二醇及电刺激得到了较为广泛的应用。将以上各种促使细胞融合的方法概括为两类，即物理融合和化学融合。

（1）物理融合　物理融合主要采用电融合（electrofusion）的方法。该方法是 Zimmermann 等在 Senda（1980）研究的基础上改良而来的一项技术。它是利用不对称的电极结构，产生不均匀的电场，使黏合相连的原生质体膜瞬间破裂，与相邻的原生质体连接、闭合、产生融合体。电融合分两个步骤：第一步用交流电场（AC）把邻近细胞的膜紧紧地结合在一起，这个过程叫双电泳；第二步采用短时间直流电（DC）冲击，破坏紧靠着的细胞间质膜，经电冲击达到细胞融合的目的。在进行细胞融合时，需将一定密度的原生质体悬浮液置于一个融合小室中，小室两端装有电极。在不均匀的交变电场的作用下，原生质体彼此靠近，紧密接触，在 2 个电极间排列成串珠状。这时若施以强度足够的电脉冲，就可使质膜发生可逆性电击穿，从而导致融合。用这种方法获得的融合产物多数只包含 2 个或 3 个细胞。电融合所需的最适条件因材料不同而异，加之设备昂贵，因此有人认为，在一般情况下通过化学诱导融合已达到实验目的，并不需要采用这项技术。电融合法的操作过程如下：

①制备原生质体。

②调整融合参数。设定好电场强度（150～250 V/ cm）高频信号，处理时间等。

③融合处理。等量混合原生质体，滴入融合槽内，施加高压脉冲（10～50 μs，1～3 kV/cm），使原生质体发生极化、排列、膜穿孔、闭合、融合。

④离心洗涤。参照原生质体纯化方法。

⑤融合体培养。方法与原生质体培养相同。具体操作如下：

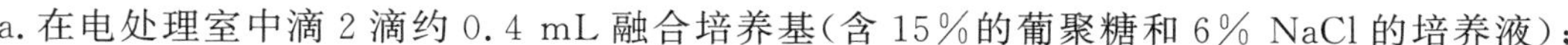

a. 在电处理室中滴2滴约0.4 mL融合培养基(含15%的葡聚糖和6% NaCl的培养液);

b. 在融合培养基(FM)上滴1滴含有两种不同类型的原生质体悬浮液(10^5 个/mL);

c. 再加2滴FM到原生质体悬浮液上,轻轻摇动小室使之混合;

d. 室温下温育10~20 min;

e. 用倒置显微镜观察原生质体的黏附过程;

f. 通过交流电(50 Hz或60 Hz,30~40 V)1 s,室温下温育10~20 min;

g. 混合物中加5 mL洗脱培养基(EM,含2% $CaCl_2 \cdot 2H_2O$ 的5%甘露醇溶液),5~10 min后,在室温下轻轻摇动小室1 h,使之混合;

h. 用移液管收集原生质体,离心(80×*g*,3~5 min);

i. 用移液管吸去上清液;

j. 用5 mL EM重新悬浮原生质体,离心(80×*g*,3~5 min);

k. 用移液管吸去上清液;

l. 用培养基悬浮原生质体,供培养。

用这种方法获得的融合产物多数来自2个或3个细胞。影响电融合操作的物理参数有交变电流的强弱、电脉冲的大小以及脉冲期宽度与间隔,这些参数随不同来源的原生质体而有所改变。

(2)化学融合 ①$NaNO_3$ 处理法 盐类融合法是应用最早的诱导原生质体融合的方法。Kuster(1909)报道,在1个发生了质壁分离的表皮细胞中,低渗 $NaNO_3$ 溶液引起2个亚原生质体的融合。Power等(1970)用0.25 mol/L $NaNO_3$ 诱导,使原生质体融合实验能够重复和控制。1972年,卡尔森(Carlson)在粉蓝烟草与郎氏烟草融合时,采用 $NaNO_3$ 为融合剂,促使两种原生质体发生融合,而且培养出第一株烟草体细胞种间杂种,使细胞融合技术产生了一个新的飞跃。盐类融合法的优点是:盐类融合剂对原生质体的活力破坏小。缺点是:融合频率低,对液泡化发达的原生质体不易诱发融合,这种方法虽然获得了一些成果,但成效甚微。而且,利用此方法异核细胞(heterokaryon)形成频率不高,尤其是在高度液泡化的叶肉原生质体融合时更是如此。因此,后来的原生质体融合中不再使用 $NaNO_3$ 处理。

②PEG法 PEG融合法是高国楠等在1974年开创的,利用PEG作为诱导融合剂,进行细胞融合的技术。该技术因其操作简便,融合效果较好,不需要昂贵的仪器设备,因而被广泛采用。迄今所得到的体细胞杂种,多数是利用该技术。高国楠等先把两种刚游离出来的选定植物的原生质体以适当比例混合,用28%~58%的PEG(相对分子质量为1 500~6 000)溶液处理15~30 min,然后用培养基逐步清洗原生质体。后来他们发现如果采用PEG法和高 Ca^{2+}-高pH相结合,效果就更好。用含有高浓度钙离子(50 mmol/L $CaCl_2 \cdot 2H_2O$)的强碱性溶液(pH为9~10)清洗原生质体比用培养基清洗能产生更高的融合频率。

该法一般操作步骤如下:

a. 混合两种原生质体液各0.5 mL,用酶洗涤液(含5.0 mmol/L $CaCl_2 \cdot 2H_2O$ 的0.5 mol/L甘露醇)稀释到8 mL,这个混合液在100×*g* 下低速离心4 min。

b. 倒去多余酶液,混合原生质体再悬浮在酶洗涤液中。第①步和第②步重复一次。在第二次倒除酶液后,沉淀的原生质体再悬浮在1.0 mL酶洗涤液中。

c. 在培养皿(60 mm×15 mm)中加入一滴硅酮液体。在硅酮滴顶部放22 mm×22 mm盖玻片。

d. 吸取0.15 mL混合原生质体液到盖玻片上,让原生质体在盖玻片上静置5 min,以形成薄层原生质体。

e. 小心加0.45 mL PEG溶液(含10.5 mmol/L $CaCl_2 \cdot 2H_2O$,0.7 mmol/L KH_2PO_4,0.2 mol/L葡萄糖)到原生质体混合物中。产生附在盖坡片的单层原生质体。PEG从原生质体滴的一边加入。

f. 原生质体在PEG溶液中于室温下培育15~20 min。

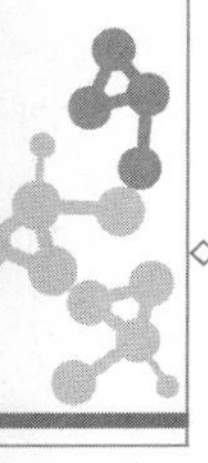

g. 加 0.9 mL PEG 洗脱液(含 50 mmol/L 甘氨酸和 $CaCl_2 \cdot 2H_2O$ 的 0.3 mL 葡萄糖液)到混合物中,10 min 后再加入 0.9 mL。

h. 第二次洗脱处理后,向原生质体中加原生质体培养基(KM-8P),以帮助清除 PEG 和洗脱液。

i. 加 0.5 mL 培养基到混合物中,10 min 后再加入 0.5 mL。

j. 最后依次洗涤后,原生质体在 1~2 mL 培养基中。培养皿用双层胶带密封,并于倒置显微镜下检查,以确定融合频率。

PEG 作为融合剂的优点是,异核体形成的频率很高,重复性好,而且对大多数细胞类型来说毒性很低,因此自该方法提出以来,便得到广泛使用。PEG 诱导融合技术的另一个优点是形成的双核异合体的比例很高。另外,PEG 诱导的融合没有特异性。除了能使完全没有亲缘关系的植物原生质体融合形成异核体外,还能进行动物细胞间的融合,动物细胞与酵母原生质体的融合,以及动物细胞和植物原生质体的融合。

③高钙-高 pH 法　该方法是 Keller 等 1973 年开发出来的。用 pH 10.5 强碱性的高浓度钙离子(50 mmol/L $CaCl_2 \cdot 2H_2O$)溶液在 37 ℃下处理两个品系的烟草叶肉原生质体,约 30 min 后原生质体彼此融合,这个方法已得到普遍使用。Melchers 和 Labib(1974)及 Melchers(1977)采用这个方法分别获得烟草属内和种内的体细胞杂种。对于矮牵牛体细胞杂交来说,采用高钙-高 pH 处理获得的体细胞杂种比采用其他化学方法好。许多种内和种间体细胞杂种是用这个方法得到的。该方法的缺点是高 pH 对有些植物的原生质体系统可能产生毒害。

具体操作与 PEG 法类似。先用 PEG 处理 30 min;然后用高 Ca^{2+}、高 pH 液稀释 PEG;再用培养液洗去高 Ca^{2+}、高 pH。PEG 和高 Ca^{2+}、高 pH 的作用:PEG 是相邻原生质体表面间的分子桥。当 PEG 分子被高 Ca^{2+}、高 pH 洗掉时,可能引起原生质体表面电荷的紊乱和再分布,从而促进融合。

3. 影响细胞融合的因素

这里主要介绍两种常用的细胞融合方法(电融合法和 PEG 融合法)的影响因素。

(1)电融合法的影响因素

①基因型　不同基因型对融合条件的要求是不一样的。自体融合时细胞成串所需的交变电场峰—峰电压值较小,成串时间也较短,这可能与同质原生质体具有相同的电荷,容易偶极化而使彼此容易相互接触有关。而异质原生质体的融合则需要较高电压。

②原生质体的密度　原生质体的密度对电融合的效果也有较大影响。密度过大,如密度高于 10^5 个/mL 时,则会形成很长的珍珠串,电脉冲刺激后,可能得到较多的多核融合体,达不到预期效果。密度过小,如低于 10^4 个/mL 时,原生质体相互接触的机会减少,难以形成串珠或形成少量串珠,融合频率显著降低。一般认为 $(2\sim8)\times10^4$ 个/mL 的原生质体密度是适宜的。双亲原生质体混合的比例按其自体融合的难易而定,如融合能力接近,按 1∶1 混合,如差异很大,则可按 1∶5 或 1∶10 混合。

③钙离子浓度　在电融合中,加入高钙离子对细胞的电融合率有明显的不利影响,成串时间较长,但却降低了细胞的破碎率。高钙离子在电融合中引起融合率下降的原因可能是增加了电融合液的电导率,从而引起电压下降,造成细胞偶极化程度较差。此外,电导率降低后,使溶液中通过的电流加大,引起溶液发热,对细胞的生活力带来不利的影响。

④交变电场强度　交变电场强度决定原生质体"珠串"形成的质量和速度,交变电场的频率常用范围为 0.5~20 MHz,电场强度为 100~350 V/cm。在此范围内,原生质体排列速度随电场强度增加而增大,电场强度超过 350 V/cm 时原生质体易发生崩解,使融合率下降,破碎细胞明显增多。有些原生质体虽然融合了,但因受到伤害而丧失了分裂能力,原生质体分裂率随电压升高而降低的幅度比融合率的降低更大。如果交变电场强度太小,即使能够形成珍珠串,但效率低,时间长,经直流方波脉冲刺激后,原生质体仍然难以融合。在紫罗兰与桂竹香的原生质体电融合中,当交变场强在 50~150 V/cm 的范围内,随场强增加,原生质体融合总频率随之提高。但一对一异质融合频率以 100 V/cm 时最高,之

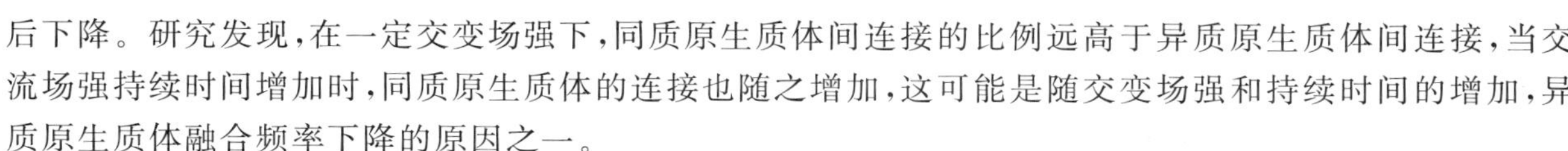

后下降。研究发现，在一定交变场强下，同质原生质体间连接的比例远高于异质原生质体间连接，当交流场强持续时间增加时，同质原生质体的连接也随之增加，这可能是随交变场强和持续时间的增加，异质原生质体融合频率下降的原因之一。

⑤直流高电压脉冲　影响融合效果的另一个决定因素是施加的直流高压脉冲(DC)。在杨树的原生质体电融合研究中，当直流脉冲场强为 1 500 V/cm 时，一对一异质融合频率最高(17%)，随着场强增加，不仅一对一异质融合频率减少，而且原生质体总融合频率也逐渐下降。原因可能是：原生质体在较高的直流脉冲场强下，易变形、破碎；增加场强使已融合的原生质体进一步融合，形成多核融合体。研究发现，叶肉原生质体和经 X 射线及 IOA 处理过的原生质体分别比悬浮细胞原生质体和未经 X 射线及 IOA 处理过的原生质体更易变形、破碎。Motomura 等认为最适的 DC 脉冲取决于所用的细胞系，直径大的原生质体不能承受强 DC 脉冲，直径小的原生质体要施以强电场，而直径大的原生质体要用弱电场。

一般适宜的直流脉冲电场强度为 1 000～2 000 V/cm，脉冲幅 10～50 μs。一些研究者认为，在初次实验时，最好先固定一个参数，改变另一个参数，如把脉冲幅的起始调到 10 μs，电场强度从 500 V/cm 开始，每次增加 50 V/cm，直至观察到融合，也可以绘制原生质体的脉冲-融合反应曲线，以便很快找出高频率融合的适宜电场参数。

(2)PEG 法融合的影响因素

①原生质体的群体密度　一般来说，4%～5%的原生质体悬浮液(原生质体容积/液体容积)所能形成的异核体频率最高。

②PEG 的种类与含量　PEG 的相对分子质量(M_W)大于 1 000 时，才能诱导原生质体细胞发生紧密的粘连和高频率的融合。一般使用 PEG 的相对分子质量为 1 500～6 000，使用浓度为 15%～45%。但是要注意，相对分子质量越大，对原生质体的毒害也增大。一年生植物的原生质体融合时，建议使用低相对分子质量的 PEG，如 PEG 1 000、PEG 1 500 等。而对多年生的植物来说，使用较高相对分子质量 PEG，如 PEG 6 000。在桉树原生质体融合实验中，在所采用的三种相对分子质量的 PEG 中，以 PEG 4 000、PEG 6 000 两种效果较好，而 PEG 2 000 效果很差。另外，PEG 4 000 和 PEG 6 000 诱导效果所需要的含量不同，分别为 50%和 35%。在南瓜和黄瓜原生质体融合中，当融合液中 PEG 6 000 含量为 15%时，容易破坏原生质体的贴壁状态，引起原生质体的大量漂浮，不利于融合操作；当 PEG 含量为 20%的，原生质体的融合率很低；而当 PEG 含量为 40%时，原生质体破碎严重，操作时难以控制，重复性差；PEG 含量以 25%～35%较为适宜。在马铃薯栽培种和野生种的 PEG 融合实验中，发现以 PEG 6 000 效果最好，PEG 4 000 次之，PEG 1 500 效果最差；PEG 含量以 20%～30%融合效果较好，含量太低，原生质体间粘连松散，融合频率很低，而 PEG 含量太大时，虽然融合频率有所提高，但在以后的培养中细胞分裂率低，死亡严重。

通常认为 PEG 诱导融合的机理在于 PEG 分子带有微负电荷或具亲水性，因而促使膜融合。而在 PEG 相对分子质量和含量低的情况下，原生质体聚集程度下降可能是由于融合液中的糖类、酸类物质竞争 PEG 上的负电荷所致。

③Ca^{2+} 浓度和 pH　加入 Ca^{2+} 可以提高由 PEG 诱导的融合频率。Ca^{2+} 是 PEG 融合实验中经常要加入的主要金属离子之一，它的主要作用在于它是原生质体间的联系者，不仅可促进原生质体之间的黏合，而且可使这种黏合作用更为稳定，从而更好地促进融合现象的发生。另外，还具有维持原生质体与融合体稳定性、防止破裂的作用，这种作用在许多原生质体融合研究中已经得到证实。在桉树原生质体融合实验中，当 PEG 6 000 含量为 50%、Ca^{2+} 浓度为 5 mol/L 时，也能观察到原生质体的聚集现象，但在有 Ca^{2+} 存在的情况下聚集体、异核聚集体、异核融合体的比例则更大，且粘连更为紧密；Ca^{2+} 浓度以 4 mol/L 最为合适，当 Ca^{2+} 浓度为 5 mol/L 时，聚集体所占比例虽然上升，但异核融合体所占的比例并没有上升。一定浓度的 Ca^{2+} 对融合的促进作用与融合液的 pH 也有很大关系。当 pH 为 6.5 时，原生

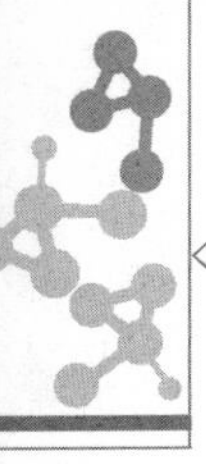

质体的聚集程度很低，随着 pH 上升到 7.8 以上时，聚集程度才大大提高，pH 在 7.8～9.5 间的聚集率没有明显差异。

④融合液的渗透压和保温时间　融合液的渗透压和保温时间的长短对原生质体的影响主要表现在：当甘露醇的浓度为 0.4～0.7 mol/L 时，聚集体所占的百分比显著降低；甘露醇的浓度降为 0～0.3 mol/L 时，聚集虽然也有发生，但原生质体破裂较多。因此，应保持甘露醇浓度在 0.4～0.7 mol/L 范围内。原生质体融合时，保温时间对融合速度有明显的影响。一般认为，高温(35～37 ℃)能提高融合频率，低温(15 ℃)可促进原生质体的粘连。有研究表明，高温特别适合高度液泡化的原生质体的融合。不过，实际上采用的温度一般都在 24 ℃左右。如在桉树的原生质体融合实验中，当温度为 0 ℃时，无聚集现象发生；温度升至 20 ℃时，聚集现象发生速度很慢，经过 1.5 h 才能大量发生聚集；而当温度升至 40 ℃时，聚集现象发生很快，融合液加入 5 min 后，就可以看到大量的聚集体出现，但此时原生质体破裂、死亡较为严重。最合适的温度为 30 ℃左右。

⑤培养时间　培养时间对异核原生质核融合过程的影响较为复杂。核融合发生率在培养后第 2 天开始上升，至第 4 天达到高峰，此后，尽管培养时间仍在延续，但异核体的核融合率不再上升，且随着培养时间的延续有不同程度的下降。究其原因可能与原生质生长过程中所分泌的褐色酚类化合物的积累有关，这种物质的存在不仅干预了原生质体的正常生长，造成原生质体大量死亡，而且也影响了细胞核的融合及融合细胞的正常生长，培养液中 PVP 的加入对褐色物的抑制作用不明显，关键因素可能还在于培养液的及时更换。

此外，培养液基本成分的改变对核融合及原生质体的生长也有一定的影响，B5 较好，改良 H 与 MS 较差，这种现象的发生可能与不同基本培养基中的 NO_3^-/NH_4^+ 比例有关，曾有报道，高 NO_3^- 低 NH_4^+ 有利于原生质体的生长，因而也有利于核融合的发生，但具体比例因植物品种不同而异。

4.融合类型及杂种体细胞

(1)对称融合和非对称融合　按照融合的方式可分为对称融合和非对称融合，对称融合一般是指种内或种间完整原生质体的融合，可产生核与核、胞质与胞质间重组的对称杂种，并可发育为遗传稳定的异源双二倍体杂种植株。远源种、属间经对称融合产生的杂种细胞在发育过程中，常发生一方亲本的全部或部分染色体以及胞质基因组丢失或排斥的现象，形成核基因组不平衡或一部分胞质基因组丢失的不对称杂种。非对称细胞融合技术即利用某种外界因素如 X 射线或 γ 射线辐照亲本之一的原生质体，选择性地破坏其细胞核，并用碘乙酰胺、罗丹明 6G 等处理在细胞核中含有优良基因的另一种亲本的原生质体，选择性地使其细胞质失活，然后使二者的原生质体融合，从而实现所需要的细胞质基因和细胞核基因的优化组合；或者前者被打碎的细胞核染色体片段的个别基因渗入到后者原生质体的染色体内，实现有限基因的转移，从而在保留亲本之一的全部优良性状的同时，改良其某个不良性状。

对称融合和非对称融合两种融合方式可以产生 3 种杂种：对称杂种、非对称杂种和细胞质杂种。

①对称杂种　一般来说，对称融合多形成对称杂种。所谓对称杂种指亲本双方原生质体(包括核和质)完全融合在一起，相互之间未发生排斥，杂种的体细胞染色体数目为双亲之和，其外部形态呈中间类型，正常花粉率占 32%左右，有一定的育性，自交可正常结实，且后代遗传性状稳定。一般这种类型的杂种在所有体细胞杂种植株中所占比例为 1%以下。其结果是在导入有用基因(或优良性状)的同时，也带入了亲本的全部不利基因(或性状)，一个杂种中有两套不尽相关的基因并不是试验所期望的，这样常导致部分或完全不育，因而难以形成育种上的有用材料。

②不对称杂种　不对称杂种指亲本双方原生质体发生部分融合，或发生了融合，但融合体在分裂过程中一方的部分核或质被排斥，因而其体细胞染色体数目达不到双亲之和。这类杂种植株的外部形态呈双亲的中间型或偏一方形态，一般表现雄性器官退化，正常花粉粒极少，育性低。在原生质体融合培养后代中，研究者发现，有染色体自发丢失从而得到不对称杂种的自发不对称现象。巴比初克(Babiychuk)等(1992)进行龙葵和烟草原生质体融合时，融合前没有经过任何射线照射处理，但得到的杂种中

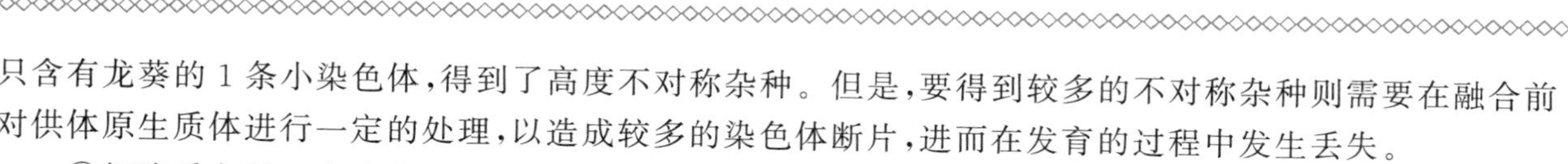

只含有龙葵的1条小染色体，得到了高度不对称杂种。但是，要得到较多的不对称杂种则需要在融合前对供体原生质体进行一定的处理，以造成较多的染色体断片，进而在发育的过程中发生丢失。

③细胞质杂种　在有性杂交中，细胞质基因组只是来自双亲之一（母本），而在体细胞杂交中，杂种却拥有两个亲本的细胞质基因组。因而，后一种杂交途径就为研究双亲细胞器的相互作用提供了一个独特的机会。从使用上考虑，应用细胞融合技术，有可能使两种来源不同的核外遗传成分（细胞器）与一个特定的核基因组结合在一起，这种杂种叫作细胞质杂种。鲍尔（Power）等（1975）证实，经过原生质体融合和培养，有可能分离出一种细胞系，其中携带一个亲本的核和两个亲本的细胞质。他们把矮牵牛的叶肉原生质体与爬山虎的冠瘿瘤培养细胞的原生质体融合以后，选择出一个细胞系，其中只含有爬山虎的染色体，但在一定时间内表现出某些矮牵牛的特性。究其原因，泽尔瑟等（1978）用X射线照射普通烟草的原生质体，再和林烟草的原生质体融合，结果发现杂种中被辐射的烟草亲本的染色体全部丢失，得到了细胞质杂种。

虽然由于诸多因素的影响，对称融合也可能产生非对称杂种和细胞质杂种，但产生这两类杂种则主要通过非对称融合途径。

目前，非对称融合技术已经成为主要的融合方式，并且取得了一定的成绩。1989—1991年的3年中，通过非对称细胞融合所创造的杂种植物已近30例。实践表明，通过X射线、γ射线等的照射，为实现供体亲本少数基因的转移，创造种间、属间杂种提供了可能性。值得注意的是，此法特别适用于细胞质雄性不育基因的转移。通过辐照胞质不育的原生质体，破坏其染色体，与具有优良性状品种的原生质体融合，从而获得实用的新的胞质不育系。日本利用非对称细胞融合技术，引入野生稻雄性不育基因，培育优良雄性不育系已获得成功，已经发现100多种水稻原种带有雄性不育细胞质基因，有几种已用于F_2杂交或选育新的雄性不育系。

目前，非对称融合技术用得最多的方法主要是用射线照射供体的原生质体，钝化其细胞核，再和受体原生质体融合。所以非对称融合也叫供体-受体融合。常用的射线为X射线或γ射线，现在紫外线也被用于非对称融合研究中。为了减少非对称融合后的筛选工作，研究者利用一些代谢抑制剂处理受体原生质体以抑制其分裂。常用的抑制剂有碘乙酸（IA）、碘乙酰胺（IOA）和罗丹明6G（R6G），R6G抑制线粒体的氧化磷酸化作用，而IA和IOA则抑制糖酵解过程。线粒体氧化磷酸化和糖酵解过程都是发生在细胞质中的产生能量的过程。IA和IOA都可与磷酸甘油醛脱氢酶上的—SH发生不可逆结合，抑制酶的活性，从而阻止了3-磷酸甘油醛氧化生成3-磷酸甘油酸，使糖酵解不能进行，细胞生长发育所需的能量得不到供应。只有当受IA和IOA处理的细胞和细胞质形成完整的细胞融合，代谢上得到互补，才能正常生长。

非对称融合技术在融合前要对供体原生质体进行处理，这会造成染色体的丢失，丢失的程度在同一组合不同的原生质体中是不一致的，融合后再生出的后代中所含的染色体量也就变化很大。颠茄（供体）和烟草属间融合得到的非对称杂种中，含有供体11％～90％的染色体；花椰菜与白菜型油菜非对称融合杂种中保留有供体25％～100％的染色体；蓝雪叶烟草与林烟草非对称融合杂种后代中含有供体亲本8％～75％的染色体。这样就使得非对称杂种成为遗传变异的重要来源，加之原生质体群体大，可供选择的机会多，变异的范围广，从再生后代中有可能选出理想的类型而应用于生产实践。

非对称融合在一定程度上克服了体细胞的不亲和现象，可以得到用一般方法得不到的杂种。小酸浆与胡萝卜有性杂交未能得到杂种，对称融合虽然得到了愈伤组织，却不能分化再生成植株，而通过非对称融合却得到了杂种植株。非对称融合还可以得到可育杂种，并且不用多代回交就能够得到应用，缩短了育种进程。目前已从很多组合中得到可育的非对称杂种。非对称融合是从供体单向转移部分遗传物质到受体中去的一种行之有效的方法，这对于转移由多基因控制的具有重要经济价值的性状有很重要的意义。Xu等（1993）通过非对称融合将野生马铃薯的1条带有抗病基因的染色体转移到栽培种中去。Gerdemann-Knorck等（1995）通过非对称融合方法将黑芥中抗黑胫病和根肿病基因转入到甘蓝型

油菜中。从胡萝卜中将育性恢复基因转移到甘蓝型油菜的 CMS 胞质杂种中，得到了可育的甘蓝型油菜非对称杂种植株。非对称融合还可迅速转移胞质基因，对于由一些胞质基因控制的性状的转移具有重要的意义。胞质雄性不育(cytoplasmic male sterile，CMS)是一个高等植物普遍存在的母系遗传性状，由线粒体基因组编码，广泛应用于生产 F_1 杂交种子。用常规方法转移 CMS 需要 5～8 代甚至 8～10 代才能替换掉胞质供体的核基因组，而通过非对称融合方法(主要是胞质杂交)则可以缩短转移 CMS 的时间。Tanno-Suenaga 等(1988)通过非对称融合技术只用 16 个月就将 CMS 性状转移到胡萝卜中。

但是我们也必须看到，非对称融合也不是没有局限性的。其最大的不足之处在于供体染色体丢失是一个随机的过程，丢失的程度是不可预见和难以控制的。虽然研究者的初衷是除去一些不良性状(或基因)，但染色体丢失的过程是不以人的意志为转移的，也许丢失的正是我们所需要的，而保留下来的才是要淘汰的，有针对性地转移特定的染色体是非对称融合亟待解决的问题；同时，多数情况下高度非对称杂种难以得到，因而染色体的有限丢失就需要多代回交才能除去供体亲本的不良性状，也会限制这一技术的发展。此外，与对称融合相比，非对称融合植株再生的频率低、速度慢、植株形态变异大。

(2)自体融合和异体融合　双亲原生质体发生融合时，先发生膜融合、胞质融合，后发生核融合。由于融合情况的不同，可分为“自体融合”和“异体融合”两大类。

自体融合是指发生在同一个亲本原生质体之间的融合，结果得到“同核体”。每个同核体中包含 2～40 个核。由同核体再生的植株，其形状与亲本之一相同。一般认为，在原生质体脱离细胞前，细胞和细胞之间本来就以胞间连丝连接着，当细胞壁溶解时，胞间连丝收缩，使两个原生质体互相靠近而粘连融合在一起。如果把单个细胞分离出来，破坏了胞间连丝，那么就很难发生自体融合，因为此时没有胞间连丝的牵引力，不能克服原生质体相互排斥的力，故两个原生质体无法接近。

异体融合是指由不同种的双亲原生质体发生融合，结果得到“异核体”。为了实现异体融合，一般要用适当的诱导剂诱导两个原生质体之间发生融合，诱导剂的作用是克服不同原生质体间的排斥作用。由于异核体融合形成的方式不同，又可以分以下几种。

①谐和的细胞杂种　具有双亲的全套染色体组，即双亲全套遗传信息，形成异源双二倍体。如烟草体细胞杂种郎氏＋粉蓝烟草，由于膜、质、核均发生融合，然后同步分裂，最后形成异源双二倍体。

②部分谐和的细胞杂种　原生质体融合时，双亲的染色体经逐步排斥，而这种排斥是非完全性的，仍可发生少量染色体组的重组，然后进入同步分裂，最后形成带有部分重组染色体的植株，如大豆＋烟草的体细胞的杂种细胞和愈伤组织。

③异胞质体细胞杂种　异胞质体细胞杂种除了含本种之一的细胞核外，还含有异种的细胞质，称为异胞质体，也称“共质体”。异胞质体形成是由于正常有核原生质体与原生质体融合过程中，与核丢失的“亚原生质体”融合而成。或是异核体发育过程中，由一方排斥掉另一方的细胞核而形成的异胞质体。如矮牵牛与爬山虎融合，异核体发育过程中，矮牵牛的染色体会被排斥，细胞核仅剩爬山虎的。但是细胞质是双亲的，既有爬山虎的，又有矮牵牛的。

④嵌合细胞杂种　不同种的双亲原生质体，发生了膜融合和胞质融合后，尚未发生核融合。双亲的细胞核各自发生核分裂，接着形成细胞壁，最终形成嵌合体植物。

5.融合体的培养和发育

融合初期，不论亲缘关系远近，几乎都能形成各种融合体，因亲缘关系远近和细胞有丝分裂的同步化程度等因素，会得到几种不同类型的产物，包括异源融合的异核体，含有双亲不同比例的多核体，同源融合的同核体，不同胞质来源的异胞质体(heteroplasmon)。异胞质体大多是由无核的亚原生质体与另一种有核原生质体融合而成。

亲缘关系对融合体的发育影响很大，在种内和种间融合的异核体大多数能形成杂种细胞，并形成可育的杂种植株。在有性杂交不亲和的种属间融合，有时也能形成异核体，但在其后的分裂中，染色体往往丢失,难以得到异核体杂种植株,即使得到再生植株,也往往不育,如马铃薯番茄。

融合体在培养过程中,主要发生3个过程。

(1)细胞壁再生　与原生质体的壁再生过程相似,但稍滞后。一般培养1～2 d后,在电子显微镜下可看到融合体表面开始沉积大量纤维素微纤丝,进一步交织和堆积,几天后便形成有共同壁的双核细胞。

(2)核融合　细胞融合后得到的是一个有异核体、同核体以及多核体等的混合群体。异核体双亲细胞的分裂如果同步,其后的发育有两种可能:一种是双亲细胞核进行正常的同步有丝分裂产生子细胞,子细胞的核中含有双亲的全部遗传物质;另一种是双亲细胞核的有丝分裂不同步或同步性不好,双亲之一的染色体被排斥、丢失,所产生的子细胞只含有一方的遗传物质,不能发生真正的核融合。

(3)细胞增殖　有些植物的融合细胞形成杂种细胞后,如果培养条件合适则继续分裂形成细胞团和愈伤组织。有些植物的细胞则中途停止分裂,逐渐死亡。

生长正常而旺盛的杂种愈伤组织,如果在异核体生长的培养基中继续培养,它会不断增殖细胞,但不会分化成植株,而且会逐渐丧失分化能力。因此,应抓住时机,及时把它转移到分化培养基上进行培养,使其恢复分化能力,诱导它分化出胚、芽和根,并长成完整的杂种植物。

原生质体融合后产生的杂种细胞,其培养方法可以参照原生质体的培养方法进行培养。由于除去了细胞壁,培养基中必须有一定浓度的渗透压稳定剂来保持杂种细胞的稳定。可以采用的培养基有多种,如D2a培养基、D2b培养基、KM-8P培养基、NT培养基、B5培养基。培养基的组成根据具体情况进行优化,一般无机盐中的大量元素含量稍低、钙离子浓度较高,采用有机氮而少用铵盐;还可在培养基中添加一些天然有机物质如椰汁、酵母提取物等。不同的植物对激素的种类和浓度要求不同,常采用1～2 mg/L 2,4-D或含有低浓度(0.2～0.5 mg/L)的玉米素。

培养方法有液体培养、固体培养和固液混合培养。常用液体培养,包括微滴培养和浅层培养。微滴培养是将杂种细胞的密度调整到10^4～10^5个/L,用滴管吸取杂种细胞的培养液0.1 mL左右逐滴滴到培养皿上。液体浅层培养是一种很有效的方法,将含有杂种细胞的培养液在培养皿底部铺一薄层。固体培养常用于杂种细胞的植板培养,是将杂种细胞包埋在含琼脂或琼脂糖的培养基内培养。也可以采用固液混合培养的方式,先在培养皿底部铺一层琼脂培养基,固化后,在其表面再作浅层液体培养。

培养条件要注意以下几点:首先,要保持湿度。因为培养基的用量少,水分容易蒸发,使培养基渗透压增高,致使杂种细胞破裂。培养皿必须严格密封,并放于保持湿度的容器内。其次,培养温度保持在25 ℃左右,一般要在暗淡的散射光下或黑暗中进行培养。再次,杂种细胞的密度一般为10^4～10^5个/mL,但要根据植物的种类、基因型和取材部位等来具体调整。最后,在培养一段时间后要添加新鲜的培养基,并且逐步用较低渗透压的培养基代替,以利于新细胞团或愈伤组织的生长。

原生质体融合杂种细胞在适合的培养条件下,首先形成细胞壁,然后进行分裂,进而形成愈伤组织。待小愈伤组织长到1 mm左右时,及时将其转移到固体培养基上使其进一步生长,培养基组成一般与愈伤组织培养基相同。杂种细胞分化为再生植株可通过两种途径:一种途径是待其再生的愈伤组织转移到分化培养基上,一步成苗,关键是要选择合适的培养基并调节生长素和细胞分裂素的比例。另一种途径是先将愈伤组织培养在含细胞分裂素(一般为0.5～2.0 mg/L)和低浓度2,4-D(一般为0.02～0.2 mg/L)的分化培养基上,形成质地较硬的胚性愈伤组织或胚状体,再将其转移到含细胞分裂素的分化培养基上再生植株。

8.4.3　体细胞杂种选择

原生质体融合处理后的产物是同核体、异核体以及没有融合的亲本原生质体的混合群体。因此,必须采用一些有效的方法把异核体和真正的杂种植株选择出来。根据选择时期,可分为杂种细胞的选择和杂种植株的鉴定。

1.杂种细胞的选择

由于原生质体融合技术还存在一定问题，因此异核体特别是“嵌合细胞杂种”的频率还很低。与同核体相比，融合后的异核体在人工培养基上分裂、分化并不占优势，常由于启动分裂和持续分裂缓慢，而受到同核体的抑制，最终不能发育成为真正的种属间杂种。因此，必须设计或建立一种体系，优先选择细胞杂种，即这种体系只允许异核细胞存活，淘汰双亲同核体。还要求这种体系除能早期选择异核体外，还能促进异核体细胞的分裂和分化。

(1)根据物理特性的差异进行选择

①可见标记法　利用亲本双方原生质体的物理性状，如大小、颜色与漂浮密度等的差别作为选择依据。但用原生质体或愈伤组织表型特征的差异来进行杂种细胞的选择，有时不能令人信服，所以必须进行改进。这方面最显著的进展就是自动细胞分检仪的应用，该仪器可以准确迅速地将杂种细胞分开，提高了选择效率。

利用两种原生质体形态色泽上的差异，在融合处理后，分别接种在带有小格子的培养皿中，每个小格中有 2～3 个原生质体。在显微镜下可以找出异源融合体并标定位置，待其长大后，转移到加强培养基中培养单个细胞杂种，培养方法是用带凹穴的培养皿(实际是悬滴培养或微室培养)。用这种方法，格勒巴(Gleba)于 1979 年选出了拟南芥菜和油菜的融合杂种。大豆和烟草的细胞株杂种也是用可见标记法得到的。大豆下胚轴原生质体无绿色，烟草叶肉原生质体有绿色，两者融合后选择具有绿色的异核体继续培养，即可获得细胞杂种。这一杂交组合的“绿色”为可见标记。在荔枝和龙眼的原生质体融合中，由于荔枝细胞的原生质体明显大于龙眼的原生质体，因而可以直接在倒置显微镜下观察，初步判断和选择出异核融合体。

含有叶绿体的绿色原生质体与无色细胞原生质体融合后，由于在补充糖的培养基上生长，含有可辨认的淀粉粒，在融合后，能在短期内鉴别出融合产物。用 PEG 处理后，立即可在融合产物中看到一半含叶绿素，另一半含淀粉粒。融合后短时间内叶绿体扩散到全细胞。很多杂种在第一次细胞分裂时，叶绿体聚集在核物质周围。在原生质体培养基上培养 7～10 d 后，叶绿体表现为无色的前质体。因此，通常叶细胞培养物的杂种细胞仅能在融合后的短时间内加以辨认。

同样，利用花瓣原生质体也可从表观颜色上鉴定杂种。花瓣＋叶融合产物和花瓣＋细胞培养体融合产物能容易地辨认。花瓣色素在融合细胞中本来就是分开的，但是最终均等分布于融合细胞中，有时原生质体成分的新混合物产生带有特殊颜色的细胞。在转移到原生质体培养基的短期内，花瓣颜色(通常在液泡内)扩散，仅能在融合后几天内进行细胞标记。

②荧光标记法　对于形态上彼此无法区分的原生质体融合形成的异核体来说，要进行目测选择可采用荧光标记法。将两种原生质体群体分别用不同的荧光染料标记，然后通过荧光显微镜检测和鉴别异核体。如分别用异硫氰酸荧光素(发绿色荧光)和碱性蕊香红荧光素(发红色荧光)分别标记了两种烟草的叶肉原生质体，标记方法是在 18 h 的保温期间把染料(0.5 mg/L)加到两混合液中。由于在杂种细胞内存在着这两种荧光染料，因此可以把它们鉴别出来。当以荧光特性作为鉴别的依据时，对异核体进行直接选择不仅可以通过显微镜观察的方法，而且还有可能采用一种电子分拣技术，这种技术不但准确而且特别迅速，每秒约分检 5×10^5 个细胞。用荧光化合物标记原生质体，并不影响细胞再生植株的能力。

(2)根据生长特性的差异进行选择　利用亲本双方在培养基上的分裂分化性能不同，来淘汰一方的原生质体，然后再将杂种细胞与亲本细胞分开。H. Kisaka 等利用水稻与大麦在原生质体培养基上反应不同(大麦原生质体不能再生)，将水稻与大麦的原生质体分开，再利用水稻愈伤不能分化生根的特性，获得杂种细胞的再生植株。也可以用不同生化抑制剂(IA、IOA、R6G)分别处理不同亲本原生质体，阻碍它们正常的代谢途径，使它们不能在培养基上生长，而杂种细胞由于重建了必要的代谢支路，从而能在培养基上生长。在不对称细胞融合中，就是利用这种方法进行杂种细胞选择的。

卡尔森(Carlson)等(1972)第一次成功地用生长互补法分离出生长素自养的体细胞杂种。在两个烟草种融合后，亲本细胞生长需要生长素，而杂种细胞可在无生长素的培养基上生长。生长素自养是两个亲本遗传互补结果的表现。第一个细胞杂种(粉蓝＋郎氏烟草)就是利用生长互补法选择出来的，粉蓝烟草亲本原生质体和郎氏烟草亲本原生质体离体培养时，各自细胞壁再生、细胞分裂、分化、再生植株均需植物激素条件。粉蓝＋郎氏烟草细胞杂种的原生质体细胞壁再生、愈伤组织的形成和植株再生均不需要植物激素。

Power等(1975)对矮牵牛和爬山虎的融合体的选择的过程为：从矮牵牛的叶肉细胞和爬山虎的冠瘿细胞中分别分离原生质体；经分离纯化后，进行原生质体融合，得到混合体，其中含有同核体、异核体、未融合的原生质体；在NT培养基上进行培养，爬山虎同核体和原生质体不能生长，而矮牵牛同核体、原生质体及异核体能够生长成细胞团；然后将生长的细胞团转移至无激素的MS培养基上培养，能够生长的即是杂种细胞。

(3)利用突变细胞系的互补来选择　基于亲本双方遗传和生理的互补作用来选择杂种，在这样的筛选体系中，杂种细胞由于结合了双亲细胞的遗传物质，具有正常的代谢途径或能在筛选培养基上生长增殖，而亲本细胞由于某些生理或遗传上的缺陷而不能生长，从而达到杂种细胞筛选的目的。常用的互补选择主要包括叶绿素缺失互补、营养缺陷型互补、抗性互补和遗传互补等。

①白化互补选择法　选择一个叶绿体缺失突变体，这一突变体在限定的培养基上，能分裂、分化形成植株。具有正常叶绿体的植株在上述限定培养基上不能分裂形成细胞团(愈伤组织)。将缺失叶绿体的原生质体和具有正常叶绿体的原生质体用诱导剂诱发融合，并在上述限定培养基上培养融合细胞体。能发育形成绿色的细胞团(愈伤组织)和幼苗的就是细胞杂种。

例如，1972年，Cocking将矮牵牛白化突变体和矮牵牛正常体融合后，在限定培养基上培养，利用白化互补法得到矮牵牛杂种细胞。

矮牵牛白化体，叶绿素缺失，在限定培养基上细胞可分裂、分化成植株；

矮牵牛正常体，具有叶绿素，在限定培养基上细胞不能分裂；

矮牵牛杂种细胞，具有叶绿素，在限定培养基上细胞可以分裂和分化。

白化互补选择法的优点：不依赖有性杂交的知识，可广泛应用于任何亲缘关系的融合。自然界存在许多"白化体叶绿素缺失"，而且也比较容易诱发"白化体"，如禾本科花药培养的白化苗。白化互补选择法成功的例子很多，除了矮牵牛外，还有曼陀罗属(*Darura*)胡萝卜(*Daucus carota*)和羊角芹(*Aegopodium podagraria*)均能从原生质体融合得到细胞杂种。

②遗传互补选择法　利用隐性非等位基因互补的方法，筛选体细胞杂种。如烟草的S和V两个光敏感突变体，它们对光的反应是由隐性非等位基因控制的。

S和V在7 000 lx正常光下，生长缓慢，叶片呈淡绿色；

S和V在10 000 lx强光下，生长正常，叶片呈淡黄色；

S×V(有性杂交)F_1杂种，在7 000 lx光下正常生长，叶片呈暗绿色是由于隐性非等位基因互补的结果，以此为对照。

S和V的原生质体融合后，在正常光7 000 lx下形成的愈伤组织为绿色，将这种愈伤组织置于10 000 lx强光下，如果是细胞杂种，由于隐性非等位基因互补的结果，其愈伤组织则呈暗绿色，与有性杂交颜色相同，而亲本愈伤组织则呈淡黄色。

遗传互补选择法成功的例子还有曼陀罗、矮牵牛等。遗传互补选择法的特点是需依赖于有性杂交的知识，要以有性杂种的特点作为对照，因此有一定的局限性。

③抗性互补选择法　如果有抗性突变体或耐药性有差异的材料，就有可能用互补法选择杂种细胞。拟矮牵牛原生质体在限定培养基上只能分裂形成小细胞团，且不受1 mg/L的放线菌素-D的抑制。但矮牵牛在上述浓度的放线菌素-D的培养基上却不能分裂。由两者融合的群体在此培养基上能选出生

长的愈伤组织，并发育成植株。用林烟草（*Nicotiana sylvestris*）的抗卡那霉素但失去再生植株能力的突变体，与有生长愈伤组织能力的但从未形成过植株的奈特氏烟草（*Nicotiana knightiana*）野生型烟草原生质体融合，在含有卡那霉素的培养基上恢复了再生植株的能力，形成了杂种性质的植株。

④营养互补选择法　营养缺陷突变体互补已经能够成功地应用于融合后的杂种细胞的分离。Schieder（1976）用地钱的两个营养缺陷型的原生质体进行融合，使一个需要烟酸和一个叶绿体缺陷型并要求葡萄糖的原生质体融合，杂种细胞能在缺少烟酸的培养基上自养生长，从而被选择出来。Glmelius 等（1978）融合了两个不同类型的缺失硝酸还原酶突变体烟草，两种突变体均不能在用硝酸盐为唯一氮源的培养基上生长，而杂种细胞则可以生长。由于在高等植物中缺乏营养缺陷型突变体，因而这种方法的应用受到一定的限制。

⑤代谢互补选择法　吖啶橙（acrdin orange，AO）是一种光敏剂，曾经用作核染色剂，它能与 DNA 结合形成 AO-DNA 复合体，光能诱导这种复合体降解，形成单链或双链碎片。马铃薯栽培种和野生种叶肉原生质体经吖啶橙处理后，暗培养 2 d，再光照 4 h 而失活。AO 失活的栽培种与罗丹明 6G（R6G）处理失活的 *Solanum bulbocastanum* 融合后，可以发生代谢互补恢复分裂，得到了杂种愈伤组织。用不可逆的生化抑制剂如吲哚乙酸或二乙基焦碳酸盐处理亲本细胞，仅杂种细胞可以发生细胞分裂。用此法发现了林烟草和烟草、蓝茉莉叶烟草和烟草之间融合后形成的体细胞杂种。用吲哚乙酸处理过的亲本原生质体不能再生长，而新形成的杂原生质体能连续生长和产生杂种植株。

2.杂种植株的鉴定

用各种互补法和可见标记法选择出来的杂种植物体，尚需要进一步鉴定。体细胞杂交得到的杂种植株比有性杂交得到的植株具有更大的变异性。杂种的变异性是由三种机制引起的。一是从长期细胞培养物再生植株之间观察到遗传变异性，这种变异表现在非整倍体植株上。二是某些核结合的不稳定性，导致基因表达的丧失，或部分遗传信息的机械损失。三是原生质体融合后发生的胞质和核集积，导致胞质和核遗传信息的不一致结合。事实上，再生杂种的变异性，对这三种机制的每一种都有反应。

在植物体细胞杂交实验中，通过培养再生出的细胞、小细胞团、愈伤组织乃至植株，不一定具有杂种性质，因为融合后，融合混合物中有单个亲本原生质体，也有亲本原生质体的自身融合产物，还有两个不同亲本原生质体融合成的异核体。在培养中，它们都可以发育成细胞，甚至发育成植株。因此，在体细胞杂交研究中，要求最好在杂种形成的早期阶段就能识别出真正的体细胞杂种，以便大大地减少培养工作的盲目性和工作量。但是，体细胞杂种的识别是相当困难的，尤其是在早期。通过大量的研究工作，目前找出了一些鉴别体细胞杂种的方法和指标，鉴定的方法如下。

（1）形态学指标　以亲本为对照进行形态特征、特性鉴定；最好有明显的标记特征；亲缘关系越远，特征越明显可靠。杂种植株的表型特征，如株高，株型，叶片大小、形状，气孔的大小与多少，花的形状、大小及颜色等，可作为体细胞杂种的标志。从已培养出的能有性杂交的植物来看，它们在外部形态上往往介于两个亲本之间的中间形态，且同有性杂交双倍体植物的表现相同。如矮牵牛的花是红色，拟矮牵牛的花是白色，它们的体细胞杂种的花为紫色。再如，粉蓝烟草的叶片光滑无毛，有叶柄，节间颜色为紫色，花的颜色为深黄色；郎氏烟草的叶片具有浓密的茸毛，无叶柄，节间颜色为绿色，花的颜色为浅绿色。它们的体细胞杂种表现为有较稀茸毛，长度居中的叶柄，节间颜色为淡紫色，花的颜色为黄绿色。

经愈伤组织途径再生植株的变异与原生质体融合产生的变异很难区别，故仅以形态特征、特性变异区分是不太可靠的，仍需配合其他方法。

（2）细胞学指标　最常用的是进行杂种植物的核型（染色体数目、大小，随体、着丝点位置等）和带型（C 带、N 带、G 带等）分析，以亲本染色体为对照，对细胞杂种的染色体数目、染色体长短、染色反应、减数分裂期染色体配对情况等进行观察、比较。核型分析的准确性优于形态特征鉴定，但同样遇到愈伤组织阶段染色体变异的干扰，必须注意取样技术和判断准确性。此法在对亲缘关系较远的细胞杂种的判断准确性较好。杂种细胞中的核、染色体和细胞器的特征是鉴别杂种的重要依据。如番茄和马铃薯培

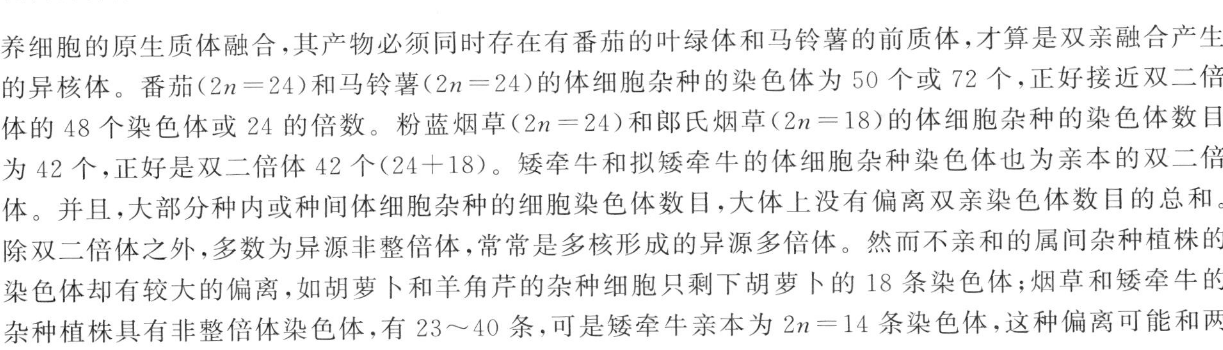

养细胞的原生质体融合，其产物必须同时存在有番茄的叶绿体和马铃薯的前质体，才算是双亲融合产生的异核体。番茄($2n=24$)和马铃薯($2n=24$)的体细胞杂种的染色体为50个或72个，正好接近双二倍体的48个染色体或24的倍数。粉蓝烟草($2n=24$)和郎氏烟草($2n=18$)的体细胞杂种的染色体数目为42个，正好是双二倍体42个(24+18)。矮牵牛和拟矮牵牛的体细胞杂种染色体也为亲本的双二倍体。并且，大部分种内或种间体细胞杂种的细胞染色体数目，大体上没有偏离双亲染色体数目的总和。除双二倍体之外，多数为异源非整倍体，常常是多核形成的异源多倍体。然而不亲和的属间杂种植株的染色体却有较大的偏离，如胡萝卜和羊角芹的杂种细胞只剩下胡萝卜的18条染色体；烟草和矮牵牛的杂种植株具有非整倍体染色体，有23～40条，可是矮牵牛亲本为$2n=14$条染色体，这种偏离可能和两者不亲和有关。

(3)生化指标　利用生物化学或分子生物学的方法进行分析，主要有同工酶谱分析，如酯酶、过氧化物酶、苹果酸脱氢酶、乙醇脱氢酶等的同工酶；二磷酸核酮糖羧化酶分析和叶绿素DNA、线粒体DNA、核DNA的分析；5S rDNA间隔序列差异分析、Southern杂交、原位杂交和RFLP图谱分析。

同工酶鉴定细胞杂种的成功例子有大豆+烟草(醇脱氢酶，ADH)，烟草+烟草(乳酸脱氢酶LDH，过氧化物酶POD，酯酶EST，氨肽酶AMP)，番茄+马铃薯(二磷酸核酮糖羧化酶)等。例如，在胡萝卜和狭叶柴胡的杂种细胞系里，发现酯酶酶谱既有分别由胡萝卜和柴胡基因控制的酯酶，又有胡萝卜和柴胡基因重组后表达的酯酶的出现，表明双亲的基因组在杂种细胞系中存在并得到了表达。通过对1,5-二磷酸核酮糖羧化酶(RuBPcase)亚基多肽图谱的分析，也可证实融合产物的杂种性质。由于该酶小亚基多肽是由核DNA编码的，而大亚基则是由叶绿体DNA编码的，因此，采用这个方法既可以鉴别杂种，又可以鉴别是体细胞杂种还是胞质杂种。

(4)分子生物学方法　叶绿体DNA的限制性核酸酶(*Eco*R Ⅰ)片段凝胶电泳法也可用来鉴别体细胞杂种和胞质杂种。对水稻与胡萝卜的体细胞杂交再生植株及亲本的线粒体DNA(mtDNA)的Southern杂交分析表明，杂种植株有一条胡萝卜带型，并且有一条在水稻中不曾出现的独特带型，杂种植株的叶绿体DNA(cpDNA)与胡萝卜有相同的杂交图谱。用多色基因组原位杂交对水稻(AA)和斑点野生稻(BBCC)杂种植株进行分析，结果表明，不同的基因组在细胞核中分布不均匀，PV2具72条，分别来自A、B、C各24条染色体，而PV289的染色体数从65到72不等。同时发现，仅有B、C染色体组发生的特异染色体减少的现象，没有A染色体组丢失，所丢失染色体中，以B组为主，其次为C组。

限制性片段长度多态性分析技术(RFLP)在分析体细胞杂种时有独到的作用，它通过比较双亲及杂种的DNA限制性酶切图谱来达到鉴定目的。PCR技术出现以后，又发展了一种更为快捷的鉴定方法，即随机扩增多态性DNA分析技术(random amplified polymorphic DNA，RAPD)，用这些技术可以分析杂种与亲本叶绿体、线粒体及核DNA的区别及联系。RAPD技术即随机扩增多态性DNA分析技术，其基本方法是：首先提取植物的染色体DNA或RNA，对于RNA，需通过逆转录酶先合成第一链cDNA，然后以染色体DNA或第一链cDNA为模板，以人工随机合成的一对寡聚核苷酸为引物，在dNTP存在的条件下，通过DNA模板的变性、模板与引物的退火及引物的延伸三个阶段的多次循环，来扩增DNA片段。其显著特点是可在不知道被研究物的遗传背景的情况下，采用随机设计的引物(一般长为9～10 bp)来进行特异性DNA片段的扩增。RAPD技术已经成功地用于鉴定多种植物的体细胞杂种。如马铃薯双单倍体($2n=24$)的RAPD带，在各自的体细胞杂种中，均表现稳定的遗传，双引物(OPA11/OPA16)能将融合后的再生杂种及其亲本鉴别出来，证明在双单倍体马铃薯育种中，RAPD技术能普遍应用于杂种鉴定。

此外，还有抗性分析和育性分析。前者检测是否存在双亲中具有的某些抗性性状，后者检查花粉粒的大小、形状、活性，能否开花结果、有无种子等。

8.4.4 体细胞杂种的遗传

体细胞杂交过程中杂种细胞核基因组的组成取决于 3 个因素：①融合亲本的类型和数目；②融合产物第一次细胞分裂中核基因组的分离；③融合细胞生长和/或植株再生过程中染色体分离和/或重组。原生质体融合后的双核异核体可能在若干细胞世代中继续产生双核子细胞。细胞核融合可能发生在间期，也可能发生在第 1 次同步有丝分裂期间。间期细胞核融合并不能产生有活力的杂种细胞。只有由有丝分裂期间核融合形成的杂种细胞，才能继续进一步发育。即使在有活力的杂种细胞中，双亲之一的染色体也会逐渐消除。大豆×粉蓝烟草的杂种细胞中，第 1 次核分裂就可见到染色体异常现象，如极长的染色体、环状染色体、染色体断片、染色体桥和具有多个缢痕的染色体等。1 个月以后，粉蓝烟草的大染色体很少能观察到，7 个月后，只剩下少数几条已经变了形的烟草染色体。同工酶酶谱分析表明，在这个组合的某些杂种细胞系中，已完全不存在粉蓝烟草所特有的谱带。杂种细胞染色体消除现象在其他植物组合中也有出现。发生这种情况多数是一个亲本的原生质体来自活跃生长的悬浮细胞，另一个亲本的原生质体来自叶肉细胞的杂交组合，并且总是以叶肉原生质体来源的亲本的染色体遭到选择性淘汰。杂种细胞质基因组也会发生分离和重组的变化，所以，在亲本亲缘关系远近、原生质体的来源和融合处理方法等因素的影响下，体细胞杂种的细胞核和细胞质遗传表现出以下各种不同的特征。

1. 核对称体细胞杂种

一般来说，亲本的亲缘关系近容易获得核对称杂种。如柑橘植物亲缘关系较近，在柑橘属种间或与近缘柑橘植物的体细胞杂交中，亲本染色体数为 $2n=18$，体细胞杂交种染色体数 $2n=36$，其形态多居于双亲之间，而且杂种形态一致。如宽皮橘（*Citrus reticulata*）与 *Citropsis gilletiana* 的 12 个体细胞杂种在形态上无差异。也有的杂种不表现亲本的中间性状，生长表现异常。由于核对称杂种受两套不同的染色体组作用，所以一些性状的变异较大，或劣于亲本或优于亲本。

2. 核不对称体细胞杂种

双亲的亲缘关系或原生质体融合方法是形成不对称杂种的主要因子。关于亲缘关系的影响，一亲本染色体消除的难易程度趋于与另一亲本的亲缘关系远近成正比，亲缘关系越远的，染色体越易被消除。如在花椰菜与甘蓝型油菜组合中，仅有 10% 的种间杂种染色体数比双亲总数少（Surdberg 等，1991）。而茄科不同亚科的烟草和颠茄的原生质体融合中，体细胞杂种自发地大量消除颠茄染色体后，具有烟草（$2n=48$）的 48 条大染色体和一条颠茄（$2n=72$）的小染色体，杂种形态类似烟草，正常可育（Babiychuk 等，1992）。另外，核不对称杂种还表现为双亲染色体相互消除。

在原生质体融合前用 X 或 γ 射线处理一亲本原生质体，可达到消除该亲本染色体的目的。随辐射剂量增加，杂种的核不对称程度增加。研究者用 100 Gy 剂量的 γ 射线处理油菜原生质体，消除了 1～4 条油菜染色体。当照射剂量为 200～300 Gy 时，杂种中油菜染色体被消除 10～15 条。由于核不对称杂种所含双亲染色体数不等，所以杂种变异较大。一般不对称杂种携带一亲本少量染色体时，形态类似于另一亲本；如果杂种具有近于双亲染色体总数时则形态居于双亲之间。

核不对称杂种的另一个特点是核内染色体不稳定。Gilissen 等（1992）把 24 个马铃薯与 *N. plumbaginifolia* 的体细胞杂种愈伤组织培养一年后，发现 10 个杂种愈伤组织系稳定，6 个杂种愈伤组织系有变化，即杂种中各亲本染色体数增加或减少 1～16，另外 8 个杂种愈伤组织系的染色体数变化很大，表现在一亲本染色体数增加 28～73 和另一亲本染色体数增加或减少 0～28。如杂种愈伤组织系 H，原有染色体 31 条（双亲各为 17 条和 14 条），1 年后增加到 132 条染色体（双亲各为 90 条和 42 条）。

3. 细胞质基因组的遗传

体细胞杂种和胞质杂种都具备杂合的细胞质基因。细胞质基因组分为叶绿体基因（cpDNA）和线粒体基因(mtDNA),来自不同亲本的 cpDNA 和 mtDNA 也因双亲亲缘关系、供体亲本辐射处理强度等影响,而表现不同遗传类型。

cpDNA 遗传有随机分离和非随机分离两种遗传类型,很少有 cpDNA 重组的类型。随机分离出现在双亲亲本较近的杂种中,非随机分离则相反。如脐橙和 Murcott 橘属于柑橘属的甜橙和宽皮橘两个种,系统演化研究认为甜橙是以宽皮橘为亲本之一的杂交种,两者亲缘关系较近。脐橙和 Murcott 橘的 16 个体细胞杂种中,cpDNA 分离比例为 9∶7,符合 1∶1 分离的理论值(Kobayachi 等,1991)。普通烟草和黏毛烟草(*N. glutnosa*)属于同一亚属 *Tabacum*,它们的 41 个体细胞杂种的 cpDNA 分离比例为 16∶25,χ^2 测验无显著性差异,符合孟德尔随机分离规律(Donaldson 等,1994)。而普通烟草、*N. debneyi* 和黄花烟草分别属于烟草亚属、碧冬茄(*Petunioides*)亚属和 *Rustica* 亚属,体细胞杂交结果表明,普通烟草＋*N. debneyi* 的 12 个杂种 cpDNA 的分离比例是 1∶11(Sproule 等,1991),属于非随机分离。更典型的非随机分离是,普通烟草＋碧冬茄的居间体细胞杂种中没有碧冬茄的叶绿体基因组(Bonert 等,1990)。烟草＋胡萝卜的体细胞杂种全部 cpDNA 是烟草的 (Smith 等,1989)。苜蓿＋水稻的体细胞杂种的 cpDNA 均来自亲本苜蓿(Niizeki 等,1992)。研究者认为,烟草和苜蓿的遗传物质在杂种细胞核中占优势,为自身的叶绿体提供了一个选择优势,使其在杂种细胞中遗传下来。此外,叶绿体的分离类型与射线照射剂量有关,辐射剂量大,非随机分离的程度高(Bonnema 等,1991)。亲本原生质体的生理状态和融合培养条件也是影响分离类型的因素。

对于体细胞杂种 mtDNA 来说,主要遗传特征是重组 mtDNA 的出现,也有关于 mtDNA 非随机分离的个别报道,如番茄种间杂种全为一个亲本的 mtDNA(Bonnema 等,1991)。mtDNA 的重组程度也与双亲亲缘关系有关。Kemble 等(1986)分析马铃薯与 *Solanum brevidens* 的种间体细胞杂种时发现,52%的杂种具有重组 mtDNA,45%的稍有变化,前者为分子间重组,后者为分子内重组。他认为 mtDNA 之所以发生重组可能与双亲 mtDNA 从一个共同祖先的基因组进化而来有关。Donaldson 等(1994,1993)报道,烟草属间体细胞杂交也表现出类似情况,同一亚属的普通烟草和 *N. glutinasa* 的 40 个体细胞杂种中,38 个杂种发生 mtDNA 重组,重组频率达到 95%,只有 2 个杂种的 mtDNA 类似烟草。不同亚属的普通烟草和黄花烟草的组合中,有 mtDNA 重组的杂种为 81%。烟草与 *N. debneyi* 的亚属间杂种中,大多数杂种的 mtDNA 与 *N. debneyi* 相同,个别杂种具有重组 mtDNA(Sproule 等,1991)。

值得提出的是,体细胞杂种或胞质杂种中出现细胞质雄性不育性状的杂种植株,其线粒体基因组均是重组类型。例如,Melchers 等(1992)用 IOA 使番茄的叶肉原生质体失活,用 γ 射线或 X 射线使马铃薯或野生茄的细胞核失活,获得的杂种植株形态、染色体数和生理特性与番茄相似,同时表现出不同程度的细胞质雄性不育。分析 mtDNA 的结果表明,杂种的线粒体基因组发生重组,没有任一亲本的 mtDNA 类型。

在同一杂交组合中,叶绿体和线粒体基因组的遗传是多样化的。Mohapatra 等(1998)报道,不同杂种的 mtDNA 重组频率变化较大,如杂种 DJ1 携带 70% *Diplotaxis catholic* 芥菜型油菜和 30% 的甘蓝型油菜 mtDNA,而杂种 DJ2、3、5 和 6 仅有甘蓝型油菜 mtDNA 的频率为 2.8%～14.3%。此外,细胞质基因组的变异频率还与体细胞杂种的倍性有关。Bastia 等(2000)发现,二倍体马铃薯品种和野生二倍体种 *S. commersonii* 的体细胞杂种中,四倍体杂种叶绿体和线粒体无变异发生,六倍体的变异频率是 22%,八倍体的变异频率为 8%。叶绿体遗传为随机分离,而大多数杂种 mtDNA 为双亲重组并以马铃薯为优势的类型。从理论上推导,体细胞杂种细胞质基因遗传有 9 种类型。

叶绿体分离在体细胞杂种中是稳定的,但重组 mtDNA 具有不稳定性。Morgan 等(1987)研究芸薹属胞质杂种时发现,胞质杂种 Bn159、Bn160 和 Bn161 在愈伤组织阶段的 mtDNA 重组类型为 R_4,而在

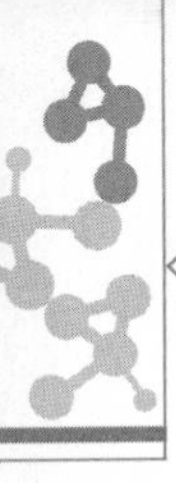

再生植株中则分别变为 R_5 和 R_1 类型。当然，有的杂种经过 19～22 次细胞分裂后，重组 mtDNA 就能在再生植株中稳定遗传。从杂种表现型来看，在菊苣与雄性不育向日葵的胞质杂种中，重组 mtDNA 使杂种的胞质雄性不育经过较长时间才能稳定。第一代植株中，没有完全雄不育的植株，到第三代，有 2.2%的胞质雄性不育植株（Rambaud 等，1993）。在普通烟草＋碧冬茄的属间胞质杂种中，凡是具有普通烟草 mtDNA 的植株都能正常生长和发育，而发生 mtDNA 重组的植株则生长和发育差，表现在可育性降低、无花粉产生、有的植株授粉后不结实（Boneit 等，1990）等。

综上所述，不同组合中体细胞杂种的遗传特征有很大差别。核基因和胞质基因在体细胞杂种中的遗传特征各不相同，杂交方法和双亲亲缘关系影响体细胞杂种的遗传和变异。所以，在弄清体细胞杂种的遗传规律的前提下，把体细胞杂交和常规育种结合，能更有效地改良和培育具有优良农艺性状的新品种。

小　结

(1)自 1971 年 Takebe 等培养烟草叶片原生质体获得再生植株，首次证实了植物原生质体的全能性以来，几十年来经过众多科学家的共同努力，使植物原生质体培养和细胞融合成了植物细胞工程的一门核心技术，为品种改良、创造育种亲本资源，以及为细胞生物学和体细胞遗传学的发展做出了重要贡献。

(2)本章较深入系统地介绍了植物原生质体培养和细胞融合的相关内容。第一节介绍了植物原生质体技术的发展及其应用。在第二节植物原生质体分离中，较系统地介绍了细胞膜电特性和膜电位、细胞壁主要化学组成、降解细胞壁的酶类及细胞壁降解机理、原生质体分离方法、原生质体纯化方法、原生质体活力测定以及影响原生质体数量和活力的因素等内容。在第三节植物原生质体培养中，较详细地介绍了原生质体培养方法、影响培养效果的因素、原生质体再生、器官发生途径、影响细胞分裂启动的因素等内容。在第四节植物细胞融合中，较系统地介绍了原生质体融合原理、融合方法、融合体培养和发育、体细胞杂种选择、杂种植株鉴定、细胞质工程等内容。

思 考 题

1. 简述影响植物原生质体分离效率的主要因素及其注意要点。
2. 简述影响植物原生质体培养效果的主要因素。
3. 简述细胞融合机理。
4. 试述 PEG(聚乙二醇)融合法的实验操作及注意要点。
5. 试述如何选择体细胞杂种。

实验 11　叶肉组织原生质体分离及细胞融合技术

1. 实验目的

掌握一步法分离叶肉组织原生质体的方法，并采用化学法进行细胞融合的技术。

2. 实验原理

原生质体是除去细胞壁的裸露细胞。在适宜的培养条件下，分离的原生质体能合成新壁，进行细胞分裂，并再生成完整植株。植物的幼嫩叶片、子叶、下胚轴、未成熟果肉、花粉、培养的愈伤组织和悬浮培养细胞均可作为分离原生体的材料来源。

分离原生质体采用酶解法。其原理是根据由纤维素酶、果胶酶和半纤维素酶配制而成的酶解液对细胞壁成分的降解作用，而使原生质体释放出来。原生质体的产率和活力与材料来源、生理状态、酶液的组成以及原生质体收集方法有关。酶液通常需要保持较高的渗透压，以使原生质体在分离前细胞处于质壁分离状态，分离之后不致膨胀破裂。渗透剂常用甘露醇、山梨醇、葡萄糖或蔗糖。酶液中还应含一定量的钙离子，来稳定原生质膜。游离出来的原生质体可用过筛、低速离心法收集，用蔗糖漂浮法纯化，然后进行培养。

许多化学、物理学和生物学方法可诱导原生质体融合。现在被广泛采用并证明行之有效的融合方法是聚乙二烯(PEG)法、高 Ca^{2+}-高 pH 法和电融合法。PEG 作为一种高分子化合物，20%～50%的浓度能对原生质体产生瞬间冲击效应，原生质体很快发生收缩与粘连，随后用高 Ca^{2+}-高 pH 法进行清洗，使原生质体融合得以完成。

PEG 诱导融合的机理：PEG 由于含有醚键而具负极性，与水、蛋白质和碳水化合物等一些正极化集团能形成氢键。当 PEG 分子足够长时，可作为邻近原生质表面之间的分子桥而使之粘连。PEG 也能连接 Ca^{2+} 等阳离子。Ca^{2+} 在一些负极化基络合下才和 PEG 之间形成桥，因而促进粘连。在洗涤过程中，连接在原生质体膜上的 PEG 分子可被洗脱，这样将引起电荷的紊乱和再分布，从而引起原生质体融合。高 Ca^{2+}-高 pH 由于增加了质膜的流动性，因而也大大提高了融合频率。

3. 实验用品

(1)仪器　离心机、倒置显微镜、超净工作台、人工气候箱。

(2)材料　2 个亲本的植物叶片(如 6～8 周龄的萝卜和菠菜试管苗)。

(3)试剂　CPW 盐溶液：KH_2PO_4 27.2 mg/L，KI 0.16 mg/L，KNO_3 101 mg/L，$CuSO_4 \cdot 2H_2O$ 1 480 mg/L，$MgSO_4 \cdot 7H_2O$ 246 mg/L，pH 5.8，过滤灭菌。

酶制剂：4%纤维素酶，0.4%离析酶，MES 3 mmol/L，$CaCl_2 \cdot 2H_2O$ 0.01 mol/L，600 mmol/L 甘露醇，葡聚糖硫酸钾 0.5 %，pH 5.6，过滤灭菌。

溶液 1：500 mmol/L 葡萄糖，0.7 mmol/L $KH_2PO_4 \cdot H_2O$ 和 3.5 mmol/L $CaCl_2 \cdot 2H_2O$，pH 5.5，过滤灭菌。

PEG 溶液：50% PEG1540，10.5 mmol/L $CaCl_2 \cdot 2H_2O$，0.7 mmol/L $KH_2PO_4 \cdot H_2O$。

溶液 2：50 mmol/L 甘氨酸，50 mmol/L $CaCl_2 \cdot 2H_2O$，300 mmol/L 葡萄糖，pH 9～10.5。

(4)器皿　螺旋离心管、不同规格过滤灭菌器、解剖刀、吸管、培养皿、载玻片、盖玻片。

4. 实验步骤

(1)一步法分离原生质体

①由种在温室的 7～8 周龄的试管苗上选取充分展开的叶片。

②用尖镊子撕掉叶片的下表皮，再用解剖刀将去掉了下表皮的叶片切成小块。

③将剥去了下表皮的叶段置于一薄层 600 mmol/L 甘露醇-CPW 溶液中，注意使叶片无表皮的一面与溶液接触。

④大约 30 min 以后，用经过过滤灭菌的酶溶液取代甘露醇-CPW 溶液。

⑤用封口膜将培养皿封严，置于暗处在 24～26 ℃下保温 16～18 h。

⑥用吸管轻轻压挤叶段，以释放原生质体。

⑦通过一个 60～80 μm 的细胞筛过滤以除去较大的碎片。

⑧将滤出液置于一个螺帽离心管中，在 100×g 下离心 3 min，使原生质体下沉。

⑨弃去上清液，将沉降物置于装有带螺旋帽离心管中的、用 CPW 配制的 860 mmol/L 蔗糖溶液的顶部，在 100×g 下离心 10 min。

⑩由蔗糖溶液的顶部把绿色的原生质体层收集起来，并转入另一个离心管中。

⑪在离心管中加入原生质体培养基以使原生质体悬浮，在 100×g 下离心 3 min，重复清洗 3 次。

⑫最后一次清洗后，加入足量的培养基，使原生质体的密度达到(0.5～1)×10^5/mL。

(2)原生质体融合

①将 2 个亲本新分离的原生质体(仍停留在酶溶液中)1∶1 混合，使悬浮液通过 1 个 62 μm 孔径的过滤器，将滤液收集在 1 个离心管中，管口用螺丝帽盖严。

②将滤出液在 50×g 下离心 6 min，使原生质体沉淀。

③用吸管将上清液弃掉。

④将原生质体用 10 mL 溶液 1 进行清洗。

⑤将洗过的原生质体重新悬浮在溶液 1 中，制成密度为 4%～5%(V/V)的原生质体悬浮液。

⑥在 1 个 60 mm×35 mm 的载玻片中放入 1 滴(2～3 mL)硅液-200。

⑦在这滴硅液上面放一张 22 mm×22 mm 的盖片。

⑧用吸管吸取大约 150 μL 原生质体悬浮液置于盖片上。

⑨等待大约 5 min，以使原生质体沉降在盖片上形成一个薄层。

⑩在原生质体悬浮液中，逐渐滴入 450 μL PEG 溶液，在一个倒置显微镜下观察原生质体粘连的情况。

⑪在室温下(24 ℃)，将 PEG 溶液中的原生质体保温 10～20 min。

⑫以 10 min 间隔轻轻加入 2 滴(每滴 0.5 mL)溶液 2(50 mmol/L 甘氨酸，50 mmol/L $CaCl_2 \cdot 2H_2O$，300 mmol/L 葡萄糖，pH 9～10.5)，再过 10 min 后，加入 1 滴原生质体培养基。

⑬每次用 10 mL 新鲜的原生质体培养基，各以 5 min 的间隔，将原生质体清洗 5 遍，每次洗完之后，不要把盖片上的培养基全部去掉，要在原生质体上留下一薄层旧培养基，而将新鲜培养基加入其上，如果 2 个亲本的原生质体是通过视觉可以分辨的，在这个阶段就有可能确定异核体形成的频率。

⑭在同一盖玻片上的一薄层 500 μL 培养基中，将融合产物与未融合的原生质体一起培养。在盖玻片周围以小滴形式再加入 500～1 000 μL 培养基，以保持载玻片的湿度。并把载玻片放入培养皿中密封。

5.实验注意事项

(1)严格的无菌操作。

(2)原生质体分离外植体材料的准备。

(3)原生质体酶解后洗涤及纯化。

(4)分离后原生质体的细胞密度。

(5)原生质体融合过程中溶液 2 的洗涤过程。

(6)融合体培养过程中注意保湿及实时观察。

6.实验报告与思考题

(1)实验报告

①统计原生质体分离后的细胞密度。

②通过显微镜观察，记录原生质体融合过程。

③计算异核体融合率。

(2)思考题

①酶解液以及原生质体起始培养液中,为何要保持较高的渗透压?

②如何判断分离原生质体的活力和新壁再生?

实验 12 烟草细胞原生质体分离及细胞融合

Ⅰ 植物原生质体的分离和培养

1.实验目的

了解原生质体的基本特征,掌握分离、纯化和培养的原理与方法。

2.实验原理

植物原生质体(protoplast)是除去细胞壁后的"裸露细胞",是开展基础研究的理想材料。酶解法分离原生质体是一种常用的技术。植物细胞壁主要由纤维素、半纤维素和果胶质组成,因而使用纤维素酶、半纤维素酶和果胶酶能降解细胞壁成分,除去细胞壁。由于原生质体仍然具有完整的细胞核结构及相应的遗传物质,根据细胞全能性的原理,它同样具有发育成为完整植株的潜力。

利用原生质体便于开展那些因细胞壁存在而难以进行的研究。第一,与完整植物细胞相比,原生质体易于摄取外来的物质,如 DNA、染色体、病毒、细胞器和细菌等,因此可利用其作为理想的受体进行各种遗传操作。第二,由于没有细胞壁,有利于进行体细胞诱导融合(细胞杂交),形成杂种细胞,经培养进而分化产生杂种植株,使那些有性杂交不亲和的植物种间进行广泛的遗传重组,因而在植物育种上具有巨大的潜力。第三,可以用于研究细胞壁再生、膜结构、细胞膜的离子转运和细胞器的动态变化等。

原生质体分离、纯化和融合后,在适当的培养基上应用合适的培养方法,能够再生细胞壁,并启动细胞持续分裂,直至形成细胞团,长成愈伤组织或胚状体,再分化发育成苗。其中,选择合适的培养基及培养方法是原生质体培养中最基础也是最关键的环节。

3.实验用品

(1)材料　无菌烟草叶片。

(2)药品　纤维素酶、果胶酶等酶制剂、聚乙二醇(PEG)、甘露醇、葡萄糖、甘氨酸、谷氨酰胺、水解酪蛋白、葡聚糖硫酸钾、牛血清蛋白和 2-N-吗啉乙磺酸(MES)等。

(3)仪器　高压蒸汽灭菌锅、超净工作台、离心机、倒置显微镜、光照培养箱和振荡培养箱等。

(4)用具　三角瓶、离心管、烧杯、培养皿、300 目滤网、解剖刀、镊子、滤纸、细菌过滤器、滤膜、培养瓶(注:以上用品要进行高压灭菌)、血球计数板、移液器、封口膜等。

4.实验步骤

(1)实验试剂的配制

酶液的配制:按 1 g 材料加入 10 mL 酶液的比例配制。配制分以下两步进行:第一步,配制酶储备液(7 mmol/L $CaCl_2 \cdot 2H_2O$+0.7 mmol/L $NaH_2PO_4 \cdot 2H_2O$+ 3 mmol/L MES+0.5 mol/L 甘露醇,pH 5.6),定容至 10 mL,灭菌备用;第二步,使用时在酶储备液中加入 1%纤维素酶 R-10 和 0.8%果胶酶 R-10。注意:因酶制剂经过高温高压灭菌处理后会失活,用时将酶制按一定比例加入第一步已灭菌的溶液内。一般酶制剂都不太纯,配好后经 3 500 r/min 离心 5 min,弃去其中杂质,吸取的上清液用 0.45μm 滤膜的细菌过滤器抽滤灭菌。

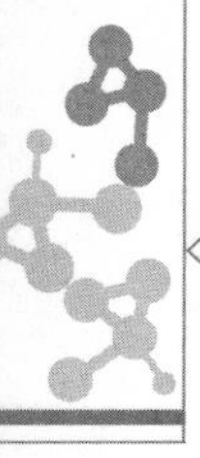

洗液的配制(用于酶解产物的洗涤):8 mmol/L $CaCl_2 \cdot 2H_2O$ + 2 mmo/L $NaH_2PO_4 \cdot 2H_2O$ + 0.5 mol/L 甘露醇,灭菌。

原生质体培养基的配制:按表 8-6 配方将大量元素、微量元素、铁盐和有机附加物分别配成 10 倍或 100 倍的母液,低温保存。在配制培养基时,按比例吸取、混合、分装和灭菌。

表 8-6　原生质体培养基的配方

母液类别	药品名称	浓度/(mg/L)	母液类别	药品名称	浓度/(mg/L)
大量元素	KNO_3 NH_4NO_3 $(NH_4)_2SO_4$ $MgSO_4 \cdot 7H_2O$ $CaCl_2 \cdot 2H_2O$ $CaHPO_4 \cdot H_2O$	2 500 250 134 250 900 50	铁盐	$Na_2EDTA \cdot 2H_2O$ $FeSO_4 \cdot 7H_2O$	37.2 27.8
微量元素	$MgSO_4 \cdot 4H_2O$ $ZnSO_4 \cdot 7H_2O$ H_3BO_3 $Na_2MoO_4 \cdot 5H_2O$ $CoCl_2 \cdot 6H_2O$	10 2 3 0.025 0.025	有机附加物	肌醇 盐酸吡哆醇 盐酸硫胺素 烟酸 KT NAA 蔗糖 木糖	100 1 10 1 0.2 0.1 13 700 250
				pH	5.8

(2)原生质体的分离

①叶片处理　在超净工作台内,将无菌烟草叶片从培养瓶内取出,放在培养皿内萎蔫 1 h,以提高叶肉原生质体对以后处理的忍耐力。如直接取室外培养的叶片,需进行表面灭菌,70%乙醇浸泡 5 s,无菌水冲洗 2~3 次,再以 2%次氯酸钠溶液浸泡 10 min,无菌水冲洗 3~4 遍。

②细胞壁的酶解　在超净工作台内,用镊子撕去烟草叶片表皮,并去掉叶脉,剪成 0.5 cm^2 小块,浸在含酶液的培养皿中,封上封口膜。黑暗振荡培养,保持 27 ℃,酶解 12~24 h,振速为 50~60 r/min。

(3)原生质体的收集与纯化

①原生质体的收集　取出装有酶解好材料的三角瓶,重新置于超净工作台内,将酶解物用小漏斗(装有 300 目不锈钢网)过滤,消化完的细胞团或组织留在不锈钢网上面。过滤液收集于 10 mL 离心管中,500 r/min 离心 2 min,去掉上清液,沉淀物为原生质体的粗提物。

②原生质体的纯化　用注射器(装上长针头)向离心管底部缓缓注入 20%蔗糖 6 mL,500 r/min 离心 5 min。这时,在两相溶液的界面之间出现一层纯净的完整原生质体,杂质和碎片都沉到管底。收集界面处的原生质体。

③原生质体的清洗　把 1 mL 洗液加到收集的原生质体中,轻轻摇动,用力不可太大,以免原生质体破裂,500 r/min 离心 2 min,弃上清液,留沉淀,并重复一次。再用 1 mL 培养液将沉淀轻轻打起,500 r/min 离心 2 min,弃上清液,留沉淀。以上几步离心均在超净工作台内操作。

(4) 原生质体的培养

①培养　用 2 mL 培养液将沉淀在离心管内的原生质体轻轻悬起,并倒入 2 个小培养皿内,只需一薄层即可。用封口膜封口,以防污染和培养基中水分散失造成渗透压提高,渗透压提高对原生质体是一种冲击,会导致对其完整性的破坏。将小培养皿放在一装有湿滤纸的塑料袋中,要求在散射的暗淡光

(强光刺激会使原生质体死亡)和湿润环境中培养,温度 25 ℃。

②观察和记录 第 2 天用倒置显微镜观察原生质体生长情况,视野内呈现出很多圆的原生质体。2～3 d 后细胞壁再生。可照相记录每天观察到的结果。同时,要注意原生质体的密度,培养基中原生质体必须有一定密度,不然难以分裂。密度参考值是 10^4～10^5 个/mL,确切的密度应该因材料、培养时间等具体条件的不同而异。需要时,可进行原生质体活力的鉴定:取原生质体提取液一滴于载玻片上,加入相同体积的 0.02% FDA(荧光素双醋酸酯)稀释液,静置 5 min 后,于荧光显微镜下观察,发出绿色荧光的为有活力的原生质体,没有产生绿色荧光或发出红色荧光的为无活力的原生质体。

③原生质体再生 具有活力的原生质体在合适的培养条件下 3～6 d 就可以看见原生质体的第一次分裂,2 周左右可见到小细胞团。要不断加入新鲜细胞培养基,加入的时间和容量因实验情况而异,原则上要在原生质体一次或几次分裂后逐步加入。细胞团继续长大成愈伤组织到植株分化的过程与其他组织培养情况相同。

5. 实验注意事项

(1)除去细胞壁的酶液种类和浓度是决定能否获得大量原生质体的关键,应根据试验材料的不同来调节和摸索,确定最终的酶种类和浓度。

(2)酶液和洗液中的渗透调节剂对于获得完整稳定的原生质体非常重要;否则,渗透压不合适,容易造成原生质体的破裂。

6. 实验报告及思考题

(1)每 2 人一组,进行原生质体分离和培养,并仔细观察和描述原生质体的细胞壁再生、细胞团形成和愈伤组织形成的过程。

(2)纤维素酶和果胶酶在原生质体分离时的作用分别是什么?

(3)你认为要获得数量多、生命力强的原生质体,在实验中应注意哪些问题?

(4)为什么在原生质体培养时一般要做原生质体的密度和活力测定?

Ⅱ 烟草原生质体的融合

1. 实验目的

了解分别用物理(电融合)和化学(PEG)法诱导植物原生质体融合获得杂种细胞的过程,并能根据亲本原生质体的形态来鉴别杂种细胞。

2. 实验原理

植物不同种间的原生质体可在人工诱导条件下融合,产生杂种细胞(hybrid cell),再经过培养可再生新的细胞壁,分裂形成愈伤组织,进而分化产生杂种植株。由于进行融合的原生质体来自体细胞,故该项技术也叫体细胞杂交,获得的植株为体细胞杂种(somatic cell hybrid)。原生质体融合能使有性杂交不亲和的植物种间、属间、科间进行广泛的遗传重组,因而在植物育种上具有巨大的潜力。在植物遗传操作研究中也是关键技术之一。

人工诱导原生质体融合的方法,常用自发融合、化学试剂诱导、电刺激、微束激光、微矩阵芯片和空间物理场等多种融合方法。其中,最常用的是电融合法和 PEG 法两种。

(1)电融合法(电激法诱导植物原生质体融合) 主要是根据原生质膜带有电荷的特性,首先施加一定强度的交变电场,使原生质膜表面极化,形成偶极子。由于原生质体间的电荷相互吸引作用,原生质体在交变电场作用下沿着电场方向形成很多平行的紧密排列的原生质串珠;接着施加若干个一定强度的脉冲电压,使相互接触的原生质膜发生可逆性电穿孔,由于表面张力的作用,原生质体间相互融合,静置一段时间后,融合子很快形成一个个球体。相邻两个细胞紧密排列部位的微孔就会有物质交流,形成所谓的膜桥和质桥,进而产生细胞融合。针对不同来源的原生质体,通过电融合参数的优化选择,以及

双亲原生质体融合时密度的调整,可以避免过多地形成多核体,获得满意的融合效果。该技术对细胞的毒害小、融合效率高、融合技术操作简便。

(2)PEG法(PEG法诱导植物原生质体融合) PEG是一种被称为聚乙二醇(polyethylene glycol)的水溶性高分子多聚体,其分子具有轻微的负极性,故可以与具有正极性基团的水、蛋白质和碳水化合物等形成氨键,在原生质体之间形成分子桥,从而使原生质体发生粘连进而促进原生质体的融合。这时,在高pH-高钙液的处理下,与质膜结合的分子被洗脱,导致电荷平衡失调并重新分配,使原生质体的某些正电荷与另一些原质体的负电荷连接起来形成具有共同质膜的融合体。该方法的优点是融合成本低,不需要特殊设备,并且融合子产生的异核率较高。

3.实验用品

(1)材料:烟草叶肉原生质,胡萝卜根愈伤组织或悬浮细胞的原生质体,烟草或其他植物无菌苗的叶片,胡萝卜肉质根诱导的松软愈伤组织或悬浮培养细胞。

(2)溶液 PEG溶液(50% PEG1540+10.5 mmol/L $CaCl_2 \cdot 2H_2O$+0.7 mmo/L KH_2PO_4,pH 5.6)、溶液Ⅰ(500 mmol/L葡萄糖+ 0.7 mmo/L KH_2PO_4+3.5 mmol/L $CaCl_2 \cdot 2H_2O$,pH 5.6)、溶液Ⅱ(50 mmol/L甘氨酸+ 50 mmo/L $CaCl_2 \cdot 2H_2O$ + 300 mmol/L葡萄糖,pH9.0)。

(3)仪器 超净工作台、细胞融合仪、倒置显微镜、pH计等。

(4)用具 血球计数板、移液枪、60 mm平皿、镊子、封口膜等。

4.实验步骤

(1)电激法诱导植物原生质体融合

①原生质体的分离和收集,参见“实验Ⅰ植物原生质体的分离和培养”。

②将收集的两种不同材料的原生质体分别悬浮在溶液Ⅰ中,原生质体密度调整为2×10^5个/L左右(用血球计数板统计原生质体密度)。

③将两种原生质体悬液等量混合,取100 μL悬液加到细胞融合仪的融合小室内。

④开机调节好融合仪的各项参数。将融合小室接好电极后置于倒置显微镜下静置约3 min,使悬浮的原生质体沉降到平板底部。同时打开成串脉冲输出开关及融合脉冲输出开关,使高压脉冲发生电路与融合小室接通。成串交流电压调至40~50 V,成串电流频率为0.5 MHz,成串时间保持1 min,然后轻触脉冲触发开关,施加3次融合脉冲,每次间隔1 s。融合脉冲后成串脉冲再保持1 min。静置融合小室20~30 min,在显微镜下观察融合过程。

(2)PEG法诱导植物原生质体融合

①原生质体的分离和收集,参见“实验Ⅰ植物原生质体的分离和培养”。

②将收集的两种不同材料的原生质体分别悬浮在溶液Ⅰ中,原生质体密度调整为2×10^5个/L左右(用血球计数板统计原生质体密度)。

③将两种原生质体悬液等量混合。

④用移液枪将混合的原生质体悬液滴在直径为60 mm的平皿中,每皿7或8滴,每滴约0.1 mL。然后静置10 min,使原生质体铺在皿底上,形成一薄层(应有3~5个平皿的重复)。

⑤用移液枪将等量的PEG溶液缓慢地加在原生质体液滴上,再静置10~15 min。此时,可取一个平皿在倒置显微镜下观察原生质体间的粘连。

⑥用移液枪将原生质体液滴慢慢地加入高pH-高钙稀释液(溶液Ⅱ)中。第一次加0.5 mL,第2次加1 mL,第3、4次各加2 mL,每次间隔5 min。

⑦将平皿稍微倾斜,吸去上清液,再缓慢加入4 mL稀释液。5 min后,再倾斜平皿,吸去上清液,注意吸去上清液时勿使原生质体漂浮起来。

⑧用实验Ⅰ中的原生质体培养基如上述步骤⑥和⑦换洗2次。置26 ℃下进行24 h暗培养,然后转到弱光条件下培养。在培养3 d以内,可根据双亲原生质体的形态特征来鉴别杂种细胞与非杂种细

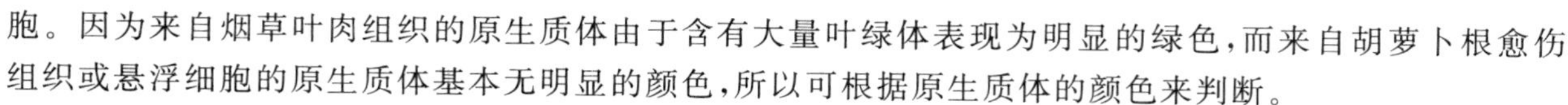

胞。因为来自烟草叶肉组织的原生质体由于含有大量叶绿体表现为明显的绿色，而来自胡萝卜根愈伤组织或悬浮细胞的原生质体基本无明显的颜色，所以可根据原生质体的颜色来判断。

5.实验注意事项

(1)选取亲本原生质体时，尽量使两种亲本的原生质体各自具有明显的外观特征，这样容易进行杂种细胞与亲本细胞的区分。

(2)在整个过程中都要保证原生质体处于适当的渗透压下，以保证原生质体的活力。

(3)用 PEG 介导的细胞融合，其融合效果与 PEG 的相对分子质量及其浓度成正比，但 PEG 的相对分子质量越大，浓度越高，对细胞的毒性也就越大，需要兼顾两者。在实验时常常采用的 PEG 相对分子质量为 1 000～4 000，浓度一般为 40％～60％。PEG 的稀释应逐步进行。

6.实验报告及思考题

(1)在倒置显微镜下观察原生质体的融合过程，统计异源融合的频率。

(2)简述电融合法和 PEG 融合的原理，比较两者各有何优缺点。

(3)要想提高融合频率，应注意哪些因素？

(4)植物原生质体融合技术在作物改良中有何意义？可能存在哪些问题？

第9章

植物次生代谢物质生产

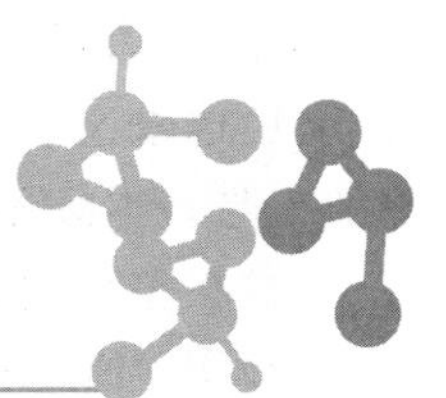

新陈代谢分为初生代谢和次生代谢，它们是生物所共有的生命过程。植物次生代谢物在许多生命活动过程中起着重要作用，如细胞解毒、物质交流、信号传导、防御机制等。对我们人类而言，很多植物次生代谢物具有治疗疾病的重要功能，是医药品和化学品的重要来源；也是解决目前世界面临的西药毒副作用大、一些疑难病症(如癌症、艾滋病等)无法医治等难题的一条新途径。因而它成为 20 世纪以来国内外生物学、植物药学研究的热门课题。

植物虽能合成成千上万种次生代谢物，但是往往它们的含量较低，利用受到限制。另外，现在人们很难在体外合成这些次生代谢物。而利用植物细胞工程的手段，借助植物组织、细胞可有效地生产植物次生代谢物质，为次生代谢物的应用提供了有效途径。

9.1 植物次生代谢的概念及其作用

植物次生代谢的概念最早于 1891 年由 Kossei 明确提出。植物通过次生代谢途径产生的物质称为次生代谢物。从进化角度考虑，基于初生代谢基础之上的次生代谢及其产物是植物在长期进化过程中与生物和非生物因素相互作用的结果，并通过不同次生代谢途径而产生。

次生代谢物最初被认为是代谢中不再起作用的末端产物，作为废物储藏在植物的各种组织中。但是，不久人们便发现植物次生代谢物在植物与环境、植物与植物、植物与微生物及植物与昆虫之间的关系中行使着重要的化学生态学功能。后来又发现，所有旺盛生长的细胞中都发生着次生代谢物的不断合成和转化，植物次生代谢在其生命活动中起着重要作用。

9.1.1 植物次生代谢的概念

在特定的条件下，一些重要的初生代谢产物，如乙酰辅酶 A、丙二酸单酰辅酶 A、莽草酸及一些氨基酸等，作为原料或前体，又进一步经历不同的代谢过程。这一过程产生一些通常对生物生长发育无明显用途的化合物，即“天然产物”，如黄酮、生物碱、萜类等化合物。合成这些天然产物的过程就是次生代谢。故这些天然产物也谓之次生代谢物。

植物的次生代谢是相对于初生代谢而言的，是释放能量的代谢，是以初生代谢的中间产物作为起始物(底物)的代谢。通常认为植物的次生代谢与生长、发育、繁殖等无直接关系，其产生的次生代谢物被认为是释放能量过程产生的物质。长期以来，次生代谢物被认为是代谢中不再起作用的末端产物，作为废物储藏在植物的各种组织中，虽对植物生存有重要的生态作用，但在生物体内所执行的功能并不重要。近年来研究发现，其实在所有旺盛生长的细胞中都发生着次生代谢物的不断合成和转化。其中很多次生代谢物对人体有着很强的生物活性，具有特殊的医疗价值。如生物碱、萜类化合物、芳香族化合物等，通常称为有效成分。

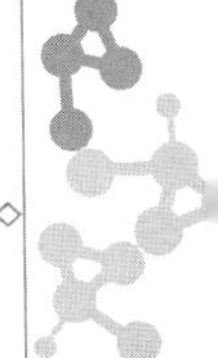

9.1.2 植物初生代谢与次生代谢的关系

植物初生代谢通过光合作用、柠檬酸循环等途径，为次生代谢提供能量和一些小分子化合物原料。次生代谢也会对初生代谢产生影响。但是初生代谢与次生代谢也有区别，前者在植物生命过程中始终都在发生，而后者往往发生在生命过程中的某一阶段。

初生代谢与植物的生长发育和繁衍直接相关，为植物的生存、生长、发育、繁殖提供能源和中间产物。绿色植物及藻类通过光合作用将二氧化碳和水合成为糖类，进一步通过不同的途径，产生三磷酸腺苷(ATP)、辅酶(NADH)、丙酮酸、磷酸烯醇式丙酮酸、4-磷酸-赤藓糖、核糖等维持植物肌体生命活动不可缺少的物质。磷酸烯醇式丙酮酸与4-磷酸-赤藓糖可进一步合成莽草酸(植物次生代谢的起始物)，而丙酮酸经过氢化、脱羧后生成乙酰辅酶A(植物次生代谢的起始物)，再进入柠檬酸循环中，生成一系列的有机酸及丙二酸单酰辅酶A等，并通过固氮反应得到一系列的氨基酸(合成含氮化合物的底物)，这些过程为初生代谢过程。在特定的条件下，一些重要的初生代谢产物，如乙酰辅酶A、丙二酰辅酶A、莽草酸及一些氨基酸等作为原料或前体(底物)，又进一步进行不同的次生代谢过程，产生酚类化合物(如黄酮类化合物)、异戊二烯类化合物(如萜类化合物)和含氮化合物(如生物碱)等。

植物次生代谢产物的种类繁多，化学结构多种多样，但从生物合成途径看，次生代谢从几个主要分支点与初生代谢相连接，初生代谢的一些关键产物是次生代谢的起始物。如乙酰辅酶A是初生代谢的一个重要"代谢纽"，在柠檬酸循环(TCA)、脂肪代谢和能量代谢中占有重要地位，它又是次生代谢产物黄酮类化合物、萜类化合物和生物碱等的起始物。很显然，乙酰辅酶A会在一定程度上相互独立地调节次生代谢和初生代谢，同时又将整合了的糖代谢和TCA途径结合起来。初生代谢与次生代谢的关系如图9-1所示。

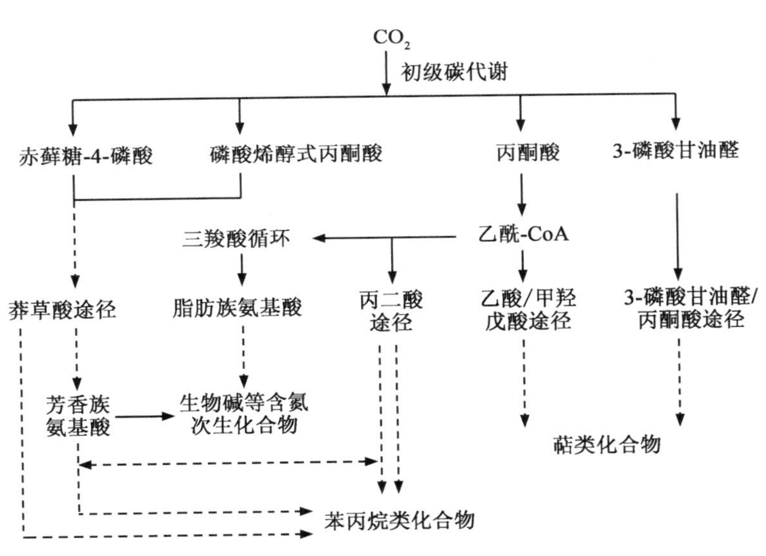

实线为初生代谢，虚线为次生代谢。

图9-1 植物初生代谢与次生代谢关系示意图(引自王莉等，2007)

从起源发生的角度看，次生代谢产物可大致归并为异戊二烯类、芳香族化合物、生物碱和其他化合物几大类。异戊二烯类化合物的合成有两条重要途径：其一是经由柠檬酸循环和脂肪酸代谢的重要产物乙酰-CoA出发，经甲羟戊酸产生异戊二烯类化合物合成的重要底物异戊烯基焦磷酸(IPP)和其异构体二甲基丙烯基焦磷酸(DMAPP)。其二是由戊糖磷酸途径产生的甘油醛-3-磷酸经过3-磷酸甘油醛/丙酮酸途径(去氧木酮糖磷酸还原途径)产生IPP和DMAPP，然后由IPP和DMAPP生成各类产物，包

括萜类化合物、甾类化合物、赤霉素、脱落酸、类固醇、胡萝卜素、鲨烯、叶绿素和橡胶等。芳香族化合物是由戊糖磷酸循环途径生成的4-磷酸赤藓糖与糖酵解产生的磷酸烯醇式丙酮酸缩合形成7-磷酸庚酮糖，经过一系列转化进入莽草酸和分支酸途径合成酪氨酸、苯丙氨酸、色氨酸等，最后生成芳香族代谢物，如黄酮类化合物、香豆酸、肉桂酸、松柏醇、木脂素、木质素、芥子油苷等。生物碱类化合物的合成也有两条重要途径：其一是由柠檬酸循环途径合成氨基酸后再转化成托品烷、吡咯烷和哌啶类生物碱。其二是由莽草酸途径经由分支酸产生的预苯酸和邻氨基苯甲酸产生的酪氨酸、苯丙氨酸和色氨酸产生的异喹啉类和吲哚类生物碱（张康健等，2001；曹福祥，2003）。一些含氮的β-内酰胺类抗生素、杆菌肽和毒素等也是通过氨基酸合成的（阎秀峰等，2007；张康健等，2001）。其他类主要是由糖和糖的衍生物衍生而来的代谢物，通过磷酸己糖衍生的有糖苷、寡糖和多糖等（图9-2）。

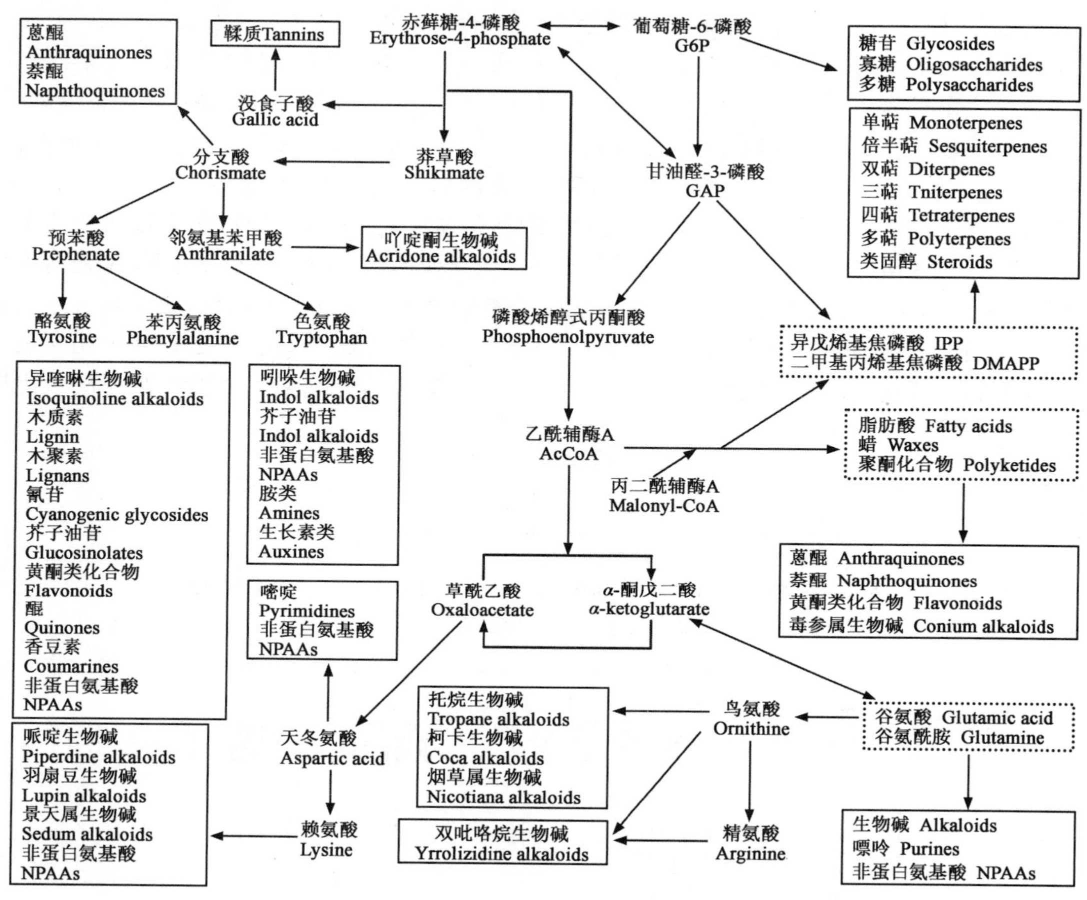

图9-2　植物初生代谢中间产物与次生代谢物的联系示意图（阎秀峰等，2007）

9.1.3　植物次生代谢的作用

1. 植物次生代谢物对非生物因素的防御作用

植物对非生物因素的防御主要表现在对环境胁迫或逆境的适应。在自然环境条件下，高温、低温、干旱、高盐等物理环境都有可能对植物造成伤害。在一定程度上，植物对环境胁迫可以做出反应，次生代谢及其产物是其生化反应的基础。近年来研究表明，高温、干旱、低温、高盐营养等物理环境，可以诱导植物细胞产生逆境蛋白，如高温诱导的热激蛋白（HSP），低温诱导的冷响应蛋白（CRP），低温、外源脱落酸（ABA）及水分胁迫诱导的胚胎发育晚期丰富蛋白（LEA），干旱和高盐诱导的渗调蛋白（Osmotin）等，这些蛋白可以直接参与到细胞内的各种生化反应或通过改变某些酶的活性而增强植物的抗逆境能力。

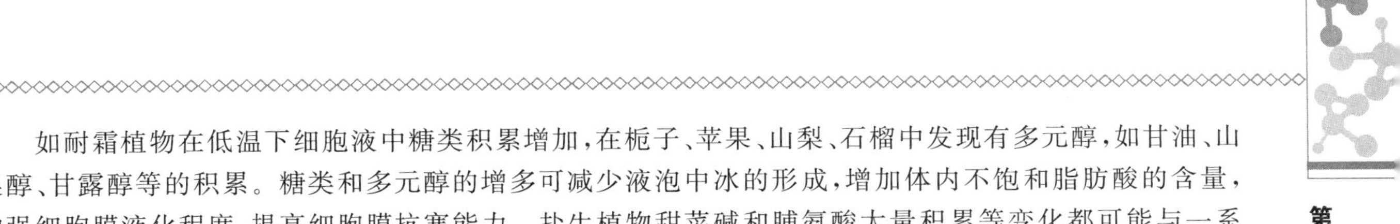

如耐霜植物在低温下细胞液中糖类积累增加，在栀子、苹果、山梨、石榴中发现有多元醇，如甘油、山梨醇、甘露醇等的积累。糖类和多元醇的增多可减少液泡中冰的形成，增加体内不饱和脂肪酸的含量，增强细胞膜液化程度，提高细胞膜抗寒能力。盐生植物甜菜碱和脯氨酸大量积累等变化都可能与一系列保护性生化反应有关，脯氨酸含量增加，有利于贮存氨，减少氨的毒害。盐生植物体内游离氨基酸和生物碱的生成，可能与减少氨毒害有关。

2.植物次生代谢物对生物因素的防御作用

(1)对种内和种间植物的防御作用(化感作用) 植物间的化感作用是近年来颇受重视的研究领域，它主要是指植物产生并向环境释放次生代谢产物从而影响周围植物生长和发育的过程。化感作用包括促进和抑制两个方面，在范围上包括种群内部和物种间的相互作用。

植物彼此间相互作用的剧烈程度不亚于植物与昆虫间的相互作用。但这些相互作用一般是非专一性的。植物的次生代谢物质在地面上是从树叶、树枝等部位释放到环境中，在地下则是通过根的作用释放到环境中。这些化合物抑制其他植物的发芽或生长以减低其他植物的竞争能力，这就是异株克生现象。

(2)对植食性昆虫的防御作用 植物次生代谢物可以影响许多昆虫的行为。首先，次生代谢物的挥发性可作为诱导植食性昆虫寻找食物、产卵的信号物质。其次，可以作为防御物质，存在于许多植物中，对昆虫具有驱避、拒食、胃毒、触杀、生长发育抑制等生理活性。最后，挥发性次生代谢物可以作为植食性昆虫天敌识别寄主的信号，为植食性昆虫天敌搜寻猎物提供信息，从而达到间接防御的目的。由此可以看出，次生代谢产物在植物—植食性昆虫—昆虫天敌三级营养关系中起着重要的作用，它是三者之间进行交流的信使，在三者的协同进化中起重要作用。

(3)对大型草食性动物采食量的防御作用 对动物或人类的采食，植物往往通过超补偿反应以弥补采食造成的营养和生殖损失。在防御上，可造成钩、刺等物理屏障。但由于动物能抗御植物的物理防御，因此植物对采食量有效的防卫是植物利用次生代谢产物进行的化学防御。其防御的机制主要有3种：一是次生物质决定植物可食部分的适口性，使动物拒食，如由生物碱、皂角苷、类三萜、类黄酮等化合物形成的苦味对动物有拒斥作用，使动物不以味苦的植物为食。二是利用氰类及生物碱等有毒物质进行质量防御。由于这类物质易被吸收，在剂量很低时就对动物产生有效的生理影响，从而达到防御目的。三是利用酚类和萜类化合物抑制动物消化，限制觅食。

(4)对病原微生物的防御作用 植物的挥发性次生代谢物对微生物具有杀灭或抑制作用。当植物受到真菌、病毒、细菌等病原微生物的诱导后可以产生抗病菌能力，其生化机理是植物产生的次生物质构成植保素或抑菌物质参与了免疫反应。植保素是植物受到感染后诱导产生的一些酚类、类萜及含N有机化合物的总称，如苯甲酸、红花醇、绿原酸、蚕豆素、菜豆素等，这些物质能够提高植物的抗病能力，增强免疫能力。而在植物体内非诱导的次生代谢物可以作为预先形成的抑菌物质暂时贮存在一定的组织中，当植物受到病原体的诱导后转变为植保素、木质素等产生免疫反应。

3.植物次生代谢的生理作用

近年来研究发现，其实在所有旺盛生长的细胞中都发生着次生代谢物的不断合成和转化。植物次生代谢在其生命活动中起着重要作用。如吲哚乙酸、赤霉素等直接参与生命活动的调节；木质素为植物细胞壁的重要组成成分，纤维素、木质素、几丁质等对维持生物个体的形态必不可少；花青素是一类广泛地存在于植物中的水溶性天然色素，在植物的生殖器官如花瓣、种子和果实中呈现不同的颜色；叶绿素、类胡萝卜素等作为光合色素参与植物光合作用过程等。有些次生代谢物如水杨酸和茉莉酸，还作为信号分子参与植物的生理活动。植物体内合成的维生素C在植物抗氧化和自由基清除、光合作用和光保护、细胞生长和分裂以及一些重要次生代谢物和乙烯的合成等方面具有非常重要的生理功能。许多物种的生存已离不开这些天然产物。

特别值得一提的是叶绿素。叶绿素是含镁的四吡咯衍生物，是由原卟啉Ⅳ通过生物合成(次生代

谢)形成的。如果说植物叶子是制造营养物质(光合作用)的“化工厂”,那么叶绿素就是这个化工厂最重要的“原动力中心”。因为叶绿素具有吸收光能的特性,通过电子传递把吸收的能量汇集到作用中心。没有这个能量,“化工厂”就缺少原动力,因此,叶绿素是植物新陈代谢的原动力中心。

4.植物次生代谢物是重要的工业原料

天然橡胶是三叶橡胶树和杜仲树产生的次生代谢物,均为聚异戊二烯类化合物,前者是顺式聚异戊二烯,后者是反式聚异戊二烯,是由甲羟戊酸途径产生的次生代谢物,是合成橡胶不可比拟的一种世界性工业原料和重要的战略物资;漆树产生的次生代谢物(漆酚),是酚类化合物、生漆工业原料的重要成分。还有许多植物次生代谢物是香料、色素、调味品、化妆品等重要的工业原料,这里不再一一赘述,见表 9-1。

表 9-1 工业上重要的植物次生代谢产物

种类	次生代谢产物
医药	
①生物碱	阿玛碱、阿托品、小檗碱、可待因、利血平、长春花碱、长春花新碱
②甾类	薯蓣皂苷配基
③卡烯内酯	毛地黄皂苷配基(digitoxin)、地高辛(digoxin)
食品添加剂	
①甜味剂	卡哈苡苷(stevioside)、甜蛋白(thaumann)
②苦味剂	奎宁
③色素	藏红花
化妆品	
①色素	紫草宁、花色素苷、betalin
②香精	玫瑰油、茉莉油、薰衣草油
农业化学和精细化学	
①农业化学	除虫菊酯、salannin、印度楝素(azadirachtin)
②精细化学	蛋白酶、维生素类、脂类、乳胶、油脂

5.植物次生代谢物是人类健康的传统药物

在原始时代,我们的祖先实际上已开始应用植物次生代谢物来防治疾病了,虽然很长时期不知道其药用成分和药理作用,但却逐渐形成了一套应用传统药物的经验和理论,以至于现在形成了以植物为原料进行工业化生产药物,即从植物中提取、分离植物次生代谢物来防治疾病,这是人类利用植物药的又一次飞跃。

2012 年,以“植物次生代谢与人类营养和健康”为主题的东方科技论坛在上海举行。对人类而言,次生代谢产物是一个天然宝库。许多次生代谢物具有药用价值或者促进人体健康的功能,有些代谢物则是人体必需的营养成分,如维生素及其前体。另外,植物中也存在一些危害人体健康或者影响人体吸收利用营养的抗营养因子,例如棉酚、硫苷、葡萄糖苷、某些细胞壁成分等。因此,植物次生代谢产物与人类健康密切相关。以贫血为例,近年来,我国居民贫血患病率平均约为 15%。贫血要补铁,但补铁未必要吃含铁的保健品。一些看上去不含铁的植物,对提高人体铁元素含量也十分有效,如芹菜、油菜、苋菜等。植物中存在的活性成分对调节微量元素吸收与代谢有着神奇的作用,并有着无机元素无可比拟的优势。中国有丰富的植物资源,而中药更是祖先留下的瑰宝,中药中大多都是植物次生代谢物起重要的药效作用。例如,我国科学家首先从中药青蒿(*Artemisia annua*)中分离得到的青蒿素,迄今仍是最有效的抗疟药物。仅以生物碱为例,人们很早就认识到生物碱对人体的生理学作用。各种生物碱的生理学作用具有特异性,如咖啡碱能使神经系统兴奋,鸦片可作为麻醉剂,吗啡、延胡索乙素具有镇痛作用,阿托品具有解痉作用,小檗碱、苦参生物碱有抗菌消炎作用,利血平有降血压作用,麻黄碱有止咳平喘作用，奎宁有抗疟作用，苦参碱、氧化苦参碱等有抗心律失常作用，喜树碱、秋水仙碱、长春新碱、三尖杉碱、紫杉醇等有不同程度的抗癌作用等。

9.1.4 利用组织培养技术生产植物次生产物

组织培养技术的进步不仅为珍稀植物、珍稀品种快繁、植物生产工厂化和各种植物器官的建成提供了可能，也使各类次生产物的室内生产成为现实。在目前珍稀野生药用植物采集愈来愈困难的情况下，通过细胞培养系统生产药物是解决这一问题的一个有效途径。迄今，用植物组织培养技术生产次生产物（尤其是药物）已发展成为植物组织培养在生产应用中的两大主流之一。

组织培养所产生的次生产物很多，主要包括以下 6 类：①苷类，包括皂苷（如人参皂苷、薯蓣皂苷、三七皂苷等）、强心苷、甘草甜苷、黄酮醇苷、香豆精苷等；②甾醇，包括菜油甾醇、豆甾醇、谷甾醇等；③生物碱，包括莨菪碱、吡啶、喹啉、异喹啉、吲哚等；④醌类，包括蒽醌、萘醌、泛醌（即辅酶 Q_{10} 或 UQ）；⑤氨基酸和蛋白质类，包括胰岛素、氨基酸、蛋白酶抑制剂、植物病毒抑制剂、植物抗生素等；⑥其他有效成分，包括有机酸（如抗坏血酸、邻羟苯丙酸、儿茶酸等）、芳香油、酚类、黄酮、咖啡因等。

利用植物组织培养生产有用次生代谢产物有 3 种方式：从细胞或培养基直接提取药物、生物转化和酶促合成。

1. 细胞培养

含苷类药用植物组织培养是研究较多的，其中含皂苷的组织培养是较成功的一个方面。人参是我国著名的贵重药材，以干重为基础的粗人参皂苷，在愈伤组织中的含量（21.1%）显著高于天然根（4.1%）。

用小鼠所做的药物试验表明，愈伤组织提取物与人参根提取物的作用几乎是相同的。薯蓣皂苷元是生产避孕药物的重要原料，它可以由三角薯蓣的悬浮培养物及愈伤组织来生产（含量为干重的 21%）。

组织培养能产生大量的醌类物质。在用作轻泻剂的药用植物决明（*Lassia tora*）的愈伤组织中所含的蒽醌类，诸如大黄酸、大黄素和大黄甲醚的产量，比整个植株要多 10 倍以上；在菊叶鸡眼藤（*Morinda citrifolia*）的细胞悬浮培养中，也有相当高的含量。萘醌色素在中国被用来治疗烧伤、皮肤病和痔疮，是紫草（*Lithospermum erythrorhizon*）的有效成分，这一植物的叶片愈伤组织培养物中的含量比细胞中提高了 8 倍。用来治疗心肌梗塞的药物泛醌-10（它也是活细胞中电子传递系统的重要组成成分）也可以从烟草的细胞悬浮培养物中以高于微生物生产的效果（360 μg/g 干重）来生产。从在盛有 2,4-D 和蔗糖培养基的小型发酵罐中培养 6 d 的 400 g 新鲜细胞中获得 30 mg 的辅酶 Q_{10} 结晶；在胡萝卜的细胞培养中发现以同样方式积累辅酶 Q_{10}。

2. 生物转化

细胞培养还可将各种初级化合物转化成医药上更有效的化合物。依靠植物将特殊物质转化为更有效的生理活性物质，被认为是植物细胞培养应用方面的一个最有希望的领域，它比用微生物和化学合成更容易实现某些化合物化学结构的特殊修饰。

德国科学家 Reinhard 等用希腊毛地黄（*Digitalis lanata*）悬浮培养，使毛地黄毒苷的类固醇骨架的第 12 位进行专一性的羟基化，使其成为医药上更有用的强心剂。由于这种生物转化的成功，他们已开始进行大规模的工业化生产。南洋金花（*Datura metel* L.）悬浮培养物对酚有葡萄糖基化作用，使酚类药物的有效性明显增强。曼陀罗的培养细胞能快速将氢醌转化为熊果苷，使后者在作为利尿剂和泌尿器消毒剂时的剂量减小，疗效提高。

3. 生物合成

许多作物的氨基酸代谢都受末端产物的反馈抑制调控，因此改良作物蛋白质产量也可从细胞培养着手。迄今已分别以胡萝卜、水稻、小麦、大麦、玉米等十多种植物为试材进行高蛋白细胞培养，多数材

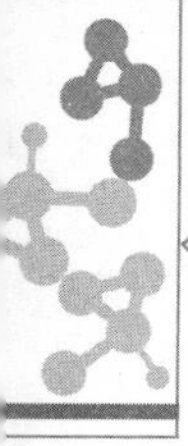

料的有关氨基酸如赖氨酸、蛋氨酸、脯氨酸和苯丙氨酸等含量能提高6～30倍。

在谷类作物的胚乳培养中，研究了淀粉、蛋白质和脂类的生物合成，结果发现有些细胞系中这类物质的产量高出植株细胞许多。培养咖啡的胚乳能从细胞中提取咖啡因。咖啡成熟胚乳在培养2周后咖啡因的含量增加了2倍，培养4周后增加了5倍。

通过细胞培养物生产药物的最新进展，增强了我们对在不久的将来实现工业化生产的信念，但在达到这个目的之前，我们仍有许多基础的和实际的问题需要进一步研究，以便更好地了解次生代谢中的某些关键技术问题。如上述3个方面的研究，都有待于药物成分代谢研究的进展。药物代谢研究的深入开展才能使植物组织培养应用于工业化生产的研究持久、有效地进行下去。

9.2 利用细胞培养技术生产植物次生代谢物质

某些植物中的次生代谢物质，主要有生物碱类、苷类、醌类、黄酮类、萜类、甾体化合物等，是人们常用的治疗某些疾病的有效成分。但是，在实际生产中，由于植物的生长环境改变或其他原因，有的植物生长缓慢，有的植物濒临灭绝，本身属于濒危植物或是自然保护对象，能够生产次生代谢物的资源太少，致使有的天然产物自然界无法提供，而其化学合成又有困难。这时，就可以利用植物细胞培养技术进行无性繁殖，使植物细胞在人为提供的最适宜的生活环境中大量培养植株生产次生代谢物质。

对于一些组织或细胞培养物能产生什么样的物质，尤其是有经济价值的、能为人们所利用的物质，一直是人们所重视的问题。目前，应用组织或细胞培养技术已经能够生产出一些天然产物，如色素、调味品与香料、杀虫剂、类胰岛素及维生素等。

对于多数植物的培养细胞来说，细胞处于一定的分化状态（细胞具细胞壁及大的椭圆形的液泡等）才能开始合成次生代谢物质。有的还需要在愈伤组织块内部有了一定的组织分化（如产生了不完全的输导组织的分化）后，才能开始次生代谢物的生物合成过程（表9-2，表9-3）。

表9-2 细胞培养生产的有效成分含量高于整体植物含量的部分实例

有效成分	植物种名	产量/%（以干重计）		研究者
		整体植物	细胞培养	
阿玛碱(ajmalicine)	长春花(*Catharanthus roseus*)	0.3	1	Zenk 等(1977)
蒽醌(anthraquinones)	海巴戟(*Morinda citrifolia*)	2.2	18	Zenk 等(1975)
小檗碱(berberine)	日本黄连(*Coptis japonica*)	2.4	13.4	Murrsy(1984)
咖啡因(caffeine)	小果咖啡(*Coffea arabica*)	1.6	1.6	Anderson 等(1986)
长春质碱(catharanthine)	长春花(*Catharanthus roseus*)	0.001 7	0.005	Kurz 等(1981)
薯蓣皂苷配基(diosgenin)	三角叶薯蓣(*Dioscorea deltoidea*)	2.4	7.8	Tal 等(1982)
人参皂苷(ginsenoside)	人参(*Panax ginseng*)	4.5	27	Misawa(1994)
迷迭香酸(rosmarinic acid)	鞘蕊花(*Coleus blumer*)	3	23	Ulbrich 等(1985)
5-羟色胺(serotonin)	骆驼蓬(*Peganum harmala*)	2	2	Sasse 等(1982)
利血平(serpentine)	长春花(*Catharanthus roseus*)	0.26	2	Deus-Neumann、Zenk(1984)
莽草酸(shikimic acid)	拉拉藤(*Galium mollugo*)	2～3	10	Amrhein 等(1980)
紫草宁(shikonin)	紫草(*Lithospermum erythrorhizon*)	1～2	15～20	Fujita(1988)
葫芦巴碱(trigonelline)	葫芦巴(*Trigonella foenum-graecum*)	0.44	5	Radwan、Kokate(1980)
Tripodiolide	雷公藤(*Tripterygium wilfordii*)	0.01	0.2	Hayashi 等(1982)
vomilenine	印度萝芙木(*Rauwolfia serpentina*)	0.004	0.214	Stockigt 等(1981)

表 9-3　整体植物中不存在而只在组织培养中产生的部分化合物

化合物	整体植物	研究者
Epchrosine	古城玫瑰树(*Ochrosia elliptica*)	Pawelka 等(1986)
脱水二松柏-乙醇-γ-β-D-葡萄糖(dehydrodiconiferyl-alcohol-γ-β-D-glucoside)	*Plagiorhegma dubium*	Arens 等(1985)
甜菜碱 A(paniculid A)	穿心莲(*Andrographis paniculata*)	Butcher、Connolly(1971)
Pericine	*Pieralima nitida*	Arens 等(1982)
异羽叶芸香素(rutacultin)	芸香(*Ruta graveolens*)	Nahrstedt 等(1985)
tarennosid	栀子(*Gardenia jasminoides*)	Lieds 等(1981)
Voafrine A 和 Voafrine B	*Voacanga africana*	Stockigt 等(1983)

利用植物细胞培养技术生产次生代谢物必须具备的条件:①生产的次生代谢物必须有一定的实际意义(要有一定的生物活性及药理作用)。②对所生产的次生代谢物要有所了解。③测定次生代谢物含量的方法要十分可靠,利用生物测定或化学分析方法均可测定出培养物中有无所要生产的次生代谢物及其含量,或是否含有其他产物。④必须考虑生物合成的问题,即在生产上还有一个从低产到高产的过程,这是一个关键性的问题。如原来的组织或细胞培养中所含的次生代谢物量过低,不利于生产,就要进行试验,逐步提高,能够达到工业化生产的要求。

9.2.1 细胞培养生产次级代谢物的工艺过程及其影响因素

1. 植物细胞培养生产次级代谢物的工艺过程

植物细胞培养生产次级代谢物的一般工艺流程包括外植体选择及处理、植物细胞的获得、细胞扩大培养、细胞悬浮培养、分离纯化、获得产物等几部分内容,现将植物细胞培养生产次级代谢物的基本过程简介如下。

(1)外植体的选择与处理　外植体是指从植株中取出,经过预处理后,用于植物组织、细胞培养的植物组织(包括根、茎、叶、芽、花、果实、种子等)的片段或小块。

外植体首先要选择无病虫害、生长力旺盛、生长有规则的植株,如果植物细胞是用于生产次级代谢物的,则需从产生该次级代谢物的组织部位中切取一部分组织,经过清洗,除去表面的灰尘污物。

将其切成 0.5～1 cm 的片段或小块。用 70%～75%的乙醇溶液或者 5%的次氯酸钠、10%漂白粉、0.1%的升汞溶液等进行消毒处理,再用无菌水充分漂洗,以除去残留的消毒剂。

(2)植物细胞的获得　从外植体获得植物细胞的方法主要有 3 种,即外植体直接分离法、愈伤组织分离法和原生质体再生法。

①外植体直接分离法　外植体直接分离法是采用机械切割、组织破碎的方法,从植物外植体中直接分离得到植物细胞的方法。该方法简单、易行,但是分离效率较低,分离得到的植物细胞数量有限,细胞容易受到机械损伤。

②愈伤组织分离法　愈伤组织分离法是首先诱导得到愈伤组织,再将愈伤组织分离得到分散的细胞或小细胞团的方法。该法可以获得数量较多的细胞,而且细胞的质量较高,是当今最常使用的方法。

③原生质体再生法　原生质体再生法是首先从外植体或愈伤组织中分离得到植物原生质体,然后在再生培养基中培养,使原生质体的细胞壁再生而获得植物细胞的方法。

植物的细胞壁主要是由纤维素、半纤维素和果胶等组成。所以在原生质体分离过程中,通常采用纤维素酶、半纤维素酶和果胶酶等的联合作用,而获得所需的原生质体。由于原生质体失去细胞壁的保护作用,所以在原生质体分离和培养过程中,都必须加入适宜的渗透压稳定剂,如蔗糖、甘油、甘露醇等,以免破坏原生质体。

(3)植物细胞扩大培养　通过上述方法获得的植物细胞需在生长培养基中经过扩大培养,以获得足够数量的优质细胞。如果获得的细胞不够理想,还可以通过筛选、诱变、原生质体融合或基因重组等方法进行细胞改良,再进行细胞扩大培养。

细胞扩大培养所使用的培养基和培养条件,应当是适合细胞生长、繁殖的最适条件。细胞扩大所使用培养基中一般含有较为丰富的氮源,必要时可以添加酪蛋白水解物、氨基酸等有机氮源,以促进细胞的生长繁殖,碳源可以相对少一些。细胞扩大培养时,温度、pH、溶解氧等培养条件应尽量满足细胞生长和繁殖的需要,使细胞长得又快又好。细胞扩大培养的时间一般以培养到细胞旺盛生长期为宜。由于植物细胞具有群体生长特性,细胞密度过低时,植物细胞的生长繁殖将受到限制,因此接入种子扩大培养或接入生物反应器进行大规模悬浮培养的细胞量一般为下一工序培养基总量的10%～20%。为了得到所需量的细胞,有时需要经过数级的细胞扩大培养。

(4)植物细胞悬浮培养　通过上述方法,获得足够量植物细胞以后,就可以进行细胞悬浮培养。植物细胞悬浮培养是指植物细胞(主要是小细胞团)悬浮于液体培养基中,在人工控制条件的生物反应器中生长、繁殖和新陈代谢的过程。通过植物细胞悬浮培养,可以获得人们所需的大量细胞,或者植物细胞的代谢产物。具体培养方法前面已经介绍。

(5)次级代谢物的分离纯化　细胞培养完成后,根据次级代谢物的分布情况,分别收集细胞或者培养液,在两相培养中则收集所使用的有机溶剂或者高分子聚合物等,再采用各种生化分离技术进行分离、纯化,得到所需的各种次级代谢产物。如果次级代谢物存在于细胞内,则要经过细胞破碎,然后再进行提取和分离纯化。

植物细胞次级代谢物的分离纯化方法很多,常用的有沉淀分离、萃取分离、层析分离、膜分离和结晶等。

2.外植体和培养基对细胞生长和次级代谢物生产的影响

(1)外植体的来源对次生代谢产物的影响　愈伤组织具有生产次生代谢物质的优势,前面已经介绍。在理论上,单个细胞和任何一块外植体在适当的条件下均可脱分化形成愈伤组织。但实际上,各种外植体诱导形成愈伤组织的难易以及其所要求的条件却有很大的不同。一个植物种,它们用于细胞培养时会表现出不同的遗传性。在同一植株上,用不同部位的组织进行培养时,其产物或产物积累也可能不同。银杏叶来源的愈伤组织的黄酮含量为1.5%,茎段来源的愈伤组织则为1.0%,而子叶来源的则为0.3%。由于次生代谢物合成和积累的遗传学基础并不十分清楚,所以在个体水平上的选择不能得到满意的结果。但是,从生长健壮的、合成所需产物较多的部位的组织来进行培养,从而获得生长快速、产率较高的细胞株的可能性较大这一点已被广泛接受。通过对选定的外植体的培养,得到愈伤组织,就有了细胞培养的基础。

(2)基本培养基对次生代谢物产量的影响　不同种类的基本培养基对培养细胞的诱导、生长和次生物质的形成有很大的影响,例如,紫草细胞在White培养基上能够合成紫草宁衍生物,而在LS等培养基上就不能合成;在MS、MC、B5、LS、White培养基中,MC培养基对红花愈伤组织生长和α-生育酚的形成有利,但也有对愈伤组织生长和次生代谢物最有利的培养基为同一培养基。因此,在组织培养时可以根据生长及代谢的需要,调整基本培养基增加次生物物质的含量。

培养基一般都含有碳源、氮源、无机盐和生长因子等几大类组分,这些组分都在细胞生长和次级代谢物的生成方面具有重要作用。这些组分的种类和含量的改变将影响细胞的生长和次级代谢物的生成。

①碳源　碳是构成细胞的主要元素之一,也是所有植物次级代谢物的重要组成元素。所以碳源是必不可少的营养物质。不同的细胞对碳源的利用有所不同,在配制培养基时,应当根据细胞的营养需要而选择不同的碳源。

用于植物细胞培养的碳源种类很多,主要是各种糖类物质。不同的糖类对不同植物细胞生长和次级代谢物生产的效果有明显差别。郭勇等以蔗糖、葡萄糖、果糖、麦芽糖、乳糖、甘露醇、右旋糖酐、菊糖等为碳源，进行玫瑰茄细胞的悬浮培养。结果表明，蔗糖和葡萄糖对细胞的生长和次级代谢物的积累都较为适合；果糖、乳糖、麦芽糖也可以为玫瑰茄细胞所利用，但效果比不上蔗糖和葡萄糖；而玫瑰茄细胞基本上不能利用甘露醇、右旋糖酐和菊糖。其他的研究结果也都表明，蔗糖和葡萄糖是植物细胞培养中适宜使用的碳源。由于蔗糖来源容易、价格较低，所以在植物细胞培养中通常以蔗糖作为碳源使用。

碳源的用量对植物细胞生长和次级代谢物的形成也有显著影响，一般采用2%～5%的蔗糖含量为宜。含量过低时，不能满足细胞生长和新陈代谢的需要；含量过高时，则由于渗透压升高，也对细胞的生长不利。例如，玫瑰茄细胞培养生产花青素时，蔗糖含量以4%为宜；大蒜细胞培养生产超氧化物歧化酶(SOD)的培养基中，蔗糖含量在3%时效果最好；在锦紫苏(*Commom coleus*)细胞培养生产迷迭香酸(rosmarinic acid)时，糖浓度为2.5%和7.5%时，迷迭香酸的产生分别为0.8 g/L和3.3 g/L；金英花(*Echschoilzia californica*)悬浮细胞培养物中，当糖浓度增加到8%时，苯并啡啶生物碱的积累增加了10倍。糖具有作为碳源和渗透调节物质的双重功效。糖引起的渗透胁迫能调控酿酒葡萄细胞悬浮培养物中花青素的合成积累。但是，高浓度的糖(5%)减少了当归(*Aralia cordata*)悬浮细胞培养物中花青素的积累量，3%为适宜浓度。杜仲(*Eucommia ulmoides*)组织培养中，在10～40 g/L蔗糖浓度范围内，愈伤组织增长量随蔗糖浓度的升高而升高，在浓度达到50 g/L时开始下降，高渗条件对细胞中绿原酸的生物合成有利，绿原酸含量随着浓度的升高而升高(李炎等，2004)。

在植物细胞培养生产次级代谢物的过程中，除了要注意细胞的不同营养要求以外，还要充分注意到某些碳源对次级代谢物的生物合成具有代谢调节的功能。

②氮源　氮元素是植物细胞的重要组成元素之一，也是生物碱等次级代谢物的组成元素。氮源对培养细胞的生长和次生代谢物的形成均有较大的影响。氮素对次生代谢物含量的影响与氮源总量、存在的状态和NH_4^+/NO_3^-比例有关。

培养基中氮的浓度影响细胞培养物中蛋白质或氨基酸的含量，然而，不同的植物细胞对氮源总量的要求有所不同。研究表明，大蒜细胞培养生产超氧化物歧化酶(SOD)，以含氮总量达到60 mmol/L(NH_4^+ 20 mmol/L，NO_3^- 40 mmol/L)的MS培养基为好；而玫瑰茄细胞培养生产花青素(anthocyanin)时，则采用含氮总量为27 mmol/L(NH_4^+ 2 mmol/L，NO_3^- 25 mmol/L)的B5培养基较为适宜。培养基中全硝态氮对茶(*Camellia sinensis*)愈伤组织儿茶素的形成有利，总氮质量浓度为15 mmol/L时愈伤组织生长量最好，提高氮浓度则导致儿茶酚含量急剧下降(陈浩等，1994)。降低总氮水平可以提高辣椒(*Capsicum anun*)中辣椒素(capsaicin)、海巴戟(*Morinda citrifolia*)中蒽醌(anthraquinone)和葡萄(*Vitis vinifera*)中花青素的含量。在完全不含氮素条件下，菊花(*Flos chrysanthemum*)培养物中除虫菊的积累量可增加2倍(Ramachandra等，2002)。氮对生物碱合成的影响还与培养基中碳有关，即培养基中C/N比是影响生物碱合成的重要因素。氮加快了细胞生长，但却抑制生物碱的合成。

培养基中在总氮量保持不变的情况下，铵盐和硝酸盐的比例对植物细胞的生长和新陈代谢有显著的影响。例如，采用含氮量为27 mmol/L的B5培养基进行玫瑰茄细胞生产花青素的研究，在含氮总量和其他条件不变的情况下培养14 d，当NO_3^-和NH_4^+的摩尔浓度比为25∶2时，细胞干重达到18 g/L，细胞中花青素含量达到20 mg/g(干重)；而当NO_3^-和NH_4^+的摩尔浓度比为11∶16时，细胞干重为6 g/L，仅为前者的1/3，细胞中花青素含量为8 mg/g(干重)，仅为前者的2/5。同样，氮源的组成对云南红豆杉愈伤组织生长和紫杉醇含量有明显影响。培养基中NO_3^-浓度高有利于愈伤组织的生长，而NH_4^+浓度高则抑制愈伤组织生长，但显著提高了紫杉醇的含量(陈永勤，2000)。MS、LS和B5培养基均含有硝酸盐和铵盐作为氮源，研究表明，硝态氮和铵态氮的比例在很大程度上影响次生代谢物的水平。高比例的NH_4^+/NO_3^-增加了小檗碱和泛醌的产量，降低铵态氮和升高硝态氮均可提高紫草宁和花青素的含量。有研究表明，其主要原因是铵离子抑制谷酰胺合成酶或谷氨酸合成酶的活性、降低培养

基的 pH，对培养细胞的生长和次生代谢物的合成不利，铵还直接或间接影响硝酸盐的同化作用（Wang 等，2002）。

基于以上研究，需要注意的是，在植物细胞培养时，应当对培养基中含氮总量以及铵盐与硝酸盐的比例进行优化选择，以达到较好的效果。

③磷酸盐　植物细胞培养需要各种无机元素，其中磷酸盐的浓度对细胞生长和次级代谢物的生产有很大影响。磷是在细胞生命活动中起重要作用的 DNA、RNA、ATP 等许多生物活性物质的组成元素，对细胞分裂、繁殖、生长和新陈代谢有重要意义。无机磷能够渗入到某些生物大分子（如核酸、磷脂等）中去，对能量代谢有重要作用。无机磷在细胞生长的前 48 h 被迅速吸收，并且 5%～15%分布在细胞质中，而 85%～95%分布在液泡中，使细胞质中的磷浓度维持在稳定水平，有利于细胞分化和生长等代谢过程。磷可促进或抑制产生次生代谢物酶的活性，对植物培养细胞中次生代谢物的积累产生影响。高水平的磷能够促进细胞的生长，但却抑制次生代谢物的积累。减少磷的水平可诱导蔷薇（*Rosa multiflora*）阿玛碱（ajmalicine）和酚类化合物（phenolic compounds）的产生、烟草咖啡酰丁二胺的产生和骆驼蓬（*Harmel paganum*）生物碱（alkaloids）的产生（Ramachandra 等，2002）。在烟草细胞培养中发现，提高培养基中磷酸盐的浓度，可以促进烟草细胞的生长，但对尼古丁（nicotine）的产生有明显的抑制作用，降低磷酸盐浓度可提高细胞中尼古丁的含量。但在毛地黄（*Digitalis purpurea*）的细胞培养中，增加磷的浓度刺激了洋地黄中洋地黄毒苷（digitoxin）、蒺藜（*Tribulus terrestris*）和商陆（*Phytolacca americana*）中 β-花青素的积累。郭勇等采用 B5 培养基进行玫瑰茄细胞培养生产花青素的研究，B5 培养基中磷酸盐的初始浓度为 1.1 mmol/L，以此作为对照，在其他条件不变的情况下，当培养基中的磷酸盐初始浓度降低到对照的 1/4 时，细胞含量仅为对照的 65%，而细胞中花青素的含量却提高到对照的 136%；当培养基中的磷酸盐浓度提高到对照的 4 倍时，细胞含量提高到对照的 115%，而细胞中花青素的含量却只有对照的 60%左右。由此可见，提高培养基中磷酸盐的浓度，可以促进玫瑰茄细胞生长，但是却对细胞中花青素的合成有明显的抑制作用；相反，降低培养基中磷酸盐的浓度，可以提高细胞中花青素的合成量，却对玫瑰茄细胞的生长不利。

（3）植物生长激素对细胞生长和次级代谢物生产的影响　激素的使用是提高次生代谢物种类和含量的重要途径。激素能够影响植物细胞的生长和分化以及次生代谢，这种影响与激素的种类和浓度相关。激素常作为诱导和调节愈伤组织生长的重要因素而用于次生代谢产物的研究，但其中生长素和细胞分裂素的作用大不相同。生长素或细胞分裂素的种类和浓度或生长素与细胞分裂素的比例均影响培养细胞的生长和次生代谢产物的形成和积累。一定浓度的生长素可以明显促进愈伤组织的生长，但通常会抑制次生代谢物的生成。2,4-D 在很大程度上抑制次生代谢物的产生，如长春花、毛曼陀罗、天仙子、颠茄、罂粟、烟草等细胞培养物在有 2,4-D 时不产生生物碱；NAA 促进丹参根愈伤组织中丹酚酸 B 的含量，但抑制紫草宁的合成。外源激素对植物次生代谢物合成积累影响的主要原因是对次生代谢物合成酶活性的影响。2,4-D 抑制编码吲哚类生物碱合成过程中的重要酶色氨酸脱氨酶和异胡豆苷合成酶基因的转录，而细胞分裂素则能刺激 mRNA 和生物碱迅速增加。细胞分裂素的这种作用依赖于细胞膜 Ca^{2+} 通道开放和钙调素的调节。如果加入 Ca^{2+} 螯合剂 EGTA 或 Ca^{2+} 通道阻断剂，则可抑制细胞分裂素诱导的生物碱积累。用 NAA 或 IAA 代替 2,4-D 可以提高杨梅和胡萝卜中花青素的含量、马齿苋中 β-花青素的含量、烟草中尼古丁的含量和紫草中紫草宁的含量。但也有研究发现，2,4-D 可促进胡萝卜悬浮培养物中 β-胡萝卜素的含量等。在植物细胞培养中除用单一激素调节外，常用混合激素调节次生代谢物含量。在长春花组织培养中，NAA、IAA 共同使用比单一使用 2,4-D 时吲哚总碱含量提高幅度大（张向飞等，2004）。不同激素组合对高山红景天细胞生长及红景天苷积累有影响。在不同激素组合中，当所用浓度相同时，以 NAA 和 6-BA 组合效果最好，生物量和红景天苷含量都最高。当 NAA 为 1 mg/L，6-BA 为 0～3 mg/L 时，红景天苷含量随 6-BA 浓度增大缓慢降低。NAA 在 0.05～0.3 mg/L 时，对细胞生长影响不大，但大大促进了红景天苷的积累。而当大于 0.3 mg/L 时，细胞生长明显受到抑制，生物量急剧减少，而红景天苷含量仍然逐渐升高(韩爱民等，1997)。

植物激素的浓度较高时会对植物细胞产生毒性而影响植物细胞的生长。高浓度的生长素抑制次生代谢途径中一些重要酶的活性，从而使产物的合成受阻，如高浓度的2,4-D抑制查尔酮合成酶的活性以阻碍酢浆草花色苷的合成。高浓度的NAA对迷迭香酸甲酯和咖啡酸的形成具有一定的抑制作用，6-BA对NAA具有拮抗作用。高浓度KT却对丹参酮的形成具有明显的促进作用。

3.环境条件对次生代谢物生产的影响

(1)温度　植物细胞的生长、繁殖和次级代谢物的生产需要一定的温度条件。在一定的温度范围内，细胞才能正常生长、繁殖和维持正常的新陈代谢。

不同的细胞有各自不同的最适生长温度。例如，枯草杆菌的最适生长温度为34～37 ℃，黑曲霉的最适生长温度为28～32 ℃，植物细胞的最适生长温度为25～30 ℃等。

有些细胞生产次级代谢物的最适温度与细胞最适生长温度有所不同，而且往往低于最适生长温度。但是若温度太低，则由于代谢速度缓慢，反而降低次级代谢物的产量，延长发酵周期。所以必须进行试验，以确定最佳生产温度。为此在有些植物细胞培养生产次级代谢物的过程中，要在不同的阶段控制不同的温度，即在细胞生长阶段控制在细胞生长的最适温度范围，而在生产阶段则控制在次级代谢物生产的最适温度范围。

在细胞生长和次级代谢物的生产过程中，由于细胞的新陈代谢作用，会不断放出热量，使培养基的温度升高，同时，由于热量的不断扩散，会使培养基的温度不断降低。两者综合作用，决定了培养基的温度。由于在细胞生长和次级代谢物生产的不同阶段，细胞新陈代谢放出的热量有较大差别，散失的热量又受到环境温度等因素的影响，使培养基的温度发生明显的变化，为此必须经常及时地对温度进行调节控制，使培养基的温度维持在适宜的范围内。温度的调节一般采用热水升温、冷水降温的方法。为了及时地进行温度的调节控制，在植物细胞生物反应器中，均应设计有足够传热面积的热交换装置，如排管、蛇管、夹套、喷淋管等，并且随时备有冷水和热水，以满足温度调控的需要。

植物细胞培养的温度一般控制在室温范围(25 ℃左右)。温度高些，对植物细胞的生长有利；温度低些，则对次级代谢物的积累有利。但是通常不能低于20 ℃，也不要高于35 ℃。

(2)pH　培养基的pH与细胞的生长繁殖以及次级代谢物的生产关系密切，在培养过程中必须进行必要的调节控制。细胞生产次级代谢物的最适pH与植株生长最适pH往往有所不同。需要在不同的阶段控制不同的pH范围。

随着细胞的生长繁殖和新陈代谢产物的积累，培养基的pH往往会发生变化。这种变化的情况与细胞特性有关，也与培养基的组成成分以及发酵工艺条件密切相关。例如，含糖量高的培养基，由于糖代谢产生有机酸，会使pH向酸性方向移动；含蛋白质、氨基酸较多的培养基，经过代谢产生较多的胺类物质，使pH向碱性方向移动；以硫酸铵为氮源时，随着铵离子被利用，培养基中积累的硫酸根会使pH降低，以尿素为氮源的，随着尿素被水解生成氨，而使培养基的pH上升，然后又随着氨被细胞同化而使pH下降；磷酸盐的存在，对培养基的pH变化有一定的缓冲作用；在氧气供应不足时，由于代谢积累有机酸，可使培养基的pH向酸性方向移动。

植物细胞的生长和次级代谢物的生产都要求一定的pH范围。植物细胞培养的pH一般控制在微酸性范围，即pH为5～6，但与植物种类及外植体类型有关。在培养过程中，随着培养基pH的不同，培养细胞的pH发生变化。如红叶藜(*Chenopodium rubrum* L.)细胞悬浮培养时，培养基的pH由4.5增加到6.3时，细胞溶质的pH增加3.0个单位，液泡的pH增加1.3个单位(Husemann等，1992)。培养基的pH能够改变培养细胞溶质的pH和培养基中营养物质的离子化程度，从而影响细胞对营养物质的吸收以及代谢反应中各种酶的活性和次生代谢水平。不同植物生长和次生代谢所适宜的培养基pH有差异。南方红豆杉(*Taxus chinensis*)的愈伤组织生长及紫杉醇的含量受pH的影响较大，pH 5.5时对愈伤组织生长有利，达接种量的3.84倍，但紫杉醇的含量较低；pH 7.0时，愈伤组织的生长量仅为接种量的2.8倍，而紫杉醇含量却达pH 5.5时的2倍多(盛长忠等，2001)。将培养基的pH降至3.5可

使长春花须根培养基中阿玛碱浓度增至原来的 400 倍，泻花碱浓度增加 30 倍，而不影响根的生长。这是因为，生物碱的合成和储存在液泡中进行，液泡和培养基之间的 pH 梯度能够对生物碱的合成和储存造成影响。改变培养基的 pH 可以促进生物碱释放到培养基中。有些次级代谢产物是与 H^+ 通过对运方式跨膜传递的，当培养基中 pH 降低时，会促进次级代谢产物向胞外运输，H^+ 向胞内运输。如高山红景天(*Rhodida sachalinensis* A. Bor)细胞悬浮培养中，通过降低培养基 pH 能有效地诱导培养细胞中红景天苷的胞外释放。其原因是红景天苷的跨膜运输是一个与 H^+ 对运的动态过程，培养基 pH 决定了红景天苷在细胞内外含量的分布，红景天苷在细胞内外的最终浓度分布由跨膜 pH 梯度所决定(许建蝎等，1997)。

(3)溶解氧　细胞的生长繁殖和次级代谢物的生物合成过程需要大量的能量。为了获得足够多的能量，细胞必须获得充足的氧气，使从培养基中获得的能源物质(一般是指各种碳源)经过有氧降解而生成大量的 ATP。在培养基中培养的细胞一般只能吸收和利用溶解氧。溶解氧是指溶解在培养基中的氧气。由于氧是难溶于水的气体，在通常情况下，培养基中溶解的氧并不多。在细胞培养过程中，培养基中原有的溶解氧很快就会被细胞利用完。为了满足细胞生长繁殖和生产次级代谢物的需要，在培养过程中必须不断供给氧(一般通过供给无菌空气来实现)，使培养基中的溶解氧保持在一定的水平。溶解氧的调节控制就是要根据细胞对溶解氧的需要量连续不断地进行补充，使培养基中溶解氧的量保持恒定。

细胞对溶解氧的需要量与细胞的呼吸强度及培养基中的细胞浓度密切相关。可以用耗氧速率 K_{O_2} 表示。

$$K_{O_2}=Q_{O_2}\cdot C_C$$

式中，K_{O_2} 为耗氧速率，指的是单位体积(L、mL)培养液中的细胞在单位时间(h、min)内所消耗的氧气量(mmol、mL)，耗氧速率一般以 mmol 氧/(h・L)表示；Q_{O_2} 为细胞呼吸强度，是指单位细胞量(每个细胞、每克干细胞)在单位时间(h、min)内的耗氧量，一般以 mmol/(h・g 干细胞)或 mmol 氧/(h・每个细胞)表示，细胞的呼吸强度与细胞种类以及细胞的生长期有关，不同的细胞其呼吸强度不同，同一种细胞在不同的生长阶段其呼吸强度亦有所差别。一般细胞在生长旺盛期的呼吸强度较大，需要较多的氧气。C_C 为细胞浓度，指的是单位体积培养液中细胞的量，以 g 干细胞/L 或者个细胞/L 表示。

在植物细胞培养生产次级代谢物的过程中，处于不同生长阶段的细胞，其细胞浓度和细胞呼吸强度各不相同，致使耗氧速率有所差别。因此，必须根据耗氧量的不同，不断供给适量的溶解氧。

溶解氧的供给，一般是将无菌空气通入培养容器，再在一定的条件下，使空气中的氧溶解到培养液中，以供细胞生命活动之需。培养液中溶解氧的量，决定于在一定条件下氧气的溶解速度。

氧的溶解速度又称为溶氧速率或溶氧系数，以 K_d 表示。溶氧速率是指单位体积的培养液在单位时间内所溶解的氧的量。其单位通常以 mmol 氧/(h・L)表示。

溶氧速率与通气量、氧气分压、气液接触时间、气液接触面积以及培养液的性质等有密切关系。一般说来，通气量越大、氧气分压越高、气液接触时间越长、气液接触面积越大，则溶氧速率越大。培养液的性质，主要是黏度、气泡以及温度等对于溶氧速率有明显的影响。当溶氧速率和耗氧速率相等时，即 $K_{O_2}=K_d$ 的条件下，培养液中的溶解氧的量保持恒定，可以满足细胞生长和发酵产酶的需要。随着培养过程的进行，细胞耗氧速率发生改变时，必须相应地对溶氧速率进行调节。调节溶解氧的方法主要有如下几种：①调节通气量。②提高氧的分压，增加氧的溶解度，从而提高溶氧速率。③延长气液两相的接触时间，使氧气有更多的时间溶解在培养基中，从而提高溶氧速率。④增加气液两相接触界面的面积，这有利于提高氧气溶解到培养液中的溶氧速率。⑤通过改变培养液的组分或浓度等方法，有效地降低培养液的黏度；设置消泡装置或添加适当的消泡剂，可以减少或消除泡沫的影响，以提高溶氧速率。

植物细胞的生长和次级代谢物的生产需要吸收一定的溶解氧。溶解氧一般通过通风和搅拌来供给。适当的通风、搅拌还可以使植物细胞不至于凝集成较大的细胞团，以使细胞分散，分布均匀，有利于细胞的生长和新陈代谢。然而，由于植物细胞代谢较慢，需氧量不多，过量的氧反而会带来不良影响。加上植物细胞体积大、较脆弱、对剪切力敏感，所以通风和搅拌不能太强烈，以免破坏细胞。这在植物细胞反应器的设计和实际操作中，都要予以充分注意。

(4)光照　光照除影响植物的光合作用、生长发育和形态建成外，还影响一些次生代谢物包括黄酮类、苷类、生物碱类和萜类化合物等的生物合成和积累(Shohael 等，2006；Yu 等，2005；Liu 等，2002)。光作为信号和胁迫因子具有植物激素样作用而影响植物的形态建成和次生代谢物的产生，低分子量化合物和高分子量的聚合物均可受光诱导而产生。次生代谢物的产生大多伴随着组织的分化，一定程度的细胞或组织分化是细胞进行生物合成和产生次生代谢的先决条件。光对培养细胞生长和次生代谢合成积累的影响主要有光照时间、光强度和光波长(光质)等因素。

光照对植物次生代谢物合成积累的影响随着植物种类的不同而不同。杜仲愈伤组织培养中，采用光暗交替处理时，绿原酸和黄酮含量高于全光和全暗处理(李琰等，2004)。光照显著地影响了长春花愈伤组织中文多灵(vindoline)和蛇根碱(serpentine)等生物碱的生物合成，而这种调节作用可能是通过激活长春花中某种在黑暗下不表达的基因而实现的。光照影响玫瑰茄悬浮细胞合成花青素的机理是“蓝光效应”。黑暗下细胞几乎不合成花青素，在营养充分情况下，光照可以诱导花青素的产生(朱新贵等，1999)。光却抑制白花蛇舌草(*Oldenlandia affinis*)烟碱和紫草宁的积累，而对蒽醌和泛醌的生物合成没有造成大的影响。

光质对培养细胞的影响包括细胞生长和次生代谢物两个方面。光质与光敏色素有关，不同形式的光敏色素具有激酶活性，可活化特定基因的转录。光质对不同植物、不同种类次生代谢物合成积累的影响也不同。如光质对毛地黄愈伤组织的形成和培养细胞中强心苷的形成与积累有影响，蓝光、绿光、黄光有利于毛地黄叶愈伤组织的形成和强心苷的积累，而红光对愈伤组织的诱导有利，但愈伤组织中强心苷的含量较低(毛学文等，1994)。光质对水母雪莲(*Saussurea medusa* Maxim)细胞培养中黄酮类化合物的积累产生了显著的影响。细胞培养 21 d 后，蓝光促进了黄酮类化合物的生物合成，对愈伤组织的生长与其他光如白光、绿光和黄光之间无差异；红光抑制了黄酮类化合物的生物合成，但明显地提高了愈伤组织的生长。其原因是，在蓝光下，Pr 形式转化成 Rfr 形式比在红光下转化多，从而促进了与合成黄酮类化合物有关的 PAL 酶活性的升高(Guo 等，2007；赵德修等，1999)。在蓝光下，肉苁蓉(*Cistanche deserticola* Ma)愈伤组织的生物量和苯乙醇糖苷类的含量最大，分别比白光下高 19% 和 41%，其原因主要是在蓝光下植物生长调节物质刺激了苯乙醇糖苷的生物合成。培养基中的生长素和细胞分裂素控制愈伤组织细胞的分裂和分化，细胞分裂素能够刺激蛋白合成的速度和抑制细胞的扩大，使得细胞分裂、扩大和次生代谢物的形成之间保持平衡(Ouyang 等，2003)。蓝光是促进玫瑰茄细胞产生花青素的最有效单色光，红光和橙光无效，其他单色光随其波长接近蓝光，正效应增强(朱新贵等，1999)。在欧芹细胞培养中，蓝光和白光促进黄酮的合成，黑暗则不利。在甜茶细胞培养中，蓝光条件下的甜茶苷含量比暗培养和红光下的高(王雷等，1993)。白光促进黄花蒿芽的生长和青蒿素含量的提高，在黑暗下芽生长状况较差并且不合成青蒿素(Liu 等，2002)。在黄花蒿发根培养中发现，红光下青蒿素含量和生物量分别比在白光下高 17% 和 67%(Wang 等，2001)。在紫苏(*Perilla frutescens*)的悬浮培养中，白光照射条件下花青素产量是无光照下的 2 倍。红光比蓝光更有利于长春花悬浮培养细胞中阿玛碱的生成(郑珍贵等，1999)。随着 UV-B 辐射的增加，不同种类植物叶中总黄酮的含量与辐射呈正相关关系。如烟草经紫外光照射，其绿原酸含量增加到对照的 5 倍，经红光照射则产生较多的生物碱和较少的酚类化合物。

培养细胞的生长和次生代谢物的合成积累所需的光照强度有一定的适宜范围，随着植物种类的不同而不同。在对长春花悬浮细胞培养中，光强增加到 120 μmol/(m^2 · s)提高了长春碱的产量，再增加光强则产生了抑制作用(Park 等，1990)。对白花蛇舌草(*Oldenlandia affinis*)愈伤组织生长最为有利的光强为 35 μmol/(m^2 · s)，随着光照强度的增加，环肽(kalata B_1)的生物合成被诱导和激发。在 120 μmol/(m^2 · s)的光强下，细胞生长受到抑制，但环肽的产量可达到最大(0.49 mg/g 干物质)(Dornenburg 等，2007)。高光照强度抑制洋甘菊(*Chamomilla recatita*)培养细胞中倍半萜类化合物的组成，在无光照的条件下，洋甘菊愈伤组织中的单萜类化合物含量升高(Ramachandra 等，2002)。

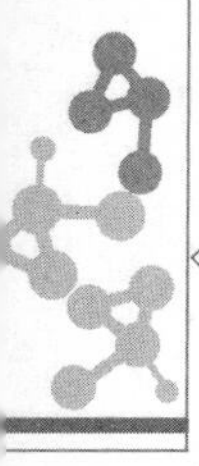

9.2.2 利用生物反应器进行细胞大量培养

生物反应器是培养有机体的玻璃或不锈钢容器。理想的生物反应器配有在培养过程中检测 pH、温度和溶解氧的探头，并能够添加新鲜培养基、调节 pH、供氧、混合培养物和控制温度。所以，它比摇床更容易控制和检测培养状况。

虽然植物细胞悬浮培养的基本条件类似于微生物，但是用于微生物培养的发酵罐并不适合于植物细胞培养，这两类细胞的结构和生长存在显著的差异(表 9-4)。鉴于这些特点，评估适合于植物细胞培养的特殊生物反应器应该考虑：①培养液中供氧能力和气泡分布密度；②生物反应器内产生的水胁迫强度及其对植物细胞系统的影响；③高密度细胞与培养液混合程度；④能够控制细胞团聚大小(适当细胞团大小有利于有效产物的形成)；⑤方便扩大培养规模；⑥简化长时期培养的无菌操作过程。当前植物细胞培养主要采用悬浮培养和固定化细胞系统。悬浮培养所用生物反应器主要有机械搅拌罐和非机械搅拌罐，非机械搅拌生物反应器又分为鼓泡式、气升式几种类型(图 9-3)。固定化细胞反应器有填充床反应器、流化床反应器和膜反应器等类型。

表 9-4 微生物和植物细胞的特性比较

细胞特性	典型的微生物细胞	典型的植物细胞
大小(长度)/μm	2～10	50～100
细胞加倍时间	1 h	2～6 d
生长模式	单细胞，细胞团块，菌丝体	细胞团
发酵时间	2～10 d	2～3 星期
氧气需求/[mmol/(g・h)]	1～3	10～100
剪切敏感件	不敏感	敏感
含水量	大约 80%	＞90%
调节机制	复杂	高度复杂
遗传组分	稳定	可能变异大
代谢产物积累	常常积累在细胞内	大多数情况在细胞内

注：引自 Panda 等(1989)和 Scragg(1991)。

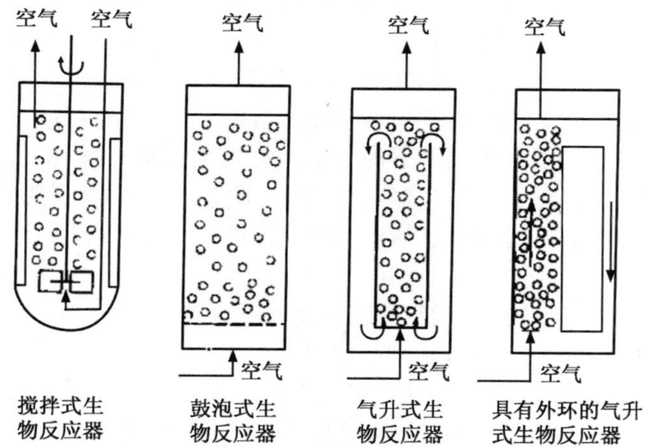

图 9-3 植物细胞培养的生物反应器模式(Bhojwani 和 Razdan，1996)

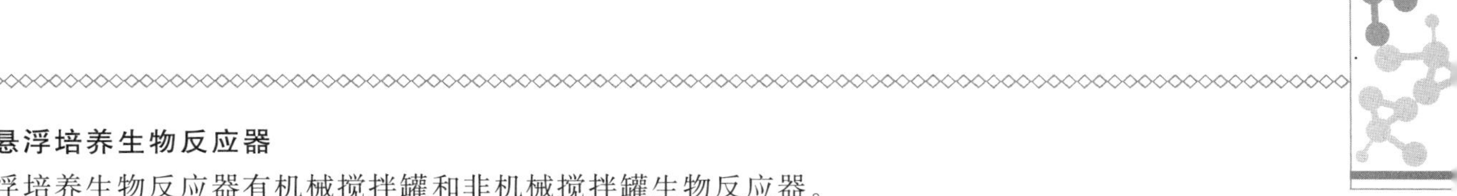

1.悬浮培养生物反应器

悬浮培养生物反应器有机械搅拌罐和非机械搅拌罐生物反应器。

(1)机械搅拌罐　机械搅拌罐为有氧发酵的传统生物反应器,靠机械的作用来传送空气,控制温度、pH,溶解氧量和营养元素浓度均优于其他生物反应器。其主要缺点是,搅拌装置产生的剪切力是植物细胞最敏感的,较不适合于培养抗剪切力弱的细胞。迄今用于植物细胞培养的最大生物反应器(75 000 L和5 000 L)均是机械搅拌罐类型。工业上首次从紫草(*Lithospermum erythrorhizon*)细胞生产紫草宁时就使用了200 L和500 L容量的机械搅拌罐,许多报道是关于利用机械搅拌罐培养长春花细胞的。

机械搅拌罐生物反应器的另一种形式是旋转鼓式生物反应器,它由一个水平旋转的鼓和两个与马达相连的滚筒组成,旋转鼓位于滚筒上。旋转运动能很好地混合细胞溶质和通气,同时又没有对植物细胞施加剪切的胁迫。鼓内壁上的栅栏促进氧气的供应,给植物细胞传送高浓度的氧。用于培养长春花和紫草细胞的反应器体积达到1 000 L。与机械搅拌罐生物反应器培养*Vinca rosea*相比,旋转鼓式生物反应器在细胞高密度时传送氧的能力上占优,对细胞的剪切作用小,细胞生长速率高,主要缺点是扩大培养规模受到局限。

(2)非机械搅拌罐　此生物反应器又称为气动式反应器,是一种利用通入空气作通气和搅拌的生物反应器,主要有鼓泡式反应器和气升式反应器。鼓泡式反应器是有氧发酵最简单的汽-液生物反应器之一。容量为1 500 L的气泡式生物反应器曾用于普通烟草(*N. tabacum*)细胞的培养,但以这种规模培养不能使细胞溶质充分混合,降低了细胞生长速率。

该反应器的一些优点是:①由于没有机械传动零件和没有机械零件需要密封,易于进行无菌操作;②提供较大的溶质和热量交换空间而不输入机械能,因而适合于对剪切敏感的动植物细胞培养;③扩大培养规模相对容易,该反应器维修护养成本最低。这种生物反应器的缺点是:罐内液流模型不确定,细胞溶质和培养液非均一混合,缺乏非牛顿发酵的滞留气体和细胞溶质转移特性数据。

气升式反应器又分为外循环和内循环两种形式。对于氧气需要量较低的系统,气动式反应器的氧传递效率比机械搅拌罐更高,这是由于此类反应器一般较高,其底部的气泡受流体静压较大,使氧的溶解度增加而提高传氧速率,因没有搅拌轴而更易保持无菌。但往往因搅拌强度较低而使培养物混合不均匀。Fowler等(1977)报道,气升环流式反应器因混合效果较好,可使长春花细胞浓度高达30 g/L。Alferrmann等(1985)在200 L气升式反应器中培养毛地黄细胞,13 d后获得的β-甲基异羟基毛地黄毒苷产量高达430 g/L。一般认为气动式反应器因结构简单、传氧效率高以及剪切力低而更适合于植物细胞培养。

2.固定化细胞生物反应器

如前所述,固定化细胞培养比悬浮细胞培养更适合于植物细胞的培养。近年来发展了几种固定化细胞生物反应器(图9-4),并已用于胡萝卜、长春花、毛地黄等植物细胞的培养。

(1)填充床反应器　在此反应器中,细胞固定于支持物表面或内部,支持物可选择藻酸钙、角叉菜胶、琼脂和琼脂糖等与培养细胞制备成小球珠颗粒,支持物颗粒堆叠成床。培养基在床层间流动。填充床中单位体积细胞较多,由于混合效果不好常使床内氧的传递、气体的排出、温度和pH的控制较困难。如支持物颗粒破碎,还易使填充床阻塞。Jones等在填充床反应器中进行了固定化胡萝卜细胞的半连续培养,结果发现其呼吸速率和生物转化能力与游离细胞相似。Kargi报道,填充床反应器中固定化长春花细胞的生物碱产量高于悬浮培养物,并认为填充床改善了细胞间的接触和相互作用。

(2)流化床反应器　该反应器中利用流质的能量使支持物颗粒处于悬浮状态,混合效果较好,但流体的切变力和固定化颗粒的碰撞常使支持物颗粒破损。另外,流质动力学复杂,使反应器的规模放大困难。Hamilton等(1992)研究了流化床反应器中固定化胡萝卜细胞的转化酶活力,结果此酶的活力很高,但从蔗糖到葡萄糖的转化率比游离细胞培养低,可能是海藻酸盐凝胶的扩散限制作用所致。

(3)聚尿烷泡沫反应器　将细胞悬浮液通过聚尿烷泡沫,或把灭菌后的聚尿烷泡沫加入细胞悬浮液

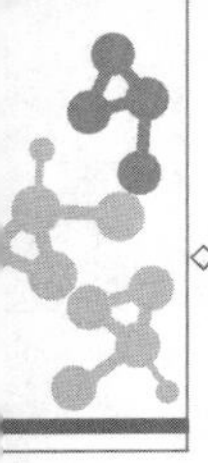

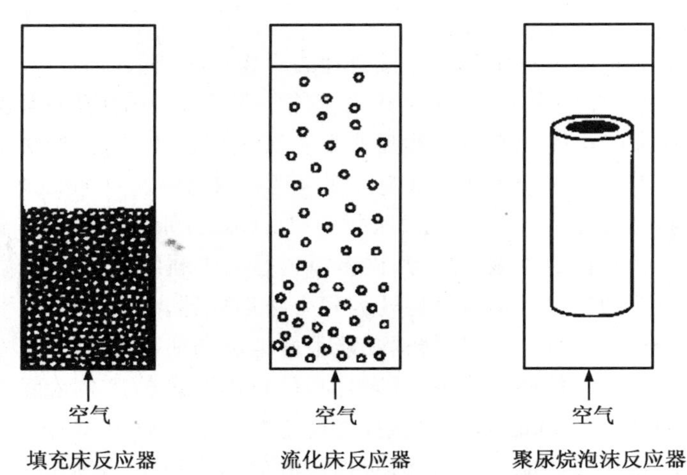

图 9-4　植物细胞固定化培养的生物反应器模式

中，均使细胞固定在聚尿烷基质中。聚尿烷泡沫可以切制成各种形状。可以制作成立方体、中空管等将细胞包埋在填充床和流化床反应器中培养。

(4)膜反应器　膜固定化细胞是采用具有一定孔径和选择透性的膜固定植物细胞，营养物质可以通过膜渗透到细胞中，细胞产生的次生产物通过膜释放到培养液中。膜反应器主要有中空纤维反应器和平板膜反应器(图 9-5)。

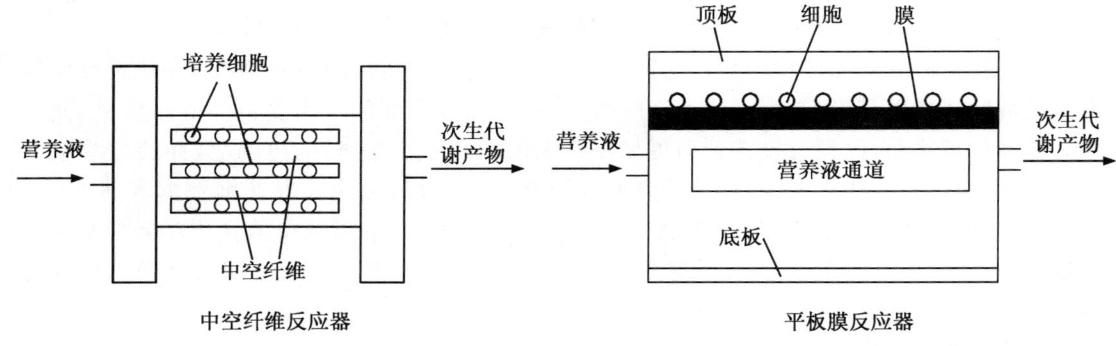

图 9-5　膜反应器主要类型示意(Bhojwani 和 Razdan，1996)

中空纤维反应器中，细胞保留在装有中空纤维的管中，培养基通过纤维内腔循环流动并利用分离的培养液池传递氧气。由于细胞不黏附到纤维膜上，反应器可以长时期保留膜的机械完整并反复使用。当细胞不再合成次生产物或实验结束或希望培养另一种细胞及生产其次生产物时，可将原细胞排除，更换入新的植物细胞。平板膜反应器系统具有单膜、双膜和多膜类型，相应的培养液通道有单侧通道和双侧通道。手工将细胞载入膜细胞层，培养液通过扩散和压力驱动进入膜细胞层，合成的次生代谢产物扩散到无细胞的小室。该反应器的主要优点是，代谢产物合成同时就与细胞反应剂分离。Shuler 首次利用中空纤维固定烟草细胞生产酚类物质，酚类物质的生产率[17 ng/(mg · h)]显著高于分批或连续培养系统，而且此生产水平可维持达 312 h。Jones 等利用中空纤维反应器进行胡萝卜和矮牵牛细胞的固定化培养，4 d 后酚类物质的含量从开始的 0.31 mg/L 增至 0.90 mg/L，此水平可维持达 20 d。

9.3 细胞生物转化

生物体中的酶具有催化效率高、专一性强和作用条件温和的特点。不仅在生物体内,也能在生物体外催化各种生化反应,并且显示出良好的基团选择性、区域选择性和对映体选择性。因此,生物转化为许多采用常规化学方法难以合成的各种化合物的合成提供了新的途径,在许多药物以及功能化合物的合成、天然药物的结构修饰中具有独特的优势。由于绝大多数的生物转化反应所需条件非常温和,而且反应产物较为单纯,因此生物转化方法不仅经济效益明显,而且对环境及社会发展都有重要的战略意义。

9.3.1 生物转化的基本概念及特点

生物转化(biotransformation,bioconverelon)是利用生物体系的催化作用,将外源底物转化为产物的过程。生物体系包括各种细胞、组织、器官、原生质体、细胞器、无细胞提取物、游离酶和固定化酶等。

利用生物细胞进行生物转化,其产物并不是营养物质经过细胞内的一系列代谢过程后产生的,而是细胞产生的某种酶对外源底物进行结构修饰的结果。这里强调的是外源底物与产物之间通过一步反应完成,其实质是一种酶的催化反应。因此,生物转化既不同于生物合成也不同于生物降解,因为在生物合成中,复杂的产物是由完整细胞、器官或生物体从简单的底物组装而成的;在生物降解中,复杂的物质则被分解成简单的物质。

生物转化是利用生物细胞中的酶对外源化合物进行催化反应,它不需要对其他基团进行保护,就能使特定的、非活性的碳原子功能化;它还能把手性中心引入无光学活性的分子结构中,甚至可以进行传统有机合成不能进行或难以进行的化学反应。因此生物转化具有巨大的潜力。生物转化具有以下特点。

1.专一性强

生物转化的实质就是利用生物细胞中的酶将加入反应系统中的外源底物的某一特定部位或功能基因进行特异性的结构修饰,因此它具有酶催化反应的高度专一性,包括底物专一性、键专一性和基团专一性等,这是化学方法无法比拟的。

2.副产物少、产量高

由于一步酶催化反应通常可以代替几步化学反应,而且反应专一性强,副产物较少,因此生物转化的得率往往比化学合成高。

3.反应条件温和

生物转化反应条件比较温和,通常在常温、常压、pH 近乎中性的条件下进行反应,不仅可以改善劳动条件,减轻劳动强度,而且可避免或减少强酸、强碱或有毒物质的使用,从而减少对环境的污染。

4.可以进行化学方法难以进行的反应

生物转化可以在某一化合物特定的分子部位进行特定的反应,而化学方法却难以进行。例如,甾类化合物 C-11 的羟基化反应,用化学方法很难进行,但用微生物或植物细胞,由于存在 C-11 羟基化酶,可以很容易地在这一位置进行羟基化。

9.3.2 植物细胞生物转化的主要反应类型

生物转化是在酶的催化作用下完成的。植物细胞中含有催化氧化反应、还原反应、羧基化反应、乙酰化反应、酯化反应、糖基化反应、异构化反应、甲基化反应、去甲基化反应、环氧化反应等的多种多样的酶,它们在一定的条件下,可以催化各种特定的化学反应。尽管某些重要的次级代谢产物在植物细胞培

养中并不一定能够合成和积累，但是这些酶具有将外源底物转化成有用化合物的巨大潜力。

能被植物细胞生物转化的外源化合物多种多样，既包括各种芳香族化合物、甾类化合物、生物碱、香豆素、类萜、酚类等植物代谢过程中的天然中间产物，也包括人工合成的化合物，甚至包括一些工业副产物。

作为一个生物转化系统，对生物催化剂以及底物的选择，除了要考虑其底物专一性外，还要充分考虑其区域选择性、基团选择性和对映体选择性等。现将植物生物转化的主要反应类型介绍如下。

1. 羟基化反应

羟基化反应是在一定条件下将羟基引入化合物中的反应过程。在生物转化反应中，羟基化反应是最重要的反应之一。虽然它也属于氧化还原反应，但是由于其在生物转化中占有重要位置，而把它单独列出。

植物细胞的羟基化酶可以有选择地在底物分子的特定区域和特定基团上引入羟基而使外源底物发生转化。有些植物细胞既能够在碳碳双键的烯丙基位上进行选择性羟基化，也能区分底物的不同对映体并选择性地将其中一个对映体羟基化。例如利用松属植物 *Pinus radiata* 细胞可以通过戊基侧链的羟基化反应将抗真菌代谢物 6-n-戊基-2H-吡喃-2-酮转化为一系列单羟基化的异构体。

在羟基化作用中，单加氧酶特别是细胞色素单加氧酶起到重要的作用，它可以在特定的碳原子上引入羟基。这在甾体的转化中显得特别重要，因为不同位置和不同基团的羟基化甾体具有不同的生理活性和药理作用。在甾体母核的 4 个环结构中含有许多次甲基，采用化学方法进行羟基化反应时，除了 C-17 位上可通过化学方法导入羟基外，其他位置都很难导入。因此采用化学方法进行甾体羟基化反应是非常困难的。而植物细胞内的羟基化酶能特异性地在甾体母核的次甲基上引入羟基。例如毛地黄细胞中的 12β-羟基化酶（一种细胞色素单加氧酶）可以特异性地将 β-甲基毛地黄毒苷 C-12 羟基化使之转化为临床上使用的 β-甲基地高辛。

2. 糖基化反应

糖基化反应是指将糖基引入化合物中的反应过程。糖基化合物在自然界广泛存在，在生物体中具有重要的生理作用。

植物细胞培养物中的糖基转移酶能对各种各样的外源化合物如苯酚、苯丙酸和它们的类似物等进行糖基化。由于微生物和化学方法难以完成这个反应，因此植物细胞培养物在这方面起到重要的作用。外源化合物被糖基化后，其理化性质与生物活性会发生较大的改变，如水不溶性的化合物经糖基化后能转化为水溶性的化合物，其生物利用率也相应提高。例如罂粟细胞几乎能定量地将著名抗肝炎药物水飞蓟素（silybin）选择性糖基化，所得 7-葡萄糖基水飞蓟素的生物利用率大大提高。

3. 氧化还原反应

氧化还原反应是在各种氧化还原酶的催化作用下进行的反应过程，是生物转化中最为普遍的反应类型。除了上述羟基化反应以外，主要包括如下反应。

（1）醇与酮之间的转化　植物细胞培养物可以催化酮醇之间的转化。培养的细胞所进行的一些对映体选择性氧化作用对于手性化合物的制备是非常有用的。例如烟草的细胞培养物能将单环和双环单萜醇的羟基进行对映选择性氧化；又如固定化的满天星细胞能对苯乙酮进行还原，引入手性碳原子，产生（S）-1-苯乙醇，转化率高达 98%，化学产率达到 55%，对映体纯度为 97%。

（2）羰基的还原　利用植物细胞培养物将酮和醛还原成相应的醇已有很多报道。在这个还原反应中，氢优先从羰基的背面发动攻击，结果产生在这个位置上具有（*S*）-手性的羟基化合物。利用悬浮培养的 *N. sylvestris* 或长春花（*C. roseus*）完整细胞、无细胞抽提物或培养液都能进行这类反应。这是由于细胞内的过氧化物酶能分泌到培养基中。在适当的条件下，在一个 40 min 的反应周期中，底物的转化率达到 87%。

（3）环氧化作用　环氧化作用对于细胞毒的倍半萜的结构修饰是非常有用的。利用 *Mentha pip-*

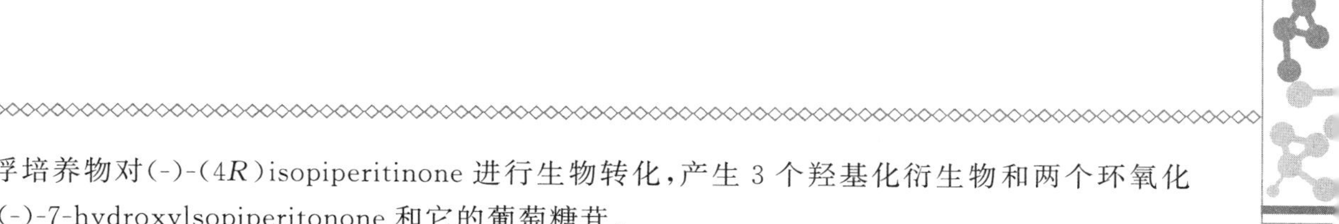

erita 细胞悬浮培养物对(-)-(4*R*)isopiperitinone 进行生物转化,产生 3 个羟基化衍生物和两个环氧化衍生物,包括(-)-7-hydroxylsopiperitonone 和它的葡萄糖苷。

(4)碳碳双键的还原 悬浮培养的长春花细胞能将(-)-香芹酮的双键还原,同时还能将酮基还原并在烯丙基位进行羟基化,结果在香芹酮的 C-4 位和 C-5 位区域选择性地进行羟基化,产生 5-羟新二羟萜醇。

4.水解反应

水解反应是化合物加水分解的反应过程,是在水解酶类的催化作用下完成的反应。

对映体选择性水解非常适用于外消旋体的光学拆分。研究学者在用 *Spirodela oligorrhiza* 培养细胞对(*RS*)-1-苯乙基乙酸及其衍生物进行生物转化的过程中已经观察到了这种对映体选择性水解反应,在这一反应中生物转化产生 *R* 构型醇。另外,植物细胞还可以进行一般的水解反应而实现生物转化,例如悬浮培养的桔梗细胞能将天麻素的葡萄糖残基脱去,产生对羟基苯甲醇。

尽管植物细胞中存在的各种特异性酶以及它们催化的各种重要的反应赋予了植物细胞巨大的生物转化潜力,这是实际应用的必要条件。但是,对于一个成功的、有活力的工艺过程,还必须满足以下的先决条件:培养物必须含有必需的酶;底物或前体必须对培养物没有太大的毒性;底物必须能够到达细胞内的特定区室;产物形成的速度必须比它进一步代谢的速度快。

9.3.3 植物细胞生物转化系统

利用植物培养物作为生物转化系统被认为是对分子进行结构修饰以产生有用化合物的重要工具。目前常用的植物细胞生物转化系统主要有悬浮细胞转化系统、固定化细胞转化系统、固定化原生质体转化系统、发状根转化系统等。这些转化系统都能将外源底物转化为产物,而且每一种转化系统都有各自的特点。

1.悬浮细胞转化系统

游离的悬浮培养细胞不但能大规模合成次级代谢产物,而且能大规模转化外源化合物。它是最早被开发使用的植物生物转化系统。它具有直接使用前体、细胞转移限制少和不存在影响细胞活力及生理状态的介质等优点,因此是目前使用最多、结果最为满意的一个转化系统。

利用悬浮培养的植物细胞进行生物转化反应,其反应步骤多为一步反应,即加入外源底物后经悬浮细胞进行单一的化学反应而产生某一目标产物,因此整个工艺的操作和控制都比较简单。但由于植物细胞生长较慢,容易受到微生物的污染,此外,细胞悬浮培养过程由于受到各种因素的影响,细胞内生成和积累的酶活力不够高,酶量有高有低,致使转化反应不够稳定,从而限制了这一系统的大规模应用。为此,需要不断地进行植物细胞的筛选和改良以获得酶活力高的细胞系。

2.固定化细胞转化系统

为了更好地利用生物转化系统的反应,提高系统的稳定性,并且能够重复使用,发展了固定化细胞转化系统。

固定化细胞转化系统与悬浮培养细胞转化系统相比,具有下列显著特点:保护细胞免受剪切力的损伤;固定化细胞可以长时间反复使用;易于实现细胞的高密度培养,提高系统的转化效率;细胞间接触良好,容易产生一个类似于完整植株中分化组织的微环境,引起分化,有利于次级代谢产物合成相关酶系的形成;减少细胞的遗传不稳定性;易于实现连续化操作,产物很快被带走,可防止产物的进一步降解转化;产物易于与作为催化剂的细胞分离,简化后处理工序。采用固定化细胞转化系统的先决条件是胞内转化产物必须能分泌到细胞外,否则需要借助表面活性剂或其他可改变细胞通透性的方法使转化产物分泌到培养基中。另外,采用凝胶包埋法固定化时,会产生传质阻力,特别是对大分子底物,这是此系统的不足之处。

3. 固定化原生质体转化系统

植物原生质体虽然去除了细胞壁，但是其细胞核、细胞质和细胞膜等细胞内的结构仍然保持完整，可以生成细胞内原有的酶类，所以同样可以进行生物转化。

由于原生质体没有细胞壁的保护作用，其稳定性较差，在生物转化方面应用的原生质体必须经过固定化技术制备成为固定化原生质体。具体方法在第 8 章介绍过。通过原生质体中存在的酶的催化作用，可以将外源底物转化为所需的产物。例如，林斯弗斯(Linsefors)等用固定化胡萝卜原生质体进行甾体转化，通过 5β-羟基化作用将毛地黄毒苷转化为杠柳毒苷。

由于原生质体去除了细胞壁这一扩散障碍，增强细胞膜的透过性，有利于底物和产物的进入和排出，可以提高转化效率。但是由于固定化原生质体的制备较麻烦，原生质体的稳定性较差，加上固定化原生质体经过细胞壁再生后就变成固定化细胞，失去其透过性强的特色，所以其应用受到一定的限制。

4. 发状根转化系统

发状根是用土壤病原细菌发根农杆菌(*Agrobacterium rhizogenes*)转化植物细胞而得到的特化器官，又称为毛状根。20 世纪 80 年代末以来，人们对发状根培养系统的开发愈感兴趣，这主要是因为发状根具有生长速度快，不需要补充外源生长素，很多情况下不需要在光照下培养，遗传稳定性好，代谢产物产量相当稳定等优点。许多来源于根的次级代谢产物曾经被认为难以通过细胞培养来生产，现在正在重新利用发状根培养技术来生产，并有许多获得了成功。近年来，用发状根培养物进行生物转化的例子逐渐增多，大有取代培养细胞之势，除了发状根上述优点外，这主要是因为发状根的诱导和培养技术日益成熟，加上一些次级代谢酶系统的活化程度常常与分化有关。现在，利用发状根作为生物转化系统进行贵重药物的生产已取得了一些进展。发状根培养技术不仅对来源于根的化合物的生产，而且对通过生物转化进行奇异药物的生产都将是非常有用的。由于发状根的结构及其代谢产物的定位都有其特点，因此需要开发出适应这些特点的生物反应器，才能进行大规模的工业化生产。

在上述生物转化系统中，植物细胞中存在有辅酶和辅因子及其再生系统，使得需要辅酶或辅因子的生物转化反应也能顺利进行。但是由于植物细胞中存在众多的酶和代谢途径，因此外源底物进入植物细胞后可能会经过其他途径代谢，从而形成多种微量产物的复杂混合物，这样不仅给下游的分离工艺带来困难，而且会降低产物的转化率。为了解决这个问题，可以在植物细胞培养后，将所需的酶分离出来，进行生物转化，或者制备成固定化酶再进行转化，以获得单一的转化产物。现在以游离酶或固定化酶的形式应用于药物合成的植物酶主要有木瓜蛋白酶、醇氰酶(oxynitrilasese)、环化酶、酚氧化酶、卤过氧化物酶、脂肪氧化酶、细胞色素 P450 单加氧酶以及 α-氧化酶、葡萄糖苷酶、O-葡萄糖基转移酶等。这些酶大多具有高度的立体选择性，用作生物转化系统在药物合成特别是手性药物合成、对映体拆分、天然药物结构修饰等方面具有很大的潜力。

9.3.4 植物生物转化的应用

大多数天然化合物，特别是生物碱类药物，都具有极为复杂的环状结构，其理化性质和生理活性都与其分子的复杂立体构型相关，尤其是生理活性对结构要求很严格，要涉及光学异构体。因此，应用通常的化学方法进行人工合成或结构修饰改造都是比较困难的。植物细胞是继微生物之后一个新开发的生物转化系统。植物细胞及其酶不仅具有将廉价、丰富的外源化合物(例如工业副产物)转化成稀缺、昂贵产物的潜能，而且具有催化化学方法或微生物难以进行的一些立体选择性和区域选择性反应的能力。因此在药物及天然食品添加剂合成上具有重要的应用价值。已开展的生物转化应用的研究有如下一些方面。

1. 单萜烯的生物转化

普通烟草悬浮细胞转化香芹酮(carvone)中，香芹酮被还原成二氢香芹酮和新二氢香芹酮(图 9-6)。另外，在薄荷酮生物转化时，薄荷酮被长春花培养细胞转化为相应的羟基化合物，达到大约 10% 的产量。Hamada 等(1997)报道,长春花细胞转化香芹酮和香叶醇时在(-)-香芹酮和香叶醇丙烯基位置羟基化,还原双键和酮。香叶醇的主要产物是10-羟基香叶醇,(-)-香芹酮则为5β-羟基新二氢香芹酮。从烟草细胞和长春花细胞转化单萜烯的结果发现,烟草细胞能还原香芹酮上的羰基和碳碳双键,羟基化烯酮;长春花细胞局部选择性地羟基化薄荷酮的C-4位和C-6位。

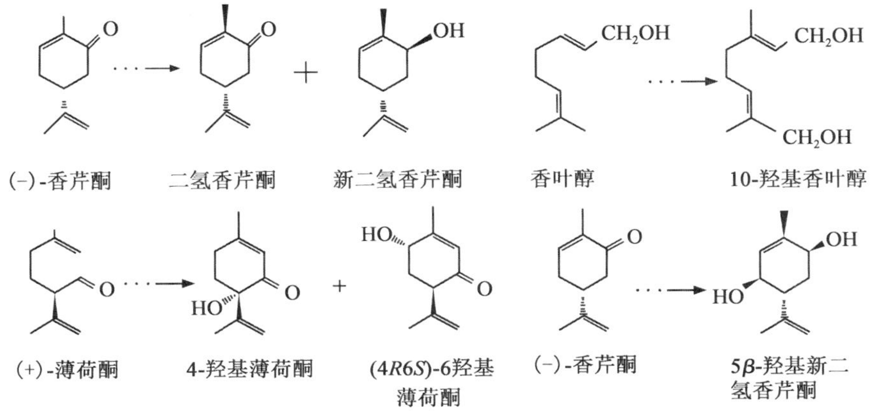

图 9-6 单萜烯的生物转化

图9-7为毛地黄细胞培养物将甲基毛地黄毒素转化为β-甲基地高辛的反应。该反应采用每生产期32 g的固定化毛地黄细胞培养,连续转化70 d,活力仍保持70%。在200 L的转化规模上,3个月期间获得了0.5 kg β-甲基地高辛。

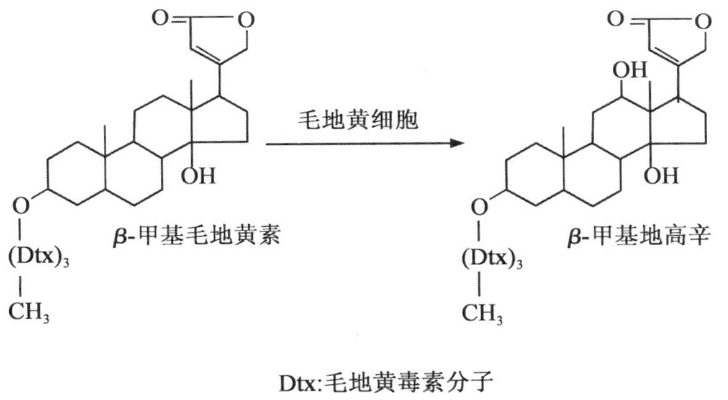

图 9-7 毛地黄细胞的生物转化

2. 甾类激素的生物转化

类固醇激素在制药上具有很重要的作用,被广泛地用于临床。睾丸激素是男性类固醇生物合成的最终产物之一,所以,利用细菌和植物悬浮细胞转化类固醇引起研究者极大的兴趣。Hamada 等(1991)研究了4-雄烯-3,17-二酮、睾丸激素、1,4-雄二烯-3,17-二酮和肾上腺雄甾酮通过地钱(*Marchantia polymorpha*)绿色细胞悬浮培养物的生物转化。4-雄烯-3,17-二酮转化成睾丸激素。睾丸激素被转化为6β-羟睾甾酮,产率为18%。1,4-雄二烯-3,17-二酮被催化成17β-羟基-1,4-雄二烯-3酮、4-雄烯-3,17-二酮和睾丸激素。肾上腺雄甾酮(4-androstene-3,11,17-trione)转化成唯一的产物17α-羟基-4-雄烯-3,11-二酮。地钱绿色细胞类固醇选择性地还原4-雄烯C-17位的羧基,类固醇选择性地对睾丸激素C-6位羟基化。通过植物细胞悬浮培养对睾丸激素生物转化发生的羟基化反应亦属首次报道。

3.吲哚碱和紫杉醇的生物转化

备受关注的是悬浮细胞生产一些抗癌药物长春花碱、长春花新碱、紫杉醇等。长春花细胞萜烯类吲哚生物碱的代谢途径如图 9-8 所示。长春花碱和长春花新碱在长春花植株中含量极低,仅为干重的 0.000 5%(Misawa 等,1994)。遗憾的是,长春花细胞悬浮培养物不能合成这两种生物碱,因为培养细胞不能合成其前体化合物。长春花碱为两个单聚体生物碱长春质碱(catharanthine)和文多灵(vindoline)的衍生物。文多灵在长春花植株中的含量达到 0.2%。Misawa 等(1988)用单聚体长春质碱(培养细胞生产)和文多灵,依靠长春花细胞的酶提取液进行偶联反应获得二聚体生物碱 3,4-脱水长春花碱(3,4-anhydrovinblastine,AVLB)。30℃温育 3 h 后,这种化学偶联反应不仅形成 AVLB,而且还形成长

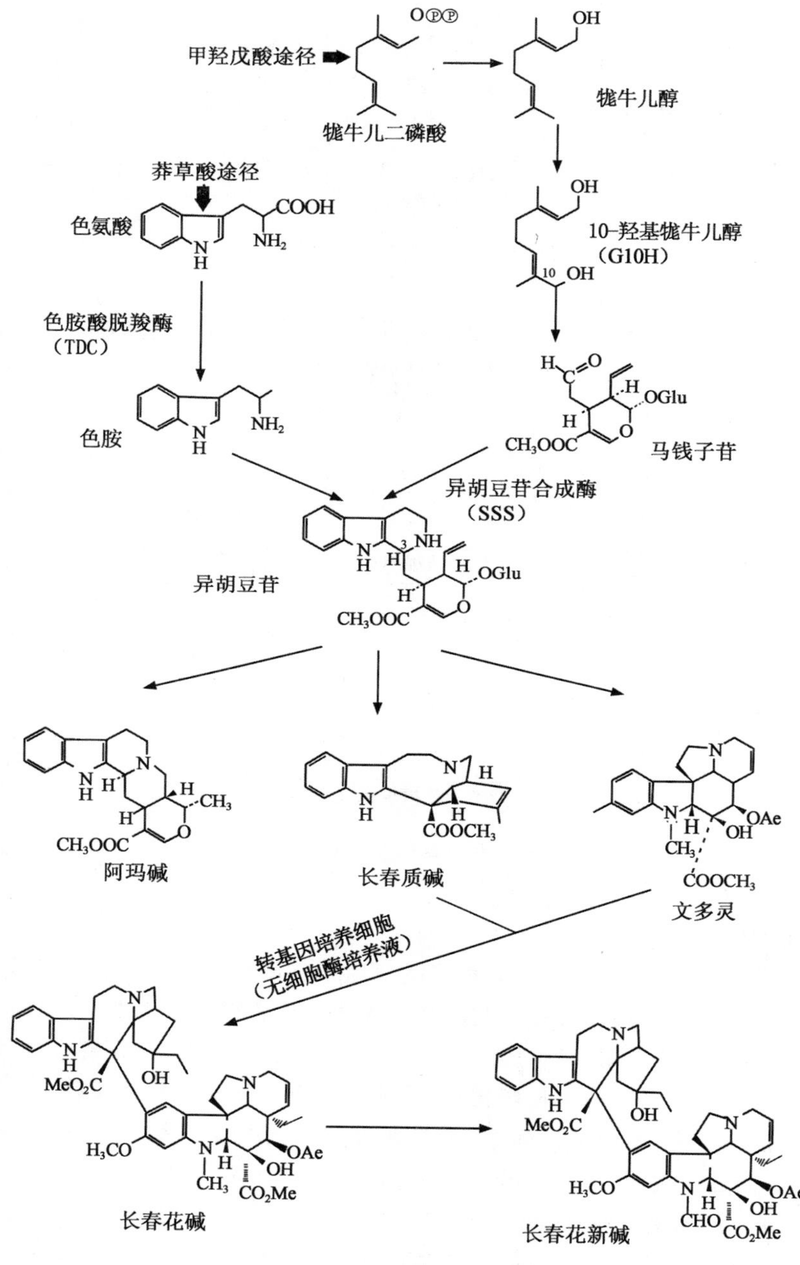

图 9-8 长春花吲哚生物碱的生物合成和生物转化

春花碱，两者产量分别达到52.8%和12.3%。这种新颖且有效的半合成长春花碱的方法很有可能在工业上使用。Hamada等(1993)用生根农杆菌菌株A4侵染长春花愈伤组织后形成瘤状细胞，能合成色胺、异胡豆苷(strictosidine)、阿玛碱、长春质碱和蛇根碱。加入外源文多灵3 d后，其细胞培养物能将文多灵和内源生物碱长春质碱缩合形成长春花碱和长春花新碱。此外，长春花碱在细胞培养2 d后转化成长春花新碱。

紫杉醇是来源于红豆杉树的二萜类次生代谢产物，是公认最有效的治疗乳腺癌的药物。Hamada等(1996)研究了桉属植物(*Eucalyptus perriniana*)细胞培养转化紫杉醇，发现该悬浮培养细胞能够把紫杉醇降解成巴卡亭Ⅲ(baccatin Ⅲ)、10-脱乙酰巴卡亭和脱苄基紫杉酚(2-debenzoyltaxol)，能水解产物巴卡亭Ⅲ分子C-13位上的脂肪基团和C-10位上的乙酰基团。另外，悬浮培养细胞还能选择性地水解紫杉醇C-2位上的苯甲酰基团。

总之，生物转化研究是一门以有机化学为主、与生物技术交叉的前沿科学，它不仅是合成方法学的研究，而且具有极其重要的应用前景。利用植物培养物作为生物转化系统来合成药物，需要建立和发展新型、高效和简洁的合成方法，以简单易得的化合物为原料来合成重要的药物或药物中间体，特别是手性药物。为此，要进一步加强具有新颖和独特的生物催化反应的细胞系的筛选及反应机理的研究，加强组合生物转化反应和多酶催化的串联生物转化反应以及基因工程在生物转化合成中的应用等方面的研究。随着研究的不断深入，这一技术在医药产业上的广泛应用将指日可待，它必将成为21世纪生物有机化学和生物技术研究的重要结合点。

9.4 生物合成的调节

植物细胞生产次级代谢物的过程受到诸多因素的影响。为了提高次级代谢物的产量，首先要选育或选择使用优良的植物细胞，保证植物细胞培养的培养基和培养条件要符合植物细胞生长和新陈代谢的要求，还可以通过施加次级代谢物的前体物质、添加某些刺激剂、添加诱导物、控制阻遏物浓度、添加某些表面活性剂等方法，在基因水平、酶活性水平对次级代谢物的生物合成进行调节控制。

9.4.1 前体的调节

前体是指处于目的代谢物代谢途径上游的物质。处于代谢途径上游的化合物，在特定酶的催化作用下生成其下游的化合物，上游化合物作为酶的底物，其浓度的高低决定了催化反应速度的大小，浓度高，则反应速度大。为了提高植物细胞培养生产次级代谢物的产量，在培养过程中添加目的代谢物的前体是一种有效的措施。现举例如下。

(1)在辣椒细胞培养生成辣椒胺的过程中，添加苯丙氨酸作为前体，苯丙氨酸可以全部转变为辣椒胺；添加香草酸和异癸酸作为前体，亦可以显著提高辣椒胺的产量。

(2)阿托品的前体苯丙氨酸或者酪氨酸添加到曼陀罗细胞培养液中，可以大大提高阿托品的产量。

(3)烟草细胞培养过程中，添加烟碱的前体物质烟酸，可以加速烟碱的合成，并且显著提高烟碱的产量。

(4)人参细胞培养中，加入甲戊二羟酸可使细胞中人参皂苷的含量增加2倍。

(5)在黄花蒿细胞培养过程中，在培养液中添加青蒿酸，可使青蒿素的合成增加3.2倍。

9.4.2 刺激剂的调节

刺激剂(elicitor)可以促使植物细胞中的物质代谢朝着某些次级代谢物生成的方向进行，从而强化次级代谢物的生物合成，提高某些次级代谢物的产量。所以在植物细胞培养过程中添加适当的刺激剂

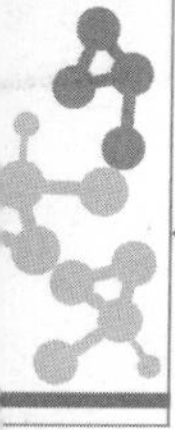

可以显著提高某些次级代谢物的产量。常用的刺激剂有微生物细胞壁碎片，如果胶酶、纤维素酶等微生物胞外酶。

(1)若夫斯(Rolfs)等用霉菌细胞壁碎片为刺激剂，使花生细胞中 *L*-苯丙氨酸氨基裂合酶的含量增加 4 倍，同时使二苯乙烯合酶的含量提高 20 倍。

(2)范克(Funk)等采用酵母葡聚糖(酵母细胞壁的主要成分)作为刺激剂，可使细胞积累小檗碱的量提高 4 倍。

(3)郭勇等在鼠尾草细胞悬浮培养中，添加果胶酶作为刺激剂，使细胞中迷迭香酸的产量提高 62%。

9.4.3 基因的调节

植物细胞次级代谢物都是在酶的催化作用下生成的。细胞内催化次级代谢物生物合成的酶量多少，很大程度上决定了该次级代谢物的生成量。所以，酶生物合成的调节控制在次级代谢物生物合成的调节中起着重要作用。

酶生物合成受到诸多因素的影响，其中转录水平的调节控制对酶的生物合成至关重要。转录水平的调节控制又称为基因的调节控制。基因的调节控制主要有诱导作用、反馈阻遏作用和分解代谢物阻遏作用等。

1. 酶生物合成的诱导

加进某些物质，使酶的生物合成开始或加速进行的现象，称为酶生物合成的诱导作用，例如青霉素诱导青霉素酶的产生等。能够引起诱导作用的物质称为诱导物(inducers)。诱导物一般可以分为酶的作用底物、酶的催化反应产物和作用底物的类似物等 3 类。在植物次级代谢物的生物合成过程中，催化次级代谢物生物合成的酶往往不是细胞内固有的酶，而是在某些特定的条件下才产生的，其中有一些是在诱导物的诱导下生成的。因此，诱导物的开发和应用，将对植物细胞培养生产次级代谢物的研究发展起到积极的推动作用。例如，植物细胞培养基中经常含有硝酸盐，在细胞中硝酸根离子(NO_3^-)可以诱导硝酸还原酶的生物合成，该酶催化硝酸盐还原生成氨而被细胞利用。

2. 酶生物合成的反馈阻遏

反馈阻遏作用又称为产物阻遏作用，是指酶催化反应的产物或代谢途径的末端产物使该酶的生物合成受到阻遏的现象。引起反馈阻遏作用的物质称为共阻遏物(co-repressor)。共阻遏物一般是酶催化反应的产物或是代谢途径的末端产物。在植物次级代谢物的合成过程中，有些催化次级代谢物合成的酶受到某些阻遏物的阻遏作用，导致该酶的合成受阻，直接影响次级代谢物的生成。例如，植物细胞的次级代谢物植物固醇与萜类化合物是通过甲瓦龙酸途径合成的，当植物固醇的量达到一定水平时，可阻遏 3-羟基-3-甲基戊二酰辅酶 A 还原的合成。为了提高次级代谢物的产量，必须设法解除阻遏物引起的阻遏作用。

3. 分解代谢物阻遏

分解代谢物阻遏作用是指某些物质(主要是指葡萄糖和其他容易利用的碳源等)经过分解代谢产生的物质阻遏某些酶(主要是诱导酶)生物合成的现象。例如，葡萄糖阻遏 β-半乳糖苷酶的生物合成，果糖阻遏 α-淀粉酶的生物合成等。在植物细胞培养生产次级代谢物方面，分解代谢物阻遏现象比较少见。

9.4.4 酶活性的调节

植物次级代谢物的生物合成是在其对应的一系列酶的催化作用下进行的。这些酶催化活性的强弱，决定了该次级代谢物生物合成的速度，直接影响次级代谢物的生成量。

影响酶活性的因素很多，主要有酶浓度、底物浓度、温度、pH 以及激活剂和抑制剂的浓度等。在植

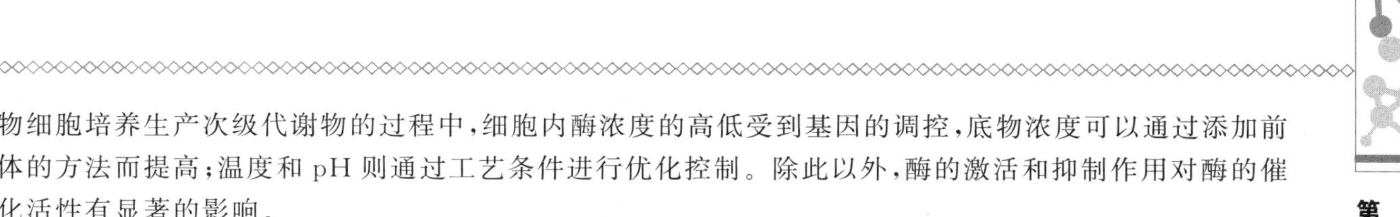

物细胞培养生产次级代谢物的过程中，细胞内酶浓度的高低受到基因的调控，底物浓度可以通过添加前体的方法而提高；温度和 pH 则通过工艺条件进行优化控制。除此以外，酶的激活和抑制作用对酶的催化活性有显著的影响。

1. 酶的激活作用

能够增加酶的催化活性或使酶的催化活性显示出来的物质称为酶的激活剂或活化剂。在激活剂的作用下，酶的催化活性提高或者由无活性酶原生成有催化活性的酶。

常见的激活剂有 Ca^{2+}、Mg^{2+}、Co^{2+}、Zn^{2+}、Mn^{2+} 等金属离子和 Cl^- 等无机阴离子。例如，氯离子（Cl^-）是 α-淀粉酶的激活剂，钴离子（Co^{2+}）和镁离子（Mg^{2+}）是葡萄糖异构酶的激活剂等。

有的酶也可以作为激活剂，通过激活剂的作用使酶分子的催化活性提高或者使酶的催化活性显示出来。例如，天冬氨酸酶在胰蛋白酶的催化作用下，从其羧基末端切除一个肽段，可以使天门冬氨酸酶的催化活性提高 4～5 倍；胰蛋白酶原可在胰蛋白酶的作用下，除去一个六肽，从而显示出胰蛋白酶的催化活性；RNA 的线性间隔序列 LIVS 通过两次环化，从其 5′末端切除 19 个核苷酸残基，形成多功能核酸类酶 L-19IVS 等。

在植物细胞培养过程中，添加特定的激活剂，可以显著提高次级代谢物的产量。例如，水杨酸对苯丙氨酸氨裂解酶有激活作用，在红豆杉细胞培养基中添加 20 mg/L 的水杨酸，可以显著提高细胞中紫杉醇的含量；郭勇等的研究表明，在银杏细胞培养基中，添加 1 mg/L 的水杨酸，可以使细胞中银杏内酯的产量提高 90%左右。

2. 酶的抑制作用

能够使酶的催化活性降低或者丧失的物质称为酶的抑制剂。有些抑制剂是细胞正常代谢的产物，它可以作为某一种酶的抑制剂，在细胞的代谢调节中起作用。例如，色氨酸抑制色氨酸合成途径中催化第一步反应的酶（邻氨基苯甲酸合成酶）的催化活性，从而抑制色氨酸的生物合成等。大多数抑制剂是外源物质，主要的外源抑制剂有各种无机离子、小分子有机物和蛋白质等，例如，银（Ag^+）、汞（Hg^{2+}）、铅（Pb^{2+}）等重金属离子对许多酶均有抑制作用，抗坏血酸（维生素 C）抑制蔗糖酶的活性等。在抑制剂的作用下，酶的催化活性降低甚至丧失，从而影响酶的催化功能。

在植物细胞生产次级代谢物的过程中，可以通过添加某些酶的抑制剂调节代谢流的走向，从而提高次级代谢物的产量。例如，植物细胞的次级代谢物植物甾体与萜类化合物是通过甲瓦龙酸途径合成的，已经知道甾体合成抑制剂氯化氯胆碱（CCC）可以抑制甾体合成的限速酶的活性，在黄花蒿细胞培养基中，添加 CCC 可以抑制细胞中甾体的合成，同时使青蒿素的含量显著提高。

9.4.5 细胞透过性的调节

植物细胞次级代谢物是在酶的催化作用下在细胞内生成的。细胞膜的透过性对细胞内产物的分泌起到调节控制作用。为了增强细胞膜的透过性，可以通过添加表面活性剂或有机溶剂的方法。

1. 添加表面活性剂

表面活性剂可以与细胞膜相互作用，增加细胞的通透性，有利于酶和次级代谢物的分泌，从而提高次级代谢物的产量。

表面活性剂有离子型和非离子型两大类。其中，离子型表面活性剂又可以分为阳离子型、阴离子型和两性离子型 3 种。

将适量的非离子型表面活性剂如吐温（Tween）、特里顿（Triton）等添加到培养基中，可以加速胞内产物分泌到细胞外，使产量增加。例如，利用木霉发酵生产纤维素酶时，在培养基中添加 1%的吐温，可使纤维素酶的产量提高 1～20 倍。在使用时，应当控制好表面活性剂的添加量，过多或者不足都不能取得良好效果。此外，添加表面活性剂有利于提高某些酶的稳定性和催化能力。

由于离子型表面活性剂对细胞有毒害作用，尤其是季胺型表面活性剂（如新洁尔灭等）是消毒剂，对

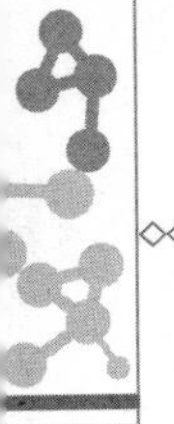

细胞的毒性较大，一般不能在植物细胞培养中使用。

2. 添加有机溶剂

有机溶剂可以通过与细胞膜的相互作用而增强细胞的透过性，有利于胞内产物分泌到细胞外，从而提高产量。在植物细胞培养生产次级代谢物的过程中，经常通过添加有机溶剂的方法，进行两相培养。例如，在紫草细胞悬浮培养过程中添加一定量的十六烷，可以显著提高紫草宁的分泌等。

9.5 利用组织培养技术生产次生代谢物质举例

9.5.1 利用红豆杉愈伤组织与细胞培养生产紫杉醇

红豆杉为红豆杉科(Taxaceae)红豆杉属(*Taxus*)植物总称。全世界共 14 个种，我国有 4 个种及 1 个变种，即东北红豆杉、云南红豆杉、西藏红豆杉(*Taxus wallichiana*)、中国红豆杉(*Taxus chinensis*)和南方红豆杉(*Taxus chinensis* var. *mairei*)。早在 1856 年，H. Lucas 就从欧洲红豆杉(*Taxus baccata*)叶片中提取到粉末状的紫杉碱(taxine)。1963 年，美国化学家 M. C. Wani 和 M. E. Wall 首先从短枝红豆杉(*Taxus brevifolia*)的树皮中分离出紫杉醇(taxol)浓缩物，发现它是一种有效的抗癌药物，并于 1971 年确定了其化学结构(图 9-9)。1992 年，美国 FDA 首先正式批准紫杉醇作为治疗晚期卵巢癌新药 Paclitaxael 上市。1995 年 2 月，经中国卫生部批准，国产紫杉醇注射液进入临床试验研究。结果表明，适当剂量的紫杉醇单独使用或与其他药剂联合使用，对卵巢癌、睾丸胚胎癌、乳腺癌、食管癌、肺癌等多种晚期癌症有效果。紫杉醇的抗癌机理是它可结合于微管蛋白的 P 亚基的 N 末端的 31 个氨基酸上，诱导和稳定微管聚合，阻止其解体，使癌细胞的有丝分裂不能正常进行而停止于 G2/M 期，直至死亡。因此紫杉醇是一种非常有前途的抗肿瘤新药。

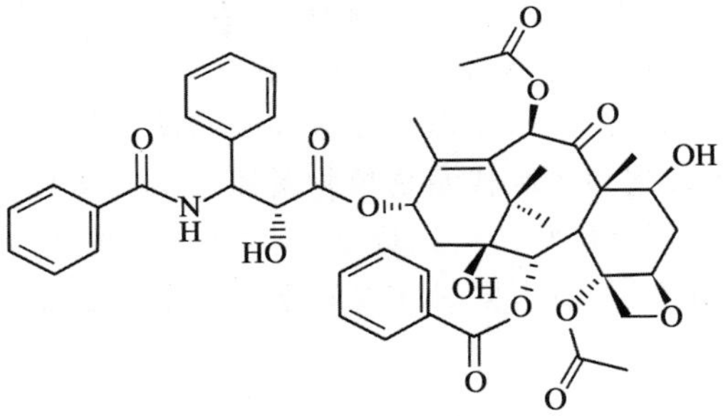

图 9-9 紫杉醇分子结构式

目前紫杉醇主要从红豆杉植物中提取，但含量低且资源有限，自然状态下生长缓慢，难以满足日益增长的抗癌药物研究和医疗用药的需要，一些地方的野生资源已经濒临灭绝，为了保护资源和扩大药源，采用组织培养、细胞培养等生物技术进行红豆杉的快速繁殖和生产、紫杉醇的直接分离，具有较好的应用前景。

一定的培养条件下，培养的植物细胞可大量合成并积累某些次生代谢产物，如紫草培养细胞中紫草宁的含量远高于紫草根中的含量。利用植物细胞大规模培养生产次生代谢产物，甚至进行工厂化生产是解决一些天然药物短缺的较好方法，如红豆杉细胞培养提取紫杉醇。目前，制约红豆杉组织培养工业化进程的关键因素是紫杉醇含量低与培养细胞生长缓慢。因此，红豆杉细胞培养的研究多集中在如何加速细胞生长和提高紫杉醇产量上。

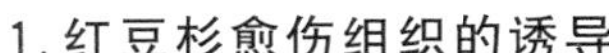

1.红豆杉愈伤组织的诱导

(1)外植体的选择与处理　用于诱导愈伤组织的外植体很多,如种子、雌配体、根、树皮、形成层、茎段、叶和芽等,一般选择紫杉醇含量高的外植体,如幼茎、树皮,以幼茎效果最好。幼茎外植体的处理方法:取新生的幼茎,清水漂洗后,在超净台上用70%酒精浸泡0.5～1 min,无菌水冲洗3次;5%次氯酸钠浸泡5～8 min,无菌水清洗3～5次,无菌滤纸吸取材料表面水分,接种在培养基上。

(2)生长和分化　外植体培养2～3周后开始形成愈伤组织,幼茎愈伤组织的诱导率多在70%以上。但由幼茎产生的愈伤组织,需经10代的继代培养,才能形成生长及性状比较均一稳定的无性系。

(3)培养基及培养条件　用于愈伤组织诱导和继代培养的培养基有多种,主要是MS、B5、White、SH等,因品种和取材部位的不同所用培养基的种类也不相同。多数结果表明,适合于愈伤组织诱导的培养基为MS、B5,且MS还比较适宜愈伤组织的生长。基本培养基中添加的外源激素主要为2,4-D、NAA、KT,浓度分别为1.0 ～2.0 mg/L、1.0 mg/L、0.1～0.25 mg/L。其中,NAA更有利于愈伤组织的形成。另外,培养基中加入LH(2 000 mg/L),可增加愈伤组织的诱导率,添加10%的椰子汁可提高愈伤组织的生长势和诱导率。继代培养时,细胞向培养基中分泌一些酚类化合物,导致细胞褐变和生长缓慢,可在培养基中加入活性炭或聚乙烯吡咯烷酮(PVP)、植酸等,防止褐变发生。

诱导愈伤组织培养基的pH为5.5～6.0,继代培养基的pH为4.8～7.8。如东北红豆杉愈伤组织培养时,pH 7.0左右愈伤组织生长情况最好,但其次生代谢物产量却远低于pH 6.0以下。光培养条件下,愈伤组织结构紧密,生长较慢,易再分化芽和根;暗培养下,愈伤组织结构分散,生长较快,但不能分化芽,较难分化根,不过暗培养的愈伤组织诱导率高于光培养。适合愈伤组织诱导的培养温度为20～26℃,继代培养温度为24～26℃。

2.红豆杉悬浮细胞培养

悬浮细胞培养是通过将愈伤组织接种在液体增殖培养基中,在摇床上振荡培养建立起来的。将灭过菌的液体培养基装入250 mL或500 mL三角瓶中,取培养15～20 d生长良好的细胞,接种于液体培养基中,置旋转摇床上,在25℃、120～130 r/min的条件下培养。如云南红豆杉细胞培养18～21 d时,紫杉醇产量达到最大。在细胞悬浮培养过程中,形成大小不等的细胞团,细胞团从外向里具明显的3个区域:①表层细胞,含大量的淀粉颗粒;②中层细胞,由增殖能力旺盛的细胞组成;③中心细胞,该区域出现分化现象。

3.影响悬浮细胞培养与紫杉醇代谢的因素

(1)外植体　云南红豆杉和中国红豆杉茎段形成的愈伤组织,其紫杉醇含量普遍比东北红豆杉和杂种红豆杉高。同种红豆杉单株紫杉醇含量也存在差异,如云南红豆杉的单株差异可达10倍,说明紫杉醇含量存在着基因型的差异。

(2)培养基　细胞培养与愈伤组织培养所用的培养基组成基本一致,只是细胞培养为液体培养基。多数采用B5培养基,也有的采用MS培养基。B5培养基对细胞生长较适宜,而MS培养基有利于紫杉醇的产生。悬浮培养中使用的碳源多为蔗糖,细胞正常生长最适的蔗糖浓度为20 g/L,但高浓度的蔗糖可提高次生代谢产物的产量。如B5培养基加30 g/L蔗糖,在悬浮培养后期,仍因碳源缺乏而限制细胞生长,需补充碳源。氮和磷则基本满足了培养的要求。激素的种类与使用比例对于不同种的红豆杉不同。单独使用低浓度的2,4-D(0.5～1.0 mg/L)更适合于紫杉醇的合成,而较高浓度的2, 4-D(1.0～2.5 mg/L)则较适合于细胞的生长;使用NAA时,紫杉醇的产量变化与使用2,4-D的结果相差不大,而使用IAA时,比2,4-D更能有效地提高紫杉醇的产量。KT和6-BA单独使用均不能促进细胞生长,但6-BA在缓解褐变上有一定作用。因此,合理使用植物激素对细胞培养十分重要。如中国红豆杉细胞培养中,细胞生长时2,4-D、NAA、6-BA的最适配比为0.23∶1∶0.62,KT与2,4-D为1∶(5～10),紫杉醇含量达较高水平。

(3)培养基中添加前体物和有机附加物　一些氨基酸等小分子物质与紫杉醇的分子结构有关,如苯

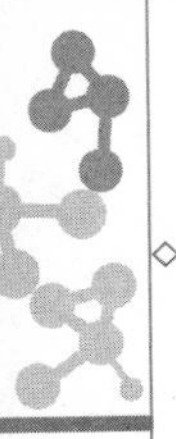

丙氨酸参与紫杉醇分子侧链的合成，苯甲酸本身即是侧链的一个组成成分。因此，在细胞培养液中加入苯丙氨酸、苯甲酸、苯甲酰甘氨酸和丝氨酸都能显著提高紫杉醇的产量。另外，培养基中加入适当浓度的有机附加物，如椰子汁、水解酪蛋白、水解乳蛋白，可增加细胞的生长量及紫杉醇的含量。

(4)培养基中添加诱导子　植物次生代谢产物的合成具有多条代谢途径，通过改变培养条件，可以定向诱导目的产物的合成。在植物细胞的培养中引入诱导子一般可提高次生代谢物的产量，同时促进产物分泌到培养基中。近十几年来，利用诱导子提高植物培养细胞中目的产物含量一直是国内外研究的热点，研究较多的是真菌诱导子、茉莉酸甲酯诱导子、水杨酸诱导子、铜离子诱导子等。茉莉酸甲酯对培养物中紫杉醇含量的增加具有明显的促进作用，而且对紫杉醇的一系列前体物质及其类似物的含量均有较大影响。水杨酸作为一种重要的细胞信使与植物抗毒素，可以诱导呼吸方式从细胞色素呼吸途径到交替呼吸途径的转变，为植物病理反应提供物质、能量以及信号传导的基础，红豆杉细胞培养时加入水杨酸可诱导紫杉醇的大量合成。Cu^{2+}可强烈地促进一些次生代谢产物的合成，如$CuCl_2$可作为若干次生代谢产物的非生物诱导子。Cu^{2+}诱导处理可能促进细胞内与紫杉醇合成相关的酶的合成，且在细胞指数生长末期诱导效果最佳，如中国红豆杉细胞悬浮培养中添加$CuCl_2$可促进紫杉醇的形成。真菌诱导子是来源于真菌的一种确定的化学信号，在植物与真菌的相互作用中能够快速、高度专一和选择性地诱导植物特定基因的表达，进而活化特定的次生代谢途径，积累特定的目的产物。如南方红豆杉细胞悬浮培养过程中，在细胞指数生长末期加入真菌诱导子[来源于尖孢镰刀菌(*Fusarium axysporum*)，主要成分为糖和多肽]，能够调控细胞的次生代谢，使次生代谢途径中一些重要的酶被合成或其活力得到提高，一些特定的次生代谢途径，如苯丙烷类代谢途径和萜类代谢途径得到活化，最终导致目的产物——紫杉醇产量的明显提高。

(5)接种量　细胞接种量不应低于 2 g/L(干重)，细胞生长速率在接种量为 6 g/L 时达最高，此后便开始下降，因此细胞接种量以每 100 mL 0.5～0.8 g 细胞为宜。

(6)培养条件　培养基的 pH 在 5～7 时对细胞产量影响不大；黑暗条件下细胞生长速度约为光照条件下的 3 倍，紫杉醇的产量也约为光照下的 3 倍；培养液中气体成分也影响细胞悬浮培养生产紫杉醇的时间和产量，合适的气体组成和比例氨气：二氧化碳：乙烯为 10：0.5：(5×10^{-6})。

9.5.2　人参细胞悬浮培养与工厂化生产

人参又名中国人参、吉林人参、棒槌，属五加科人参属，系多年生草本。人参原产中国、朝鲜及苏联，我国栽培人参面积最大，产量最多，历史也最为悠久。人参以根入药，叶、花及种子亦可供药用，主要药用成分为多种人参苷，此外尚含有人参炔醇、β-榄烯等挥发油类、黄酮苷类、生物碱类、甾醇类、多肽类、氨基酸类、低聚糖、多糖、多种维生素及人体所需的微量元素等。近代药理研究证明，人参能调节神经、心血管及内分泌系统，促进机体物质代谢及蛋白质、RNA 和 DNA 的生物合成，提高脑、体力活动能力和免疫功能，增强抗应激、抗疲劳、抗肿瘤、抗辐射、利尿及抗炎症等作用。味甘苦，性微凉；熟味甘，性温。有补气救脱、益心复脉、安神生津、补肺健脾等功能，用于体虚欲脱、气短喘促、自汗肢冷、精神倦怠、食少吐泻、气虚作喘或久咳、津亏口渴、失眠多梦、惊悸健忘、阳痿、尿频及一切气血津液不足之症，对高血压和动脉粥样硬化症、肝病、糖尿病、贫血、肿瘤及老年病等亦有较好疗效(王铁生和朱桂香，1991)。

植物细胞悬浮培养是工业化生产的必经步骤。日本在 20 世纪 70 年代就开始了人参细胞大规模发酵培养工作，到 80 年代已筛选出人参皂苷含量高、稳定的高产愈伤组织细胞株。在人参细胞悬浮培养中，需要解决的主要问题是：细胞株的选择，加速细胞生长和提高有效成分含量的方法，有效成分的分离手段等。目前我国和日本学者在这些方面均取得了一定的成果。在细胞悬浮培养中，要获得优良性状的细胞株首先要选择长势较旺盛的愈伤组织，进行单细胞培养，建立单细胞无性系。再通过悬浮培养使这些无性系增殖并获得性状一致的细胞系，最后经化学分析筛选出有效成分高和生长速度快的细胞株。另外，还可利用人工诱变等手段来筛选出具有优良性状的细胞株。

1.愈伤组织培养

(1)取材、消毒、接种及培养条件 人参的根、茎、叶、叶柄等组织均可作为外植体诱导愈伤组织。如以根作为外植体,可先用自来水冲洗干净,吸干表面水分后,浸入70%乙醇中2~3 min(或先浸入70%乙醇中数秒钟,再转入饱和漂白粉溶液中浸20~30 min);取出后,用无菌水冲洗3~4次。如以嫩茎或叶柄作为外植体,可先用自来水冲洗干净,然后用70%乙醇消毒30 s,再置于漂白粉溶液中浸泡15~20 min,取出后用无菌水冲洗3~4次。如以根作为外植体,将根切成3~5 mm厚的小薄片。如根比较粗壮,可先将根切断,用打孔器取内部组织,再切成3 mm厚的小圆片。嫩茎或叶柄切成7~16 mm的节段。叶片切成3~5 mm^2小块。如是种子发生的无菌苗则以上胚轴诱导愈伤组织的效果较好。每瓶接种3~5块外植体,置于20~25℃条件下进行暗培养。

(2)愈伤组织的诱导 人参愈伤组织诱导过程中多采用MS或White培养基,添加1.0~2.0 mg/L 2,4-D或1.0~3.0 mg/L IAA、NAA或IBA;或者这些生长素配以0.1~0.2 KT或BA等细胞分裂素,或配以10%椰乳等,均可从上述外植体诱导形成愈伤组织。一般用根作外植体诱发效果比较差,愈伤组织形成慢(丁家宜,1988),诱导频率较嫩茎和叶低(颜昌敬,1990)。

(3)继代培养 在愈伤组织诱导成功后,每隔30~40 d将愈伤组织切割成小块并转接到新配制的成分与初代培养的相同的培养基上。经过几次继代,即可获得数量很多的愈伤组织供以后作为药物批量生产接种之用。

也可用液体培养法进行继代培养。将初代培养所用的培养基不加琼脂制成液体培养基,接入较松散的愈伤组织,在摇床上进行振荡培养(80~120 r/min),以获得细胞或小块愈伤组织悬浮液,供以后的药物批量生产。

(4)固体培养基大批培养 采用体积约为800 mL方形培养瓶(克氏瓶),每瓶装入200 mL含有琼脂的培养基(成分与初代培养所用的培养基相同)。灭菌后平置使培养基形成平板,然后接入小块愈伤组织,或接入细胞悬浮液并尽量使之分布均匀。在20℃条件下,经40~50 d暗培养,每瓶可获得约100 g鲜组织,最终得率为12~15 g/L(干重)。丁家宜等(1988)曾报道接种1 215瓶,每瓶接种约5 g,50 d后共收获133.629 kg鲜组织,烘干后得干重3.362 kg。采用这一培养方法的优点是克氏瓶可以堆积放置,体积较小,不需要照明和旋转。缺点是手工操作费工,而且使用了琼脂,成本较高。

2.大规模液体悬浮培养

人参组织和细胞悬浮培养研究得比较早,早在1968年,日本明治制药公司在古谷等的指导下用大培养罐开始进行人参细胞的工厂化生产,从而使植物细胞发酵罐培养由试验阶段进入了生产阶段(张丕方等,1985)。大罐发酵是人参细胞大规模生产的发展方向。

(1)细胞株的选择 用于液体悬浮培养的细胞必须经过筛选,其目的是选出生长快而均一的高产和有效成分含量高的细胞株系。具体操作方法是:首先选择生长势较旺的愈伤组织,接种于液体培养基中,在液体悬浮培养获得初步成功之后,将悬浮液静置10~20 min,取上层的悬浮液(其中有较小的细胞团)2~3 mL,转移于附有琼脂培养基的培养皿平板上,培养1周后即可观察到从大小不等的细胞团中长出的新的愈伤组织。选择生长旺盛的组织转到试管或培养瓶内继代培养,继而再转入液体培养。如此多次重复,即可获得性状比较一致的细胞株系。经化学分析后,选取成分高、生长速度较快的细胞株。

丁葆祖等(1983)根据人参愈伤组织的颜色、质地及生长状况将其分为5种类型:①淡黄色,质地松,易碎,生长快;②淡黄白色,质地较紧,生长较慢;③棕黄色,质地紧密,生长缓慢;④青黄色,质地松散,含水量大,变质,易污染;⑤绿色,质地硬,生长慢。

以上关于人参愈伤组织的几种外观特征,可供大量筛选时参考。一般说来,选择接种体时,以第一种类型较好。

(2)悬浮培养 人参悬浮培养的方式有摇床培养和发酵罐培养。前者是把人参细胞接种在含液体

培养基的三角瓶或圆瓶中，然后在摇床或转床上培养，通过摇床转动使人参细胞得到充足的空气和营养；后者是把人参细胞接种在含液体培养基的无菌发酵罐内，通过搅拌和通气，使细胞获得充足的氧气和营养。

(3)影响人参细胞悬浮培养物生长的因素

①摇床种类和速度　植物细胞悬浮培养时，使用的摇床种类和速度对细胞培养物的生长有很大影响。在 200 r/min 高速旋转摇床上，人参细胞培养物生长缓慢，显微镜观察，很多细胞被击碎和损伤，严重影响其繁殖和生长；在 110 r/min 的旋转摇床上，细胞生长正常，培养物产量高；而在 110 r/min 的往返摇床上，虽然细胞也能正常生长，但培养物的产量比在 110 r/min 旋转摇床上低得多。

②光　固体静置培养时，光线对人参愈伤组织培养物的生长有抑制作用，产量比暗培养下低。但在悬浮培养时，人参细胞培养物对光的反应与固体培养时正好相反。在光照条件下，细胞悬浮培养物生长快，产量较高。此外，不同颜色的光对人参细胞悬浮培养物生长的作用也不相同，其中以白光效果最好，蓝、绿光次之，红光效果最差，红光下细胞培养物的生长速度和黑暗下相近。

③培养基　一般情况下，植物愈伤组织固体培养时的培养基种类，也适宜于该种植物悬浮培养。改良的 MS 培养基作为基本培养基效果较好。培养基中添加生长素可提高细胞产量和皂苷含量。如以起始培养基含 1.0 mg/L IBA 所得到的愈伤组织作接种体，做各种生长素试验时，以 IBA 和 KT 组合效果较好；而以起始培养基含 2,4-D 得到的愈伤组织为接种体，做各种生长素试验时，2,4-D 的效果最好。另外，在培养液中加入各类生物合成的中间体，也能增加有效成分的产量，如添加皂苷生物合成的中间体 3-甲基-3,5-二羟基戊酸和法尼醇，皂苷含量可提高 2 倍以上。但是，人参组织培养研究的最终目标是工业化生产人参制剂，这就不能不考虑 2,4-D 对人体有一定的毒害作用(如对中枢神经的损害中毒现象)。因此，以药用为目标的药用植物培养应该将培养基中的 2,4-D 去除，并对培养基进一步筛选。研究发现，培养基中只有维生素 B_6 是人参细胞生长必需的，而肌醇、烟酸、甘氨酸、维生素对培养中皂苷、多糖含量均无不利影响；细胞培养生产人参寡糖素时可用无离子水和白糖代替重蒸水和蔗糖，降低成本。这些研究均为进一步进行人参细胞的工业化生产打下了良好基础。

④继代培养次数　人参愈伤组织由固体培养转移到液体培养，愈伤组织块分散为小细胞团和游离单细胞，在培养液中悬浮生长，有一个适应过程。因此，细胞悬浮培养物的生长在不同的继代培养代次中是不同的。第一代悬浮培养时，细胞生长较慢，产量较低，随着转移代数的增多，培养物生长加快，产量逐渐增高；至第 5 代达到高峰，而培养物中皂苷含量除个别情况外，变化不甚明显；第 3 代细胞培养物的生长速度和产量虽然都有较明显的提高，但培养物中的皂苷含量却有较大的降低，其原因可能与培养时间较短有关。

(4)悬浮培养下细胞培养物的生长　人参愈伤组织在培养液中开始第一代悬浮培养时，最初 1 周左右变化不大，但培养液颜色较刚接种时为深，基本上仍为暗黄至橙黄色澄清液体；培养 10～20 d 时，培养液中游离的粒状细胞团逐渐增加，培养液颜色稍变浅并呈混浊；3 周后，由于细胞培养物生长加速，粒状和直径在 0.5 cm 以下的小块细胞团显著增加，培养液变稠呈淡黄色稀糊状，并有黏附瓶壁现象，或为鲜黄澄清液体充满嫩黄小细胞团块。以后各代细胞培养物的生长情况基本上与第 1 代相同，只是以后各代培养物接种后恢复期减短，生长提早加速。经显微镜观察，人参细胞悬浮培养物为由几个或多数细胞聚集而成的粒状或小块状细胞团，并有或多或少的游离单细胞悬浮在培养液中。培养的人参细胞的体积和形状多种多样，如圆形、葫芦形、肾形、长圆形、不定形的巨型细胞等。

人参细胞培养液的 pH 在培养过程中先迅速降低然后缓缓回升，后又趋于平稳。合成皂苷高峰在细胞生长对数期稍后出现，皂苷最佳收获期为细胞悬浮培养 20～25 d。细胞生长和皂苷累积要求有一个稳定而又适宜的 pH 环境。人参细胞悬浮培养较固体培养时间短，组织的鲜重和干重以及皂苷含量比固体培养高。这些特点无疑是有利于进行工业化生产的。然而工业化生产人参皂苷成本高，如何降低成本、选择优良菌株、建立新型培养技术和新型工艺等都是急需解决的问题。

9.5.3 玫瑰茄细胞培养生产花青素

玫瑰茄(rocell)又名山茄,是锦葵科木槿属一年生草本植物。主要分布在热带、亚热带地区,我国广东、广西、云南、福建等地有栽培。玫瑰茄的成熟花呈紫红色,含有丰富的花青素,是一类良好的天然色素,并具有抗氧化的功能。郭勇等从1991年开始在国内首先成功地建立玫瑰茄悬浮培养体系,进行了高产花青素玫瑰茄细胞系的筛选,确定了培养基的组成,优化了细胞生长和生产花青素的工艺条件,并采用自行设计的鼓泡式植物细胞反应器进行了放大试验,取得可喜成果。这里简单介绍其工艺过程。

(1)玫瑰茄愈伤组织的诱导　选取健康、无病虫害的未开花的玫瑰茄花萼,用5%的次氯酸钠溶液消毒60 s,然后用无菌水漂洗3次。

在无菌条件下,将花切成0.5 cm的小块,植入含有1 mg/L 2,4-D、0.5 mg/L激动素、0.8%琼脂、3%蔗糖的半固体B5培养基中,在25℃、1 600 lx、16 h/d光照的条件下培养14 d,诱导得到愈伤组织,每14 d继代培养一次。

(2)细胞的改良　将上述愈伤组织转入液体培养基中,加入灭菌的玻璃珠,不断以一定的速度进行搅拌,使愈伤组织分散成为小细胞团或单细胞。

再将分散的细胞或细胞团接种于固体平板培养基上,进行筛选、诱变等,得到高产花青素的优良细胞系。

(3)玫瑰茄细胞悬浮培养　将上述培养14 d的玫瑰茄愈伤组织,在无菌条件下转入含有1 mg/L 2,4-D和0.2 mg/L KT、40 g/L蔗糖的液体B5培养基中,加入灭菌的玻璃珠,25℃、1 200 lx、16 h/d的光照条件下振荡培养14 d,使愈伤组织分散成为小细胞团或单细胞。

然后在无菌条件下,经过筛网将小细胞团或单细胞转入含有1 mg/L 2,4-D和0.2 mg/L KT的B5液体培养基中,25℃、1 200 lx、16 h/d光照的条件下培养16～18 d。

(4)花青素提取与分离纯化　细胞培养完成后,收集细胞,用含有1%盐酸的甲醇提取,再分离得到花青素。

小　　结

植物次生代谢物在许多生命活动过程中起着重要作用,如细胞解毒、物质交流、信号传导、防御机制等。对我们人类而言,很多植物次生代谢物具有治疗疾病的重要功能,是医药品和化学品的重要来源。本章详细地介绍了植物次生代谢物质的作用及其代谢途径,并详细地介绍了利用植物细胞培养生产有用的次生代谢产物3种方式,即细胞培养、生物转化和生物合成。但由于次生代谢产物含量较低,利用受到限制,因此具体介绍了影响次生代谢物生产的因素及生物合成的调控。最后,以红豆杉生产紫杉醇、人参生产皂苷、玫瑰茄生产花青素为例,介绍了次生代谢物的生产过程及影响产量的因素。

思　考　题

1. 简述植物次生代谢物质的作用。
2. 简述在生产次生代谢物过程中植物细胞培养方式。
3. 简述次生代谢物生产的流程及影响次生物质产量的因素。
4. 试述在次生代谢物生产过程中如何调控次生物质的产量。
5. 试述生物反应器的类型。

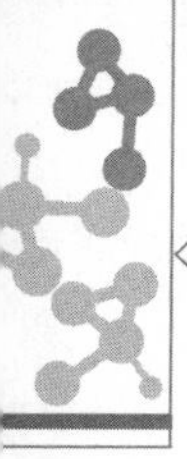

实验 13　紫草细胞悬浮培养与次生代谢产物检测

1. 实验目的

本实验通过紫草细胞悬浮培养及其次生代谢产物检测，掌握细胞悬浮培养生产次生代谢产物技术，学会分析次生代谢产物生产过程中物理因素的变化（培养基 pH、电导率及可溶性糖等）与细胞生长量和次生代谢产物量之间的关系。

2. 实验原理

植物细胞悬浮培养是将游离的单细胞和小细胞团采用液体振荡培养进行的，本实验悬浮培养的细胞来自紫草愈伤组织。应选生长旺盛而且紫草素含量高的细胞株系进行，一般可以根据颜色进行选择，如紫红色较深的愈伤组织经培养筛选后获得高产系再进行大量的悬浮培养。

3. 实验用品

（1）仪器　振荡摇床、超净工作台、紫外分光光度计、烘箱、超声波破碎仪等。

（2）材料　经诱导获得的紫草愈伤组织。

（3）试剂　培养基配制常用化学试剂、植物生长调节剂（IAA、6-BA、KT）、石油醚等。

4. 实验步骤

（1）紫草愈伤组织继代培养　B5 基本培养基中添加 0.025 mg/L IAA，1.0 mg/L 6-BA，光培养，光照时间为 6～8 h/d。每隔 2 周进行一次继代培养，增加细胞数量。

（2）紫草细胞悬浮培养及紫草素合成　前期研究表明，紫草细胞中紫草素的生物合成属非生长偶联型，而且细胞生长和紫草素合成所使用的培养基也不同，因此采用二步培养法，把细胞生长阶段和紫草素合成阶段分开进行研究。

①紫草细胞生长　紫草细胞生长的悬浮培养采用 N6 基本培养基，添加 1 mg/L KT。愈伤组织的接种量为 2%（质量百分比），在装有 40 mL 液体培养基的 100 mL 三角瓶中振荡悬浮培养。培养温度为 (25±1) ℃，摇床转速 120 r/min，暗培养，细胞生长的培养周期为 21 d。

②紫草素合成　紫草素合成悬浮培养采用 M9 基本培养基，添加 0.1 mg/L IAA，1.0 mg/L 6-BA，347 mg/L $Ca(NO_3)_2 \cdot H_2O$，6.0 mg/L $CuCl_2 \cdot H_2O$。细胞悬浮液的接种量为 7.5%。所有实验均在装有 40 mL 液体培养基的 100 mL 三角瓶中进行振荡培养。培养温度为 (25±1) ℃，摇床转速 120 r/min，暗培养，生物合成的培养周期为 16 d。

（3）次生代谢产物检测

①细胞干重测定方法　取紫草细胞悬浮培养液，用滤纸过滤，将细胞置于烘箱中，55℃ 烘约 24 h 至恒重，称得其干重即为生物量(g/L)。

②紫草素含量测定方法　紫草素在 520 nm 处有最大吸收峰。配制不同浓度的紫草素，溶解在定量的石油醚中，测定不同浓度紫草溶液的 $OD_{520\ nm}$ 值，由此绘制标准曲线，并获得线性方程。例如曲线方程为：$c = 187.85OD_{520\ nm} - 2.09$，相关系数 $r = 0.999\ 5$。其中，c 为紫草素石油醚溶液中的紫草素浓度(mg/L)，OD_{520nm} 为该测定溶液的吸光度值。

取紫草细胞培养液，3 500 r/min 离心 20 min，回收的沉淀物为鲜细胞。将鲜细胞转移至三角瓶中，加入一定量的石油醚（沸点 30～ 60 ℃），三角瓶放入超声波中进行细胞破碎，然后在室温下振荡（110 r/min）提取 24 h。取适量提取液，测定 OD_{520} 值，再根据标准曲线折算出细胞中的紫草素含量（%）。采用下列公示计算紫草素产量：

$$紫草素产量(g/L) = 紫草素含量(\%) \times 细胞干重(g/L)$$

5. 实验注意事项

(1)紫草细胞生长和紫草素合成分步进行，注意每个阶段不同的培养基、细胞的接种量及培养周期。

(2)紫草素含量测定时，标准曲线的绘制要在线性范围内，并与实际紫草素含量相当，即紫草素标准溶液配制的浓度不能过高，也不能过低。

(3)细胞干重的测量，对悬浮细胞要进行充分烘干，质量恒定后方为细胞干重。

6. 实验报告与思考题

(1)实验报告

①绘制紫草悬浮细胞生长曲线。

②绘制紫草悬浮细胞生长过程中 pH、电导率、生物量的变化及紫草产量的变化。

③绘制 21 d 内紫草细胞悬浮培养生长过程中可溶性糖的消耗情况。

(2)思考题

①紫草细胞悬浮培养的关键点是什么?

②植物细胞悬浮培养的操作步骤有哪些可以改进?

第10章

植物脱毒技术

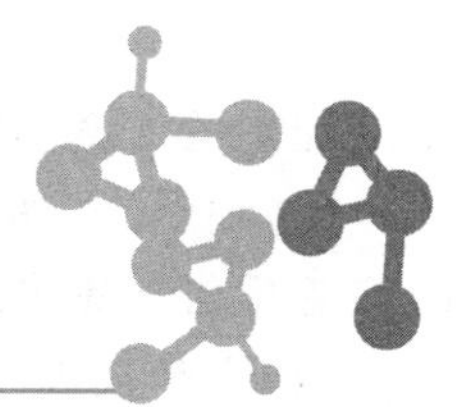

病毒是严格的寄生生物，完全通过寄主植物细胞完成自身的复制，植物感染病毒后无法通过化学方法得到根本控制。目前，受病毒侵染的植物种类很多，尤其是进行营养繁殖的植物极易感染病毒，并经无性繁殖材料传递给下一代，导致植物产量和品质降低，种性退化，病毒病已经成为制约作物产量和品质的主要因素之一。应用植物组织培养技术对感染病毒的植株进行脱毒处理获得无病毒植株，进一步扩繁后应用于生产，是目前最有效的病毒病防控措施。

10.1 病毒的危害和培养无病毒苗的意义

10.1.1 病毒对植物的危害

1. 植物病毒的种类

病毒结构简单，是由一个核酸长链和蛋白质外壳构成的非细胞型生物，没有自己的代谢机构和酶系统，不能离开宿主细胞独立存在，具有严格的寄生性。植物病毒分类主要是依据病毒的基本性质，即构成病毒基因组的核酸类型(DNA 或 RNA)、核酸是单链还是双链、病毒粒体是否存在脂蛋白包膜、病毒形态、核酸分段状况(即多分体现象)等进行分类的。2000 年的分类报告指出，病毒可分为 15 个科 49 个属以及尚未定科属的 24 个，共 900 多个确定或可能的种。病毒分布广泛，几乎能侵染所有植物。

2. 植物病毒病的主要症状

植物病毒病的症状可分为内部症状和外部症状。内部症状主要指植物组织和细胞的病变，如组织和细胞的增生、肥大，细胞和筛管坏死及各种类型内含体(粒状、风轮状、圆柱状)等的出现。外部症状主要指在一定环境条件下，由于植物本身的正常生理代谢受到干扰，叶绿素、花青素及激素等改变，植株表出现异常状态，如植株矮小，叶片失绿或变色，分蘖及枝芽增加，果、叶畸形等。

10.1.2 培育无病毒苗的意义

植物病毒寄主范围广，可侵染农作物、油料作物、果树、蔬菜和花卉等多种植物，严重时可导致植株死亡，给农业生产造成巨大经济损失。随着植物种质资源交换范围不断扩大，耕作制度改变及带毒材料的无性繁殖，植物病毒病逐年严重。自然界中存在 2 000 多种病毒，已报道了 600 余种病毒能侵染植物，其中 80%的植物病毒以昆虫为主要传播媒介，易造成持久性病毒病的流行。另外，多数经济作物的规模化生产通过无性繁殖嫁接或扦插的方法进行，如果砧木或母本植物感染病毒，就会引发病毒病。因此，采用有效措施防控植物病毒病害具有十分重要意义。植物脱毒技术具有操作简单、增效显著、植物遗传性状稳定等优势，被广泛应用于马铃薯、甘薯、百合、草莓、大蒜、兰花、苹果等植物上，大幅提高了植物的产量和品质。如与相同品种的普通甘薯相比，脱毒甘薯的增产幅度可达 20%～200%。植物脱毒苗木不仅去除了病毒，还可以去除多种真菌、细菌及线虫病害，种性得以恢复；植株健壮，需肥量减少，抗逆性强，减少化肥和农药施用量，降低生产成本，减少环境污染，形成良性生态循环。该技术在马铃薯和甘薯上的应用，对其种植逐步走向规模化、标准化、区域化具有重要意义。

10.2 植物脱除病毒的方法

10.2.1 茎尖培养脱毒

1.茎尖培养脱毒的原理

(1)病毒在植物体内的分布　病毒在寄主植物体内不同组织和部位分布不均匀，感病植株根尖和茎尖组织中病毒浓度极低，且越靠近顶端分生组织，病毒浓度越低。即植物病毒一般主要分布在与植物维管束直接相连或相近的组织，植物茎尖和幼嫩的分生组织病毒很少或不存在，这是因为茎尖和幼嫩的分生组织没有与植物维管束直接相连，且幼嫩的分生组织细胞分裂旺盛，生长活跃，病毒难以在其中进行复制，并且在代谢旺盛的分生组织中，生长素浓度高，也可以抑制病毒的繁殖。另外，病毒在茎尖细胞中发生 RNA 沉默，从而形成无病毒区域。因此，利用茎尖培养可获得无毒苗木。

(2)茎尖大小与脱毒效果　茎尖培养根据其培养目的和取材大小可分为普通茎尖培养(shoot tip culture)和茎尖分生组织培养(meristem tip culture)两种类型。普通茎尖是指较大茎尖(几毫米至几十毫米的茎尖)，这类培养技术简单，操作方便，茎尖易成活，成苗所需时间短，繁殖速度快。茎尖分生组织则仅限于茎尖顶端圆锥区，其直径和长度 100～250 μm，即小于 0.3 mm 的茎尖为茎尖分生组织(图 10-1)，这样大小的茎尖培养成活率较低。

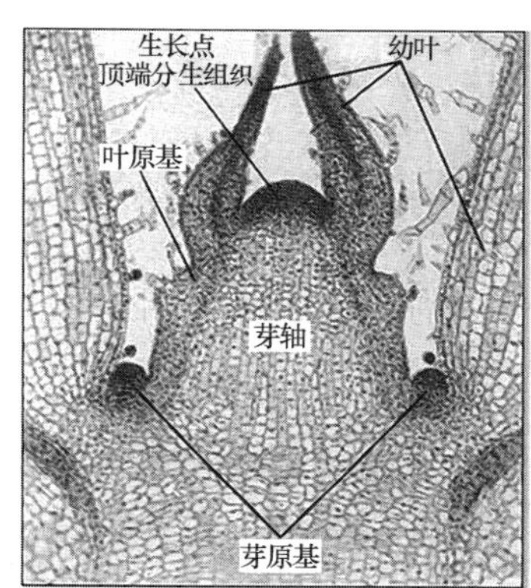

图 10-1　茎尖分生组织结构图

剥离茎尖的大小是茎尖培养脱毒苗的关键因素。茎尖越小脱毒效果越好，但成活率越低；反之亦然。茎尖分生组织的大小对茎尖成活率和病毒的脱除率的影响因物种和病毒种类有所差异(表 10-1)。为平衡这种矛盾，通常剥离 0.2～0.4 mm 的茎尖进行培养。

表 10-1　植物茎尖大小与脱毒效果之间的关系

植物种类	病毒	茎尖大小/mm	脱毒效果/%	
			成活率	脱毒率
宜兴百合	黄瓜花叶病毒(CMV)	<0.3	0	0
		0.3～0.5	—	40
东方百合	各种花叶病毒	0.1	0	0
		0.3	20	16
马铃薯	马铃薯 X 病毒	0.2	68	56
大蒜	花叶病毒	<0.2	0	0
		0.5～0.6	100	90
葡萄	葡萄病毒 A	0.1	0	0
		0.2	75	12
		0.4	100	0
欧李	苹果褪绿叶斑病毒(ACLSV)	0.3～0.4	—	71.6
	李矮缩病毒(PDV)		—	73
苹果	茎沟病毒(ASGV)	1.5	11.1	100
		2.0	49.5	73
掌叶半夏	黄瓜花叶病毒(CMV)	0.2～0.5		100
	芋花叶病毒(DsMV)	0.2～0.5		76.7
		0.1～0.2		100

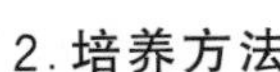

2.培养方法

(1)取样与消毒　在剥取茎尖前首先注意对接种的外植体要进行严格选择和消毒,它是茎尖脱毒培养能否成功的关键因素之一。应选择生长发育正常、健壮并已达到一定生育期的供试植株。为了降低供试植株材料的自然带毒程度,可把供试植株预培养在温室的无菌土中,并采取相应的保护栽培措施。田间种植的材料也可切取其枝条,在营养液中培养。果树、林木和木本花卉植物还可在取材前,预先喷几次杀菌药,以使材料不带或少带菌,减少外植体污染,增强其再生能力。

一般大田、温室的材料表面上都不同程度地带菌。因此,接种前必须对材料进行表面消毒处理。以大田供试植株为例,具体步骤是从大田剪取生长健壮、无病虫害植株的顶端茎段,去除叶片,将外植体用自来水冲洗一段时间,有的还需用洗涤剂冲洗,然后在超净工作台上用消毒剂消毒处理(常用的消毒剂和消毒方法可以参照本书有关章节)。叶片紧实的芽(如菊花、兰花等)在70%的酒精中浸泡30 s左右即可。叶片包被松散的芽(如蒜、马铃薯等)可先用70%酒精消毒30 s,再用0.1%次氯酸钠溶液浸泡消毒10 min左右。在具体应用中可根据所处理外植体的情况,灵活选择和运用各种消毒方法。

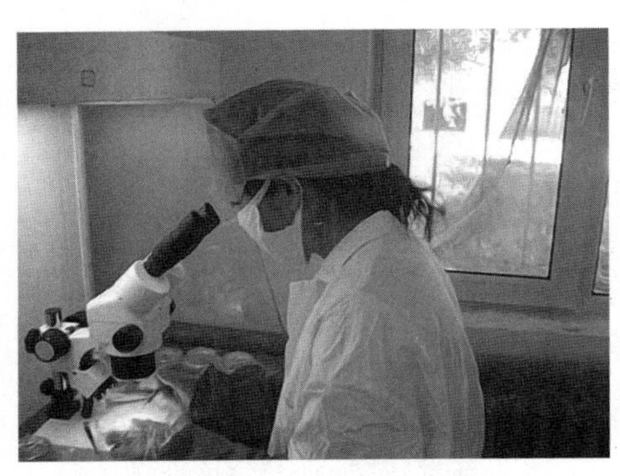

图10-2　在40倍的显微镜下剥离0.1～0.3 mm马铃薯茎尖

(2)剥取茎尖与接种　一般剥离的茎尖大小为0.1～1.0 mm,由茎尖分生组织及其下方1～3个叶原基构成,解剖时需用装备有适当光源的解剖镜(放大8～40倍)。为了防止由于超净台的气流和解剖镜上的钨灯散发热量使茎尖变干,茎尖暴露的时间越短越好,也可使用荧光灯以减少热辐射,还可在培养皿内衬上无菌湿润滤纸。在解剖镜下看到发亮的半圆球茎尖分生组织时,即可用锋利的刀片将其切下,并迅速将其接种于培养基上,进行培养(图10-2)。注意确保切下的茎尖外植体不要与其他组织、解剖台或持芽的镊子接触,以减少病毒再次侵染的机会。

(3)茎尖的培养　将接种好的茎尖外植体置于培养室培养,培养温度26～28℃,光照强度2 000 lx,光照时间14 h/d。茎尖培养过程中,如出现生长太慢,茎尖无明显膨大,呈绿色小点,表明生长素浓度偏低或培养温度低,可通过转入较高浓度生长素的培养基或提高温度加以改善。但是,当生长过旺,茎尖基部明显膨大,产生愈伤组织,说明生长素浓度偏高、光照弱或温度过高,应及时调整培养基和培养条件。

3.培养基与培养方式

(1)培养基　茎尖培养常用的培养基见表10-2。较大的茎尖外植体(大于500 μm)在不含生长调节物质的培养基中也能产生完整植株,但加入少量的生长素或细胞分裂素或二者兼有(0.1～0.5 mg/L)常常是有利的。被子植物茎尖分生区不是生长素的来源,生长素可能由第2对幼叶原基形成,因此在分生组织培养中所需生长素不能自给,要能成功地培养不带任何叶原基的胡萝卜、烟草等植物分生组织外植体,外源激素必不可少。只需生长素的植物可能其分生组织中内源细胞分裂素的水平较高。选用生长素时应避免使用2,4-D,它常能诱导外植体形成愈伤组织。有时也可在培养基中加入抗氧化剂,以抑制外植体氧化变褐死亡。

蔗糖是组织培养常用的碳源,可为植物的生长提供养料,同时也对培养基渗透压的调节有一定的作用。植物组织培养一般常用分析纯蔗糖。试验结果表明,3%～9%蔗糖和白砂糖对试管苗的生根有利,但9%糖的浓度较高,培养基渗透势较低造成细胞失水,叶缘干枯;糖浓度3%～6%时较为适宜,从经济角度考虑,应该选用3%的白砂糖。同时,3%的蔗糖和白砂糖比较,后者的壮苗生根效果均好于前者且经济效能更高。王英等对脱毒马铃薯的研究中也显示白砂糖处理试管苗其株高、叶片数、茎粗、根数及根长等均优于蔗糖处理。

生根培养基中的营养元素含量往往降低,需要适当提高生长素类物质(NAA、IBA)的浓度,降低细

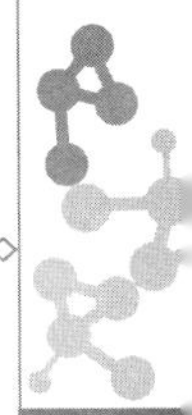

胞分裂素的浓度。降低无机盐和有机物含量(如一般1/2 MS或1/4 MS培养基),降低渗透压(糖由30 g/L降低为20 g/L)。多效唑等对脱毒苗壮苗和生根都有明显的促进作用。

表10-2 几种常用的植物茎尖培养基(王蒂,2003) mg/L

培养基成分	Morel(1948)	Morel和Martin(1955)	Kassanis	Nielsen(1960)	Morel和Muller(1964)	Mori(1971)
NH_4NO_3	—	—	—	—	—	60
KNO_3	125	125	125	200	125	—
$(NH_4)_2SO_4$	—	—	—	—	1 000	—
KCl	—	—	—	—	1 000	80
$CaCl_2 \cdot 2H_2O$	—	500	500	—	—	—
$Ca(NO_3)_2 \cdot 4H_2O$	500	—	—	800	500	170
$MgSO_4 \cdot 7H_2O$	125	125	125	200	125	240
KH_2PO_4	125	125	125	200	125	40
$FeCl_3 \cdot 6H_2O$	—	—	—	—	1	—
柠檬酸铁	—	—	—	—	5	5
$Fe_2(SO_4)_3$	—	25	—	—	—	—
Na_2-EDTA	—	—	—	—	—	—
$MnSO_4 \cdot 4H_2O$	↑	0.8	↑	—	0.1	—
$ZnSO_4 \cdot H_2O$	|	0.04	|	0.2	1	0.05
$NiCl_2 \cdot 6H_2O$	|	0.025	|	0.3	—	—
$MnCl_2 \cdot 6H_2O$	|	—	|	1.8	—	0.4
$CoCl_2 \cdot 6H_2O$	①	0.025	①	—	—	—
$CuSO_4 \cdot 5H_2O$	①	0.025	①	0.08	0.03	0.05
$AlCl_3$	①	—	①	—	0.03	—
$H_2MoO_4 \cdot H_2O$	|	—	|	0.02	—	0.02
$Na_2MoO_4 \cdot 2H_2O$	|	—	|	—	—	—
KI	|	0.25	|	—	0.01	—
H_3BO_3	↓	0.025	↓	2.8	1	0.6
肌-肌醇	0.1	0.001	0.1	—	100	0.1
泛酸钙	10	0.001	10	—	1	10
烟酸	1	—	1	5	1	1
盐酸吡哆醇	1	—	1	1	1	1
盐酸硫胺素	—	0.001	—	1	1	1
生物素	0.1	0.001	0.01	—	0.01	0.01
半胱氨酸	—	0.001	10	—	1	10
腺嘌呤	—	—	—	—	0.1	5
硫酸腺嘌呤	—	—	—	—	—	—
水解酪蛋白	—	—	1	—	—	1
蔗糖	20 000	—	20 000	30 000	20 000	—
葡萄糖	—	40 000	—	—	—	10 000

注:①10滴Berthelot溶液[Berthelot溶液含(mg/L):$MnSO_4$ 2 000, $NiSO_4$ 60, TiO_2 40, $CoSO_4$ 60, $ZnSO_4$ 100, $CuSO_4$ 50, $BeSO_4$ 100, H_3BO_3 50, $Fe_2(SO_4)_3$ 50 000, KI 50, H_2SO_4(比重1.83) 1 mL]。

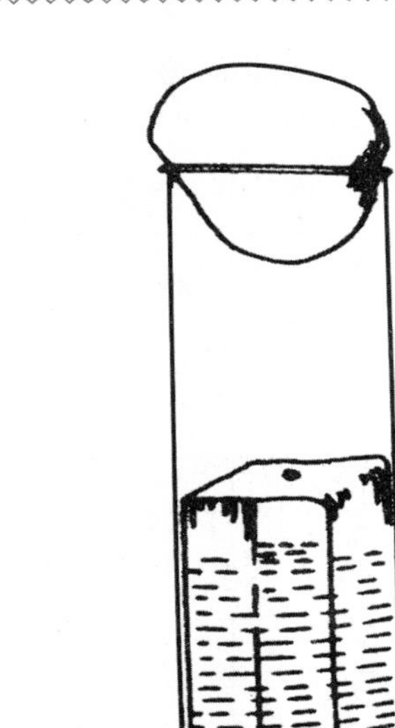

图 10-3　滤纸桥液体培养法
（李浚明，2002）

（2）培养方式　茎尖脱毒培养一般使用固体培养基，简单方便。有的植物在固体培养基上易分化愈伤组织或易褐化，可进行滤纸桥液体培养（图 10-3）。滤纸桥的两臂浸入培养基中，桥面悬于培养基上，外植体放在桥面上。此方法有利于茎尖的健壮生长，但操作过程复杂。

（3）培养条件　在茎尖组织培养中，光照培养的效果常比暗培养好。如在 6 000 lx 光照培养条件下，59%的多花黑麦草茎尖能再生植株，暗培养时只有 34%。某些植物茎尖培养的不同阶段，对光的需求不同，有的需要一定时期的完全暗培养。马铃薯茎尖培养初期的最适光照强度是 1 000 lx，4 周后应增加到 2 000 lx。茎长 1 cm 时，应增加到 4 000 lx。天竺葵茎尖培养需要一个完全黑暗的时期，这可能有助于充分减少酚类物质的抑制作用。茎尖培养的温度一般为（25±2）℃。

（4）外植体的生理状态　茎尖最好取自生长活跃的芽上。培养菊花的顶芽茎尖比培养腋芽尖效果好，但每个枝条上只有一个顶芽，为增加脱毒植株总数，即使腋芽比顶芽表现较差，也可采用腋芽。取芽的时间很重要，表现周期性生长习性的树木更是如此。在温带树种中，植株的生长只限于短暂的春季，此后很长时间茎尖处于休眠状态，直到低温或光打破休眠为止。在这种情况下，茎尖培养应在春季进行，若要在休眠期进行，则必须进行适当处理。如李属植物取芽之前须把茎保存在 4 ℃下近 6 个月。茎尖培养的效率取决于外植体的存活率、茎的发育程度、茎的生根能力及脱毒程度。冬季培养的麝香石竹茎尖产生的茎最易生根，而夏季得到无毒植株的概率最高。多数马铃薯品种在春季和初夏采集的茎尖比在较晚季节采集的易生根。

10.2.2　其他组织培养脱毒

1.愈伤组织培养脱毒

植物各部位器官和组织脱分化均可诱导产生愈伤组织，从愈伤组织再分化形成小植株中可以获得脱毒苗，这在马铃薯、天竺葵、大蒜、草莓等植物上已获得成功。感染烟草花叶病毒（TMV）的烟草髓部组织诱导出的愈伤组织，经 4 次继代培养后，用荧光抗体法监测，发现已没有特异荧光，说明愈伤组织细胞内已不存在病毒，即病毒质粒会在愈伤组织的继代培养过程中逐渐消失。在康乃馨愈伤组织继代培养中，也发现这种现象。研究还表明，用感染 TMV 的烟草叶片诱导出的愈伤组织产生再生植株中，50%是无病毒的。由于受到侵染的愈伤组织中能再生出很多不含 TMV 的植株，证明愈伤组织中某些细胞实际上是不含病毒的。从马铃薯茎尖愈伤组织再生植株无马铃薯 Y 病毒（PVY）的概率高于直接从茎尖培养生产无毒苗的概率。

愈伤组织培养脱毒的原因在于，在其培养过程中，随着愈伤组织细胞的迅速增殖，细胞的增殖速度快于病毒复制的速度，或者细胞产生变异，病毒感染的程度会明显降低，经过多次继代培养后，新产生的愈伤组织分散程度增加，染病的概率减小，获得对病毒感染的抗性，最终表现出脱毒现象，即可从愈伤组织诱导生产的试管苗中获得脱毒的再生植株。另外，愈伤组织在培养过程中，由于培养基中植物激素及其他生长调节物质的影响，时常会发生体细胞无性系变异，通过突变也可能获得病毒病的抗性。这种变异的范围和方向都是不定的，因此，除特定情况外，对于无性繁殖作物而言，为了保持其优良种性，一般不采用此法进行脱毒。

2.珠心胚培养脱毒

多数植物受精后产生的种子只形成一个胚，而柑橘、葡萄的种子通常会形成多个胚。多胚中只有一个胚是受精后产生的有性胚，其余胚是珠心细胞形成的无性胚，称为珠心胚。病毒通过维管组织移动，而珠心组织与维管组织没有直接联系，故通过珠心组织培养也可以获得脱病毒植株。此方法最常用在柑橘类果树上，可成功去除柑橘主要病毒，如银屑病、叶脉突出病、柑橘裂皮病等的病毒。

3. 茎尖微体嫁接脱毒

茎尖微体嫁接脱毒将组织培养与嫁接方法相结合，其步骤是先把感染病毒幼枝的分生组织顶部0.1～0.2 mm的接穗茎尖切割下来，然后嫁接到离体培养出来的无菌实生砧木上，继续进行离体培养，使接口愈合，最后接穗长成完整植株。该脱毒方法缩短了育苗周期，同时保持母本的优良性状。主要用于苹果、樱桃、柑橘、杏、酿酒葡萄等木本植物。柑橘的银屑病、桃树的洋李环斑病毒(PRV)、洋李矮缩病毒(PDV)、褪绿叶斑病毒(CISV)都可以通过茎尖微体嫁接获得脱病毒苗。苹果微体嫁接成活率和茎尖大小的关系见表10-3。

表10-3 苹果微体嫁接成活率与茎尖大小关系(王蒂，2013)

茎尖大小/mm	嫁接茎尖/个	嫁接成活茎尖/个	嫁接成活率/%
茎原锥(0.03～0.08)	20	3	15
茎原锥带2片叶原茎(0.1～0.2)	20	13	65
茎原锥带4片叶原茎(0.3～0.4)	20	15	75
茎原锥带6片叶原茎(0.6～0.8)	20	18	90

微体嫁接法脱除病毒的关键技术：第一要求剥离技术很高。嫁接的成活率与接穗大小呈正相关，而脱毒率与接穗大小呈负相关，一般取小于0.2 mm的茎尖嫁接可以脱除多数病毒。第二对培养基的筛选并不十分困难，但必须考虑到砧木和接穗对营养组成的不同要求才能收到良好效果。第三与接穗的取材季节密切相关。不同的取材季节嫁接成活率不同，如苹果4—6月份取材嫁接成活率较高，10月份到翌年3月份前取材成活率低(图10-4)。

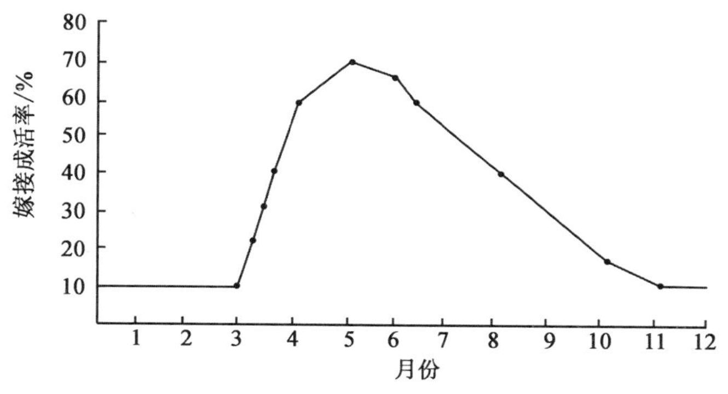

图10-4 苹果不同取材时期对微体嫁接成活率的影响(王蒂，2004)

10.2.3 理化方法脱毒

1. 物理方法脱毒

(1)高温热处理　热处理脱除病毒的原理主要是由于某些病毒受热后不稳定，可被部分或完全钝化，增殖减缓或停止，失去活性和侵染能力。在高温下，植物体内不能生成或生成病毒很少，而破坏却日趋严重，以致病毒含量不断降低，持续一段时间，病毒消失。另外，热处理是一种物理效应，与冷处理一样，它可以加速植物细胞的分裂，使植物细胞在与病毒繁殖的竞争中取胜。

植物组织与病毒对温度的敏感程度不同，根据不同植物选择适当的处理温度和处理时间是利用热处理脱毒成功的关键，其处理温度和时间取决于不同病毒的钝化(致死)温度和植物的耐受温度。番茄

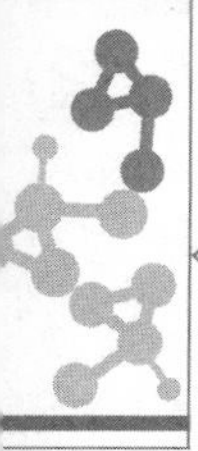

斑点枯萎病毒(tomato spotted wilt virus，TSWV)致死最低温度为 45 ℃，而烟草花叶病毒(tobacco mosaic virus，TMV)、茎沟病毒(ASGV)等钝化温度超过 90 ℃，多数植物病毒的钝化温度在 55～70 ℃之间。考虑到大多植物能忍受的高温都在 38 ℃以下，因此植物热处理温度一般在 35～40 ℃之间，可与茎尖培养相结合提高脱毒效果。热处理可导致病毒 RNA 降解或诱导基因沉默。37 ℃热处理会引起与 RNA 沉默相关的关键基因表达的上调，诱导了与 iRNA(RNA 干扰技术)相关的现象发生，并抑制了病毒 RNA 在感染 ASGV 梨外植体中的积累，有利于茎尖中产生更大的无病毒区域。对梨树上的 ASGV 的脱毒处理中发现，单纯茎尖培养脱毒效果差，而采用 37 ℃ 8 h 与 32 ℃ 8 h 交替处理材料 60 d 后，剥取 1 mm 茎尖培养，成活率和脱毒率比单纯茎尖培养平均增加 11.7%和 54.3%。

热处理可以通过热水或热空气进行。热水处理对休眠芽效果较好，热空气处理对活跃生长的茎尖效果好，既可消除病毒，又能使寄主植物有较高的存活机会。热空气处理也比较容易进行，把生长的植物移入热疗室中，在 35～40 ℃下处理一段时间即可。处理时间的长短，可由几分钟到数周不等。Vivek 和 Modgil (2018)将苹果品种'Oregon Spur-II'在 37～40 ℃处理 4 周后，切取不超过 0.5 mm 的茎尖培养，发现可以完全脱除苹果褪绿叶斑病毒(apple chlorotic leaf spot virus，ACLSV)、ASGV，苹果茎痘病毒(apple stem pox virus，ASPV)和苹果花叶病毒(apple mosaic virus，ApMV)。热处理可通过恒温和变温两种方式进行，其中变温可以减轻持续高温对培养材料的不利影响。陈冉冉等(2019)研究表明，苹果砧木系 NY2 组培苗经变温热处理平均存活率为 55.17%，经恢复培养的茎尖平均存活率为 11.07%；QD-V-2 组培苗经变温热处理平均存活率为 57.96%，经恢复培养的茎尖平均存活率为 15.98%。另外，利用热处理脱毒时，同种病毒在不同品种上的脱除率存在一定差异。这可能由于不同品种经过热处理后产生的无毒区域不同。

热处理脱毒也有一定的局限性，主要在于并非所有病毒都对热处理敏感。热处理只对那些球状的病毒(如葡萄扇叶病毒、苹果花叶病毒)或线状的病毒(如马铃薯 X、Y 病毒及康乃馨病毒)有效果，而对杆状病毒(如牛蒡斑驳病毒、千日红病毒)不起作用。

(2)超低温处理　超低温处理是利用液氮超低温(－196 ℃)对植物细胞的选择性杀伤，得到存活的茎尖分生组织，重新培养后获得脱毒苗。Feng 等(2010)认为供试茎尖经超低温冻存后，其最顶端以及第 1、2 叶原基由于细胞核与细胞质体积比例大，内含物质浓度高，细胞内空泡少且维管组织发育不全，因此能够经受住低温而存活下来。而这部分组织病原物含量较少甚至不含病原物。与此同时茎尖下部其余部分因细胞较成熟，水分含量多而易被冻死，这部分组织多含有大量病原物。最终，经过超低温处理，含有病原物的组织冻伤坏死，而不含病原物的组织存活下来，继续分裂分化形成脱毒植株。正是由于超低温处理对细胞的选择性杀伤，保留顶端分生组织，杀伤含有病毒的其他细胞，所以经超低温处理繁殖可以获得脱毒材料。

如前所述，茎尖培养脱毒受到茎尖大小的限制，存在脱毒率与成活率之间的矛盾。茎尖剥离通常采用 0.2～0.5 mm 的茎尖，且由于剥离时间过长易造成茎尖褐化，降低成活率，故需要操作熟练的技术人员，操作过程要精准迅速。超低温对植物细胞的选择性杀伤与细胞本身的特性有关。因此，无论茎尖取的大还是小，能够在超低温处理后存活的细胞都只是顶端分生组织细胞和部分叶原基细胞，所以超低温处理不受茎尖大小的限制。该方法可采用 1.0～1.5 mm 的茎尖为试材。1.5 mm 的茎尖肉眼可见，试验操作难度大大降低，剥取茎尖的速度也随之提高，可以在短时间内取得大量茎尖用于脱毒试验。

超低温处理对细胞的选择性杀伤使得带病毒的植物细胞几乎全部死亡，存活的只是分生区和部分幼嫩叶原基细胞，而这些存活的细胞恰恰不含或只含有少量病毒。因此，超低温处理后再生的植株脱毒率很高(表 10-4)。已利用超低温处理从香蕉中脱除黄瓜花叶病毒(CMV)及香蕉条斑病毒(BSV)。在马铃薯、甘薯、木莓、葡萄等植物上也获得了脱毒苗。

目前常用的超低温处理方法有玻璃化法、小滴玻璃化法、包埋脱水法和包埋玻璃化法。不同方法对同一种病毒的脱除效果不尽相同，需针对具体植物筛选处理方法。如脱除红芽芋花叶病毒(DsMV)时，用玻璃化法脱毒率为 50%，用包埋玻璃化法脱毒率为 100%，包埋脱水法脱毒率为 50%，小滴玻璃化法脱毒率为 75%，茎尖常规培养脱毒率则为 75%。

表 10-4 超低温处理与茎尖剥离对茎尖成活率与脱毒率的影响(Q. C. Wang，2009)

植物材料	病毒名称	茎尖成活率/%		脱毒率/%	
		茎尖剥离	超低温处理	茎尖剥离	超低温处理
黄瓜	CMV	100	76	4	34
香蕉	BSV	100	76	76	90
葡萄	GVA	75	60	12	96
马铃薯	PLRV	55	87	56	85
	PVY	55	87	62	93
李属根状茎	PPV	85	50	19	50
木莓	RBDV	60	30	0	35
柑橘	HLB	69	85	25	98
甘薯	SPCSV	100	87	100	100
	SPFMV	100	87	10	100
	SPLL	100	85	10	100

2. 化学处理脱毒

抗病毒化学试剂通过抑制病毒核酸和蛋白质的合成和增殖，抑制病毒侵染或改变寄主代谢方式，诱导植物抗性等作用脱除病毒。病毒抑制剂的作用机理主要有 4 种方式，即竞争寄主细胞表面受体、阻碍病毒穿入脱壳、阻碍病毒生物合成和提高寄主抗病能力。

常用的抗病毒化学药物有三氮唑核苷(病毒唑)、5-二氢尿嘧啶(DHT)、环己酰胺、放线菌素-D、宁南霉素、大黄素甲醚、盐酸吗啉胍、氯溴异氰尿酸、香菇多糖、壳寡糖等，其中病毒唑是应用最为广泛的一种试剂。病毒唑是广谱性抗病毒药物，在三磷酸状态下会阻止病毒 RNA 帽子结构的形成，具有对非靶标生物毒性低、影响小、用量低、安全性好等特点，已成功应用于感染病毒的蝴蝶兰、菊花、李、马铃薯和苹果树等植物。经研究在添加了病毒唑的培养基中，不同长度茎尖的脱毒率较未经病毒唑处理的茎尖均有所提高。由于病毒唑存在抑制植物生长、造成褐化等副作用，经病毒唑处理过的茎尖较未经病毒唑处理的茎尖生长缓慢，成活率也有所下降。取 0.4～0.5 mm 木薯微茎尖培养后，成活率为 61.7%，脱毒率为 35.1%；10 mg/L 病毒唑处理微茎尖后成活率略微下降，为 57.7%，但脱毒率提高至 42.1%。针对不同植物的具体处理时间还有待进一步探讨。

在培养基中加入 100 μg/L 2-硫尿嘧啶，可消除烟草愈伤组织中的 PVY。用齿舌兰环斑病毒抗血清预处理兰花的离体分生组织，可增加脱毒植株的频率。放线菌酮和放线菌素-D 也能抑制原生质体中病毒的复制。

化学处理的脱毒效果与病毒种类、试剂种类、浓度及处理时间有关。对于有些难脱除的病毒，单独使用化学处理脱毒效果欠佳，可将化学处理与其他脱毒方法结合，包括化学处理与茎尖培养、热处理及低温处理结合等。化学处理与热处理相结合的方法能够对山楂中的 ACLSV 脱毒率达到 100%，而单独化学处理的脱毒率不能完全脱除 ACLSV。Chen 和 Sherwood (2010)仅通过化学处理或热处理后均为获得无花生斑驳病毒(peanut mottle virus, PMV)的再生植株，但将抗病毒药剂、热处理和茎尖培养相结合进行脱毒时，脱毒率达 80%～100%。Kushnarenko 等(2017)首次利用化学处理与超低温疗法相结合的方式对马铃薯进行脱毒，将离体芽在添加 100 mg/L 病毒唑的培养基中进行 3 次继代培养后，剥离 1.5～2.0 mm 的茎尖进行 PVS2 玻璃化法处理，可完全脱除马铃薯 M 病毒(potato virus M,

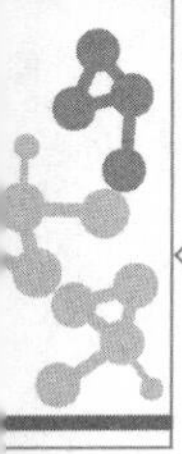

PVM)和马铃薯 S 病毒(potato virus S, PVS)。

10.2.4 利用基因编辑技术脱毒

随着对植物病毒传播途径的深入了解,最经济有效的防治措施是选育抗病毒或耐病毒的优良品种。CRISPR/Cas 介导的基因编辑技术是一种可以在动植物体内对 DNA 序列进行定点突变的新技术,在过去几年里得到了飞速的发展。可利用该技术对病毒所依赖的宿主基因进行定点突变或编辑,从而获得抗病毒作物,这为抗病毒育种提供了新的思路和选择。研究者利用 CRISPR/Cas9 系统在拟南芥植物中引入真核翻译延伸因子(eIF4E)突变,产生 PVY 抗性等位基因,从而获得抗马铃薯 Y 病毒属(*Potyvirus*)种质。

应该特别指出的是,由茎尖分生组织培养得到的无病毒植株(virus-free plant),并非真正绝对完全没有病毒,植物常常受到不止一种类型的病毒的侵染,而且可能还常有某些未知的无法鉴定的病毒,例如柑橘、马铃薯经常带有十几种病毒,所谓无病毒植物并非将所有的病毒都脱除掉,而是残留下来的病毒在生产上无害或不表现出来。建议用"无特定病毒植物"术语来取代"无病毒植物"。但现在为方便起见,一般人们都用"无病毒"这个词。

10.3 脱毒苗鉴定

10.3.1 直接检测法

脱毒苗叶色浓绿,均匀一致,长势好。带毒株长势弱,叶片表现褪绿条斑、扭曲、植株矮化(大蒜)、花叶或明脉、脉坏死、卷叶、植株束顶、矮缩(马铃薯)、花叶褪绿斑点(甘薯、康乃馨)等。表现出病毒病症状的植株可初步定为病株。症状诊断时要注意区分病毒病症状与植物的生理性障碍、机械损伤、虫害及药害等表现。如果难以分辨,需结合其他诊断、鉴定方法。

10.3.2 指示植物法

指示植物鉴定法就是利用病毒在其他植物上产生的枯斑和某些病理症状,作为鉴别病毒及病毒种类的标准。理想的指示植物生长快速,具有适宜接种病毒的大叶片,且能在较长时期内保持对病毒的敏感性,容易接种,并在较广的范围内具有同样的反应。指示植物一般有两种类型:一种是接种后产生系统性症状,病毒侵染扩展到植物非接种部位,通常没有局部病斑明显;另一种是只产生局部病斑,常由坏死、褪绿或环斑构成。常用的指示植物有千日红、野生马铃薯、曼陀罗、辣椒、酸浆、心叶烟、黄花烟、豇豆、莨菪等。指示植物鉴定法对依靠汁液传播的病毒,可采用摩擦损伤汁液传播鉴定法;对不能依靠汁液传播的病毒,则采用指示植物嫁接法。

病毒接种鉴定工作必须在无虫网室中进行,接种时从被鉴定植物上取 1~3 g 幼叶,在研钵中加 10 mL 水及少量磷酸缓冲液(pH 7.0),研碎后用双层纱布过滤,滤汁中加入少量 500~600 目金刚砂以摩擦指示植物叶片使之表面造成小的伤口,而不破坏表层细胞。加入金刚砂的滤汁用棉花球蘸取少许,在叶面上轻轻涂抹 2~3 次进行接种,然后用清水冲洗叶面。接种时也可用手指涂抹,或用纱布垫、玻璃抹刀、塑料海绵、塑料刷子或用喷枪等。接种后温室应注意保温,一般温度在 15~25 ℃,2~6 d 后即可见症状出现。如无症状出现,则初步判断为无病毒植物,但必须进行多次反复鉴定,这是由于经过脱毒处理后,有的植株体内病毒浓度虽大大降低,但并未完全排除,因此,必须在无虫网室内进行一定时间的栽种后,再重复进行病毒鉴定,经重复鉴定确未发现病毒,这样的植株才能扩大繁殖,供生产上利用。

多年生木本果树及草莓等无性繁殖的草本植物,采用汁液接种法比较困难,故通常用嫁接接种的方

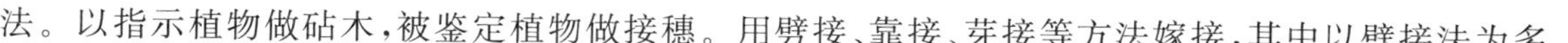

法。以指示植物做砧木，被鉴定植物做接穗。用劈接、靠接、芽接等方法嫁接，其中以劈接法为多。

指示植物法简单易操作、成本低，但存在一些应用局限。第一，检测速度慢，短期表现症状的需要10～20 d，长的则需要1～3个月，且灵敏度偏低，受季节限制。第二，有些病毒，只通过蚜虫传播，不能通过汁液摩擦接种来鉴别寄主是否感染病毒。第三，在实际鉴定中常常为多种病毒复合侵染，症状表现变化很大，且不同时期的症状表现也有差异，难以区分病毒种类。但这种方法条件简单，操作方便，至今仍作为一种经济而有效的鉴定方法被广泛使用。

10.3.3 抗血清鉴定法

植物病毒是由蛋白质和核酸组成的核蛋白，是一种较好的抗原，给动物注射后会产生抗体，这种抗体是动物有机体抵抗外来的抗原而产生的一种物质，抗原(antigen)与抗体(antibody)之间发生的特异性反应叫作血清反应(serological reaction)。由于抗体主要存在于血清中，故含有抗体的血清即称为抗血清。血清反应不但在动物体内可以进行，在动物体外也可以进行这种反应。抗血清鉴定法就是利用抗原和抗体在体外的特异性结合进行病毒检测的方法。植物病毒抗血清具有高度的专化性，感病植株无论是显症还是隐症，无论是动物还是植物的传播病毒介体，均可以通过血清学的方法准确地判断植物病毒的存在与否、存在的部位和存在的数量等；对植物病毒的定性、定量，对植物病毒侵染过程中的定位、增殖与转移等，均能起到快速诊断的作用。

抗血清鉴定法检测特异性高，测定速度快，已经成为植物脱毒培养过程中病毒检测最常用的方法之一。其基本程序包括抗原制备、抗血清制备和病毒鉴定三个部分(图10-5)，鉴定的方法很多，包括琼脂糖双扩散法、酶联免疫吸附法、直接组织斑免疫测定法、胶体金免疫层析法等。

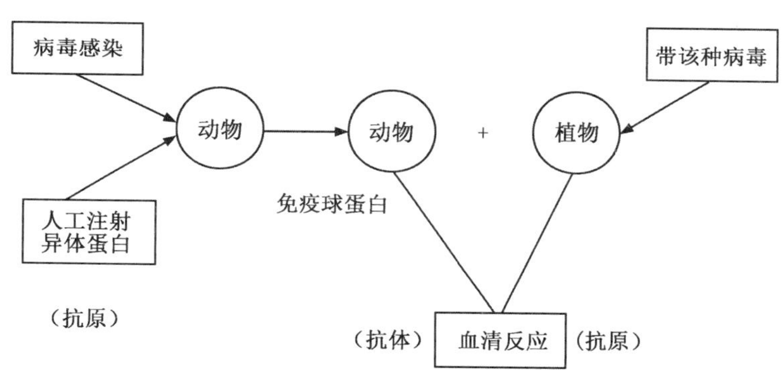

图10-5 血清鉴定法示意图(周维燕，2001)

1.琼脂糖双扩散法

琼脂糖双扩散法是在一定浓度的琼脂糖凝胶中，抗原和抗体相互扩散，在适当的位置形成沉淀。沉淀线的位置说明抗原和抗体的相互关系，包括两种抗原相同、有一定亲缘关系、抗血清不专化、含有两种以上的抗体的情况。

2.酶联免疫吸附法

酶联免疫吸附法(ELISA)(图10-6)将抗原和抗体包被在固相载体上，借助结合在抗原或抗体上的酶与底物的显色反应，可灵敏地大规模定量检测植物提取液中病毒蛋白的含量，这一技术已成为植物病毒病害诊断的标准方法。与其他检测方法相比较，ELISA的优点是灵敏度高，检测浓度可达1～100 ng/mL；快速，结果可在几个小时内得到；专化性强，重复性好；检测对象广，可用于粗汁液或提纯液，对完整的和降解的病毒粒体都可检测，一般不受抗原形态的影响；适用于处理大批样品。目前，在实际病害诊断及病原物检测方法中，免疫学方法应用较多，许多免疫试剂已形成商品化，每种植物和病毒

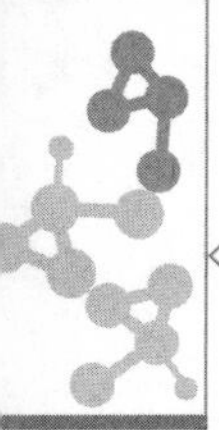

几乎均有专用病毒诊断试剂盒在售。

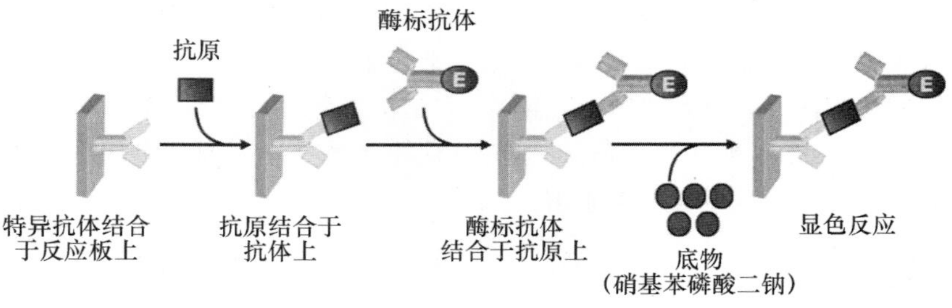

图 10-6　酶联免疫吸附法示意图

3. 直接组织斑免疫测定法

直接组织斑免疫测定法(IDDTB)通常是指将植物组织压在硝酸纤维素滤膜上,抗原从植物组织中释放出来,并结合在膜上,通过直接的方法进行检测,或利用碱性磷酸酶标记间接检测结合在膜上的抗原。这在实际检测中体现出了高效率,特别是当植物蛋白对 ELISA 检测有干扰时,直接组织斑免疫测定就更显出其优越性。此法材料便于折叠携带且结合力强,其灵敏度以及方便性均优于微孔板 ELISA,但其发展速度和使用概率不及 ELISA。

4. 胶体金免疫层析法

又称免疫层析试验(GICA),是以免疫渗滤技术为基础建立的一种免疫学检测技术。由于胶体金颗粒具有高电子密度和结合生物大分子的特性(如蛋白质、毒素、抗生素等),可将其作为失踪标记物,应用于抗原抗体反应中,再利用抗原抗体反应来检测抗原。将特异性的抗原或抗体以条带状固定在膜上,胶体金标记试剂(抗体或单克隆抗体)吸附在结合垫上,当待检样本加到试纸条一端的样本垫上后,通过毛细作用向前移动,溶解结合垫上的胶体金标记试剂后相互反应,再移动至固定的抗原或抗体的区域时,待检物与金标试剂的结合物又与之发生特异性结合而被截留,聚集在检测带上,可通过观察显色结果,实现特异性的免疫检测。该方法操作简单,不需要特殊处理样品,样品用量小,检测时间短,但灵敏度不及酶联免疫反应。

10.3.4　核酸鉴定法

核酸鉴定法通过直接检测病毒核酸来确定病毒是否存在。此法灵敏度高,能检测到 pg 级甚至 fg 级($1\ fg = 1\times10^{-15}\ g$)的病毒;特异性强,有着更快的检测速度;操作简便,用于大量样品的检测。目前,该方法主要包括核酸杂交技术、双链 RNA 技术、聚合酶链式反应(polymerase chain reaction,PCR)技术、基因芯片(gene chip)技术等。

1. 双链 RNA 技术

双链 RNA(dsRNA)电泳技术是使单链 RNA(ssRNA)病毒在植物体内增殖,通过核酸互补形成一种健康植物没有的碱基配对 dsRNA。dsRNA 经提纯、电泳、染色后,在凝胶上所显示的谱带可以用于判断 RNA 病毒及类病毒是否存在,反映每种病毒组群的特异性,检测出病毒的类型和种类,并且可以用于鉴定植物病毒分群,分病毒成员、病毒内的相关株系,尤其适合于复合病毒侵染的检测。此法已用于一些病毒组如马铃薯 Y 病毒组、黄瓜花叶病毒组、香石竹潜病毒组、烟草坏死病毒组的分类研究。但此法不适合大量样品的检测,而且需要一定的技术和知识才能准确进行诊断,另外本方法也不适合 DNA 病毒的检测。

2. 核酸杂交技术

核酸杂交技术是对病毒整个基因组或部分基因组检测和鉴定的方法。核酸分子杂交技术是根据互补的核苷酸单链可以相互结合的原理,以某种方式将一段病毒核酸单链加以标记,制成探针,再与互补的待测样品核酸杂交，通过带有探针的杂交核酸来指示病原的存在。待测核酸既可以是克隆的基因片段，也可以是未克隆的基因组DNA和细胞总RNA。核酸分子杂交适于检测大量样品，尤其适用于病毒或类病毒的侵染诊断。此法在病毒的RNA或DNA以及类病毒的鉴定和基因序列同源性分析等方面得到广泛的应用。

3. 聚合酶链式反应(PCR)

PCR技术是较为常用的核酸检测技术，根据使用模板和扩增方式等的不同，可分为以下种常用技术。

(1)反转录PCR(RT-PCR)技术　PCR技术是一种DNA体外扩增技术，大多数植物病毒含RNA，所以首先要将RNA反转录成cDNA，再以cDNA为模板进行PCR反应，此方法称为RT-PCR。用反转录PCR检测半夏茎尖脱毒苗后，发现烟草花叶病毒(tobacco mosaic virus，TMV)、黄瓜花叶病毒(cucumber mosaic virus，CMV)和大豆花叶病毒(soybean mosaic virus，SMV)脱毒率均达到100%(图10-7)。

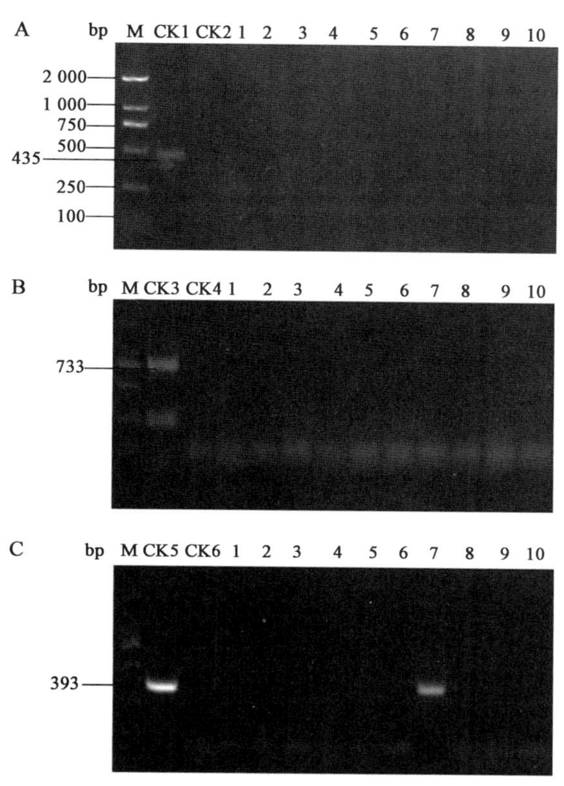

图10-7　半夏脱毒苗RT-PCR检测结果(王宝霞，2018)

A. TMV病毒检测　B. SMV病毒检测　C. CMV病毒检测

M为marker；CK1、CK3和CK5为阳性对照；CK2、CK4和CK6为阴性对照；

1～5为培养基H诱导的半夏组培苗；6～10为培养基B诱导的半夏组培苗。

(2)多重RT-PCR技术　多重RT-PCR检测方法，即在同一个反应中加入所有待检病毒的特异性引物，从而可同时检测多种病毒。王继华等应用多重RT-PCR技术同步检测了百合无症病毒和百合斑驳病毒；黎昊雁等、徐榕雪等运用复合RT-PCR技术分别同步检测了百合X病毒和百合黄瓜花叶病毒、百合无症病毒及百合斑驳病毒。

(3)免疫捕获RT-PCR技术　免疫捕获RT-PCR检测技术是把RT-PCR技术和免疫学技术结合在一起的一种检测方法。由于免疫捕获过程中富集了病毒颗粒，并且排除了提取总RNA中杂蛋白、酚等

物质的干扰，所以其检测灵敏度比常规 RT-PCR 技术显著提高。Wetzel 对百合斑驳病毒(LMoV)、百合烟草脆裂病毒(TRV)、葡萄扇叶病毒(CFLV)、马铃薯卷叶病毒(PLRV)及其传播介体蚜虫(*Myzus persicae*)和柑橘立克次体(Spiro plasma-citri)的检测效果十分理想。M. Hema 应用免疫捕获 RT-PCR 技术也检测到了甘蔗线条花叶病毒(SCSMV)。

(4)简并引物 PCR 技术　简并引物 PCR 技术(PCR with degenerate primer)是根据血清学相关或同组的病毒分离物的基因序列保守区设计简并引物，以此引物可以扩增出所有同组或血清学相关病毒基因的特异性片段，然后再通过 RFLP 技术，将同组的病毒区分开。D. Colinet 等根据马铃薯 Y 病毒组的同源序列设计简并性引物，一次性检测了甘薯的两种病毒。Yoshiji Niimi 等设计简并引物，采用 RT-PCR 方法成功地检测了百合品种 Casa Blanca、Avignon 和 White、Aga 的病毒 CMV、LSV 和 LMoV。

(5)限制性片段长度多态性　限制性长度多态性(RFLP)是由于不同个体的等位基因之间的碱基代换、重排、插入、缺失等引起的。限制性内切酶能把很大的 DNA 分子降解成许多长短不等的较小的片段，所产生的 DNA 片段数目和各个片段长度又反映了限制性内切酶切点在 DNA 分子上的分布。Wylie 采用该技术证明澳大利亚侵染羽扇豆的黄瓜花叶病毒只有黄瓜花叶病毒亚组的一些株系。

4. 基因芯片技术

基因芯片是生物学研究领域近几年发展起来的一项新技术，它在核酸序列测定、基因表达情况的分析等诸多领域得到广泛应用。Gung Pyo Lee 等制备了可检测黄瓜绿斑驳花叶病毒(CGMMV)等 4 种烟草花叶病毒组成员的 cDNA 基因芯片。Ismail Abdullahi 等应用该技术成功检测了马铃薯 A 病毒(PVA)等 12 种病毒。贾慧将寡核苷酸芯片检测技术应用于百合 5 种病毒检测及鉴定的研究，结果表明，芯片具有良好的稳定性、特异性和灵敏度。

10.3.5　电镜观察法

与传统的指示植物法和抗血清鉴定法不同，应用电子显微镜技术研究病毒，可以直接观察到有无病毒存在，并可得知有关病毒质粒的大小、形状和结构，并能观察到病毒在器官和细胞内的分布情况，对病毒的分类鉴定具有很重要的作用。通常所用的技术包括投影法、背景染色法、表面复形的制备与扫描电镜法以及超薄切片法。电子显微镜分辨率能达到 0.5 μm，可显示细胞与组织中病毒的精确定位和各种形态变化。图 10-8 为不同感病枣树和茎尖培养的植株叶脉组织的显微结构变化。

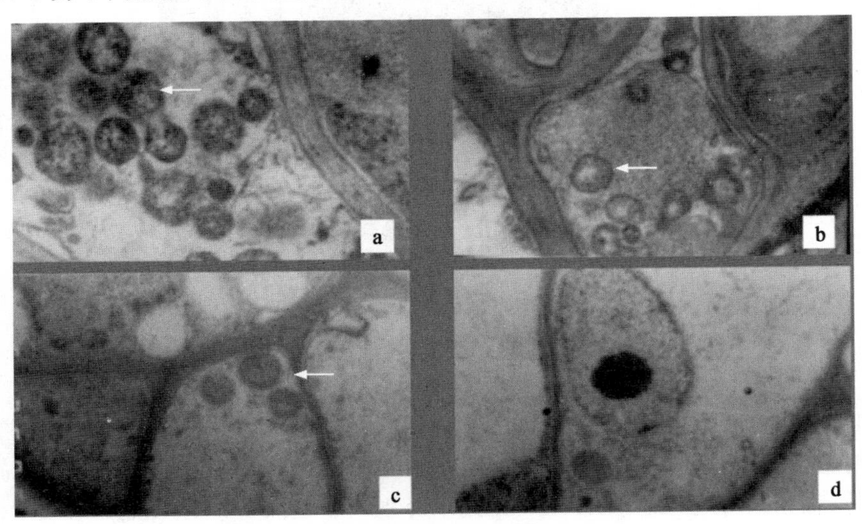

图 10-8　不同感病枣树和茎尖培养的植株叶脉组织的显微结构变化(杨鹏，2002)

a. 枣疯病严重的植株　b. 病症较轻的植株

c. 病发区尚未表现症状的植株　d. 茎尖培养的植株

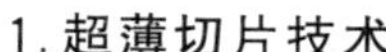

1. 超薄切片技术

植物病毒基因组的翻译产物较少，这些产物包括病毒编码的复制酶、病毒的衣壳蛋白、运动蛋白、传播辅助蛋白、蛋白酶等；有些产物会与病毒的核酸、寄主的蛋白等物质聚集起来，形成一定的大小和形状，称为内含体(inclusions)。内含体可以分为核内含体(nuclear inclusions)和细胞质内含体(cytoplasmic inclusions)两类。核内含体可在核质、核仁或者在核膜之间。核质内含体一般是由蛋白或病毒粒体构成的晶体结构，少有纤维状的内含体(只有在电子显微镜下才能看到)。核仁内含体多为不定形(amorphous)或晶体形。在核膜间病毒或病毒诱导的物质积累导致核内含体(perinuclear inclusions)的产生，这种内含体通常是短暂出现的。细胞质内含体在形状、大小、组成和结构方面差异很大，大的可在光学显微镜下看到，小的则只能在电子显微镜下观察。主要分为不定形内含体、定形内含体(如六角形内含体、四边形内含体等)、假晶体、晶体内含体和风轮状内含体等。不同属的植物病毒往往产生不同类型、不同形状的内含体。

2. 负染色技术

所谓负染是指通过重金属盐在样品四周的堆积而加强样品外围的电子密度，使样品显示负的反差，衬托出样品的形态和大小。与超薄切片(正染色)技术相比，负染不仅快速简易，且分辨率高，目前广泛用于生物大分子、细菌、原生动物、亚细胞碎片、分离的细胞器、蛋白晶体的观察及免疫学和细胞化学的研究工作中，尤其是病毒的快速鉴定及其结构研究所必不可少的一项技术。

3. 免疫电镜技术

免疫电镜技术是免疫学和电镜技术的结合。该技术将免疫学中抗原抗体反应的特异性与电镜的高分辨能力和放大本领结合在一起，可以区别出形态相似的不同病毒。在超微结构和分子水平上研究病毒等病原物的形态、结构和性质。配合免疫胶体金标记还可进行细胞内抗原的定位研究，从而将细胞亚显微结构与其机能代谢、形态等各方面研究紧密结合起来。

10.4 无病毒苗的保存和繁殖

10.4.1 无病毒苗的保存

1. 隔离保存

隔离保存是将脱毒苗种植在隔离区内加以保存。脱毒植株并不具备病毒抗性，可被重新感染，一般应种在温室或防虫罩内的灭菌土壤中，防止蚜虫等介体昆虫侵染而导致病毒的传播。在生产上，一般原原种和原种的生产必须在专用的防虫纱网棚室或温室中进行，防虫网棚室或温室以 35～400 目尼龙网作为覆盖物或窗纱，耐用质轻，可防止脱毒植株的再次感染。大规模繁育生产用种时，可在田间隔离区内进行，以减少或消除重新感染的机会。

2. 长期保存

利用离体保存，即在离体条件下保存脱毒苗，可对其进行长期保存。一般可将脱毒试管苗置于低温下培养，或在培养基中加入生长延缓剂，延缓试管苗生长速度，延长继代周期，也可用超低温保存的方法，达到长期保存的目的。

(1)低温保存　抑制生长的最常用手段是降低培养温度。一般作物对低温的耐受力与它们的起源和最适生长的生态条件有关。如热带作物对低温的耐受力不如温带作物。因此像马铃薯、苹果、草莓及大多数草本植物可以在 0～6 ℃条件下保存，而木薯、甘薯的保存温度不能低于 15～20 ℃。种质外植体材料在非冻结的低温下，老化程度减慢，因而导致继代间隔时间延长。培养获得的脱毒苗，如果目前需要量不大，但今后有推广的可能性，就可将其在低温下培养保存，节省连续继代或重新培养所需时间和经费。

(2)冷冻保存　冷冻保存又称超低温保存，是指在液氮(LN)温度下(−196 ℃)，使保存的活细胞的物质代谢和生长活动几乎完全停止。培养成功的脱毒材料暂时不用或需要部分进行保存时，可将培养物进行超低温保存。进行冷冻保存的具体步骤包括冷冻、保存、解冻和重新培养(可参看本书的相关章节)。冷冻保存过程中脱毒苗的细胞和组织不会丧失形态发生的潜力，也不发生遗传性状改变，需要脱毒苗时可将已解冻的脱毒材料重新置于培养基上使其恢复生长。

10.4.2　无病毒苗的繁殖

通过茎尖培养获得的无病毒苗数量有限，需扩大繁殖才能快速提供无病毒的优良苗木，满足生产的需要。对脱毒植株进行植物学性状鉴定、遗传稳定性鉴定以及脱病毒鉴定后，一方面可充分发挥组织培养的快繁作用，在室内加速繁殖；另一方面可在田间扩大繁殖。

1.无病毒苗的繁殖方法

(1)无病毒苗的离体快繁　培养获得的无病毒苗可以通过常规植物组织培养的方法进行离体快速繁殖(可参看本书的相关章节)。通过促生腋芽繁殖单芽或丛生芽，变异概率低，主要筛选出适宜的培养基，建立优化的快繁体系，促进其快速增殖。

(2)田间隔离繁殖　有些木本植物进行离体快繁成本高，移栽成活率低，可将脱病毒种苗种植在隔离区，以嫁接、扦插等繁殖方式进行田间隔离繁殖。

2.脱病毒植株的应用

脱病毒植株可用于研究特定病毒对寄主植物的影响。把某一特定病毒接种于脱毒植株并比较同一个无性系的感病植株和脱毒植株的表现，可精确统计其产量损失。

脱毒植株可恢复品种的特性，用于种质材料的保存和良种生产。脱毒马铃薯的制种是典型的脱毒苗应用实例。当前马铃薯脱毒主要是针对 PVX、PVY、PVS、PLRV 和 PSTVd 5 种对马铃薯产量和品质影响较大的病毒。制种过程中的检测抽样数量及方法、病毒植株允许率应分别符合 GB 18133—2012 马铃薯种薯中 6.2 和 5 的规定，才能用于良种生产。

3.脱病毒苗繁育生产体系

通过茎尖培养得到的无病毒植株在栽培过程中，有可能被重新感染。无病毒苗应用到农业生产时，最重要的是建立一套严格的无病毒苗繁育生产体系(表 10-5)，防止病毒重新侵染植株。

表 10-5　大蒜无病毒苗繁育生产体系(周维燕，2001)

工作体系	无病毒苗等级	隔离条件	负责单位
无病毒植株培养和鉴定			
↓			
繁殖和淘汰劣株	原原种	网室	研究室
↓			
繁殖和淘汰劣株	原种	网室	种子公司(原种场)
↓			
隔离采种(Ⅰ)	良种(母球)	繁殖田隔离	种子公司(原种场)
↓			
隔离采种(Ⅱ)	良种(母球)	繁殖田隔离	种子公司(原种场)
↓			
农家生产	市售良种	全部更新	农民

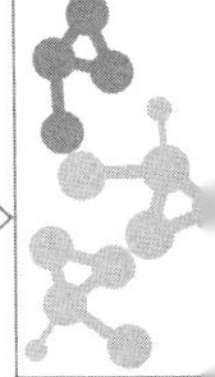

以马铃薯为例,其制种过程可分为以下几个阶段:①脱毒苗的培育。通过茎尖培养获得经检测确认的无毒植株(苗)作为核心材料(每株必须严格检测)进行快速扩繁,所获扩繁苗随机抽检1%~2%。②原原种生产。脱毒苗在培养容器内生产的微型薯和在防虫温室、网室条件下生产的符合质量标准的种薯或小薯,即称为原原种。③一级原种生产。用原原种在良好的隔离条件下生产的符合质量标准的种薯。④二级原种生产。用一级原种在良好的隔离条件下生产的符合质量标准的种薯。⑤一级种薯生产。用二级原种在隔离条件下生产的符合质量标准的种薯。⑥二级种薯生产。用一级种薯在隔离条件下生产的符合质量标准的种薯,可直接用作大田生产。在繁育的各个阶段都要对种苗进行反复严格的病毒检测,一经发现感染,可再利用无病毒种源进行繁殖。

目前,通过组织培养实现商业化的脱毒试管苗,在果树、蔬菜、花卉领域已十分普遍,如马铃薯、甘薯、大蒜、香蕉、柑橘、苹果、葡萄、百合、草莓、矮牵牛、康乃馨、月季、菊花、牡丹、花叶芋、山茶、甘蔗等均已广泛应用。经脱毒处理的作物产量和品质显著提高,不断改进和提高植物组织培养脱毒技术和无毒种质资源的保存技术以适应大规模生产需求已势在必行。建立大规模无毒苗繁育基地,为生产提供无毒良种种苗,在生产上将会发挥重要作用并取得显著的经济效益。通过脱毒种苗的推广应用可加快由传统农业向现代农业的转变,促进农业可持续发展。

小　　结

植物的一生中可受到多种病原物的侵染,细菌、真菌等引起的植物病害可通过化学药剂和抗生素进行有效的防治,而病毒病害则难以用化学药剂和抗生素进行防治。病毒侵染植物后,可导致植物的产量和品质下降,在生产上应用脱毒苗可显著地提高其产量和品质。植物病毒可引起毁灭性病害,对植物的生长、发育造成很大的威胁。植物病毒在植物体内呈不均分布,一般情况下分生组织不带毒或带毒量很小,人们通常采取物理、化学和生物学的方法脱去植物材料所带的病毒,获得无毒苗木,用于农业生产,以提高产量和品质。

无毒植株在用作无病毒原原种或原种使用前,须针对特定的病毒进行检验,常用的检测方法有直接测定法、指示植物法、血清鉴定法、核酸分析法和电镜鉴定法等。无毒植株并不具备额外的抗病性,可被重新感染,在保存、繁殖和应用中,应减少或消除重新感染的机会。

思　考　题

1. 简述植物病毒的危害性。
2. 常用的植物脱毒方法有哪些?其原理分别是什么?
3. 简述茎尖组织脱毒培养的一般程序。
4. 检测脱毒植株的方法有哪些?
5. 如何进行脱病毒植株的保存和繁殖?

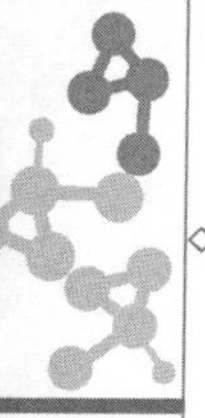

实验 14　马铃薯茎尖培养和脱毒

1. 实验目的

通过本实验掌握马铃薯及一般无性繁殖植物茎尖脱毒的基本方法，并掌握一般植物通过茎尖离体培养技术获得无毒苗的基本过程和技术。

2. 实验原理

马铃薯在栽培过程中易感染病毒，并会在植株体内增殖，转运和积累于薯块中，世代传递，逐年加重。利用茎尖脱毒培养可使已感染的马铃薯良种进行脱毒处理，并在离体条件下生产微型薯。茎尖培养脱毒的机制可能是茎尖分生组织的细胞分裂速度很快，超过了病毒的复制速度，使病毒在复制时因得不到营养而受抑制；也可能是茎尖分生组织中一些高浓度的激素抑制了病毒。这是我们进行植物茎尖培养脱毒繁殖生产无毒苗的主要依据。

3. 实验用品

超净台、解剖镜、酸度计、高压灭菌锅、三角瓶、手术刀、镊子、电子天平、移液枪、移液管、量筒等。

10×大量元素母液、100×微量元素母液、100×有机溶液母液、100×铁盐溶液母液、适当浓度的激素母液(6-BA、KT、NAA、IBA 等)、琼脂粉、蔗糖。

4. 实验步骤

(1)培养基的配制　以 MS 培养基为基本培养基，设置不同种类和浓度的激素配比，按照常规方法配制培养基。

(2)材料的准备和灭菌　将供试植株栽培在温室中，实验前切取外植体装入广口瓶中带回，在超净工作台上灭菌。先用 70%酒精消毒(不超过 10 s)，去酒精，随后倒入 5%～7%次氯酸钠溶液，消毒 8～10 min，其间震荡数次，最后用无菌水冲洗外植体 4～5 次备用。

(3)茎尖的剥离和接种　于超净台上，在解剖镜(8～40 倍)下，用解剖针和刀片剖取带有 1～2 叶原基的 0.5～5 mm 的大小不等的茎尖。解剖时在材料下垫上一块湿润的无菌滤纸以保持茎尖新鲜。在解剖镜下剥取茎尖时，一手用一把细镊子将茎芽按住，一手用解剖针将叶片和叶原基剥掉，直至露出圆亮的茎尖生长点。将连同 1～2 个叶原基或没有叶原基的茎尖切下接种到培养基上。

(4)茎尖的培养　将接种好的茎尖组织置于(25±2) ℃下培养，光照强度是 1 000 lx，4 周后要增加至 2 000 lx，当茎尖长到 1 cm 高，5～6 周后，光照应增加至 4 000 lx，每日光照 16 h。

(5)病毒检测和增殖培养　培养成活的马铃薯脱毒苗，经 ELISA(试剂盒)鉴定后进行增殖培养。将小植株切成带一个叶的茎段，接种在无激素的 MS 培养基上，经 1～2 d，产生根和腋芽，2 周左右，长成 3～4 片叶的小植株，然后进行反复切割继代培养。

5. 实验注意事项

(1)准确配制所有培养基和实验所需试剂。

(2)解剖时为了防止由于超净台的气流和解剖镜上的钨灯散发热量会使茎尖变干、茎尖褐化，降低成活率，要求操作人员能熟练使用解剖镜，且操作精准迅速。

(3)培养过程中注意经常观察，及时清除污染材料，防止植株重新感染。

6. 实验报告与思考题

(1)实验报告

①培养 6 周后，观察不同大小和接种于不同培养基中的茎尖的生长情况，计算其成活率。

②通过ELISA(试剂盒)检测后,计算不同大小和接种于不同培养基中的茎尖的脱毒率。

③比较以上实验结果,筛选出马铃薯茎尖脱毒培养的最佳取材大小和最适宜培养基。

(2)思考题

①影响马铃薯茎尖脱毒效果的因素有哪些?

②马铃薯脱毒技术的主要步骤是什么?

实验15 兰花的脱毒与快繁

1.实验目的

通过本实验掌握兰花脱毒培养的方法与技术。

2.实验原理

兰花是兰科的植物,分布很广,是风靡世界的观赏花卉,在国际花卉市场上有很高的经济价值。兰花的病毒病是当今困扰兰花生产的一大难题。目前,仅在蝴蝶兰上分离到的病毒就超过25种,感病兰株表现出花叶、坏死、畸形、花瓣变形等症状,严重影响其观赏价值和经济价值,兰花茎尖脱毒培养是获得兰花脱毒苗的主要途径。

3.实验用品

超净台、解剖镜、酸度计、高压灭菌锅、三角瓶、手术刀、镊子、电子天平、移液枪、移液管、量筒等。

10×大量元素母液、100×微量元素母液、100×有机溶液母液、100×铁盐溶液母液、适当浓度的激素母液(6-BA、KT、NAA、IBA等)、琼脂粉、蔗糖。

4.实验步骤

(1)培养基的配制　按照常规方法配制实验所需的各种培养基。兰花茎尖培养培养基为MS、Knudson(KC)或White培养基,附加6-BA 2～3 mg/L或KT、酵母(YE)、15%椰乳(CM)等有机物质,蔗糖2%,pH 5.1～5.4,用0.6%琼脂固化。

(2)材料的灭菌　取2～4 cm白色幼芽(顶芽或腋芽),用流水冲洗除去幼芽表面泥土,然后剥去幼芽外2～3片叶,置于70%酒精中浸泡1 min,转入10%次氯酸钠溶液中消毒10 min,在无菌条件下再剥去2～3片叶,将有几片嫩叶的幼芽再放入5%次氯酸钠溶液中消毒5 min,无菌水冲洗4～5次备用。

(3)茎尖的剥离和接种　在解剖镜下,小心剥去茎尖上剩下的幼叶,用解剖针和刀片剖取带有1～2叶原基的0.5～5 mm的大小不等的茎尖,迅速接种到准备好的培养基中。

(4)茎尖的培养　接种材料保持(25±3) ℃培养条件下,连续光照或每天照光10～12 h。培养35～45 d,在茎尖顶端和周围形成数个原球茎。转到附加IBA 0.5 mg/L的KC培养基上进行继代培养。以附加1 mg/L BA的培养基促进原球茎增殖,在附加0.4 mg/L BA的培养基中原球茎分化成苗。

(5)病毒检测和增殖培养　培养成活的兰花脱毒苗,经ELISA(试剂盒)鉴定后进行增殖培养。

5.实验注意事项

(1)准确配制所有培养基和实验所需试剂。

(2)解剖时为了防止由于超净台的气流和解剖镜上的钨灯散发热量会使茎尖变干、茎尖褐化,降低成活率,要求操作人员能熟练使用解剖镜,且操作精准迅速。

(3)培养过程中注意经常观察,及时清除污染材料,防止植株重新感染。

6.实验报告与思考题

(1)实验报告

① 培养6周后,观察不同大小的茎尖的生长情况,计算其成活率。

②通过 ELISA(试剂盒)检测后,计算不同大小的茎尖的脱毒率。

③比较以上实验结果,筛选出兰花茎尖脱毒培养的最佳取材大小。

(2)思考题

①影响兰花茎尖脱毒效果的因素有哪些?

②兰花脱毒技术的主要步骤是什么?

第11章 种质资源保存

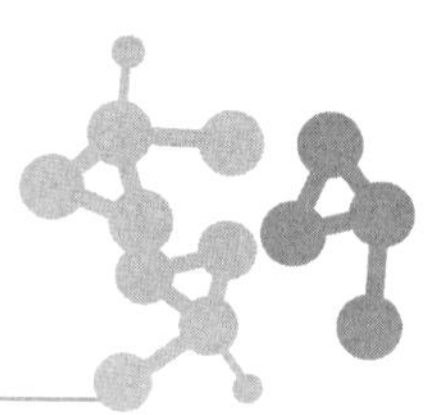

植物种质资源是植物育种的物质基础，也是人类社会赖以生存和发展的根本。但随着人口不断增长，城市化、工业化进程不断加快，以及土地荒漠化、滥伐森林导致生态环境恶化等原因，植物种质资源日益受到前所未有的威胁，有些已经灭绝或濒临灭绝，因此迫切需要采取科学合理的措施对其进行有效保护。长期以来，人们采用就地保存、异地种植保存、种子保存、离体保存、利用保存和基因文库保存等多种方法保存植物种质资源。

近些年来，随着植物组织培养技术的快速发展，为离体保存种质资源提供了新途径。目前常用的离体保存方法有缓慢生长离体保存和超低温保存两大类。

11.1 种质资源保存的一般概念

11.1.1 种质资源的概念

种质(germplasm)源于德国杰出生物学家魏斯曼(A. Weismann)于1892年提出的种质学说(germplasm theory)，又称种质连续学说。该学说认为，多细胞的生物体是由种质和体质两部分组成的。种质是亲代传递给子代的遗传物质，存在于生殖细胞的染色体上，可以发育为新个体的体质，但仍有一部分保持原来的状态而作为子代发育的基础；体质可以通过生长和发育形成新个体的各个组织或器官，但它不能产生种质。体质由种质分化而来，随个体死亡而消失；种质能世代传递，连续不绝，不受体质影响。自种质学说创立以来，种质的内涵已有了很大发展。孟德尔(G. J. Mendel)的豌豆杂交试验、摩尔根(T. H. Morgan)的果蝇试验，以及近现代分子生物学等研究结果都进一步证明了“种质”的成分。

由此可见，种质是指决定生物种性，并能从亲代传递给子代的遗传物质。凡是携带遗传物质的载体，都可以称为种质。从宏观角度看，植物种质可以是一个群落、一株植物，也可以是植物的根、茎、叶、花和种子等；从微观角度看，植物种质可以是细胞、染色体乃至DNA片段，所以种质应该包括群体、个体、器官、组织、细胞、原生质体以及分子等不同水平上的种质。种质库(germplasm pool)又称基因库(gene pools or gene bank)，是指以种为单位的群体内的全部遗传物质，它由许多个体的不同基因所组成。

种质资源(germplasm resources)，又称基因资源(gene resources)、遗传资源(genetic resources)，是指具有种质并能繁殖的生物体的统称，即具有一定遗传基础，表现一定优良性状，并能将特定遗传信息传递给后代的生物资源的总和。它与矿产资源、林木资源等其他自然资源的主要不同点是衡量种质资源的丰度在于其遗传多样性，而衡量其他自然资源的丰度在于其蕴藏的数量和质量。植物种质资源种类繁多，为便于研究和利用，除按植物学、农业生物学和生态适应性等方法进行分类外，一般根据其来源分为本地种质资源、外地种质资源、野生种质资源和人工创造的种质资源。

本地种质资源是指在当地自然和栽培条件下，经过长期栽培和选育而得到的植物品种和类型，它对当地的自然和栽培条件具有高度的适应性和抗逆性，是选育新品种最主要、最基本的原始材料。但由于本地种质资源长期生长在相似的自然环境下，故遗传性较保守，对不同环境的适应范围较窄。

外地种质资源是指由国内其他地区或国外引进的植物品种和类型，因其来自国内外不同的生境，故具有多种多样的生物学和经济学上的遗传性状，是改良本地品种的重要材料，但通常对本地自然和栽培条件的适应能力相对较差。

野生种质资源是指自然野生的、未经人们栽培利用的野生植物。由于长期自然选择，野生种质资源具有高度的适应性和丰富的抗性基因，如耐瘠薄、抗寒、抗旱、抗盐碱、抗病虫害等，但是经济性状往往较差，食用品质低劣，是砧木和抗性育种的重要资源。

人工创造的种质资源是指应用人工杂交、诱变等方法获得的变异类型和基因工程创造的新种质等，它具有比自然资源更新、更丰富的遗传性状，是培育新品种和进行有关理论研究的重要遗传资源。

11.1.2 种质资源的重要性

植物种质资源是人类的宝贵财富。Harlan(1970)指出，“人类的命运将取决于人类理解和发掘植物种质资源的能力”。没有丰富的种质资源，作物栽培和育种工作者将面临“巧妇难为无米之炊”的尴尬局面，种质资源就是整个农业生产的“米”。植物种质资源的重要性主要体现在以下几个方面：

(1)种质资源是人类赖以生存和发展的根本。随着世界人口的不断增长和社会生产力的不断提高，食物需求数量迅速增加，食品质量要求也进一步提高。人类只有依靠对植物种质资源进行合理而有效的发掘和利用，才能满足这种数量和质量上的要求。另外，种质资源不仅可为人类提供生活所需的食品、药品、能源、工业原料等，成为人类最为宝贵的自然财富，还可为高产、抗病、节水、环保等优质新品种的选育提供丰富的遗传材料，或为疾病防治前沿研究、新药物与疫苗开发等提供丰富的基因资源。丰富的种质资源将在维持生态平衡、改善生存环境以及促进人类持续健康发展过程中发挥日益重要的作用。

(2)种质资源是开展育种和栽培工作的物质基础。没有好的种质资源，就不可能育成好的品种；离开种质资源，育种和栽培工作就变为空谈。育种工作者只有搜集到尽可能多且有利用价值的种质资源，才有可能育出更好的品种。众多植物育种的事实表明，突破性育种成就与关键种质资源的发现和利用密不可分。如马铃薯晚疫病(potato late bright)是导致马铃薯茎叶死亡和块茎腐烂的一种毁灭性真菌病害，流行性很强，19 世纪中叶在欧洲爱尔兰地区呈暴发性流行，几乎毁掉了整个欧洲的马铃薯产业，后来利用从墨西哥引入抗病的野生种杂交育成抗病品种，才挽救了欧洲的马铃薯产业。20 世纪 50 年代中期，美国大豆产区孢囊线虫病大发生，使大豆生产受到严重摧残，从中国引入北京小黑豆育成一批抗线虫品种后才得到有效控制。20 世纪 70 年代，野败型雄性不育籼稻种质的发现和从国外引入的强恢复性种质资源，使我国籼稻杂种优势利用有了突破性进展，成为轰动世界的重大发明。

(3)种质资源是生物技术发展利用的基本材料。现代生物技术的发展已经能够定向地人工改变植物的单一性状。人类能够通过基因编辑技术对目标基因进行定点“编辑”，实现对特定 DNA 片段的修饰，也可分离基因，构建重组子，再导入异源基因以培育新品种；也可将含有目标性状基因的供体 DNA 片段导入植物，然后筛选出具有目标性状的新品种；还可通过染色体工程、细胞工程、组织培养等手段克服远缘杂交障碍，实现定向转移生物基因，创造出新的物种或品种。如我国科学家在 1997 年成功地将鲑鱼体内的抗寒基因转移到番茄中，育成了较普通品种忍耐低 2～3 ℃的新品种，从而延长了番茄的生育期，扩大了栽培范围。美国科学家利用反义 RNA 技术育成的耐贮番茄新品种，味道好、肉质厚，保鲜期较普通品种明显延长。因此，通过基因编辑、转基因、远缘杂交等措施，可创造新物种或新品种，但无论是引进外源基因，或是对自身某个功能基因的利用，或是通过远缘杂交进行染色体或染色体片段的附加、代换和易位等，都离不开种质资源。

(4)种质资源是开展生命科学基础研究的重要材料。整个生物学研究都是建立在种质资源基础上

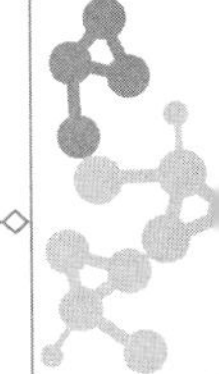

的，尤其是植物的起源、演化、分类、生理、生态等方面的研究，都依赖于丰富的种质资源，其研究水平的高低，在很大程度上取决于占有种质资源的丰度。如瓦维洛夫从1923年开始，经过31年的努力，从世界60多个国家搜集了25万份种质资源，并对这些资源进行了深入的研究后，提出了到现在仍具有重要指导意义的“栽培植物八大起源中心学说”。过去认为水稻仅起源于印度，但后来科学家通过对大量稻种质资源酯酶同工酶的深入研究，确定印度阿姆萨、缅甸北部、老挝以及中国云南是水稻的起源中心。

11.1.3 保护种质资源迫在眉睫

种质资源是在长期的自然演化中被保存下来的可转移更新的自然资源。人类在发展生产过程中，利用了部分种质资源，但随着人口的迅速增长和活动范围的不断扩大，对资源的需求越来越多，超出了资源的承载能力，使得资源流失十分严重，一些珍贵、稀有的物种，以及一些具有良好抗性的地方栽培品种已经或濒临灭绝。主要体现在：

(1)种质资源的多样性面临严重危机。植物种质资源的多样性包括生态系统多样性、种间多样性和种内遗传多样性三个水平，其中前者是后两者的前提。由于全球生态环境逐年恶化，人类的过度索取和破坏行为使得大片森林被砍伐或焚烧，草原、湿地被滥垦，植物种质资源不仅没能实现可持续发展，而且越来越多的种质资源正在加速走向灭绝。据估计，由于人类活动的强烈干扰，近代物种的丧失速度比自然灭绝速度快1 000倍，比形成速度快100万倍。早在1985年，以P. Ravan为首的科学家就发出警示：“如果不采取保护措施，在未来一代的时间内，将有60 000种植物物种(占全世界植物种类的1/4)遭到灭绝”。另外，目前全球的热带雨林，正以每分钟20 hm^2的速率减少，照此下去，不出100年，全球的热带雨林将荡然无存，大量珍稀生物也将随热带雨林的消失而灭绝。

我国种质资源多样性流失也非常严重。据估计，我国目前有近200多个特有物种消失，还有许多物种已经濒临灭绝。在《濒危野生动植物国际贸易公约》中列出的640个世界性濒危物种中，我国有156种，占总数的24%。

(2)种质资源的遗传侵蚀严重。所谓“遗传侵蚀”，是指生物基因多样性减少的现象。如品种良种化和遗传一致性增加了作物对流行性病虫害潜在的遗传脆弱性。随着人类文明的发展，人类的生存和发展越来越依赖于少数几种植物和畜禽，结果它们成为自然史上空前的优势种，使众多珍贵的植物种质资源和地方品种遭到灭绝或消失，产生了极其严重的负面后果。如我国曾拥有的作物品种，约75%已经丧失，且正以每年15%的速度递减，这对我国农业生产的负效应将不可估量。20世纪50年代初，我国种植的小麦品种约10 000个，几乎都是地方品种，迄今种植的品种只有400个左右，地方品种已很少见。1963年山东省推广种植的花生品种约有470个，1981年有30个，2003年仅剩下十来个。

栽培植物遗传多样性丧失的结果是导致遗传趋同性，使得各种栽培植物的遗传基础狭窄化，对自然病虫害的抵抗力下降，对环境的适应性减弱，在大幅度提高经济效益的同时，将造成严重的后果。据专家估算，由于种植单一型作物，导致病虫害蔓延，每年造成的经济损失高达250亿美元以上。1984年，美国佛罗里达州遭遇罕见的寒潮，由于种植的品种单一，导致1 800万株柑橘全部冻死。1960年后，我国大面积推广高产小麦品种“碧玛1号”，1964年，“碧玛1号”突发锈病，造成小麦减产30亿kg；1999年，锈病再次大流行，我国小麦又损失26.5亿kg。

(3)种质资源外流严重，资源安全受到威胁。随着现代生物技术的迅速发展，利用植物种质资源有目的地改良生物的性状与品质，可以解决粮食、健康和环境等一系列重大问题。因此，世界各国之间，哪个国家拥有丰富的种质资源，并掌握保护、利用种质资源的新知识和新技术，哪个国家就掌握了主动权。但由于种质资源本身不受知识产权保护，只有资源开发和利用后育成的品种和从资源中分离出来的基因才受知识产权的保护，于是发达国家竭力用各种手段从世界各地捞取和开发利用种质资源，造成种质资源大量外流，资源安全受到威胁。如近些年来，美国等发达国家凭借自身经济和科技优势，经常以合作研究、出资购买等方式获取发展中国家的种质资源，随后利用先进技术或“改头换面”，将其“抢注”为

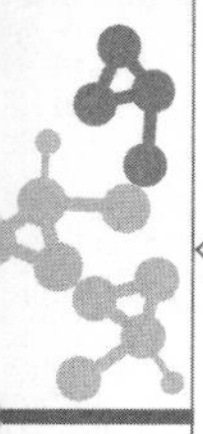

专利,并利用专利的排他性,对其他国家的种质资源实施控制;或开发出新的药品或作物品种后,申请专利保护,并将成果以专利技术和专利产品的形式高价向发展中国家兜售,获取高额利润。1997 年,一家美国公司将印度香米与矮秆稻米杂交育成香米新品种,并为这种"新品种印度香米"申请了 20 项专利,直接影响印度每年数亿美元的香米出口。再如美国孟山都公司利用我国的野生大豆品种,研究发现了与控制大豆高产性状密切相关的"标记基因",向包括美国和我国在内的 101 个国家提出了 64 项专利保护申请,从而使美国作物基因库中保存的大豆种质资源仅次于我国,并成为世界上最大的大豆生产和出口国。

由此可见,合理开发、利用和保存种质资源,是摆在人类面前重大而迫切的任务,关系到人类的持续健康发展,必须引起全社会高度重视。如果人类不能及时保存和利用现有的种质资源,就会造成难以挽回的巨大损失。

11.1.4 种质资源保存的主要方法

由于种质资源的重要性及其面临流失的巨大危机,采用适当的方式妥善保存种质资源已成为当前国际上普遍关注的问题。所谓种质资源保存(germplasm conservation)是指通过人为的技术措施,利用天然或人工创造的适宜环境保存种质资源,使其不至于流失或灭绝,以便于研究和利用。种质资源保存的范围包括应用和基础研究的种质、可能灭绝的稀有种和已经濒危的种质、栽培种的野生祖先、具有潜在利用价值但尚未被利用的种质以及用于科普教育的种质等。种质资源保存时,必须保持资源原有的遗传多样性,且有一定的样本数量。

目前,植物种质资源保存的主要方法有原生境保存(in situ conservation)和非原生境保存(ex situ conservation),其中前者包括自然保护区和森林公园等,后者包括种质圃或种植园保存、种质库(种子)保存、离体(试管)保存、基因文库保存等。1974 年,国际农业研究磋商小组成立了国际植物遗传资源委员会(International Board for Plant Genetic Resources,IBPGR),其任务是促进国际种质资源的搜集、保存、记录、评价、利用和交换。IBPGR 的资源保存对象除繁殖种质的种子、生长点、组织培养物和田间植株外,还有枝条、根系和花粉等,保存机构有短期(临时保存)、中期(数年)和长期(20~50 年,甚至数百年)三种类型。其中,IBPGR 组建的由近 50 个国家和国际农业研究机构参加的国际长期库网,搜集、保存了作物种质资源近 185 万份。种质资源保存的主要方法为:

(1)就地保存　指在植物种质资源原来所处的生态环境中,不经迁移,通过保护其生态环境达到保存资源的目的。如各类自然保护区、国家公园、森林公园和人工圈等。就地保存是保存某些野生种质资源的最好方式,稀有种、渐危种的保护一般也应用此法,它可保存原有的生态环境与足够的遗传多样性,且保存费用比较低;但要大量保存种质资源,则需要耗费大量的人力、物力和财力,实践中实施较难,而且保存的资源易受自然灾害、虫害和病害的侵袭,造成种质资源的损失。此外,这种保存方式也不利于进行种质资源的运输和交流。

(2)异地种植保存　指选择与资源植物生态环境相近的地段建立田间基因库(field gene bank),以有效地保存种质资源。如植物园、树木园、苗圃、品种资源圃、果树资源圃等(图 11-1)。该法主要用于多年生无性繁殖植物、水生植物和顽拗型种子的种质资源保存。异地种植保存的优点是基因型集中,比较安全,管理和研究方便,但异地保存费用较高且易发生基因混杂。20 世纪 80 年代至今,我国已建立了 32 个作物种质圃和 250 多个野生种质资源保存基地,为保护全球种质资源做出了贡献。

(3)种子保存　指通过控制贮藏条件和种子含水量,以保持资源植物种子生活力的保存方法。通常情况下,种子可分为两种类型:一类是正常型(orthodox type)种子,它可通过适当降低种子含水量、降低贮存温度即可显著延长其贮存时间;另一类是顽拗型(recalcitrant type)种子,此类种子在干燥、低温条件下反而会迅速丧失生活力,如核桃、栗、榛、椰子、番樱桃、山竹子、油棕、南洋杉、七叶树、杨、柳、枫、栎、樟、茶、佛手、菱筹,一般不采用种子保存。由于种子容易采集、数量大而体积小,以及便于贮存、包装、运

图 11-1　异地种植保存的核桃和枣资源圃(刘群龙摄)

输和分发，因此种子保存是以种子为繁殖材料的最简便、最经济、应用最普遍的种质资源保存方法。但此法保存的种子生活力随保存期的延长而逐渐降低，易受自然灾害袭击而丢失，且采用无性繁殖来保持优良性状的植物(如许多果树)，用种子繁殖的后代会发生变异。

用于保存种子的种质库可分为三种类型：短期库、中期库和长期库。短期库又称“工作收集”(working collection)，它的主要任务是临时贮存应用材料，并分发种子供研究、鉴定和利用。要求库温 10～20 ℃，空气相对湿度 45%～60%，种子存入纸袋或布袋，一般可存放 5 年左右。中期库又称“活跃库”，它的任务是繁殖更新，对种质进行描述鉴定、记录存档，并向育种家提供种子。要求库温 0～10 ℃，空气相对湿度 60%以下，种子含水量 8%左右，种子存入防潮布袋、硅胶的聚乙烯瓶或螺旋口铁罐，可安全贮存 10～20 年。长期库又称“基础收集”(base collection)，它是中期库的后盾，防备中期库种质丢失，一般不分发种子；为确保遗传完整性，只有在必要时才进行繁殖更新。要求库温 −10 ℃、−18 ℃或 −20 ℃，空气相对湿度 50%以下，种子含水量 5%～8%，种子存入盒口密封的盒内，每 5～10 年检测一次种子发芽力，能安全保存种子 50～100 年。

(4)离体试管保存　20 世纪 60 年代开始，人们利用组织和细胞培养再生植株技术，进行了离体保存种质资源的研究。种质资源的离体试管保存(germplasm conservation in vitro)是指对离体培养的植株、器官、组织、细胞或原生质体等材料，采用限制、延缓或停止其生长的技术措施使之保存，需要时把培养物转移到正常温度下培养即可重新恢复其生长，并使其再生植株的方法。离体试管保存的方法可分为缓慢生长离体保存和超低温保存两大类，详细内容见本章 11.2 和 11.3。离体试管保存具有所保存数量多、占用空间少，节省大量的人力、物力和土地，便于运输和交流，需要时可以用离体培养技术大量再生繁殖，避免自然灾害引起的种质丢失等诸多优点。但也存在采用限制或延缓生长的处理措施，需连续继代培养；易受微生物污染或人为差错；多次继代培养可能造成遗传性变异以及材料的分化和再生能力逐渐丧失等缺点。此法适于保存顽拗型植物、水生植物和无性繁殖植物的种质资源。

(5)利用保存　指在发现某种种质资源的利用价值后，及时用于育成品种或育种中间材料等，是一种切实有效的保存方法。一般是把野生资源的有利基因保存到栽培品种中，以随时用于育种。

(6)基因文库保存　指利用重组 DNA 技术，把从资源植物提取的大分子量 DNA，用限制性内切酶酶切成许多 DNA 片段后，随机连接到载体(如质粒、病毒等)上，然后转移到寄主细胞(如大肠杆菌、农杆菌)中，增殖成大量可保存在生物体中的 DNA 片段，这样不仅可长期保存该类种质资源，而且通过反复培养、增殖和筛选，可获得各种需要的目的基因。构建好的基因组文库可在 −70 ℃长期保存。

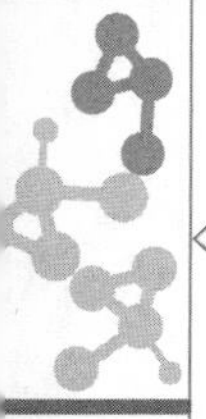

11.2 缓慢生长离体保存

20 世纪五六十年代，随着植物组织培养技术的兴起，并得到不断完善和发展，为种质资源的缓慢生长离体保存提供了新途径。众多科学家利用不同植物，从培养基、培养条件等方面，深入研究了影响植物种质资源缓慢生长保存的制约因素，为中短期保存植物种质资源提供了有益参考。1986 年，国际植物遗传资源委员会(IBPGR)出版的《试管苗基因库计划和操作》一书中首次支持木薯、甘薯、可可、香蕉、柑橘等作物的试管苗保存研究。目前，全世界以试管苗保存植物种质资源的方式已在柑橘、枇杷、香蕉、苹果、梨、葡萄、草莓、樱桃、咖啡、油棕、甘蔗、马铃薯、木薯、薯蓣、芋头等数百种植物上得到应用，达 27 600 多份，其中国际热带农业研究中心(CIAT)木薯试管苗保存库，收集了 3 500 多份木薯种质资源，国际马铃薯中心(CIP)保存马铃薯种质 3 000 余份。

11.2.1 缓慢生长离体保存的基本概念

缓慢生长离体保存(slow growth conservation in vitro)是通过人为调节或改变试管苗的培养条件，以抑制保存材料生长，从而实现延长继代培养时间、减少操作和节省劳力的中短期种质资源保存方法，即通过调节培养条件，使保存材料维持缓慢生长的保存方法。目前缓慢生长离体保存采取的主要措施有：改变材料生长的最佳环境条件、调整基本培养基成分、添加生长抑制物质、提高培养基渗透压等。

对植物种质资源缓慢生长离体保存效果的评价，可以采取以下两种方法：①保存材料的存活率，可每隔一定时间，通过观察保存材料的外部形态，统计保存材料的存活情况。如离体保存的试管苗，生活力下降时会出现叶片萎蔫、皱缩和枯黄等症状；愈伤组织会出现变褐、变黑等症状。②材料恢复生长情况，方法是将保存材料转接到新鲜培养基上，观察恢复生长所需时间长短及恢复生长率，离体繁殖器官组织形态发生能力，愈伤组织鲜重增加、颜色变化及植株分化率，细胞增殖、分化能力，原生质体形成能力，以及再生植株分化能力等。

11.2.2 影响缓慢生长保存的主要因素

1.培养的环境条件

(1)温度　植物的生命活动随着环境温度的降低而减弱，甚至几乎完全停止。因此，通过降低培养温度来部分或完全抑制保存材料的生长成为缓慢生长离体保存中最简单、最有效和最常用的方法。在利用降低温度离体保存种质资源时，正确选择适宜的低温条件是成功保存的关键。大量试验结果表明，不同植物乃至同一种植物不同品种对低温的敏感性不同，植物生长习性不同对低温的敏感性也不同。通常情况下，温带植物在 0～5 ℃保存，耐寒植物甚至可在－3 ℃保存，亚热带植物在 10 ℃左右保存，而热带植物最适保存低温为 15～20 ℃。

(2)光照强度　光对植物的光合作用和生长发育有着重要的影响。因此，通过调节光照强度以延缓植物材料的生长也是种质保存经常使用的方法之一。通常采用的光照强度应既能控制植物材料生长量最小，又能维持其自养而不致死亡。一般情况下，植物材料在较弱的光照强度或较短的光周期下，由于光合作用减弱，碳水化合物积累减少，会导致材料生长缓慢而利于保存。但也有强光有利于离体材料保存的报道，如在生姜种质保存中，长光照或全光照条件下保存 14 个月后，仍有 50%的存活率，而黑暗条件的存活率仅为 20%。

(3)环境中的氧含量　通过降低培养材料周围的大气压力或氧含量，可抑制细胞的新陈代谢，减慢材料的生长速度，并能防止培养基快速干涸和材料变褐，从而实现种质资源保存的目的。最常用的方法是在材料上覆盖一层硅酮等矿物油或液体培养基，使材料与环境中的氧气有效隔离。不同的封口材料以其不同的透气性能影响试管中的气体成分及其氧含量，也会影响保存效果。

2. 培养基成分

(1)基本培养基成分　植物生长发育需要外界供给养分，如果养分供应不足，则植株矮小，生长缓慢。离体培养材料在生长发育过程中所需的养分主要由培养基供给。因此，通过降低培养基中的养分水平，可有效抑制细胞生长，达到保存植物材料的目的。此外，培养基中碳源的种类及其含量也严重影响植物材料的保存效果。如柑橘茎尖在含1.5%蔗糖的培养基上保存效果最好；红根草试管苗在无糖的培养基上植株形态和色泽较差，但保存时间更长，继代后恢复生长正常。

(2)生长调节物质　植物组织培养时，在培养基中添加不同浓度的生长素或细胞分裂素以促进植物材料的生长发育。但在种质资源缓慢生长保存时，往往在培养中添加不同浓度的生长延缓剂或生长抑制剂，以延缓或抑制培养材料的生长，从而降低培养材料的生长速度，延长继代周期。目前，常用的生长抑制物质有脱落酸(ABA)、矮壮素(CCC)、多效唑(PP_{333})、丁酰肼(B_9)等，也可使用马来酰肼(MH)、缩节胺(DPC)、膦甘酸等物质。

(3)渗透调节物质　通过在培养基中添加蔗糖、甘露醇或山梨醇等高渗化合物，可减缓培养材料的吸收作用，从而抑制培养材料的生长，达到保存种质的目的。其作用机理是提高培养基的渗透势负值，造成水分逆境，使细胞吸水困难，新陈代谢减弱，从而延缓细胞生长。一般情况下，培养基中添加的高渗化合物在保存早期对试管苗存活率影响不大，但随保存时间的延长，则对延缓材料生长、延长保存时间的作用愈加明显。此外，尽管不同植物培养材料保存所需要的渗透调节物质含量不同，但试管苗保存时间、存活率、恢复生长率等指标，受培养基中高渗物质含量影响的变化趋势基本一致。

需要指出的是，由于离体保存材料本身的遗传基础、来源、生理状态、内源激素水平等方面的差异，使得植物缓慢生长离体保存尚无通用的培养条件和培养基成分含量。在具体的缓慢生长保存实践中，常将影响缓慢生长保存的多种因素合理搭配、综合运用，即同时采用两种或两种以上限制生长的因素来保存种质，以达到更长时间保存种质材料的目的。如柿(*Diospyros kaki* Thunb.)和君迁子(*D. lotus* L.)试管苗在低温(6±1) ℃和弱光800 lx(12 h/d)的条件下，在添加甘露醇20 g/L或PP_{333} 1.0 mg/L的MS(1/2N，即MS培养基中KNO_3和NH_4NO_3减半)＋蔗糖20 g/L＋琼脂7 g/L＋PVP500 mg/L，或氯吡苯脲(CPPU)0.20 mg/L＋1/2MS＋蔗糖15 g/L＋琼脂7 g/L＋PVP500 mg/L培养基上保存18个月，平均存活率达90 %以上。

11.2.3　缓慢生长保存种质资源的遗传稳定性检测

种质资源保存的基本要求是保持材料遗传性状的稳定，即保证材料的遗传性状在保存前后不发生变化。众所周知，植物组织培养时，由于培养基成分、培养条件以及继代培养时间等原因，经常发生广泛的体细胞无性系变异，特别是在愈伤组织和悬浮系等未分化培养物中变异较多，而分化培养物中发生较少。同理，植物种质资源缓慢生长保存过程中，以及材料在恢复生长和再生阶段，无论是未分化的培养物，还是已分化的培养物，都需要对保存材料提供一些特殊的培养基或培养条件，这些处理措施也会成为保存材料体细胞无性系变异的诱导因子，从而使保存材料的遗传性状发生改变。

通常认为，保存材料在添加了生长抑制剂或渗透物质的情况下，会发生较大的变异，如核基因组的甲基化，而仅通过降低培养温度、缩短光周期和减少蔗糖浓度的方法一般不会发生变异。如菊花试管苗在添加不同蔗糖与甘露醇配比的培养基上保存12个月后，试管苗在增殖、生根培养基上均可正常恢复生长，且其再生后代的田间生物学性状、过氧化物酶(POD)和酯酶(EST)同工酶酶谱、ISSR扩增图谱与对照株无差异，保持了良好的遗传稳定性。黄独(*Dioscorea bulbifera* L.)脱毒苗离体保存后，脱毒苗的株高、叶片数、生根数等形态指标，根系活力、叶片总叶绿素和可溶性糖含量，POD和SOD活性等生理生化指标，均没达到显著性水平，说明保存材料稳定，没有发生遗传变异。如对缓慢生长保存后恢复生长的柿和君迁子植株遗传稳定性分析结果表明，在核DNA含量和染色体数目上没有发生改变，但添加

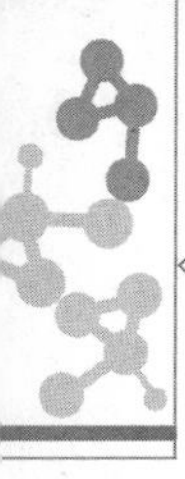

PP_{333} 的次郎甜柿 3 个单芽姊妹系扩增出的 1 827 条谱带中，增加了 3 条谱带，变异率为 0.16%，君迁子 3 个单芽姊妹系扩增出的 1 736 条谱带中，增加了 1 条谱带，缺失了 14 条谱带，变异率为 0.86%。马铃薯种质试管苗在添加不同浓度的嘧啶醇缓慢生长保存后，利用 RAPD 和 ISSR 两种分子标记对其遗传稳定性进行分析发现，使用嘧啶醇保存的不同马铃薯品系试管苗在 DNA 水平上均有极少量变异（平均变异率为 0.48%～2.95%）产生，且不同品系变异率有一定差异。由此可见，对缓慢生长保存过程中发生的遗传变异情况进行检测是非常必要的。检测采用的主要方法有：

(1)形态学方法　是指生物体特定的、肉眼可见的外部特征特性，如植物的株高、叶形、果形、花色等，它是最基本的方法，也是最直观的评价方法，可对材料恢复生长后的表现进行综合评价，特别是可对有关质量性状无性系变异进行评价，如叶形、枝刺的有无等。但由于离体保存过程中，材料的生长受到限制，常导致形态发生某些改变，恢复培养后形态正常，故很难单独用形态学标记对保存材料进行检测。

(2)细胞学方法　主要指对保存材料的染色体核型（如染色体数目、大小、随体、着丝点位置）、带型（C 带、N 带、G 带等）和结构（如倒位、易位、重复、缺失等）等变异进行评价，其中对保存材料进行整倍体变异和非整倍体变异检测方法应用较多，如果树的染色体比较小，进行分带有一定的困难，一般主要研究其染色体数目变异情况。但总体来看，可用的细胞学标记数目有限。

(3)生化分析法　主要对保存材料的同工酶和储藏蛋白进行比较分析，是比较经济方便的一种检测方式。同工酶是指具有同一底物专一性的不同分子形式的酶。20 世纪 50 年代，随着凝胶技术的发展和组织化学染色剂的使用，可根据不同分子形式酶的电荷性质差异，通过蛋白质电泳或色谱技术和专门的染色剂，使其呈现出各自的谱带，从而使不同的基因型得以区别。同工酶和储藏蛋白作为基因表达的产物，其结构上的多样性在一定程度上能反映生物 DNA 组成上的差异，但由于其为基因表达加工后的产物，仅是 DNA 全部多态性的一部分，而且其特异性易受环境条件和发育时期的影响，在实际应用时有一定限制。目前，常用的同工酶有过氧化物酶(POD)、超氧化物歧化酶(SOD)以及酯酶(EST)同工酶等。

(4)分子标记法　分子标记是 20 世纪 80 年代发展起来的在基因组水平上研究生物多样性的遗传标记。有广义和狭义之分。广义的分子标记是指可遗传并可检测的 DNA 序列或蛋白质，狭义分子标记是指能反映生物个体或种群间基因组中某种差异的特异性 DNA 片段。分子标记与形态学、细胞学和生化标记相比较，具有在植物体的多个组织及生育阶段均可检测，不受时空限制；数量多，遍及整个基因组；有许多标记表现为共显性，能够鉴别基因型纯合与否等优点。在检测保存材料的遗传稳定性时，越来越受到关注。目前，常用的分子标记有基于分子杂交的分子标记，如限制性片段长度多态性 RFLP(restriction fragment length polymorphism)、小卫星 DNA(minisatellite DNA)等；基于 PCR 技术的分子标记，如随机扩增多态性 DNA(random amplified polymorphic DNA，RAPD)、简单重复序列(simple sequence repeat，SSR)等；基于限制性酶切和 PCR 技术的 DNA 标记，如扩增片段长度多态性(amplified fragment length polymorphism，AFLP)；基于 DNA 芯片技术的分子标记技术，如单核苷酸多态性(single nucleotide polymorphism，SNP)等四大类。近些年来，随着分子生物学的发展，利用分子标记法作为检测保存材料遗传稳定性的应用逐渐增多。

11.3　超低温保存

自 20 世纪 70 年代以来，人们把冰冻生物学(cryobiology)与植物离体微繁技术结合起来，发展了离体种质资源冰冻保存(freezing conservation in vitro)或超低温保存(cryopreservation)技术。理论上讲，超低温保存法保存了细胞的活力和形态发生潜能，最适合植物种质资源长期、安全、稳定、经济地保存，被认为是珍稀濒危植物、无性繁殖植物和顽拗性种子植物种质资源保存的理想方式。植物种质资源超低温保存方法研究始于 19 世纪 70 年代，20 世纪末得到较广泛应用。目前，世界各国都非常重视种质资源的超低温保存工作，并将一些研究结果应用于实际保存工作中，美国、法国、德国、日本、韩国、俄罗斯、印度、澳大利亚等多个国家相继建立了植物种质资源超低温保存库，并对果树、农作物、药用植物和园林植物等多种植物种质资源的休眠芽、离体茎尖、种子、胚、花粉、细胞和愈伤组织培养物、原生质体等进行了超低温保存，取得了较好的保存效果。

11.3.1 超低温保存的概念及其特点

超低温保存是指在－80 ℃(干冰温度)以下的超低温中保存种质的一整套生物学技术。超低温常用干冰、深冷冰箱、液氮(－196 ℃)及液氮蒸汽相(－140 ℃)获得，由于通常选用液氮作为冷源，因此超低温保存又称液氮保存或 LN 保存。

在超低温条件下，细胞的整个代谢和生命活动基本或者完全停止，可以大大减慢，甚至终止代谢和衰老过程，并可保持生物材料的遗传稳定性，节省大量人力、物力和财力。因此，只要采取有效措施，使植物材料经超低温保存后仍能恢复生机，在正常条件下可以重新生长，就可以把材料在液氮中长期保存。

11.3.2 超低温保存的基本程序

超低温保存的基本程序包括材料选择与准备、预处理、降温冰冻、保存、化冻与恢复生长、存活率鉴定、遗传稳定性分析等步骤(图 11-2)。

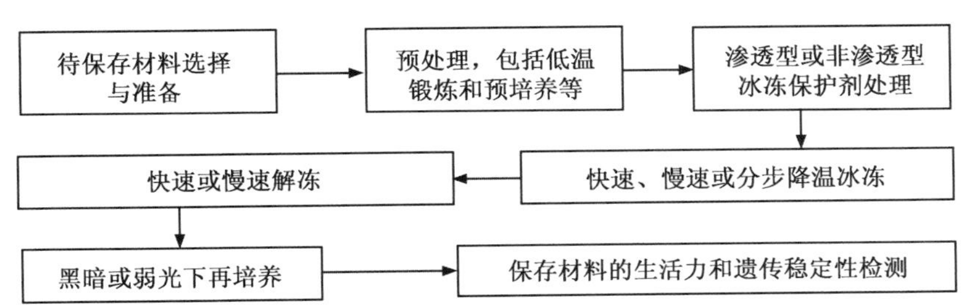

图 11-2 植物离体材料超低温保存的基本程序

1. 培养材料的选择与准备

由于植物材料的基因型、抗冻性、大小、取材部位，以及细胞、组织和器官的年龄、生理状态等均影响超低温保存的效果，因此，超低温保存时，应根据植物材料的种类，选择适宜进行超低温保存的材料类型，并适时取材。如超低温保存细胞应选择继代培养 5～9 d 的幼龄细胞，或选择处于减数分裂旺盛期的细胞；如果保存芽，宜选择抗冻能力较强且保存后有较高存活率的冬芽。

2. 预处理

选择好的材料要采取各种不同的处理措施，以提高分裂相细胞比例，并减少细胞内自由水含量，使其达到最适于超低温保存的生理状态。主要处理方法有低温锻炼、预培养和干燥等。一般情况下，茎尖分生组织、胚(轴)和顽拗性种子应在 0～4 ℃下进行人工低温锻炼 1～6 周，或用不同浓度蔗糖或甘露醇等冰冻保护剂的培养基预培养 1～7 d。在预培养时，可以逐步提高蔗糖或甘露醇的浓度，或添加脱落酸(ABA)等激素，或缩短光照时间。休眠芽或枝条常用的处理方法是在 0 ℃进行不同时间的低温锻炼，或在 0 ℃以下不同温度处理不同的时间。对于悬浮培养细胞，为使分裂分化同步化，增加指数生长期的细胞，有效提高液氮保存后的存活率，常采用两种方法：一是在悬浮培养中，采用饥饿法使细胞分裂处于同步；二是在培养基中加入细胞分裂抑制剂(如 5-氨基尿嘧啶、羟基脲和胸腺嘧啶脱氧核苷等)。

3. 冰冻保护

方法是将要保存的植物材料在冰冻保护剂中处理一段时间。作为冰冻保护剂应具备易溶于水、在适当的浓度范围内无毒或毒性较小、易从保存材料中清除等特性。

到目前为止，人们发现的冰冻保护剂不下数十种。按其是否能渗透到细胞内，分为渗透型和非渗透型两种。渗透型冰冻保护剂有二甲基亚砜（DMSO）、甘油、甘露醇、乙二醇（EG）、丙二醇（PG）、乙酰胺和脯氨酸等。渗透型冰冻保护剂多为小分子中性物质，在溶液中易结合水分子发生水合作用，使溶液黏性增加，弱化水的结晶过程，达到保护材料的目的。二甲基亚砜极易渗入细胞内部，可防止细胞在冰冻和融冰时，引起过度脱水而遭到破坏，是常用的冰冻保护剂。非渗透型冰冻保护剂有聚乙烯吡咯烷酮（PVP）、葡聚糖（右旋糖酐，dextrane）、蔗糖、聚乙二醇（PEG）、白蛋白、羟乙基淀粉（hydroxyethyl starch，HES）等。此类冰冻保护剂是聚合分子物质，能溶于水，但不能进入细胞，它使溶液呈过冷状态，从而起到保护作用。需指出的是，有时为简化程序，避免冰冻保护剂对保存材料的伤害，此步骤常被省略。

冰冻保护剂处理应在低温下进行，而且处理时间不宜过长，一般为 20～120 min。此外，为了保护细胞不受渗透压变动的影响，保护剂应在 30～60 min 的一段时间内逐渐加入。甘油的渗透压低，加入速度更应缓慢，在 30～90 min 内逐渐加入。

4. 降温冰冻

此阶段的关键在于降温速度。常用的降温方法有：

(1)快速冰冻法（rapid freezing method）　预处理后的材料直接投入到液氮中保存，降温速度可达到 100～1 000 ℃/min。采用这种方法，可使细胞内冰晶生长的危险温度区（－10～－140 ℃）很快过去，此时细胞内的水分未形成冰晶中心就降到液氮温度，胞内的水分形成对细胞不产生伤害作用的玻璃化状态（一种介于液态和固态之间的透明“固态”），从而减轻或避免了细胞内结冰的危害。高度脱水的植物材料如种子、花粉、球茎、块根等，以及抗寒性较强的木本植物枝条或芽，经过冬季的低温锻炼，可以采用快速冰冻法。

(2)慢速冰冻法（slow freezing method）　此法是在冰冻保护剂存在下，以 0.1～10 ℃/min 的速度降温进行冰冻。由于降温速度较慢，可通过细胞外结冰，使细胞内的自由水充分扩散出来，避免在细胞内部形成冰晶，从而达到良好的脱水效果。该法对细胞体积较大、液泡大、含水量较高的不抗寒植物材料如细胞愈伤组织或悬浮细胞系的保存，可取到较好的保存效果。但此法需要程序降温仪，设备较昂贵。

(3)分步冰冻法　主要有两步冰冻法（two step freezing method）和逐级冰冻法（stepwise freezing method）两种方法。两步冰冻法是一种改良的慢速冰冻法，第一步是以 0.1～5 ℃/min 的速度降温，降至－30～－40 ℃，甚至－100 ℃时，平衡 0.5～3 h，进行适当保护性脱水；第二步是将保存材料迅速投入液氮中保存。逐级冰冻法是材料经冰冻保护剂处理后，通过不同温度等级如－10 ℃、－15 ℃、－25 ℃、－35 ℃等降温至－40 ℃，每个温度处理 4～6 min，再投入液氮中保存。

5. 解冻

解冻是将保存材料从液氮中取出，使其融化，以便进一步恢复培养。解冻是再培养能否成功的关键。目前常用快速解冻和慢速解冻两种方法。合理选择解冻方法的关键是防止解冻过程中细胞内次生结冰和解冻吸水过程中水的渗透冲击对细胞膜体系破坏。

(1)快速解冻法（fast thawing）　将冰冻材料取出后，迅速放入 35～45 ℃（一般可为 37 ℃，该温度下解冻速度为 500～700 ℃/min）温水浴中保持 1～5 min。此法的优点是可使材料快速通过容易引起细胞次生结冰伤害的危险温度区，适合大部分冰冻保存材料。

(2)慢速解冻法（slow thawing）　把冰冻材料取出后置于 0 ℃、或 2～3 ℃、或室温下进行缓慢解冻。一些自然或缓慢降温情况下高度脱水的超低温保存材料，如木本植物的休眠芽、花粉和胚等，常用慢速解冻法。因为休眠芽在秋冬低温锻炼过程中，细胞内的绝大多数水分已渗透到细胞外，若解冻速度过快，细胞吸水太猛，细胞膜就会受到猛烈的渗透冲击，从而引起细胞膜破坏。

6. 再培养

超低温保存材料不可避免地会受到不同程度的伤害，需要给予合理的再培养条件。一般解冻后，需要用培养基冲洗几遍，去除冰冻保护剂后，再接种到新鲜的培养基上进行培养。但有的材料在冲洗后会降低成活率，需直接接种到培养基上，如玉米冰冻细胞，香蕉的超低温保存也不需要专门的冲洗过程。解冻后的材料一般在黑暗或弱光下培养1～2周，再转入正常光照下培养。一般情况下，再培养所用的培养基与保存前的培养基相同，但有时为利于材料恢复生长，需将培养基中的大量元素或琼脂含量减半，有时则需在培养中添加一定量的PVP、水解酪蛋白等。

7. 生活力与遗传稳定性检测

超低温保存植物种质资源，其目的是要长期保持植物具有高的生活力、存活率以及遗传稳定性，并能通过繁殖将遗传特性传递下去。因此，对超低温保存后的细胞活力、存活率以及遗传稳定性进行检测是非常重要的，它是超低温保存成功与否的关键检测阶段。检测采用的指标与所用的超低温保存技术、材料类型及其再生方式有关，主要有存活率（细胞活力快速染色法、再培养法等）、再生率（茎尖、胚等，见图11-3）、萌发率（花粉、种子等）、嫁接成活率（休眠枝条、冬芽等）、坐果率和结实率（花粉）等。其中细胞活力染色法可以快速鉴定保存效果，在研究中广泛采用，它主要采用以下两种方法。

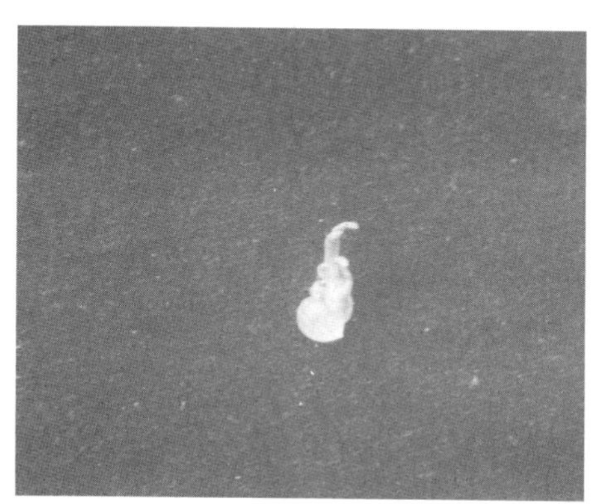

图11-3　包埋干燥法超低温保存成活的茎尖成活和再生情况（刘群龙摄）

（1）TTC法　即氯化三苯四氮唑还原法，此法显示细胞内的脱氢酶活性。脱氢酶使氯化三苯基四氮唑还原生成一种红色的三苯基甲臜（TTF，formazan），可根据活细胞着色深浅定性判断保存材料活力的有无和大小。此物质不溶于水而溶于酒精，因此酶活性反应后，可用酒精抽提，然后用分光光度计进行定量测定。

（2）FDA染色法　即二醋酸酯荧光素染色法。FDA本身不发荧光，只有渗入到活细胞内，通过酯酶的脱脂化作用生成荧光素，在紫外光的激发下才产生荧光。因此，它可以作为鉴定活细胞的一种方法。该方法是先配0.1%荧光素染料后，与一滴解冻后的细胞悬浮液相混合，然后分别放于普通光学显微镜和紫外显微镜下观察计数。

另外，超低温保存的材料经受了一系列逆境胁迫，易诱导材料及其再生植株产生变异。因此，必须进行超低温保存材料的遗传稳定性检测。可从保存材料的表现型、生理生化特性、染色体结构和倍性、分子水平以及细胞合成次生代谢产物等方面对超低温保存后的材料进行全面评价，详细内容参考本章11.2有关部分。

11.3.3 超低温保存的主要方法

大多数植物活体细胞内含有的自由水和结合水对 0 ℃以下的低温特别敏感，在超低温保存过程中会产生冰晶伤害。超低温保存的各种方法，都是通过选用适当的冰冻保护剂、降温速度和解冻方式，使生物细胞在降温冰冻和升温解冻过程中避免细胞内结冰，从而不受损伤或受到较小的损伤。依据不同的保存机理，将超低温保存分为基于保护性脱水的和玻璃化的超低温保存两大类。

1.基于保护性脱水的超低温保存方法

植物材料在冰冻保护剂的作用下，利用程序降温仪，缓慢降温到一定温度（如－30 ℃或－40 ℃），随着温度的降低，细胞内、外介质首先过冷却，随后细胞外介质形成冰，而细胞内能继续保持过冷却状态而不结冰，导致细胞内外产生蒸汽压差，细胞通过向外部失水达到平衡，使离体材料细胞实现“保护性脱水”(protective dehydration)，然后将材料迅速投入液氮进行保存。这种缓慢降温脱水方法，结合冰冻保护剂处理，最早用于种质资源超低温保存。建立在保护性脱水基础上的超低温保存方法主要有经典保存法、简化保存法和滴冻保存法等。

(1)经典保存法　该方法基于冰冻保护剂和慢速降温程序，主要通过预培养、冰冻保护剂处理、控制降温速率和转移温度等关键环节，创造合适的保护性脱水条件，实现材料的超低温保存。由于此类保存方法常需要昂贵的程序降温仪，操作过程繁琐，且保存后复活的茎尖和分生组织往往有不正常的生长，从而限制了此法的使用和推广。

(2)简化保存法　该法是利用绝大部分植物可以忍受较大范围降温速度的特点，采用非连续性降温的电控冰冻室，或不能精确控制降温速度的超低温冰箱等设备代替程控降温仪，将材料降至一定温度后投入液氮保存。

(3)滴冻保存法　该法是将含有保存材料的冰冻保护剂滴于铝箔上，使之成为水滴，然后通过两步法投入液氮。此方法可减轻经典法保存种质资源时利用体积相对较大的冰冻管(1.5～2.0 mL)造成的材料降温速度不一致现象，但在解冻过程中，容易造成材料污染。

2.基于玻璃化的超低温保存方法

玻璃化(vitrification)液氮冻存植物材料是 20 世纪 80 年代末期建立的一项新技术，是植物材料经适当脱水或玻璃化液处理后，直接投入液氮冻存。在这种条件下，整个冻存系统快速降温而不形成冰晶，以玻璃态形式存在。在此玻璃状态中，水分子没有发生重排，不产生结构和体积的变化，不会由于细胞内结冰造成机械损伤或溶液效应而伤害组织和细胞，保证解冻后的细胞仍有活力。玻璃态的物质结构、组成成分长期不变，因而可长期保存植物材料。该法不需要昂贵的程序降温仪，操作简单，应用广泛，且更适合结构复杂，含有各种形态、大小不一的细胞和体积比较大的组织和器官如茎尖、合子胚等复合器官的保存，存活关键在于脱水环节，而非降温冰冻环节。

随着超低温保存理论与实践的发展，人们对它的认识不断加深。利用缓慢降温法实现材料超低温保存时，通过胞外结冰诱导细胞脱水，使得投入液氮的材料，由于细胞质的浓缩而进入胞内玻璃化，这种现象称为部分玻璃化。而对于快速降温过程中细胞内进入的玻璃化，称为完全玻璃化。基于完全玻璃化的超低温保存主要有以下几种：

(1)干燥法(desiccation method)　该法是把保存材料放在空气、硅胶、烘箱内或真空中干燥，使其适度脱水，通过控制脱水速度和脱水程度来提高其抗冻性，然后投入液氮中保存。一般情况下，干燥法将植物材料的含水量从 72%～77%下降到 27%～40%后再投入液氮中保存，可使植物材料免遭冻死，但最适脱水程度因不同植物和不同组织可能有所不同。另外，硅胶干燥可以获得缓慢稳定的脱水速度，使组织能逐渐适应水分胁迫，故效果更好。此法主要应用于种皮较厚的种子、合子胚或胚轴以及胚状体的超低温保存。

(2)预培养法(pregrowth)　该方法是将保存材料在含有冰冻保护剂的培养基上预培养一段时间，

以诱导其脱水，然后投入液氮中保存。常用的预培养方法是在含有逐级提高蔗糖浓度、聚乙二醇或二甲基亚砜的培养基上进行培养。此法适于合子胚、胚状体和顶端分生组织的保存。

(3)预培养-干燥法(pregrowth-desiccation)　该方法是预培养法和干燥法的结合，是把材料先在含冰冻保护剂的培养基上预培养不同时间，然后进行干燥，最后投入液氮保存。

(4)包埋脱水法(encapsulation-dehydration method)　该方法是将含有保存材料的褐藻酸钠溶液滴向高钙溶液，因褐藻酸钙的形成而固化成球状颗粒，材料被褐藻酸钙包埋，然后将包埋丸在含有高浓度(或梯度浓度)冰冻保存剂的培养基上预培养，最后投入液氮保存。

(5)玻璃化法(vitrification method)　指保存材料在冰冻保护剂预处理后，再经高浓度玻璃化保护剂处理，然后快速投入液氮中保存的方法。玻璃化溶液指大分子冰冻保护剂的高浓度溶液或混合液，如玻璃化液 PVS2 和 PVS3。其中 PVS2 主要由 30%甘油、15%乙二醇、15%二甲基亚砜和 40%蔗糖(pH 5.8)组成，而 PVS3 由 40%甘油、40%蔗糖和基本培养基组成。有些材料可不进行冰冻保护剂预处理，而是直接浸入玻璃化溶液处理。此法可用于细胞悬浮系、顶端分生组织、胚状体、原生质体等多种离体材料的超低温保存。

(6)包埋-干燥脱水法　该法采用藻酸钠包埋技术将材料包埋后，用无菌空气或硅胶使包埋丸缓和脱至适宜的含水量后(一般为 20%左右，以鲜重为基础)，再将包埋丸快速投入液氮保存的方法(图 11-4)。据研究，将材料包埋后进行预培养和干燥，可增强材料对干燥脱水和骤冷的抗耐性，并使一些含液泡的外植体也可以进行液氮保存。

此方法具有程序简单，操作容易，材料存活率高、恢复生长快，且不易形成愈伤组织，避免冰冻保护剂对细胞的毒害作用，产生遗传变异的概率较小等优点。此法可应用于植物茎尖(图 11-5)、细胞悬浮液和体细胞胚的超低温保存。

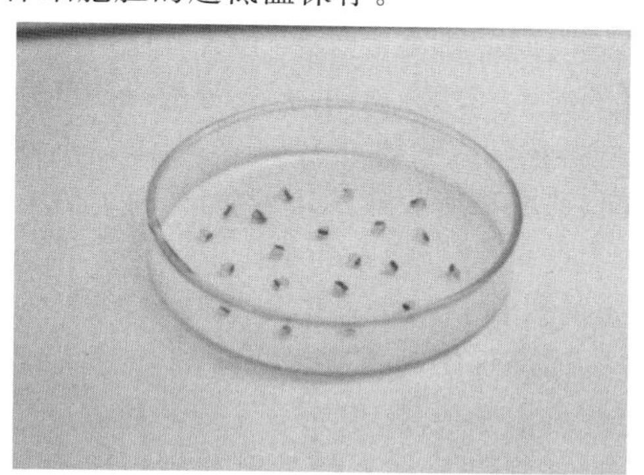

图 11-4　超净工作台上干燥的包埋丸(刘群龙摄)

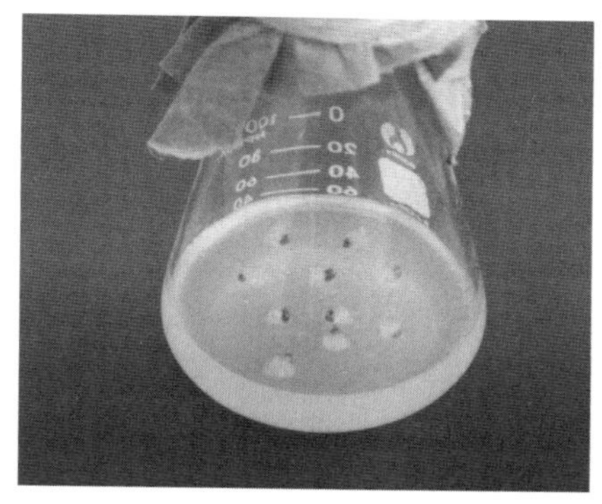

图 11-5　保存成活的茎尖包埋丸(刘群龙摄)

(7)小滴玻璃化法(droplet-vitrification)　该法是将滴冻法形成并粘有小滴的铝箔直接投入液氮中进行冰冻保存。尽管这种技术发展最晚，但成功应用此法保存的物种数量稳步增加，已在马铃薯茎尖、芦笋和苹果茎尖的冰冻保存中得到应用。

11.3.4　影响超低温保存的因素

超低温保存程序的各种处理，即预处理中的低温锻炼、预培养、降温冰冻、解冻方法和恢复培养等都是影响超低温保存存活率和再生率的重要因素，所以研究者总是精心设计、周密安排，以获得最佳冻存效果。

1.保存材料的基本特性

保存材料的基本特性包括保存材料的基因型、类型、抗冻性以及器官、组织和细胞的年龄、大小等。不同基因型植物离体材料对超低温保存的反应各不相同；冻后存活率的显著差异不仅存在于种间，而且

存在于同种的不同品种(系)间。

一般而言,细胞小而细胞质浓厚的分生细胞或组织比细胞大而高度液泡化的细胞或组织容易存活。因此,含有较大液泡的愈伤组织和悬浮细胞并不是理想的离体种质保存材料。另外,愈伤组织和悬浮细胞存在着非常普遍的遗传不稳定现象,在现有技术条件下,尚无有效的控制措施,且有些植物的悬浮细胞和愈伤组织经过长时间保存,再生能力较差。采用茎尖、腋芽原基、胚、幼龄植株等有组织的材料,由于其遗传稳定性好、易于再生,且细胞体积小、液泡小、含水量较低,细胞质较浓,故抗冻性强,是理想的离体保存材料。但由于植物分生组织的细胞质分布均匀且稠密,对低温冰冻极为敏感,冰冻过程中的损伤效应特别突出;而且分生组织必须保持结构的完整性才能快速分化,局部冰冻损伤会影响冻后的正常分化。因此,植物分生组织的超低温保存较细胞培养物保存难度较大。

离体材料的生长年龄也是决定冻后存活率的最重要因素之一。在离体保存中,决定材料存活的主要因素是温度和含水量。随着材料继代培养时间延长,生长速率逐渐减慢,细胞内含水量逐渐越低,有机物质积累相应增加,从而提高了保存材料的抗冻性和成活率。

离体材料的大小对冰冻存活率也有一定影响。对于利用保护剂进行超低温保存的材料,由于不同植物及其保存材料大小对保护剂的敏感程度不同,常常影响到材料的存活。此外,材料太小,增加切取材料的难度,加大切取对材料的伤害,不利于冻后材料生长的恢复,甚至不经任何处理直接转移到培养基上也难以成活;材料太大,影响预培养效果,尤其是减慢冰冻和解冻速度,造成材料结晶伤害,降低冻存效果,甚至导致失败。因此,材料大小应该是既保证所取材料可以在培养基上独立生长,又要有尽量小的体积,以利于冰冻。

2.保存材料的生理状况

对保存材料进行抗寒锻炼或预培养可以调整植物材料的生理状况,增强细胞抗寒力。对于能经受长时期低温具有较强抗寒力的离体材料,通过不同时期和不同时间的低温锻炼,可显著提高离体保存材料的存活率,但单独的冷驯化并不足以诱导离体材料有很强的脱水和冰冻忍耐力,充分的冷驯化还需要结合高浓度蔗糖预培养才能确保存活率的提高。通常是将材料在低温锻炼的基础上,在添加不同蔗糖浓度的培养上进行预培养。不同植物所要求的低温锻炼时间、蔗糖浓度及其预培养时间不同。

3.冰冻保护剂的合理使用

冰冻保护剂的使用能减少超低温保存时冰冻造成对细胞的损伤。植物离体超低温保存时,应根据材料特性正确选择适宜的冰冻保护剂。通常情况下,由于单一冰冻保护剂各有优缺点,不能满足生物材料冰冻保存的多方面要求,所以冰冻保护剂一般都是按一定配方混合使用,以充分发挥各种成分的保护作用。如5%或10%的二甲基亚砜配合一定浓度的甘油或糖,能显著提高超低温保存的存活率。在冰冻保护剂中加入0.3%的氯化钙,能对整个细胞膜体系起稳定作用,从而提高保存材料的存活率。另外,冰冻保护剂处理时间不同,保存效果也不一样。

对植物材料来说,DMSO是最好的冰冻保护剂,培养细胞的适宜质量分数一般是5%~8%。当质量分数为10%~15%时会干扰RNA和蛋白质代谢,但一些材料如茎尖和试管苗等材料可以容忍5%~20%。在使用DMSO时,一般应把材料保持在0 ℃左右,以尽量减少冰冻保护剂对细胞组织的毒害作用,处理时间也不宜过长,一般30~45 min,不宜超过1 h。

4.降温速率的有效选择

对于原生质体、悬浮细胞、愈伤组织和某些植物的茎尖,可采用慢速降温冰冻,以使细胞内水分有充足的时间不断流到细胞外结冰,达到良好的脱水效应,避免细胞内结冰。但像花粉、分生组织等组织、器官的冻存,根据其含水量的多少、组织块的大小,多采用快速降温法,以使冻存的组织器官获得最佳的冻后恢复生长能力。一般而言,在利用缓慢降温保存时,降温速率越低,成活率越高。

5.冰冻材料的解冻及其后续处理

相比之下,冻存材料的解冻操作比较简单,但从理论上讲,若冰冻材料的解冻温度及时间掌握不好,会不同程度地引起细胞内次生结冰而对细胞造成损伤。一般情况下，解冻以快速为妥。

11.3.5 超低温保存应用展望

经过多年的研究与应用，超低温保存技术的发展进入了一个新的阶段，一些新的技术如天然抗冻保护剂——抗冻蛋白的使用、低温生物显微镜的应用以及小滴玻璃化法、包埋玻璃化等新型冰冻方法开始逐步应用于超低温保存实践中，使得超低温保存技术得到不断更新和发展，且利用超低温技术成功保存种质材料的报道越来越多，已逐渐成为植物种质资源长期保存的有效手段。

但是，超低温保存技术的发展还不很成熟。目前的研究多侧重于某种植物超低温保存的方法和条件，如探寻适宜的预培养处理，筛选合适的冰冻保护剂种类和处理时间，以及冻融程序等技术性试验，但对超低温保存过程中水的相变及低温下的分子运动模型、细胞超微结构及细胞内含物质的变化等机理研究尚不够深入。同时，已有超低温保存试验的存活率还比较低，特别是对材料保存的时间还比较短。在长期保存后，材料的成活率和再生率如何，以及长期保存后材料的遗传稳定性和农艺性状等问题都还需进一步深入研究。此外，尽管大规模超低温保存植物种质资源的应用不断增加，但由于超低温保存方法众多，植物类型多样，植物生理状态和发育程度各异等原因，使其并没有形成普遍适用于各种植物的超低温保存技术体系，大规模实际应用仍存在许多尚需解决的问题。

因此，今后应进一步加强超低温保存机理，较长时期、较大规模的超低温保存及遗传稳定性试验，以建立安全简便、长期稳定、适用性广的一整套超低温保存体系。相信随着现代科学与技术的发展，超低温保存工作将不断拓展和日趋深入，保存技术将日臻完善，并发挥越来越重要的作用，具有广阔的应用前景。

小 结

种质资源是人类的宝贵财富。采用简单方便、安全稳定、长期有效的方法保存种质资源始终是科学家追求的目标，而缓慢生长保存和超低温保存等离体保存技术为实现这种目标提供了有效途径，是非常值得研究和利用的种质保存方法。尽管这两种离体保存方法，特别是超低温保存的大规模实际应用还存在一些问题，但随着科学和技术的发展，该技术将会日趋成熟和完善，并发挥越来越重要的作用。

思 考 题

1. 什么叫种质资源？简述种质资源的重要性。
2. 种质资源常用的保存方法有哪些？各有何特点？
3. 试述缓慢生长离体保存的概念及其特点。
4. 如何有效延长缓慢生长保存材料的继代培养时间？
5. 超低温保存的概念及其特点是什么？
6. 试述超低温保存的基本程序。
7. 超低温保存有哪些主要方法？
8. 哪些因素会影响超低温保存的效果？

实验16　植物茎尖超低温保存

1.实验目的

掌握植物种质资源超低温保存的基本程序;学会运用包埋-干燥玻璃化法保存植物离体材料的技术要点;通过实际操作,对植物种质资源的超低温保存进行科学合理的评价。

2.实验原理

超低温保存技术是植物种质资源中长期保存的主要方法,在液氮(−196 ℃)条件下,植物细胞的生命代谢活动都停止进行,但细胞的生命力和形态发生的能力仍可保存,可保持植物种质的遗传稳定性并长期保存植物种质资源。

3.实验用品

实验仪器:组培常规仪器、液氮罐、恒温水浴锅、恒温干燥箱、生化培养箱等。

实验材料:苹果砧木 M_{26},嘎啦、北海道九号等的试管苗。

试剂和药品:组培常规试剂、海藻酸钠、氯化钙、甘油、硅胶等。其中包埋剂为无钙 MT 培养基+3%(W/V)褐藻酸钠+2 mol/L 甘油+0.4 mol/L 蔗糖+BA 1 mg/L +NAA 0.1 mg/L 的液体培养基;固化剂为 MT+100 mmol/L 氯化钙+2 mol/L 甘油+0.4 mol/L 蔗糖+BA 1 mg/L +NAA 0.1 mg/L 的液体培养基。

4.实验步骤

(1)材料培养　实验所用的试管苗增殖基本培养基为MT,附加BA 1 mg/L+NAA 0.1 mg/L+蔗糖35%;生根培养基为1/2MT(大量元素、微量元素、铁盐及蔗糖减半,其他成分不变)+ IBA 1 mg/L。试管苗每30 d左右继代一次,光培养温度(26±1) ℃,光照强度1 500~2 000 lx,每日光照时间16 h,暗培养温度为(27±1) ℃。低温锻炼温度4 ℃,光照强度400 lx,每日光照时间8 h。所有培养基的pH 5.8,琼脂浓度0.7%。

(2)低温锻炼及预处理　试管苗在增殖培养基上光培养一定时间,低温锻炼3周后,剥其茎尖接种在预培养基(A)上,再将茎尖接种在预培养基(B)上,茎尖包埋后再依次接种在预培养基(C)和(D)上。每培养浓度放置在生化培养箱中进行低温弱光培养1 d。茎尖大小为1.5~2.0 mm长,基部直径约1.5 mm,包含3~5片叶原基。预培养基为MT+BA 1 mg/L+NAA 0.1 mg/L+蔗糖:0.10 mol/L(A)、0.30 mol/L(B)、0.75 mol/L(C)和1.0 mol/L(D)。

(3)茎尖包埋　①用手术刀尖挑取茎尖移至含30 mL包埋剂的三角瓶中,缓缓摇动使材料浸泡约10min,注意避免产生过多气泡;②用吸管吸取包埋剂中浸泡的茎尖,并用灭菌的滤纸轻轻吸去管尖上过量的包埋剂;③在固化剂溶液的上方缓缓下滴茎尖悬液。此时,茎尖悬液与 Ca^{2+} 离子接触,形成褐藻酸盐固态包埋丸,每个包埋丸含1个茎尖;④包埋丸在固化剂溶液中停留约0.5 h后,倾干固化剂溶液,并使其继续聚合0.5 h,即将茎尖包埋。

(4)包埋丸干燥及其含水量测定　采用硅胶干燥脱水,方法是将直径6 cm大小的培养皿放在直径9 cm的培养中,两培养皿之间的空隙放入经105 ℃干燥4 h的硅胶约5 g,然后在预培养基中取出预培养的茎尖包埋丸,在滤纸上吸去表面水分,放入小培养皿中,最后盖上大培养皿盖,并用Parafilm膜封口干燥。包埋丸在硅胶中干燥3 h后,取其称重,在105 ℃烘至恒重,计算包埋丸的含水量。

包埋丸含水量=(烘干前重量−烘干后重量)/烘干前重量×100%

(5)包埋丸的冰冻、解冻及再培养　将干燥适宜的包埋丸装入2 mL的冰冻管中,每管10个,快速投入液氮保存。投入液氮的茎尖在液氮中停留0.5 h后取出,迅速投入37 ℃的温水中化冻约1 min,然后将茎尖包埋丸接种于增殖培养基上，1 d 后从包埋丸中取出茎尖，再接种在增殖培养基上。半个月后，观察成活情况，茎尖成活的标准是茎尖已长出叶缘或茎尖呈绿色。一个月后，统计材料再生情况，标准是茎尖已长成试管苗或茎尖已开始萌发。

$$存活率＝生存的茎尖数/处理茎尖数\times 100\%$$
$$植株再生率＝再生茎尖数/处理茎尖数\times 100\%$$

(6)离体材料生根　当试管苗长到 2～3 cm 时切下，转至生根培养基上，放在培养箱中暗诱导 5～7 d，然后转入光下培养，诱导生根。

5.实验注意事项

(1)为提高冻存材料的成活率，试管苗低温锻炼的时间可以适当延长。

(2)为简化程序，提高工作效率，也可把材料放在无菌滤纸上，利用超净工作台的无菌气流进行包埋丸干燥，但此法脱水较快，会影响存活率。

(3)冰冻管投入液氮罐前，应放在拴有绳子的小袋中，以方便材料取出，且比较安全。

(4)保存材料的遗传稳定性鉴定等内容，详见其他有关实验内容。

(5)不同的低温锻炼和脱水干燥时间、茎尖大小以及预培养基中的蔗糖浓度是限制本实验茎尖成活的主要因素，在保存其他植物材料茎尖时，应注意摸索适宜的处理条件。

6.实验报告与思考题

(1)实验报告　详细记录实验步骤，科学分析如何提高超低温保存茎尖的成活率，并提出具体的处理措施。

(2)思考题

①包埋-干燥玻璃化法保存植物离体茎尖的技术要点有哪些？

②超低温保存植物茎尖时应注意哪些事项？

第12章

植物遗传转化

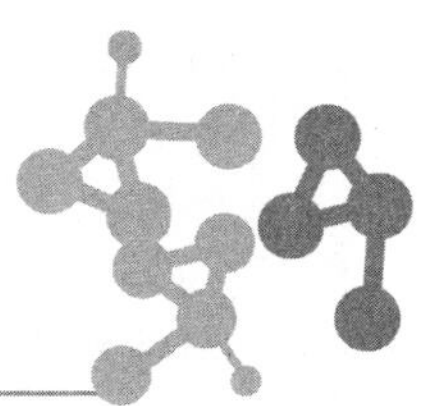

植物遗传转化(plant genetic transformation)是指通过化学、物理以及生物途径有目的地将外源基因或DNA片段导入受体植物基因组中,使其在后代植株中得以稳定整合、表达与遗传的过程。这个被导入的外源基因称为转基因(transgene),所得到的植株称为转基因植物(transgenic plant)。

随着越来越多的与植物重要农艺性状相关的基因被发掘与克隆,在植物组织培养基础上发展起来的多种植物基因转移受体系统的建立,以及以农杆菌介导转化为主体的植物遗传转化技术的完善,使得人们利用植物基因工程技术改良植物品种或调控某些特定性状成为现实,在提高作物产量、增加作物抗逆性和改良作物品质等方面发挥了十分重要的作用。到目前为止,已有200余种植物获得转基因植株,一些重要农作物如大豆、玉米、棉花等已获得商品化的转基因品种并在生产上大面积推广种植。据国际农业生物技术应用服务组织(ISAAA)统计,2018年世界上总共有近70个国家进口、种植和(或)研究转基因作物,有26个国家(21个发展中国家和5个发达国家)种植转基因作物面积达到了1.917亿hm^2,其中转基因大豆、玉米、棉花和油菜分别占全球转基因作物面积的50%、31%、13%和5%。我国转基因作物种植面积约290万hm^2,居世界第7位,其中绝大部分是转基因抗虫棉(占我国棉花种植面积的80%),还有少量的木瓜、白杨、番茄、甜椒等。

12.1 植物遗传转化载体

植物基因工程载体按其功能可以分为目的基因克隆载体、中间表达载体与植物遗传转化载体。目的基因克隆载体通常是以多拷贝的大肠杆菌质粒作为载体;中间表达载体是含有植物特异启动子和转录终止子的中间载体;植物遗传转化载体是携带目的基因进入受体细胞的载体,其不但能与目的基因连接易于进入受体细胞,还能利用本身的调控系统使目的基因在新的细胞中得到有效增殖或表达。根据目的基因插入方向和转化目的的不同,植物遗传转化载体又可分为正义表达载体、反义表达载体、RNA干涉载体、基因打靶载体等。

12.1.1 根癌农杆菌Ti质粒遗传转化载体

1. Ti质粒的结构与功能

Ti质粒是根癌农杆菌染色体外的遗传物质,为双链共价闭合的环状DNA分子,其大小为180~240 kb。根据Ti质粒诱导合成的冠瘿碱种类不同,Ti质粒可分为章鱼碱型(octopine)、胭脂碱型(nopaline)、农杆碱型(agropine)、农杆菌素碱型(agrocinopine)或称琥珀碱型(succinamopine)。通过转座子标签技术和缺失图谱分析可将Ti质粒分为T-DNA区、Vir区、Con区和Ori区4个功能区域(图12-1)。

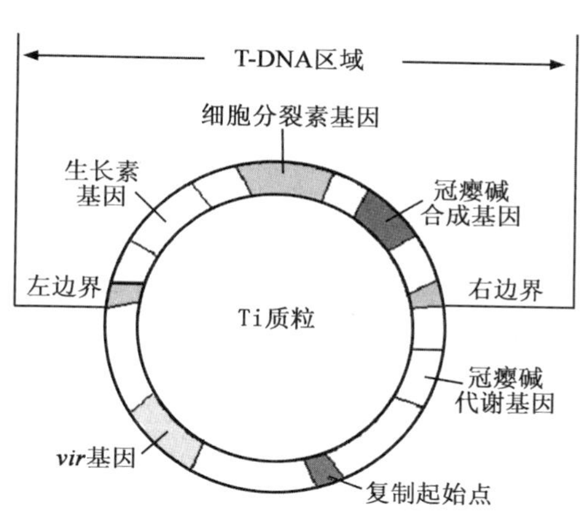

图 12-1 Ti 质粒结构示意图(林顺权,2007)

(1)T-DNA 区(transferred DNA region,转移-DNA 区) T-DNA 区长 15～30 kb,是根癌农杆菌侵染植物细胞时从 Ti 质粒上切割下来转移并整合到植物基因组中的一段 DNA。T-DNA 区段中含有与肿瘤形成有关的基因,如 *tmr*、*tms*1 和 *tms*2,这些基因统称为致瘤 *onc* 基因或 Onc 区段。在农杆菌侵染植物时,T-DNA 可以将其携带的外源基因整合到植物基因组中,但 T-DNA 上的基因与 T-DNA 的转移与整合无关。T-DNA 之所以能介导基因的转移,是因为 T-DNA 区两端各有一段由 25 个核苷酸组成的保守序列,即边界序列,分别称为左边界(LB)和右边界(RB)。左边界缺失突变仍能致瘤,而右边界缺失突变则不能再致瘤,甚至不发生 T-DNA 的转移,表明右边界在 T-DNA 转移中的重要性。胭脂碱型的 T-DNA 是 15 kb 长的 DNA 连续片段,占 Ti 的 7%～15%,具有左、右各一个边界序列。章鱼碱型的 T-DNA 区分为两部分,左区(TL-DNA)为 13 kb 的单拷贝序列,右区(TR-DNA)为 7 kb 的多拷贝序列,具有 4 个边界序列。

(2)Vir 区(virulence region) 该区段上的基因能激活 T-DNA 转移,使农杆菌表现出毒性,故称之为毒性区,又叫毒性基因或 *vir* 基因或致病基因。Vir 区长度大约为 40 kb,含有 7 个操纵子共 24 个基因,与相邻的 T-DNA 合起来约占 Ti 质粒总长度的 1/3。

(3)Con 区(region encoding conjugation) 该区段上存在着与细菌间接合转移相关的基因(*tra*),调控 Ti 质粒在农杆菌之间的转移。冠瘿碱能激活 *tra* 基因,诱导 Ti 质粒转移,因此称之为接合转移编码区。

(4)Ori 区(origin of replication) 该区段基因调控 Ti 质粒的自我复制起始,故称之为复制起始区。

2. Ti 质粒的改造与中间载体构建

(1)天然 Ti 质粒的缺点 利用 Ti 质粒对植物进行遗传转化,只要将目的基因 DNA 片段插入到 T-DNA 去,然后通过根癌农杆菌侵染植物时,T-DNA 就可以将其携带的外源 DNA 片段整合到植物基因组中,从而获得转基因植株。因此,Ti 质粒是植物基因工程一种有效的天然载体,但野生型 Ti 质粒直接作为植物基因工程载体有以下几个缺陷:①野生型 Ti 质粒分子过大,不便于进行基因工程操作,所以应去除一切不必要的大片段 DNA;②野生型 Ti 质粒上限制性内切核酸酶位点众多,难以找到可利用的单一限制性内切核酸酶位点,不利于重组 DNA 的构建;③Ti 质粒所携带的植物激素及冠瘿碱合成的基因,其在植物转化细胞中表达产物会干扰受体植物细胞激素的平衡,导致冠瘿瘤的产生,阻碍转化植物细胞的分化和植株再生;④Ti 质粒在大肠杆菌中不能复制,插入外源 DNA 的 Ti 质粒在细菌中操作和保存很困难;⑤Ti 质粒上还存在一些对 T-DNA 转移不起任何作用的基因。

为了使 Ti 质粒成为有效的外源载体,需要对其进行如下改造:①删除 T-DNA 左右边界的中的 *tms*、*tmr* 和 *tmt* 基因,即切除 T-DNA 中 *onc* 基因,构建所谓的"卸甲载体";②引入大肠杆菌的复制起

点和选择标记基因，或将 Ti 质粒 T-DNA 片段克隆到大肠杆菌质粒中，形成植物基因转化系统，从而使通过 Ti 质粒的基因重组成为可能并有利于转基因植物的筛选；③插入人工多克隆位点，以利于外源基因的克隆和操作；④引入植物基因的启动子和 poly(A)信号序列，以确保外源基因在植物细胞内能正确高效地转录表达；⑤除去 Ti 质粒上的其他非必需序列，以最大限度地缩短载体的长度。

(2)卸甲载体　卸甲载体是无毒的 Ti 质粒载体，又称 onc-载体。利用野生型的 Ti 质粒作载体时，T-DNA 中 *onc* 基因的致瘤作用影响转化植物细胞的分化和植株再生。因此，为了使野生型的 Ti 质粒成为基因转化的载体，必须切除 T-DNA 中 *onc* 基因，即“解除”其“武装”，构建成“卸甲载体”。在 onc 卸甲载体中，已经缺失的 T-DNA 部位通常被大肠杆菌中的一种常用质粒 pBR322 取代。这样任何适于克隆在 pBR322 质粒中的外源 DNA 片段，都可通过 pBR322 质粒 DNA 与卸甲载体同源重组而被整合到 oncTi 质粒载体上。常用的受体 Ti 质粒载体有 pGV3850 载体、pGV2250 载体和 pTiB6S3-SE 载体。

(3)中间载体　野生型 Ti 质粒经过改造可获得卸甲 Ti 质粒，但如果在该质粒中再引入大肠杆菌的复制起点或多克隆位点等，在实际基因工程操作中存在很大的难度。因此，需要构建一个中间载体，使之与卸甲载体共同组成一个植物遗传转化载体系统，从而完成植物基因转化。

中间载体是在一个普通大肠杆菌的克隆载体(如 pBR322 质粒)中插入了一段合适的 T-DNA 片段而构成的小型质粒。中间载体从功能上可分为中间克隆载体和表达载体两大类。中间克隆载体的主要功能是复制和扩增基因，而中间表达载体是适于在受体细胞中表达外源基因的载体。构建的中间载体如果未在结构基因之前加上能在植物细胞中表达的启动子，导入农杆菌 Ti 质粒并转化植物细胞后，该基因还不能在植物中表达，只能作为克隆载体。完整的中间表达载体应在结构基因两端连接启动子和终止子，有时还插入报告基因。中间表达载体的基本结构为“植物特异性启动子＋目的基因＋终止子”“植物特异性启动子＋选择标记基因＋终止子”和“植物特异性启动子＋报告基因＋终止子”结构。

3.Ti 质粒遗传转化载体系统

中间载体是一种大肠杆菌的质粒，不能把外源基因转化到植物细胞，所以不能直接作为植物外源基因转化的载体。只有将中间载体引入到已改造的 Ti 质粒中，并构建成能侵染植物细胞的基因转化载体，才能应用于植物基因的转化。由于这种转化是两种以上的质粒共同构成的，因此称为载体系统。目前，常用的两种 Ti 质粒基因转化载体系统是共整合载体系统和双元载体系统。

(1)共整合载体系统　共整合载体系统是指中间表达载体与改造后的受体 Ti 质粒之间，通过同源重组产生的一种复合型载体系统。由于该载体的 T-DNA 区与 Ti 质粒 Vir 区连锁，因此又称为顺式载体。共整合载体系统 Ti 质粒的改造较为简单，即去除野生型 Ti 质粒 T-DNA 中的 *onc* 基因，引入一段工程操作的小质粒序列，保留 T-DNA 的边界序列。转化菌株的制备过程为：将外源基因克隆到小质粒中间载体上，然后将载有外源基因的小质粒通过一定的方法导入农杆菌，利用 Ti 质粒与小质粒的同源重组，将外源基因引入 T-DNA，制成用于遗传转化的共整合载体转化菌株。

(2)双元载体系统　双元载体系统是指由两个分别含 T-DNA 和 Vir 区的相容性突变 Ti 质粒构成的双质粒系统。由于 T-DNA 和 *vir* 基因在两个独立的质粒上，*vir* 基因通过反式激活的方式促进 T-DNA 的转移，故称为反式载体。双元载体系统涉及两个 Ti 质粒的改造，其中一个大 Ti 质粒的改造主要是去除 T-DNA 上的 *onc* 基因(卸甲工程)，甚至完全消除 T-DNA，保留 Ti 质粒上的其他部分，并保留在受体细菌中；另一个小质粒只带有 T-DNA、复制起点和选择标记基因，并在 T-DNA 上引入多克隆位点，这个小 Ti 质粒也称操作质粒或穿梭质粒。通常含有 T-DNA 序列的穿梭载体用于携带嵌合基因，而含 *vir* 基因的 Ti 质粒作为辅助质粒激活 T-DNA 的转移。转化菌株的制备过程是：将携带有外源基因的小质粒引入含卸甲的 Ti 大质粒的菌株，组成含两个质粒的转化菌株。

12.1.2 发根农杆菌 Ri 质粒遗传转化载体

1. Ri 质粒的结构与功能

Ri 质粒是发根农杆菌染色体外的遗传物质，与 Ti 质粒一样属于巨大质粒，大小为 200～800 kb。Ri 质粒的结构与 Ti 质粒的结构十分相似，可以划分为 T-DNA 区、Vir 区、Ori 区和其他区域等几个部分。Ri 质粒的 T-DNA 区域也存在冠瘿碱合成基因，且这些合成基因只能在被侵染的真核细胞中表达。根据其诱导的冠瘿碱的不同，Ri 质粒可分为 3 种类型：农杆碱型（agropine）、甘露碱型（mannopine）和黄瓜碱型（cucumopine）。Ri 质粒的 T-DNA 区因农杆菌种类不同而有所差异，农杆菌型菌株 Ri 质粒的 T-DNA 具有两段不连续的边界序列，即 TL 和 TR 区，而甘露碱型和黄瓜碱型菌株的 Ri 质粒只有单一的左边界。农杆菌型 Ri 质粒的左右边界上含有 25 bp 的重复序列，与 Ti 质粒的 T-DNA 的左右边界序列具有很高的同源性。甘露碱型和黄瓜碱型 Ri 质粒的左边界与 Ti 质粒的左边界同源性也很高。Ri 质粒 T-DNA 的左右边界都分别可以介导基因的转移，但能力较弱，只有左右边界同时具备的情况下，才有较高的基因转移能力。

Vir 区位于复制起点和 T-DNA 区之间，距离 T-DNA 大约为 35 kb，包含有 *virA*、*virB*、*virC*、*virD*、*virE*、*virF*、*virG* 7 个基因位点。Vir 区基因虽然不发生转移，但是它对 T-DNA 的转移起着非常重要的作用。发根农杆菌在感染植物时，被损伤的植物通常产生小分子的乙酰丁香酮等，并与 *virA* 基因产物相结合，诱导其他基因的活化过程。*virD* 基因能够将 T-DNA 的 25 bp 的重复序列切断，促使 T-DNA 转移的发生。

2. Ri 中间表达载体

与 Ti 质粒的 T-DNA 不同的是，Ri 质粒的 T-DNA 上的基因只诱导植物产生不定根，并不影响植株再生。因此，野生型 Ri 质粒可以直接作转化载体，也就是说不需“卸甲”过程。Ri 转化系统中间载体的构建与 Ti 转化中间表达载体的构建相同。

3. Ri 质粒遗传转化载体系统

（1）Ri 共整合转化载体　Ri 共整合转化载体的构建过程中，中间载体常用 pBR322、pBI121 及 pCAMBIA 系列等。将目的基因插入到 T-DNA 中，构成中间表达载体。然后通过诱导菌株的协助质粒（如 *E. coli* HB 101 等）和野生型的发根农杆菌直接进行三亲杂交，通过同源重组把中间载体整合到 Ri 质粒的 T-DNA 中，即构成带有目的基因的共整合载体。

（2）Ri 双元转化载体　Ri 质粒双元载体的转化策略及其构建程序基本和 Ti 质粒相同。其原理主要是 Ri 质粒的 *vir* 基因在反式条件下同样能驱动 T-DNA 转移，即 *vir* 基因和 T-DNA 分别在两个 Ri 质粒上同样能执行上述功能。

12.2 植物遗传转化受体系统

成功的遗传转化首先依赖于良好的植物受体系统的建立。植物遗传转化受体系统（receptor system）是指用于转化的外植体通过组织培养途径或其他非组织培养途径，能高效、稳定地再生无性系，并能接受外源 DNA 整合，对转化选择抗生素敏感的再生系统。

12.2.1 植物遗传转化受体系统具备的条件

1. 高效稳定的再生能力

植物遗传转化的外植体必须易于再生，且再生频率要高，同时具有良好的稳定性和重复性。再生频率的高低在很大程度上决定着植物基因的转化频率。影响转化细胞再生成完整植株的因素很多，如外

植体来源、培养基及其激素配比等，都可能影响受体系统本身的再生频率。此外，遗传转化过程中一些特殊处理如转化方法、抗生素筛选转化体、转化体继代培养等，也会影响转化体的再生频率。因此，理想的遗传转化系统必须具有高效稳定的遗传转化效率及较强的再生能力，这样转化的外植体才能经过脱分化和再分化，再生形成完整植株。

2. 较高的遗传稳定性

植物遗传转化是有目的地将外源基因导入受体植物基因组中，使其在受体植物细胞内整合、表达和遗传，从而达到修饰原有植物的遗传物质、改造不良农艺性状的目的。因此，植物受体系统接受外源DNA 后不影响其自身的遗传体系，同时又能稳定地将外源基因遗传给后代，保持遗传的稳定性十分重要。在建立遗传转化受体系统时应充分考虑组织培养的方法、再生途径及外植体的基因型等影响因素，确保获得的转基因植物的遗传稳定性。

3. 稳定的外植体来源

一般来说，要建立一个高效稳定的组织培养再生系统并能用于遗传转化，需要有稳定的外植体来源，即外植体容易获得并能大量提供。植物遗传转化频率较低，同一实验内容往往需要多次重复进行，所以需要大量的外植体材料。转化的外植体一般采用无菌实生苗的胚轴、子叶或幼叶等，也可采用离体快速繁殖的材料，如一些植物的试管苗以及可较高频率诱导的营养变态器官等。

4. 抗生素敏感性

植物遗传转化中通常使用两类抗生素，一类是选择性抗生素，在遗传转化中常将该种抗生素(筛选剂)加入培养基里，使对该种抗生素敏感的没有转化的细胞受到抑制，使转化的细胞得到相对的选择，如卡那霉素和潮霉素；另一类是抑菌性抗生素，在利用农杆菌转化植物材料时，转化完成后需要采用抗生素抑制农杆菌过度生长而产生污染。这类抗生素要求对植物材料无毒害作用或毒性较小，不影响植物材料的正常生长，如氨苄青霉素、羧苄青霉素和头孢霉素等。

5. 农杆菌敏感性

农杆菌介导的遗传转化由于具有转化效率高、多为单拷贝插入等优点，是常用的植物遗传转化方法。农杆菌介导的遗传转化需要受体材料对农杆菌敏感，即受体应是农杆菌的天然宿主，否则难以实现遗传转化。农杆菌 Ti 或 Ri 质粒是植物遗传转化的有效载体系统，但其宿主范围局限于部分双子叶植物，对大部分单子叶植物和裸子植物不敏感。即使双子叶植物敏感程度也不一样，不同植物、同一植物不同组织细胞对农杆菌的敏感性也有很大差异。此外，同一材料对不同菌株的敏感程度也存在不同。因此，选择农杆菌转化系统前必须测试受体系统对农杆菌侵染的敏感性，只有对农杆菌敏感的植物才能作为其受体系统。

12.2.2 常用的植物遗传转化受体系统

1. 组织受体系统

利用植物的叶片、幼茎、子叶、胚轴等外植体培养获得再生植株的受体系统称为组织受体系统。根据外植体再生形成植株的途径，组织受体系统可分为愈伤组织再生系统和直接分化再生系统。愈伤组织再生系统指外植体经过脱分化培养诱导形成愈伤组织，并通过分化培养获得再生植株的受体系统，该受体系统具有转化率高、转化植株易大量扩繁、外植体来源容易、适用范围广泛等优点，但其再生植株无性系变异较大，转化的外源基因稳定性差，嵌合体多。直接分化再生系统指外植体不经过愈伤组织阶段，直接分化出不定芽获得再生植株的受体系统，该系统具有操作简单、体细胞无性系变异相对较小、转化的外源基因能稳定遗传等优点，但其转化率低，嵌合体比例偏高，受植物物种的限制比较大。

2. 原生质体受体系统

植物原生质体是"裸露"的植物细胞，在合适的条件下具有分化、繁殖并再生成完整植株的能力。自20 世纪 70 年代从烟草原生质体成功培养出再生植株以来，至今已有 300 多种高等植物的原生质体培养获得成功，为遗传转化利用该受体系统奠定了坚实的基础。原生质体受体系统具有以下优点：①能直接高效地摄取外源基因，转化效率高且适合于现在建立的所有转化方法；②通过原生质体培养，细胞分裂形成基因型一致的细胞克隆，再生转基因植株的嵌合体少；③原生质体再生系统通常处于相对均匀和稳定的控制环境中，有利于准确地转化和鉴定。原生质体受体系统的主要局限性在于原生质体培养周期长，技术要求高，再生频率也较低。此外，目前许多植物的原生质体培养技术还不成熟，受原生质体培养技术的限制，转化试验的重复性较差。

3.生殖细胞受体系统

生殖细胞受体系统是指以生殖细胞如花粉粒、卵细胞为受体细胞进行基因转化的系统，也叫种质系统。目前，利用生殖细胞进行基因转化主要有两条途径：一是利用组织培养技术进行小孢子和卵细胞的单倍体培养，诱导出胚性细胞或愈伤组织细胞，进一步分化发育成单倍体植株，从而建立单倍体的基因转化系统；二是直接利用花粉和卵细胞受精过程进行基因转化，如花粉管导入法、花粉粒浸泡法、花粉粒基因枪转化法、子房微针注射法等。与其他受体系统相比，生殖受体系统具有诸多优点：①以具有全能性的生殖细胞直接为受体细胞，具有更强的接受外源 DNA 的潜能，一旦将外源基因导入这些细胞，犹如正常的受精过程会收到"一劳永逸"的效果；②受体细胞是单倍体细胞，转化的基因无显隐性的影响，有利于性状的选育，单倍体植株加倍后可迅速获得纯合二倍体新品种；③利用植物自身的授粉过程进行遗传转化，操作方法方便、简单。该受体系统不足之处在于转化受到季节的限制，只能在短暂的开花期进行，且无性繁殖的植物不能采用。

4.叶绿体受体系统

植物细胞的遗传物质分别存在于细胞核和细胞器(如叶绿体、线粒体)中。与以细胞核为外源基因受体的传统植物基因工程不同，叶绿体转化体系中外源目的基因是以定点整合方式进入叶绿体基因组，使其在叶绿体中得到稳定表达。叶绿体转化系统具有许多优点：①以定点整合方式导入外源基因，消除了传统核转化中存在的位置效应及基因沉默；②叶绿体基因组在植物细胞内以多拷贝形式存在，可超量表达目的基因；③具有原核表达方式，能以多顺反子的形式表达多个基因；④叶绿体属于母系遗传方式，导入的外源基因性状稳定性高，可防止基因扩散；⑤基因产物区域化并能提供适于某些产物发挥功能的小环境等。因此，随着叶绿体转化技术的不断发展完善，它必将成为核转化系统之外又一强有力的研究工具，为植物基因工程带来新的活力。

12.3 植物遗传转化方法

植物遗传转化方法很多，根据转化原理可将其分为 3 类，即载体转化系统、直接转化系统和种质转化系统(王关林等，2002)。载体转化系统是指通过将目的基因连接在植物表达载体上，随着载体 DNA 的转移而将外源目的基因整合到植物基因组中的方法，主要包括根癌农杆菌介导、发根农杆菌介导和植物病毒介导的遗传转化；直接转化系统是指通过物理或化学方法直接将裸露的 DNA 导入植物基因组中的方法，包括电穿孔转化法、基因枪转化法、激光微束穿孔转化法、PEG 介导转化法、脂质体介导转化法等；种植转化系统是指以植物自身种质细胞为媒介，将外源 DNA 导入植物基因组中的方法，包括植物原位真空渗入法、花粉管通道法和浸泡转化法等。

12.3.1 载体转化系统

1.根癌农杆菌介导的遗传转化

(1)转化原理　根癌农杆菌(*Agrobacterium tumerfaciens*)是普遍存在于土壤中的一种革兰氏阴性细菌，它能在自然条件下感染大多数双子叶植物的受伤部位，并诱导产生冠瘿瘤。根癌农杆菌的细胞中

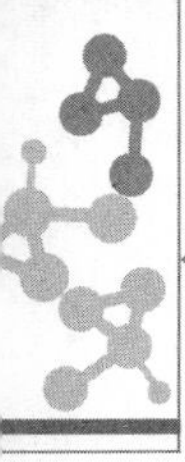

含有 Ti 质粒，其上有一段 T-DNA，根癌农杆菌通过侵染植物伤口进入细胞后，可将 T-DNA 插入到植物基因组中。根癌农杆菌之所以会感染植物是因为植物受伤部位会分泌出酚类物质如乙酰丁香酮和羟基乙酰丁香酮，这些酚类物质能诱导 Ti 质粒上的 *vir* 基因以及根癌农杆菌染色体上的一个操纵子表达。*vir* 基因产物将 Ti 质粒上的 T-DNA 单链切下，而根癌农杆菌染色体上的操纵子表达产物则与单链 T-DNA 结合形成复合物，转化植物细胞。整个过程大致可分为以下几个步骤：①根癌农杆菌对植物细胞的识别和附着；②根癌农杆菌对植物信号物质的感受；③根癌农杆菌 Ti 质粒上的 *vir* 基因以及染色体上操纵子的活化；④T-DNA 复合体的产生；⑤T-DNA 复合体的转运；⑥T-DNA 整合到植物基因组中。因此，根癌农杆菌是一种天然的植物遗传转化体系。根癌农杆菌介导法是将外源目的基因或 DNA 片段插入到经过改造的 T-DNA 区，借助农杆菌的感染实现外源目的基因或 DNA 片段向植物细胞的转移与整合，即将外源基因转入受体植物细胞的基因组，然后通过细胞和组织培养技术，再生出转基因植株（图 12-2）。

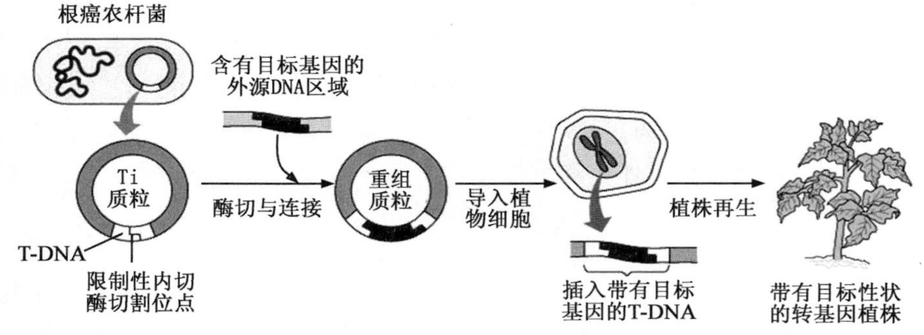

图 12-2　根癌农杆菌介导遗传转化原理

（2）基本步骤及其应用　根癌农杆菌 Ti 质粒介导转化系统是目前研究最多和技术方法最为成熟的遗传转化途径，已经建立了叶盘转化法、原生质体共培养法、活体植株感染法等多种植物基因转化方法，这些方法的基本程序包括：①含重组 Ti 质粒的工程菌培养及菌液制备；②合适外植体选择和预培养；③工程菌与外植体共培养；④外植体脱菌与筛选培养；⑤转化植株再生；⑥转基因植株鉴定和分析（图 12-3）。

1983 年，Zambryski 等采用根癌农杆菌介导转化烟草，获得世界上第一例转基因植物。目前，利用该方法已成功在粮食作物、经济作物、蔬菜、水果、花卉、树木以及牧草等 35 个属、120 多个种获得了转基因植株，如番茄、辣椒、马铃薯、胡萝卜、大白菜、小白菜、花椰菜、甘蓝、豇豆、豌豆、黄瓜、西瓜、甜瓜等蔬菜作物转基因植株，苹果、梨、桃、葡萄、柑橘、枇杷、甜橙、番木瓜、香蕉、扁桃、树莓、杧果、日本柿等果树作物转基因植株，矮牵牛、百合、菊花、金鱼草、香石竹、龙胆、天竺葵、彩叶草、玫瑰、郁金香等花卉作物转基因植株以及水稻、玉米、大麦、小麦、谷子和高粱等粮食作物转基因植株。

（3）优缺点分析　根癌农杆菌 Ti 质粒介导转化系统同其他转化系统相比具有许多突出的优点：①该系统是天然的转化载体系统，成功率高，效果好；②该转化系统机理清楚，方法成熟，操作简单，应用最为广泛；③T-DNA 区可以携带相当大片段基因转化，目前已把 50 kb 的外源 DNA 序列通过 T-DNA 完整地转移到植物细胞中；④外源基因多为单拷贝整合，遗传稳定性好，多数符合孟德尔遗传规律；⑤适用寄主范围广，几乎所有的双子叶植物都可采用此法。其主要缺点是：①农杆菌侵染的寄主范围主要是双子叶植物和少数单子叶植物，大多数单子叶植物尤其是禾本科作物对农杆菌侵染不敏感，限制了其应用范围；②农杆菌介导法大多数需要经过组织培养阶段，尤其是细胞培养和原生质体培养，操作复杂，周期长，再生植株难度大；③农杆菌侵染后的外植体再生阶段脱菌比较困难，需要使用抗生素，给实验带来一定的麻烦。

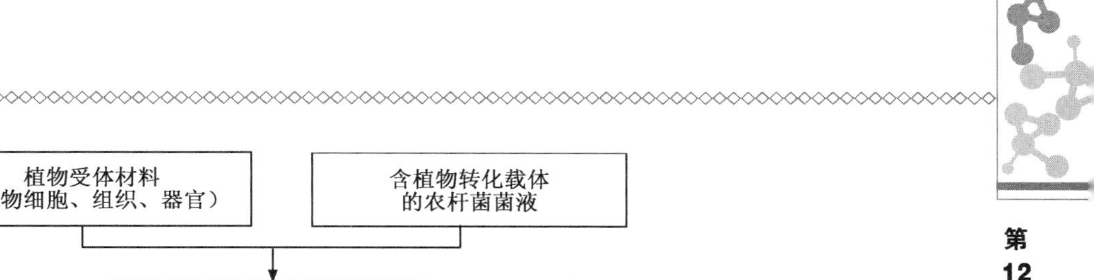

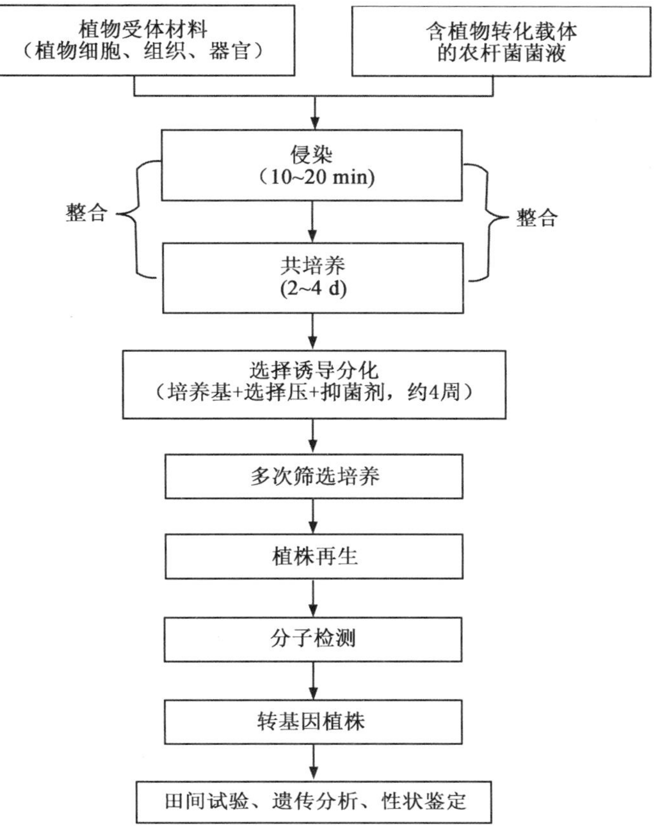

图 12-3 根癌农杆菌 Ti 质粒介导转化的基本程序(林顺权,2007)

2. 发根农杆菌介导的遗传转化

发根农杆菌(*Agrobacterium rhizogenes*)和根癌农杆菌(*A. tumerfaciens*)同属于根瘤菌科农杆菌属,但发根农杆菌侵染植物细胞后,会被其 Ri 质粒诱导产生类似于不定根的毛状物或发状物。Ri 质粒不仅与根癌农杆菌 Ti 质粒结构相似,也存在 T-DNA 区和 Vir 区两部分,而且具有相同的寄主范围和相似的转化原理。发根农杆菌感染植物后,其 Ri 质粒 T-DNA 区内的 DNA 包括外源目的基因或 DNA 片段整合到植物细胞核基因组中,从而诱导出毛状根,由毛状根再生出转基因植株,转入的 DNA 可以传递给子代。

Ri 质粒介导的遗传转化系统研究相对较少,但是其却有很多优点:①Ri 质粒的 T-DNA 上的基因不影响植株再生,可以直接作为转化载体;②发状根可以再生植株且为单细胞起源,可避免产生嵌合体;③Ri 质粒可直接为中间载体亦可和 Ti 质粒配合使用;④发状根适于进行离体培养进行有价值次生代谢物的生产等。发根农杆菌 Ri 质粒与根癌农杆菌 Ti 质粒介导的遗传转化程序没有明显的区别,只是 Ri 质粒介导转化诱发形成单细胞克隆的发状根,发状根再经离体培养后,再生成完整的植株。

自从 Ackermann(1973)第一例成功地用发根农杆菌转化高等植物以来,迄今为止有 100 多种植物成功地用 Ri 质粒进行了转化,包括胡萝卜、油菜、马铃薯、番茄、黄瓜、花椰菜、菜豆、猕猴桃、龙眼、金丝桃、金鱼草、长春花、牵牛、大豆、苜蓿、甜菜、烟草、萝芙木、青蒿等。因此,发根农杆菌 Ri 质粒介导的遗传转化展示出诱人的前景。

3. 植物病毒载体介导的遗传转化

病毒 DNA(或 RNA)中存在着能被寄主细胞 DNA 复制和转录(或拟转录)的酶系统所识别的核酸序列,当病毒侵染植物后,其核酸分子进入植物细胞进行自我复制和蛋白质表达。植物病毒转基因系统

就是将外源目的基因插入到病毒基因组中，通过病毒对植物细胞的感染而将外源目的基因导入植物细胞。目前正在研究发展的植物病毒载体系统有 3 种：①单链 RNA 植物病毒载体系统，是以单链 RNA 为模板经反转录酶作用合成双链的 cDNA，将其克隆到质粒或黏粒载体上，把外源基因插入到病毒的 cDNA 部分，通过体外转录，带有外源基因的病毒 DNA 感染并进入植物寄主细胞；②单链 DNA 植物病毒载体系统，是由单链环状 DNA 分子组成，一般存在成对的 2 个病毒颗粒，可以把外源基因插入其中一种 DNA 上而不影响另一种 DNA 基因组的复制；③双链 DNA 植物病毒载体系统，是将其病毒基因组中对病毒繁殖非必需的一段核苷酸序列去掉，置换上一小段外源 DNA 而不影响病毒基因组正常包装，通过重组的病毒载体感染植物细胞以获得外源基因的转移。目前已有十几种植物病毒被改造成不同类型的外源蛋白表达载体，有花椰菜花叶病毒（CaMV）、烟草花叶病毒（TMV）、豇豆花叶病毒（CPMV）和马铃薯 X 病毒（PVX）等。

植物病毒载体介导是一种新近出现的基因转化系统，通过其进行植物基因转移的方法主要有病毒直接接种法或农杆菌接种法等。前者是利用有些裸露病毒基因组或包裹外壳蛋白的病毒颗粒具有可直接侵染植物细胞的特性，将重组病毒直接接种在植物体上，这种方法所得转基因植物的外源基因未整合到核基因组中，不能通过有性繁殖遗传后代。后者是将外源基因重组病毒插入农杆菌 Ti 质粒的 T-DNA 区，通过农杆菌侵染的方式将重组病毒导入植物细胞，其具体操作程序与农杆菌介导转化方法基本相似。

植物病毒载体介导遗传转化系统中应用的病毒载体比较小，便于在实验中操作；病毒载体能把外源基因直接导入植物细胞，并且分布到整个植株，而无须经过组织培养再生植株的过程；导入的外源基因能在植物细胞中快速复制和高水平表达；病毒载体的 DNA 一般不整合到植物细胞核 DNA 上，不影响植物基因组的其他功能基因的表达。但是，病毒载体的容量有限，不能包装大片段的外源 DNA 基因组，寄主范围窄，复制稳定性差，转录和复制机理复杂。植物病毒是否可以整合进植物细胞的基因组中至今尚未有确凿的证据，故有人认为转入的外源基因稳定遗传的可能性不大。因此，植物病毒载体系统目前还未得到广泛使用，但其仍然是植物遗传转化方面的一个重要领域。

12.3.2 直接转化系统

1. 基因枪转化法

(1)转化原理　基因枪(gene gun)转化法又称粒子枪(particle gun)法、微弹轰击(microprojectile or biolistic bombardment)法等，是利用火药爆炸、高压气体或高压放电加速驱动，将包裹有外源目的基因或 DNA 片段的钨粒或金粒高速射入受体细胞或组织，使外源基因实现穿壁进入受体细胞中，然后通过细胞和组织培养技术，再生出转基因植株(图 12-4)。基因枪最早是由美国康奈尔大学的 Sanford 等于 1987 年设计发明的火药引爆式基因枪，称为“第一代基因枪”。目前，植物遗传转化中应用的主要是高压气体(如氦气、氮气和二氧化碳等)作为驱动力的“第二代基因枪”或利用电加速器通过高压放电驱动钨粒或金粒等金属微弹的“第三代基因枪”。

(2)基本步骤及其应用　基因枪有多种不同类型，但其遗传转化的基本步骤基本相同，包括：①受体细胞或组织的准备和预处理；②DNA 金属微弹的制备；③基因枪轰击过程；④轰击后外植体的培养和筛选；⑤转化植株再生；⑥转基因植株鉴定和分析。

Klein 等(1987)首次应用包裹 DNA 的金属钨弹轰击洋葱表皮细胞，成功使外源基因在受体细胞内瞬时表达。目前，基因枪技术已成功应用在烟草、水稻、小麦、玉米、甘蔗、棉花、大豆、洋葱、大蒜、生菜、桃、番木瓜、葡萄、荔枝、玫瑰、杜鹃、剑兰等许多作物的品种改良上，已成为研究植物细胞转化和培育转基因植株的有效手段之一。此外，基因枪技术还可以用来将外源基因转化叶绿素和线粒体，从而使转化细胞器成为可能。

(3)优缺点分析　基因枪转化法具有下列优点：①无宿主限制，对双子叶植物和单子叶植物均适用，是目前单子叶植物尤其是禾谷类作物最主要的遗传转化方法；②受体类型广泛，根切段、茎切段、叶圆

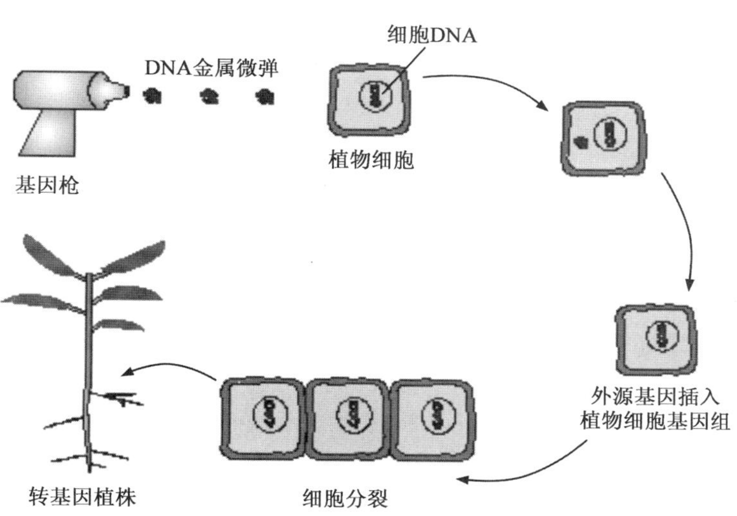

图 12-4 基因枪遗传转化原理

片、幼胚、愈伤组织、分生组织、花粉、子房、原生质体等几乎所有具有分生潜力的组织、器官或细胞均可作为受体；③操作简便，可控程度高，可以根据实验的需要调控微弹的速度和射入量，命中特定层次的细胞，提高遗传转化效率；④可将外源基因导入线粒体、叶绿体等植物细胞的细胞器，是目前质体转化研究中最常用和最有效的 DNA 导入方法。但是，与农杆菌介导遗传转化相比，基因枪法尚未成熟，仍存在许多不足之处，如基因枪轰击的随机性导致转化效率不高；基因插入往往是多拷贝的，常造成转基因的失活或沉默；轰击过程中可能造成外源基因的断裂，使插入的基因成为没有活性的片段；出现非转化体或嵌合体的比率较高；实验可重复性差以及实验设备昂贵等。

2.化学诱导转化法

(1)转化原理　化学诱导 DNA 直接转化是以原生质体为受体，借助于特定的化学物质诱导 DNA 直接导入植物细胞的方法。目前，用于转化细胞的化学物质有聚乙二醇(polyethylene glycol，PEG)、多聚鸟氨酸、聚乙烯醇等，其中 PEG 是常用的化学诱导转化物质。PEG 是一种水溶性的细胞融合剂和渗透剂，不仅可以使细胞膜之间或使 DNA 与膜形成分子桥，促使相互间的接触和粘连，而且可改变细胞膜的表面电荷，干扰细胞间的识别，从而有利于细胞膜间的融合和改变细胞膜的通透性，诱导原生质体摄取外源基因 DNA。

(2)基本步骤及其应用　PEG 介导的遗传转化一般包含以下步骤：①携带外源目的基因的植物表达载体 Ti 质粒 DNA 制备；②从新鲜叶片和其他组织中分离原生质体；③Ti 质粒 DNA 与原生质体悬浮液一起保温培养，并加入一定量的 PEG 诱导外源 DNA 进入受体细胞；④转化细胞培养和筛选；⑤转化体的鉴定和再生植株的培养。

Davey 等(1980)首次建立了 PEG 介导转化植物的方法。Krens 等(1982)以烟草原生质体为受体，在 PEG 和小牛胸腺 DNA 的协助下将 Ti 质粒成功导入植物细胞。目前，PEG 介导的遗传转化法在柑橘、花椰菜、胡萝卜、向日葵、卡特兰、小麦、水稻、玉米、高粱、黑麦、杨树、白云杉、火炬树等植物上均有成功的报道。

(3)优缺点分析　PEG 诱导转化法是一种建立较早，应用较为广泛的遗传转化方法，主要优点有：①转化再生植株来自一个原生质体，避免了嵌合转化体的产生；②受体不受植物种类限制，建立了原生质体再生体系的植物都可采用 PEG 法转化，特别是为重要禾本科植物的遗传转化开辟了途径；③操作简单，成本低，无需昂贵仪器设备；④可同时操作多个样品，获得高存活率和分化率的转化细胞；⑤DNA 直接导入可用于对基因瞬时表达研究。同其他转化方法一样，PEG 法也有其局限性，主要表现为建立植物原生质体再生体系十分困难，从而阻碍了 PEG 法的普遍应用；PEG 对原生质体活力有毒害作用，

故其转化率低；原生质体再生的无性系植株变异较大，因此，通过 PEG 法转化后的转基因植株将产生更多的无性系变异。

3.电击转化法

(1)转化原理　电击法(electroporation)，又名电激法、电穿孔法，是利用高压电脉冲作用在原生质体膜上"电击穿孔"，形成可逆的瞬间通道(孔径为 8.4 nm 左右)，从而促进外源 DNA 的摄取。电击穿孔可分为两类：高压短时程法和低压长时程法。一般低压长时程法可以使"穿孔"达到较快的修复，从而获得较多的瞬时表达产物；高压短时程法可以获得较高的 DNA 整合率。

(2)基本步骤及其应用　电击转化法的基本步骤包括：①含外源目的基因的质粒 DNA 制备；②植物原生质体悬浮液制备；③将质粒 DNA 和原生质体悬浮液混合后置于 200～600 V/cm 的电场中处理若干秒；④原生质体培养和转化子筛选；⑤再生植株鉴定与培养。

Fromm 等于 1985 年首次通过电击转化法将氯霉素乙酰转移酶 *cat* 基因导入玉米原生质体。目前，电击转化法已在烟草、玉米、水稻、马铃薯、番茄、胡萝卜、芦笋、芜菁、四季豆、大豆、小麦等多种作物原生质体上获得了成功。在此方法基础上发展形成"电注射法"(Morikawa，1986)，即通过电击法直接在带壁的植物组织和细胞上"穿孔"，然后将外源 DNA 导入植物，实现了外源 DNA 的转移，使受体范围进一步扩大。

(3)优缺点分析　电击转化法有许多优点：①以原生质体作为受体，可以避免转化嵌合体的产生；②受体植物范围广泛，建立了原生质体再生体系的植物都可以利用电击法进行遗传转化，特别是为禾谷类作物的遗传转化开辟了途径；③操作简便，DNA 转化效率较高，特别适于瞬时表达的研究。其主要缺点是原生质体培养周期长，植株再生频率低，不适宜于原生质体再生困难的植物。此外，电击易造成原生质体的损伤，使其再生率降低，而且仪器也较为昂贵，也限制了该方法的进一步推广应用。

4.体内注射转化法

(1)转化原理　体内注射转化法是利用一定的注射器将外源基因或 DNA 片段直接注入受体植物细胞或组织中，从而实现基因转移的一种遗传转化技术，包括显微注射法(microinjection)和直接注射法(direct injection)。显微注射法是将外源 DNA 直接注入受体植物细胞的细胞核或细胞质等部位，而直接注射法则是将外源 DNA 注入受体植物的子房、穗基、分蘖节等部位。

(2)基本步骤及其应用　体内注射转化法的基本操作步骤包括：①制备具有良好表达活性的外源目的基因；②植物受体细胞或组织的制备和固定；③通过体内注射进行外源 DNA 导入；④转化体培养、筛选及转基因植株鉴定。

显微注射中的一个重要环节是受体细胞的固定。目前，显微注射植物细胞固定技术有 3 种方法：琼脂糖包埋法、多聚-*L*-赖氨酸粘联法和吸管支持法。

体内注射转化法在植物遗传转化中应用不多，但也有成功的报道。Crossway 等(1986)利用显微注射法对烟草原生质体进行转化，其转化率高达 6%(胞质注射)和 14%(核内注射)。Reich 等(1987)以苜蓿原生质体为受体进行核内注射，其转化率达 15%～26%。Neuhaus 等(1987)以甘蓝型油菜的花粉胚为受体，通过显微注射法将含 *npt*Ⅱ基因的外源 DNA 注入细胞中，转基因植株的频率可达 27%～51%。此外，DNA 直接注射花粉粒(花粉注射)、卵细胞(合子注射)、子房(子房注射)等均获得理想结果。

(3)优缺点分析　体内注射转化法主要优点：①方法简单，转化率高；②适用于各种植物和各种材料，无局限性；③整个操作过程对受体细胞无药物等毒害，有利于转化细胞的生长发育；④转化细胞的培养过程无需特殊的选择系统。其主要缺点是需要有精细操作的技术及低密度培养的基础，否则很难获得稳定表达的细胞克隆及转基因植株。此外，操作繁琐耗时，工作效率低；外源 DNA 多拷贝整合易引起整合部位的突变；注射时也可能刺伤受体细胞，使其再生率降低等。

5.脂质体介导转化法

(1)转化原理　脂质体(liposome)法是根据生物膜的结构和功能特性，人工利用脂类化学物质如磷脂等包裹外源 DNA 或 RNA 成球体后，通过原生质体吞噬或融合作用将外源 DNA 导入原生质体的细胞质或细胞核内，从而进行遗传转化的技术。

(2)基本步骤及其应用　脂质体转化法的基本步骤如下：①原生质体分离和纯化；②脂质体制备；③原生质体和脂质体的融合；④转化体的培养、筛选和鉴定。此外，也可以通过显微注射将含有 DNA 或 RNA 的脂质体直接注射到植物细胞以实现转化。

脂质体(liposome)也称人工细胞膜，是人工构建的由磷脂酰胆碱或磷脂酰丝氨酸等组成的双层膜囊，其中可包裹小分子离子、螯合剂、糖类、药剂、蛋白质、RNA、YAC、染色体等，多用于动物细胞的遗传转化。Deshayes 等(1985)首次利用此法将 *npt* Ⅱ 基因成功导入烟草原生质体中，并检测到 *npt* Ⅱ 活性。朱祯等(1990)首次利用一种新型脂质体将人 α 干扰素 cDNA 导入水稻原生质体获得转基因植株，转化频率高达 14%。脂质体法在番茄、胡萝卜等植物遗传转化上也有成功报道。

(3)优缺点分析　脂质体转化法具有许多优点：①外源目的基因包裹在脂质体内，在转移到植物细胞过程中免受细胞内核酸酶的降解，并能更有效地进入原生质体；②适用的植物种类广泛，重复性高，操作简单，转化效率较高；③细胞器也能包装在脂质体内，脂质体融合法在转化细胞器上可能更有潜力。但是，通常用作脂质体转化的受体主要是原生质体，因此需要完善的原生质体培养及植株再生技术体系支持。

6. 激光微束转化法

(1)转化原理　激光是一种很强的单色电磁辐射，一定波长的激光束经聚焦后到达细胞膜平面时其直径只有 0.5～0.7 μm，这种直径很小但能量很高的激光束可引起膜的可逆性穿孔。激光微束法(laser microbeam)又名显微激光法(microlaser inducing)，是指将激光引入光学显微镜聚焦成微米级的微束照射细胞或组织后，在细胞膜上形成能自我愈合的小孔，使加入细胞悬浮液里的外源基因或 DNA 片段导入细胞，从而实现基因的转移。

(2)基本步骤及其应用　激光微束转化法的基本步骤包括：①外源目的基因的制备；②受体植物材料的选择及高渗缓冲液预处理；③预处理材料和质粒 DNA 混合并注入激光微束系统的 Rose 小室，然后用激光微束仪照射(一般照射波长 0.35 μm，脉宽 10～15 ns，输出能量大于 2 mJ，约 7 000 个脉冲)；④转化子筛选、培养及转基因植株鉴定。

目前，激光微束转化法已在水稻、小麦、玉米、油菜、棉花、百脉根、马铃薯、兰花等多种作物上获得成功。

(3)优缺点分析　激光微束转化法具有多方面优点：①操作简便，整个导入过程能在较短的时间内完成；②无宿主限制，可适用于各种植物；③对受体细胞正常的生命活动损伤小；④可进行细胞器的基因转化。但该方法需要昂贵的仪器设备，转化率较低，在稳定性、安全性等方面也不及基因枪法。

12.3.3　种质系统介导转化

1. 花粉管通道转化法

(1)转化原理　花粉管通道法(pollen-tube pathway)是利用植物开花、受精过程中形成的花粉管通道，直接将外源目的基因导入尚不具备正常细胞壁的卵细胞、受精卵或早期胚细胞，并进一步被整合到受体细胞的基因组中，实现目的基因遗传转化的一种方法。

(2)基本步骤及其应用　花粉管通道法遗传转化的基本步骤：①外源目的基因 DNA 导入液的制备；②根据植物开花特性确定导入外源目的基因 DNA 的时间及方法；③将外源目的基因 DNA 导入受体植物；④转基因植株筛选、鉴定及检测。该方法将外源 DNA 导入受体植物包括柱头滴加法、花粉粒携带法、微注射法等多种方式。

花粉管通道法是周光宇等(1983)建立并在长期科学研究中发展起来的。Oht(1986)报道利用外源 DNA 与玉米花粉混合授粉，获得当代高频率的胚乳基因转移。阎新甫等(1993)通过花粉管通道法将抗白粉病大麦 DNA 导入小麦，获得了后代稳定的抗病植株。目前，花粉管通道法在棉花、水稻、小麦、黑麦、番茄、甜瓜、茄子、西瓜、甘蓝、青菜、睡莲等多种植物遗传转化上获得成功应用。

(3)优缺点分析　花粉管通道法的主要优点：①利用整体植株的卵细胞、受精卵或早期胚细胞转化

DNA,不需要细胞、原生质体等组织培养和诱导再生植株等过程;②操作方法简便,易于常规育种工作者掌握,成本低,适于普及推广;③单子叶、双子叶植物均可使用,育种时间短。但该方法转化率低,而且局限于开花时期才能应用。

2.种子浸泡转化法

(1)转化原理　浸泡转化法(imbibition transformation)是将供试受体材料如种子、胚、胚珠、子房、幼穗甚至幼苗等直接浸泡在外源DNA溶液中,利用渗透作用把外源基因导入受体细胞并稳定地整合、表达与遗传的一种转化方法。植物细胞可以通过以下途径将外源DNA吸入细胞内:①通过细胞间隙与胞间连丝组成的网络化运输系统;②通过内吞作用;③通过传递细胞的膜透性的改变为大分子物质通过细胞提供机会。

(2)基本步骤及其应用　浸泡法转化的基本步骤:①外源DNA的制备;②具有生活力种子的预处理;③浸泡液中加入外源DNA;④种子培养、发芽及抗性鉴定。

Hess(1969)利用外源DAN浸泡矮牵牛种子获得表现不同性状的植株。随后,Senaratn等采用浸泡法将*gud*基因成功导入苜蓿的体细胞胚中,获得转化植株。赵志伟(2002)通过花序浸泡法研究了油菜的转基因。目前,浸泡法的分子生物学证据不足,特别是外源DNA穿过多层细胞壁到达分生细胞的机制不清楚,因而浸泡法应用较少。

(3)优缺点分析　种子浸泡转化法是一种简单、快捷、便宜的方法,不需要昂贵的仪器设备和复杂的组织培养技术,可进行大批量的受体转化,并且易推广普及。该方法不足在于转化率低,重复性差,筛选和检测也比较困难。

3.植物原位真空渗入法

(1)转化原理　真空渗入法(vacuum infiltration)是指将适宜转化的植株倒置浸入携带外源目的基因的农杆菌渗入培养基容器中,经真空处理、造伤,使农杆菌通过伤口感染植株,在农杆菌介导下发生遗传转化的一种技术。

(2)基本步骤及其应用　植物原位真空渗入法的操作程序:①培养植物,一般是开始现蕾至开花初期;②含目的基因的农杆菌菌液制备;③将植物倒置浸泡于农杆菌菌液中,进行真空处理;④感染植物种植于土壤中,生长发育,直到收获种子;⑤种子在选择培养基上发芽,进行抗性筛选,获得转化后代。

Bechtold等(1993)首次使用真空渗入法转化拟南芥获得成功。此后,许多学者在拟南芥和芸薹属一些作物上进行了尝试,如大白菜、小白菜、菜薹、芥菜等。

(3)优缺点分析　植物原位真空渗入遗传转化方法是近年来植物基因工程领域的一项新技术,其操作简单,成本低廉,不需经过组织培养阶段即可获得大量转化植株,转化率高。该方法主要不足在于遗传转化时需要真空装置,真空处理前后植株的拔取和重新栽植增加了工作量;此外,其局限于拟南芥、烟草及芸薹属植物等,应用范围有待进一步开发。

12.3.4　植物遗传转化新型方法

1.纳米基因载体转化法

纳米基因载体(nano-scale genic carriers),简称纳米载体,是以纳米微粒为基本单位,对其进行表面修饰和改性或偶联特异性的靶向分子(如特异性配体、克隆抗体)后,使目的基因吸附在纳米微粒表面或包埋于内部,形成纳米基因复合物,通过静电吸附或化学键作用与细胞表面受体结合,并在细胞摄粒作用下将复合物引入细胞内,释放目的基因,最终达到转导目的的一种安全高效的基因转移工具。

与传统植物转基因方法相比,纳米基因载体转化法具有明显的优势:①纳米颗粒能包裹、浓缩、保护核苷酸,降低组织细胞中各种酶对核苷酸的破坏;②纳米颗粒比表面积大,具有生物亲和性,易于在其表面偶联特异性靶向分子,核酸装载容量较大;③纳米颗粒有特殊的结构和表面电荷,本身具有较高的基因转移率;④纳米载体使基因可控性释放,延长作用时间,可介导外源基因在细胞染色体DNA中的整合,从而获得转基因长期稳定的表达;⑤生物相容性好,在细胞内可自行降解,基本无毒性和免疫原性,不会导致细胞变异与死亡等。这些优点使纳米基因载体系统在介导植物基因转移方面显示出巨大的应用潜力。

Zhao 等(2017)等利用磁性纳米颗粒 Fe_3O_4 作为载体,在外加磁场介导下将外源基因输送至花粉内部,通过人工授粉过程直接获得转化种子,然后再经过选育获得稳定遗传的转基因后代(图 12-5)。该方法将纳米磁转化和花粉介导法相结合,克服了传统转基因方法组织再生培养和寄主适应性等方面的瓶颈问题,对于加速转基因生物新品种培育具有重要意义。

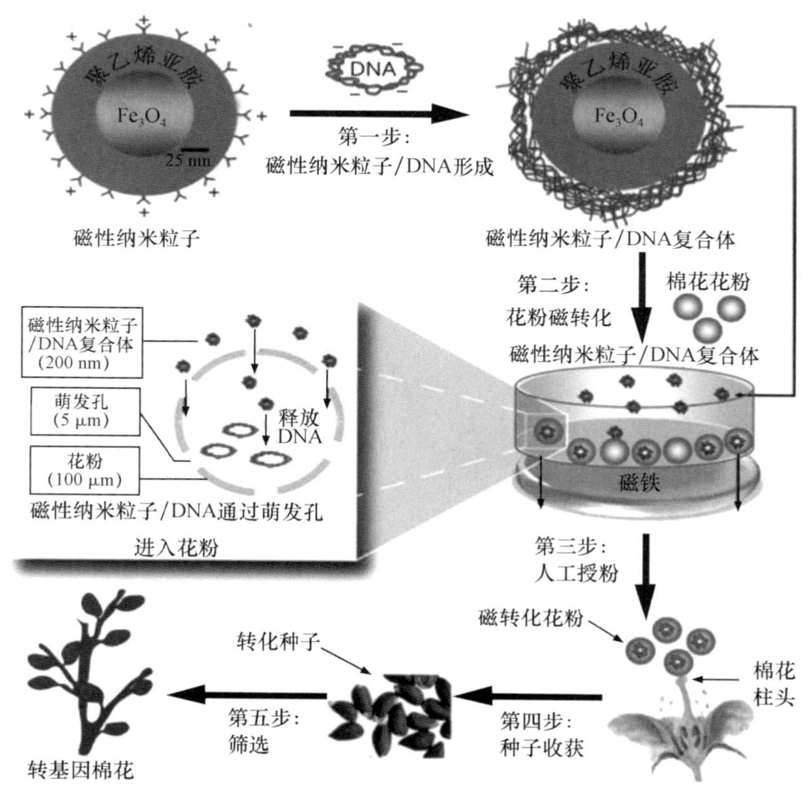

图 12-5 纳米磁转化和花粉介导法相结合创制转基因棉花(Zhao et al.,2017)

此外,转录后基因沉默(PTGS)是用来研究并控制植物代谢通路的有力工具,是植物生物技术的关键核心。PTGS 通常是通过向细胞中递送小的干扰 RNA 即 siRNA 来完成的。传统的植物 siRNA 递送是通过农杆菌和病毒来进行,需要将编码 siRNA 整合到 DNA 载体,然而这种方法仅适用于某些特定的植物。Landry 等(2020)开发出了一套基于纳米管的直接递送 siRNA 的方法,发现纳米管能够成功递送 siRNA(图 12-6),并且高水平沉默内源基因的表达,主要归功于高效的细胞内递送以及纳米管诱导的 siRNA 保护,免受核酸酶的降解。可见,纳米管可以作为一个工具,使得依赖于将 RNA 递送进完整植物细胞的植物生物技术应用成为可能。

2.微针注射器精准推送基因

传统的注射法是利用一定的注射器将外源基因或 DNA 片段直接注入受体植物细胞或组织中,从而实现基因转移的一种遗传转化技术,包括显微注射法(microinjection)和直接注射法(direct injection)。Cao 等(2020)报道,利用家蚕丝素蛋白浇铸的植物微针注射器"phytoinjector"可将小分子及大分子如蛋白质注射到植物组织的特异位点从而研究相关物质的生物学功能(图 12-7),如可用"phytoinjector"研究物质在木质部、韧皮部的运输以及相关的原位复杂反应。同时,植物微针注射器可以用于植物不同发育时期不同组织(如顶端分生组织和叶)农杆菌介导瞬时表达研究。

图 12-6 纳米管直接递送 siRNA 的示意图(Landry et al. ,2020)

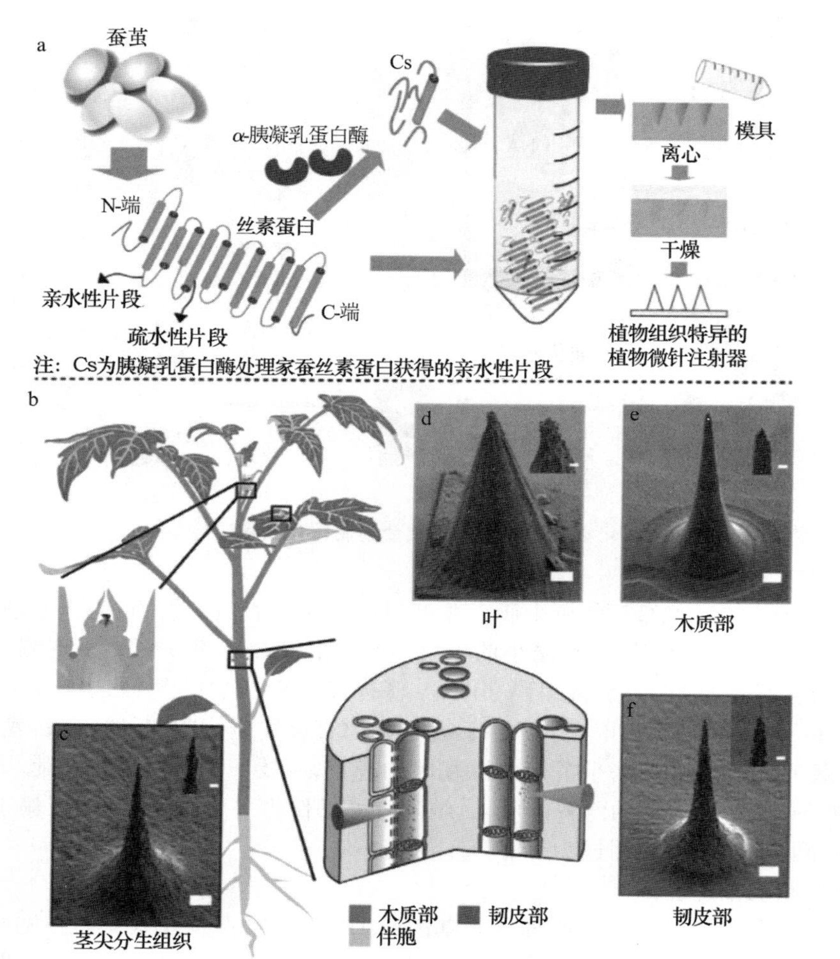

图 12-7 植物微针注射器"phytoinjector"设计与制作(Cao et al. ,2020)

a. 用胰凝乳蛋白酶处理家蚕丝素蛋白从而获得其亲水性片段(hydrophilic spacers,Cs),然后将 Cs 与丝素蛋白混合并用硅橡胶(PDMS)模具制作微注射器;b. 适应于各种组织的微注射器,浅色和深色注射器位置各代表木质部和韧皮部;c-f. 用于各种组织微注射器的扫描电镜图。标尺:100 μm;嵌入标尺:20 μm。

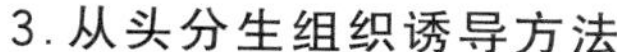

3. 从头分生组织诱导方法

植物基因编辑通常来说是往培养中的植物外植体递送一些诸如 Cas9 和单个向导 RNA 等材料，然后会通过各种激素处理编辑后的细胞以诱导形成完整植株。然而通过组织培养的方式来繁殖编辑植株效率低下、十分费时，而且只适合于少数几个植物物种和基因型，另外还会导致基因组或表观组意想不到的变化。Maher 等 2019 发表的论文中，报道了通过从头分生组织诱导的方式来产生基因编辑的双子叶植物(图 12-8)。发育调控因子和基因编辑材料被递送到整个植株的体细胞中。然后会诱导形成新的分生组织，该分生组织之后能够发育形成带有目的 DNA 修饰的茎，从而基因编辑会被传递到下一代。该套从头诱导的基因编辑的分生组织能够避免组织培养的需求，有望克服植物基因编辑的瓶颈。

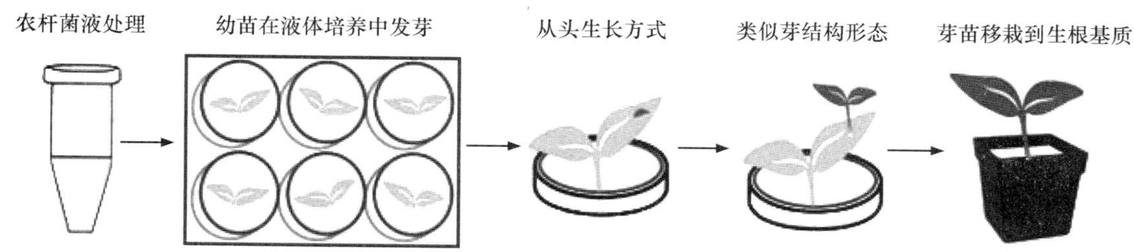

图 12-8 从头诱导分生组织产生基因编辑植物示意图(Maher et al. ,2019)

12.4 植物遗传转化植株的鉴定

植物进行遗传转化之后，大部分转化体包括细胞、组织、器官或植株是没有转化的，这就需要采用特定的方法将未转化的细胞、组织、器官或植株与转化的区分开来，淘汰未转化的，从而获得携带目的基因并能高效表达和稳定遗传的转基因株系。目前，应用于转基因植株检测与鉴定的方法较多，分类标准也不尽相同。根据检测的不同阶段可分为整合水平检测法和表达水平检测法，其中外源目的基因整合检测方法有 Southern 杂交、PCR、PCR-Southern 杂交、原位杂交和 DNA 分子标记技术等；表达水平的检测方法有 Northern 杂交、RT-PCR、酶联免疫吸附法(enzyme linked immunosorbent assay，ELISA)和 Western 杂交等。此外，近几年发展起来一些新的外源基因的检测方法，如质谱分析、色谱分析、生物传感器、近红外光谱、微纤维装置(microfabricated device)等，在转基因植物检测和鉴定中都有应用。

12.4.1 利用选择标记基因和报告基因鉴定

植物遗传转化中的选择标记基因(selectable marker gene)和报告基因(reporter gene)通常与目的基因构建在同一植物的表达载体上一起转入受体植物基因组，因而常用于遗传转化植株、器官、组织和细胞等的筛选和鉴定。选择标记基因是指在选择压下，编码产物能够使转化体具有对抗生素或除草剂的抗性，而非转化体则不能生长、分化和发育的基因，主要包括抗生素抗性基因和除草剂抗性基因两大类(表 12-1)。报告基因(reporter gene)是指其编码产物在受体细胞、组织、器官或植株中具有表达活性，利用加入相应的底物能够显色或发光，从而确定目的基因是否被转化的一类特殊用途的基因，如 β-葡萄糖醛酸乙酰转移酶基因(*gus*)、冠瘿碱合成酶基因(*nos*、*ocs*)、荧光素酶基因(*luc*)和绿色荧光蛋白基因(*gfp*)等(图 12-9)。

表 12-1　植物遗传转化中常用的选择标记

选择剂	抗性基因	抗性酶	作用机制	抗性机理	选择剂种类
Km	*npt* Ⅱ	新霉素磷酸转移酶	干扰蛋白质合成	抗生素磷酸化	抗生素
G418	*npt* Ⅱ	新霉素磷酸转移酶	干扰蛋白质合成	G418 磷酸化	抗生素
Hm	*hpt*	潮霉素磷酸转移酶	干扰蛋白质合成	Hm 磷酸化	抗生素
氯霉素	*cat*	氯霉素乙酰转移酶	干扰蛋白质合成	抗生素乙酰化	抗生素
氨基蝶呤	*dhfr*	二氢叶酸还原酶	干扰核苷酸合成	靶酶的修饰	代谢物质
Basta	*bar*	膦丝菌素乙酰转移酶(PAT)	抑制 GS 活性	Basta 乙酰化	除草剂
草甘膦	*aroA*	EPSP	抑制光合作用	靶酶的修饰或过量表达	除草剂
磺酰脲	*als*	乙酰乳酸合成酶	抑制支链氨基酸合成	靶酶的修饰或过量表达	除草剂
溴苯腈	*bxn*	腈水解酶	抑制光合作用	选择剂的降解	除草剂
阿特拉津	*psbA*	GB	抑制光合作用	靶酶的修饰	除草剂
2,4-D	*tfdA*	DPAM	抑制生长素合成	降解 2,4-D	除草剂

1.抗生素抗性基因

植物遗传转化中应用的抗生素抗性基因有新霉素磷酸转移酶基因(*npt* Ⅱ)、潮霉素磷酸转移酶基因(*hpt*)、氯霉素乙酰转移酶基因(*cat*)、链霉素磷酸转移酶基因(*spt*)和庆大霉素乙酰转移酶基因(*gent*)等,其编码的蛋白质(酶)可对抗生素药物进行乙酰化、腺苷化和磷酸化等化学修饰或水解,从而破坏了抗生素的作用,使细胞产生抗药性。目前,这些抗生素抗性基因已在转基因棉花、烟草、黄瓜、葡萄、柑橘、草莓、水稻、杨树、玉米等植物鉴定中得到广泛的应用。

npt Ⅱ是卡那霉素抗性基因(Kan^r),其编码产物对氨基糖苷类抗生素(新霉素、卡那霉素、庆大霉素、八龙毒素和 G418)等具有抗性。在植物遗传转化中,将 *npt* Ⅱ一同转化植物受体细胞,转化体具有 *npt* Ⅱ表达产物而对卡那霉素具有抗性,而非转化体对一定浓度的卡那霉素不具有抗性无法正常生长发育而死亡。*npt* Ⅱ是植物遗传转化中最常用的选择标记基因,通常在培养基中使用卡那霉素筛选转化体的浓度为 50～100 μg/mL。*hpt* 是潮霉素抗性基因(hyg^r),其表达产物对潮霉素具有抗性,在培养基中筛选转化体的潮霉素常用浓度为 10～20 μg/mL。

此外,*npt* Ⅱ活性的检测通常采用点渍法和酶联免疫法。

2.除草剂抗性基因

植物遗传转化中常用的除草剂抗性基因有 *bar*、*aroA*、*als*、*bxn*、*tfdA* 和 *psbA* 等,其编码的蛋白质(酶)可修饰除草剂作用的靶蛋白使其对除草剂不敏感或过量表达,作物吸收除草剂后仍能进行正常代谢作用,或者是降解除草剂,在除草剂发生作用前将其解毒。除草剂抗性基因在植物遗传转化中既可作为选择标记基因筛选转化体,又可作为目的基因培育抗除草剂的作物品种。目前,我国获得的抗除草剂转基因作物有抗 Basta(水稻、小麦、烟草、油菜、芝麻等)、抗阿特拉津(大豆)、抗溴苯腈(油菜、小麦)、抗草甘膦(小麦)。

bar 是最为常用的一个除草剂抗性选择标记基因,其编码膦丝菌素乙酰转移酶(phosphinothricin acetyltransferase,PAT),该酶能使除草剂 Basta(有效成分 phosphinothricin,PPT)失活,从而达到抗除草剂的目的。因此,在遗传转化筛选培养基中加入相应的选择剂 Basta、PPT 或 Bialaphos,即可筛选出转基因植株。目前,*bar* 已成功地用于小麦、水稻、玉米、大麦、油菜、烟草、番茄、马铃薯等多种作物的遗传转化,其编码产物 PAT 活性的测定通常采用硅胶薄层层析法及 DTNB 比色分析法。

als 是另一个重要的除草剂抗性选择标记基因,该基因编码乙酰乳酸合成酶(acetolactate synthase,ALS)。磺酰脲类除草剂是通过抑制植物体内支链氨基酸(缬氨酸、亮氨酸、异亮氨酸)合成中乙

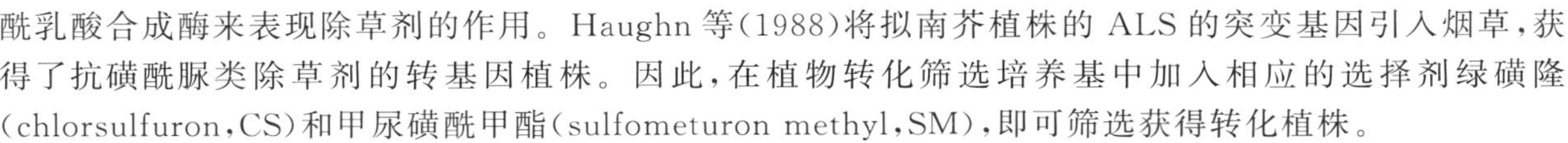

酰乳酸合成酶来表现除草剂的作用。Haughn 等(1988)将拟南芥植株的 ALS 的突变基因引入烟草，获得了抗磺酰脲类除草剂的转基因植株。因此，在植物转化筛选培养基中加入相应的选择剂绿磺隆(chlorsulfuron，CS)和甲尿磺酰甲酯(sulfometuron methyl，SM)，即可筛选获得转化植株。

3.显色或发光基因

(1)β-葡萄糖醛酸乙酰转移酶基因(*gus*)　*gus* 基因来源于大肠杆菌，编码 β-葡萄糖醛酸乙酰转移酶(β-glucuronidase，GUS)，能催化许多 β-葡萄糖苷酸酯类物质水解，如 5-溴-4-氯-3-吲哚-β-*D*-葡萄糖苷酸酯(X-Glu)经 GUS 催化产生蓝色产物，蓝色物质沉积于植物组织也可直接观察到，也可用分光光度法测定；4-甲基伞形酮-β-*D*-葡萄糖苷酸酯(4-MUG)经 GUS 水解生成一种可发荧光的物质，可用荧光分光光度计定量检测；对硝基苯基-β-*D*-葡萄糖苷酸酯(PNPG)经 GUS 水解生成对硝基苯酚，使溶液呈黄色，可用分光光度法测定(图 12-9)。因此，*gus* 基因表达检测容易、迅速，既可进行定性和定量分析，也可以在转基因植物组织中进行定位分析。

(2)冠瘿碱合成酶基因(*nos*、*ocs*)　冠瘿碱合成酶基因 *nos* 和 *ocs* 来自致瘤土壤农杆菌，其编码产物分别为胭脂碱合成酶(nopaline synthase)和章鱼碱合成酶(octopine synthase)。胭脂碱合成酶催化冠瘿瘤的前体物质精氨酸与 α-酮戊二酸进行缩合反应生成胭脂碱，章鱼碱合成酶则催化精氨酸与丙酮酸缩合形成章鱼碱。目前，主要采用纸电泳法检测 *nos* 和 *ocs* 基因。纸电泳分离被检植物组织抽提物，精氨酸的电泳迁移率最大，章鱼碱的迁移率略大于胭脂碱。电泳后用菲醌染色，菲醌与精氨酸、胭脂碱、章鱼碱作用后在紫外光下显示黄色荧光，放置 2 d 后变为蓝色。

(3)荧光素酶基因(*luc*)　*luc* 基因主要来源于细菌和萤火虫，其编码产物分别称为细菌荧光素酶(bacterial luciferase)和萤火虫荧光素酶(firefly luciferase)。细菌荧光素酶以脂肪醛(RCHO)为底物，在还原型黄素单核苷酸及氧的参与下，使脂肪醛在被氧化为脂肪酸的同时放出光子，产生 490 nm 的荧光。萤火虫荧光酶在 Mg^{2+}、ATP 和 O_2 的参与下，催化 *D*-荧光素(*D*-luciferin)生成氧化荧光素，同时放出光子，产生 550～580 nm 的荧光。根据上述原理建立的荧光素酶活性的检测方法简便、灵敏，可利用闪烁计数器(scintillation counter)进行定量检测，也可采用光自显影法进行定性检测。

(4)绿色荧光蛋白基因(*gfp*)　绿色荧光蛋白(green fluorescent protein，GFP)是从维多利亚水母(*Aequorea victoria*)中分离纯化出的一种可以发出绿色荧光的蛋白。与其他选择标记相比，GFP 的检测不需要添加任何底物或辅助因子，不使用同位素，也不需要测定酶的活性，只要在 395 nm 或 498 nm 的光下，转化的细胞、组织、器官或植株便会激发出绿色荧光(图 12-9)。同时，GFP 生色团的形成无种属特异性，在原核和真核生物细胞中都能表达，其表达产物对细胞没有毒害作用，并且不影响细胞的正常生长和功能。因此，GFP 作为一种可视活体荧光标记，可以很方便地从大量的细胞或组织中筛选出转化细胞及植株，并且可以用来追踪外源基因的分离情况。

(5)花青素基因　花青素(anthocyanin)属于类黄酮类化合物，广泛存在于植物叶片、花瓣、果实中，使植物呈现出红、蓝、紫和红紫等颜色。将来自玉米、大麦和其他植物的与花青素合成相关的基因如 *Cl*、*B*、*Rand*、*Ant* 进行转化，可使植物组织上生成可视的红色花青素斑点(图 12-9)。因此，花青素基因作为植物转基因研究中的报告基因，具有易于观察、检测方便等优点，可快速报告细胞、组织、器官或植株是否被转化。

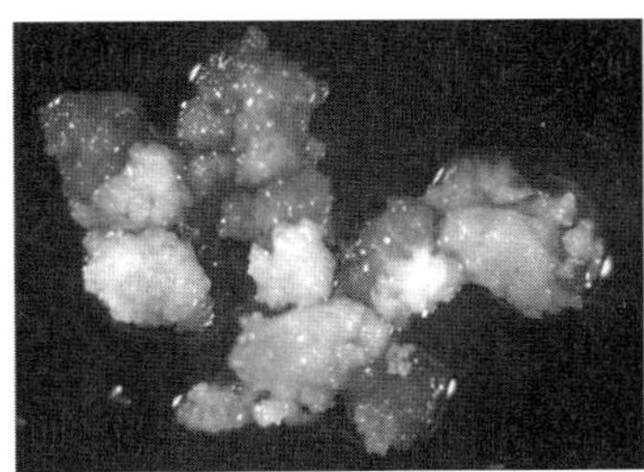

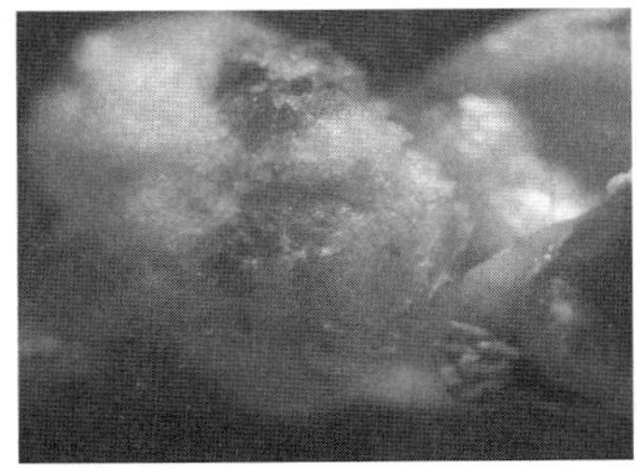

图 12-9　植物转化愈伤组织 *gus*、*gfp* 和花青素基因的鉴定

12.4.2 利用重组 DNA 分子特征鉴定

1.重组 DNA 分子酶切图谱

外源目的基因插入会使表达载体 DNA 限制性酶切图谱发生变化，提取转化细菌的质粒，DNA 酶切后进行电泳观察其酶切图谱，即可分析外源基因是否正确插入表达载体中。

2.聚合酶链式反应法(PCR 法)

聚合酶链式反应(polymerase chain reaction，PCR)是一种体外选择性扩增特定 DNA 片段的核酸合成技术。通过对目的基因结构分析设计一对特异性引物，可以在微量的基因组 DNA 样品中扩增出转化植株基因组内目的基因的片段，而非转化植株则不被扩增，图 12-10 是早实枳转化细菌八氢番茄红素合成酶基因(*crtB*)PCR 检测结果。

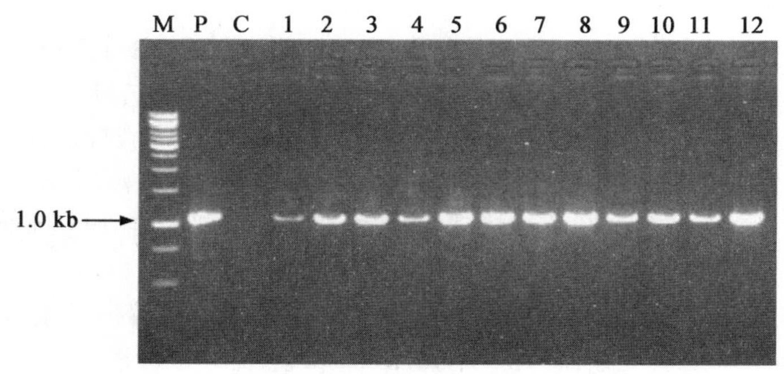

M.标准分子量 DNA　P.质粒 DNA　C.非转化植株　1～12.转基因植株

图 12-10　早实枳转化细菌八氢番茄红素合成酶基因(*crtB*)PCR 检测结果

PCR 具有灵敏度高、操作简便、检测通量大等优点，在转基因植株的检测中应用十分广泛。通过 PCR 进行转基因植株检测时应设立空白对照和阴性及阳性对照，空白对照反应体系中没有 DNA 模板，阴性对照是以非转化植株基因组 DNA 为模板，阳性对照是以外源基因的重组质粒 DNA 为模板。但是，PCR 检测容易出现假阳性结果，故常用作转基因植株的初步检测和选择，获得的阳性植株需进一步通过 Southern 杂交验证。

3.Southern 杂交

Southern 杂交是将转基因植株的基因组 DNA 用限制性酶酶切，经凝胶电泳分离后用碱处理使其变性，再利用印迹技术将变性的各酶切片段由凝胶转移至硝酸纤维素膜或尼龙膜等固相支撑物上，选择合适的探针标记后与之杂交，可检测出样品中是否有目的基因序列。Southern 杂交的基本步骤包括植物基因组 DNA 提取；探针的制备；基因组 DNA 限制性酶切；电泳分离 DNA 及转膜；探针杂交、X 线片压膜及放射自显影；结果分析。图 12-11 是早实枳转化细菌八氢番茄红素合成酶基因(*crtB*)Southern 杂交检测结果，外源基因多以 2～4 个拷贝数插入。

Southern 杂交可使野生型和转基因植株的基因组 DNA 中目的基因的酶切图谱的变化得到精确体现，检测结果具有较高的准确性，是鉴定转基因植株中外源基因整合情况的权威方法。但是，该方法程序复杂，成本高，且对实验技术条件要求较高，使其应用受到了限制。

4.染色体 DNA 原位杂交

染色体 DNA 原位杂交是根据核酸分子碱基互补配对原则，将经同位素或荧光标记的 DNA 片段作为探针，与染色体标本上的基因组 DNA 在“原位”进行杂交，经放射自显影或荧光激发等检测手段在显微镜下直接观察分析目的基因在染色体上的整合位置。

染色体 DNA 原位杂交是鉴定外源基因在染色体上整合的确切位置的重要手段，对研究外源基因遗传特点具有重要意义。原位杂交分析结果的好坏，较大程度上取决于染色体标本的质量。较好的染

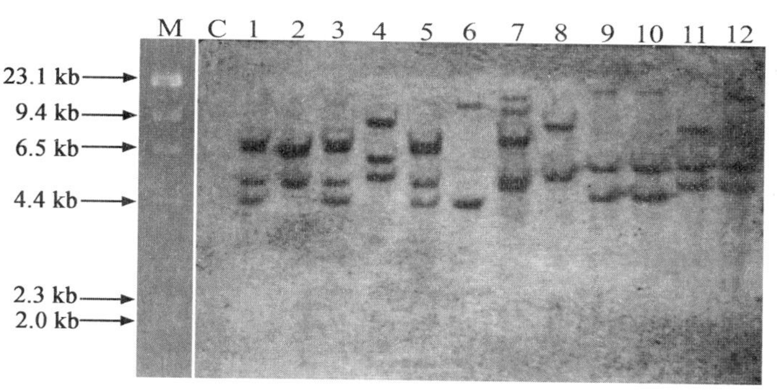

M. 标准分子量 DNA C. 非转化植株 1～12. 转基因植株

图 12-11 早实枳转化细菌八氢番茄红素合成酶基因(*crtB*)Southern 杂交检测结果

色体标本应该有较多的分裂相且分散良好，分裂相的核型应该完整。随着应用显微技术的发展和计算机图像处理系统的应用，原位杂交的分辨率已有了很大提高。

12.4.3 利用外源基因转录鉴定

1. RT-PCR 法

RT-PCR(reverse transcribed-PCR)是在反转录酶作用下，以植物总 RNA 或 mRNA 为模板进行反转录合成 cDNA 第一链，再以该 cDNA 第一链为模板进行 PCR 特异扩增，从而检测目的基因的表达。因此，RT-PCR 是在 RNA 或 mRNA 水平上检测目的基因是否表达的一种技术。RT-PCR 反应十分灵敏，能够检测出低丰度的 mRNA，特别是在外源基因以单拷贝方式整合时，其 mRNA 的检出常用 RT-PCR。但是，由于 RT-PCR 是在总 RNA 或 mRNA 水平上操作，检测过程中必须注意 RNA 的降解和 DNA 的污染，另外还要设置严格的对照来防止假性结果的出现。图 12-12 是早实枳转化细菌八氢番茄红素合成酶基因(*crtB*)的 RT-PCR 结果。

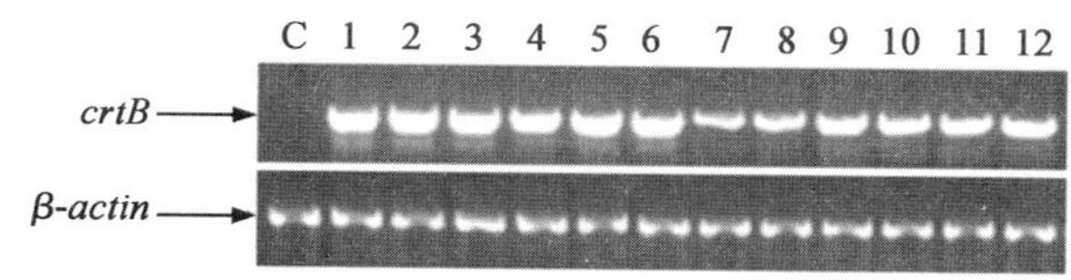

C. 非转化植株 1～12. 转基因植株

图 12-12 细菌八氢番茄红素合成酶基因(*crtB*)在早实枳转基因植株中的表达分析

2. Northern 杂交

Northern 杂交是将提取的转基因植株的总 RNA 或 mRNA 经变性凝胶电泳分离后，再将其原位转移至硝酸纤维膜等固相支撑物上，选择合适的探针进行标记后与之杂交，形成 RNA-DNA 杂交双链，根据探针的标记性质检测样品中是否存在目的基因的转录产物。Northern 杂交程序可分为 3 个部分：植物细胞总 RNA 的提取、探针的制备及印迹杂交。

Northern 杂交是研究转基因植株外源基因表达及其调控的重要手段，较 Southern 杂交更接近于目的性状的表现，因此更有现实意义。但是，Northern 杂交的灵敏度有限，对细胞中低丰度的 mRNA 检出率较低。

3. RNase 保护分析

RNase 保护分析是将标记的特异 RNA 探针(^{32}P 或生物素)与待测的 RNA 样品液相杂交，标记的特异 RNA 探针按碱基互补的原则与目的基因特异性结合，形成双链 RNA；未结合的单链 RNA 经

RNA 酶 A 或 RNA 酶 T1 消化形成寡核糖核酸，而待测目的基因与特异 RNA 探针结合后形成双链 RNA，受到保护而免受 RNA 酶的消化。根据探针和靶分子的同源性不同，经电泳和放射自显影会出现不同的带型。因此，根据这一原理可以检测转基因植株样品中是否存在目的基因转录的靶 RNA 分子。该方法检测灵敏度高于 Northern 杂交分析，可区分仅有单个碱基差别的 RNA 分子。在转基因研究中，对于那些同源性较高的植物种类或表达水平极低的转基因，使用 RNase 保护分析法更具有应用价值。

4. 基因芯片

生物芯片(biochip)是指高密度固定在固相支持介质上的生物信息分子(如寡核苷酸、基因片段、cDNA 片段或多肽、蛋白质)的微阵列。生物芯片可分为基因芯片及蛋白质芯片，其均可用于转基因植物的检测与鉴定。cDNA 芯片对于转基因植株中外源基因表达及其调控的研究具有重要的应用潜力。将不同被测样品的 mRNA 分别用不同的荧光物质标记，各种探针等量混合与同一 cDNA 阵列杂交，可以得到外源基因表达强度差异的信息，从而实现外源基因表达调控的比对研究。此外，将目前通用的报告基因、选择标记基因、目的基因、启动子和终止子的特异片段固定于玻片上制成 DNA 检测芯片，与待检植株抽提、扩增、标记后 DNA 杂交，杂交信号经扫描仪扫描后，再经计算机软件进行分析判断，可对转化植株进行有效筛选。

与常规技术相比，生物芯片技术的突出特点是高度并行性、多样性、微型化及自动化。目前，由于受到成本高的局限，使得该项技术的推广应用受到了限制，同时，一些假阳性背景也使得其应用受限。随着生命技术的不断向前发展，计算机处理软件的进一步开发利用，生物芯片必将得到越来越多的应用。

12.4.4 利用外源基因表达蛋白鉴定

1. Western 杂交

Western 杂交是从植物组织或细胞中提取总蛋白或目的蛋白，将蛋白质样品经 SDS-聚丙酰胺凝胶电泳(SDS-PAGE)使蛋白质按分子大小分离，将分离的各种蛋白质条带原位印迹至硝酸纤维膜等固相基质上，然后用特定抗体(一抗)与目的蛋白(抗原)杂交，再加入能与一抗专一结合的被标记的二抗，最后通过二抗上的标记化合物进行检测。如果转化的外源基因表达正常时，转基因植株样品中会存在一定量的特异蛋白，Western 杂交就可以有条带信号。

Western 杂交是将蛋白质电泳、印迹、免疫测定融为一体的特异蛋白质检测技术，包括转基因植株蛋白提取、SDS-聚丙酰胺凝胶电泳分离蛋白质、蛋白质条带印迹、探针制备、杂交检出五个步骤。Western 杂交是在翻译水平上检测目的基因的表达结果，具有灵敏度高、特异性强、直观并且可以进行蛋白质定性和定量分析等优点。但是，该方法操作烦琐，费用较高，不适合做批量检测。

2. 酶联免疫吸附法

酶联免疫吸附法(enzyme-linked immuno sorbent assay，ELISA)是一种利用免疫学原理检测抗原或抗体的技术，由抗体或抗原先结合在固相载体表面(如微孔板)上，并保留其免疫活性，加入受检样品(测定其中的抗原或抗体)，未被结合的成分被洗掉；然后加一种抗体或抗原与酶结合成的偶联物(此偶联物仍保留其免疫活性与酶活性)检测抗原或抗体，未被结合的成分再次被洗掉；再加上酶的相应底物，即起催化水解或氧化还原反应而呈颜色，其所生成的颜色深浅与样品中的抗原或抗体含量成正比。酶联免疫吸附法具有检测灵敏度高、特异性强等优点，已成为转基因植株中检测基因表达不可缺少的方法。但目前该方法缺乏标准化，易出现本底过高等问题。

3. 免疫荧光技术

免疫荧光技术(immunofluorescence)是根据抗原抗体反应的原理，先将已知的抗原或抗体标记上荧光素制成荧光标记物，再用这种荧光抗体(或抗原)作为分子探针检查细胞或组织内的相应抗原(或抗体)，在细胞或组织中形成的抗原抗体复合物上含有荧光素，所发出的荧光可由免疫荧光显微镜进行检

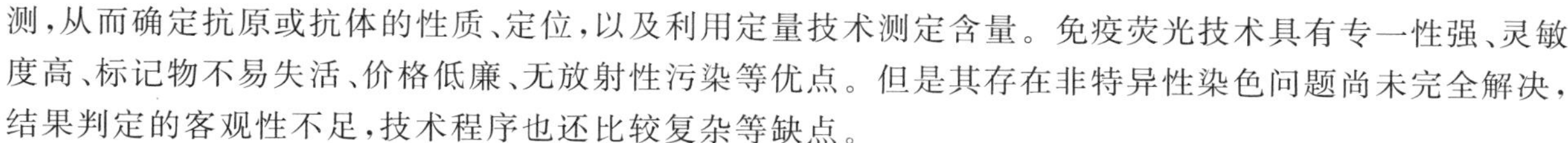

测，从而确定抗原或抗体的性质、定位，以及利用定量技术测定含量。免疫荧光技术具有专一性强、灵敏度高、标记物不易失活、价格低廉、无放射性污染等优点。但是其存在非特异性染色问题尚未完全解决，结果判定的客观性不足，技术程序也还比较复杂等缺点。

12.4.5 利用生物学性状鉴定

转基因植株经过DNA水平、转录水平和蛋白质水平检测确认的转基因植株，还应对其生物学性状进行观察、记载，结合生理生化分析，与非转化植株比较，以判断目的基因在转基因植株中的表达情况，尤其是根据目的基因预测的目标性状是否得以改善或提高。根据目的基因功能，转基因植物生物学性状鉴定可以分为农艺性状（如产量、株型、叶形、叶色、株高、茎粗、果实大小、果实形状等）鉴定、品质性状（如物理品质、化学品质、外观品质、内含品质、营养品质、烹调品质、蒸煮品质、卫生品质、加工品质、保鲜品质、贮藏品质、商品品质等）鉴定、抗病虫性（如对真菌、细菌、病毒、类病毒、害虫和线虫等的抗性）鉴定、抗逆性（如对冷害、冻害、热害、风害、旱害、涝害、盐害、空气污染、农药、除草剂等的抗性）鉴定、生理生化特性（如叶绿素含量、呼吸作用、光合作用、蒸腾作用、细胞膜特性、根系活力、酶活性与蛋白质含量等）鉴定，以及其他生物学性状（如根系相关性状、茎叶上有无茸毛与茸毛的多少，以及其他非农艺性状）等鉴定。图12-13是番茄转化番茄红素β-环化酶基因（*LCYb*）果实性状特征，由于*LCYb*基因过量表达促进红色番茄红素向橙黄色β-胡萝卜素转化和积累，转基因番茄成熟果实的果皮、胎座及中柱均呈鲜明的橙黄色。

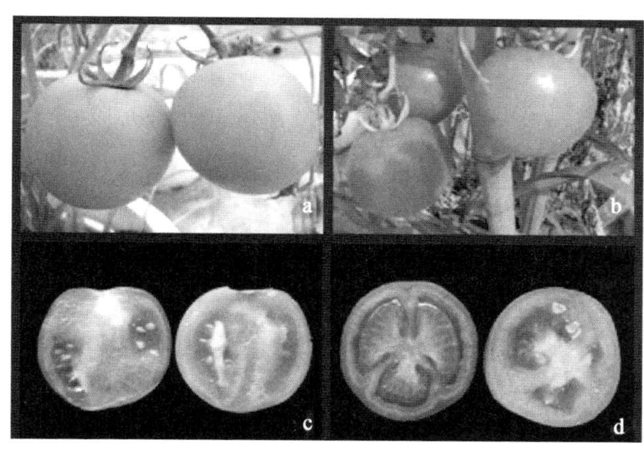

a. 转基因植株 b. 野生型植株 c，d. 转基因植株（右）和野生型植株（左）果实纵切面和横切面

图12-13 番茄转化番茄红素β-环化酶基因（*LCYb*）果实性状特征

12.4.6 转基因植物检测的其他方法

近几年还发展了一些新的外源基因的检测方法，如质谱分析、色谱分析、生物传感器、近红外光谱、微纤维装置（microfabricated device）等。这里我们简要介绍一下色谱技术和近红外光谱分析法在转基因植物及其代谢产品检测中的应用。

1. 色谱技术

色谱技术是对生物代谢产物进行检测和分析的重要手段。当转基因植物产品的化学成分较非转基因植物产品有很大变化时，可以用色谱技术对其化学成分进行分析，从而鉴别转基因植物产品。如一些特殊的转基因植物产品（如转基因植物油等）无法通过传统的外源基因或外源蛋白质检测方法来进行检测，但可以借助色谱技术对样品中脂肪酸或甘油三酯的各组分进行分析以达到转基因检测的目的。Byrdwell等（1996）用高效液相色谱与质谱技术相结合对3种Canola植物油中的甘油三酯的各组分进

行分析，发现转基因 Canola 菜籽油中的甘油三酯含量明显比其他品种高且抗氧化能力较强。

2.近红外线光谱分析法

近红外线光谱分析法的产生是因为有的转基因过程会使植物的纤维结构发生改变，通过对样品的红外光谱分析可对转基因作物进行筛选。Hurburgh(2003)用近红外线光谱分析法成功地区分了 Roundup Ready(RR)大豆和非转基因大豆，对 RR 大豆的正确检出率为 84%。近红外线光谱分析法的优点是不需要对样品进行前处理，并且简单快捷，但它不能对转基因与非转基因混合的产品进行检验，且准确性有限。

12.5 植物遗传转化的遗传稳定性

近年来，随着各种转基因技术的创立与改进，转基因植物的获得已不再受植物改良和分子生物学诸多因素的限制，但转基因植株在遗传后代过程中能否保持外源基因的遗传稳定性，直接关系到基因工程新品种的培育，因此外源基因在转入宿主后的有效表达及其遗传稳定性成为转基因植物应用及推广的关键问题。

12.5.1 外源基因在转化植株中的遗传规律

外源基因在转化植株世代过程中的遗传规律一般从表型传递、标记基因的表达及分子杂交分析等方面进行研究，目前最为常用的方法是分子杂交，即转基因植株与非转基因植株杂交，或转基因植株自交后结合 Southern blot 来分析外源基因在后代的遗传特性。大量的植物转基因整合分析发现，外源基因插入到植物基因组中有单位点插入、同一染色体多位点插入、不同染色体多位点插入等情况；而且插入的拷贝数不同，有单拷贝和多拷贝之分，因此，外源基因在转基因植物中的遗传是非常复杂的，大体可归纳为以下几点。

(1)转化的外源基因多数表现为单基因显性的孟德尔式分离。如果一条染色体上单位点插入(单拷贝或多拷贝串联)，而且插入位置对植株生长、发育、繁殖不会产生较大影响，则外源基因一般表现为显性基因遗传给后代，遵循孟德尔分离规律。Ko 等(2007)研究外源基因 *hpt* 在辣椒转化植株中的遗传规律发现：①*hpt* 基因已经在转基因辣椒(T_0)中成功表达；②*hpt* 基因没有任何修饰地传给子代(T_1)；③转基因植株自花授粉产生 T_1 对潮霉素抗性出现 3∶1 分离。

(2)完整或部分转基因多拷贝插入主要以孟德尔双基因或多基因性状遗传。Molinier 等(2000)使用 *gfp* 为标记基因，发现株系 145-4 中 T-DNA 插入到两个位点的后代中荧光与未发荧光的植株比率为 15∶1，符合两个独立显性位点的分离假说。Haymes 和 Davis(1998)采用 PCR、Southern 杂交及 GUS 活性检测研究了转基因草莓的自交后代，发现外源基因能够稳定遗传给后代，外源基因的分离比为 15∶1，也表现为两个独立显性位点的分离规律。Yin 等(2004)发现转基因黄瓜的卡那霉素抗性呈现出 3∶1、15∶1 及 63∶1 的分离比，表明转基因的活性位点数目分别为 1、2 和 3。

(3)转基因后代分离也出现 10%～50%非孟德尔分离现象。Deroles 等报道，带有多拷贝 T-DNA 转基因矮牵牛表现出非孟德尔遗传现象，后代的显性个体数目明显低于孟德尔比率 3∶1，少数转化体发生复杂的基因分离。转基因后代非孟德尔遗传现象的可能原因包括：①受体植物基因组特性，如遗传背景不稳定、配子体生存能力限制、染色体异常、转化方法等；②外源基因的特性，如转基因沉默现象、外源基因不稳定整合等；③植物基因组与外源基因的相互作用，如同质致死、外源基因传递不足、减数分裂交叉或有丝分裂不稳定等。

12.5.2 转化方法对转基因植物遗传稳定性的影响

根癌农杆菌介导的遗传转化是双子叶植物转化常用的方法，其 Ti 质粒在受体染色体组中一般呈特异的交换重组结合，整合的位点较固定，插入拷贝数少。因此，转基因植物遗传传递较稳定，其后代多呈现孟德尔遗传分离规律。但是，该方法转化细胞需要经过组织培养再生植株，对于一些组培再生频率低或移栽成活率低的植物品种应用受到限制，而且产生的植物群体还存在体细胞无性系变异。

基因枪法进行遗传转化不受材料基因型的限制，但是也有其局限性，如转化效率不高，基因插入往往是多拷贝，常造成转基因的失活或沉默，轰击过程中可能造成外源基因的断裂，出现非转化体或嵌合体的可能性较高等；与农杆菌介导法相比，多数情况下农杆菌质粒载体共培养转化都能较理想地获得完整的供体 DNA 结构，遗传稳定性好。

花粉管通道法是利用植物在开花、受精过程中形成的花粉管通道，将外源 DNA 导入受精卵细胞，并进一步被整合到受体细胞的基因组中。该方法具有不受基因型限制、不需经过繁琐的组织培养过程、成本低廉等优点，已成为一种颇有潜力的遗传转化方法。但是，该方法转化外源 DNA 的整合机理还不清楚，对后代中出现的碱基甲基化、基因沉默以及拷贝数对表达水平的影响等问题，尚待进一步研究。此外，转基因工作受自然花期和环境条件的影响与限制。

叶绿体转化是一种新的遗传转化和表达受体，具有核转化不具备的独特优势。叶绿体转化体系的外源基因拷贝数显著增加，基因的表达效率高，不会产生基因沉默，且整合的目的基因不遵循孟德尔规律在后代中表现性状分离，故外源基因可在子代中稳定地遗传和表达。但目前利用叶绿体作为转化受体可转化的高等植物仍然有限；如何使外源基因完全整合到每个叶绿体基因组（即同质化），仍是目前需要解决的问题。

12.5.3 转基因沉默对转基因植物遗传稳定性的影响

转基因沉默（transgene silencing）是指导入并整合进受体基因组中的外源基因在转化体的当代或其后代中出现表达受到抑制，甚至完全不表达的现象。转基因沉默分为转录水平上的基因沉默（transcriptional gene silence，TGS）和转录后水平上的基因沉默（post-transcriptional gene silence，PTGS）。大量的研究表明，转基因沉默的发生与甲基化修饰、外源基因的拷贝数、外源基因整合位点、重复序列、共抑制等因素有关。

1. DNA 甲基化

DNA 甲基化（DNA methylation）是细胞中最常见的一种 DNA 共价修饰形式，在植物基因表达、细胞分化以及系统发育中起重要的调节作用。从所报道的转基因沉默来看，大部分的转基因沉默现象都与转基因及其启动子的甲基化有关。研究表明，DNA 甲基化主要发生在基因 5′端启动子区域，也有人发现外源基因的甲基化可延伸至 3′端，但甲基化过程均是从启动子区域开始的。

DNA 甲基化引起基因沉默的具体机制还不清楚。Bestor 提出甲基化导致转基因沉默在于一种称为 MeCP2 的蛋白质可以与甲基化的 DNA 选择性地结合，而 MeCP2 本身又和组蛋白的脱乙酰激酶结合在一起，从而促使组蛋白脱乙酰基化。由于组蛋白乙酰化是保持高度转录活性的前提，可见甲基化是通过组蛋白的脱乙酰基化而发生沉默的。Behe 等则发现，随着胞嘧啶甲基化，B-DNA 会向 Z-DNA 过渡，Z-DNA 比 B-DNA 更为紧密，惰性更大，沟变得更深，不利于 DNA 与转录蛋白（RNA 聚合酶、拓扑异构酶等）相互作用，从而影响 RNA 聚合酶对启动子的识别作用以及拓扑异构酶对特定基因区域的解旋作用，不利于转录作用，从而引起基因沉默。

2. 重复序列

重复序列诱导的基因沉默（repeat induced gene silencing，RIGS）指外源基因以多拷贝的正向或反向串联形式整合在植物基因组上而导致的外源基因不同程度的失活。RIGS 有两种作用方式：①顺式失活（cis-inactivation），指相互串联或紧密连锁的重复基因失活；②反式失活（*trans*-inactivation），指由于基因启动子间同源序列相互作用引发的基因失活现象，也指某一基因的失活状态引起同源的等位或非等位基因的失活。同源的重复序列会产生异位配对（ectopic pairing），使染色体局部构型发生变化，

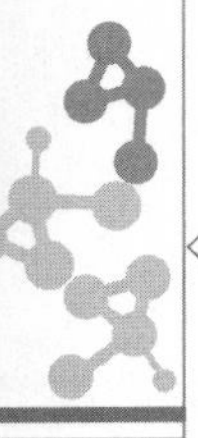

最终导致异染色质化，从空间上阻碍外源基因转录而发生基因沉默。

3. 位置效应

位置效应(position effect)指外源基因在植物基因组中的插入位置对其表达的影响。外源基因进入细胞核后首先整合到细胞染色质上，其整合位点与甲基化有密切关系，如果整合到甲基化程度高、转录活性低的异染色质上，一般不能表达；如果整合到甲基化程度低、转录活性高的常染色质上，其表达受两侧序列的影响，生物体可以通过外源基因与两侧序列 GC 含量的差别来识别外源基因，激活甲基化酶，使外源基因序列甲基化而降低其转录活性。此外，外源基因的碱基组成与整合区域的不同而被细胞防御系统所识别，不进行转录。

4. 共抑制现象

共抑制现象(co-suppression)指外源基因的导入不但使外源基因不能高效表达，还会抑制与其同源的内源基因的表达。发生共抑制现象的转基因植株核内积累了高水平的 mRNA，而细胞质中却检测不到特异 mRNA 的积累，说明 mRNA 被特异性地降解了，因此，共抑制现象属于转录后水平的基因沉默(PTGS)。共抑制现象产生的原因也与基因的同源性有关，但与反式失活不同的是，引起基因失活的同源序列主要位于基因的编码区域而不在启动子区，而且它还与基因启动子的强度有关，强启动子往往增强共抑制的程度。

5. 反义 RNA

当外源基因高效表达时，由于特异 mRNA 过量积累激活了依赖于 RNA 的 RNA 聚合酶活性，并启动合成互补反义 RNA，这些 RNA 可与模板 mRNA(包括植物本身与其同源的 mRNA)形成部分双链结构(dsRNA)，最终被核酸酶降解，使得 mRNA 含量下降，内外源基因共同失活，反义 RNA 引起的 mRNA 的降解被认为是共抑制现象中 mRNA 降解的一种方式。

12.5.4 外界环境因素对转基因植物遗传稳定性的影响

外界环境因素对转基因植株中外源基因的表达也有影响。研究发现，光控因子、热休克条件、种子特异发育因子等能够影响植物转基因的遗传稳定性。蒋佳宏等(2009)在研究拟南芥 *tak* 基因表达时发现，光照诱导 *tak*1 基因转录的 mRNA 水平相对降低，而 *tak*2 基因 mRNA 水平相对较高，分析认为光照抑制了 *tak*1 基因的转录，促进了 *tak*2 基因的转录。卢美贞等(2012)通过对转基因高粱研究发现，过高的温度和过强的光照会增加基因沉默的发生概率和产生时间。当然，外界环境因素对基因表达影响的各种作用机制并不是独立发挥作用的，而是相互联系的，但本质上均是 DNA-DNA、DNA-RNA、RNA-RNA 相互作用的结果。

12.6 转基因植物安全性评价与管理

转基因植物，是指利用 DNA 重组技术将克隆的优异外源基因导入植物组织并表达，从而获得的具有新优良性状的植物及其后代。利用转基因技术可将从细菌、病毒、动物、远缘植物、人类甚至人工合成的基因导入植物，克服了植物有性杂交的限制，使基因交流的范围无限扩大，令植物遗传改良呈现出前所未有的发展速度。自 1983 年美国科学家研发了世界上第一例转基因植物(烟草)以来，现有各类转基因植物 120 多种，涉及植物的 35 个科，其中 40 多种 3 000 多例转基因植物已进入田间试验，部分转基因植物产品已开始商业化生产。大多数人认为，植物转基因技术将为农业生产带来一场新的革命，为保证农作物的持续增产和解决全球人口膨胀所造成的粮食危机做出巨大贡献。国际农业生物技术应用服务组织(ISAAA)主席 James 认为，转基因作物成为现代农业史上应用最迅速的作物。但也有人对转基因植物持怀疑态度，转基因植物的生态风险、可能带来的环境问题、转基因产品作为食品对人体健康的影响等安全性问题已日益成为人们关注的焦点。

12.6.1 转基因植物环境安全性评价

转基因植物对环境的安全性是指转基因植物中出现外源基因的漂移或人类无法控制的表达，造成对生物种群的严重不良效应，如插入基因的漂移、抗虫性、抗除草性等。转基因植物对环境的安全性评价主要包括两个方面：一方面是导入的外源基因及其产物对环境是否有不利影响；另一方面是有关转基因植物释放或使用带来生态学上的安全性。

1. 外源基因对受体植物的影响

(1)标记基因对植物的影响　转基因植物实验中采用的大多数标记基因会表达相应的酶或其他蛋白，其对转基因受体植物可能产生一些影响，如编码抗生素或除草剂抗性的标记基因可能通过花粉传播、种子扩散等在种群之间扩散，提高受体植物本身或相关物种的生存竞争性、杂草性和入侵性，从而对生态环境和生物多样性产生潜在危害。植物转基因扩散机制及风险评价研究表明，在实验室内处于特定的选择压力下，标记基因赋予转基因植物以绝对的选择优势；但是在田间自然条件下，这种选择优势可能会出现变化。例如，卡那霉素抗性需要环境中有一定浓度的卡那霉素存在才可显现出选择优势，某些土壤微生物虽然也可以产生卡那霉素，但其产量却低到难以检测的水平。因此，在田间自然条件下，标记基因并不能使转基因植物表现出这种选择优势。抗除草剂基因能够编码改变除草剂作用的酶或解毒酶，通常情况这些酶的表达量低于植物可溶性蛋白表达量的 1/10，对植物本身代谢反应是无害的。但是，如果环境中除草剂施用量达到选择浓度，在转基因植物释放环境中存在可与其杂交的近缘野生种，就会发生基因的漂移，从而对生态环境和生物种群产生危害。

(2)外源目的基因对植物的影响　从生态学角度来看，遗传转化所获得的植物对生态环境的影响是不可预测的；而从分子生物学角度来看，转基因植物则是现代生物技术的产物，所转入的或修饰的基因是功能明确的已知基因，如对除草剂、病虫害以及逆境的抗性基因等。常规育种通常伴随着大量非目的基因的随机组合，例如染色体重组；而植物基因工程所转移的是一个或几个已知功能基因。因而，植物基因工程应比常规育种更安全。目前，大多数转基因植株是与病虫害、杂草和逆境的抗性有关，因而这类转基因植物对环境的适应性有所提高。研究发现，转基因植物在选择压力的条件下显现出良好的选择优势，而在选择压力不存在的自然田间条件下，转基因植物则不一定表现出这种选择优势。

(3)外源基因的插入对植物的影响　转基因植物实验中，外源基因插入受体植物基因组的位置是随机的，其拷贝的数目也不确定，大多数情况是 1 个拷贝，也可能出现 2 个或多个拷贝，偶尔多达 20～50 个拷贝。外源基因插入位置及拷贝数的变化将产生两方面的影响：一是可能导致转基因失活或沉默；二是可能会使受体植物的基因插入失活。假设每次插入导致一个基因失活，如果转基因植物有 50 000 个编码基因，那么产生这种现象的概率只是 1/50 000，事实上高等植物的编码基因只占基因组全部 DNA 的很小一部分。因此，转基因植物中插入失活在理论上是几乎不可能发生的。自然界通过自然选择，育种家则通过人工选择，优胜劣汰，留下有利突变，淘汰不利突变。这些原理也适应于转基因作物的育种程序。

2. 转基因植物在生态方面的潜在风险

(1)转基因植物演变为农田杂草的可能性　目前，大多数转基因植株与病虫害、杂草和逆境的抗性有关，这类转基因植物在获得新的基因后会增加其生存竞争性，能提高转基因植物的生存和繁殖能力，有可能在自然生态条件下长期存在而杂草化。但是，从目前在水稻、玉米、棉花、马铃薯、亚麻等转基因植物的田间试验结果来看，转基因植物在生长势、种子活力及越冬能力等方面并不比非转基因植株强，大多数转基因植物的生存竞争力并没有增加，演变为农田杂草的可能性很小。英国科学家研究表明，玉米、甜菜、油菜等一些抗虫害、抗除草剂的转基因农作物在野生状态下的生存能力与普通农作物也没有区别。但随着转抗病、耐逆基因植物的逐渐增多，转基因植物更适应环境，逃逸成为优势杂草的风险还是存在的。

(2)基因漂流到近缘野生种的可能性　在自然生态条件下,有些栽培植物会和周围生长的近缘野生种或杂草发生天然杂交,转基因植物中的外源基因有可能通过花粉传播方式漂流扩散至近缘野生种或杂草中,并在这些野生近缘植物中传播,从而破坏自然生态平衡。如果转基因植物释放环境不存在与其可以杂交的近缘野生种,则基因漂移就不会发生。如加拿大种植转基因棉花,因没有棉花野生近缘种存在则不可能发生基因漂移。同样,中国种植转基因玉米因没有野生大刍草也不会发生基因漂移。如果转基因植物释放区域存在近缘野生种,应充分考虑基因漂移后可能产生的结果。如果是抗除草剂基因,发生基因漂移后会使野生杂草获得抗性,从而增加杂草控制的难度。但若是品质相关基因等转入野生种,由于不能增加野生种的生存竞争力,所以不会带来不利影响。

(3)对自然生物类群的影响　植物基因工程中所用的许多基因与抗虫或抗病性有关,其直接作用对象是生物,除对靶标生物致毒外,还可能会对环境中的非靶标生物产生直接或间接的危害,从而影响到生物种群的变化。同时,长期种植转基因作物还可能增加靶标生物的抗性。如转 *Bt* 基因的抗虫棉,其目标昆虫是棉铃虫和红铃虫等鳞翅目植物害虫,如大面积长期推广 Bt 抗虫棉,有可能诱导昆虫产生适应性或抗性,使 Bt 抗虫棉的抗虫效果降低。因此,在抗虫棉推广时一般要求种植一定比例的非抗虫棉,以延缓昆虫产生抗性。研究表明,用 Bt 蛋白饲料喂棉田中 6 种非靶昆虫,当杀虫蛋白浓度高于控制目标昆虫浓度 100 倍时,对非靶昆虫均未出现可见的生长抑制。另外,Bt 蛋白对有益昆虫如蜜蜂、瓢虫等都无毒性。迄今,转基因植物的环境释放尚未发现对自然生物种群产生显著影响,但随着转基因数量和种类的增加,转基因植物推广规模的不断增大,其对自然生物种群的影响应予以高度重视。

12.6.2　转基因植物对人类健康的安全性评价

植物转基因食品(genetically modified food,GM food 或 GMF)是指通过基因工程手段将一种或几种外源基因(或基因片段)转移至某种特定植物中,并使其有效地表达出相应的产物(多肽或蛋白质),这样的植物体或其器官直接作为使用的食品或以其为原料加工生产的食品。植物转基因食品的安全性是指转基因制品对人类健康安全构成的威胁,如插入基因后的终产物的致癌性、致病性、过敏性、毒性等,已成为各国政府、科技界和社会公众普遍关切和重视的焦点。

1.植物转基因食品对人类健康存在的可能影响

(1)有毒物质　转基因食品来源于转基因生物,在转基因过程中外源基因的导入或添加会导致具有新的遗传性状的蛋白质产生,而目前的技术还无法准确鉴定这种蛋白质是否对人体有毒。有人认为,抗虫转基因植物体内表达的毒素和蛋白酶抑制剂能破坏昆虫的消化系统,对人畜也可能产生类似的伤害。1998 年苏格兰 Rowett 研究所的科学家 A. Pustztai 研究发现,食用转雪花莲凝集素基因(*GNA*)马铃薯的老鼠生长发育异常,免疫系统被损坏,这一发现引起轩然大波。2005 年英国《独立报》披露孟山都公司的一份秘密报告,指出食用转基因玉米的老鼠,血液和肾脏中会出现异常,再次引发人们对转基因食品安全性的担忧。一些研究者认为,对于基因的人工提炼或添加,在达到某些预期效果的同时,也可能增加和积累了食物中原有的微量毒素。虽然目前还没有直接证据能证明转基因食品是否有毒,但一旦存在毒性,转基因食品可能对人类健康造成危害,可能导致人体器官生长发育异常,甚至还可能致癌。

(2)过敏反应　食物的过敏反应是人体对食物中所含的抗原分子的不良反应,它涉及人体免疫系统对某种或某类特异蛋白的异常反应。几乎所有的食物都能引起过敏,但是只有很少的人会产生严重的过敏反应。在自然条件下存在着许多过敏原,最常见的容易引起过敏性反应的食物是鱼类、花生、大豆、奶、蛋、甲壳动物、小麦和核果类,其引起的过敏性反应约占食物过敏反应的 90%。在基因工程中,如果将控制过敏原形成的基因转入新的植物中,则会对过敏人群造成不利的影响。如美国有人将巴西坚果中的 2S 清蛋白基因转入大豆,虽然使大豆的含硫氨基酸增加,但是使一些对巴西坚果过敏的人群对转基因大豆产生了过敏反应,故未获批准进入商品化生产。此外,Cry9C 杀虫蛋白转基因玉米、花生蛋白转基因大豆也因具有潜在的过敏性而未能获得商业化种植。因此,我们应当采取适当的科学方法预防转基因食品的过敏性问题,防止对人类健康造成危害。

(3)营养问题　在转基因操作过程中,外源基因导入可能对食品的营养价值产生无法预期的改变,在提高目的产物的同时可能降低了其他营养成分的含量,或者提高一种新营养成分表达的同时也提高了某些有毒物质的表达量。例如,转基因油菜籽粒中β-胡萝卜素含量显著增加,但是显著降低维生素E和叶绿素的含量;耐除草剂的转基因大豆与常规对照大豆种子之间的关键性营养成分没有显著差异,但是转基因大豆中防癌的成分异黄酮减少了。有人认为,由于外源基因的来源、导入位点的不同和随机性,极有可能产生基因缺失、移码等突变,使所表达的蛋白质产物的性状、数量及部位与期望值不符,引起营养失衡,影响食用价值,长期食用后对人体产生难以预料的影响。有研究表明,与一般的天然大豆相比,转基因大豆中生长素的含量降低了13%左右。目前,还未见转基因食品对营养品质改变的负面报道,但是科学家们认为外来基因会以一种目前还不甚了解的方式破坏食物中的营养成分,存在对人类健康影响的安全隐患。

(4)对抗生素的抵抗作用　在转基因食品安全性的讨论中,最关切的问题是转基因植物中的抗生素抗性标记基因是否有可能转移到肠道微生物或上皮细胞,导致肠道微生物或上皮细胞产生耐药性,从而影响抗生素治疗的有效性。目前,尚无基因从植物转移至肠道微生物的证据,也没有在人类消化系统中细菌转化的报告,其主要原因可能是抗生素抗性的转移是一个复杂的过程,包括基因转移、表达和对抗生素功效的影响等。此外,抗生素抗性标记基因只有在适当的细菌启动子控制下才能表达,在植物启动子控制下的抗生素标记基因将不会在微生物中表达。虽然转基因植物中的外源基因水平转移到肠道微生物的可能性极小,但是将抗生素抗性引入广泛食用的作物中对环境以及食用作物的人和动物产生的后果不可预料。因此,在评估任何潜在健康问题时,都应该考虑人体或动物抗生素的使用以及胃肠道微生物对抗生素产生的抗性,讨论在何种条件或情况下,转基因食品植物中禁止使用抗生素标记基因。

2.植物转基因食品的安全性评价

(1)转基因食品特性分析　通过对转基因食品特性的分析,有助于确定某种新食品与现有食品是否有显著差异。分析的内容包括:①供体。包括外源基因供体生物的来源、学名和分类;作为食品食用的安全历史;是否含有毒物质及含毒历史,即过敏性、致病性;是否存在抗营养因子和生理活性物质等。②基因修饰剂插入DNA。主要分析载体DNA的来源、特征;导入基因成分描述,包括来源、转移方法;助催化剂活性等。③受体。主要分析与供体相比的表型特征;导入基因表型水平及稳定性;基因拷贝数;导入基因移动的可能性;插入片段的特征等。

(2)转基因食品的检测与安全性评价　1993年经济合作与发展组织(OECD)提出了"实质等同性"(substantial equivalence)的概念,并指出"实质等同性"的概念对定位现代生物技术食品的安全评价是最实际的方法。其概念是,通过对转基因作物的农艺性状和食品中各主要营养成分、营养拮抗物质、毒性物质及过敏性物质等成分的种类和数量进行分析,并与相应的传统食品进行比较,若二者之间没有明显差异,则认为该转基因食品与传统食品在食用安全性方面具有实质等同性,不存在安全性问题。2000年,FAO/WHO发布了《关于转基因植物性食物的健康安全性问题》的文件,认为运用"实质等同性"概念可建立有效的安全性评估框架。根据"实质等同性"原则将转基因食品分为3类:①转基因食品或食品成分与市场上销售的传统食品具有实质等同性;②除某些特定的差异外,与传统食品具有实质等同性;③某一食品没有比较的基础,即与传统食品没有实质等同性。总之,如果转基因食品与传统食品相比较,除转入的基因和表达的蛋白不同外,其他成分没有显著差别,就认为二者之间具有实质等同性。如果转基因食品未能满足实质等同原则的要求,也并不意味着其不安全,只是要求进行更广泛的安全性评价。

(3)转基因食品的标签制度　转基因食品对公众可谓"犹抱琵琶半遮面",多数民众对这种食品缺少足够的认识。因此,有必要实行转基因食品标签标示制度,使消费者了解食品性质。例如,欧盟要求对

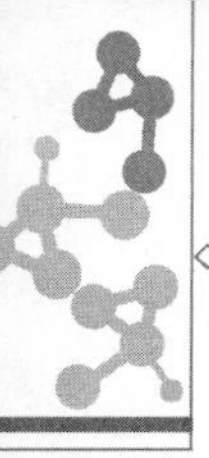

转基因食品和饲料实行标识和追踪管理；瑞士联邦政府要求转基因成分超过1%的界限须在商品标签上标识；俄罗斯、新西兰、日本等要求出售转基因食物应在包装上做出提示性标记；我国农业部于2002年颁布了《农业转基因生物标识管理办法》，要求对农业转基因生物进行定性和非定量标识的管理，第一批实施标识管理的农业转基因植物有大豆、玉米、油菜、番茄和棉花。

（4）转基因食品知识的宣传和引导　食品安全是一个相对和动态的概念，世界上并不存在绝对安全的食物。目前为止，转基因食品是否造成人体伤害尚无定论。因此，应该用理性的眼光看待转基因食品，加强相关科学知识的宣传，进行正确的舆论引导，让公众对转基因技术和转基因食品有一个全面、真实的了解，将转基因食品的"选择权"交到公众手中。

12.6.3　转基因植物生物安全管理

国际农业生物技术应用服务组织（ISAAA）的最新资料表明，2012年全球共有28个国家种植转基因作物，种植面积达到约1.703亿hm^2，比2011年的种植面积增长了6.04%。目前，人们对转基因植物及其产品的潜在危险性和安全性还缺乏足够的预见能力，而转基因植物的释放与转基因产品生产有关的检测和管理制度还不健全，缺乏一个统一的标准。因此，必须采取一系列严格措施对转基因植物从实验室研究到商品化生产进行全程安全性评价和监控管理，保障人类和环境的健康、安全和有序发展。

1. 转基因植物生物安全性管理的范畴

转基因植物的生物安全性管理一般是指植物基因改良体（GMO）的安全性管理，即GMO对人、动植物和生态环境安全性的管理，包括GMO的研究开发、田间试验、环境保护、运输销售、使用及其废弃物各个环节的生态安全和风险、环境影响和安全性评价、环境管理等，它包括转基因植物释放地点、离人群最近的距离、当地的植物区系，转基因植物计划播种期、种植面积、植物数量、耕作措施、后处理方法，转基因植物的存活、繁殖、传播和竞争能力，基因转移到其他生物的可能性，转基因植物的遗传稳定性、对环境可能产生的潜在影响等内容。

生物安全性管理的核心是实施生物技术的风险评估、管理和生物安全能力建设，尽可能减少因释放生物技术改变的活生物体或因使用生物技术而产生的环境灾害或事故。生物安全性管理的实质是研究和探讨生物技术及其产品释放产生的环境影响与管理对策，包括人畜健康安全评价、社会环境影响评价、生态影响评价、景观影响评价、环境风险评价、经济效益评价及其管理对策，其中最主要的是转基因植物对人畜健康和生态系统的影响评价。

农业转基因生物的广泛应用在解决人类面临的食物、资源、环境等重大社会、经济问题和推动社会进步的同时，也存在潜在的一些风险。由于当前的科学水平还不能精确地预测转基因生物可能产生的所有表现型效应，对人类健康和生态环境的影响难以预料，同时还涉及人类社会的伦理道德问题。因此，对转基因植物安全性及其生态环境影响的争论非常激烈，涉及问题日趋复杂，有些评论还带有情绪化，甚至将转基因食品列为危害人类健康的毒素等。事实上，转基因植物生物安全性的管理从一开始就受到世界各国的重视，从事转基因研究和开发的国家各自均有比较完善的、以科学为基础的管理规则，这些制度的建立对转基因研究和开发健康而有序的发展起到了很好的作用。

2. 部分国家和地区的转基因植物安全性管理

（1）美国　由于美国是当今世界生物技术最发达的国家，美国公众、社会对转基因植物及其食品持比较宽松的态度，因此对转基因食品在生产、流通中不加任何限制，对消费食物是否属于转基因种类不人为划分，转基因作物不必标签注明，反对在国家贸易中对转基因食品施加贸易壁垒。

（2）欧盟　欧盟公众、社会对重组DNA技术缺乏信任，许多国家政府都不支持转基因生物研究，特别是用于转基因食物的培育。1990年4月，欧盟颁布了《有关人为释放转基因生物体的欧共体指令》（90/220/EEC），该法令规定了转基因生物的批准程序。1997年5月，欧盟出台了《关于新食品和新食品成分的条例》[（EC）NO. 258/97]，该法规要求对转基因食品实行许可和标签制度，标签内容包括：

GMO的来源、过敏性、伦理学考虑、不同于传统食品(成分、营养价值、效果等)。1998年9月,欧盟增补了标签指南,要求来自转基因豆类和玉米的食品必须加贴标签,注明DNA及转基因作物的新蛋白质。2000年4月,食品添加剂和风味剂也要求进行转基因标注。2002年7月,欧洲议会宣布将取消禁锢5年之久的转基因农产品贸易禁令,将购买转基因食品的选择权交到消费者自己手中。2003年7月,欧洲议会通过两项法规(EC)1829/2003和(EC)1830/2003,主要对转基因食品的标签制度和可追踪性、安全性及上市申请问题等进行了规定。

(3)加拿大　加拿大食品标签政策由加拿大卫生部和加拿大食品管理局制订,转基因食品并不要求强制性标签表述,但要求标签内容必须真实、易于理解,并且不能造成误导。对健康和安全可能有影响的食品,如可能引起过敏、造成毒性、成分及营养的改变,则实行强制性标签。

(4)英国　英国支持发展生物科技,但在没有证据表明转基因食品是否有害的情况下,对转基因食品持谨慎态度。英国政府要求所有转基因产品都必须有标签清楚地表明"本产品为转基因产品",并要求转基因产品的企业经营者追踪所有转基因产品从生产到出售的全过程。英国政府对转基因食品管理是以工艺过程为基础的管理模式,即重组DNA技术有潜在危险,不论是何种基因、哪类生物,只要是通过重组技术获得的转基因生物,都要接受安全性评价和监控。

(5)俄罗斯　目前,俄罗斯未批准任何转基因作物的商业化种植。俄罗斯转基因食品主要来源于进口。1999年7月1日,俄罗斯政府规定进口转基因食品必须经俄罗斯医学科学院食品研究所和国家生物工程中心进行质检。2000年7月1日,俄罗斯成立转基因消费品法,要求含有转基因成分的食物及医药,都需要标签,有关转基因成分的信息必须在货运文件上列明。

(6)日本　日本对待转基因食品的态度与欧盟和美国有所不同,其主张通过非强制性行政指南对基因工程的操作程序即对生物技术本身进行安全管理。2001年4月,日本政府要求所有转基因食物都必须经过安全检验,同时,日本政府针对转基因成分超过5%的食物,执行强制性标签制度。

(7)韩国　韩国政府从2001年3月1日开始,实施转基因食品强制性标签制度。对大豆和玉米等4种作物必须标明是否是转基因农作物。2001年9月1日起对所有进口的大豆、玉米以及含有这些成分的食品要求加贴"转基因"标识,并出具转基因检测证明。

(8)印度　印度政府正在研究对所有进口食品实施转基因安全证书计划,以确保食品有正确标识,保护消费者的健康。印度政府拟要求所有进口商出具证明,证明其进口的食品是否含有转基因的成分。

(9)瑞士　瑞士联邦政府规定食品中转基因成分不超过1%的,不需在标签上标明;超过1%或无法确定的,需在标签上说明。

(10)澳大利亚　1999年5月起实施《转基因食品标准》,规定对用基因工程技术生产的食品必须进行安全性评价,如在安全性评价中未获认可,将不得进入市场销售。

3.中国转基因植物的管理办法

中国是转基因植物种植和研究大国,1994年首次商品化种植抗黄瓜花叶病毒(CMV)和抗烟草花叶病毒(TMV)双价的转基因烟草。截至2003年,农业部基因工程安全委员会批准水稻、玉米、棉花、大豆、油菜、马铃薯等10多种转基因植物进入田间环境释放,批准转*Bt*基因抗虫棉、反义RNA技术延熟番茄、改变花色的矮牵牛、抗病毒的甜椒和番茄等6种转基因植物进入商业化生产。伴随着转基因技术的应用和发展,我国相继出台了一系列加强转基因植物安全性管理的相关政策,以保证转基因产业的健康安全有序的发展。

中国转基因植物安全性管理的相关政策:

1993年12月24日,国家科委颁布实施了《基因工程安全管理办法》。按照基因工程潜在的危险程度将农业转基因生物进行安全分级管理,包括安全等级Ⅰ(尚不存在危险)、安全等级Ⅱ(具有低度危险)、安全等级Ⅲ(具有中度危险)、安全等级Ⅳ(具有高度危险)4个等级。规定在开展基因工程实验研究的同时,还应进行安全评价,其重点是目的基因、载体、宿主和遗传工程体的致病性、致癌性、抗药性、

转移性和生态环境效应以及确定生物控制和物理控制等级。

1996 年 7 月 10 日，农业部颁布实施了《农业生物基因工程安全管理实施办法》。安全评价工作按照植物、动物、微生物 3 个类别，分别从转基因生物、受体安全性、转基因生物产品等方面进行等价划分，该办法对转基因生物技术从试验研究、中间试验、环境释放和商品化生产各阶段应遵循的原则给予了明确规定，并实行申报、审批制度，奠定了我国生物技术安全管理的基础。

2001 年 5 月 23 日，国务院颁布了《农业转基因生物安全管理条例》。国务院建立农业转基因生物安全管理部际联席会议制度，由农业、科技、环境保护、卫生、外经贸、检验检疫等部门的负责人组成，负责研究、协调这一工作中的重大问题。条例明确规定不得销售未标识农业转基因生物，其标识应当说明产品中含有转基因成分的主要原料名称；出口农产品，外方要求提供非转基因农产品证明的，由口岸出入境检验检疫机构进行检测并出具非转基因农产品证明；进口农业转基因生物，必须取得国务院农业行政主管部门颁发的农业转基因生物安全证书和相关批准文件，否则作退货或者销毁处理；进口农业转基因生物不按照规定标识的，重新标识后方可入境。

2002 年 1 月 7 日，我国政府颁布了《转基因生物安全管理条例》实施细则，2002 年 1 月 15 日农业部同时发布了《农业转基因生物安全评价管理办法》《农业转基因生物进口安全管理办法》和《农业转基因生物标识管理办法》3 个配套办法，并于 2002 年 3 月 20 日实施。《农业转基因生物标识管理办法》规定，转基因食品必须标明身份，以便消费者根据转基因标识决定自己对有关农产品和其制成品的选择，未标识和不按规定标识的，不得进口或销售。

2004 年 5 月 24 日，国家质检总局颁布了《进出境转基因产品检验检疫管理办法》。规定对进境转基因动植物及其产品、微生物及其产品和食品实行申报制度；过境的转基因产品，货主或者其代理人应当事先向国家质检总局提出过境许可申请并提交相关资料；对出境产品需要进行转基因检测或者出具非转基因证明的，货主或者其代理人应当提前向所在地检验检疫机构提出申请，并提供输入国家或者地区官方发布的转基因产品进境要求。

此外，2007 年 9 月农业部转基因生物管理办公室编写了《转基因植物安全评价指南》，用于指导转基因植物安全评价申请和评审。2007 年 6 月至 2008 年 9 月，农业部连续发布了 41 项转基因植物检测标准，以规范不同转基因作物的具体检测。国家环保总局为了加强对所有类型的转基因生物管理，已利用相关生物安全的国内和国际合作项目研究成果，编写了《中国转基因生物安全性研究与风险管理》一书，以期更加全面地为各类转基因生物的风险评估和管理提供技术支持。

4. 中国转基因农作物管理现状

目前，我国转基因农作物研究等领域已经处于国际先进水平，但我国一直对转基因持谨慎态度。我国对待转基因农作物采取三种管理方式：批准商业化种植；批准原料进口，但禁止商业化种植；批准自主研发，并颁发生产应用安全证书，但禁止商业化种植。

(1)中国批准进行商业化种植的转基因作物

①转基因棉花　我国是继美国之后，第二个拥有自主研制抗虫棉的国家。世界上转基因棉花品种非常多，从 1998 年开始，我国也有多个转基因抗虫棉品种相继通过国家审定。转基因棉花主要分为抗虫和耐除草剂两种类型。美国和印度是全球最大的转基因棉花出口国，中国为最大的进口国。

②转基因番木瓜　1990 年抗病毒的转基因番木瓜品种在美国诞生，后来我国华南农业大学培育出了“华农 1 号”转基因番木瓜品种，并在 2006 年获得中国农业部颁发的安全性证书，开始在生产上应用，发展快速，目前市面上基本上所有番木瓜都是转基因品种。

(2)中国批准进口的转基因作物

①转基因玉米　转基因玉米主要有抗虫、抗病、耐除草剂型，美国、巴西、阿根廷、乌拉圭、加拿大等国种植率非常高。2009 年，中国农业科学院生物技术研究所培育的转基因植酸酶玉米 BVLA430101，获得农业转基因生物安全证书，但并未批准投入实际生产。我国 2010 年首次进口转基因玉米，主要用

于饲料加工，后期有企业用于食用油加工，目前批准进口的转基因玉米在有效期内的共 17 种。

②转基因大豆　1994 年，转基因大豆首先被美国食品与药品管理局（FDA）批准，也是较早成为商业化大规模推广的转基因作物之一，主要有抗虫、抗病、耐除草剂和高蛋氨酸品种。转基因大豆是世界上主要的转基因植物种植作物。我国未批准转基因大豆商业化种植，但批准了个别品种的进口，而且是世界主要的大豆进口国，主要用于食用油加工，截至目前共批准进口转基因大豆在有效期内的共 15 种。

③转基因油菜　1985 年，世界上出现第一株转基因油菜，随着研究的深入先后出现了抗病、抗虫、耐除草剂等转基因品种。我国未批准转基因油菜商业化种植，但批准了部分转基因油菜籽的进口，主要用于原料加工，共批准 9 种转基因油菜籽进口。

④转基因棉花　因中国人口众多，以棉花为主要材料的加工业比较发达，中国是世界上最大的棉花需求国，美国和印度是全球最大的转基因棉花出口国。截至目前，在有效期内的进口转基因棉花品种共有 9 个。

⑤转基因甜菜　甜菜块根是制糖工业的原料，也可做饲料，是我国的主要糖料作物之一。2008 年转基因甜菜开始在世界上大规模商业化种植，最开始种植的国家是美国，我国批准进口的转基因甜菜品种只有 1 个。

（3）获得生产应用安全证书的转基因作物　截至目前，农业农村部共批准了 8 种植物生产应用安全证书（图 12-14），分别是：

①1997 年发放的耐储存番茄、抗虫棉花安全证书；

②1999 年发放的改变花色矮牵牛和抗病辣椒（甜椒、线辣椒）安全证书；

③2006 年发放的转基因抗病番木瓜安全证书；

④2009 年发放了转基因抗虫水稻和转植酸玉米安全证书；

⑤2020 年发放了转基因抗虫耐除草剂玉米、大豆安全证书。

中华人民共和国
农业转基因生物安全证书（生产应用）
农基安证字（2014）第 029 号
发证机关（盖章）
2014年12月11日

单位名称：华中农业大学
项目名称：转cry1Ab/cry1Ac基因抗虫水稻华恢1号在湖北省生产应用的安全证书
转基因生物：华恢1号
外源基因：cry1Ab/cry1Ac
安全等级：Ⅱ
有效区域、规模：湖北省
安全措施及要求：见附件
有效期：2014年12月11日至2019年12月11日

图 12-14　华中农业大学 2014 年所获水稻抗虫转基因安全证书

取得了转基因生产应用安全证书，并不等于可以马上进行商业化种植。按照《中华人民共和国种子法》的要求，转基因作物还需要取得品种审定证书、生产许可证和经营许可证，才能进入商业化种植。截至目前，仅有棉花和番木瓜能进入商业化种植。

小　　结

本章介绍植物遗传转化的原理以及转基因植物的安全性问题。植物遗传转化的载体系统主要包括Ti质粒或Ri质粒共整合载体系统和双元载体系统。植物遗传转化受体种类多，有组织受体系统、原生质体受体系统和生殖细胞受体系统。植物遗传转化方法可分为载体介导转化、裸露DNA直接转化和种质系统转化三大类，其中最常应用的是农杆菌Ti质粒介导转化法和基因枪法。外源基因一般只能导入部分受体细胞中，所以必须通过PCR、酶切、Southern杂交、Northern杂交和Western杂交等技术，以确认外源基因已成功整合进受体植株基因组，且实现稳定表达。此外，本章还介绍了转基因植物对环境和人类健康的安全性评价及其安全性管理。

思　考　题

1. Ti共整合转化载体系统和双元表达载体系统的特点是什么？
2. 植物遗传转化中常用的组织受体系统有哪些？各有何特点？
3. 植物遗传转化方法有哪些？各有哪些特点？
4. 什么是选择标记基因和报告基因？植物遗传转化中常用的选择标记基因和报告基因有哪些？
5. 比较Southern杂交、Northern杂交和Western杂交的原理及鉴定目的。
6. 什么叫转基因沉默？引发转基因沉默的因素有哪些？
7. 转基因植物存在哪些潜在风险？
8. 转基因食品对人类健康存在的可能影响有哪些？
9. 什么是“实质等同性”？

实验17　番茄叶盘与根癌农杆菌共培养转化

1. 实验目的

掌握农杆菌介导叶盘转化法的基本原理和操作，将番茄叶盘与农杆菌共培养后通过在筛选培养基上筛选抗性芽，获得目的基因转化的植株。

2. 实验原理

根癌农杆菌Ti质粒介导转化是目前研究最多和技术方法最为成熟的遗传转化途径。根癌农杆菌对植物细胞释放的化学物质具有趋化特性，如糖、氨基酸和酚类物质，吸引根癌农杆菌向植物细胞集中。经共培养后，植物细胞释放的化学物质可透过农杆菌的细胞膜诱导Ti质粒上的*vir*基因活化。*vir*基因表达产物使Ti质粒上的T-DNA转移进入植物细胞，并整合到植物核基因组中。插入在T-DNA左右边界区内的目的基因也随之整合到植物染色体上，从而使目的基因在植物细胞中得到表达。

3. 实验用品

(1)材料　含目的基因共整合载体或双元载体的根癌农杆菌(以pBI121载体为例)；8～10 d苗龄番茄无菌试管苗。

(2)仪器及用具　超净工作台、摇床、智能气候培养箱、离心机、高压灭菌锅、镊子、解剖刀刀柄和刀片等。

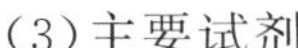

(3)主要试剂

①种子萌芽培养基　1/2 MS+蔗糖 3%+琼脂 7.4 g/L。

②看护培养基　MS+肌醇 20 mg/L+硫胺素 0.65 mg/L+2.4-D 0.2 mg/L+KH_2PO_4 100 mg/L+KT 0.1 mg/L+蔗糖 3%+琼脂 7.4 g/L。

③分化培养基　MS+ZT 1.0 mg/L+Cef 500 mg/L+Kan 100 mg/L+蔗糖 3%+琼脂 7.4 g/L。

④继代培养基　MS+ZT 0.2 mg/L+Cef 400 mg/L+Kan 100 mg/L+蔗糖 3%+琼脂 7.4 g/L。

⑤生根培养基　MS+IBA 2.0 mg/L+Cef 200 mg/L+Kan 50 mg/L+蔗糖 3%+琼脂 7.4 g/L。

⑥YEP 固体培养基　蛋白胨 10 g/L+酵母粉 10 g/L+NaCl 5 g/L+琼脂 15 g/L。

⑦LB 液体培养基　蛋白胨 10 g/L+酵母粉 5 g/L+NaCl 10 g/L。

⑧抗生素储备液(Kan,Cef,Rif)。

⑨70%乙醇。

⑩2%NaClO 溶液。

4.实验步骤

(1)无菌受体材料的准备　将番茄种子用 70%酒精浸泡 30~60 s,转入 NaClO 溶液消毒 15 min(其中有效氯为 2%),灭菌蒸馏水冲洗 3~4 次。将消毒后种子播种于 1/2MS 培养基中,注意种子尽量分散,避免重叠,然后于(25±2) ℃,黑暗条件下培养直至种子发芽(3 d),转入光照强度 1 800 lx,16 h 光/8 h 暗的光周期条件下进行培养(6 d)。

(2)根癌农杆菌的活化　将保存于甘油的菌种用画线法接种于含 Kan 的 YEP 固体平板培养基上培养,挑取一个单菌落根癌农杆菌,接种到 20 mL LB 液体培养基(Rif 50 mg/L,Kan 50 mg/L)中,在 28 ℃恒温摇床(220 r/min)上振荡培养到 OD 值为 0.6~0.8。取上述培养物按 1%~2%的比例,转入新鲜的无抗生素的 LB 培养基中,继续培养 1~2 h,然后离心收集菌体,用液体 MS 重悬菌液至 OD 值为 0.2~0.5 时即可用于转化。

(3)受体材料预培养　切取番茄 8~10 d 苗龄无菌苗的子叶,子叶带有一小段叶柄,并切掉子叶尖端,置入看护培养基(表面铺一层滤纸)上进行预培养,注意子叶近轴面向下,预培养 1~2 d。

(4)侵染和共培养　在超净工作台上,将菌液倒入无菌小培养皿,从看护培养基上取出预培养的外植体,放入菌液中泡 3~5 min,取出外植体在无菌滤纸上吸去附着的菌液。然后重新接种回看护培养基上,28 ℃暗培养 2 d,注意子叶近轴面向下。

(5)选择培养　将经过共培养的外植体转移到加有选择压(Kan 100 mg/L)的脱菌(附加 Cef 500 mg/L,抑制农杆菌生长)分化和愈伤组织诱导培养基上,在光照强度 2 000~10 000 lx,16 h/d,25 ℃条件下进行第一阶段选择培养,约 14 d(注意此时不加滤纸,子叶近轴面向上)。

(6)继代选择培养　选择培养 15 d 左右,待靠近子叶叶柄处长出绿色生长点时,转移至附加选择压(Kan 100 mg/L)的脱菌(附加 Cef 400 mg/L,抑制农杆菌生长)生长或分化培养基上,进行第二阶段抗性筛选,每 15~20 d 继代 1 次(注意此时不加滤纸,子叶近轴面向上)。

(7)生根培养　当不定芽长至 1 cm 以上时,将芽切下,转移至生根培养基(MS+IBA 2.0 mg/L+Cef 200 mg/L+Kan 50 mg/L)中诱导生根,2~3 周后长出不定根并移栽到育苗钵。

5.实验注意事项

(1)受体材料以 8~10 d 苗龄生长健壮的番茄无菌试管苗最为适宜。苗龄太小,子叶经农杆菌侵染后容易腐烂致死;而苗龄大于 10 d,农杆菌侵染效率降低。此外,若取田间或温室栽培番茄植株的叶片,尽量选择新生嫩叶,同时要对材料进行严格消毒处理。

(2)受体材料预培养时,培养基表明应铺一层无菌滤纸,同时子叶近轴面应向下;而侵染后进行筛选培养时,培养基表明滤纸去除,注意子叶近轴面向上。

(3)选择培养过程中应调节 ZT 的浓度,如第一阶段选择培养时 ZT 1.0 mg/L 有利于子叶叶柄处

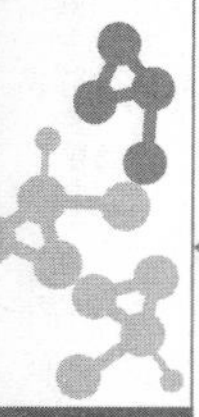

分化形成绿色生长点,之后,第二阶段选择培养时 ZT 0.2 mg/L 有利于分化芽的形成和生长。

(4)转化植株移栽时,一定要注意在营养钵上加盖透明通气塑料罩杯,确保转基因植株移栽成活。

6.实验报告与思考题

(1)实验报告　详细记录实验步骤和结果,分析苗龄大小对转化结果的影响。

(2)思考题

①在转化植株中是否存在假转化体?如何鉴定假转化体?

②如何提高叶盘法遗传转化效率?

③叶盘转化法的关键是什么?

附录

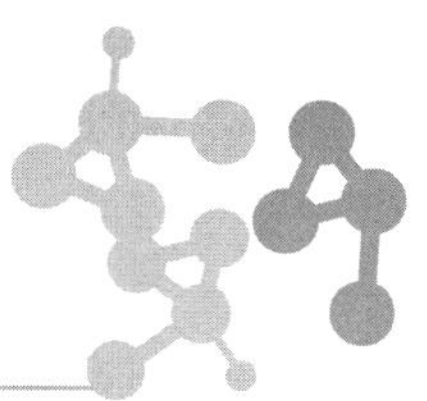

附录一　植物细胞组织培养综合性大实验

实验 18　红豆杉细胞培养及紫杉醇含量检测

1.实验目的

掌握红豆杉细胞培养的方法，了解紫杉醇生产的工艺流程。

2.实验原理

紫杉醇是一种四环二萜酰胺类化合物，是从红豆杉科红豆杉属植物中提取分离出来的次生代谢物，是一种被世界公认广谱、活性强的天然抗癌新药，对卵巢癌、子宫癌、乳腺癌等十几种癌症具有很好的疗效，目前在临床上作为乳腺癌、卵巢癌和非小细胞肺癌的一线用药。红豆杉已被世界各国列为一级保护植物，天然资源少，紫杉醇传统生产方式是直接从植物中提取获得，不仅产量低，同时对野生红豆杉资源造成严重破坏，其化学合成也由于其结构复杂而不具备商业价值，因此利用植物细胞大量培养技术生产紫杉醇被认为是最具前景、最经济可靠的一种方法。

目前利用细胞培养方法大规模、工厂化生产细胞产物的研究已经进入生物反应器放大阶段，它具有如下优点：①能够确保产物无限、连续、均匀地生产，满足药源供应需要；②不破坏自然资源，不易遭受病虫害、季节等自然条件限制因素的影响；③可以在生物反应器中进行大规模培养，可通过控制环境条件提高紫杉醇产量；④从培养物中提取紫杉醇比从植物体内直接提取简单，可以大大简化分离和提纯步骤；⑤除提供紫杉醇外，还可以生产出前体及其他有抗癌活性而原植物所不含的化合物。

红豆杉的茎段、芽、假种皮、叶、胚、根均可用于愈伤组织的诱导，诱导出分化能力强、质地松散、生长旺盛的愈伤组织是建立红豆杉悬浮细胞系的关键。红豆杉愈伤组织诱导中最常用的培养基是 MS 和 B5 培养基，适宜浓度的 2,4-D、6-BA、NAA、GA3、KT 等都可促进红豆杉愈伤组织的诱导，但在愈伤组织产生的时间上均表现出较显著差异，不同红豆杉品种、不同外植体愈伤组织的诱导应选用不同的培养基与不同浓度的激素组合。

3.实验用品

(1)仪器　人工气候培养箱、超净工作台、高压灭菌锅、酸度计、恒温震荡培养箱、高效液相色谱仪、微波炉。

(2)材料　1～2 年生红豆杉幼嫩枝条、叶片。

(3)试剂　甲醇、乙醇、乙酸乙酯、二氯甲烷、三氯甲烷、浓盐酸。

(4)药品　紫杉醇标样(纯度>99.5%)，氢氧化钠，2,4-D、NAA、BA、B5 培养基的成分，琼脂，蔗糖。

4. **实验步骤**

(1)外植体的选择和灭菌　选择 1～2 年生红豆杉幼嫩枝条和叶片，在自来水下冲洗 1～2 h，除去表面的污垢，于超净工作台上在 70%酒精中消毒 0.5 min 后，转入 0.1%升汞中灭菌 15～20 min，最后用无菌水冲洗 3～5 次，置于无菌滤纸上吸干水分，准备接种。

(2)愈伤组织的诱导　在超净工作台内，将灭菌好的红豆杉枝条剪成 1～1.5 cm 的小段，叶片切成 1 cm^2 小块，接入诱导培养基，黑暗条件 25 ℃左右培养。愈伤组织诱导培养基为 B5 培养基添加 2.0 mg/L 的 2,4-D、2.0 mg/L NAA 和 1.0 mg/L BA。外植体在诱导培养基上培养 10 d 左右，部分茎段诱导产生浅绿色愈伤组织，之后愈伤组织大量增生；叶片愈伤组织发生较晚，在 20 d 以后开始发生，记录出愈时间，35～40 d 统计出愈块数(附表 1)，计算愈伤诱导率。

诱导率＝愈伤组织块数/接种块数×100%

附表 1　红豆杉愈伤组织诱导率统计

外植体类型	出愈时间/d	接种外植体数目	40 d 愈伤数目/块	愈伤诱导率/%
叶片				
茎段				

(3)愈伤组织的继代培养　将愈伤组织从初次诱导培养基上剥离，挑选颜色鲜艳、生长较快的愈伤组织，切成合适大小进行继代培养，观察愈伤组织生长状况，每隔 15～20 d 测定愈伤组织生长量，计算其生长率，绘制生长曲线，数据记入附表 2 中。生长量计算方法如下：

愈伤组织生长速率＝[测定的愈伤组织重量(w_7)－接种愈伤组织重量(w_5)]/接种愈伤组织重量(w_5)×100%

测定的愈伤组织重量(w_7)＝测定时培养瓶总重量(w_6)－接种后培养瓶总重量(w_4)＋培养基自然蒸发量(w_2)

接种愈伤总重量(w_5)＝接种后培养瓶总重量(w_4)－接种前培养瓶总重量(w_3)

培养基自然蒸发量(w_2)＝空白培养基重量(w_0)－测定时培养基重量(w_1)

待遇伤组织扩繁到一定数量后，接种到液体培养基中震荡培养快速扩增细胞。300 mL 培养瓶中装入 100 mL 培养液，每瓶接种 15 g 鲜重细胞。

(4)紫杉醇含量检测　采用以甲醇、乙醇、乙酸乙酯等溶剂浸提，二氯甲烷、三氯甲烷与水相的液-液萃取方法，用高效液相色谱仪检测紫杉醇含量。

附表 2　红豆杉愈伤组织生长量统计

外植体类型	空白培养基重量(w_0)	测定时培养基重量(w_1)	培养基自然蒸发量(w_2)	接种前培养瓶总重量(w_3)	接种后培养瓶总重量(w_4)	接种愈伤组织重量(w_5)	测定时培养瓶总重量(w_6)	测定的愈伤组织重量(w_7)	愈伤组织生长速率/%
叶片									
茎段									

5. 实验注意事项

(1)愈伤组织褐变现象的控制　红豆杉属植物愈伤组织的诱导、继代培养过程中，细胞会分泌大量的棕色色素物质，这些色素物质的积累会影响愈伤组织生长，愈伤组织受毒害而逐渐转为暗褐色至黑色，这种现象称为褐变。可通过缩短继代时间或在培养基中添加维生素 C 等物质，以减轻褐变对细胞的伤害。

(2)处理好糖、激素浓度与紫杉醇产出的关系　适当提高蔗糖浓度对细胞生长和紫杉醇含量提高有益，40 g/L 蔗糖能提高培养细胞紫杉醇的含量。

植物激素对悬浮培养细胞的生长和紫杉醇含量有较大的影响。2,4-D 一般促进细胞生长，抑制次生代谢产物的合成，其浓度在 1.0～3.0 mg/L 之间时，培养细胞中紫杉醇的含量与 2,4-D 浓度呈负相关。适当改变生长素与激动素比例可提高紫杉醇含量，当其比例为(5～10)∶1 时，紫杉醇含量较高。

(3)继代时防止细胞系退化　一般来说，在相同培养基上连续继代，愈伤组织往往有生长退化现象，因此，要经常更换培养基，并适当调整激素水平，及时淘汰退化的细胞系，建立生长速度快、紫杉醇含量高的细胞系。

6. 实验报告与思考题

(1)实验报告

①统计愈伤组织诱导率，将结果记入附表 1。

②每隔 15～20 d 测定愈伤组织生长量，计算其生长率，数据记入附表 2 中，绘制细胞增长曲线。

③测定紫杉醇含量，筛选出产量较高的细胞无性系。

(2)思考题

①影响紫杉醇含量提高的因素有哪些?

②对实验结果进行分析和讨论。

实验 19　西洋芹愈伤组织的诱导及新植株形成

1. 实验目的

学习西洋芹愈伤组织培养的基本操作技术，进一步熟悉、规范无菌操作技术。

2. **实验原理**

西洋芹因其茎秆粗壮深受人们喜爱,是目前研究生物反应器和人工种子技术的模式植物,也是植物组织培养中的良好材料。依据植物细胞全能性原理,任何具有完整细胞核的植物细胞或组织块均具有形成完整植物个体所必需的全部遗传信息。就西洋芹下胚轴而言同样具有形成完整植株的能力,可以用来培养诱导愈伤组织和再分化形成新的植株。

3. **实验用品**

(1)仪器　超净工作台(或无菌箱)、灭菌锅、显微镜、解剖刀、长把镊子、烧杯(500 mL)、9 cm 培养皿、移液管等。

(2)材料　人工培养 30 d 左右的西洋芹幼苗。

(3)试剂　①MS 培养基(配法见有关章节),并附加 1.0 mg/L 2,4-D 和 1.0 mg/L KT;②70%乙醇,饱和漂白粉溶液;③0.05%甲苯胺蓝(toluidine blue)。

(4)药品　硝酸铵、硝酸钾、氯化钙、硫酸镁、磷酸二氢钾、碘化钾、硫酸锰、硫酸锌、钼酸钠、硫酸铜、氯化钴、乙二胺四乙酸二钠、硫酸亚铁、甘氨酸、盐酸硫胺素、盐酸吡哆醇、烟酸、肌醇、2,4-D(2,4-二氯苯氧乙酸)、盐酸、氢氧化钠、95%酒精、蒸馏水等。

4. **实验步骤**

(1)将西洋芹幼苗用自来水冲洗干净,用刀片将幼苗下胚轴横切成大约 2 mm 厚的切片,直至足够数量,以下步骤全部在无菌条件下操作。

(2)西洋芹下胚轴横切片经 70%酒精处理几秒钟后,无菌水冲洗一遍,再用饱和漂白粉溶液浸泡 10 min,无菌水冲洗 3～4 次。

(3)将制备好的西洋芹下胚轴横切片转移到装有无菌水的培养皿中。在整个操作中要多次火焰消毒镊子和解剖刀,冷却后再使用。

(4)用镊子将西洋芹下胚轴横切片转到灭菌的滤纸上(每次 1 片),将切片两面的水分吸干,并立即植入培养基表面。注意接种时使三角瓶成一定的倾斜度,用手拿镊子的接种过程不要直接在培养基上方完成,以减少污染机会。

(5)将培养物置于 25 ℃温箱中培养。也可将一部分放到光下培养,以比较光下和暗处对诱导愈伤组织的反应。

(6)愈伤组织在 1/2 MS+1.5%蔗糖+CH 500 mg/L+KT 0.25 mg/L 上获得不定芽或小试管苗。

(7)在无激素的 MS 或 1/2 MS 固体培养基上继续培养不定芽或小试管苗,即可生根或长大,获得芹菜的完整再生植株。

5. **实验注意事项**

(1)实验操作的各个环节务必在无菌环境下进行。

(2)接种时使三角瓶呈一定的倾斜度,用手拿镊子的接种过程不要直接在培养基上方完成,以减少污染机会。

6. **实验报告和思考题**

(1)实验报告

①观察愈伤组织生长状态。

②统计出愈数,计算愈伤组织诱导率。

③计算愈伤组织分化率及试管苗生根率。

(2)思考题

①西洋芹离体培养诱导愈伤组织成功的关键点是什么?

②西洋芹愈伤组织再分化成苗的关键因素有哪些?

附录二　学习植物组织培养主要网站

[1] http://www.zupei.com(中国组培网)

[2] https://www.icourse163.org/course/bjfu－1003785005? from＝study(北京林大植物组织培养技术精品课程)

[3] https://www.icourse163.org/course/HZAU－1206651801 (华中农大植物组织培养技术精品课程)

[4] https://yyxy.gsau.edu.cn/yyzw.htm (甘肃农大植物组织培养技术精品课程)

[5] https://www.icourse163.org/spoc/course/GDY474－1454083178? tid＝1454461465 (大理学院植物组织培养技术精品课程)

[6] http://www.loveke.net/show.php? id＝738(浙江大学植物组织培养视频)

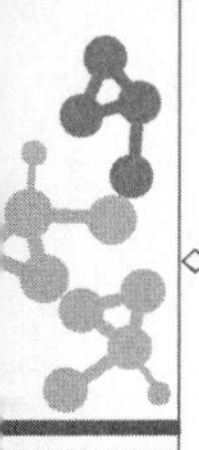

附录三　主要植物组织培养基配方

mg/L

配方成分	MS (1962)	White (1943)	N6 (1974)	B5 (1968)	Heller (1953)	Nitsh (1972)	Miller (1967)	SH (1972)
NH_4NO_3	1 650					720	1 000	
KNO_3	1 900	80	2 830	2 527.5		950	1 000	2 500
$(NH_4)_2SO_4$			463	134				
$NaNO_3$					600			
KCl		65			750		65	
$CaCl_2 \cdot 2H_2O$	440		166	150	75	166		200
$Ca(NO_3)_2 \cdot 4H_2O$		300					347	
$MgSO_4 \cdot 7H_2O$	370	720	185	246.5	250	185	35	400
Na_2SO_4		200						
KH_2PO_4	170		400			68	300	
K_2HPO_4								300
$FeSO_4 \cdot 7H_2O$	27.8		27.8			27.85		15
Na_2-EDTA	37.3		37.3			37.75		20
NaFe-EDTA				28			32	
$FeCl_3 \cdot 6H_2O$					1			
$Fe_2(SO_4)_3$		2.5						
$MnSO_4 \cdot 4H_2O$	22.3	7	4.4	10	0.01	25	4.4	
$ZnSO_4 \cdot 7H_2O$	8.6	3	1.5	2	1	10	1.5	
Zn(螯合体)					0.03			10
$NiCl_2 \cdot 6H_2O$								1.0
$CoCl_2 \cdot 6H_2O$	0.025			0.025		0.025		
$CuSO_4 \cdot 5H_2O$	0.025			0.025	0.03			
$AlCl_3$					0.03			
MoO_3						0.25		
$Na_2MoO_4 \cdot 2H_2O$	0.25			0.25				
TiO_2							0.8	1.0
KI	0.83	0.75	0.8	0.75	0.01	10	1.6	5.0
H_3BO_3	6.2	1.5	1.6	3	1			
$NaH_2PO_4 \cdot H_2O$		16.5		150	125			
烟酸	0.5	0.5	0.5	1				5.0
盐酸吡哆醇(维生素 B_6)	0.5	0.1	0.5	1	1.0			5.0
盐酸硫胺素(维生素 B_1)	0.1	0.1	1	10				0.5
肌醇	100			100		100		100
甘氨酸	2	3	2					
蔗糖	30 000	20 000	50 000	20 000	20 000	20 000	30 000	30 000
琼脂	10 000	10 000	10 000	10 000				
pH	5.8	5.6	5.8	5.8	5.8	5.8		5.9

续表 mg/L

配方成分	H (1967)	CM (1974)	CD (1975)	ER (1965)	DR (1988)	F (1963)	FN (1972)	K (1865)
NH_4NO_3	720	1 500	800	1 200	400	1 000	60	
KNO_3	925	1 500	340	1 900	202	1 000		125
$(NH_4)_2SO_4$					132			
$NaNO_3$								
KCl			65			50	80	
$CaCl_2 \cdot 2H_2O$	166	400		400	440			
$Ca(NO_3)_2 \cdot 4H_2O$			980			500	170	500
$MgSO_4 \cdot 7H_2O$	185	360	370	370	370	300	240	125
Na_2SO_4								
KH_2PO_4	68	150	170	340	408	250	40	125
K_2HPO_4								
$FeSO_4 \cdot 7H_2O$	27.8	27.8	27.8	27.8				
柠檬酸铁							10	
Na_2-EDTA	37.3	37.3	37.3					
Fe-EDTA				5	36.7			
NaFe-EDTA						35		
$FeCl_3 \cdot 6H_2O$								
$Fe_2(SO_4)_3$								
$MnSO_4 \cdot 4H_2O$	25	22.3		2.23				
$MnSO_4 \cdot H_2O$			16.9		16.9	5.0	0.4	
$ZnSO_4 \cdot 7H_2O$	10	8.6	8.6		8.6	7.5	0.05	
Zn(螯合体)				8.6				
$NiCl_2 \cdot 6H_2O$								
$CoCl_2 \cdot 6H_2O$		0.025	0.025	0.002 5				
$CuSO_4 \cdot 5H_2O$	0.025	0.025	0.025	0.002 5			0.05	
$AlCl_3$								
MoO_3					0.025		0.02	
$Na_2MoO_4 \cdot 2H_2O$	0.25	0.25	0.25	0.025	0.025			
TiO_2								
KI		0.83	0.83			0.8		
H_3BO_3	10	6.2	6.2	0.63	6.2	5.0	0.6	
$NaH_2PO_4 \cdot H_2O$								
烟酸		0.5	0.5	1				5.0
叶酸	0.5							
生物素	0.05						0.01	
盐酸吡哆醇(维生素 B_6)				0.5		0.5	1.0	
盐酸硫胺素(维生素 B_1)				0.5	0.4	0.1	1.0	
肌醇				0.5		0.5	1.0	
甘氨酸					100	100	0.1	
维生素 C				2.0		2.0		
蔗糖	20 000	50 000	30 000	40 000	20 000	30 000	20 000	
琼脂	8 000				6			
pH	5.5			5.8				

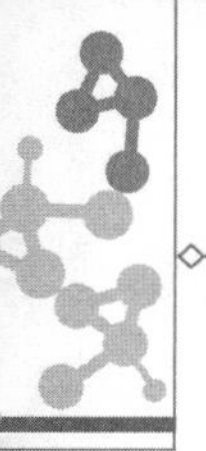

续表 mg/L

配方成分	KN (1943)	LS (1965)	LY (1979)	MIS (1953)	MO (1948)	MT (1969)	RN (1968)	SC (1980)
NH_4NO_3		1 650				1 650		1 650
KNO_3		1 900	190	80	125	1 900	125	1 900
$(NH_4)_2SO_4$	500							
$NaNO_3$								
KCl				65	125			
$CaCl_2 \cdot 2H_2O$		400				440		440
$Ca(NO_3)_2 \cdot 4H_2O$	1 000		1 140	100	500		500	
$MgSO_4 \cdot 7H_2O$	250	370	370	35	125	185	35	400
Na_2SO_4								
KH_2PO_4	250	170	170	37.5	125	170	125	170
K_2HPO_4								
$FeSO_4 \cdot 7H_2O$		27.8	55.6			27.8	27.8	27.8
Na_2-EDTA		37.3	74.6			37.3	37.3	37.3
Fe-EDTA								
NaFe-EDTA								
$FeCl_3 \cdot 6H_2O$					1			
$Fe_2(SO_4)_3$								
$FePO_4 \cdot 4H_2O$	25			2.5				
$MnSO_4 \cdot 4H_2O$		22.3	22.3	4.4		22.3	25	22.3
$MnSO_4 \cdot 7H_2O$					0.05			
$ZnSO_4 \cdot 7H_2O$		8.6	8.6	0.05		8.6	10	8.6
Zn(螯合体)					0.03			10
$NiCl_2 \cdot 6H_2O$					0.025			
$CoCl_2 \cdot 6H_2O$		0.025	0.02		0.025	0.025	0.025	0.025
$CuSO_4 \cdot 5H_2O$		0.025	0.02		0.025	0.025	0.025	0.025
MoO_3						0.25		
$Na_2MoO_4 \cdot 2H_2O$		0.25	0.25				0.25	0.25
KI		0.83	0.83	0.75	0.25	0.83	1.0	0.83
H_3BO_3		6.2	6.2	1.6	0.025	6.2	10	6.2
$NaH_2PO_4 \cdot H_2O$								
烟酸						0.5	0.5	2.0
叶酸							0.5	0.5
生物素					0.01		0.05	1.0
盐酸吡哆醇(维生素 B_6)			0.5	0.5	1.0	0.5	0.5	2.0
盐酸硫胺素(维生素 B_1)		0.4	0.1	0.1	10.0		0.5	1.0
肌醇			0.5	0.5	1.0	100	100	100
维生素 C			2.0	2.0	0.1			50.0
甘氨酸		100	100			2.0	2.0	2.0
蔗糖	20 000	30 000	30 000	20 000	20 000	50 000	40 000	30 000
琼脂		10 000			10 000			
pH		5.8						

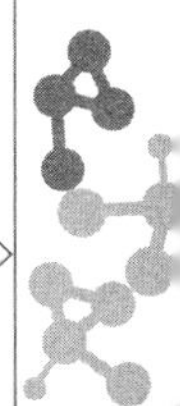

续表 mg/L

配方成分	MS-H (1982)	GS (1986)	V_1 (1986)	WS (1966)	BW (1961)	C_{17} (1986)	VW (1949)	GB (1985)
NH_4NO_3	1 650		412.5	50		300		
KNO_3	1 900	1 250	475	170		1 400	525	2 022
$(NH_4)_2SO_4$		67					500	66
$NaNO_3$						0.25		
KCl				140				
$CaCl_2 \cdot 2H_2O$	440	150	110			150		
$Ca(NO_3)_2 \cdot 4H_2O$				425				
$MgSO_4 \cdot 7H_2O$	370	125	92.5			150	250	
Na_2SO_4				425				
KH_2PO_4	170		42.5			400		
$NaH_2PO_4 \cdot H_2O$								50
Na_2HPO_4		175						
$Na_2HPO_4 \cdot 12H_2O$				35				
NH_4Cl				35				
$Ca_3(PO_4)_2$						0.5	200	
$FeSO_4 \cdot 7H_2O$	27.8	13.9	0.083	27.8				22
Na_2-EDTA	37.3	18.65		37.3		37.25		30
Fe-EDTA			12.5 mL				28	
NaFe-EDTA								
$FeCl_3 \cdot 6H_2O$								
$Fe_2(SO_4)_3$								
$MnSO_4 \cdot 4H_2O$	22.3		2.23	7.5			75	8
$MnSO_4 \cdot 2H_2O$						5		
$MnSO_4 \cdot 7H_2O$						11.2		
$MnSO_4 \cdot H_2O$		5						
$ZnSO_4 \cdot 7H_2O$	8.6	1	1.05	3.2				24
$ZnSO_4$						8.6		
Zn(螯合体)								
草酸铁				28	鸟氨酸 100			
$NiCl_2 \cdot 6H_2O$								
$CoCl_2 \cdot 6H_2O$	0.025	0.012 5	0.002 5			0.012		0.02
$CoCl_2 \cdot 2H_2O$			0.002 5		谷酰胺 200			
$CuSO_4 \cdot 5H_2O$	0.025	0.012 5	0.002 5		天冬酰胺 200	0.012		0.02
$AlCl_3$								
MoO_3								
$Na_2MoO_4 \cdot 2H_2O$	0.25		0.025			0.012		0.2
TiO_2								
KI	0.83	0.375	0.083	1.6		0.1		0.6
H_3BO_3	6.2	1.5	0.62			6.2		2.4
$NaH_2PO_4 \cdot H_2O$							250	
烟酸	2.5	1	0.05	0.5	0.5	0.5		1.0
叶酸	0.25							
生物素	0.05							
盐酸吡哆醇(维生素 B_6)	0.25	1	0.05	0.1	0.1	0.5		1.0
盐酸硫胺素(维生素 B_1)	2.0	10	0.04	0.1	0.1	1.0		10
肌醇	200	25	10	100	100			25
甘氨酸	2.0		0.2		胞嘧啶 100	2.0		
蔗糖	20 000	15 000	15 000	20 000		90 000	20 000	15 000
琼脂	6 000	4 000～7 000	7 500	140 000		7 000	16 000	4 000～8 000
pH	5.7	5.9	5.8				5.1	5.9～6.0

附录四　植物细胞组织培养常用英文缩写名词中文对照

缩写名词	英文全称	中文全称
ABA	abscisic acid	脱落酸
Ac	activated carbon	活性炭
AFLP	amplification fragment length polymorphism	扩增片段长度多态性
6-BA	6-benzyladenie	6-苄基腺嘌呤
BAP	6-benzylaminopurine	6-苄氨基嘌呤
CaMV	cauliflower mosaic virus	花椰菜花叶病毒
CCC	chlorocholine chloride	氯化氯胆碱(矮壮素)
CH	casein hydrolysate	水解酪蛋白
CM	coconut milk	椰子汁
2,4-D	2,4-dichlorophenoxyacetic acid	2,4-二氯苯氧乙酸
DMSO	dimethyl sulfoxide	二甲基亚砜
ELISA	enzyme-linked immunosorbent assay	酶联免疫吸附检验
EDTA	ethylene diamine tetraacetate	乙二胺四乙酸盐
FDA	fluorescein diacetate	荧光素双醋酸酯
GA_3	gibberellic acid	赤霉素
GUS	β-glucuroidase	β-葡萄糖苷酸酶
IAA	indole-3-acetic acid	吲哚乙酸
IBA	indole-3-butyric acid	吲哚丁酸
2iP	2-isopentenyladenine	二甲基丙烯嘌呤
KT	kinetin	激动素
LH	lactalbumin hydrolysate	水解乳蛋白
lx	lux	勒克斯(光照度单位)
mol	mole	摩尔
NAA	1-naphthaleneacetic acid	萘乙酸
PCV	packed cell volume	细胞密实体积
PCR	polymerase chain reaction	聚合酶链式反应
PEG	polyethylene glycol	聚乙二醇
PVP	polyvinylpyrrolidone	聚乙烯吡咯烷酮
RAPD	random amplified polymorphic DNA	随机扩增多态性 DNA
RFLP	restriction fragment length polymorphism	限制性片段长度多态性

r/min	rotation per minute	每分钟转数
SSR	simple sequence repeat	简单重复序列
T-DNA	transfer DNA	转移 DNA
Ti	tumor-inducing plasmid	Ti 质粒
TIBA	2,3,5-triiodobenzoic acid	三碘苯甲酸
YE	yeast extract	酵母浸提物
ZT	zeatin	玉米素

参考文献

[1] 艾鹏飞，罗正荣. 柿和君迁子试管苗缓慢生长法保存及其遗传稳定性研究. 园艺学报，2004，31(4)：441-446.

[2] 安利国. 细胞工程. 北京：科学出版社，2005.

[3] 白宝璋，徐克章，沈军队. 植物生理学. 北京：中国农业科技出版社，1996.

[4] 包晗，张芮，张美玲，等. 甜叶菊叶片外植体再生体系的建立. 北方园艺，2018(06)：16-22.

[5] 蔡永智，王爱英，沈海涛，等. 甜叶菊叶片高频再生体系的建立. 北方园艺，2013(9)：134-137.

[6] 曹家树，秦岭. 园艺植物种质资源学. 北京：中国农业出版社，2005.

[7] 曹俊梅，窦秉德，李生强，等. 玉米幼胚和成熟胚愈伤组织分化反应性比较. 新疆农业大学学报，2005，28(2)：10-13.

[8] 曹俊梅. 基因型及生长调节物质对玉米成熟胚培养的影响. 淮阴师范学院学报(自然科学版)，2005，4(2)：154-158.

[9] 查夫拉·H S. 植物生物技术导论，北京：化学工业出版社，2005.

[10] 陈菲，杨春华，刘琳，等. 扁穗牛鞭草再生体系的建立. 草地学报，2015，23 (2)：437-440.

[11] 陈火英，张建华，钟建江，等. 番茄下胚轴离体培养植株再生及其组织学观察. 西北植物学报，2000，20(5)：759-765.

[12] 陈集双，张本厚. 高通量植物生物反应器及其在遗传资源挖掘中的应用. 生物资源，2020，42(1)：117-123.

[13] 陈金慧，施季森，诸葛强，等. 植物体细胞胚发生机理的研究进展. 南京林业大学学报(自然科学版)，2003，27(1)：75-80.

[14] 陈冉冉，周涛. 变温热处理与茎尖培养相结合在苹果砧木组培苗脱毒中的应用. 中国植保导刊，2019，39(9)：57-61.

[15] 陈荣敏，温书敏. 脱落酸(ABA) 对小麦花药培养的影响. 河北农业大学学报，1999，22(2)：24-26.

[16] 陈善春，张进仁，黄自然，等. 根瘤农杆菌介导柞蚕抗菌肽 D 基因转化柑橘的研究. 中国农业科学，1997，30：7-13.

[17] 陈世昌. 植物细胞组织培养. 重庆：重庆大学出版社，2006.

[18] 陈晓玲，张金梅，辛霞，等. 植物种质资源超低温保存现状及其研究进展. 植物遗传资源学报，2013，14(3)：414-427.

[19] 陈振光. 园艺植物离体培养学. 北京：中国农业出版社，1995.

[20] 程金水. 园林植物遗传育种学. 北京：中国林业出版社，2000.

[21] 崔广荣，何克勤，胡能兵，等. 甜叶菊的组织培养. 安徽科技学院学报，2011，25(5)：23-28.

[22] 戴朝曦. 遗传学. 北京：高等教育出版社，1998.

[23] 戴思兰. 园林植物育种学. 北京：中国林业出版社，2007.

[24] 戴雪梅，华玉伟，李哲，等. 植物悬浮细胞培养的关键技术及存在问题. 热带生物学报，2013，04：381-385.

[25] 邓彬. 玛瑙红樱桃幼胚培养及其遗传转化. 贵州大学，硕士论文，2019.

[26] 邓晨玥，呼天明，何学青. 草类植物人工种子研究进展. 草地学报，2020，42 (3)：160-166.

[27] 邓秀新，Grosser JW，Gmitter F G J. 柑橘种间体配融合及培养研究. 遗传学报，1995，22(4)：316-321.

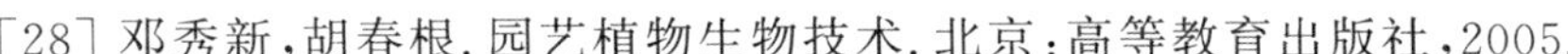

[28] 邓秀新,胡春根.园艺植物生物技术.北京:高等教育出版社,2005.
[29] 翟雪霞,杨靖,李友勇.红豆杉高产细胞系快速建立和更新的新方法.生物技术通讯,2009,20(3):376-379.
[30] 翟中和,王喜忠,丁明孝,等. 细胞生物学.4版.北京:高等教育出版社,2011.
[31] 刁现民,孙敬三.植物体细胞无性系变异的细胞学和分子生物学研究进展.植物学通报,1999,16(4):372-377.
[32] 董娟娥.植物次生代谢与调控,杨凌:西北农林科技大学出版社,2009.
[33] 杜捷,王刚,幸亨泰,等.兰州百合继代培养过程中的染色体变异.西北师范大学学报,2003,39(2):61-65.
[34] 付迎军,等.玉米未授粉子房离体培养及植株再生.玉米科学,2005,13(1):33-35.
[35] 付迎军.玉米离体花药培养体系的建立.延边大学农学学报,2004,26:1-5.
[36] 傅亚萍,颜红岚.不同染色体倍性水稻植株光合特性的研究.中国水稻科学,1999,13(3):157-160.
[37] 巩振辉,申书兴.植物组织培养.北京:化学工业出版社,2007.
[38] 巩振辉.园艺植物生物技术.北京:科学技术出版社,2010.
[39] 郭勇.植物细胞培养技术与应用.北京:化学工业出版社,2004.28.郭志鸿,张金文,陈正华,等.利用RNA干涉技术及微束激光法培育抗病毒马铃薯.激光生物学报,2006,15:525-531.
[40] 郭仲琛.水稻未受精子房离体培养的初步研究.植物学报,1982(24):33-37.
[41] 韩爱民,许建峰,方晓周,等.影响高山红景天细胞悬浮培养中细胞生长和红景天苷积累的几个因素.植物生理学通讯,1997,33(1):33-36.
[42] 韩瑞超.桂花幼胚培养与愈伤组织诱导及分化.山东农业大学,硕士学位论文,2012.
[43] 何道一.大豆幼胚培养直接成苗影响因素研究.大豆科学,2012,31(1):34-37.
[44] 贺宗毅,张德利,李卿,等.我国红豆杉药材人工培植研究及思考.中国药业,2017,26(17):1-5.
[45] 洪柳.碰柑成熟种子胚培养获得四倍体植株.园艺学报,2005,32(4):688-690.
[46] 洪森荣,李远芳,郁雪婷,等.红芽芋茎尖低温疗法脱毒的RT-PCR检测.分子植物育种,2018,16(14):4678-4684.
[47] 洪亚辉,董延瑜,易自力,等.植物外源DNA直接导入技术.长沙:湖南科学技术出版社,2000.
[48] 侯丙凯,陈正华.植物抗虫基因工程研究进展.植物学通报,2000,17:385-393.
[49] 胡国君,董雅凤,张尊平,等. 植物类病毒脱除技术进展.植物保护学报,2017,44(2):177-184.
[50] 胡尚连,李文雄,曾寒冰.小麦单细胞再生植株后代染色体与DNA变异的初步研究.麦类作物学报,2007,27(005):781-786.
[51] 胡松梅.甜叶菊组培快繁技术研究.安徽农业科学, 2013,41(1):41-42.
[52] 胡颂平,梅捍卫,罗利军,等.正常与水分胁迫下水稻叶片叶绿素含量的QTL分析.植物生态学报,2006,30(3)479-486.
[53] 胡颂平,杨华,罗利军,等.水稻胚芽鞘长度与抗旱性的关系及QTL定位.中国水稻科学,2006,20(1):19-24.
[54] 黄璐,卫志明,许智宏.马尾松成熟合子胚的再生能力和胚性与非胚性愈伤组织DNA的差异.植物生理学报,1999,25(4):332-338.
[55] 黄苏珍,韩玉林,谢明云,等.甜叶菊/中山一号快速繁殖的研究.特产研究,1999,4:48-49.
[56] 黄卫文,李忠海,黎继烈,等.植物细胞悬浮培养及其在白藜芦醇研究中的应用.中南林业科技大学学报,2011,04:104-105.
[57] 黄学林,李筱菊.高等植物组织离体培养的形态建成及其调控.北京:科学出版社,1995.
[58] 季彪俊,陈启锋,黄群策,等.水稻花药培养技术的总结与探讨.福建农业大学学报,2001,30(1):

22-28.

[59] 季艳丽,程云伟,陈发菊,等.高粱不同类型胚性和非胚性愈伤组织的生理生化差异.广西植物,2019,39(12):1613-1618.

[60] 贾秀苹.玉米成熟胚愈伤组织诱导及再生体系建立.甘肃农业大学,硕士学位论文,2008.

[61] 蒋迪,徐昌杰,陈大明,等.柑橘转基因研究的现状及展望.果树学报,2002,4:48-52.

[62] 蒋佳宏,王东,胡源,等.光照与温度对拟南芥 tak 基因表达与 LHC 磷酸化的影响.生物化学与生物物理进展,2009,36:1202-1207.

[63] 景士西.园艺植物育种学总论.2 版.北京:中国农业出版社,2007.

[64] 孔冬梅,谭燕双,沈海龙.白蜡树属植物的组织培养和植株再生.植物生理学通讯,2003,39(6):677-680.

[65] 孔冬梅.水曲柳体细胞胚胎发生及体细胞胚与合子胚发育的研究.东北林业大学,博士学位论文,2004.

[66] 赖钟雄.微核技术及其在果树育种上的应用前景.福建果树,1998(1):17-18.

[67] 雷萍萍,李美芹,张力凡,等.花生组织培养及高频率植株再生.中国油料作物学报,2009,31(2):163-166.

[68] 李福元,徐玲.植物细胞组织培养技术研究.昆明:云南大学出版社,2008.

[69] 李浚明.植物组织培养教程.北京:中国农业大学出版社,2002.

[70] 李守岭,等.被子植物胚乳培养研究及其影响因素.广西农业科学,2006,37(3):229-232.

[71] 李卫东,葛会波,周春江,等.草莓花药愈伤组织类型与状态调控研究.河南农业大学学报,2004,27(2):59-63.

[72] 李琰,王冬梅,姜在民,等.培养基及培养条件对杜仲愈伤组织生长及次生代谢产物含量的影响.西北植物学报,2004,24(10):1912-1916.

[73] 李永文,刘新波.植物细胞组织培养技术.北京:北京大学出版社,2007.

[74] 李正民.病毒抑制剂对蝴蝶兰病毒植株的脱毒效果.热带生物学报,2003,4(1):56-60.

[75] 梁雪莲,王引斌,卫建强,等.作物抗除草剂转基因研究进展.生物技术通报,2001,2:17-21.

[76] 林顺权.园艺植物生物技术.北京:中国农业出版社,2007.

[77] 刘春潮,王玉春,郑重,等.剪切力对植物细胞悬浮培养的影响.化工冶金,1998,19(4):379-384.

[78] 刘方,张宝红.棉花组织培养高效植株再生体系的建立.棉花学报,2004,16(2):117-122.

[79] 刘进平.植物细胞工程简明教程.北京:中国农业出版社,2005.

[80] 刘科宏,周彦,李中安. 柑橘茎尖嫁接脱毒技术研究进展.园艺学报,2016,43(9):1665-1674.

[81] 刘连成,王聪,董娟娥,等.Ca2+在水杨酸诱发的丹参培养细胞培养基碱化过程中的作用.生物工程学报,2013,29(7):986-997.

[82] 刘清波,黄红梅,谢淑燕.甜叶菊离体培养再生体系的建立.农业工程,2012,10(2):58 -61.

[83] 刘庆昌,吴文良.植物细胞组织培养.北京:中国农业大学出版社,2010.

[84] 刘群龙.苹果离体茎尖超低温保存及其遗传稳定性研究.山西农业大学,硕士学位论文,2000.

[85] 刘香利,刘缙,郭蔼光,等.小麦不同外植体离体培养与再生研究.麦类作物学报,2008,28(4):568-572.

[86] 刘志增,宋同明.玉米单倍体雌雄育性的自然恢复以及染色体 6 化学加倍.作物学报,2000,26(6):12-13.

[87] 柳寒,谢婷婷,徐君,等.嘧啶醇对马铃薯种质试管苗保存遗传稳定性的影响.华中农业大学学报,2011,30(4):398-403.

[88] 娄玉霞,宋磊,李新国,等.甜叶菊叶片离体培养及试管无性系的建立.上海师范大学学报(自然科

学版),2000,29(4):74-78.
[89] 卢美贞,崔海瑞.环境条件对转基因高粱 cry1Ab 蛋白含量的影响.浙江农业科学,2012,1:29-31.
[90] 鲁娇娇,严瑞,何香杉,等.朱顶红'Red Lion'胚性愈伤组织诱导及体细胞胚发生.园艺学报,2016,43(12):2451-2460.
[91] 陆时万.植物学.北京:高等教育出版社,1991.
[92] 罗建平,贾敬芬.豆科牧草沙打旺抗乙硫氨酸变异系筛选.作物学报,2000,26(6):789-794.
[93] 罗士韦.经济植物组织培养.北京:科学出版社,1988.
[94] 罗士伟,何卓培.高等植物突变细胞系的研究.细胞生物学,1982,14(2):1-9.
[95] 吕晋慧,孔冬梅.园艺植物组织培养.北京:中国农业科学技术出版社,2008.
[96] 吕晋慧,吴月亮,等.API 基因转化地被菊品种"玉人面"的研究.林业科学,2007,43(9):128-132.
[97] 吕晋慧.根癌农杆菌介导的 API 基因转化菊花的研究.北京林业大学,博士学位论文,2005.
[98] 毛艳萍,罗明华,黄梅,等.甜叶菊愈伤组织诱导及不定芽的形成.江苏农业科学,2011,39(6):86-88.
[99] 梅家训,丁习武.组培快繁技术及其应用.北京:中国农业出版社,2003.
[100] 倪静静,黄学林,冈田芳明,等.银杏愈伤组织培养及其黄酮类化合物的测定.热带亚热带植物学报,2001,9(2):163-166.
[101] 牛艳丽,张艳芳,杜鹃,等.植物体细胞无性系变异的研究进展.江西林业科技,2009,3(17):32-34.
[102] 潘瑞炽.植物组织培养.广州:广东高等教育出版社,2000.
[103] 钱迎倩,孙敬三.植物细胞组织培养.北京:人民教育出版社,1986.
[104] 钦佩,佘建明,杨晓梅.禾本科植物原生质体培养的研究进展.南京大学学报,1995,31(4):673-677.
[105] 尚宏芹.甜叶菊组培苗生根培养的研究.北方园艺,2010(6):170-172.
[106] 申斓,周爱东,吴小芹.植物细胞培养生物反应器的种类特点及展望.中国生物工程杂志,2015,35(8):109-115.
[107] 沈海龙.植物组织培养.北京:中国林业出版社,2005.
[108] 沈秀丽,徐仲.甜叶菊组织培养条件的研究:不同基本培养基、不同碳源对愈伤组织形成及芽诱导的影响.中国糖料,1997,4:9-10.
[109] 石少华.高温培养建立水稻幼胚再生体系及利用农杆菌介导将 Waxy-Gt1 融合基因导入水稻.上海师范大学,硕士学位论文,2008.
[110] 斯华敏,傅亚萍,肖晗,等.转基因水稻经花药培养获得纯系的研究.中国水稻科学,1999,13(1):19-24.
[111] 孙敬三,桂耀林.植物细胞工程实验技术.北京:科学出版社,1995.
[112] 孙敬三,朱至清.植物细胞工程实验技术.北京:化学工业出版社,2006.
[113] 孙敬三.大麦胚乳植株的诱导及倍性.植物学报,1981(23):262-265.
[114] 孙美玲,李晓灿,王晓东,等.H2O2 介导真菌诱导子促进白桦酯醇积累.林业科学,2013,(7):1104-1108.
[115] 孙岩松,辛爱华,张淑华,等.寒地早粳优质资源的筛选与创新.作物品种资源,1996(3):3-4.
[116] 谭文澄,戴策刚.观赏植物组织培养技术.北京:中国林业出版社,2001.
[117] 田志宏,孟金陵.芸薹属作物原生质体融合及基因转移.中国油料,1997,19(1):70-75.
[118] 万文举,彭克勤,邹冬生.遗传工程水稻研究(I).湖南农业科学,1992(3):6-7.
[119] 王宝霞,齐永红,肖雅尹.半夏茎尖脱毒培养及病毒检测.植物生理学报,2018,54(12):

1813-1819.
[120] 王蒂. 细胞工程学. 北京:中国农业出版社,2003.
[121] 王蒂. 植物细胞组织培养. 北京:中国农业出版社,2004.
[122] 王关林,方宏筠. 植物基因工程原理与技术. 2 版. 北京:科学出版社,2002.
[123] 王海波,魏景芳,葛亚新,等. 小麦愈伤组织状态调控与原生质体培养. 中国农业科学,1996,29(6):8-14.
[124] 王金刚,张兴. 园林植物细胞组织培养技术. 北京:中国农业科学技术出版社,2008.
[125] 王娟,文远,尹双双,等. 药用植物细胞悬浮培养的研究进展. 中国中药杂志,2012,37(24):3680-3683.
[126] 王莉,史玲玲,张艳霞,等. 植物次生代谢物途径及其研究进展. 武汉植物学研究,2007,25(5):500-508.
[127] 王仑山,陆卫,孙彤,等. 枸杞耐盐变异体的筛选及植株再生. 遗传,1995,17(6):7-11.
[128] 王沐兰,杨生超,郁步竹,等. 红豆杉高产悬浮细胞系建立及其紫杉醇诱导的研究进展. 广西植物,2016,36(09):1137-1146.
[129] 王培,陈玉蓉. C(17)培养基在花药培养中应用的研究. 植物学报,1986,28(1):38-45.
[130] 王守才. 体细胞培养变异的分子机理//10 000 个科学难题:农业科学卷. 北京:科学出版社,2011.
[131] 王威,白江平,王清,等. 中国红豆杉植株再生体系优化. 草原与草坪,2019,39(05):102-106.
[132] 王文和. 未授粉子房和胚珠离体培养诱导植物雌核发育研究进展. 植物学通报,2005,22(增刊):108-117.
[133] 王伍梅,台德卫,张效忠,等. 水稻高效花药培养技术体系的构建. 中国农业通报,2009,25(16):65-68.
[134] 王宪泽. 生物化学实验技术原理和方法. 北京:中国农业出版社,2002.
[135] 王艳芳,房伟民,陈发棣,等. "神马"菊花的离体保存及遗传稳定性. 西北植物学报,2007,27(7):1341-1348.
[136] 王永平,史俊. 园艺植物细胞组织培养. 北京,中国农业出版社,2010.
[137] 王玉英,高新一. 植物组织培养技术手册. 北京:金盾出版社,2006.
[138] 王玉英,李春玲,蒋钟仁. 辣椒和甜椒花药培养的新进展. 园艺学报,1981,8(2):41-45.
[139] 文科,黎亮,刘玉强,等. 高效生物诱导玉米单倍体及其加倍方法研究初报. 中国农业大学学报,2006,11(5):17-20.
[140] 吴敏生,黄健秋,卫志明. 玉米幼胚高效再生系统的建立. 植物生理学报,2001,27(6):489-494.
[141] 吴乃虎. 基因工程原理. 北京:科学出版社,2002.
[142] 夏燕莉. 玉米幼胚培养胚性愈伤组织诱导及绿苗再分化的遗传机理研究. 四川农业大学,硕士学位论文,2002.
[143] 肖国樱. 水稻花药培养研究. 杂交水稻,1992(2):44-46.
[144] 肖军,张云霄,刘伯峰. 烟草的组织培养技术研究. 泰山学院学报,2009,31(6):94-98.
[145] 肖玉兰. 植物无糖组培快繁工厂化生产技术. 昆明:云南科学技术出版社,2003.
[146] 肖尊安. 植物生物技术,北京:化学工业出版社,2005.
[147] 邢小姣,陆婷,马楠,等. 垂盆草人工种子制作技术研究. 西北林学院学报,2016,31(6):169-174.
[148] 熊兴耀,李炎林. 木本植物种质资源超低温保存研究进展. 湖南农业大学学报(自然科学版),2012,38(4):347-353.
[149] 许继宏. 药用植物细胞组织培养技术. 北京,中国农业科学技术出版社,2003.
[150] 许智宏,刘春明. 植物发育的分子机理. 北京:科学出版社,1999.

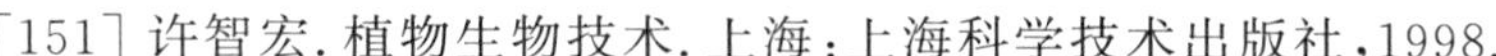

[151] 许智宏.植物生物技术.上海:上海科学技术出版社,1998.
[152] 薛建平.药用植物生物技术.合肥:中国科学技术大学出版社,2005.
[153] 薛美凤,郭余龙,李名扬,等.长期继代对棉花胚性愈伤组织体胚发生能力及再生植株变异的影响.西南农业学报,2002,15(4):19-21.
[154] 闫新甫.转基因植物.北京:科学出版社,2003.
[155] 阎秀峰,王洋,李一蒙.植物次生代谢及其与环境的关系.生态学报,2007,27(6):2554-2562.
[156] 颜昌敬.植物组织培养手册.上海:上海科学技术出版社,1990.
[157] 颜克如,毛碧增.植物病毒脱毒技术进展与展望.分子植物育种,2019,17(23):7861-7870.
[158] 颜秋生,张雪琴,滕胜,等.水稻原生质体培养技术体系的建立//华南农业大学《农业科学集刊》编辑委员会.农业科学集刊(第二集),农作物原生质体培养专辑.北京:中国农业出版社,1995:20-26.
[159] 杨帆,赵君,张之为,等.植物悬浮细胞的研究进展.生命科学研究,2010,14(3):257-262.
[160] 杨鹏,等.枣树茎尖脱毒培养过程中的细胞显微结构和3种保护酶活性的变化.植物生理学通讯,2002,38(4):341-343.
[161] 杨秋玲.抗寒梅花杂交育种及部分杂种子代鉴定研究.北京林业大学,硕士论文,2019.
[162] 杨淑慎.细胞工程.北京:科学出版社,2009.
[163] 杨文婷,匡倩.红豆杉组织培养的防褐变措施研究.北方园艺,2016(17):111-114.
[164] 杨智.超低温处理植物脱毒研究进展.北方园艺,2013(12):184-187.
[165] 叶志彪,李汉霞,周国林.番茄子叶离体培养的植株再生.华中农业大学学报,1994,13(3):291-295.
[166] 殷红.细胞工程.北京:化学工业出版社,2006.
[167] 尹明华,洪森荣.黄独脱毒苗种质离体保存及其遗传稳定性和病毒变化的初步研究.植物研究,2011,31(5):579-584.
[168] 尹文兵,李丽娟,黄勤妮,等.胡萝卜愈伤组织的诱导及细胞悬浮培养研究.山西师范大学学报,2004,18(2):71-76.
[169] 余桂荣,尹钧,郭天财,等.小麦幼胚培养基因型的筛选.麦类作物学报,2003,23(2):14-18.
[170] 余舜武,朱永生,余毓君,等.快速建立胚性细胞悬浮系的培养程序初探.华中农业大学学报,2001,20(4):325-328.
[171] 袁云香.硅对南方红豆杉愈伤组织诱导及增殖培养的影响.科学技术与工程,2018,18(35):121-123.
[172] 詹忠根,张铭,徐程.植物非体细胞胚与人工种子.种子,2001,(6):28-31.
[173] 张保钱,樊小宽,金磊磊,等.利用植物生物反应器培养白及种苗的动力学模型.科技通报,2019,35(9):35-42.
[174] 张春义,杨汉民.植物体细胞无性系变异的分子基础.遗传,1994,16(2):44-48.
[175] 张立军,赵成昊,葛超.玉米再生体系建立及其影响因素的研究.玉米科学,2008,16(2):77-79.
[176] 张敏敏,陈玉梁,赵瑛,等.药用植物组织培养生产有效成分的影响因素研究进展.甘肃农业科技,2013,7:43-46.
[177] 张献龙,唐克轩,等.植物生物技术.北京:科学技术出版社,2005.
[178] 张向飞,张荣涛,曹岚,等.不同因子对长春花愈伤组织中药用成分积累的影响.中国药学杂志,2004,39(11):817-819.
[179] 张晓玲,龙芸,葛飞,等.玉米幼胚胚性愈伤组织再生能力相关性状遗传研究.遗传,2017,39(2):143-155.

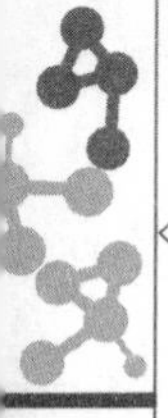

[180] 张跃非，李碧如．温度在水稻花药培养过程中的影响研究．吉林农业，2010，11：68-76.

[181] 张志雄，向跃武，王家银，等．激素对水稻花药培养力的影响研究．西南农业大学学报，1992，14(4)：351-355.

[182] 张子学，杨久峰，檀赞芳．植物生长调节剂对甜叶菊增殖和生根的影响．中国林副特产，2008，93(2)：13-15.

[183] 张自立，俞新大．植物细胞和体细胞遗传学技术与原理．北京：高等教育出版社，1990.

[184] 郑思乡，毛伟伟，王利龙，等．OT 型百合与东方百合远缘杂交后代的细胞学观察，江西农业大学学报，2017，39(6)：1082-1088.

[185] 郑文燕，郭巍，马跃山，等．楂属植物中苹果褪绿叶斑病毒的 RT-PCR 检测及病毒脱除方法．果树学报，2016，33(12)：1576-1583.

[186] 中国科学院药用植物开发研究所．中国药用植物栽培学．北京：中国农业出版社，1991.

[187] 周根余，丁洪峰．芦荟的无性快速繁殖．园艺学报，1999，26(6)：410-411.

[188] 周光宇，龚蓁蓁，王自芬．远缘杂交分子的基础——DNA 片段假说的一个论证．遗传学报，1987，6(4)：405-413.

[189] 周吉红，李彰明，吴绍宇，等．小麦育种中中间育种材料的改良与创新．植物遗传资源学报，2003，4(1)：73-74.

[190] 周玲艳，姜大刚，吴豪，等．几个光温敏核不育水稻品种组织培养特性的研究．华南农业大学学报，2003，24(2)：45-47.

[191] 周维燕．植物细胞工程原理与技术．北京：中国农业大学出版社，2001.

[192] 周颖，刘星，胡颂平，等．蛇足石杉的组织培养初探．吉首大学学报，2009，30(2)：90-93.

[193] 周玉丽，崔广荣，张子学，等．甜叶菊组织培养研究进展．中国糖料，2012，3：68-71.

[194] 朱德瑶，丁效华，尹健华．籼稻花药培养和育种．江西农业学报，1993，5：122-131.

[195] 朱德瑶，潘熙淦，陈承尧，等．杂交水稻花粉植株的遗传表现及育种研究//沈锦骅，等．水稻花培育种研究．北京：农业出版社，1996：107-112.

[196] 朱培坤．高等植物的第三类杂交——染色体杂交．中央民族大学学报，2009，18(1)：5-10.

[197] 朱培坤．高等植物染色体杂交．济南：山东科学技术出版社，2011.

[198] 朱文丽，韦卓文，李开绵，等．木薯微茎尖离体脱毒与病毒检测技术分析．分子植物育种，2018，16(24)：8142-8147.

[199] 朱延明．植物生物技术．北京：中国农业大学出版社，2009.

[200] 朱至清．二十世纪我国植物学家对植物组织培养的贡献．植物学报，2002，44(9)：1075-1076.

[201] 朱至清．植物细胞工程．北京：化学工业出版社，2003.

[202] 邹冬生，王凤翱，胡颂平．龙须草叶片形态结构与生理功能的研究．西北植物学报，2000，20(3)：484-488.

[203] AbeT，Ii N，Togashi A，et al. Large deletions in chloroplast DNA of rice calli after long-term culture. Journal of Plant Physiology，2002，159(8)：917-923.

[204] Abraham F，BhattA，Keng C L，et al. Effect of yeast extract and chitosan on shoot proliferation：morphology and antioxidant activity of Curcuma mangga in vitro plantlets. Afr J Biotechnol，2011，10：7787-7795.

[205] Ackermann C，Pflanzen A. Agrobacterium rhizogenes tumorenan Nicobiana tabacum. Plant Science Letter，1973，5：23-30.

[206] Ahloowalia B S，Sherington J. Transmission of somaclonal variation in wheat. Euphytica，1985，34(2)：525-537.

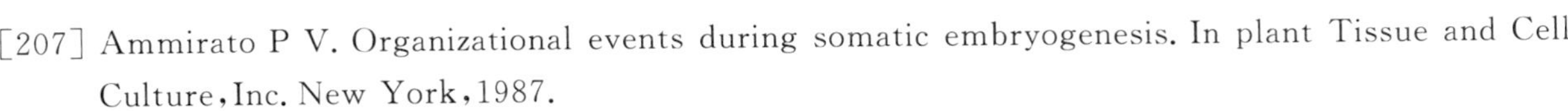

[207] Ammirato P V. Organizational events during somatic embryogenesis. In plant Tissue and Cell Culture, Inc. New York, 1987.

[208] Anand S C C. Various approaches for secondary metabolite production through plant tissue culture. Pharmacia, 2010, 1:1-7.

[209] Anjanasree K, Neelakandan K W. Recent progress in the understanding of tissue culture-induced genome level changes in plants and potential applications. Plant Cell Rep, 2012, 31: 597-620.

[210] Bairu M W, Aremu A O, Van Staden J. Somaclonal variation in plants: causes and detection methods. Plant Growth Regulation, 2011b, 63:147-173.

[211] Balathandayutham K, Cheruth A J, Changxing Z, et al. The efect of AM fungi and phosphorous level on the biomass yield and ajmalicine production in Catharanthus roseus. Eur J Biosci, 2008, 2:26-33.

[212] Behrooz M Parast, Siva K Chetri, et al. In vitro isolation, elicitation of psoralen in callus cultures of Psoralea corylifolia and cloning of psoralen synthase gene. Plant Physiology and Biochemistry, 2011, 29(10):1138-1146.

[213] Bonga J M, Von Aderkas P. In vitro culture of trees. London: Kluwer Academic Publishers, 1992.

[214] Cervera M, Navarro A, Navarro L, et al. Production of transgenic adult plants from clementine mandarin by enhancing cell competence for transformation and regeneration. Tree Physiol, 2008, 28:55-66.

[215] Chandler S F, Dodds J H. The effect of phosphate, nitrogen and sucrose on the production of phenolics and solasodine in callus cultures of Solanum laciniatum. Plant Cell Rep, 1983, 2(4): 205-208.

[216] Chan M. Agrobacterium-mediated production of transgenic rice plants expressing a chimeric α-mylase promoter/β-lucuronidase gene. Plant Mol Biol, 1993, 22:491-506.

[217] Charu C G, Mohd Z. Chemical elicitors versus secondary metabolite production in vitro using plant cell, tissue and organ cultures: recent trends and a sky eye view appraisal. Plant CellTiss Organ Cult, 2016, 126:1-18.

[218] Chase S S. The reproductive success of monoploid maize. Am J Bot, 1949, 36:795-796.

[219] Cheng Y G, Hu S P, Li G W, et al. *Bacillus* zhanjiangensis sp. nov., isolated from an oyster in South China Sea. Antonie van Leeuwenhoek Journal of General and Molecular Microbiology, 2011, 99(3):81-89.

[220] Cheng M. Genetic transformation of wheat mediated by Agrobacterium tume faciens. Plant Physiol, 1997, 115:971-980.

[221] Demain A L, Vaishnav P. Production of recombinant proteins by microbes and higher organisms. Biotechnol Adv, 2009, 27(3):297-306.

[222] Diego H, RaúlS, Liliana L, et al. Biotechnological Production of Pharmaceuticals and Biopharmaceuticals in Plant Cell and Organ Cultures. Current Medicinal Chemistry, 2018, 25: 3577-3596.

[223] Doods John, Koberts Lorin W. Experiments in plant tissues culture. The third edition. Cambridge University Press, 1995.

[224] Duan Y X, Guo W W, Meng H J, et al. High efficient transgenic plant regeneration from embry-

ogenic calluses of *Citrus sinensis*. Biologia Plantarum,2007,51:212-216.

[225] Enrique García-Pérez,Janet A Gutiérrez-Uribe,Silverio García-Lara. Luteolin content and antioxidant activity in micropropagated plants of Poliomintha glabrescens(Gray). Plant Cell Tiss Organ Cult,2012,108:521-527.

[226] Erik N,Marta E E T,Rino C. Improvement of phytochemical production by plant cells and organ culture and by genetic engineering. Plant Cell Reports ,2019,38:1199-1215.

[227] Gambino G,Di Matteo D,Gribaudo I. Elimination of Grapevine fanleaf virus from three *Vitis vinifera* cultivars by somatic embryogenesis. European Journal of Plant Pathology,2009,123:57-60.

[228] Gou J Y,Wang L J,Chen S P,et al. Gene expression and metabolite profiles of cotton fiber during cell elongation and secondary cell wall synthesis. Cell Research,2007,17:422-434.

[229] Gozde S Demirer,Huan Zhang,Natalie S Goh,et al. Carbon nanocarriers deliver siRNA to intact plant cells for efficient gene knockdown. Science Advances,2020,6 (26):eaaz0495.

[230] Graham J. Fragaria Strawberry//Litz R E. Biotechnology of fruit and nut crops. Florida:CABI Publishing,2005,456-474.

[231] Gregory C P,Martina G. Plant tissue culture media and practices:an overview. In Vitro Cellular & Developmental Biology - Plant,2019,55:242-257.

[232] Guan X Y,Li Q J,Shan C M,et al. The HD-Zip IV gene GaHOX1 from cotton is a functional homologue of the Arabidopsis GLABRA2. Physiologia Plantarum,2008,134:174-182.

[233] Guha S,Maheashiwari S C. Cell division and differentiation of embryos in the pollen of Datura in vitro. Nature,1966,212:97-98.

[234] Guo B,Liu Y G,Yan Q,et al. Spectral composition of irradiation regulates the cell growth and flavonoids biosynthesis in callus cultures of *Saussurea medusa* Maxim. Plant Growth Regul,2007,52:259-263.

[235] Horsch R B,Joyce Fry. A simple and general method for transferring genes into plant. Science,1985,227:1229-1231.

[236] Hu S P,Yang H,Luo L J,et al. Relationship between coleoptile length and drought resistance and their QTL mapping in rice. Rice Science,2007,14(1):13-20.

[237] Hu S P,Zhou Y,Zhang L,et al. Correlation and Quantitative Trait Loci Analyses of Total Chlorophyll Content and Photosynthetic Rate of Rice(*Oryza sativa*)under Water Stress and Well-watered Conditions. Journal of Integrative Plant Biology,2009,51(9):879-888.

[238] Hu S P,Zhou Y,Zhang L,et al. QTL Analysis of Floral Traits of Rice(*Oryza sativa* L.)under Well-Watered and Drought Stress Conditions. Genes & Genomics, 2009,31(2):173-181.

[239] Huetteman C A,Preece J E. Thidiazuron:a potent cytokinin for woody plant tissue culture. Plant Cell Tiss Organ Cult,1993,33:105-119.

[240] Ikeuchi M,Ogawa Y,IwaseA,et al. Plant regeneration:cellular origins and molecular mechanisms. Development,2016,143:1442-1451.

[241] Imseng N,Schillberg S,Schürch C,et al. Industrial scale suspension culture of living cells//Meyer H P,Schmidhalter D R. Suspension culture of plant cells under heterotrophic conditions. Wiley Blackwell,2014,224-258.

[242] Indra K Vasil. Cell culture and somatic cell Genetic of plants,Volume 3. Plant Regeneration and Genetic Variability,1986.

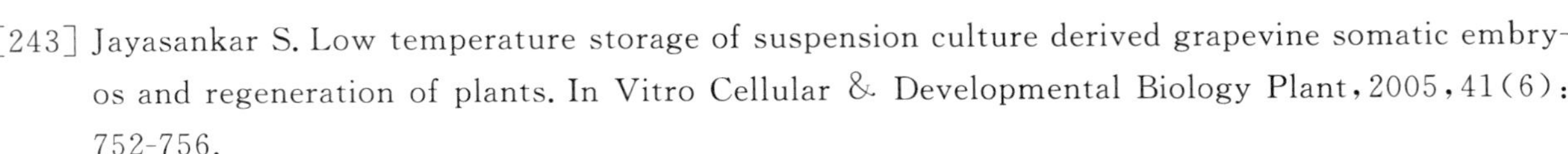

[243] Jayasankar S. Low temperature storage of suspension culture derived grapevine somatic embryos and regeneration of plants. In Vitro Cellular & Developmental Biology Plant,2005,41(6):752-756.

[244] Jin S,Mushke R,Zhu H,et al. Detection of somaclonal variation of cotton (Gossypium hirsutum) using cytogenetics,flow cytometry and molecular markers. Plant Cell Rep,2008,27:1303-1316.

[245] Jin-Ying Goua,Lisa M Millerb,Guichuan Houc,et al. Acetylesterase-Mediated Deacetylation of Pectin Impairs Cell Elongation,Pollen Germination,and Plant Reproduction. The Plant Cell,2012,112:098749.

[246] Juliane S,Thomas B,Vasil G,et al. Bioprocessing of differentiated plant in vitro systems. Eng Life Sci,2013,13(1):26-38.

[247] Karwasara V S,Dixit V K. Culture medium optimization for camptothecin production in cell suspension cultures of Nothapodytes nimmoniana (J. Grah.) Mabberley. Plant Biotechnol, Rep,2013,7(3):357-369.

[248] Khush G S. Origin,dispersal,cultivation and variation of rice. Plant Mol Biol,1997,35:25-34.

[249] Klein T M. High-velocity microprojectiles delivering nucleic acids into living cells. Nature,1987,327:70-73.

[250] Larkin P J,Ryan S A,Brettell R I S,et al. Heritable somaclonal variation in wheat. Theoretical and Applied Genetics,1984,67(5):443-455.

[251] Leal F,Loureiro J,Rodriguez E,et al. Nuclear DNA content of Vitis vinifera cultivars and ploidy level analyses of somatic embryo-derived plants obtained from anther culture. Plant Cell Rep,2006,25:978-985.

[252] Lingling Shi,Caiyun Wang,Xiaojing Zhou,et al. Production of salidroside and tyrosol in cell suspension cultures of Rhodiola crenulata. Plant Cell Tiss Organ Cult,2013,dol 10.1007/s11240-013-0325-z.

[253] Liu J Y,Guo Z G,Zeng Z L. Improved accumulation of phenylethanoid glycosides by precursors feeding to suspension culture of *Cistanche salsa*. Biochem Eng J,2007,33:88-93.

[254] Liudmila G K,Wolfgang M,Chiara de L. Meristem Plant Cells as a Sustainable Source of Redox Actives for Skin Rejuvenation. Biomolecules,2017,7:40.

[255] Maddock S E,Semple J T. Field Assessment of Somaclonal Variation in Wheat. Journal of Experimental Botany,1986,37(7):1065-1078.

[256] Mao Y B,Cai W J,Wang J W,et al. Silencing a cotton bollworm P450 gene by plant-mediated RNAi impairs larval tolerance to gossypol. Nature Biotechnology,2007,25:1307-1313.

[257] Maria I D,Maria J S,Rita C A,et al. Exploring plant tissue culture to improve theproduction of phenolic compounds:A review. Industrial Crops and Products,2016,82:9-22.

[258] Michael F Maher,Ryan A Nasti,Macy Vollbrecht,et al. Plant gene editing through de novo induction of meristems. Nature Biotechnology,2020,38:84-89.

[259] Misra S,Attree S M,Leal I. Effect of abscisci acid osmticum and desiccation on synthesis of storage proteins during the development of white spruce somatic embryos. Ann Bot,1993,71:11-22.

[260] Mor T S. Molecular pharming's foot in the fda's door:Protalix's trailblazing story. Biotechnol Lett,2015,37:2147-2150.

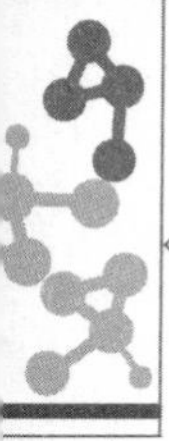

[261] Murthy H N, Georgiev M I, Park S, et al. The safety assessment of food ingredients derived from plant cell, tissue and organ cultures: a review. Food Chem, 2015, 176: 426-432.

[262] Nas M N, Bolek Y, Sevgin N. The effects of explant and cytokinin type on regeneration of Prunus microcarpa. Scientia Horticulturae, 2010, 126: 88-94.

[263] Pontaroli A C, Camadro E L. Somaclonal variation in Asparagus officinalis plants regenerated by organogenesis from long-term callus cultures. Genetics and Molecular Biology, 2005, 28: 423-430.

[264] Raffaele S, Bayer E, Lafarge D. et al. Remorin, a solanaceae protein resident in membrane rafts and plasmodesmata, impairs potato virus X movement. Plant Cell, 2009, 21: 1541-1555.

[265] Raimondi J P, Masuelli R W, Camadro E L. Assessment of somaclonal variation in asparagus by RAPD fingerprinting and cytogenetic analyses. Scientia Horticulturae, 2001, 90(1-2): 19-29.

[266] RamachandraRS, Ravishankar G A. Plant cell cultures: Chemical factories of secondary metabolites. Biotechnology Advances, 2002, 20: 101-153.

[267] Ramulu K S, Dijkhuisp, Rutgerse, et al. Intergenetic transfer of a partial genome and direct production of monosomic addition plants by microprotoplast fusion. Theor Appl Gene, 1996, 92: 316-325.

[268] Ramulu K S, Dijkhuisp, Rutgerse, et al. Microprotoplast fusion technique: a new tool for gene transfer between sexually-incongruent plant species. Euphytica, 1995(85): 255-268.

[269] Ramulu K S, Dijkhuisp, Rutgerse, et al. Microprotoplast-mediated transfer of single specific chromosomes between sexually incompatible plants. Genome, 1996, 39: 921-933.

[270] Rashid A(edi). Cell physiology and Genetics of Higher plant. Volume Ⅱ. CPC press, Inc, 1998.

[271] Raul S M, Elisabeth M, Abbas K, et al. Genomic methylation in plant cell cultures: A barrier to the development of commerciallong-termbiofactories. Eng Life Sci, 2019, 19: 872-879.

[272] Regine E, Philipp M, Irène S, et al. Plant cell culture technology in the cosmetics and food industries: current state and future trends. Applied Microbiology and Biotechnology, 2018, 102: 8661-8675.

[273] Regine E, Philipp M, Irène S, et al. Plant cell culture technology in the cosmetics and food industries: current state and future trends. Applied Microbiology and Biotechnology, 2018, 102: 8661-8675.

[274] Rishi K T, Anur adha A, Akkara Y. Conser vation of Zingiber germplasm through in vitro rhizome formation. Scientia Horticulturae, 2006, 108: 210-219.

[275] Rosales-Mendoza S, Tello-Olea M A. Carrot cells: A pioneering platform for biopharmaceuticals production. Mol Biotechnol, 2015, 57: 219-232.

[276] Sae-Lee N, Kerdchoechuen O, Laohakunjit N. Enhancement of phenolics, resveratrol and antioxidant activity by nitrogen enrichment in cell suspension culture of Vitis vinifera. Molecules, 2014, 19: 7901-7912.

[277] Sanchez Navarro J A. Simultaneous detection and identification of eight stone fruit viruses by one-step RT-PCR, European. Journal of Plant Pathology, 2005, 111: 77-84.

[278] Scholthof H B. Plant virus transport: motions of functional equivalence. Trends Plant Sci, 2005, 10: 376-382.

[279] Sen S K, kenneth L Giles. Plant cell culture in crop improvement. New York and London, Plenum press, 1985.

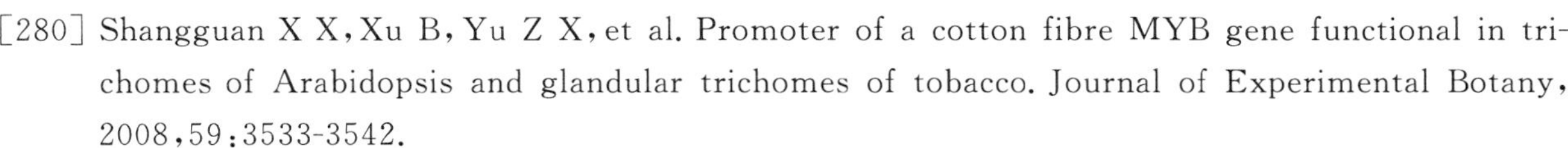

[280] Shangguan X X, Xu B, Yu Z X, et al. Promoter of a cotton fibre MYB gene functional in trichomes of Arabidopsis and glandular trichomes of tobacco. Journal of Experimental Botany, 2008, 59:3533-3542.

[281] Shohael A M, Ali M B, Yu K W, et al. Effect of light on oxidative stress, secondary metabolites and induction of antioxidant enzymes in Eleutherococcus senticosussomatic embryos in bioreactor. Process Biochem, 2006, 41:1179-1185.

[282] Sivakumar G, Yu KW, Paek K Y. Production of biomass and ginsenosides from adventitious roots of Panax ginseng in bioreactor cultures. Engineering Life Sci, 2005, 5(4):333-342.

[283] Song M C, Kim E J, Kim E, et al. Microbial biosynthesis of medicinally important plant secondary metabolites. Nat Prod Rep, 2014, 31:1497-1509.

[284] Soniya E V, Banerjee N S, Das M R. Genetic analysis of somaclonal variation among callus-derived plants of tomato. Curr Sci, 2001, 80(9):1213-1215.

[285] Svetla Y, Liliya G, Ilian B, et al. Application of bioreactor technology in plant propagation and secondary metabolite production. Journal of Central European Agriculture, 2019, 20(1): 321-340.

[286] Tasiu I. Adjustments to in vitro culture conditions and associated anomalies in plants. ActaBiologicaI Cracoviensia Series Botanica, 2015, 57(2):9-28.

[287] Taticek R A, Moo-Young M, Legge R L. Effect of bioreactor configuration on substrate uptake by cell suspension cultures of the plant Eschscholtzia californica. Applied Microbiology and Biotechnology, 1990, 33(3):280-286.

[288] Teresa O, Katarzyna N, Barbara R. Bacteria in the plant tissue culture environment. PlantCell-Tiss Organ Cult, 2017, 128:487-508.

[289] Thomas E. Biotechnology Applications of Plant Callus Cultures. Engineering, 2019, 5:50-59.

[290] Thomas J, Vijayan D, Joshi S D, et al. Genetic integrity of somaclonal variants in tea(*Camellia sinensis*(L.)O Kuntze)as revealed by inter simple sequence repeats. Journal of Biotechnology, 2006, 123(2):149-154.

[291] Thorpe T A. PlantTissueCulture. New York, Methods and Applications in Agriculture Academic Press, 1981.

[292] Tingay S. Agrobacterium tume faciens-mediated barley transformation. Plant J, 1997, 11(6): 1369-1376.

[293] Tong Z, Tan B, Zhang J C, et al. Using precocious trifoliate orange(*Poncirus trifoliate*(L.) Raf.)to establish a short juvenile transformation platform for citrus. Scientia Horticulturae, 2009, 119:335-338.

[294] Tóth E K, Kriston E. A new method for the detection and elimination of *Hydrangea ringspot virus*. Journal of Horticultural Science and Biotechnology, 2012, 87(1):13-16.

[295] Tsao C-W, Postman J D, Reed B M. Virus infections reduce in vitro multiplication of "Malling Landmark" raspberry. In Vitro Cell Dev Biol -Plant, 2000, 36:65-68.

[296] Ullisch D A, Müller C A, Maibaum S, et al. Comprehensive characterization of Nicotiana tabacum BY-2 cell growth leads to doubled GFP concentration by media optimization. J Biosci Bioeng, 2012, 113:242- 248.

[297] Utsumi Y, Utsumi C, Tanaka M, et al. Formation of friable embryogenic callus in cassava is enhanced under conditions of reduced nitrate, potassium andphosphate. PLoS ONE, 2017, 12

(8):e0180736.

[298] Vanyushin B F, Ashapkin V V. DNA methylation in higher plants: past, present and future. Biochim. Biophys. Acta, 2011, 1809: 360-368.

[299] Vasilev N, Gromping U, Lipperts A, et al. Optimization of BY-2 cell suspension culture medium for the production of a human antibody using a combination of fractional factorial designs and the response surface method. Plant Biotechnol J, 2013, 11: 867-874.

[300] Veena S A, Spurti B, Savitha L. Somaclonal variations for crop improvement: Selection for disease resistant variants in vitro. Plant Science Today, 2018, 5(2): 44-54.

[301] Vermij P, Waltz E. Usda approves the first plant-based vaccine. Nat Biotechnol, 2006, 24: 234.

[302] Wang J, et al. Production of Active Compounds in Medicinal Plants: From Plant Tissue Culture to Biosynthesis. Chinese Herbal Medicines, 2017, 9(2): 115-125.

[303] Wang Q C, Panis B, Engelmannn F, et al. Cryotherapy of shoot tips: atechnique for pathogen eradication to produce healthy planting materials and prepare healthy plant genetic resources for cryopreservation. Annals of Applied Biology, 2009, 154: 351-363.

[304] Wang L, Huang B Q, He M Y, et al. Somatic embryogenesis and its hormonal regulation in tissue cultures of Freesia refracta. Ann Bot, 1990, 65: 271-276.

[305] Wang Y, Shang X H, Yan X F. Effects of N levels on growth and salidroside content in Rhodiola Sachalinensis. Journal of Plant Physiology and Molecular Biology, 2003, 29: 357-359.

[306] Wei Y, Qianliang M, Bing L, et al. Medicinal plant cell suspension cultures: pharmaceutical applications and high-yielding strategies for the desired secondary metabolites. Crit Rev Biotechnol, 2016, 36(2): 215-232.

[307] Williams E G, Maheswaran G. Somatic embryogenesis: factors influencing coordinated behaviour of cells as an embryogenic group. Ann Bot, 1986, 57: 443-462.

[308] Xiang Zhao, Zhigang Meng, Yan Wang, et al. Pollen magnetofection for genetic modification with magnetic nanoparticles as gene carriers. Nature Plants, 2017, 3: 956-964.

[309] Yancheva S D, Golubowicz S, Fisher E, et al. Auxin type and timing of application determine the activation of the developmental program during in vitro organogenesis in apple. Plant Science, 2003, 165: 299-309.

[310] Yan-Ming Zhu, Yoichiro Hoshino, Masaru Nakano, et al. Highly efficient system of plant regeneration from protoplasts of grapevine(*Vitis vinifera* L.)through somatic embryogenesis by using embryogenic callus. Plant Science, 1997: 151-157.

[311] YoichiroHoshino, Yan-Ming Zhu, Masaru Nakano, et al. Production of Transgenic Grapevine (*Vitis vinifera* L. cv. Koshusanlaku) Plants by Co-cultivation of Embryogenic Calli with Agrobacterium and selecting secondary embryos. Plant Biotechnology, 1998, 15(1): 29-33.

[312] Yoram T, Avidor S, Tali K, et al. Large-scale production of pharmaceutical proteins in plant cell culture—the protalix experience. Plant Biotechnology Journal, 2015, 13: 1199-1208.

[313] Yu K W, Murthy H N, Hahn E J, et al. Ginsenoside production by hairy root cultures of Panax ginseng: influence of temperature and light quality. Biochem Eng J, 2005, 23: 53-56.

[314] Yunteng Cao, Eugene Lim, Menglong Xu, et al. Precision Delivery of Multiscale Payloads to Tissue-Specific Targets in Plants. Advanced Science, 2020, 7: 1903551.

[315] Zagorskaya A A, Deinek E V. Suspension-Cultured Plant Cells as a Platform for Obtaining Recombinant Proteins. Russian Journal of Plant Physiology, 2017, 64(6): 795-807.

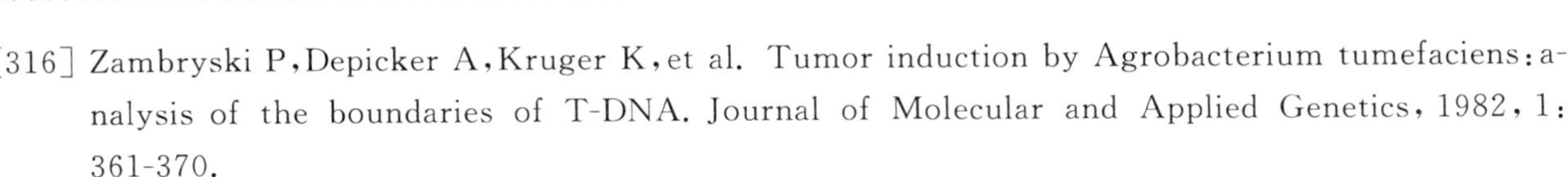

[316] Zambryski P,Depicker A,Kruger K,et al. Tumor induction by Agrobacterium tumefaciens:analysis of the boundaries of T-DNA. Journal of Molecular and Applied Genetics, 1982, 1:361-370.

[317] Zhang L Q,Cheng Z H,Khan M A,et al. In vitro selection of resistant mutant garlic lines by using crude pathogen culture filtrate ofSclerotiumcepivorum australas. Plant Pathol,2012,41:211-217.

[318] Zheng S X,Liao X S,Lin Q D,et al. Initial study on 2n gametes induction of Strelitziareginae. Acta Horticulturae ,2017,1167:157-162.

[319] Zhenzhen Cai,Anja Kastell,Inga Mewis,et al. Polysaccharide elicitors enhance anthocyanin and phenolic acid accumulation in cell suspension cultures of Vitis vinifera. Plant Cell Tiss Organ Cult,2012,108:401-409.

[320] Zimmerman J L. Somaticembryogenesis:a model for early development in higher plants. Plant Cell,1993,5:1411-1423.